银领工程——计算机项目案例与技能实训丛书

网页设计与制作

（Dreamweaver+Flash+Photoshop版）

（第2版）

（累计第5次印刷，总印数20000册）

九州书源　编著

清华大学出版社

北　京

内容简介

本书主要介绍了使用 Dreamweaver、Flash 和 Photoshop 这 3 个常见的软件，进行网页设计与制作的基础知识和基本技巧，内容包括网页制作基础、Dreamweaver CS3 基本操作、创建网页基本对象、布局页面、使用 AP Div 和行为、创建表单、CSS 与多媒体的应用、Flash CS3 基础、绘制 Flash 图像、元件和“库”面板的应用、用时间轴创建动画、导入声音和视频、使用 ActionScript 语句、测试及导出影片、Photoshop 文字和图层的应用、Photoshop 路径、色彩和通道在网页设计中的应用以及一个项目设计案例的分析和制作等。

本书采用了基础知识、应用实例、项目案例、上机实训、练习提高的编写模式，力求循序渐进、学以致用，并切实通过项目案例和上机实训等方式提高应用技能，适应工作需求。

本书提供了配套的实例素材与效果文件、教学课件、电子教案、视频教学演示和考试试卷等相关教学资源，读者可以登录 http://www.tup.com.cn 网站下载。

本书适合作为职业院校、培训学校、应用型院校的教材，也是非常好的自学用书。

图书在版编目（CIP）数据

网页设计与制作（Dreamweaver+Flash+Photoshop 版）/九州书源编著．—2 版．—北京：清华大学出版社，2011.12

银领工程——计算机项目案例与技能实训丛书

ISBN 978-7-302-27156-7

I. ①网… II. ①九… III. ①网页制作工具，Dreamweaver、Flash、Photoshop-教材 IV. ①TP393.092

中国版本图书馆 CIP 数据核字（2011）第 214908 号

责任编辑：赵洛育 刘利民
版式设计：文森时代
责任校对：王 云
责任印制：李红英
出版发行：清华大学出版社 **地 址**：北京清华大学学研大厦 A 座
http://www.tup.com.cn **邮 编**：100084
社 总 机：010-62770175 **邮 购**：010-62786544
投稿与读者服务：010-62776969，c-service@tup.tsinghua.edu.cn
质 量 反 馈：010-62772015，zhiliang@tup.tsinghua.edu.cn
印 刷 者：北京密云胶印厂
装 订 者：三河市新茂装订有限公司
经 销：全国新华书店
开 本：185×260 **印 张**：19.75 **字 数**：456 千字
版 次：2011 年 12 月第 2 版 **印 次**：2011 年 12 月第 1 次印刷
印 数：1～6000
定 价：36.80 元

产品编号：042653-01

丛书序

Series Preface

本丛书的前身是“电脑基础·实例·上机系列教程”。该丛书于 2005 年出版，陆续推出了 34 个品种，先后被 500 多所职业院校和培训学校作为教材，累计发行 **100 余万册**，部分品种销售在 50000 册以上，多个品种获得**“全国高校出版社优秀畅销书”一等奖**。

众所周知，社会培训机构通常没有任何社会资助，完全依靠市场而生存，他们必须选择最实用、最先进的教学模式，才能获得生存和发展。因此，他们的很多教学模式更加适合社会需求。本丛书就是在总结当前社会培训的教学模式的基础上编写而成的，而且是被广大职业院校所采用的、最具代表性的丛书之一。

很多学校和读者对本丛书耳熟能详。应广大读者要求，我们对该丛书进行了改版，主要变化如下：

- 建立完善的立体化教学服务。
- 更加突出“应用实例”、“项目案例”和“上机实训”。
- 完善学习中出现的问题，更加方便学生自学。

一、本丛书的主要特点

1. 围绕工作和就业，把握“必需”和“够用”的原则，精选教学内容

本丛书不同于传统的教科书，与工作无关的、理论性的东西较少，而是精选了实际工作中确实常用的、必需的内容，在深度上也把握了以工作够用的原则，另外，本丛书的应用实例、上机实训、项目案例、练习提高都经过多次挑选。

2. 注重“应用实例”、“项目案例”和“上机实训”，将学习和实际应用相结合

实例、案例学习是广大读者最喜爱的学习方式之一，也是最快的学习方式之一，更是最能激发读者学习兴趣的方式之一，我们通过与知识点贴近或者综合应用的实例，让读者多从应用中学习、从案例中学习，并通过上机实训进一步加强练习和动手操作。

3. 注重循序渐进，边学边用

我们深入调查了许多职业院校和培训学校的教学方式，研究了许多学生的学习习惯，采用了基础知识、应用实例、项目案例、上机实训、练习提高的编写模式，力求循序渐进、学以致用，并切实通过项目案例和上机实训等方式提高应用技能，适应工作需求。唯有学以致用，边学边用，才能激发学习兴趣，把被动学习变成主动学习。

二、立体化教学服务

为了方便教学，丛书提供了立体化教学网络资源，放在清华大学出版社网站上。读者登录 http://www.tup.com.cn 后，在页面右上角的搜索文本框中输入书名，搜索到该书后，单击“立体化教学”链接下载即可。“立体化教学”内容如下。

- **素材与效果文件**：收集了当前图书中所有实例使用到的素材以及制作后的最终效果。读者可直接调用，非常方便。
- **教学课件**：以章为单位，精心制作了该书的 PowerPoint 教学课件，课件的结构与书本上的讲解相符，包括本章导读、知识讲解、上机及项目实训等。
- **电子教案**：综合多个学校对于教学大纲的要求和格式，编写了当前课程的教案，内容详细，稍加修改即可直接应用于教学。
- **视频教学演示**：将项目实训和习题中较难、不易于操作和实现的内容，以录屏文件的方式再现操作过程，使学习和练习变得简单、轻松。
- **考试试卷**：完全模拟真正的考试试卷，包含填空题、选择题和上机操作题等多种题型，并且按不同的学习阶段提供了不同的试卷内容。

三、读者对象

本丛书可以作为职业院校、培训学校的教材使用，也可作为应用型本科院校的选修教材，还可作为即将步入社会的求职者、白领阶层的自学参考书。

我们的目标是让起点为零的读者能胜任基本工作！

欢迎读者使用本书，祝大家早日适应工作需求！

九州书源

前 言

Preface

如今，互联网已经在人们的生活中占据了重要位置，各种浏览器早已突破过去只能传输文本的缺陷，还可以将大量丰富多彩的文本、图像、动画等结合起来，随时随地供用户浏览，因此针对网页设计的大量工具软件也应运而生。

制作一个网站需要多种技术结合，包括图像的处理、动画的制作和网页版式的排列等，主要涉及的软件有 Adobe 公司开发的用于处理图像的 Photoshop 软件、用于动画制作的 Flash 软件和用于网页排版的 Dreamweaver 软件。这 3 款软件已经成为网页制作的梦幻工具组合，以其强大的功能和易学易用的特性，赢得了广大网页制作人员的青睐。

本书的内容

本书共 17 章，可分为 4 个部分，各部分的具体内容如下。

章　节	内　容	目　的
第 1 部分（第 1～7 章）	Dreamweaver 的基础知识和基本操作、网页基本对象的创建和插入、页面的布局、AP Div 和行为的使用、表单和 CSS 样式的创建，以及多媒体对象的插入	掌握 Dreamweaver CS3 中文版的功能和使用方法
第 2 部分（第 8～14 章）	Flash 的基础知识、在 Flash 中绘制图像的方法、滤镜的使用、元件的创建、“库”面板的使用、基本动画和特殊图层动画的创建、声音和视频的导入、ActionScript 语句的使用及影片的测试和发布	掌握 Flash CS3 中文版的功能和动画的制作方法
第 3 部分（第 15～16 章）	Photoshop CS3 文字和图层在网页设计中的应用、路径的应用、色彩和通道在网页设计中的应用	掌握 Photoshop CS3 中文版的功能和使用方法
第 4 部分（第 17 章）	Web 网页综合实例的制作	巩固前面所学知识，提高综合运用 Photoshop、Flash 和 Dreamweaver 进行作品设计的能力

本书的写作特点

本书图文并茂、条理清晰、通俗易懂、内容翔实，在读者难于理解和掌握的地方给出了提示或注意，并在书中安排了大量的实例和练习，使读者在实际操作中不断地强化书中所讲的内容。

本书每章按“学习目标+目标任务&项目案例+基础知识与应用实例+上机及项目实训+练习与提高”结构进行讲解。

- **学习目标**：以简练的语言列出本章知识要点和实例目标，使读者对本章将要讲解的内容做到心中有数。
- **目标任务&项目案例**：给出本章部分实例和案例结果，让读者对本章的学习有一个具体的、看得见的目标，不至于感觉学了很多却不知道干什么用，以至于失去学习兴趣和动力。
- **基础知识与应用实例**：将实例贯穿于知识点中讲解，使知识点和实例融为一体，让读者加深理解思路、概念和方法，并模仿实例的制作，通过应用举例强化巩固小节知识点。
- **上机及项目实训**：上机实训为一个综合性实例，用于贯穿全章内容，并给出具体的制作思路和制作步骤，完成后给出一个项目实训，用于进行拓展练习，还提供实训目标、视频演示路径和关键步骤，以便于读者进一步巩固。
- **项目案例**：为了更加贴近实际应用，本书给出了一些项目案例，希望读者能完整了解整个制作过程。
- **练习与提高**：本书给出了不同类型的习题，以巩固和提高读者的实际动手能力。

另外，本书还提供有素材与效果文件、教学课件、电子教案、视频教学演示和考试试卷等相关立体化教学资源，立体化教学资源放置在清华大学出版社网站（http://www.tup.com.cn），进入网站后，在页面右上角的搜索引擎中输入书名，搜索到该书，单击“立体化教学”链接即可。

☺ 本书的读者对象

本书主要供各大中专院校和各类电脑培训学校作为网页设计与制作教材使用，也可供网页设计与制作初学者、网站建设和图形图像处理的相关人员自学使用。

✉ 本书的编者

本书由九州书源编著，参与本书资料收集、整理、编著、校对及排版的人员有：羊清忠、陈良、杨学林、卢炜、夏帮贵、刘凡馨、张良军、杨颖、王君、张永雄、向萍、曾福全、简超、李伟、黄沄、穆仁龙、陆小平、余洪、赵云、袁松涛、艾琳、杨明宇、廖宵、牟俊、陈晓颖、宋晓均、朱非、刘斌、丛威、何周、张笑、常开忠、唐青、骆源、宋玉霞、向利、付琦、范晶晶、赵华君、徐云江、李显进等。

由于作者水平有限，书中疏漏和不足之处在所难免，欢迎读者朋友不吝赐教。如果您在学习的过程中遇到什么困难或疑惑，可以联系我们，我们会尽快为您解答。联系方式是：

E-mail：book@jzbooks.com。

网　址：http://www.jzbooks.com。

编　者

导 读

Introduction

章　　名	操作技能	课时安排
第1章　网页制作基础	1．了解HTML的组成和语法 2．掌握网页制作软件的启动和退出方法	1学时
第2章　Dreamweaver CS3基本操作	1．认识Dreamweaver CS3的工作界面 2．掌握网页文档的基本操作和页面属性的设置 3．掌握站点的建立和编辑方法	2学时
第3章　创建网页基本对象	1．掌握文本的插入以及调整 2．学会图像的插入和编辑操作 3．掌握超链接的创建方法	3学时
第4章　布局页面	1．掌握表格的插入和编辑 2．掌握布局单元格和布局表格的创建和编辑 3．掌握框架的使用方法	2学时
第5章　使用AP Div和行为	1．掌握AP Div的创建和设置操作 2．了解行为和事件的概念 3．掌握内置行为动作的应用	3学时
第6章　创建表单	1．了解表单域和表单对象的概念 2．掌握表单对象的创建和属性设置	2学时
第7章　CSS与多媒体的应用	1．掌握CSS样式表的创建和应用 2．了解多媒体的概念和Flash的文件类型 3．掌握多媒体对象的插入和设置	3学时
第8章　Flash CS3基础	1．了解Flash动画的原理及其在网页的应用 2．认识Flash CS3的工作界面 3．掌握Flash文档的创建和保存等基本操作	1学时
第9章　绘制Flash图像	1．了解绘图工具的使用 2．掌握图像的编辑和导入 3．掌握“滤镜”面板的使用	2学时
第10章　元件和“库”面板	1．元件的概念和创建 2．认识“库”面板 3．“库”面板的使用与管理	2学时
第11章　用时间轴创建动画	1．了解时间轴的组成 2．帧和关键帧的创建及属性设置方法 3．了解创建动画的类型和方法 4．使用引导层和遮罩层创建动画	3学时

续表

章　名	操 作 技 能	课 时 安 排
第 12 章　导入声音和视频	1. 了解声音的类型和可以导入的视频格式 2. 掌握声音和视频的导入方法 3. 了解声音和音效的设置方法	2 学时
第 13 章　使用 ActionScript 语句	1. 了解 ActionScript 3.0 的新特性 2. 了解变量和运算符的运用 3. 认识常用的 ActionScript 3.0 命令语句	2 学时
第 14 章　测试及导出影片	1. 掌握影片的优化和测试方法 2. 影片的导出格式 3. 了解影片和图像的导出方法	1 学时
第 15 章　Photoshop 文字和图层的应用	1. 掌握文字的创建和编辑 2. 掌握图层的概念和基本操作方法 3. 掌握图层的混合模式	3 学时
第 16 章　Photoshop 路径、色彩和通道在网页设计中的应用	1. 了解路径的概念 2. 掌握路径工具的使用和路径的编辑方法 3. 掌握调整图像的色彩和色调的方法 4. 了解通道的概念和基本操作方法 5. 了解专色通道的概念	3 学时
第 17 章　项目设计案例	1. 使用 Photoshop 设计网页图像和素材 2. 使用 Flash 创建网页导航条 3. 使用 Dreamweaver 创建站点和主页	3 学时

目录

Contents

第 1 章　网页制作基础............................1

1.1　网页制作基础知识............................1

1.1.1　网页简介............................1

1.1.2　什么是 HTML............................2

1.1.3　HTML 的组成结构及语法............................2

1.1.4　应用举例——使用“记事本”程序编写网页............................3

1.2　网页制作的常用软件............................4

1.2.1　图形图像处理软件............................4

1.2.2　动画制作软件............................4

1.2.3　网页布局软件............................4

1.2.4　软件配合及制作流程............................5

1.2.5　应用举例——实战网页制作流程............................5

1.3　网页制作软件的启动与退出............................6

1.3.1　网页制作软件的启动............................7

1.3.2　文件的打开............................7

1.3.3　网页制作软件的退出............................8

1.3.4　应用举例——启动并退出 Photoshop CS3............................8

1.4　上机及项目实训............................8

1.4.1　Flash CS3 的启动与退出............................8

1.4.2　制作“蓝莲花”网页............................9

1.5　练习与提高............................9

第 2 章　Dreamweaver CS3 基本操作............................10

2.1　了解网页元素............................10

2.2　Dreamweaver CS3 工作界面............................11

2.2.1　标题栏............................12

2.2.2　菜单栏............................12

2.2.3　插入面板............................12

2.2.4　文档工具栏............................13

2.2.5　文档窗口............................13

2.2.6　状态栏............................14

2.2.7　“属性”面板............................14

2.2.8　面板组............................15

2.3　网页文档的基本操作............................15

2.3.1　创建网页文档............................15

2.3.2　打开网页文档............................17

2.3.3　预览网页............................18

2.3.4　保存网页文档............................18

2.3.5　设置页面属性............................19

2.3.6　应用举例——打开、保存和设置网页文件............................22

2.4　站点管理............................23

2.4.1　建立本地站点............................23

2.4.2　在站点中添加新文件和文件夹............................25

2.4.3　站点的编辑............................25

2.4.4　站点测试与发布............................26

2.4.5　应用举例——创建 mysite 本地站点............................31

2.5　上机及项目实训............................32

2.5.1　创建并规划星服饰网站............................32

2.5.2　配置 Internet 信息服务并搭建站点测试环境............................34

2.6　练习与提高............................35

第 3 章　创建网页基本对象............................37

3.1　文本的操作............................37

3.1.1　插入文本............................37

3.1.2　调整文本............................38

3.1.3　插入特殊字符............................39

3.1.4　插入文本列表............................40

3.1.5　插入水平线............................41

3.1.6 应用举例——在网页中插入文本 42
3.2 插入和编辑图像 44
3.2.1 插入图像.. 44
3.2.2 编辑图像.. 45
3.2.3 鼠标经过图像................................. 47
3.2.4 应用举例——在网页中插入图像 49
3.3 创建超链接 50
3.3.1 超链接的概念................................. 51
3.3.2 超链接的创建................................. 51
3.3.3 应用举例——创建文本、图像和电子邮件链接 53
3.4 上机及项目实训 54
3.4.1 制作“星牌服饰”网站..................... 54
3.4.2 制作鼠标经过图像.......................... 56
3.5 练习与提高 57

第 4 章 布局页面 58
4.1 使用表格布局页面 58
4.1.1 插入表格.. 58
4.1.2 选择表格元素................................. 59
4.1.3 输入页面元素................................. 61
4.1.4 设置表格属性................................. 63
4.1.5 添加/删除行或列............................ 65
4.1.6 单元格的合并及拆分....................... 66
4.1.7 应用举例——创建细线表格 67
4.2 使用框架布局网页 68
4.2.1 创建框架网页................................. 69
4.2.2 拆分框架.. 70
4.2.3 保存框架和框架集.......................... 71
4.2.4 删除框架.. 73
4.2.5 设置框架集及框架的属性................ 73
4.2.6 应用举例——制作网站后台框架页面 74
4.3 上机及项目实训 77
4.3.1 制作网站后台管理页面................... 77
4.3.2 制作“探险游”网页........................ 80
4.4 练习与提高 80

第 5 章 使用 AP Div 和行为 81
5.1 AP Div 的创建和设置 81
5.1.1 创建 AP Div.................................... 81
5.1.2 AP Div 的“属性”面板.................... 83
5.1.3 “AP 元素”面板............................... 84
5.1.4 应用举例——创建 AP Div 85
5.2 AP Div 的基本操作 86
5.2.1 选择 AP Div.................................... 86
5.2.2 调整 AP Div 的大小........................ 86
5.2.3 移动 AP Div.................................... 87
5.2.4 对齐 AP Div.................................... 87
5.2.5 应用举例——使用 AP Div 布局页面 87
5.3 行为的基本操作 89
5.3.1 认识行为和事件............................. 89
5.3.2 “行为”面板.................................... 89
5.3.3 内置行为动作的应用....................... 90
5.3.4 应用举例——设置状态栏文本 93
5.4 上机及项目实训 94
5.4.1 绘制 AP Div 94
5.4.2 制作图像跳转网页.......................... 95
5.5 练习与提高 95

第 6 章 创建表单 97
6.1 表单的概念 97
6.1.1 表单域... 97
6.1.2 表单对象.. 98
6.1.3 应用举例——快速选择表单域和表单对象 99
6.2 创建表单对象 99
6.2.1 文本域... 99
6.2.2 复选框.. 101
6.2.3 单选按钮...................................... 101
6.2.4 列表和菜单................................... 102
6.2.5 跳转菜单...................................... 104
6.2.6 表单按钮...................................... 105
6.2.7 创建图像域................................... 106
6.2.8 应用举例——在添加表单对象的同时添加表单域 107

6.3 上机及项目实训 108
6.3.1 制作注册表单页面 108
6.3.2 制作搜索表单 111
6.4 练习与提高 111

第7章 CSS与多媒体的应用 112
7.1 网页中CSS的应用 112
7.1.1 认识“CSS样式”面板 112
7.1.2 新建CSS样式 113
7.1.3 CSS属性 114
7.1.4 应用自定义样式 119
7.1.5 链接到外部样式表 120
7.1.6 应用举例——新建CSS样式 121
7.2 网页中多媒体的应用 123
7.2.1 多媒体的概念 123
7.2.2 Flash文件类型 123
7.2.3 插入Flash动画 124
7.2.4 插入Shockwave影片 125
7.2.5 应用举例——在页面中插入Flash动画 126
7.3 上机及项目实训 128
7.3.1 制作“娃娃网”周年网页 128
7.3.2 制作“SHOW广告动画”网页 130
7.4 练习与提高 130

第8章 Flash CS3基础 131
8.1 认识Flash动画 131
8.1.1 Flash动画的原理及应用领域 131
8.1.2 Flash动画在网页方面的应用 132
8.1.3 认识Flash CS3工作界面 132
8.1.4 应用举例——设置文档属性 135
8.2 Flash文档的基本操作 136
8.2.1 Flash文档的创建 136
8.2.2 Flash文档的保存 137
8.2.3 Flash文档的打开 137
8.2.4 应用举例——新建Flash广告动画 138
8.3 上机及项目实训 139
8.3.1 制作gongzhu Flash文档 139
8.3.2 制作SHOW文档 140
8.4 练习与提高 140

第9章 绘制Flash图像 141
9.1 绘图工具的使用 141
9.1.1 工具箱介绍 141
9.1.2 矢量图与位图 144
9.1.3 应用举例——绘制咖啡杯 145
9.2 图像的编辑和导入 148
9.2.1 组合与分离 148
9.2.2 图像的导入 148
9.2.3 将位图转换为矢量图 149
9.2.4 应用举例——光晕图像效果 150
9.3 图像特殊效果的创建 151
9.3.1 “滤镜”面板 151
9.3.2 滤镜的使用 152
9.3.3 应用举例——创建特殊字体效果 154
9.4 上机及项目实训 155
9.4.1 绘制鼠标图形 155
9.4.2 绘制水果拼盘 158
9.5 练习与提高 158

第10章 元件和“库”面板的应用 ... 159
10.1 元件的创建 159
10.1.1 元件的概念 159
10.1.2 图形元件 160
10.1.3 按钮元件 161
10.1.4 影片剪辑元件 163
10.1.5 应用举例——制作“短靴”动画 165
10.2 “库”面板 166
10.2.1 认识“库”面板 166
10.2.2 库的管理和使用 167
10.2.3 应用举例——清理未用项目 168
10.3 上机及项目实训 168
10.3.1 绘制Logo型按钮 168
10.3.2 创建缩放动画 170
10.4 练习与提高 171

第 11 章　用时间轴创建动画 172
11.1　时间轴与关键帧 172
11.1.1　时间轴的组成 172
11.1.2　时间轴中的图层 173
11.1.3　插入帧 173
11.1.4　应用举例——插入帧 174
11.2　创建动画 176
11.2.1　逐帧动画 176
11.2.2　补间动画 177
11.2.3　应用举例——文本特效动画 179
11.3　特殊图层的应用 181
11.3.1　引导层 181
11.3.2　遮罩层 182
11.3.3　应用举例——望远镜中的飞鸟 182
11.4　上机及项目实训 184
11.5　练习与提高 186

第 12 章　导入声音和视频 187
12.1　导入及使用声音 187
12.1.1　声音的类型 187
12.1.2　导入声音 188
12.1.3　声音的使用 188
12.1.4　应用举例——为“狼”动画添加声音 190
12.2　处理声音 192
12.2.1　设置声音属性 192
12.2.2　设置声音 192
12.2.3　设置音效 194
12.2.4　应用举例——设置声音的淡出效果 195
12.3　导入视频 196
12.3.1　导入的视频格式 196
12.3.2　导入视频的方法 196
12.3.3　应用举例——导入 hua.avi 视频 197
12.4　上机及项目实训 199
12.4.1　导入声音及视频 199
12.4.2　导入视频 202
12.5　练习与提高 202

第 13 章　使用 ActionScript 语句 203
13.1　ActionScript 概述 203
13.1.1　ActionScript 3.0 的特性 203
13.1.2　输入代码 204
13.1.3　应用举例——控制影片的停止和播放 206
13.2　ActionScript 语句基础 207
13.2.1　变量 207
13.2.2　数据类型 209
13.2.3　ActionScript 语句的基本语法 209
13.2.4　运算符 211
13.2.5　处理对象 211
13.2.6　应用举例——创建文本跟随鼠标移动的动画效果 214
13.3　常见的 ActionScript 语句 214
13.3.1　播放控制 215
13.3.2　播放跳转 215
13.3.3　条件语句 215
13.3.4　循环语句 216
13.3.5　应用举例——重播动画 216
13.4　上机及项目实训 217
13.4.1　制作可拖动的小球动画 217
13.4.2　制作星空闪烁动画 219
13.5　练习与提高 219

第 14 章　测试及导出影片 221
14.1　影片优化和测试 221
14.1.1　影片的优化 221
14.1.2　测试影片下载性能 222
14.1.3　影片的调试 224
14.1.4　“输出”面板 225
14.1.5　应用举例——优化与测试“春天”动画 226
14.2　导出影片 228
14.2.1　导出影片的方法 228
14.2.2　导出图像的方法 229
14.2.3　应用举例——导出“风景”动画 230
14.3　上机及项目实训 231

14.3.1 测试及导出影片 231
14.3.2 测试及导出图像 233
14.4 练习与提高 234

第 15 章 Photoshop 文字和图层的应用 235
15.1 创建文字 235
15.1.1 文字工具 235
15.1.2 创建文字的方法 237
15.1.3 文字选区的创建 238
15.1.4 文字的变形 238
15.1.5 应用举例——特殊文字效果 239
15.2 图层的应用 242
15.2.1 图层的概念 242
15.2.2 图层的基本操作 243
15.2.3 图层的混合模式 246
15.2.4 应用举例——背景特效制作 249
15.3 上机及项目实训 251
15.3.1 制作水晶按钮 251
15.3.2 给头发上色 254
15.4 练习与提高 255

第 16 章 Photoshop 路径、色彩和通道在网页设计中的应用 257
16.1 创建路径 257
16.1.1 路径的概念 258
16.1.2 路径工具的使用 258
16.1.3 编辑路径 261
16.1.4 应用举例——绘制网站 LOGO 262
16.2 调整图像色彩和色调 264
16.2.1 调整图像的色调 264
16.2.2 调整图像的色彩 267
16.2.3 应用举例——校正网页中的偏色图片 271
16.3 通道 272
16.3.1 通道的概念 273
16.3.2 通道的操作 273
16.3.3 专色通道 276
16.3.4 应用举例——对网页中的图片进行处理 278
16.4 上机及项目实训 281
16.4.1 制作网页 Banner 281
16.4.2 改变衣服的颜色 283
16.5 练习与提高 283

第 17 章 项目设计案例 284
17.1 项目目标 284
17.2 项目分析 285
17.3 实现过程 285
17.3.1 使用 Photoshop 制作网页图像素材 285
17.3.2 使用 Flash CS3 制作网页导航条 289
17.3.3 使用 Dreamweaver CS3 制作网页 292
17.4 练习与提高 302

第 1 章　网页制作基础

学习目标

☑　了解 HTML 的组成和语法
☑　了解网页制作的常用软件
☑　掌握网页制作软件的启动和退出方法

目标任务&项目案例

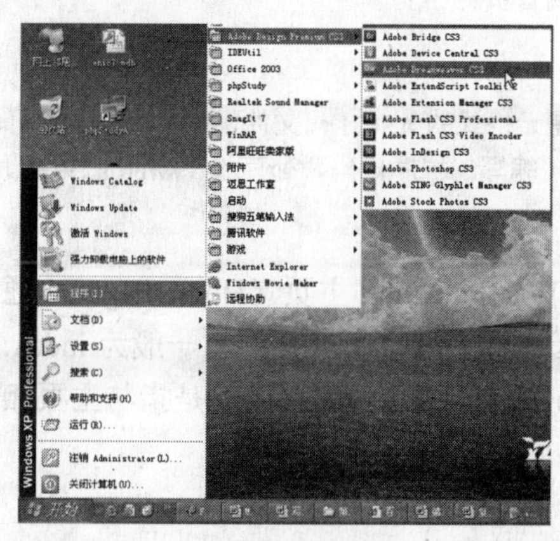

启动 Photoshop CS3

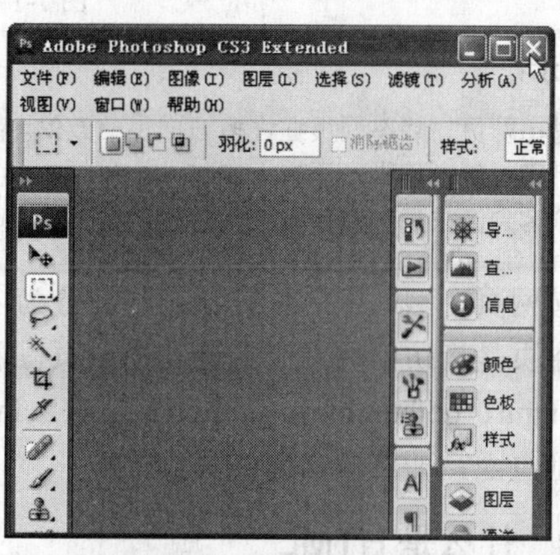

退出 Photoshop CS3

随着 Internet 的不断发展，网页已经成为重要的信息载体。在动手制作网页前，首先应了解网页的组成、HTML 的基本语法和制作网页的常用软件。本章将主要讲解网页制作的基本知识，为后面的学习打下坚实的基础。

1.1　网页制作基础知识

Internet 中有许多漂亮、美观的网页，要制作出这样的网页，必须先了解什么是网页，网页的基本组成是怎样的。下面将进行详细讲解。

1.1.1　网页简介

网页又称 Web 页，一般都包含图像、文字和超链接等元素。如图 1-1 所示即为新浪网首页。

按表现形式的不同，网页可分为静态网页和动态网页。其含义和特点分别介绍如下。

➘　**静态网页**：静态网页是标准的 HTML 文件，它是采用 HTML（超文本标记语言）

编写的，通过 HTTP（超文本传输协议）在服务器端和客户端之间传输的纯文本文件，扩展名为.html 或.htm。

- **动态网页**：动态网页是指具有动态效果的网页，由 ASP、PHP、JSP 和 CGI 等程序组成。

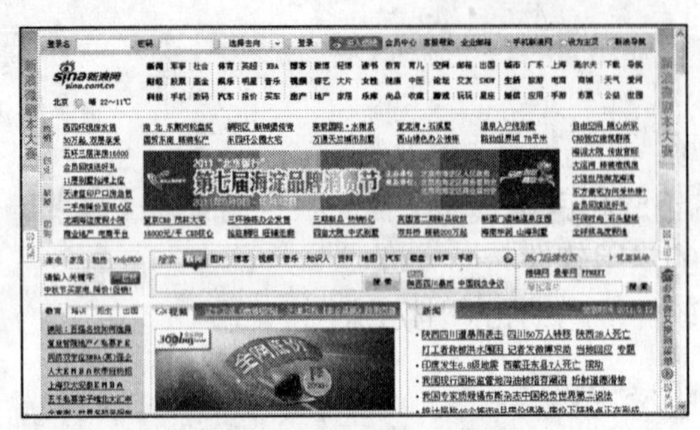

图 1-1　新浪网首页

提示：

动态网页与静态网页在许多方面是一致的。它们都是无格式的 ASCII 码文件，都包含着 HTML 代码，都可以包含用脚本语言（如 JavaScript 或 VBScript）编写的程序代码，都存放在 Web 服务器上，收到客户请求后都会把响应信息发送给 Web 浏览器。

按网页在网站中的位置，可将其分为内页（Web Page）和主页（Home Page）。通常所说的主页是指访问网站时看到的第一页，即首页。首页的名称是特定的，一般为 index.htm、index.html、default.htm、default.html、default.asp 或 index.asp 等。内页是指与主页相链接的其他页面，即网站内部的页面。

1.1.2　什么是 HTML

HTML 是 Hyper Text Markup Language 的简写，即超文本标记语言，是用来描述 Internet 上超文本文件的语言。

提示：

HTML 并不是一种编程语言，而是一种页面描述性标记语言。它通过各种标记描述不同的内容，说明段落、标题、图像和字体等在浏览器中的显示效果。浏览器打开 HTML 文件时，将依据 HTML 标记去显示内容。

HTML 能够将 Internet 中不同服务器上的文件连接起来，如将文字、声音、图像、动画和视频等媒体有机组织起来，展示出五彩缤纷的画面。此外，它还可以接收用户信息、与数据库相连、实现用户的查询请求等交互功能。

HTML 文件独立于平台，对多平台兼容，通过网页浏览器能够在任何平台上阅读。

1.1.3　HTML 的组成结构及语法

HTML 文档是由 HTML 元素组成的文本文件。HTML 元素是预定义的正在使用的 HTML 标签，即由 HTML 标签组成 HTML 元素。

HTML 标记的一般格式如下：

<标记符>内容</标记符>

标记符一般需要配对使用，前面的<标记符>表示某种格式或指令的开始，后面的</标记符>表示这种格式的结束，这对标记符之间的内容是被作用的对象。

HTML 文档结构主要由<html>、<head>、<title>、<body>标签和对应的结束标签组成。标签<html>和</html>分别代表 HTML 文档的开始和结束；在<head>和</head>标签之间的文本是头部信息，在浏览器窗口中是不会显示头部信息的；在<title>和</title>标签之间的文本是文档标题，它显示在浏览器窗口的标题栏；在<body>和</body>标签之间的文本是正文，会在浏览器的网页浏览区中显示。

1.1.4　应用举例——使用“记事本”程序编写网页

在“记事本”程序中创建一个名为 index.html 的 HTML 文件（立体化教学:\源文件\第1 章\index.html）。

操作步骤如下：

（1）选择“开始/程序/附件/记事本”命令，打开“记事本”程序，如图 1-2 所示。

（2）在打开的“记事本”窗口中输入如图 1-3 所示的代码。

图 1-2　启动“记事本”程序

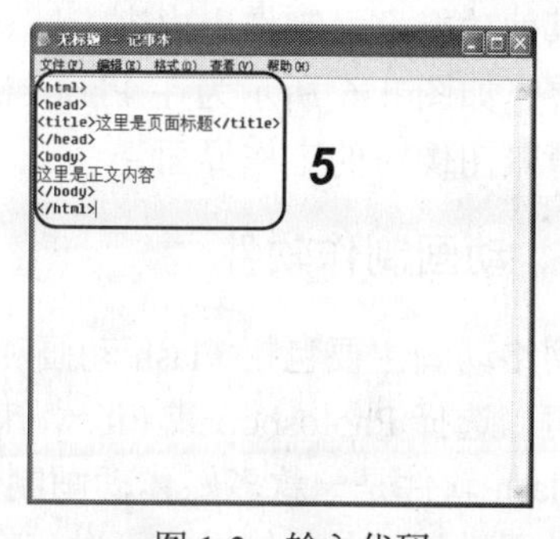

图 1-3　输入代码

（3）选择“文件/另存为”命令，打开“另存为”对话框，在“保存在”下拉列表框中选择文件保存路径，在“文件名”下拉列表框中输入文件名及扩展名，这里输入“index.html”，在“保存类型”下拉列表框中选择“所有文件”选项，单击 保存(S) 按钮，如图 1-4 所示。

（4）双击所创建的文件，即可在浏览器中打开文件进行网页效果预览，如图 1-5 所示。

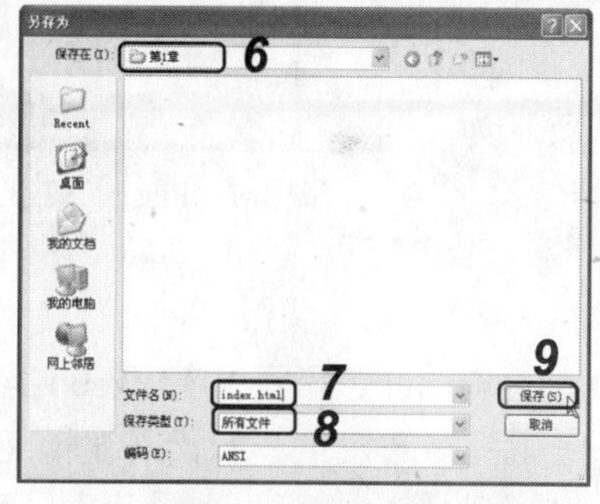

图 1-4　保存文件

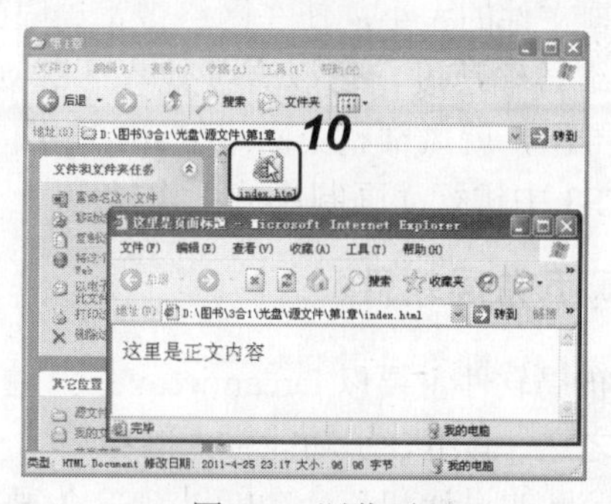

图 1-5　浏览页面

1.2 网页制作的常用软件

网页中所包含的内容除了文本外，还应该有图像、背景和 Flash 动画等，从而使页面更具观赏性和艺术性。要在网页中添加这些元素，就需要用到网页制作软件。下面将介绍制作网页时用到的一些常用软件。

1.2.1 图形图像处理软件

用于图形图像处理的软件有很多，如 Photoshop、Fireworks、CorelDRAW、Illustrator 等，其中与网页制作联系最为紧密的应该是 Adobe 公司推出的 Photoshop 和 Fireworks。

Photoshop 具有强大的图像绘制、编辑功能，已成为专业处理图形图像的首选工具。

Photoshop CS3 提供了更多的创作方式，能制作适用于打印、Web 和其他任何用途的最佳品质的图像。通过流线型的 Web 设计、专业品质照片润饰功能及其他功能，可制作出内容丰富、可观性强的影像世界。如图 1-6 所示为在 Photoshop CS3 中制作网页背景图像时的工作界面。

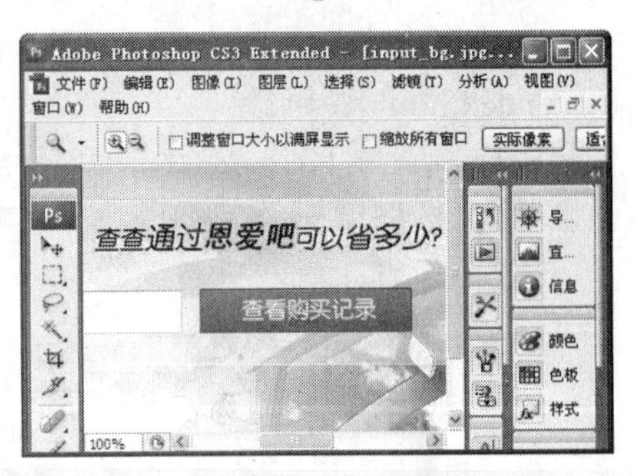

图 1-6　Photoshop CS3 工作界面

1.2.2 动画制作软件

网络动画主要包括 Flash 动画和 GIF 动画，制作 Flash 动画首选 Flash 软件，制作 GIF 动画可以选择 Photoshop 或 Fireworks 等软件完成。

Flash 软件是一款多媒体动画制作软件。作为一种交互式动画设计工具，使用它可以将音乐、声效和动画融合在一起，制作出高品质的动画。

Flash 动画有别于以前常用于网络的 GIF 动画，它采用的是矢量绘图技术，能将绘制的图像在质量无损失的情况下放大。由于 Flash 动画是由矢量图构成，大大减小了动画文件的大小，使在网络带宽局限的情况下，提升了网络传输速度，可以方便他人下载观看。Flash 软件一经推出，就风靡整个网络世界。如图 1-7 所示为在 Flash CS3 中进行动画制作的工作界面。

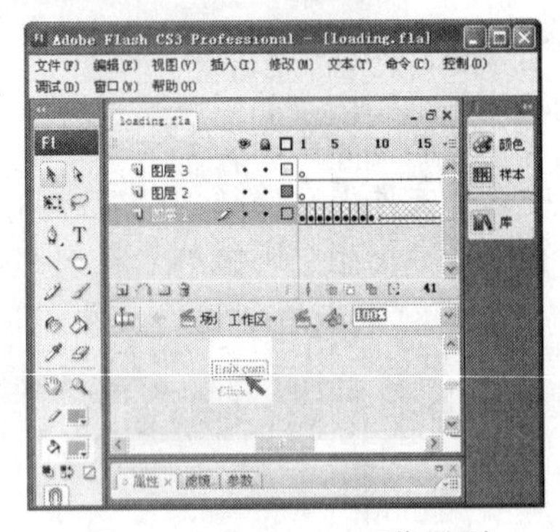

图 1-7　Flash CS3 工作界面

1.2.3 网页布局软件

网页布局软件主要以 Dreamweaver 为主。Dreamweaver CS3 是构建 Web 站点和应用程序的专业之选，其组合了功能强大的布局工具、应用程序开发工具和代码编辑支持工具等。Dreamweaver 的设计和整合功能以 CSS 为基础，强大而稳定，可帮助设计人员和开发人员轻松创建和管理站点。如图 1-8 所示为使用 Dreamweaver CS3 进行网页编辑时的工作界面。

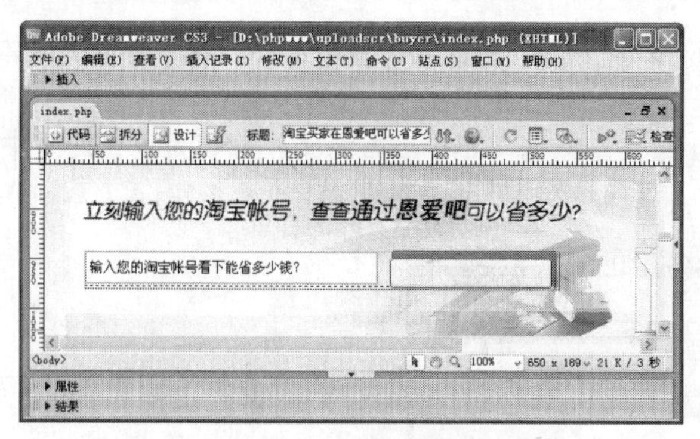

图 1-8　Dreamweaver CS3 工作界面

1.2.4　软件配合及制作流程

在网页制作过程中，通常由美工人员使用 Photoshop 进行网页页面效果的制作，包括网页中各种图像元素的制作，如网站 Logo、Banner 和背景图像等。由动画制作人员使用 Flash 或 Photoshop 进行 Flash 动画或 GIF 动画的制作。当美工人员将网页页面效果图制作完成后，使用 Photoshop 将图像进行切片并输出，此时网页制作人员即可利用切片并输出的图像，以及页面效果图的布局等，使用 Dreamweaver 对网页进行制作，此时完成的页面还处于静态页面阶段，接着即可由程序人员，在静态页面的基础上进行动态页面的制作，包括数据库的创建和基础数据的添加，以及使用 ASP、PHP 或 JSP 等网页编程语言对具体的动态交互功能的实现。

当整个网站制作完成后，还需要对网站进行本地测试，测试通过后即可发布到 Internet 上再次进行测试，测试通过即可交付使用。

1.2.5　应用举例——实战网页制作流程

下面通过制作 sou 网页为例介绍网页制作流程。

操作步骤如下：

（1）使用 Photoshop 完成静态页面效果图的制作，如图 1-9 所示（立体化教学:\源文件\第 1 章\sou.psd）。

（2）将在 Photoshop 中制作好的页面效果图进行切片输出，输出的文件夹内容如图 1-10 所示。

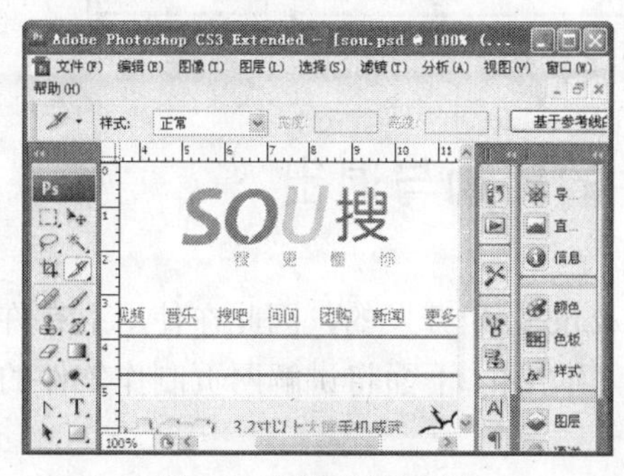

图 1-9　制作页面效果

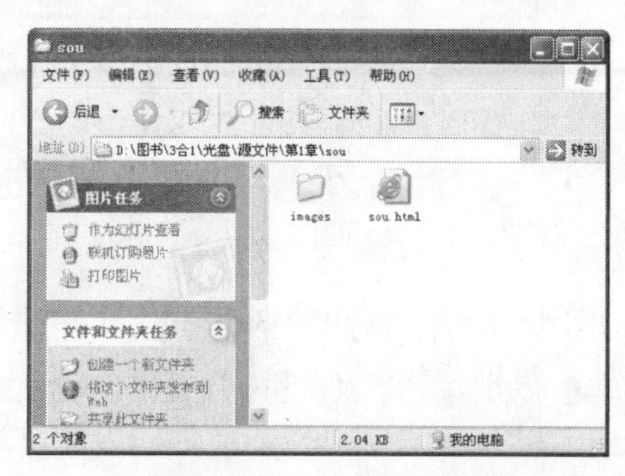

图 1-10　切片并输出文件

（3）使用 Flash 制作 Flash 动画源文件，如图 1-11 所示（立体化教学:\源文件\第 1 章\sou.fla）。

（4）使用 Flash 将制作好的 Flash 动画源文件发布为可在网页中使用的 Flash 动画文件（扩展名为.swf），如图 1-12 所示（立体化教学:\源文件\第 1 章\sou.swf）。

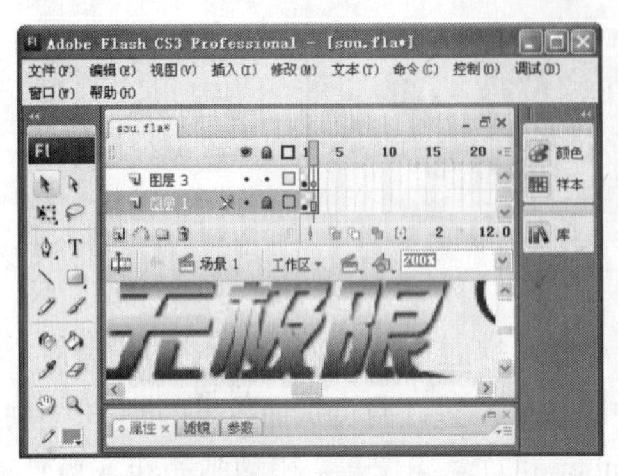

图 1-11　制作 Flash 动画源文件

图 1-12　发布为 Flash 动画文件

（5）使用 Dreamweaver 编辑 Photoshop 输出的静态网页，并将 Flash 动画插入，完成网页的制作，如图 1-13 所示（立体化教学:\源文件\第 1 章\sou2\sou.html）。

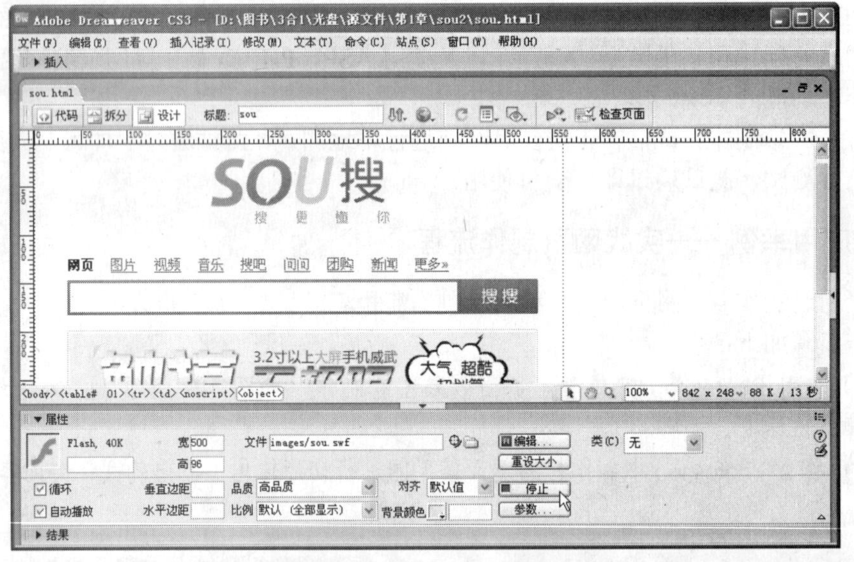

图 1-13　编辑网页文件效果

1.3　网页制作软件的启动与退出

由于网页制作常用的 3 款主流软件都是由 Adobe 公司开发的，因此在使用上有许多相同之处，特别是软件的启动与退出方法，是完全相同的。下面将讲解网页制作软件的启动与退出，以及在软件中打开文件的方法。

1.3.1　网页制作软件的启动

可以通过选择“开始/程序/Adobe Design Premium CS3/Adobe Dreamweaver CS3”命令启动 Dreamweaver CS3，如图 1-14 所示；也可以双击桌面上的 Adobe Dreamweaver CS3 快捷方式图标来启动，如图 1-15 所示。

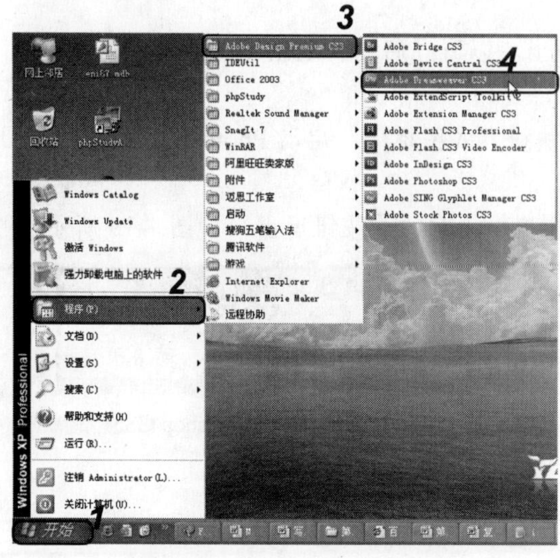

图 1-14　从“开始”菜单启动

图 1-15　双击快捷方式图标启动

1.3.2　文件的打开

启动 Dreamweaver、Photoshop 或 Flash 后，可以选择“文件/打开”命令，在打开的对话框中进行相应操作即可打开相应文件。

【例 1-1】　通过 Photoshop 打开 logo.psd 素材文件（立体化教学:\实例素材\第 1 章\logo.psd）。

（1）启动 Photoshop CS3 后，选择“文件/打开”命令，如图 1-16 所示。

（2）打开“打开”对话框，在“查找范围”下拉列表框中选择文件所在的文件夹，再在文件列表框中双击要打开的文件名称，即可完成文件的打开操作，如图 1-17 所示。

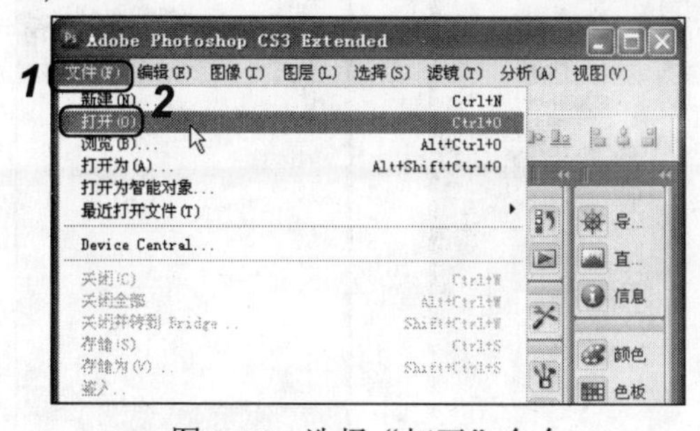

图 1-16　选择“打开”命令

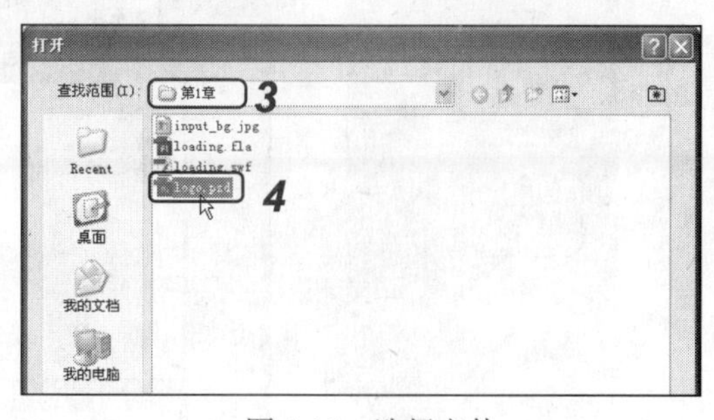

图 1-17　选择文件

1.3.3 网页制作软件的退出

各网页制作软件的退出方法是相同的，都可以通过选择“文件/退出”命令或单击工作窗口右上角的☒按钮退出。

1.3.4 应用举例——启动并退出 Photoshop CS3

下面练习 Photoshop CS3 的启动和退出，以巩固启动和退出相关软件的方法。

操作步骤如下：

（1）双击桌面上的 Photoshop CS3 快捷方式图标，启动 Photoshop CS3，如图 1-18 所示。

（2）在 Photoshop CS3 界面中单击窗口右上角的☒按钮退出，如图 1-19 所示。

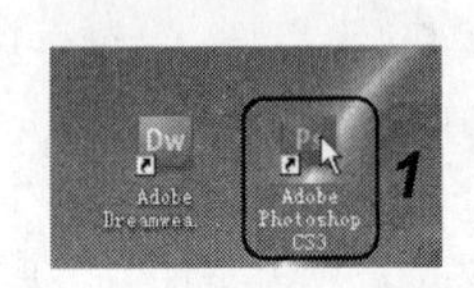

图 1-18 启动 Photoshop CS3

图 1-19 退出 Photoshop CS3

1.4 上机及项目实训

1.4.1 Flash CS3 的启动与退出

本实例将练习 Flash CS3 的启动与退出操作。

操作步骤如下：

（1）双击桌面上的 Flash CS3 快捷方式图标，如图 1-20 所示，打开 Flash CS3 欢迎屏幕界面，如图 1-21 所示。

（2）选择“文件/退出”命令，退出 Flash CS3，如图 1-22 所示。

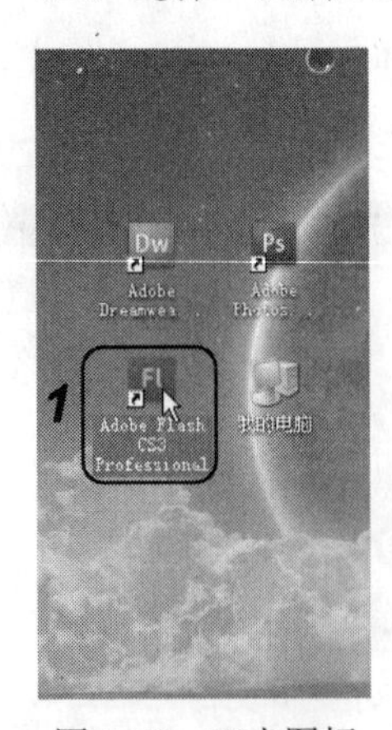

图 1-20 双击图标

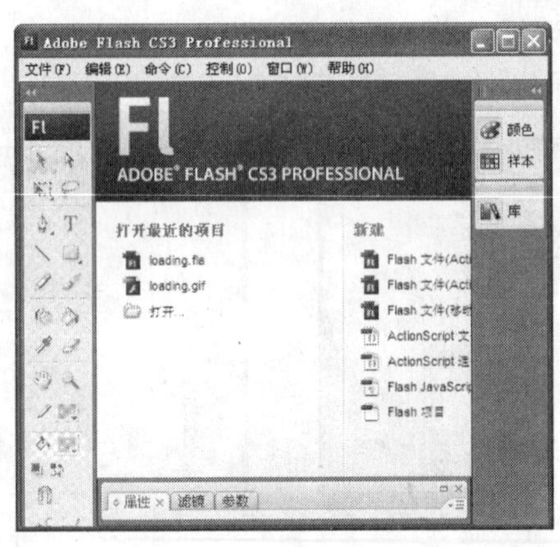

图 1-21 Flash CS3 界面

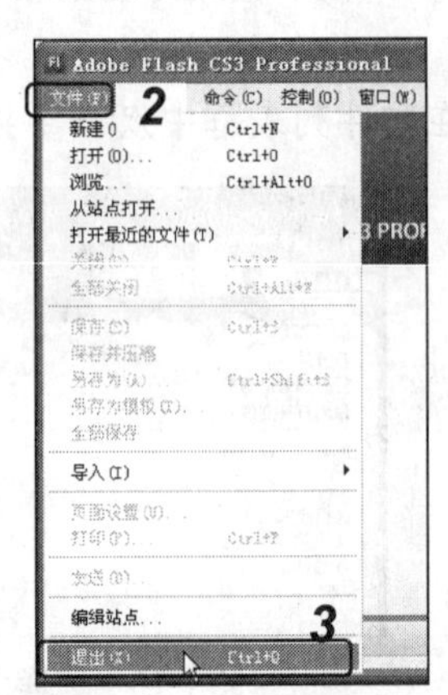

图 1-22 选择“退出”命令

1.4.2　制作“蓝莲花”网页

综合利用本章所学知识，制作“蓝莲花”网页，完成后的最终效果如图 1-23 所示（立体化教学:\源文件\第 1 章\hua.html）。

本练习可结合立体化教学中的视频演示进行学习（立体化教学:\视频演示\第 1 章\制作“蓝莲花”网页.swf）。主要操作步骤如下：

（1）启动“记事本”程序。

（2）在文档中输入如图 1-23 所示的文本。

（3）保存文档，注意在保存时“保存类型”下拉列表框中应选择“所有文件”选项，在“文件名”下拉列表框中应输入“hua.html”。

没有什么能够阻挡
你对自由的向往
天马行空的生涯
你的心了无牵挂

摘自《蓝莲花》

图 1-23　最终效果

1.5　练习与提高

（1）练习 Dreamweaver CS3 的启动和退出。

（2）练习 Flash 文件的打开方法。

（3）练习 Photoshop 文件的打开和软件的退出方法。

总结网页制作中最主要的 3 款软件的一些相同操作

为了方便大家记住软件的共通性，下面总结一些网页制作软件的相同操作供大家参考。

- **启动软件**：可以通过“开始”菜单、桌面快捷方式、对应的源文件（如.psd 文件）等方式启动软件。
- **打开文档**：可以通过双击对应的源文件（如.fla 文件）、启动软件后通过“打开”命令、启动软件后按 Ctrl+O 键等方式打开文档。
- **保存文档**：对于制作完成的文档，可以通过“保存”命令、“存储为”命令、按 Ctrl+S 键等进行文档的保存。
- **退出软件**：可以通过“退出”命令、单击窗口右上角的 ✕ 按钮、按 Ctrl+Q 键等方式退出软件。

第 2 章　Dreamweaver CS3 基本操作

学习目标

☑ 认识 Dreamweaver CS3 的工作界面
☑ 掌握网页文档的基本操作
☑ 掌握设置并管理站点的方法

目标任务&项目案例

网页的组成元素

设置网页页面属性

Dreamweaver CS3 是一款功能强大的网页编辑软件，它以直观的图形界面大大简化了网页的设计和编辑。

在具体学习使用 Dreamweaver 之前，首先应该掌握对网页文档操作的一些基础知识，如网页文档的创建、打开、预览和保存以及页面属性的基本设置等。本章将对 Dreamweaver 的一些基本操作进行详细讲解，为之后的学习打下良好的基础。

2.1　了解网页元素

在使用 Dreamweaver 进行网页制作之前，有必要先了解网页的基本组成元素。构成网页的组成元素很多，而最基本的元素就是文本、图像（静态图像及 GIF 动画）、Flash 动画、视频和音乐等。如图 2-1 所示的网页中即包括文本、图像和 Flash 动画等元素。各元素含义和特点分别如下。

图 2-1　网页的组成元素

- **文本**：文本是组成网页的最基本元素。在 Dreamweaver 中可以方便地创建和编辑文本，并可插入特殊字符，如版权符号等。
- **图像**：要制作美观大方的页面，图像是必不可少的元素。Dreamweaver 本身并不支持对图像的创建和编辑，只能链接到相关的图像文件并在页面中显示。因此对于图像的编辑需借助其他图像处理软件，如 Photoshop、Fireworks 等。
- **Flash 动画**：Flash 动画是网页中比较流行的动画格式，由于 Flash 是矢量动画，一般体积比较小，适合在 Internet 中传输，因此在网页中的应用也屡见不鲜。在网页中添加 Flash 动画可以使页面更有动感和趣味性，从而激发浏览者浏览页面的兴趣。

技巧：

在网页中 GIF 动画及 Flash 动画都具有动画效果，将光标移动到动画元素上，单击鼠标右键，在弹出的快捷菜单中如果有“图片另存为”命令即为 GIF 动画，如果有“关于 Adobe Flash Player”之类的命令即为 Flash 动画。

2.2　Dreamweaver CS3 工作界面

Dreamweaver CS3 是由 Adobe 公司推出的一款网页设计软件，使用它可以快速、轻松地完成网站设计、开发和维护的全过程。要使用它制作网页，应先了解它的工作界面，下面将对其进行介绍。

Dreamweaver CS3 的工作界面由标题栏、菜单栏、插入面板、文档工具栏、文档窗口、状态栏、“属性”面板和浮动面板组等组成，如图 2-2 所示。

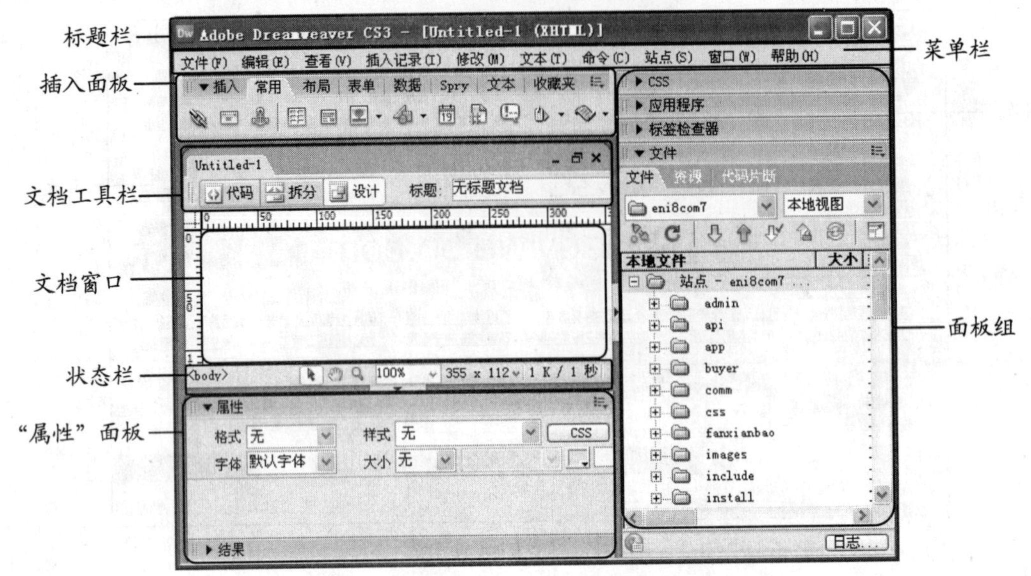

图 2-2　Dreamweaver CS3 的工作界面

2.2.1　标题栏

标题栏位于 Dreamweaver CS3 窗口顶部，其中显示了 Dreamweaver CS3 的图标、当前编辑的文件路径和文件名称等，如图 2-3 所示。

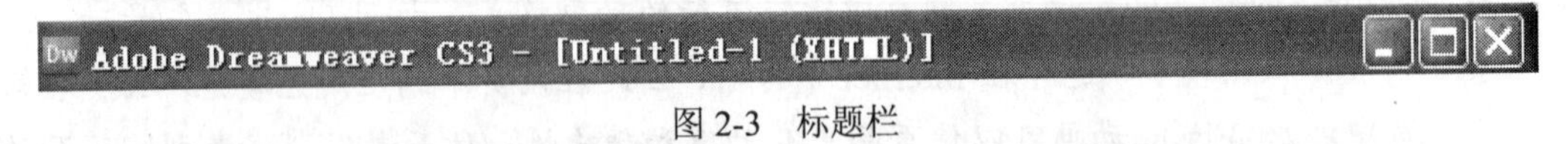

图 2-3　标题栏

2.2.2　菜单栏

菜单栏位于标题栏下方，包括“文件”、“编辑”、“查看”、“插入记录”、“修改”、“文本”、“命令”、“站点”、“窗口”和“帮助”10 项菜单命令，如图 2-4 所示。通过使用这 10 项命令可以完成 Dreamweaver CS3 的所有编辑功能。

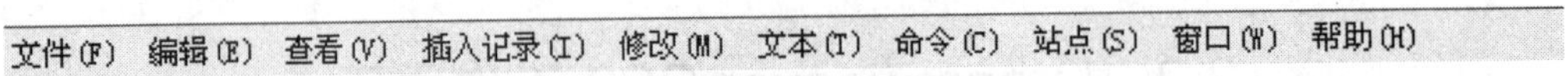

文件(F)　编辑(E)　查看(V)　插入记录(I)　修改(M)　文本(T)　命令(C)　站点(S)　窗口(W)　帮助(H)

图 2-4　菜单栏

2.2.3　插入面板

插入面板包含用于创建和插入对象的按钮，这些按钮被组织到相应的类别中，按 Ctrl+F2 键可以打开或隐藏插入面板，如图 2-5 所示。

图 2-5　插入面板

提示：

通过单击插入面板上方的标签按钮，可以切换插入面板的类别，如图 2-6 所示为切换到“文本”类别的插入面板。

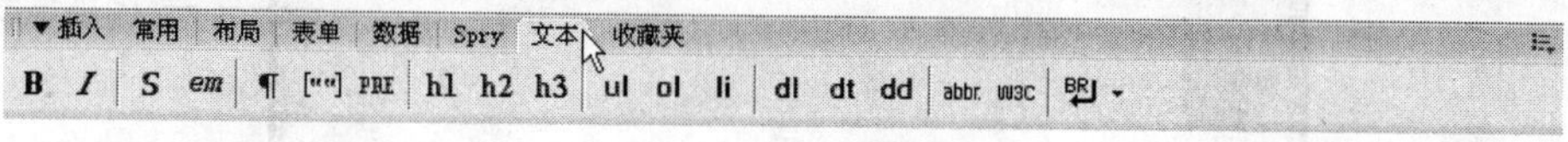

图 2-6　切换类别

2.2.4　文档工具栏

文档工具栏的主要作用是不使用菜单命令，仅通过快捷按钮控制文档视图的显示，如图 2-7 所示。

图 2-7　文档工具栏

文档工具栏中各按钮的含义介绍如下。

- “显示代码视图”按钮：单击此按钮，在文档窗口中将显示代码视图。
- “显示代码视图和设计视图”按钮：单击此按钮，可将文档窗口分为两部分，一部分显示代码视图，另一部分中显示设计视图。
- “显示设计视图”按钮：单击此按钮，在文档窗口中将显示设计视图。
- “标题”文本框：在其中输入要在浏览器上显示的文档标题。
- “文件管理”按钮：文件管理状态，单击此按钮将显示“文件管理”弹出菜单。
- “在浏览器中预览/调试”按钮：允许在浏览器中预览或调试文档，单击此按钮，从弹出菜单中选择一个浏览器，可通过指定的浏览器预览网页文档，当出现 JavaScript 错误时查找错误。
- “刷新设计视图”按钮：当在代码视图中更改代码后，单击此按钮可以刷新文档的设计视图。
- “视图选项”按钮：根据不同的工作界面，选择不同的选项。
- “可视化助理”按钮：在设计过程中，帮助显示一些元素，如 CSS 布局背景、表格的边框和框架边框等。
- “验证标记”按钮：此选项用于验证当前文档或选定的标签。
- “浏览器验证”按钮：自动检测标签和 CSS 规则对不同浏览器的兼容性。

2.2.5　文档窗口

文档窗口也称文档编辑区。在文档窗口中所显示的内容可以是代码或可视化的网页，也可以是两者的共同体。

在设计视图中，文档窗口中显示的文档近似于在 Web 浏览器中显示的情形；在代码视图中，将显示当前所创建和编辑的 HTML 文档内容；在两种视图共同显示的界面中，同时满足了上述两种不同的设计要求，如图 2-8 所示。

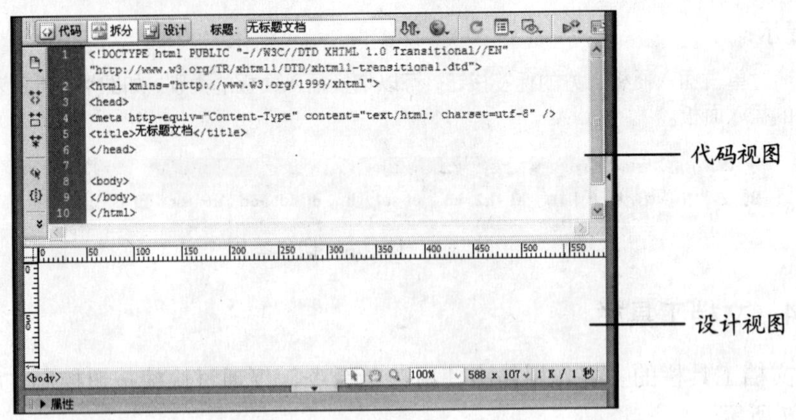

图 2-8　文档窗口

2.2.6　状态栏

状态栏位于文档窗口下方，通过状态栏可以了解页面的大小和浏览器载入该页面所需要的时间，如图 2-9 所示。

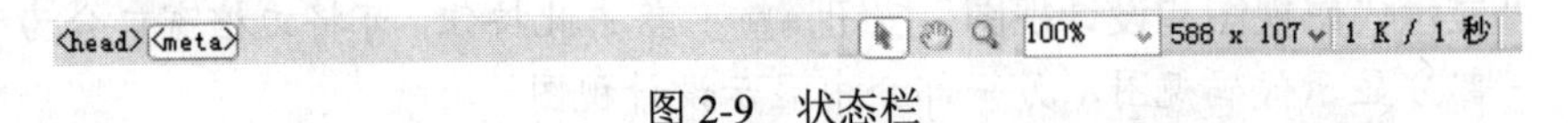

图 2-9　状态栏

在状态栏上显示了标签选择器，当单击其中的标签时，代码视图中对应的内容将被自动选中，如图 2-10 所示。

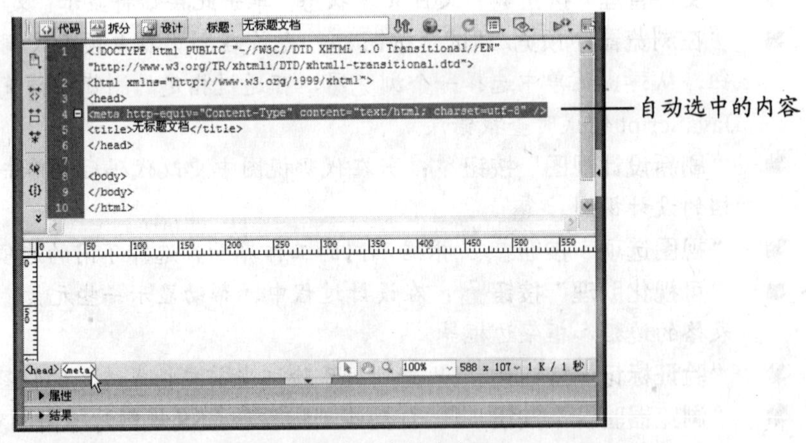

图 2-10　状态栏及其对应的内容

2.2.7　“属性”面板

“属性”面板位于状态栏下方，用来设置页面上正在被编辑内容的属性。通过选择“窗口/属性”命令或按 Ctrl+F3 键可以打开或关闭“属性”面板，如图 2-11 所示。

根据当前选定内容的不同，“属性”面板中所显示的属性也不同。在大多数情况下，对属性所作的更改会立即应用在文档窗口中，但是有些属性则需在属性文本域外单击鼠标左键或按 Enter 键才生效。

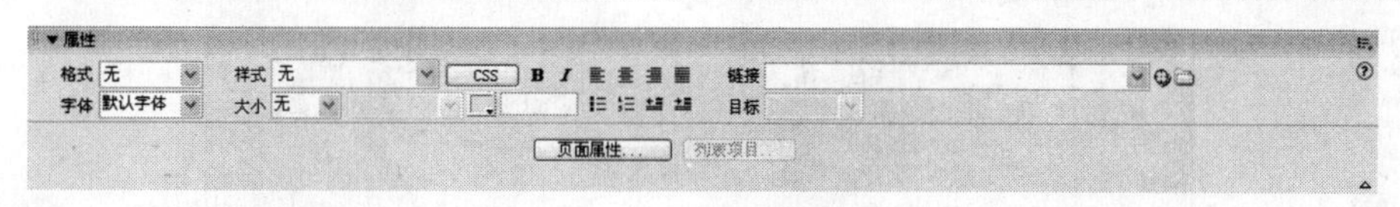

图 2-11　“属性”面板

2.2.8　面板组

在 Dreamweaver CS3 中，面板组都嵌入在工作界面中，如图 2-12 所示。在面板中对相应的文档进行操作时，对文档的改变也会同时在窗口中显示，从而更利于对页面的编辑。在“窗口”菜单中可以通过选择相应的命令来显示或者隐藏面板，如图 2-13 所示。

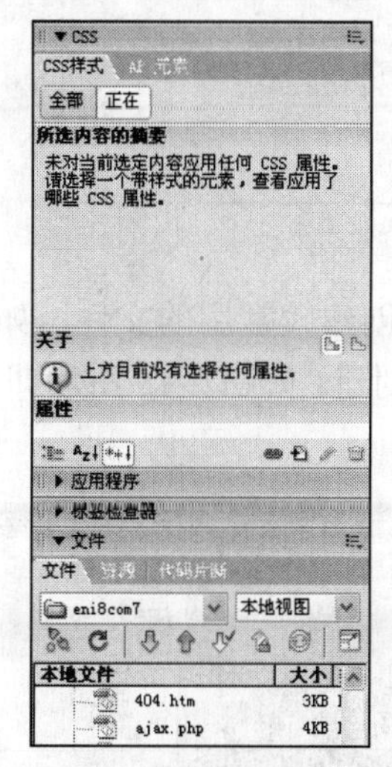

图 2-12　Dreamweaver CS3 的面板组

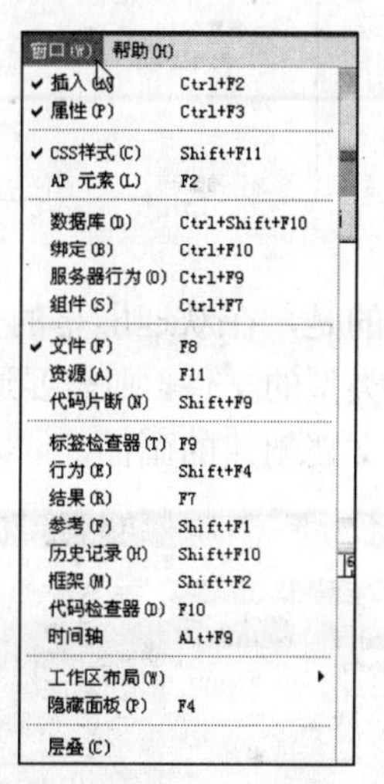

图 2-13　“窗口”菜单

提示：

将不需要的面板关闭，可让需要的面板在更大的空间中显示，方便操作。关闭面板的方法是：将光标移动到要关闭的面板的标题栏中，单击鼠标右键，在弹出的快捷菜单中选择“关闭面板组”命令。

2.3　网页文档的基本操作

在 Dreamweaver 中创建、打开、预览和保存网页文档以及设置页面属性都是经常要进行的基本操作，下面将对其分别进行讲解。

2.3.1　创建网页文档

启动 Dreamweaver CS3 后，会出现一个功能选择的欢迎屏幕，其中包括“打开最近的项目”栏、“新建”栏、“从模板创建”栏和“扩展”栏。在“新建”栏下单击 HTML 按钮，即可创建一个 HTML 网页文档，如图 2-14 所示。

技巧：

在欢迎屏幕中选中左下角的 不再显示 复选框，下次启动 Dreamweaver 时将不再显示欢迎屏幕。

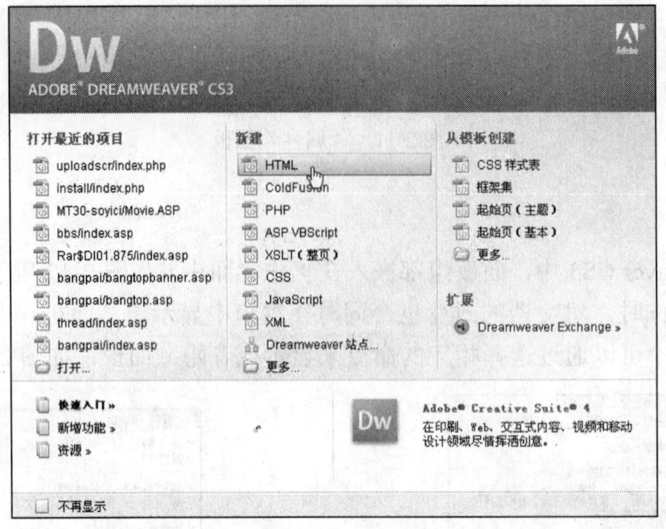

图 2-14　欢迎屏幕

需要注意的是，在欢迎屏幕的“新建”栏中只能创建较常用的文件，如果需要创建更个性化及更多类型的文件，则需要通过菜单命令进行创建。如图 2-15 所示即为通过“新建”命令进行网页文档创建的画面。

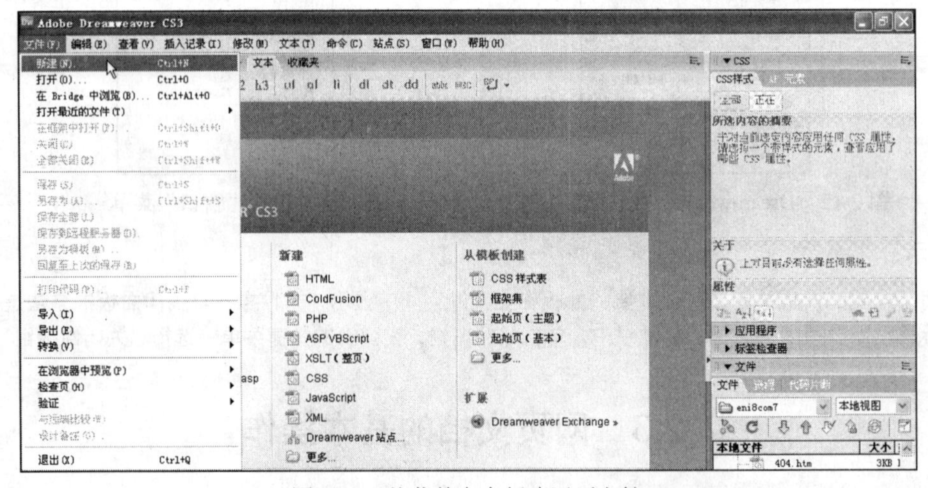

图 2-15　从菜单命令创建网页文档

【例 2-1】　通过菜单命令创建网页文档。

（1）启动 Dreamweaver CS3，选择“文件/新建”命令，如图 2-16 所示。

（2）在打开的“新建文档”对话框中选择“空白页”选项卡，在“页面类型”列表框中选择页面类型，在“布局”列表框中选择 HTML 的布局样式，如图 2-17 所示。

（3）单击 创建(R) 按钮即可创建一个 HTML 网页文档。

技巧：

在“布局”列表框中选择“<无>”选项可以创建空白文档，选择其他选项则可以创建包含某种布局方式的网页文档，其中包括了布局样式，以及一些预设文本。

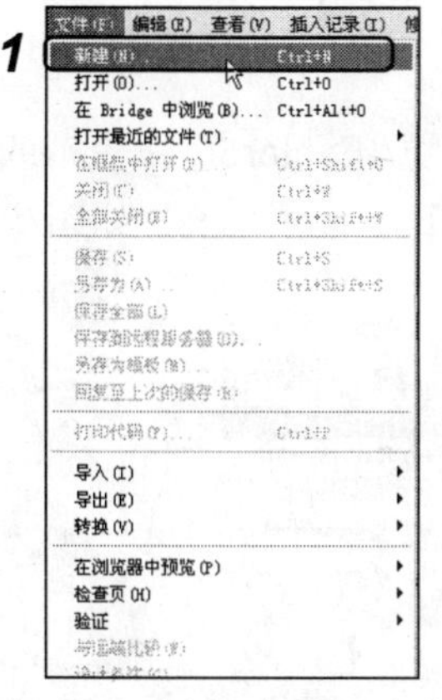

图 2-16　选择“新建”命令

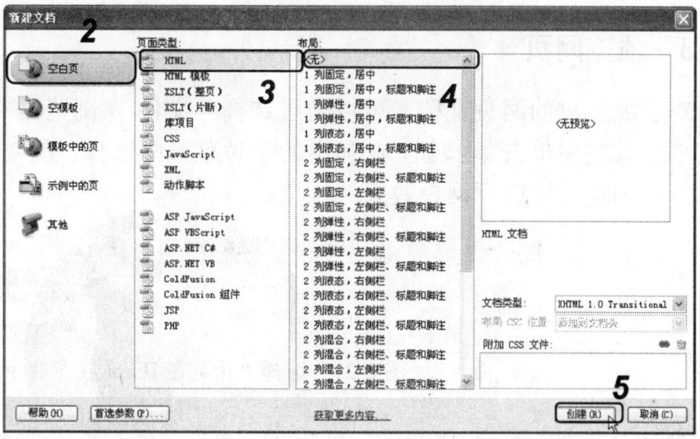

图 2-17　“新建文档”对话框

2.3.2　打开网页文档

对于已有的网页或已创建的网页，可以通过 Dreamweaver CS3 进行编辑修改，但在编辑修改前必须先打开网页文档。

【例 2-2】　通过菜单命令打开网页文档。

（1）选择“文件/打开”命令，如图 2-18 所示。

（2）打开“打开”对话框，在“查找范围”下拉列表框中选择需要打开的网页所在路径，在文件列表框中选择需打开的网页。

（3）单击 打开(O) 按钮，如图 2-19 所示。

（4）在编辑窗口中对打开的网页进行编辑修改，如图 2-20 所示。

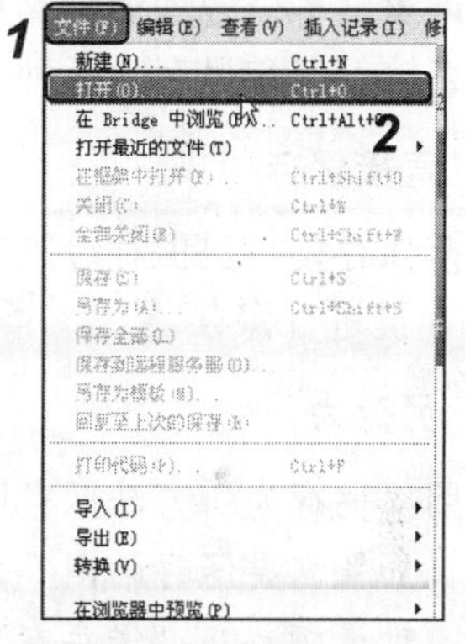

图 2-18　选择“打开”命令

提示：

按 Ctrl+O 键也可打开“打开”对话框，在“查找范围”下拉列表框中选择要打开网页文档所在的文件夹后，在文件列表框中双击要打开的网页文档，可以快速打开该文档进行编辑，不用再单击 打开(O) 按钮。

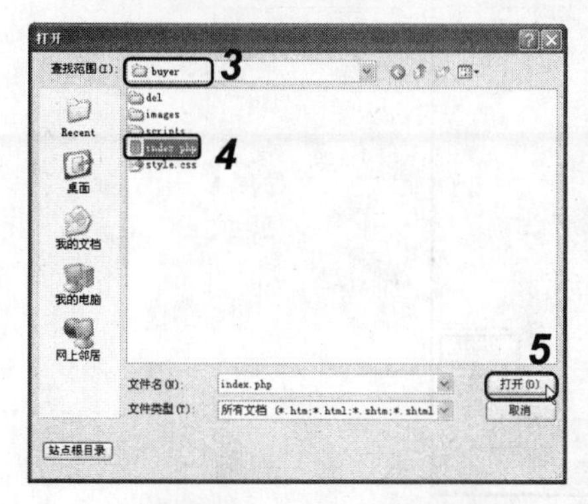

图 2-19　“打开”对话框

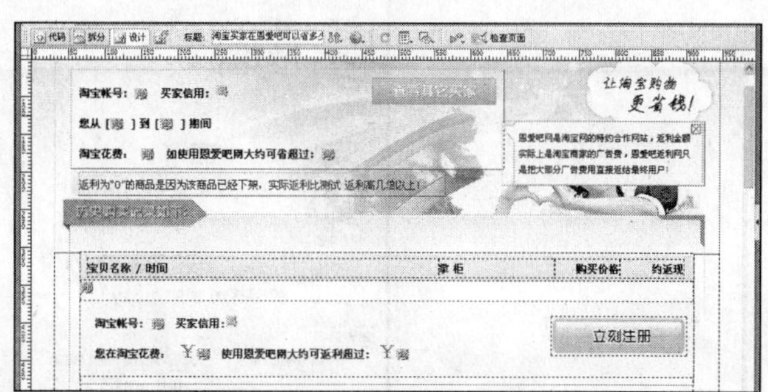

图 2-20　打开的网页

2.3.3 预览网页

对于编辑过的网页文档，可以通过选择“文件/在浏览器中预览/IExplore”命令，或者在文档工具栏中单击按钮，在弹出的下拉菜单中选择“预览在 IExplore”命令，如图 2-21 所示，在浏览器中进行网页效果的预览。

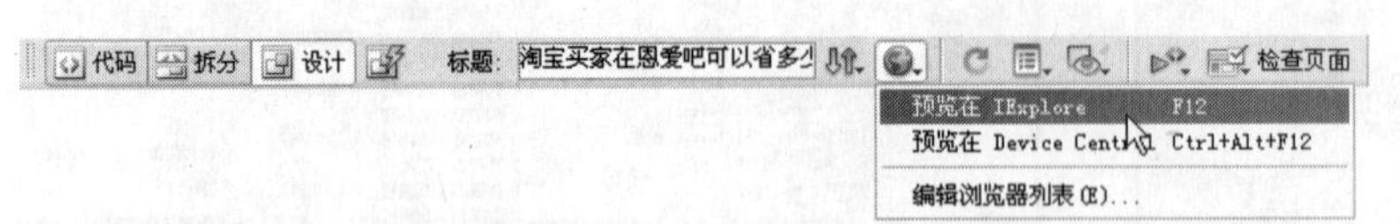

图 2-21 选择“预览在 IExplore”命令

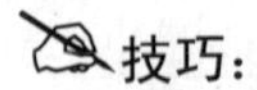技巧：

按 F12 键可快速对当前网页进行预览。

2.3.4 保存网页文档

对网页文档修改或编辑结束后，应及时进行保存，以免造成损失。网页文档的保存方法分为直接保存和另存为两种。

1. 直接保存

直接保存是指已保存过的网页文档，在对其进行修改编辑后选择“文件/保存”命令或按 Ctrl+S 键进行保存。

2. 另存为

使用“另存为”方法保存网页文档分为以下两种情况：

- 如果需要保存的网页文档是尚未保存过的新建文档，则在保存时会打开“另存为”对话框，在“保存在”下拉列表框中选择保存路径，在“文件名”下拉列表框中输入保存网页的名称，单击 保存(S) 按钮即可，如图 2-22 所示。
- 对于已经保存过的网页文档，如果需要保存在其他位置或要更改网页的名称，可通过选择“文件/另存为”命令进行保存，具体步骤参照图 2-22 即可。

图 2-22 “另存为”对话框

2.3.5　设置页面属性

在创建网页文档后，可以通过设置页面属性来调整网页的外观、链接、标题和跟踪图像等。选择“修改/页面属性”命令，或单击“属性”面板中的[页面属性...]按钮都可打开“页面属性”对话框。

技巧：

按 Ctrl+J 键可快速打开“页面属性”对话框。

在“页面属性”对话框左侧的“分类”列表框中包含“外观”、“链接”、“标题”、“标题/编码”和“跟踪图像”5 个选项，下面分别对其进行介绍。

1. 外观

打开“页面属性”对话框后，默认选择的就是“外观”选项，如图 2-23 所示。

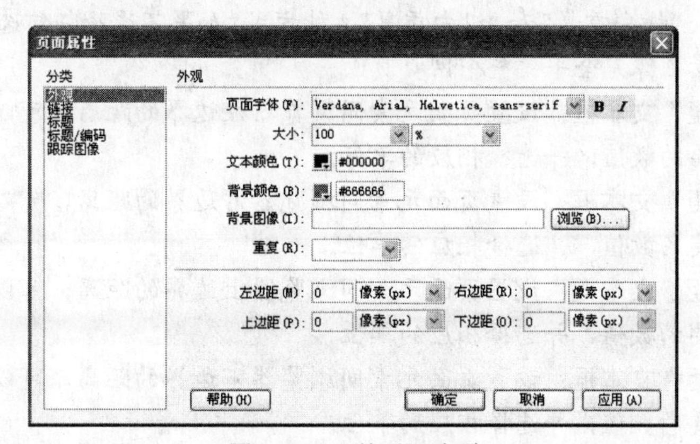

图 2-23　“外观”选项

具体参数介绍如下。

- **“页面字体”下拉列表框**：在该下拉列表框中可以选择页面文字的字体，单击右侧的 **B** 和 *I* 按钮可对字体进行加粗和倾斜设置。
- **“大小”下拉列表框**：在其中可直接输入字体的大小，也可以单击 按钮，在弹出的下拉列表框中选择字体大小。设置大小后，在其右侧的下拉列表框中可以选择字体大小的度量单位，通常使用“像素”或“点数”。
- **“文本颜色”颜色框**：用于设置页面中文本的颜色，可以在右侧的文本框中直接输入颜色的十六进制代码，也可以单击 按钮，在弹出的颜色列表中选择所需的颜色，如图 2-24 所示。
- **“背景颜色”颜色框**：用于设置当前页面的背景颜色，可以在文本框中直接输入颜色的十六进制代码，也可以单击 按钮，在弹出的颜色列表中选择所需的颜色。
- **“背景图像”文本框**：用于设置当前页面的背景图像，可以在文本框中直接输入背景图像的路径，也可以单击[浏览(B)...]按钮，在打开的“选择图像源文件”对话框中选择背景图像，如图 2-25 所示。

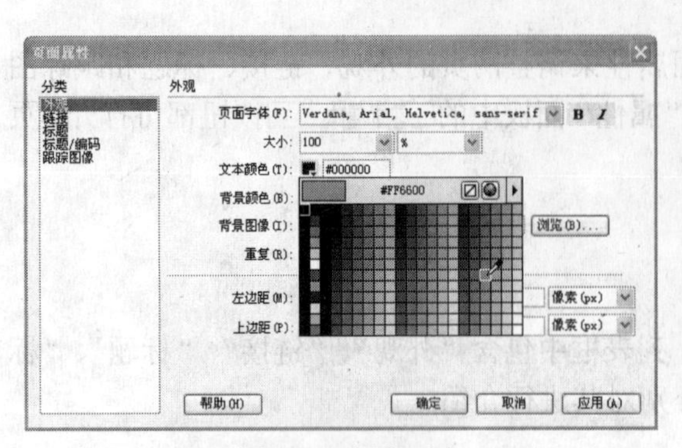

图 2-24　颜色列表

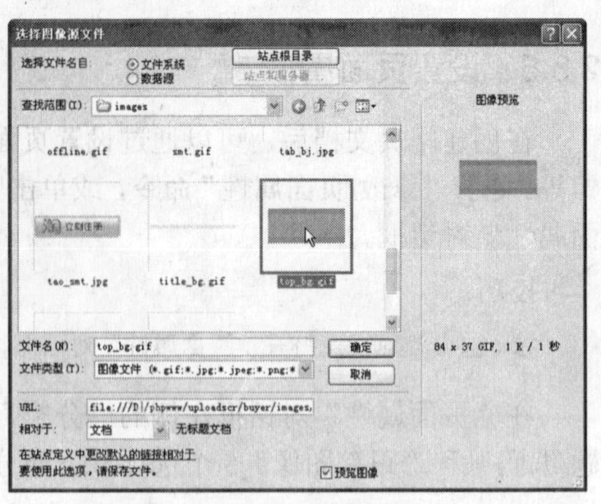

图 2-25　“选择图像源文件”对话框

- “重复”下拉列表框：用于设置背景图像在页面中的重复方式，包括“不重复”、“重复”、“横向重复”和“纵向重复”4 种方式。如果不选择任何选项，Dreamweaver 默认背景图像完全平铺整个网页页面。
- “左边距”文本框：设置页面元素同浏览器左边界的距离，可以直接在文本框中输入需要的数值，并选择相应的单位。
- “右边距”文本框：设置页面元素同浏览器右边界的距离，可以直接在文本框中输入需要的数值，并选择相应的单位。
- “上边距”文本框：设置页面元素同浏览器上边界的距离，可以直接在文本框中输入需要的数值，并选择相应的单位。
- “下边距”文本框：设置页面元素同浏览器下边界的距离，可以直接在文本框中输入需要的数值，并选择相应的单位。

2．链接

在“页面属性”对话框的“分类”列表框中选择“链接”选项，如图 2-26 所示。具体参数介绍如下。

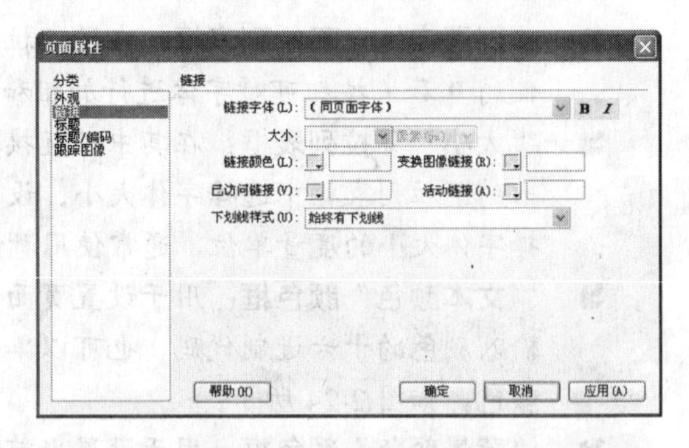

图 2-26　“链接”选项

- “链接字体”下拉列表框：用于设置链接文本的字体，单击右侧的 **B** 和 *I* 按钮表示对字体进行加粗和倾斜。
- “大小”下拉列表框：在文本框中可直接输入显示字体的大小，也可以单击按钮，在弹出的下拉列表框中选择字体的大小。在右侧的下拉列表框中可以选择字体大小的单位。
- “链接颜色”颜色框：用于设置链接文本在一般情况下的颜色。
- “变换图像链接”颜色框：用于设置鼠标经过链接文本时的颜色。
- “已访问链接”颜色框：用于设置访问后链接文本的颜色。

- **“活动链接”颜色框**：用于设置鼠标单击链接文本但未释放鼠标时链接文本的颜色。
- **“下划线样式”下拉列表框**：用于设置链接文本的下划线样式。

3．标题

在“页面属性”对话框的“分类”列表框中选择“标题”选项，如图 2-27 所示。具体参数含义如下。

- **“标题字体”下拉列表框**：在该下拉列表框中可以选择页面标题文本的字体，单击右侧的 **B** 和 *I* 按钮表示对字体进行加粗和倾斜。
- **“标题 1”～“标题 6”下拉列表框**：用于设置页面中 1～6 级标题文本的字体大小及颜色。

4．标题/编码

在“页面属性”对话框的“分类”列表框中选择“标题/编码”选项，如图 2-28 所示。

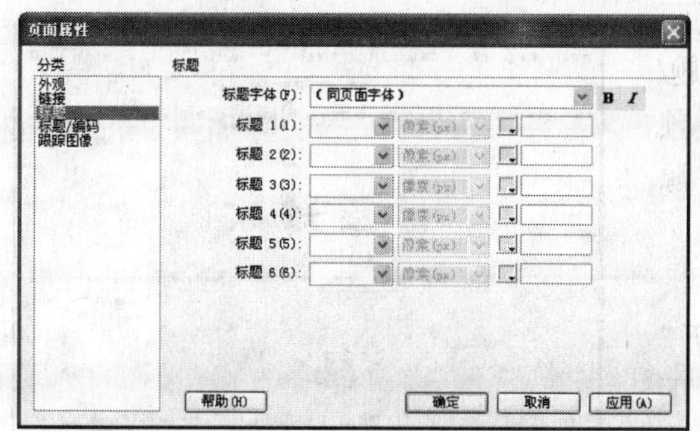

图 2-27 “标题”选项

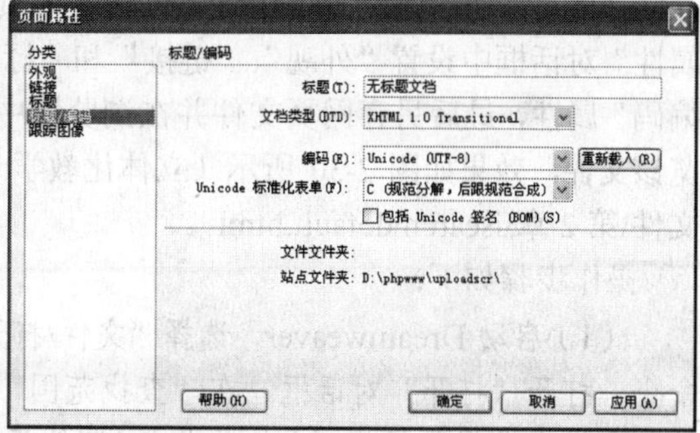

图 2-28 “标题/编码”选项

主要参数介绍如下。

- **“标题”文本框**：用于设置页面的标题，在文本框中输入相应的标题文本，该标题文本将出现在浏览器的标题栏中。
- **“文档类型”下拉列表框**：用于定义当前网页文档的类型。在该下拉列表框中可以选择 XHTML 1.0 Transitional 或 XHTML 1.0 Strict 选项，使 HTML 文档与 XHTML 兼容。
- **“编码”下拉列表框**：用于指定当前网页文档中字符所用的编码。文档编码在文档中的 meta 标签内指定，它告诉浏览器和 Dreamweaver 应如何对文档进行解码以及使用哪些字体来显示解码的文本。

5．跟踪图像

在“页面属性”对话框的“分类”列表框中选择“跟踪图像”选项，如图 2-29 所示。具体参数介绍如下。

- **“跟踪图像”文本框**：用于指定在复制设计时作为参考的图像，该图像只供参考，在浏览器中不显示。
- **“透明度”滑块**：用于确定跟踪图像的不透明度，可拖动滑块进行调整，表现为从左侧的完全透明到右侧的完全不透明。

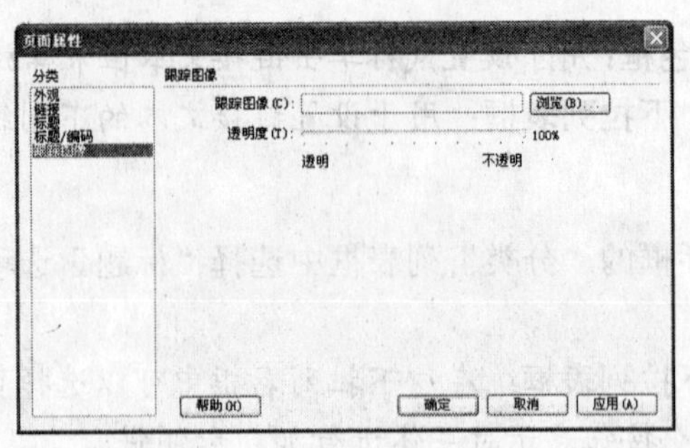

图 2-29 “跟踪图像”选项

页面属性设置完成后，单击［确定］或［应用(A)］按钮即可应用当前的设置。

2.3.6 应用举例——打开、保存和设置网页文件

本例将在 Dreamweaver 中打开 index.html 文件（立体化教学:\实例素材\第 2 章\isearch\index.html），然后在浏览器中预览，再在“页面属性”对话框中设置“外观”、“链接”和“标题/编码”属性，最后另存网页文件并在浏览器中预览该文件，效果如图 2-30 所示（立体化教学:\源文件\第 2 章\isearch\default.html）。

图 2-30 最终效果

操作步骤如下：

（1）启动 Dreamweaver，选择“文件/打开”命令，打开“打开”对话框，在“查找范围”下拉列表框中选择路径为“立体化教学:\实例素材\第 2 章\isearch\”，在其下的列表框中选择 index .html 文件，单击［打开(O)］按钮，如图 2-31 所示。

（2）打开页面后，选择“文件/在浏览器中预览/IExplore”命令，打开浏览器进行预览，效果如图 2-32 所示。

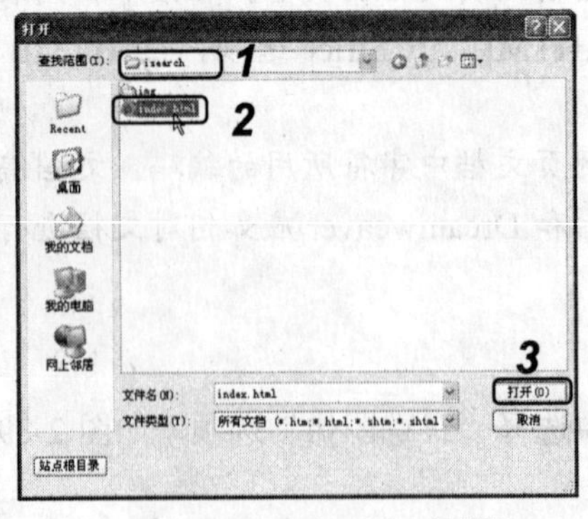

图 2-31 “打开”对话框

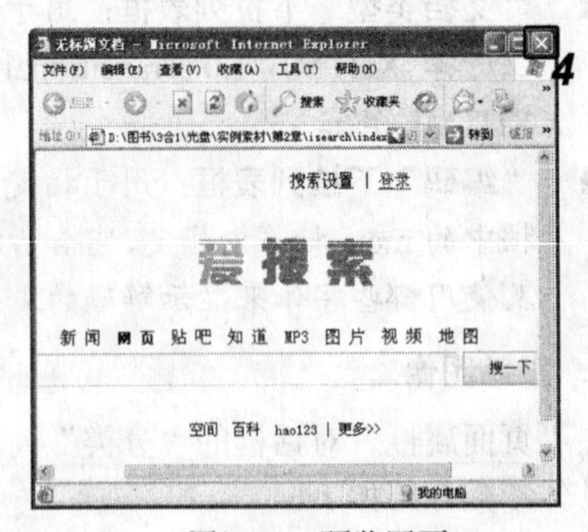

图 2-32 预览网页

（3）关闭浏览器，在 Dreamweaver 中选择“修改/页面属性”命令，打开“页面属性”对话框。

（4）在“页面字体”下拉列表框中选择 arial 选项，在“大小”下拉列表框中选择“12

像素”，页边距设置如图 2-33 所示。

（5）在“分类”列表框中选择“链接”选项，并在对话框右侧设置“链接颜色”和“活动链接”颜色值分别为“#00c”、“#f60”，如图 2-34 所示。

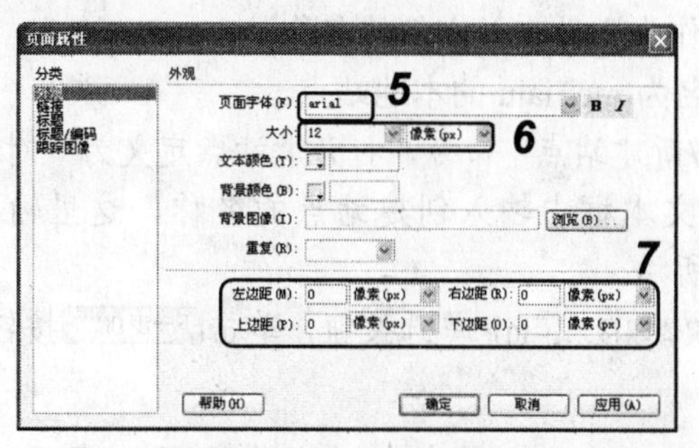

图 2-33　设置“外观”选项

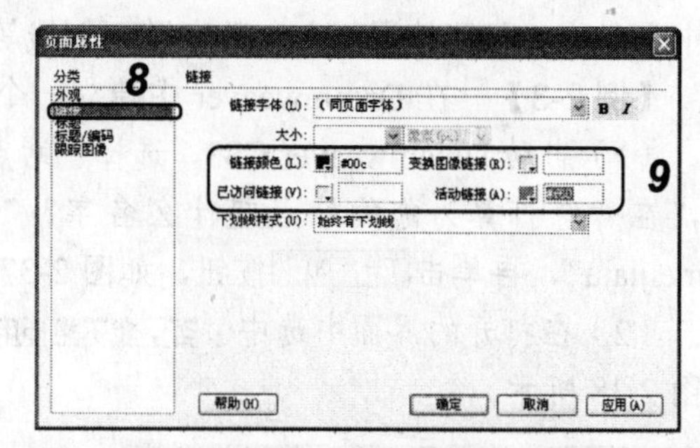

图 2-34　设置“链接”选项

（6）在“分类”列表框中选择“标题/编码”选项，并在对话框右侧的“标题”文本框中输入“爱搜索，搜一下，你就知道”，再单击 确定 按钮，完成页面属性的设置，如图 2-35 所示。

（7）选择“文件/另存为”命令，在打开的“另存为”对话框的“文件名”下拉列表框中输入新的文件名称，如 default.html，再单击 保存(S) 按钮进行保存，如图 2-36 所示。

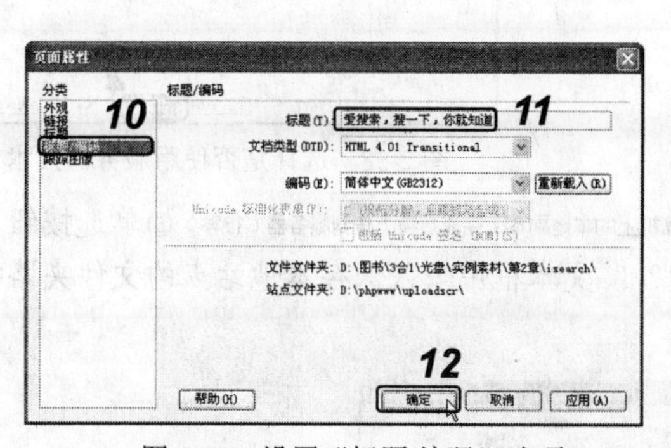

图 2-35　设置“标题/编码”选项

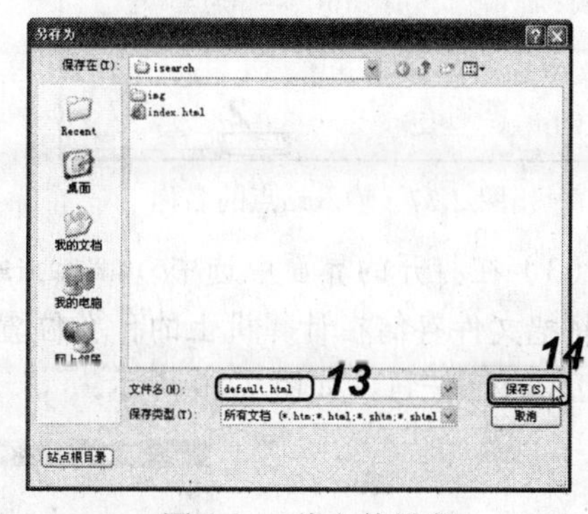

图 2-36　将文件另存

（8）按 F12 键预览网页。

2.4　站 点 管 理

Dreamweaver CS3 中的站点包括远程站点和本地站点，简单地说，就是位于 Internet 服务器上的远程站点和位于本地计算机上的本地站点。管理站点应先在本地计算机上构建本地站点，创建合理有序的站点结构，当一切都准备就绪后，就可以将站点上传到 Internet 服务器上。

2.4.1　建立本地站点

Dreamweaver 提供了一种组织与管理文档的功能，即站点功能。通过建立本地站点，可以理清各网页文档的关系，以及清楚地了解网页图像、动画等素材所在的位置。

在建立站点之前，应先在硬盘上建立一个新文件夹作为本地站点根文件夹，用来存放站点中的所有文件。需要特别注意的是，在创建站点文件夹及其子文件夹时，一定不要使用中文名称，只能使用英文、数字及下划线等作为文件夹及文件的名称。

【例 2-3】 在 Dreamweaver 中建立一个名为 meijiaju 的本地站点。

（1）启动 Dreamweaver CS3，选择“站点/新建站点”命令，打开“站点定义为”对话框，在“您打算为您的站点起什么名字？”文本框中输入创建站点的名称，这里输入“meijiaju”，再单击[下一步(N) >]按钮，如图 2-37 所示。

（2）在打开的界面中选中◉否，我不想使用服务器技术。(O)单选按钮，单击[下一步(N) >]按钮，如图 2-38 所示。

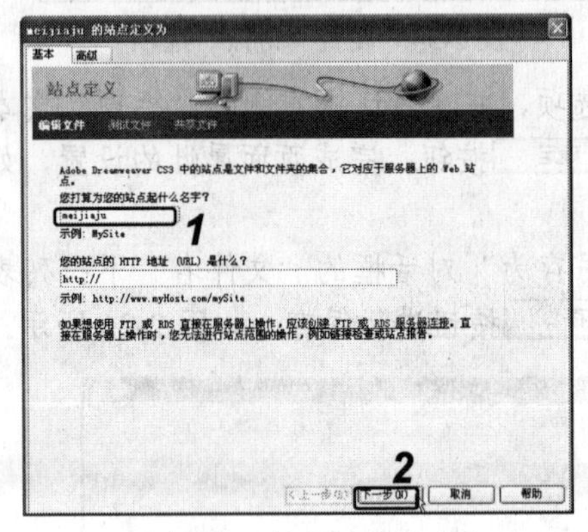

图 2-37 输入站点的名称

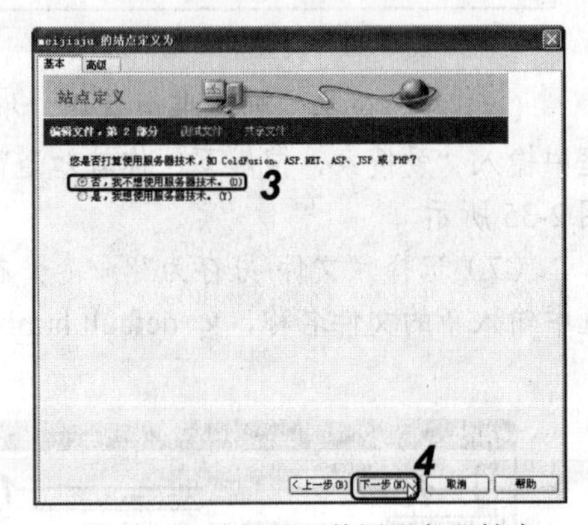

图 2-38 选择是否使用服务器技术

（3）在打开的界面中选中◉编辑我的计算机上的本地副本，完成后再上传到服务器（推荐）(E)单选按钮，在“您将把文件存储在计算机上的什么位置？”文本框中输入保存本地站点的文件夹路径，单击[下一步(N) >]按钮，如图 2-39 所示。

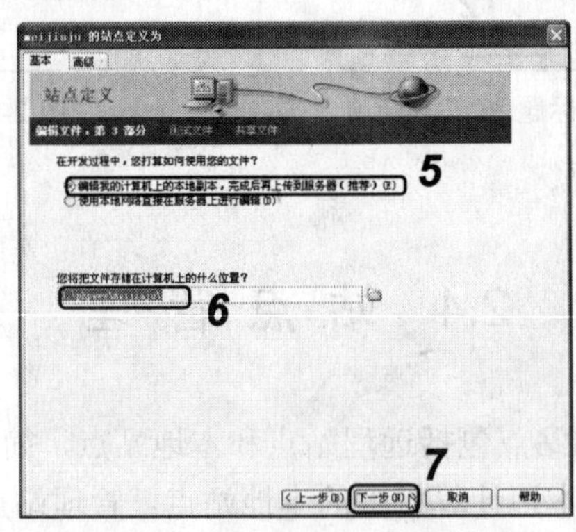

图 2-39 选择保存站点的路径

（4）在打开的界面的“您如何连接到远程服务器？”下拉列表框中选择“无”选项，单击[下一步(N) >]按钮，如图 2-40 所示。

（5）在打开的界面中单击[完成(D)]按钮，如图 2-41 所示，完成本地站点的创建。

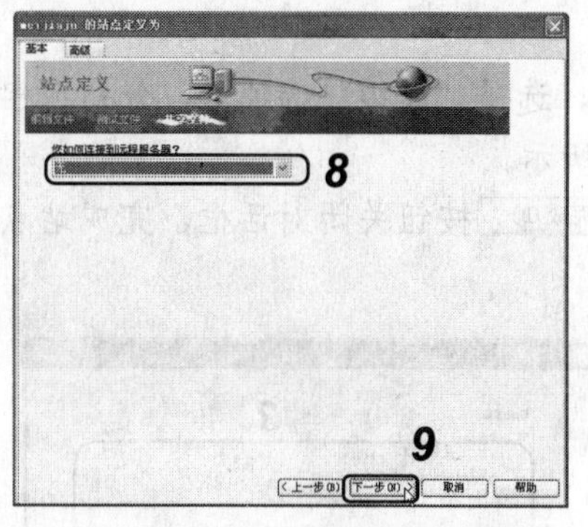

图 2-40　选择连接远程服务器的方式

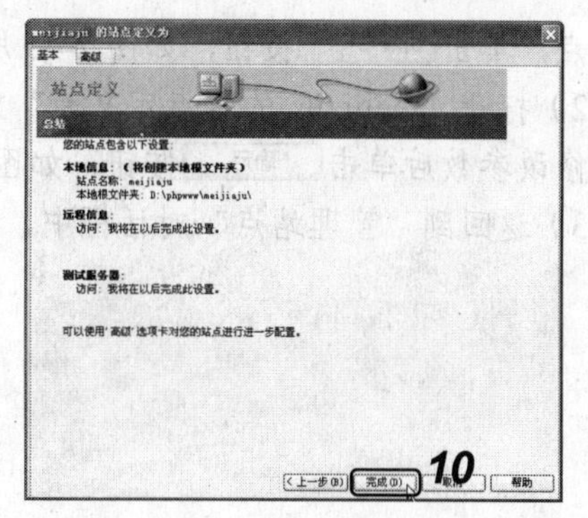

图 2-41　完成创建

2.4.2　在站点中添加新文件和文件夹

在 Dreamweaver 的站点中添加文件和文件夹，实际上就是在站点中创建文件和文件夹，该操作可以通过“文件”面板来完成。

【例 2-4】　在前面创建的 meijiaju 站点中添加网页文件。

（1）选择“窗口/文件”命令或按 F8 键，打开“文件”面板。

（2）在面板中的站点名称上单击鼠标右键，在弹出的快捷菜单中选择“新建文件”命令，如图 2-42 所示。

（3）在“文件”面板中将自动创建一个名为 untitled.html 的文件，如图 2-43 所示。

（4）将该文件修改为所需的文件名后按 Enter 键确认输入，如图 2-44 所示。

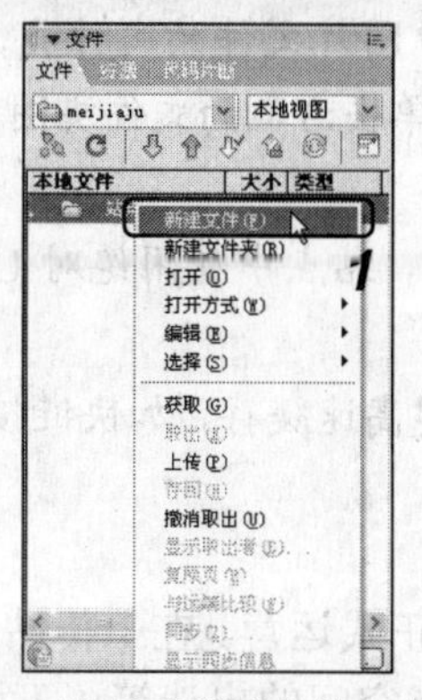

图 2-42　选择“新建文件”命令

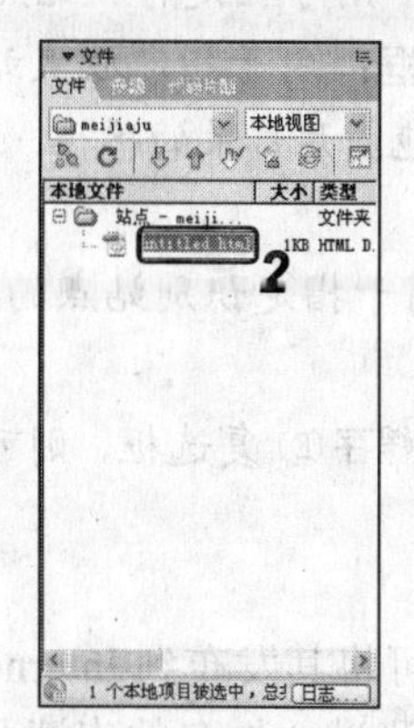

图 2-43　新建文件

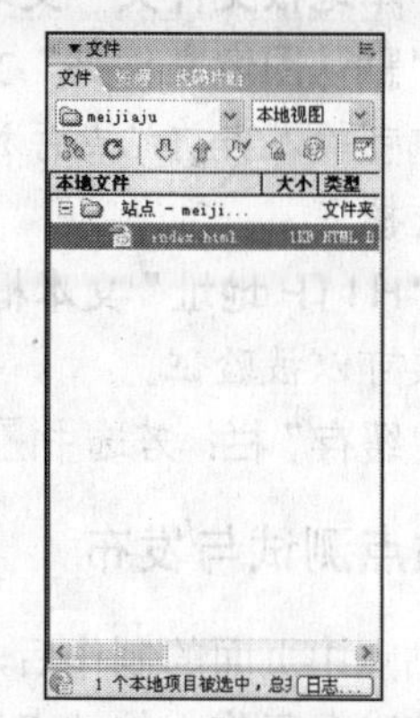

图 2-44　修改文件名

提示：

在“文件”面板中选择创建的站点，单击鼠标右键，在弹出的快捷菜单中选择“新建文件夹”命令，可在站点中进行文件夹的创建。

2.4.3　站点的编辑

当需要更新站点信息时，可以通过“管理站点”功能实现。

【例 2-5】　对已经创建的站点信息进行修改。

（1）选择“站点/管理站点”命令，在打开的“管理站点”对话框中选择需要修改编辑的站点，单击［编辑(E)...］按钮，如图 2-45 所示。

（2）打开“meijiaju 的站点定义为”对话框，选择“高级”选项卡，分别在相应的文本框中修改参数后单击［确定］按钮，如图 2-46 所示。

（3）返回到“管理站点”对话框中，单击［完成(D)］按钮关闭对话框，完成站点的编辑操作。

图 2-45 “管理站点”对话框

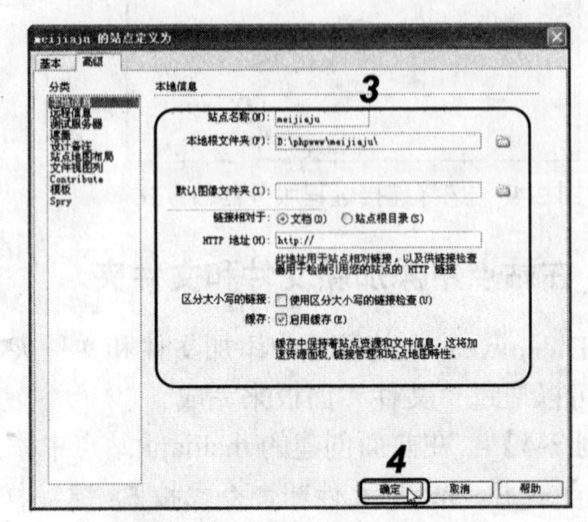

图 2-46 “站点定义为”对话框

在“高级”选项卡中，“本地信息”栏中各常用参数的介绍如下。

- **“站点名称”文本框**：用于为本地站点命名。
- **“本地根文件夹”文本框**：用于指定存放站点文件的本地文件夹。
- **“默认图像文件夹”文本框**：用于指定放置站点中图片文件的文件夹，在文本框中可输入当前站点存放本地图片目录的路径，也可单击右侧的文件夹图标进行浏览选择。
- **“HTTP 地址”文本框**：用于指定识别站点的 URL，站点中使用绝对 URL 的超链接可以被验证。
- **“缓存”栏**：若选中☑启用缓存(E)复选框，则可创建高速缓存，加快链接访问速度。

2.4.4 站点测试与发布

完成站点中页面的制作后，即可将其发布到 Internet 上正式运营。在上传站点之前，还需进行一些准备工作，如站点性能测试、域名的申请及站点空间的申请等，下面将分别进行介绍。

1. 测试站点性能

在将创建的站点进行上传之前，应先对站点内容进行测试，以确保网站能正常运行。对站点中的文件逐一进行检查，在本地计算机中调试网页可以防止包含在网页中的错误，以便尽早发现问题并解决。在测试站点过程中应注意以下几个方面：

- 在测试站点过程中应确保在目标浏览器中网页如预期地显示和工作，没有损坏的链接、下载时间不宜过长等。
- 了解各种浏览器对 Web 页面的支持程度，不同的浏览器观看同一个 Web 页面，会

有不同的效果。很多特殊效果在某些浏览器中可能看不到，因此有必要进行浏览器兼容性检测，找出不被某个浏览器支持的部分。

➘ 检查链接的正确性。通过 Dreamweaver 提供的检查链接功能，可检查文件或站点中的内部链接及孤立文件。

【例 2-6】　测试 meijiaju 站点性能。

（1）将素材文件夹(立体化教学:\实例素材\第 2 章\meijiaju\)中的所有内容复制到 meijiaju 本地站点文件夹中，选择“站点/检查站点范围的链接”命令，如图 2-47 所示。

（2）Dreamweaver 将自动对站点进行测试，并将测试结果显示在“结果”面板中，如图 2-48 所示。

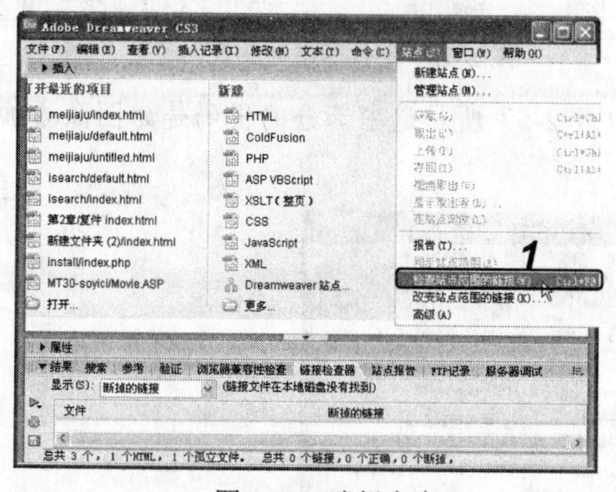

图 2-47　选择命令

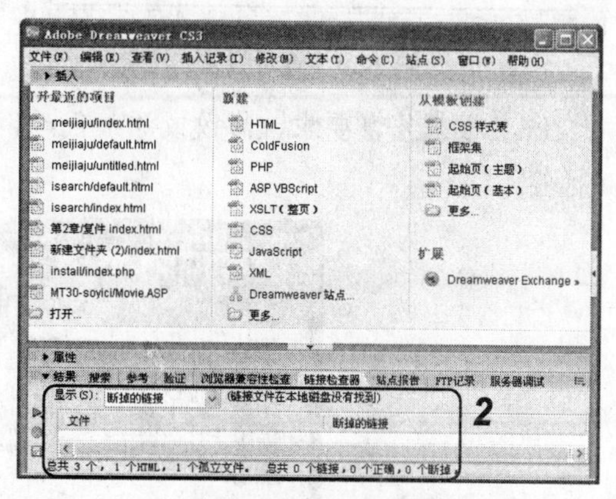

图 2-48　测试结果

（3）双击“文件”面板中的 index.html 文件，让其在编辑窗口中打开，选择“站点/报告”命令，打开“报告”对话框，对要检查的项目设置后单击 运行 按钮，如图 2-49 所示。

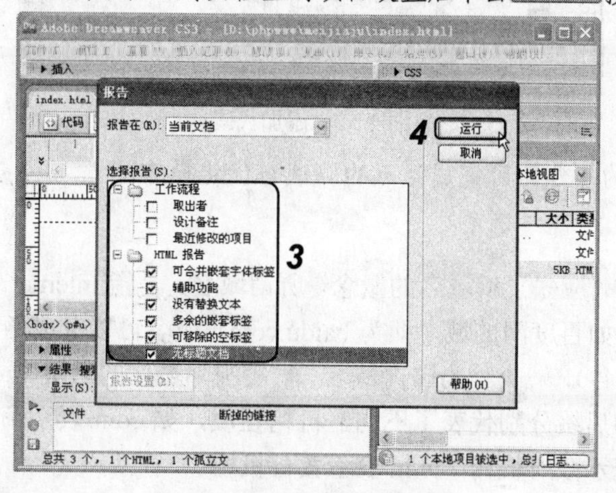

图 2-49　进行报告项目设置

（4）系统将自动进行检查，并将检查结果显示在“结果”面板中，如图 2-50 所示。

（5）双击需要修复的记录，系统将自动定位到出错或需要优化的代码处，如图 2-51 所示。

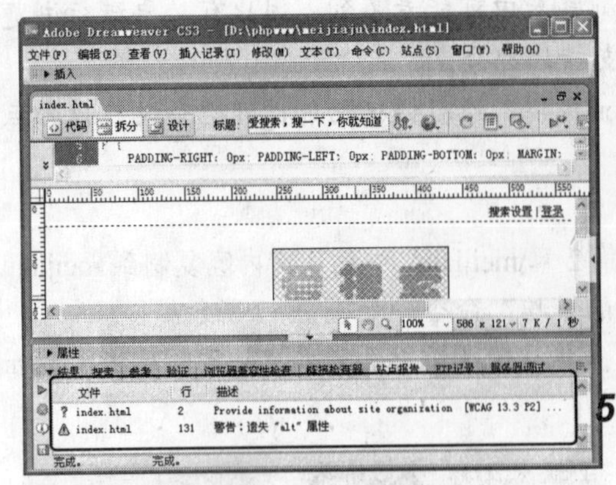

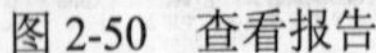
图 2-50　查看报告

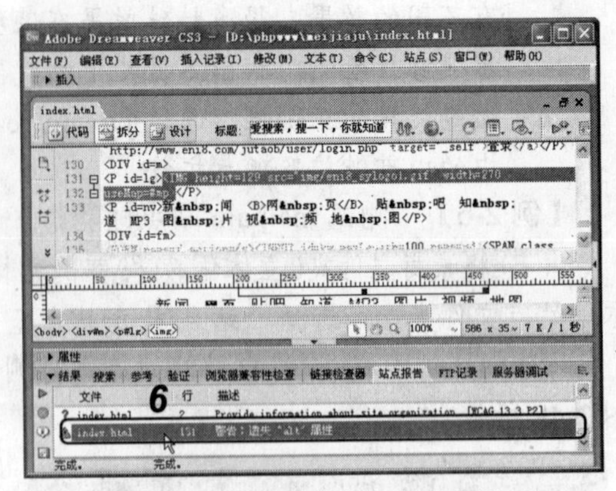

图 2-51　定位需修复的代码位置

（6）根据修复要求，修改或添加代码，如图 2-52 所示选中部分的代码是为图像添加 alt 标签。

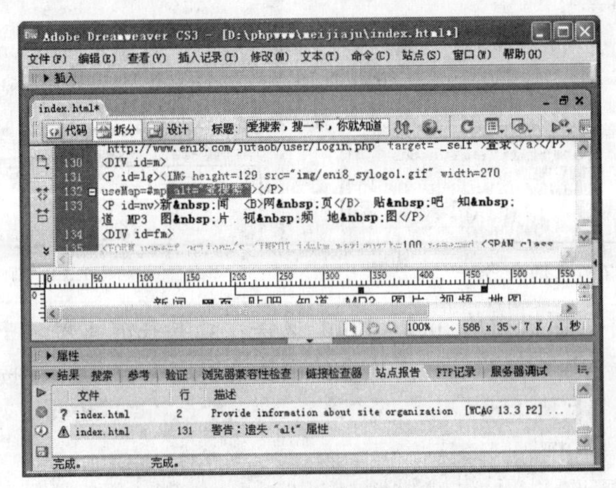

图 2-52　添加代码

（7）使用相同的操作即可完成站点的测试与优化操作。

2．域名的申请

在申请域名之前，应先了解域名的概念。所谓域名，是指 Internet 上的一个服务器或一个网络系统的名称，如百度网的域名即为 baidu.com。域名可以分成两类，一类称为国际顶级域名（简称国际域名），一类称为国内域名。一般国际域名的后缀是.com、.net、.gov、.edu 之类的形式，不同的后缀分别代表了不同的机构性质，如.com 表示商业机构，.net 表示网络服务机构，.gov 表示政府机构，.edu 表示教育机构。

在申请域名时，首先要查询所需要的域名是否已经被注册，并注意以下几点规范：

- 申请国际域名最多可以使用 3～10 个英文或者数字。
- 域名不能以“-”和“_”符号开头或者结尾。
- 域名不能包含“.”、“$”或“&”等字符。

提示：

申请国际域名需要提交企业营业执照复印件、盖章的申请表等文件资料，个人或企业都可申请。国内域名只有企业可以申请，需要提交企业营业执照复印件、盖章的申请表等文件资料。

3．网站空间的申请

完成站点的创建和域名的申请后，需要申请存放站点的网站空间，以便将完成的站点文件上传到 Internet 中。网站空间一般分为免费空间和收费空间两种，免费空间的大小和运行条件一般会受到空间提供商的限制，且通常需要挂空间提供商的广告；收费空间一般是由网站托管机构提供，其空间大小和运行条件可以根据用户的需要自行选择。

在选择网站空间时，应该根据站点文件的大小、网站的性质、资金状况、运行环境和技术等条件选择相应的空间类型。如果是个人网站可以选择免费空间，而公司网站、商业网站等专业型网站则可以根据实际需要购买较为稳定的收费空间。

4．上传与下载站点

完成以上各操作后，就可以将创建的站点上传到网站空间了。上传站点可以使用专门的上传下载工具完成，如 CuteFTP、LeapFTP、Flashfxp 等，也可以通过 Dreamweaver 上传和下载站点。

【例 2-7】　使用 Dreamweaver 上传和下载文件。

（1）启动 Dreamweaver，选择"窗口/文件"命令，打开"文件"面板。

（2）单击按钮（如图 2-53 所示），"文件"面板展开为如图 2-54 所示的样式。单击按钮，由于未配置远程站点，因此打开"meijiaju 站点定义为"对话框。

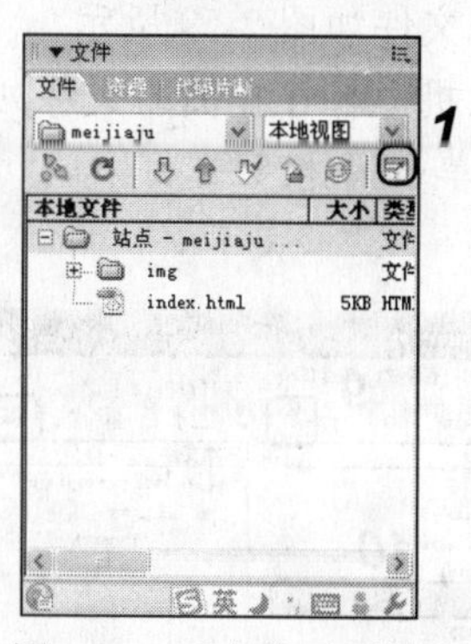

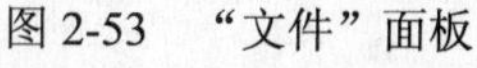
图 2-53　"文件"面板

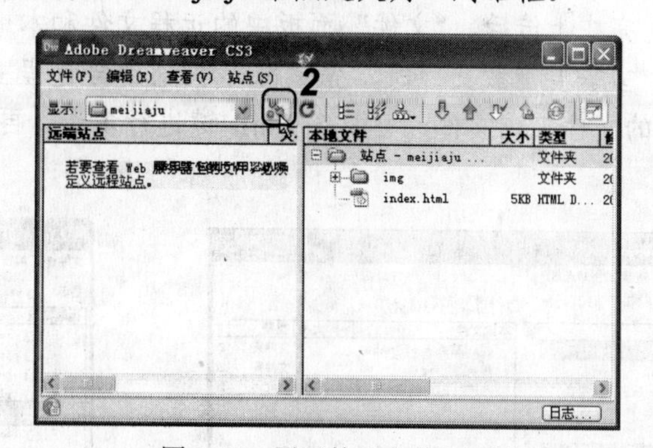

图 2-54　展开的"文件"面板

（3）选择"高级"选项卡，在"分类"列表框中选择"远程信息"选项，在右侧的"访问"下拉列表框中选择 FTP 选项，再进行 FTP 主机、用户名和密码的设置，然后单击 确定 按钮，完成远程信息的配置，如图 2-55 所示。

（4）在打开的提示对话框中单击 确定 按钮更新缓存，如图 2-56 所示。

（5）单击按钮，打开如图 2-57 所示的提示对话框，单击 确定 按钮，打开如图 2-58 所示的对话框，显示上传站点的进度。

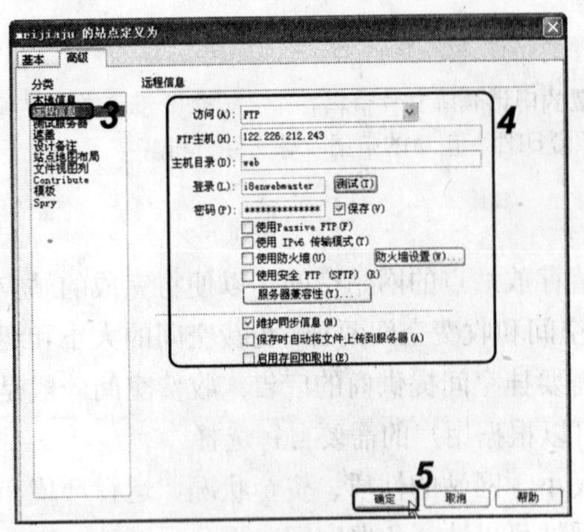

图 2-55　配置远程信息

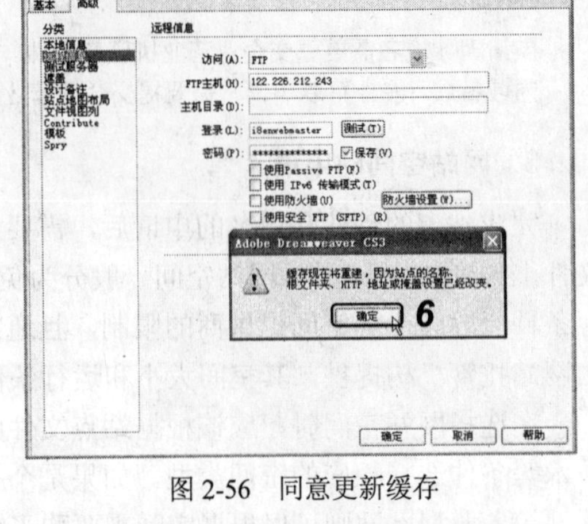

图 2-56　同意更新缓存

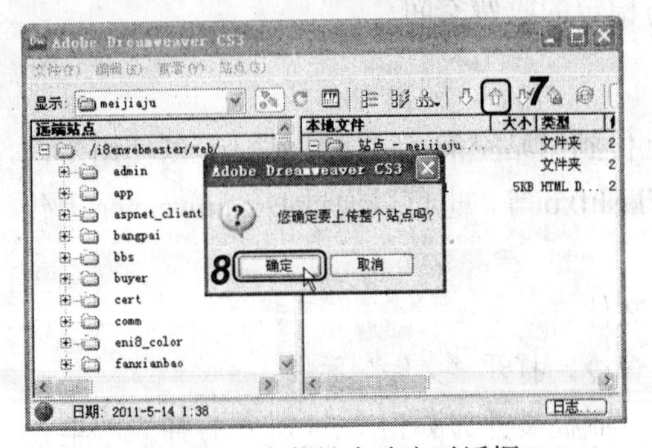

图 2-57　上传站点确定对话框

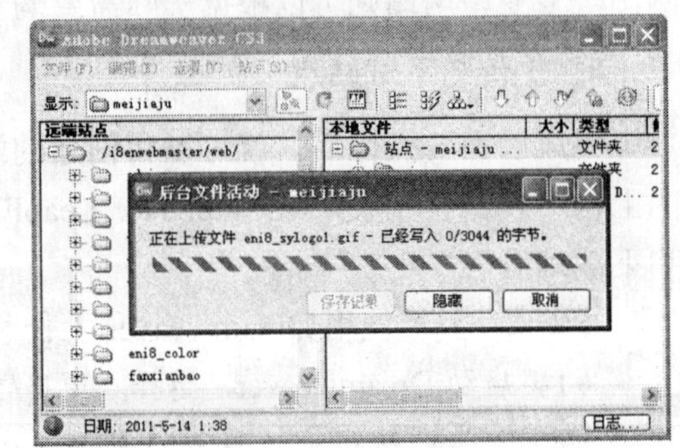

图 2-58　上传速度

（6）完成上传后，"文件"面板中的远程文件和本地文件如图 2-59 所示。

（7）当需要下载文件时，先单击按钮连接远程主机，再在左侧的文件列表框中选择要下载的文件夹或文件，可配合 Shift 键进行多选，再单击按钮进行下载，如图 2-60 所示。

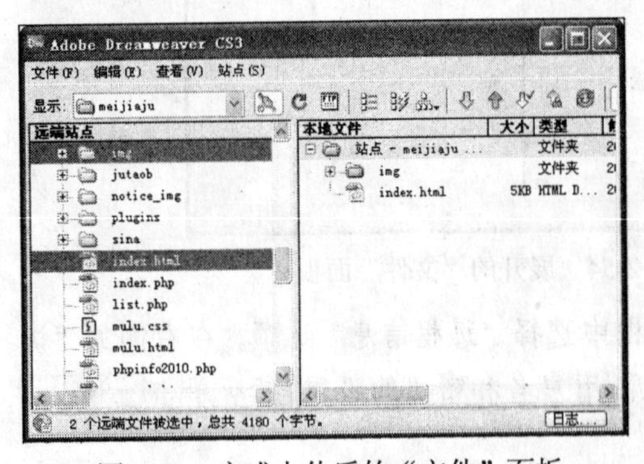

图 2-59　完成上传后的"文件"面板

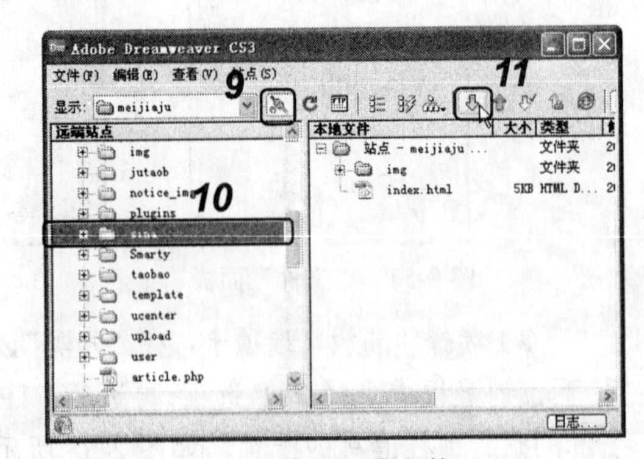

图 2-60　下载文件

5. 站点维护

将站点上传到 Internet 后，需要对其进行定期维护，以保持站点内容的更新和页面元素的正常。维护站点的方法主要有如下几种：

- 同步更新网站可以让本地站点和远程站点保持同步更新。当网站经过多次上传和更新后，可能会使远程站点中产生大量的无用文件，这就非常浪费空间，此时就需要使用此功能。
- 使用遮盖功能可以从获取/上传等操作中排除某些文件或文件夹。该功能可以遮盖单独的文件夹，但不能遮盖单独的文件。若要遮盖文件，必须设置文件类型，系统会自动遮盖指定类型的所有文件。
- 使用设计备注可以记录与文档相关的信息，如图像源文件名称和文件状态等。将文档在站点间复制前，为文档添加设计备注，说明原文档的原始位置，以便在更新文档时，用户知道应更新原始文档。为文档添加设计备注，也便于开发小组内成员间的交流与合作。

2.4.5　应用举例——创建 mysite 本地站点

本例将在"我的电脑"中创建一个名为 mysite 的文件夹，再在该文件夹中建立一个名为 images 的文件夹。然后启动 Dreamweaver CS3，将 mysite 文件夹作为本地站点的根文件夹，创建名为 mysite 的本地站点。

操作步骤如下：

（1）在 D 盘下新建一个文件夹并命名为 mysite，作为本地站点的根文件夹，再在 mysite 文件夹中新建一个名为 images 的文件夹用于存放图像文件，如图 2-61 所示。

（2）启动 Dreamweaver CS3，选择"站点/管理站点"命令，打开"管理站点"对话框，单击 新建(N)... 按钮，在弹出的下拉菜单中选择"站点"命令，如图 2-62 所示。

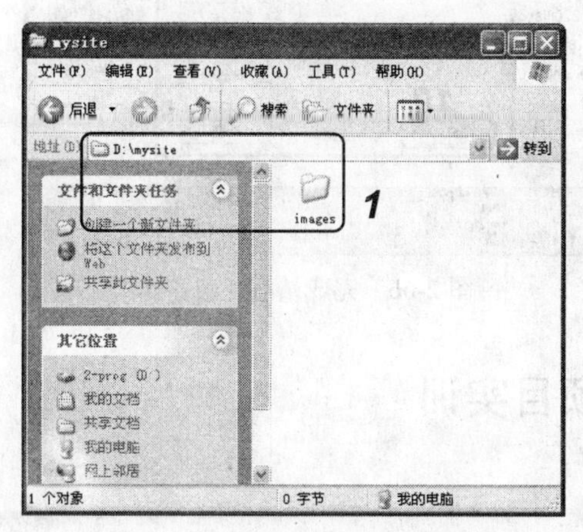

图 2-61　创建本地站点文件夹

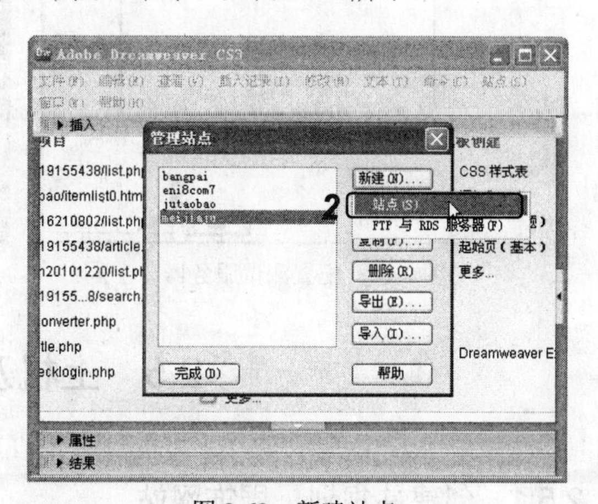

图 2-62　新建站点

（3）在打开的对话框中选择"高级"选项卡，在"站点名称"文本框中输入站点名称，这里输入"mysite"，在"本地根文件夹"文本框中输入本地站点文件夹，如图 2-63 所示。

（4）在"分类"列表框中选择"远程信息"选项，在"访问"下拉列表框中选择 FTP 选项，再进行 FTP 主机信息配置，如图 2-64 所示。

（5）在"分类"列表框中选择"测试服务器"选项，在右侧的"服务器模型"下拉列表框中选择服务器模型，这里选择 PHP MySQL 选项，在“访问”下拉列表框中选择“本地/网络”选项，其余保持默认设置，单击[确定]按钮完成配置，如图 2-65 所示。

（6）返回到“管理站点”对话框，单击[完成(D)]按钮完成站点的配置，如图 2-66 所示。

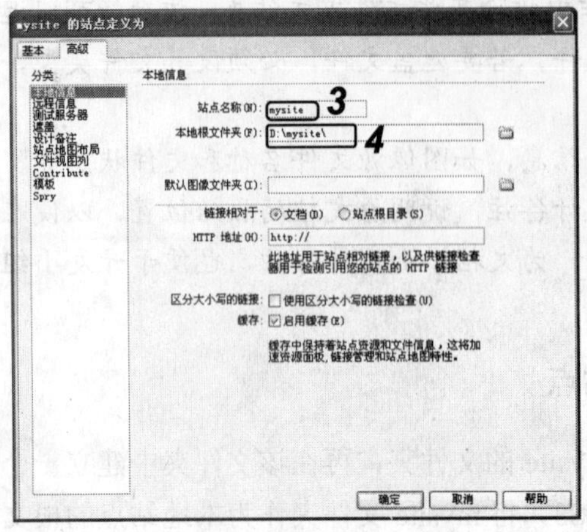

图 2-63　配置本地站点

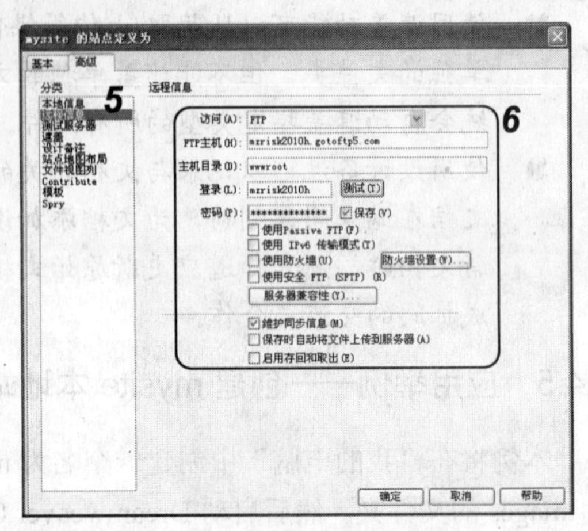

图 2-64　配置远程信息

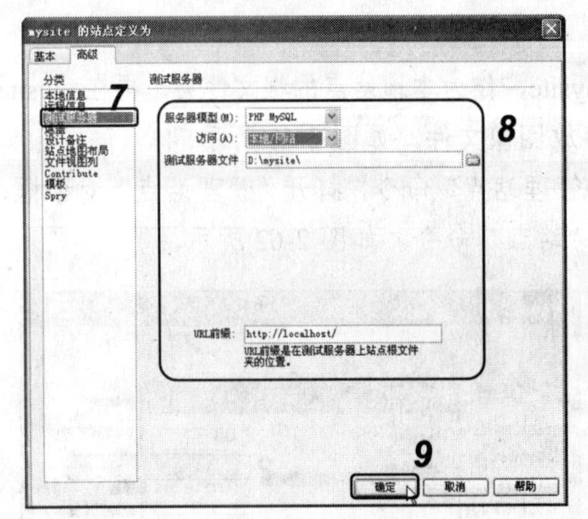

图 2-65　配置测试服务器

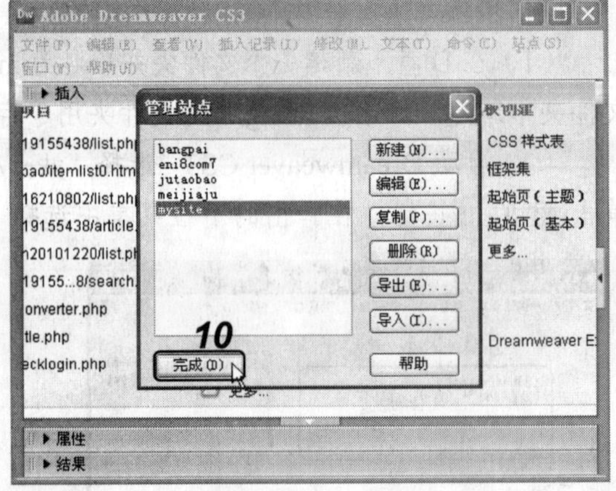

图 2-66　完成站点新建操作

2.5　上机及项目实训

2.5.1　创建并规划星服饰网站

本次实训将创建和规划星服饰公司网站，然后在本地站点中创建主要页面和文件夹。

操作步骤如下：

（1）在 D 盘根目录新建一个文件夹并命名为 star，将其作为本地站点的根文件夹，双击打开该文件夹，在其中新建一个名为 img 的文件夹用于存放图像文件，如图 2-67 所示。

（2）启动 Dreamweaver CS3，选择“站点/新建站点”命令，打开“站点定义为”对话框，选择“高级”选项卡，进行本地站点的配置后单击[确定]按钮，如图 2-68 所示。

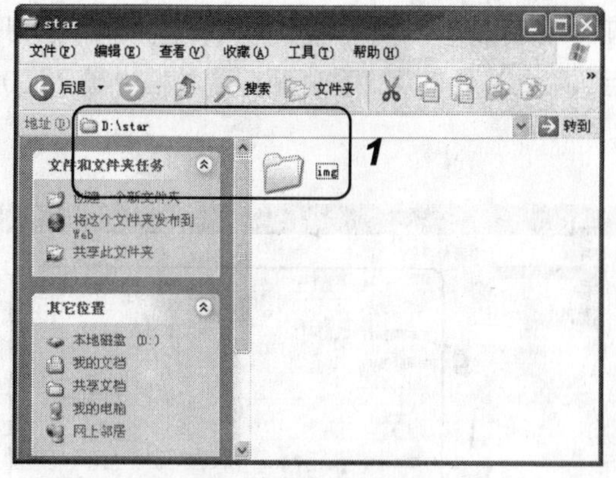

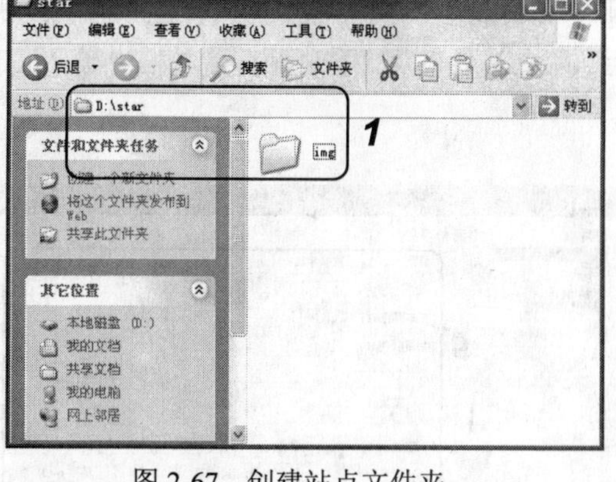

图 2-67　创建站点文件夹　　　　图 2-68　配置本地站点

（3）选择“窗口/文件”命令，打开“文件”面板，如图 2-69 所示。

（4）在根文件夹上单击鼠标右键，在弹出的快捷菜单中选择“新建文件夹”命令，如图 2-70 所示。

（5）将创建的文件夹命名为 flash，如图 2-71 所示。

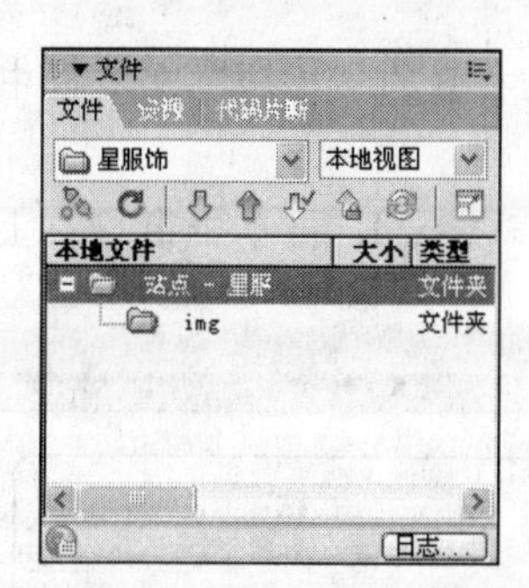

图 2-69　“文件”面板

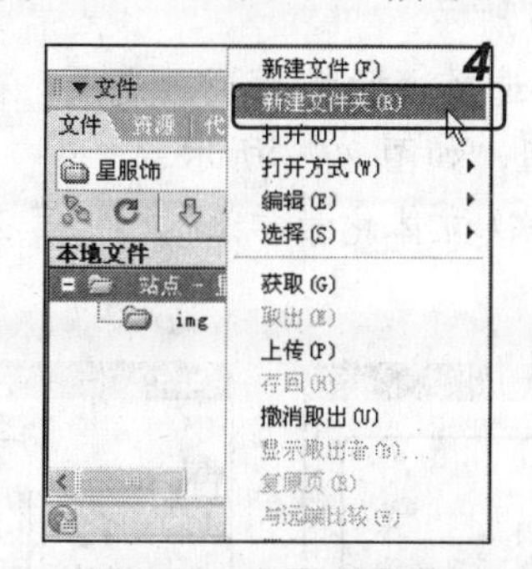

图 2-70　新建文件夹

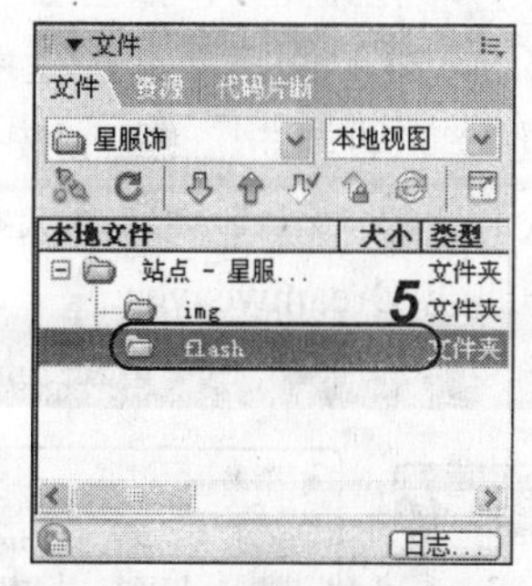

图 2-71　重命名文件夹

（6）在“文件”面板的根文件夹上单击鼠标右键，在弹出的快捷菜单中选择“新建文件”命令，并将创建的文件命名为 index.html，如图 2-72 所示。

（7）使用相同的方法创建 xinwen.html、jiameng.html、xinpin.html、nanzhuang.html、nvzhuang.html 和 guanyu.html 文件，完成后的“文件”面板如图 2-73 所示。

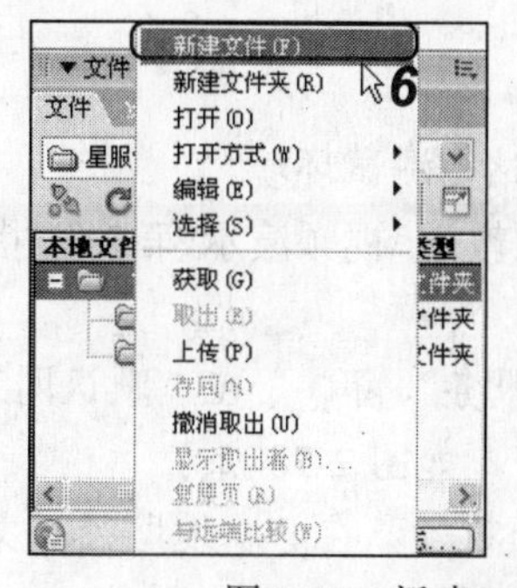

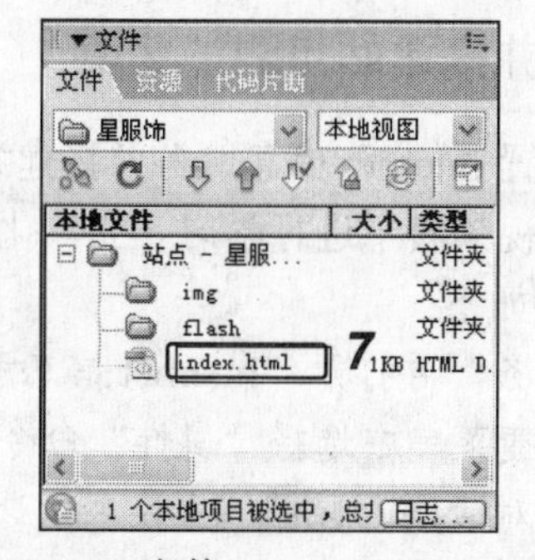

图 2-72　新建 index.html 文件

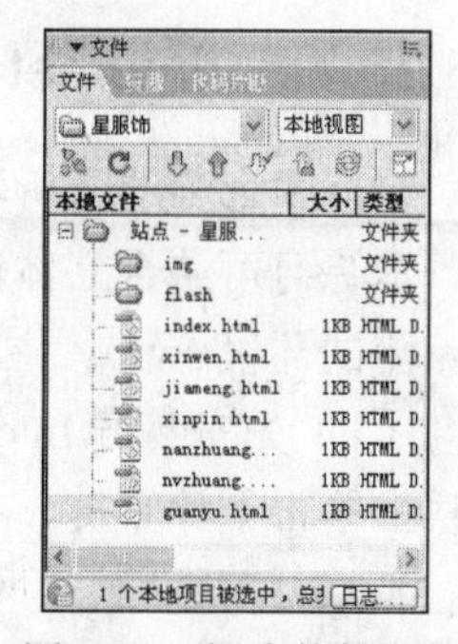

图 2-73　新建其他文件

（8）在“文件”面板中双击 index.html 文件，将其在编辑窗口中打开，如图 2-74 所示。

（9）选择“修改/页面属性”命令，打开“页面属性”对话框，在“大小”下拉列表框中选择 12 选项，分别在“左边距”、“右边距”、“上边距”及“下边距”文本框中输入“0”，如图 2-75 所示。

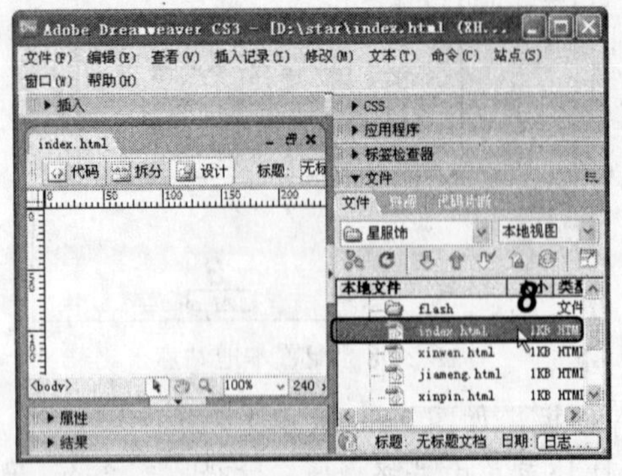

图 2-74 编辑 index.html 文件

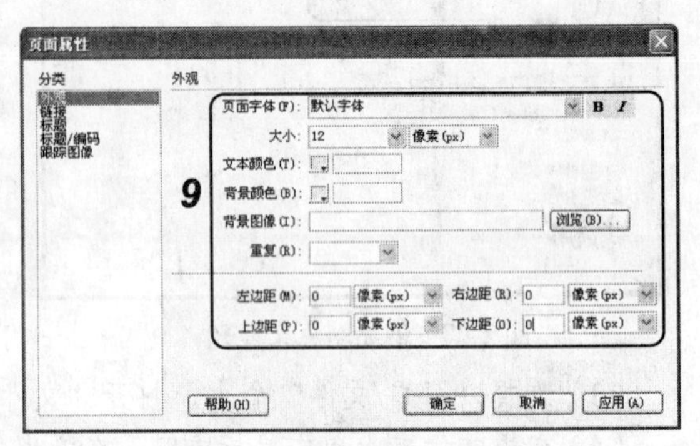

图 2-75 设置“外观”属性

（10）在“分类”列表框中选择“链接”选项，在右侧设置“链接颜色”和“已访问链接”为“#29a5c9”，如图 2-76 所示。

（11）在“分类”列表框中选择“标题/编码”选项，在右侧的“标题”文本框中输入“星服饰”，再单击 确定 按钮，如图 2-77 所示。

（12）按 Ctrl+S 键保存文档（立体化教学:\源文件\第 2 章\star），再单击窗口右上角的 ☒ 按钮退出 Dreamweaver。

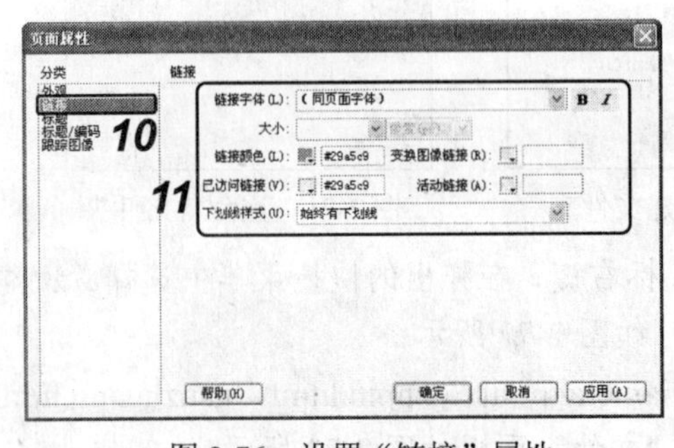

图 2-76 设置“链接”属性

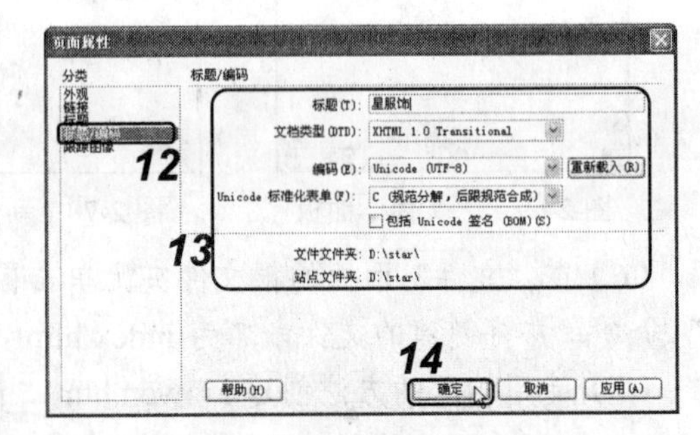

图 2-77 设置“标题/编码”属性

2.5.2 配置 Internet 信息服务并搭建站点测试环境

综合本章和前面所学知识，配置 Internet 信息服务并搭建站点测试环境。

本练习可结合立体化教学中的视频演示进行学习（立体化教学:\视频演示\第 2 章\搭建站点测试环境.swf）。主要操作步骤如下：

（1）先安装好 Internet 信息服务，再打开“Internet 信息服务”窗口，在“默认网站”选项上单击鼠标右键，在弹出的快捷菜单中选择“属性”命令，如图 2-78 所示。

（2）打开“默认网站 属性”对话框，选择“主目录”选项卡，在“本地路径”文本框中输入站点本地路径后单击 确定 按钮即可，如图 2-79 所示。

图 2-78 配置 Internet 信息服务

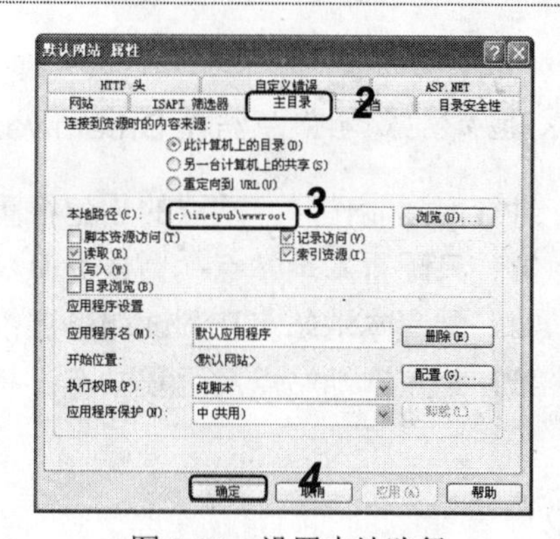

图 2-79 设置本地路径

2.6 练习与提高

（1）打开一个已有的网页文档并在浏览器中预览页面效果。

（2）创建一个名为“房地产公司”的站点并进行规划。

（3）参照图 2-80 所示的“文件”面板，创建站点以及站点文件和文件夹。

（4）打开 index02.html 文件（立体化教学:\实例素材\第 2 章\index02.html），设置页面属性，完成设置后的页面效果如图 2-81 所示（立体化教学:\源文件\第 2 章\index02.html）。

提示：在“页面属性”对话框中设置页面和链接文本的字体大小为“9 点”，上边距为 0，链接颜色为“#B01A0D”，变换图像链接颜色为“#FBCAC6”，已访问链接颜色为“#B01A0D”，下划线样式为“仅在变换图像时显示下划线链接”。本练习可结合立体化教学中的视频演示进行学习（立体化教学:\视频演示\第 2 章\设置页面属性.swf）。

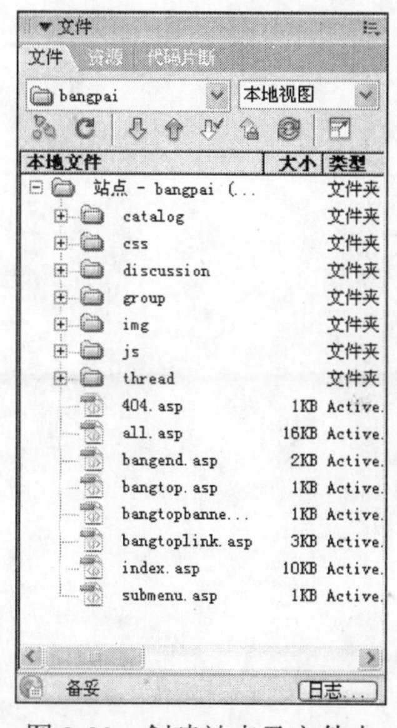

图 2-80 创建站点及文件夹

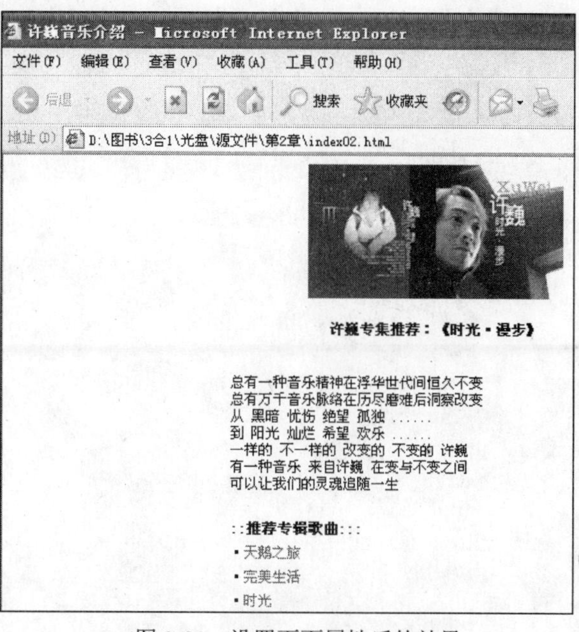

图 2-81 设置页面属性后的效果

总结在 Dreamweaver 中创建站点的灵活处理方式

进行网站制作时，站点的创建很重要，下面总结几点配置站点的技巧供大家参考。

- **只配置本地站点：**制作页面数较少的静态页面时适用。
- **配置本地站点及测试服务器：**制作动态页面时适用。
- **配置本地站点及远程站点：**将制作的网站上传到服务器时适用。

第3章　创建网页基本对象

学习目标

☑　掌握文本的操作方法
☑　掌握插入和编辑图像的方法
☑　掌握创建超链接的方法

目标任务&项目案例

插入图像

鼠标经过图像

Dreamweaver 中网页的基本对象包括文本、图像和 Flash 动画等，其中文本对象包括普通文本、特殊符号和水平线等。本章将对页面文本的输入和调整、水平线的创建、页面图像的插入和背景的创建、超链接的创建等设计制作网页的基础知识进行讲解。

3.1　文本的操作

文本是网页的主体，它具有准确快捷传递信息、存储空间小、易复制、易保存、易打印等特点，其优势很难被其他元素所取代。因此，网页设计师常常把文本的设计工作放在首位。

3.1.1　插入文本

在 Dreamweaver 中，可以将鼠标光标定位到文档窗口要插入文本的位置，然后直接输入文本，如图 3-1 所示；也可将其他应用程序中的文本复制到 Dreamweaver CS3 文档窗口中。

在 Dreamweaver 中插入文本时，需要与在 Word 中插入文本相区别，在 Word 中文本是可以自动换行的，而在 Dreamweaver 中则不行，需要按 Shift+Enter 键实现，即插入“
”HTML 标签实现，如图 3-2 所示。如果要进行分段，则与在 Word 中的操作相同，在要分段的位置按 Enter 键即可，即通过插入“<p>…</p>”（…表示该段落中的文本内容）HTML 标签实现，如图 3-3 所示。

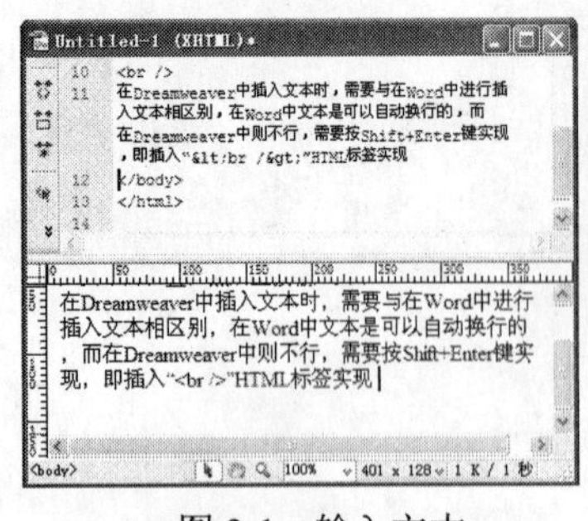

图 3-1　输入文本

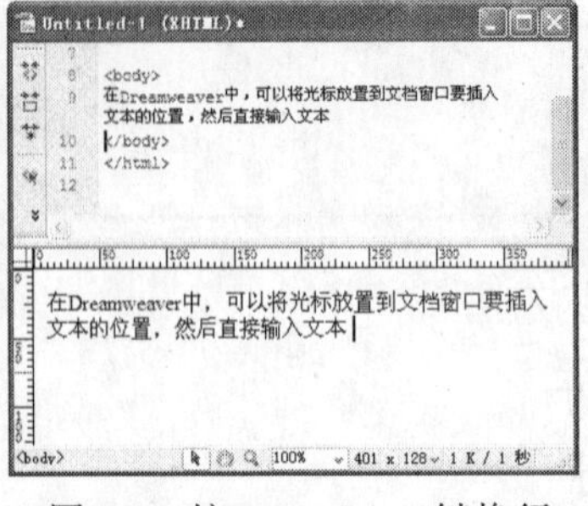

图 3-2　按 Shift+Enter 键换行

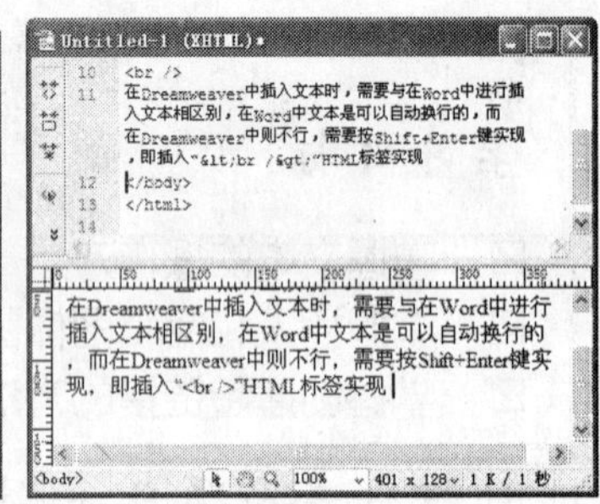

图 3-3　按 Enter 键分段

另外还需要注意的是，在 Dreamweaver 中输入连续的多个空格时，默认只显示一个空格的位置，如果需要输入多个连续空格时，需要将中文输入法切换到全角状态，再按空格键实现，如图 3-4 所示。

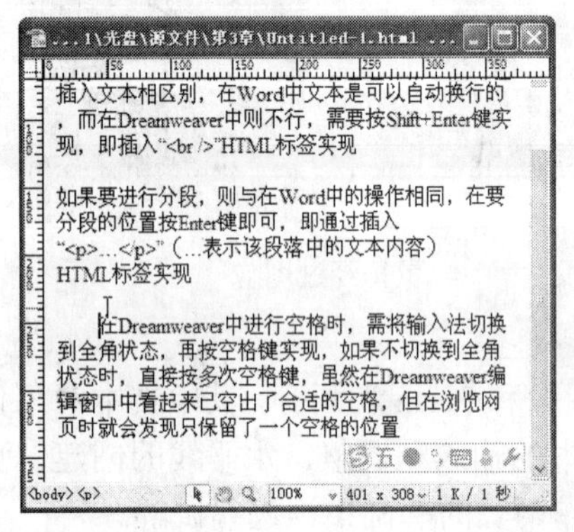

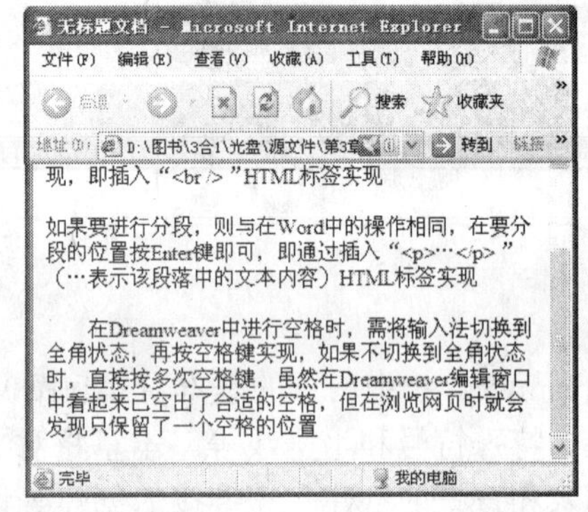

图 3-4　输入连续空格

3.1.2　调整文本

在“属性”面板中可对文本的字体、大小和颜色等进行设置，如图 3-5 所示。

图 3-5　“属性”面板

1．设置字体

要设置文本的字体，首先要选择文本，然后在“属性”面板中单击“字体”下拉列表框右侧的按钮，在弹出的下拉列表框中选择一种字体即可。如果该下拉列表框中没有需要的字体，则需要输入字体名称。

【例 3-1】　设置文本字体为“黑体”。

（1）选择要设置字体的文本，在“属性”面板中单击“字体”下拉列表框右侧的按钮，在弹出的下拉列表框中发现没有需要的字体“黑体”，如图 3-6 所示。

（2）在“字体”下拉列表框中输入字体名称“黑体”并按 Enter 键，完成文本字体的设置，如图 3-7 所示。

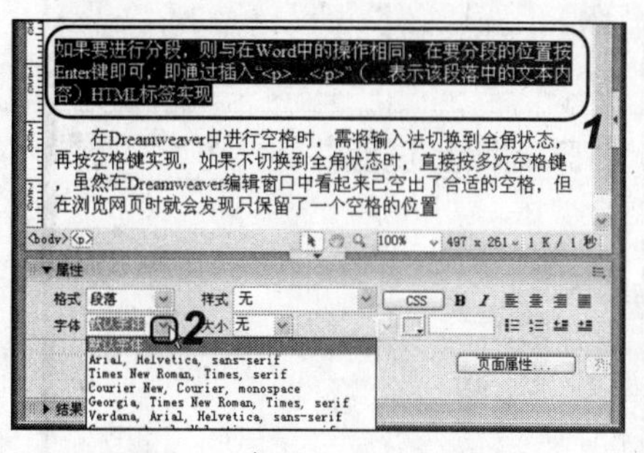

图 3-6　“字体”下拉列表框

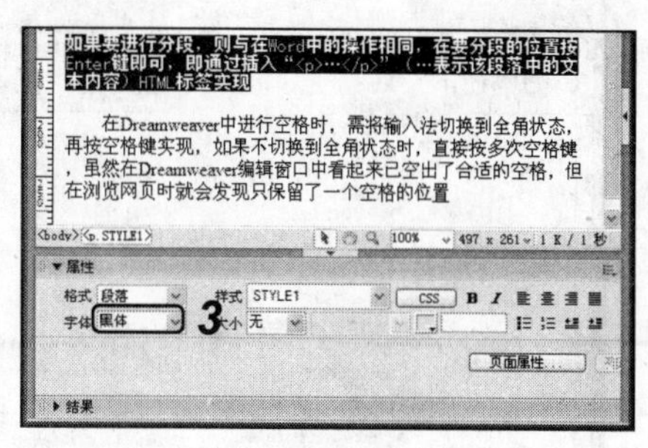

图 3-7　设置字体

2．设置字体大小

选中需要设置字体大小的文本，在“属性”面板中单击“大小”下拉列表框右侧的按钮，在弹出的下拉列表框中选择相应的字号，并在其右侧的单位下拉列表框中选择相应的度量单位即可。

【例 3-2】　设置文本字体大小为 12，单位为“像素”。

（1）选择要设置字体大小的文本，如图 3-8 所示。

（2）在“属性”面板中单击“大小”下拉列表框右侧的按钮，在弹出的下拉列表框中选择相应的字号，如 12，在其右侧的单位下拉列表框中选择相应的度量单位即可，如图 3-9 所示。

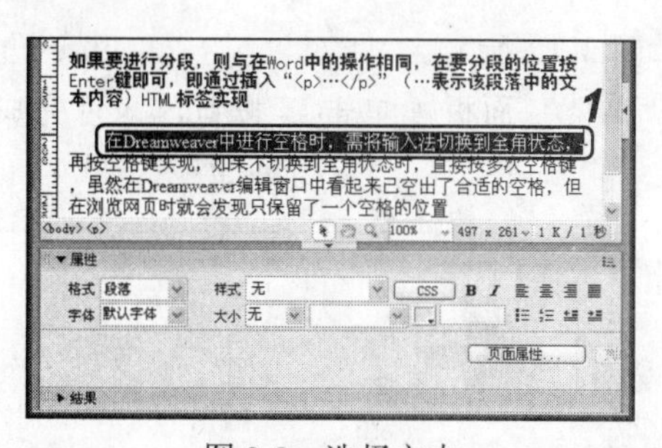

图 3-8　选择文本

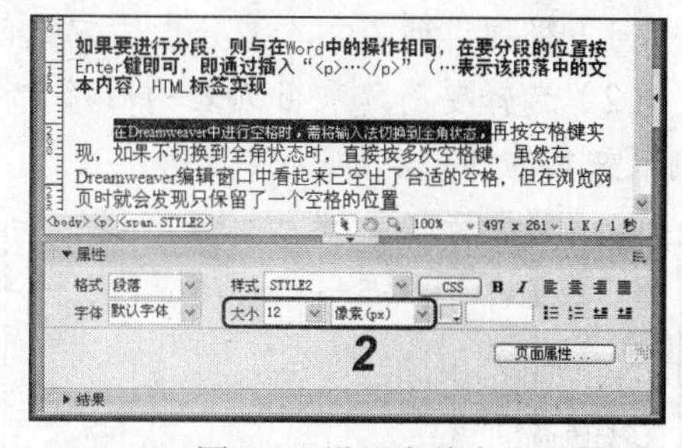

图 3-9　设置字体大小

3.1.3　插入特殊字符

制作网页时，有时需要输入一些键盘上没有的特殊字符，如版权符号©、注册商标®等。

【例 3-3】　在 Dreamweaver 中插入版权符号。

（1）启动 Dreamweaver，选择“文件/打开”命令，打开 bottom.html 素材文件（立体化教学:\实例素材\第 3 章\bottom.html），在文档窗口中将光标定位在需要插入特殊字符的位置。

（2）选择“插入记录/HTML/特殊字符”命令，在弹出的子菜单中选择所需的字符选项，这里选择“版权”选项，如图 3-10 所示，完成插入的显示效果如图 3-11 所示（立体化教学:\源文件\第 3 章\bottom.html）。

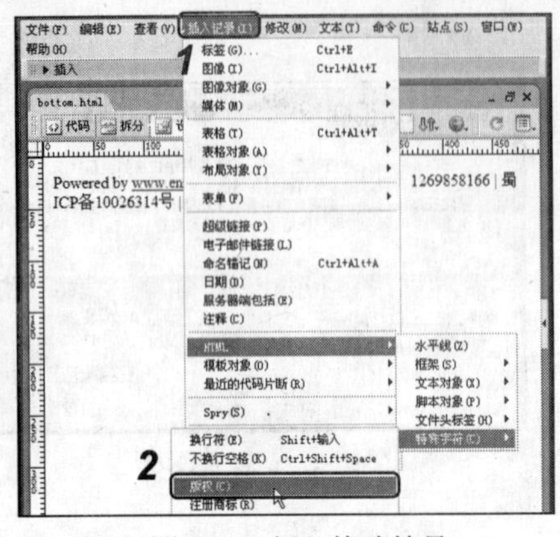

图 3-10　插入特殊符号

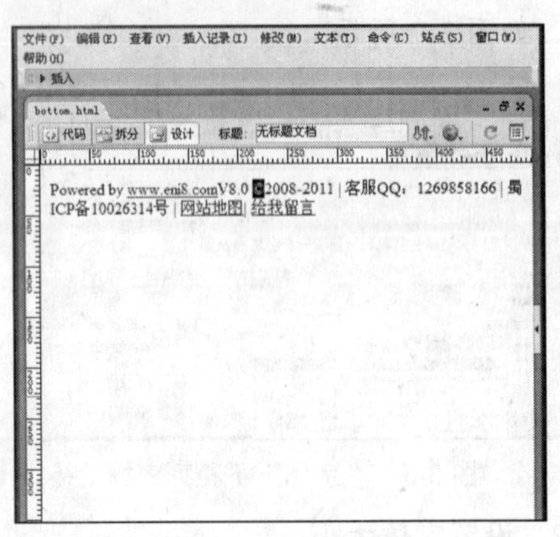

图 3-11　插入的特殊符号

3.1.4　插入文本列表

使用文本列表可以将输入的文本进行有规律排列，使文本内容更加直观突出。在 Dreamweaver CS3 中主要使用的列表类型有项目列表和编号列表两种。

1．项目列表

项目列表又称为无序列表，一般使用项目符号作为前导字符，各项目之间是并列关系，没有先后顺序。

【例 3-4】　创建项目列表文本。

（1）将项目列表文本按分段的方式创建，如图 3-12 所示。

（2）选择要创建项目列表的段落文本，在“属性”面板中单击 ☰ 按钮，即可完成项目列表文本的创建，如图 3-13 所示。

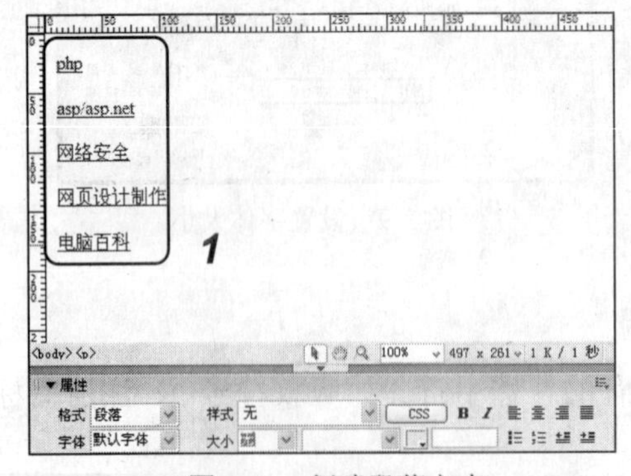

图 3-12　创建段落文本

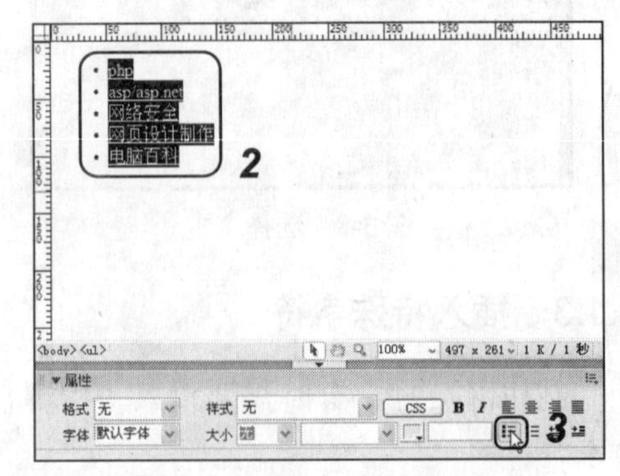

图 3-13　完成项目列表创建

2. 编号列表

编号列表可以对文本内容进行有序排列，因此又称为有序列表。在编号列表中，文本前面的前导字符可以是阿拉伯数字、英文字符和罗马数字等。编号列表的创建方法与项目列表相同，只需在“属性”面板中单击按钮即可实现。

【例 3-5】　通过“属性”面板创建编号列表。

（1）将编号列表文本按分段的方式创建并将其选中，如图 3-14 所示。

（2）在“属性”面板中单击按钮，即可完成编号列表文本的创建，如图 3-15 所示。

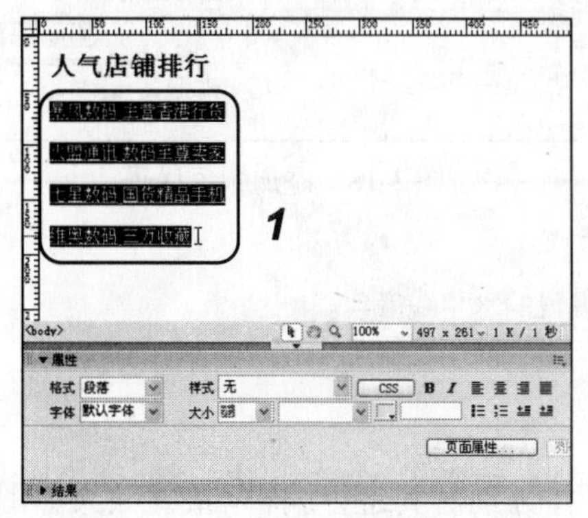

图 3-14　创建并选择段落文本

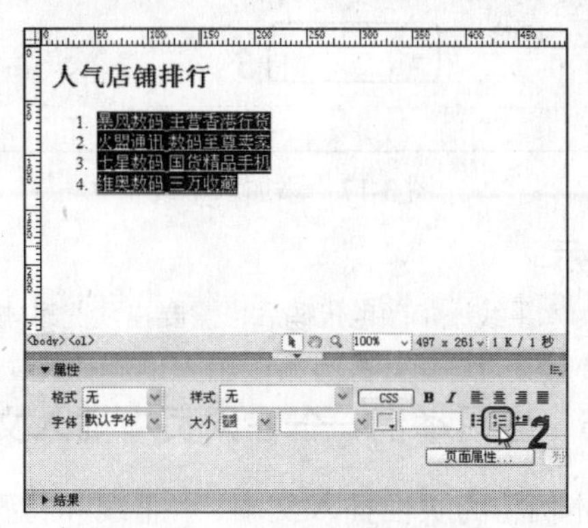

图 3-15　完成编号列表创建

提示：

要取消编号列表或项目列表，只需要选中编号列表或项目列表文本，再在“属性”面板中单击或按钮即可。

3.1.5　插入水平线

使用水平线可以分割文档内容，使文档结构更加清晰、层次更加分明。在网页中合理插入水平线可以取得很好的视觉效果。

【例 3-6】　通过菜单命令在页面中插入水平线，并对其进行设置。

（1）在 Dreamweaver 中打开 bottom2.html 素材网页（立体化教学:\实例素材\第 3 章\bottom2.html），在页面中将光标定位在要插入水平线的位置，如图 3-16 所示。

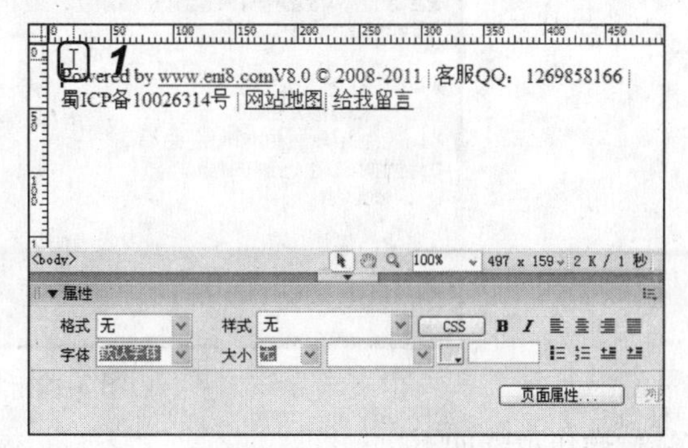

图 3-16　定位光标位置

（2）选择“插入记录/HTML/水平线”命令，在光标所在位置插入水平线，如图 3-17 所示。

（3）保持插入水平线的选中状态，在“属性”面板的“宽”文本框中输入水平线的宽度，其单位可以是像素值或相对于页面水平宽度的百分比值，这里输入“80”，并在其后的下拉列表框中选择%选项作为度量单位。

（4）在“高”文本框中输入水平线的高度，其度量单位只能为像素，这里输入“1”。

（5）单击“属性”面板右下角的按钮，在弹出的快速标签编辑器窗口中输入颜色设置代码，如图 3-18 所示。

图 3-17　添加水平线

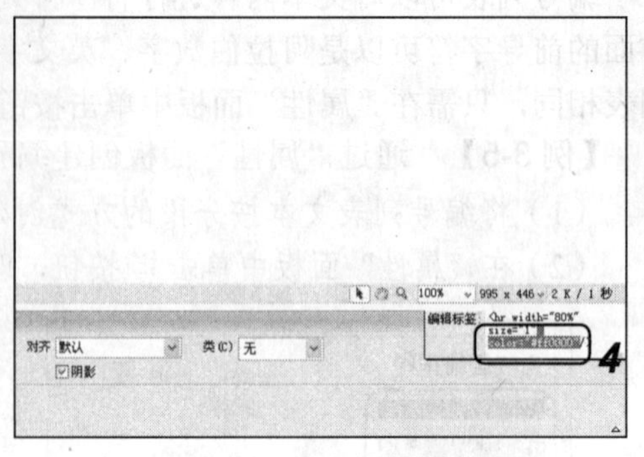

图 3-18　添加颜色代码

提示：

为水平线添加颜色代码后，需要在预览时才能看到设置的水平线颜色。

3.1.6　应用举例——在网页中插入文本

本例将为页面插入文本、水平线和特殊字符，并分别对其进行编辑，最终效果如图 3-19 所示（立体化教学:\源文件\第 3 章\316\index.html）。

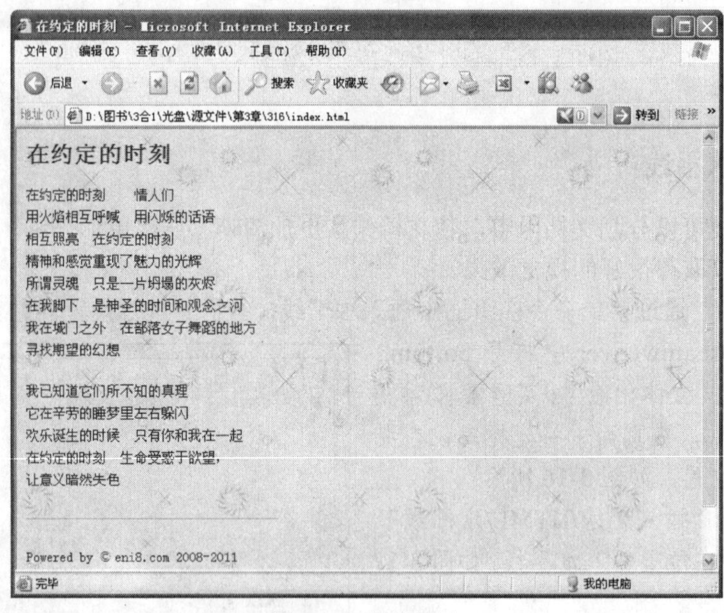

图 3-19　最终效果

操作步骤如下：

（1）启动 Dreamweaver CS3，打开 index.html 素材文件（立体化教学:\实例素材\第 3 章\316\index.html）。

（2）在默认的光标位置输入文本“在约定的时刻”，然后按 Enter 键，如图 3-20 所示。

（3）在默认的光标位置输入文本“在约定的时刻”，将输入法切换到全角状态，按空格键两次，输入“情人们”，然后按 Shift+Enter 键换行，如图 3-21 所示。

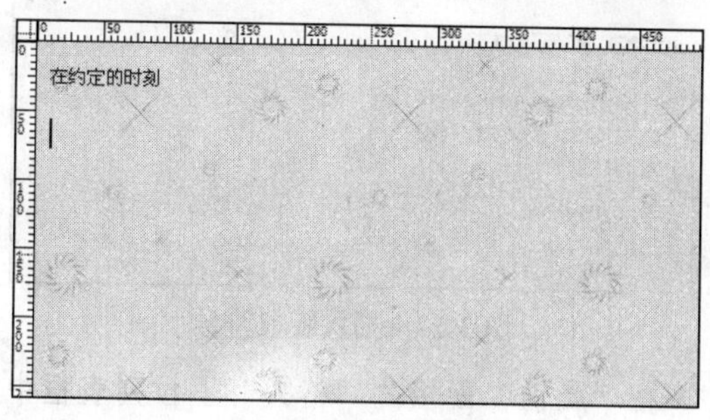

图 3-20　输入文本

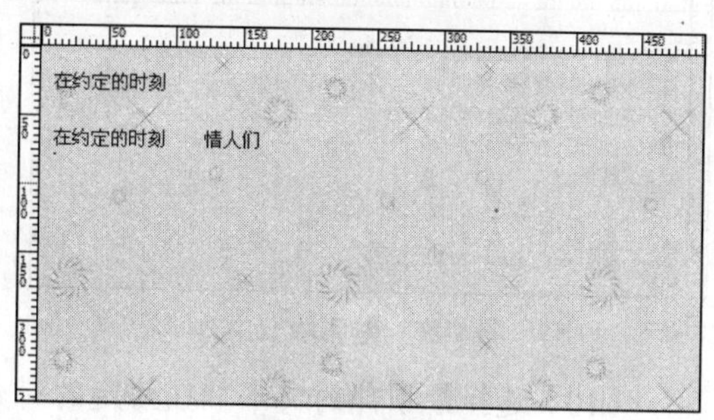

图 3-21　输入文本

（4）使用相同的方法完成本段文本的输入，再按 Enter 键分段，如图 3-22 所示。

（5）参照前面的方法，完成当前段文本的输入，再按 Enter 键分段，如图 3-23 所示。

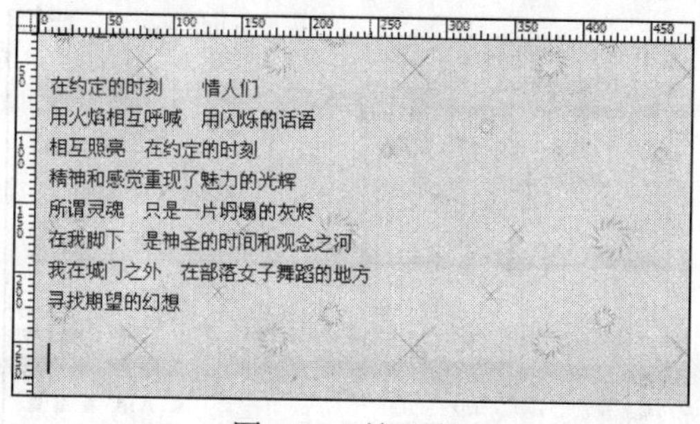

图 3-22　输入文本

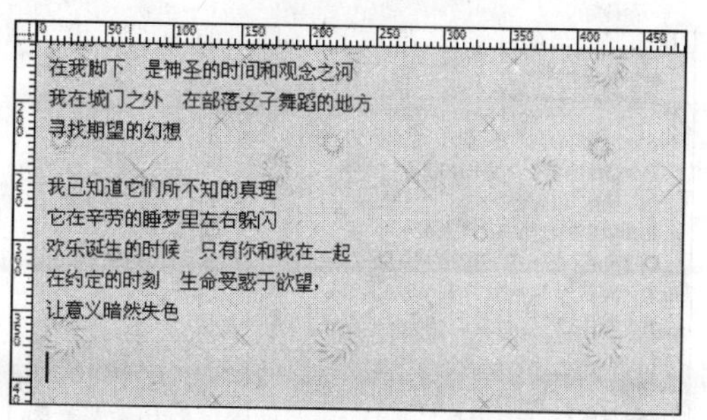

图 3-23　输入文本

（6）选择“插入记录/HTML/水平线”命令，在光标处插入一条水平线。选择插入的水平线，在“属性”面板中设置水平线的“宽”为“260 像素”，“高”为 1，“对齐”方式为“左对齐”，并取消选中“阴影”复选框，如图 3-24 所示。

（7）按键盘上的→键将光标切换到水平线后，按 Enter 键分段，如图 3-25 所示。

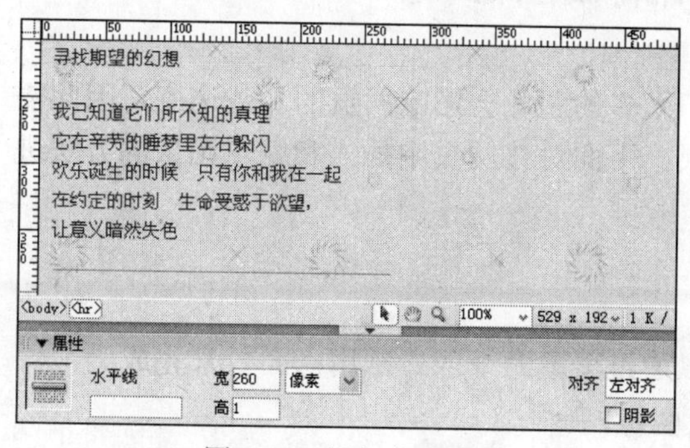

图 3-24　插入水平线

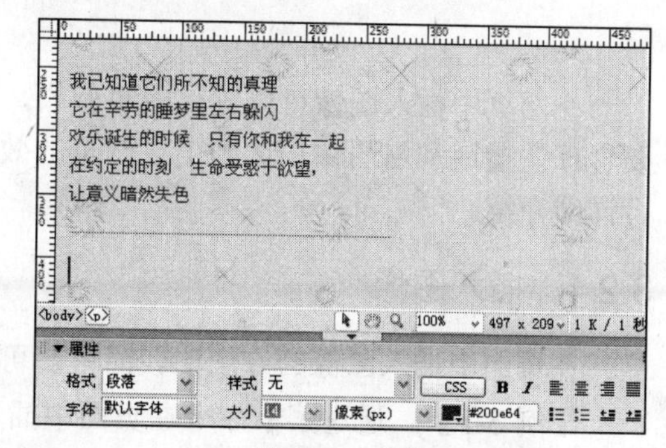

图 3-25　分段

（8）输入文本“Powered by eni8.com 2008-2011”，如图 3-26 所示。

（9）将光标定位到 eni8 前，选择“插入记录/HTML/特殊字符/版权”命令插入版权符号，按键盘上的→键将光标切换到版权符后，按空格键空一格以便显得美观，如图 3-27

所示。

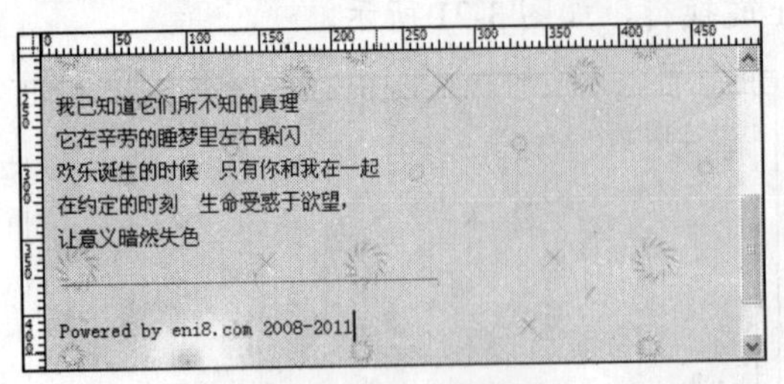

图 3-26　输入版权文本

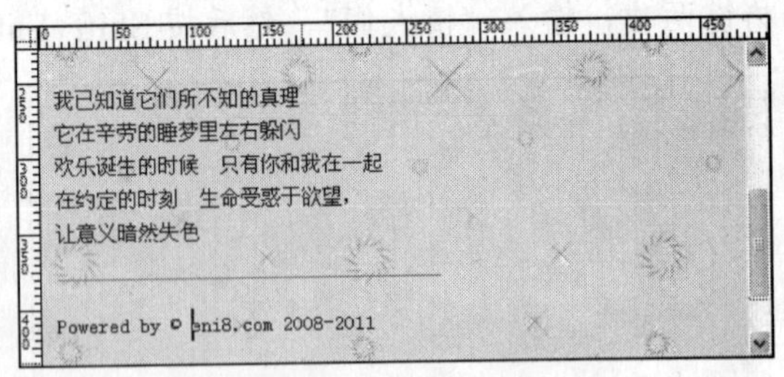

图 3-27　插入版权符号

（10）选择最顶部的文本“在约定的时刻”，在“属性”面板的“格式”下拉列表框中选择“标题 2”选项，完成标题格式的设置，如图 3-28 所示。

（11）选择 eni8 文本中的 i 文本，在“属性”面板的“文本颜色”文本框中输入“#FF0000”并按 Enter 键确认，如图 3-29 所示。

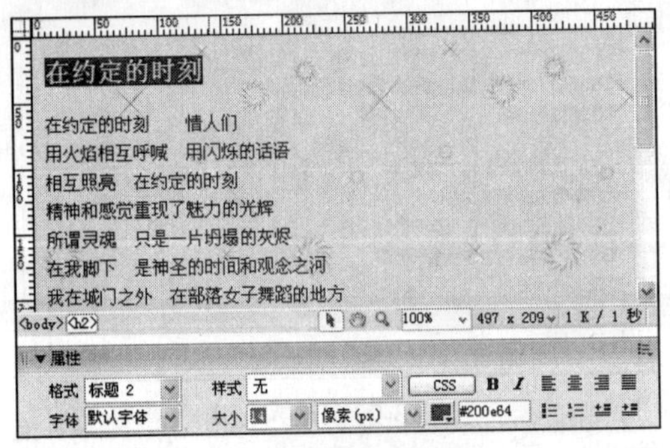

图 3-28　设置标题格式

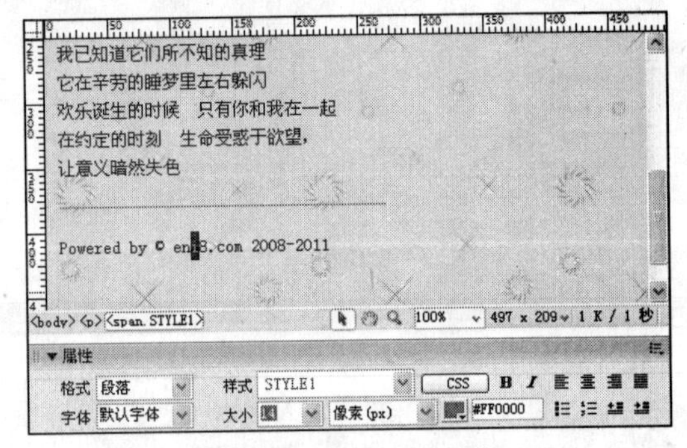

图 3-29　设置文本颜色

（12）最后按 Ctrl+S 键保存网页文档即可。

3.2　插入和编辑图像

在网页中插入图像可以美化网页效果，但太多的图像会影响网页的加载速度，因此需要合理适量地利用图像，达到美化网页的效果。下面对在网页中插入和编辑图像的方法进行详细介绍。

3.2.1　插入图像

在页面中插入图像的方法比较简单，可以通过菜单命令或“常用”面板来完成。

【例 3-7】　通过菜单命令在页面中插入图像。

（1）将光标定位在需要插入图像的位置，选择“插入记录/图像”命令，如图 3-30 所示。

（2）打开“选择图像源文件”对话框，在“查找范围”下拉列表框中选择图像所在位置，在文件列表框中选择需要插入的图像（立体化教学:\实例素材\第 3 章\hua.jpg），再单击 确定 按钮，如图 3-31 所示。

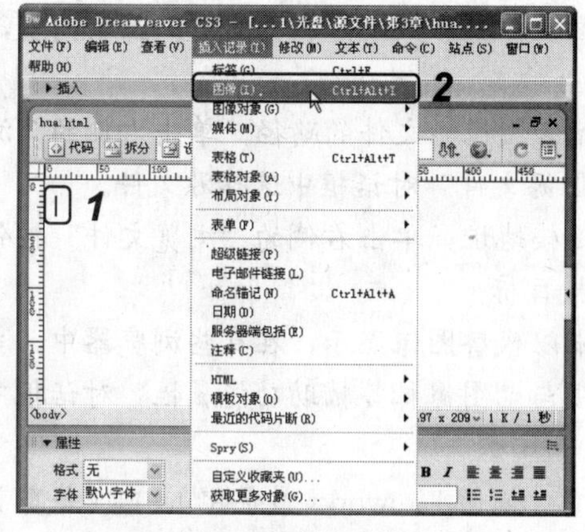

图 3-30　插入图像

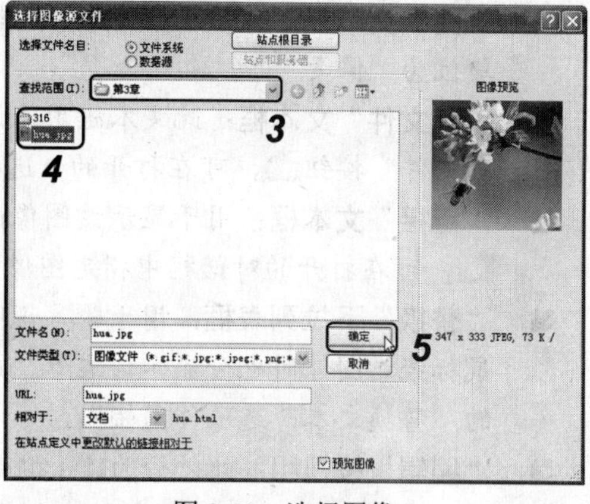

图 3-31　选择图像

（3）打开“图像标签辅助功能属性”对话框，在“替换文本”下拉列表框中输入替换文本，这里输入“花”，如图 3-32 所示，再单击 确定 按钮，完成图像插入，如图 3-33 所示。

图 3-32　设置替换文本

图 3-33　插入图像后的效果

提示：

在“图像标签辅助功能属性”对话框的“替换文本”下拉列表框中输入内容后，在浏览页面时，当鼠标停留在图像上时将出现该提示信息；也可以在图像“属性”面板的“替换”文本框中进行设置。

3.2.2　编辑图像

通过图像的“属性”面板可以修改页面中插入图像的属性。选择插入的图像后，“属性”面板如图 3-34 所示。

图 3-34　图像“属性”面板

主要参数介绍如下。

- “图像”文本框：用于输入图像名称。
- “宽”文本框：在该文本框中可以输入数值，以修改图像在页面中的显示宽度，单位为“像素”。

- **“高”文本框**：在该文本框中可以输入数值，以修改图像在页面中的显示高度，单位为“像素”。
- **“源文件”文本框**：此文本框用于设置插入图像源文件的路径，单击右侧的“浏览文件”按钮，可在打开的“选择图像源文件”对话框中选择源文件。
- **“链接”文本框**：用于显示该图像的超链接地址，单击右侧的“浏览文件”按钮，可在打开的对话框中指定图像的链接目标。
- **“替换”下拉列表框**：用于输入说明文本以代替图像显示，在有些浏览器中，当鼠标经过图像时也会显示该文本。此选项与“图像标签辅助功能属性”对话框中的“替换文本”选项作用相同。
- **“编辑”按钮组**：此处分为（编辑）、（使用 Fireworks 最优化）、（裁剪）、（重新取样）、（亮度和对比度）以及（锐化）6 个按钮，单击这些按钮可以对图像进行相应操作。
- **“垂直边距”文本框**：用于设置图像以像素为单位在垂直方向上加入的空白区域。
- **“水平边距”文本框**：用于设置图像以像素为单位在水平方向上加入的空白区域。
- **“目标”下拉列表框**：表示链接的目标在浏览器中的打开方式，其中包括_blank、_parent、_self 和_top 4 种方式，如果图像未设置超链接则此选项不可用。
- **“低解析度源”文本框**：用于指定在图像下载完成前显示的低质量图像的路径。
- **“边框”文本框**：用于设置图像的边框。
- **“对齐”下拉列表框**：用于设置图像与其周围文本之间的对齐方式。

【例 3-8】 成比例调整图像的大小并设置边框值为 0。

（1）打开 huaer.html 素材网页（立体化教学:\实例素材\第 3 章\huaer.html），选择网页文档中的图像，如图 3-35 所示。

（2）将光标移动到图像右下角的黑色控制柄上，按住 Shift 键的同时，按住鼠标左键不放向左上角拖动，使图像成比例地缩小，至合适大小时释放鼠标，并释放 Shift 键，完成图像缩小操作，如图 3-36 所示。

图 3-35 选择图像

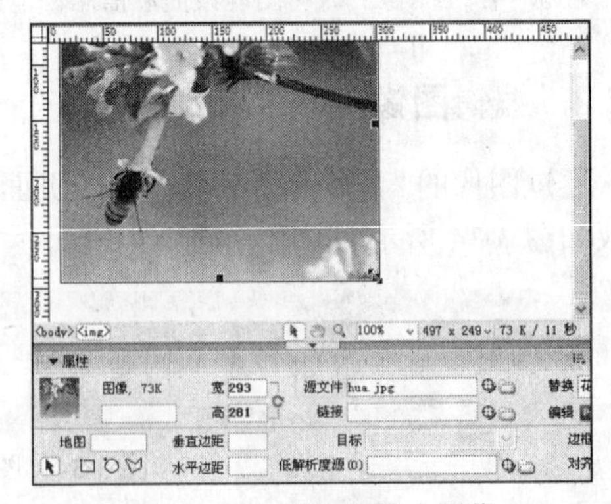

图 3-36 成比例缩小图像

（3）保持图像的选中状态，在“属性”面板的“边框”文本框中输入“0”，在“对齐”下拉列表框中选择“顶端”选项，如图 3-37 所示。

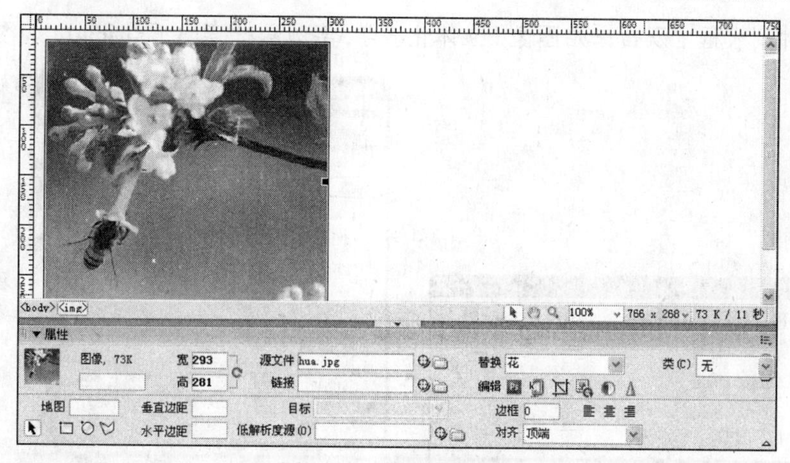

图 3-37　设置图像属性

（4）将光标定位到图像后，输入文本“花花花花”，文本与图像的对齐效果如图 3-38 所示。

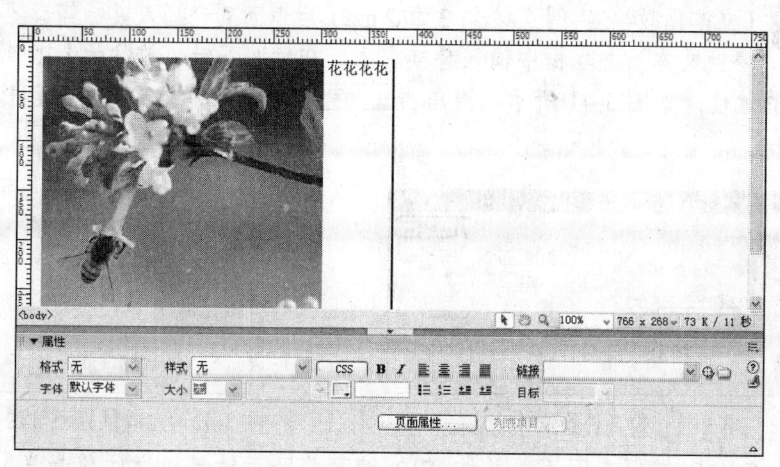

图 3-38　输入文本查看对齐效果

3.2.3　鼠标经过图像

在网页中使用鼠标经过图像可使页面具有动态性和交互性。鼠标经过图像是由原始图像和鼠标经过图像两幅图像组成。浏览页面时，当鼠标经过原始图像时就会出现鼠标经过图像。

【例 3-9】　在网页中插入鼠标经过图像。

（1）将光标放置到页面中需要插入鼠标经过图像的位置。

（2）选择“插入记录/图像对象/鼠标经过图像”命令，打开“插入鼠标经过图像”对话框。

（3）在“图像名称”文本框中输入交互图像的标记名称，单击“原始图像”文本框右侧的 浏览... 按钮，如图 3-39 所示。

（4）在打开的“原始图像:”对话框的“查找范围”下拉列表框中选择原始图像所在

位置，在文件列表框中双击原始图像（立体化教学:\实例素材\第 3 章\1.jpg），如图 3-40 所示。

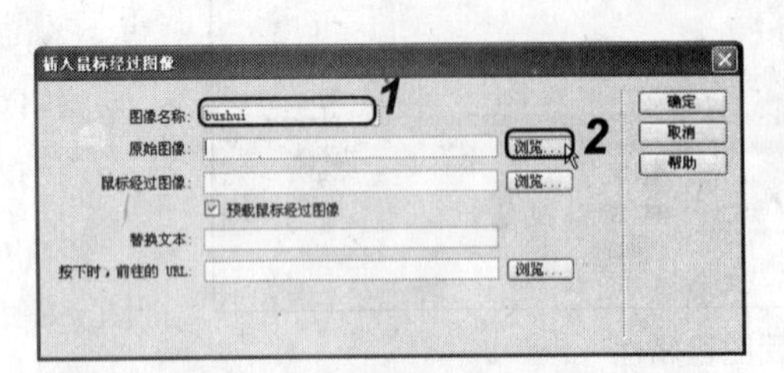

图 3-39 “插入鼠标经过图像”对话框

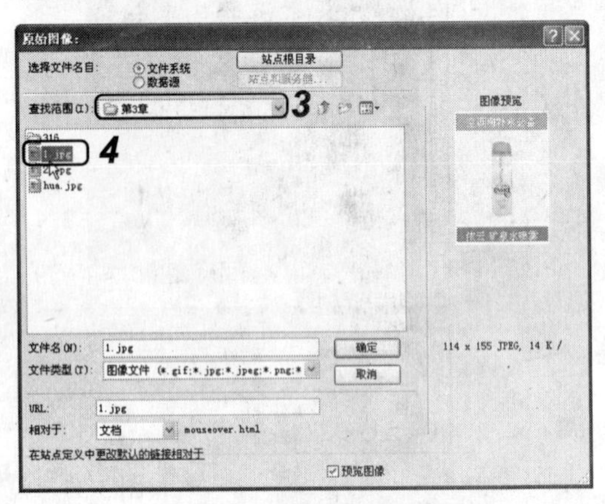

图 3-40 选择原始图像

（5）参照以上操作，单击“鼠标经过图像”文本框右侧的[浏览...]按钮，在打开的对话框中选择图像（立体化教学:\实例素材\第 3 章\2.jpg）后返回到“插入鼠标经过图像”对话框。

（6）在“替换文本”文本框中输入替换文本，在“按下时，前往的 URL”文本框中输入链接文档的地址，如图 3-41 所示，再单击[确定]按钮，完成鼠标经过图像的插入，如图 3-42 所示。

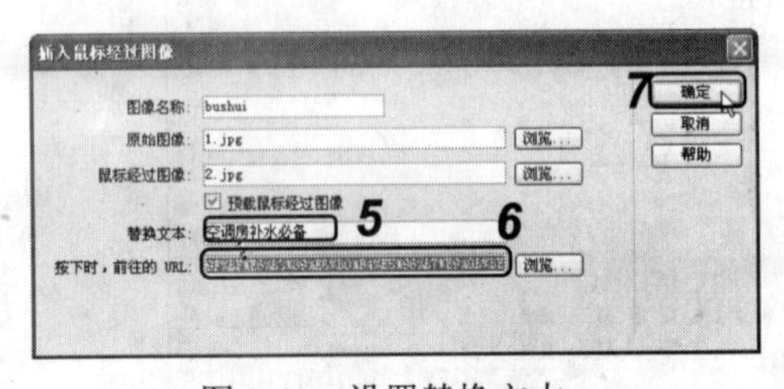

图 3-41 设置替换文本

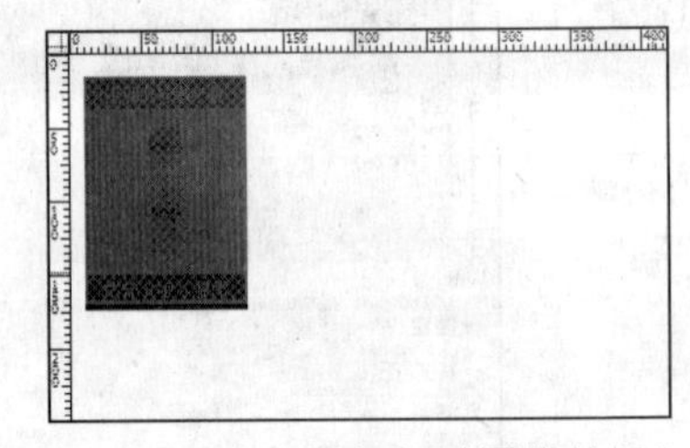

图 3-42 完成鼠标经过图像的插入

（7）按 Ctrl+S 键保存网页，并按 F12 键预览网页效果（立体化教学:\源文件\第 3 章\mouseover.html），如图 3-43 所示。

图 3-43 鼠标经过图像的效果

提示：

在选择图像时，原始图像和鼠标经过图像应该具有相同的高度和宽度，否则鼠标经过图像在显示时会自动进行压缩或扩展，以适应原始图像的大小，造成图像失真。

3.2.4　应用举例——在网页中插入图像

本例将在网页中插入图像、鼠标经过图像并进行编辑，最终效果如图 3-44 所示（立体化教学:\源文件\第 3 章\cai.html）。

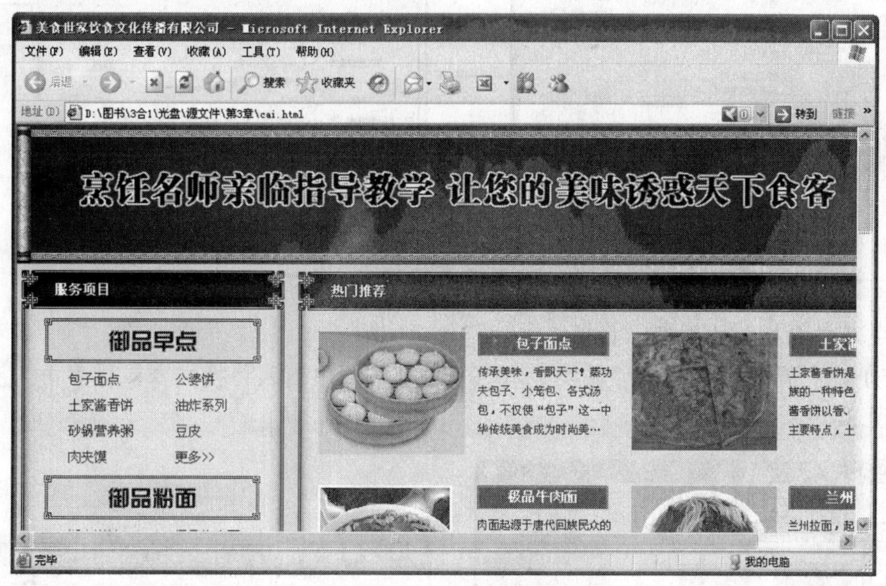

图 3-44　最终效果

操作步骤如下：

（1）启动 Dreamweaver CS3，打开 cai.html 素材文件（立体化教学:\实例素材\第 3 章\cai.html），如图 3-45 所示。

图 3-45　打开网页文档

（2）将光标移动到顶部的 Div 容器中单击以定位，选择“插入记录/图像对象/鼠标经过图像”命令，如图 3-46 所示。

（3）打开“插入鼠标经过图像”对话框，在其中设置“原始图像”、“鼠标经过图像”及“按下时，前往的 URL”等选项，然后单击 确定 按钮完成鼠标经过图像的插入，如

图 3-47 所示。

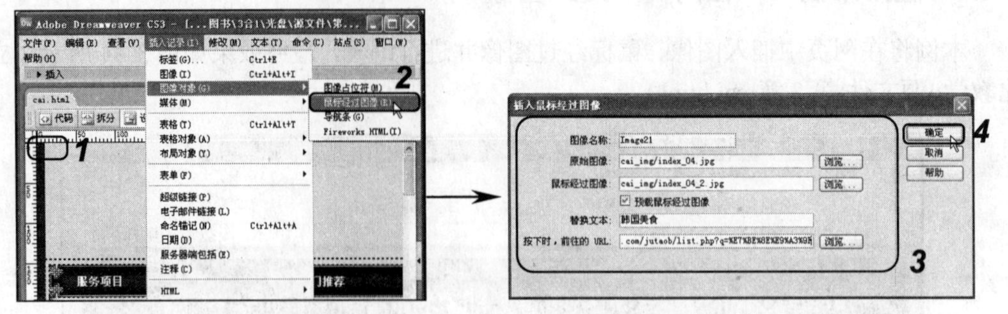

图 3-46　插入鼠标经过图像　　　　图 3-47　设置鼠标经过图像属性

（4）将光标移动到热门推荐栏目中左上角的 Div 容器中单击以定位，选择“插入记录/图像”命令，在打开的对话框的“查找范围”下拉列表框中选择图像所在位置，在文件列表框中双击要插入的图像，如图 3-48 所示。

（5）在打开的对话框的“替换文本”下拉列表框中输入替换文本，再单击 确定 按钮，如图 3-49 所示。

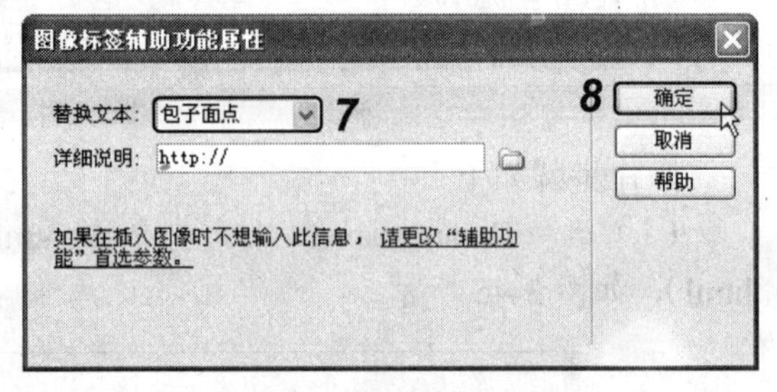

图 3-48　插入图像　　　　图 3-49　设置替换文本

（6）保持插入图像的选中状态，在“属性”面板的“宽”和“高”文本框中分别输入“157”及“128”，在“边框”文本框中输入“0”，完成图像属性的设置，如图 3-50 所示。按 Ctrl+S 键保存网页，并按 F12 键预览。

图 3-50　设置图像属性

3.3　创建超链接

在网页中，超链接可以有机地将各个页面链接起来，从而实现页面间的跳转，是网页制作中不可缺少的组成元素。

3.3.1 超链接的概念

超链接是指站点内不同网页之间、站点与 Web 之间的链接关系。超链接由链接载体（源端点）和链接目标（目标端点）两部分组成。许多页面元素都可以作为链接载体，如文本、图像、图像热区和动画等；而链接目标可以是任意立体化教学，如页面、图像、声音、程序、其他网站、E-mail 甚至是页面中的某个位置。

3.3.2 超链接的创建

下面对创建网页中各种类型的超链接的方法进行讲解。

1. 创建文本链接

文本链接是最常见的链接方式，其创建方法较简单，选择文本后，在“属性”面板的“链接”文本框中输入需要链接文档的路径，或单击“链接”文本框右侧的按钮，在打开的“选择文件”对话框中选择相应的链接文档即可。

【例 3-10】 设置文本链接。

（1）在页面中选择需要创建链接的文本。

（2）在“属性”面板的“链接”下拉列表框中输入需要链接文档的路径，在“目标”下拉列表框中选择打开目标网页的方式，如图 3-51 所示。

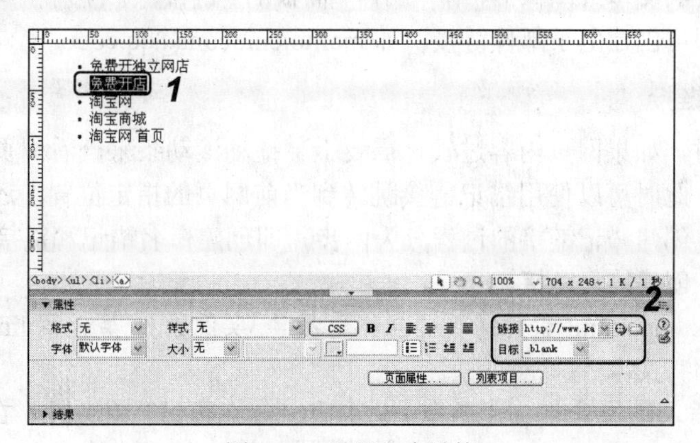

图 3-51 设置文本链接

提示：

在“链接”文本框中输入“#”符号，则表示创建空链接。在“目标”下拉列表框中选择_blank 选项，表示在新窗口中打开目标网页，_self 选项则表示在当前窗口中打开目标网页。

2. 创建图像链接

创建图像链接的方法与创建文本链接的方法相同。选择需要创建链接的图像，在“属性”面板的“链接”文本框中输入需要链接的文档，或单击“链接”文本框右侧的按钮，在打开的“选择文件”对话框中选择链接目标文档，单击 确定 按钮即可创建图像链接。

【例 3-11】 创建图像链接。

（1）启动 Dreamweaver，打开 link_img.html 素材网页（立体化教学:\实例素材\第 3 章\link_img.html），在页面中选择需要创建链接的图像。

（2）在“属性”面板的“链接”文本框中输入需要链接文档的路径，在“目标”下拉列表框中选择打开目标网页的方式，在“边框”文本框中输入“0”使图像不显示边框，如图 3-52 所示。

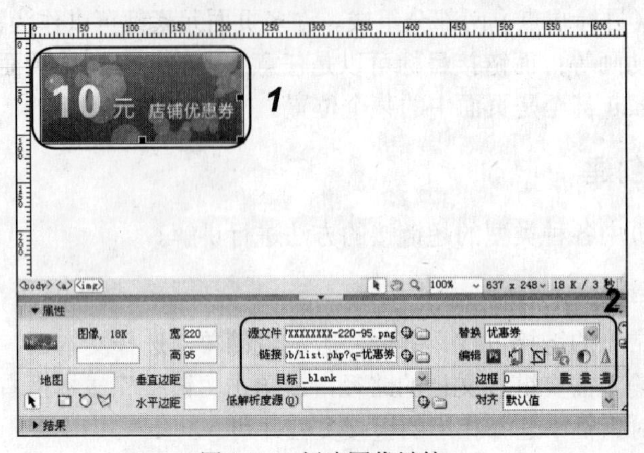

图 3-52　创建图像链接

3．创建电子邮件链接

单击电子邮件链接可以直接调用发送邮件的程序（如 Outlook Express）进行邮件发送。

选择需要链接的文本或图像后，在“属性”面板的“链接”下拉列表框中输入“mailto:”和电子邮件地址即可创建电子邮件链接，如 mailto:eni8com@qq.com。

4．创建锚记链接

在浏览网页时，如果网页内容过长，需要上下拖动滚动条来查看网页的内容，会使浏览显得非常麻烦，此时可以使用锚记链接跳转到当前网页的指定位置，还可以跳转到其他页面的指定位置。创建锚记链接的过程分为两步，即创建命名锚记和链接到该命名锚记。

【例 3-12】　创建锚记链接。

（1）打开 link_mao.html 素材网页（立体化教学:\实例素材\第 3 章\link_mao.html），将光标定位在“顶部”文本后。

（2）选择“插入记录/命名锚记”命令，打开“命名锚记”对话框，在“锚记名称”文本框中输入锚记的名称，如 top，再单击 确定 按钮关闭对话框，完成锚记的创建，如图 3-53 所示。

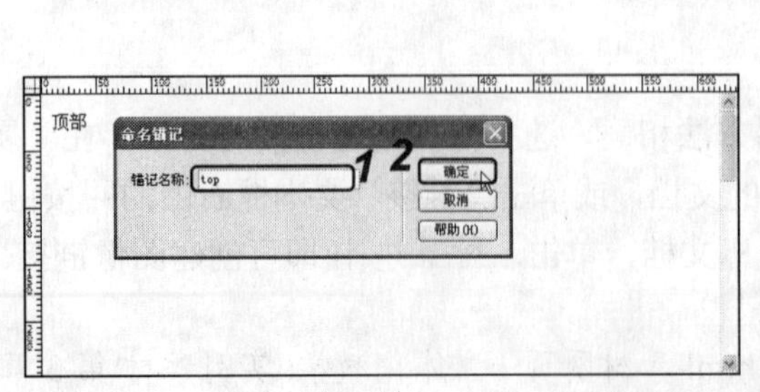

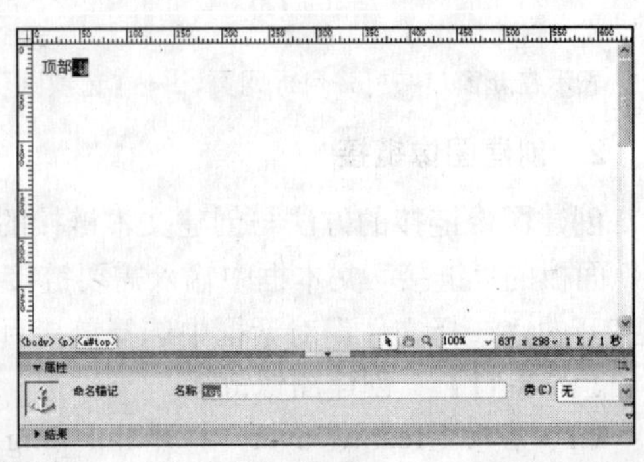

图 3-53　创建锚记

（3）选择要跳转到锚记的文本，在“属性”面板的“链接”下拉列表框中输入“#”及锚记名称，如#top，按 Enter 键确认后即可完成锚记链接的创建，如图 3-54 所示。

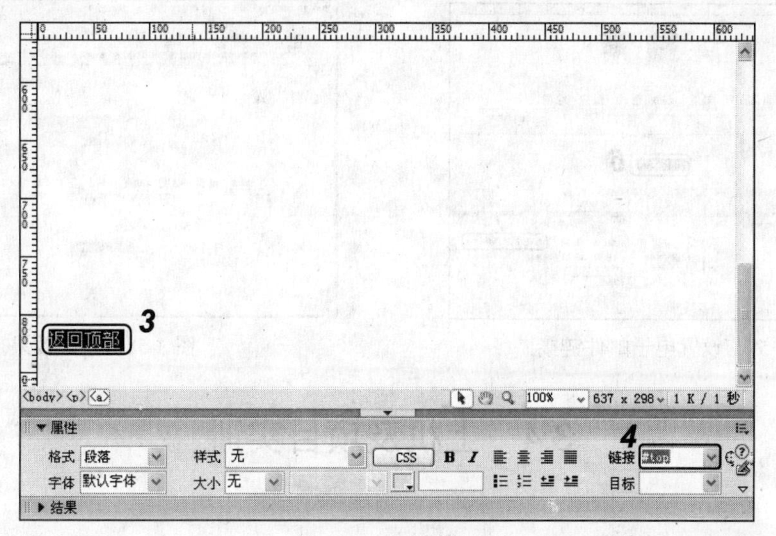

图 3-54　创建锚记

提示：

如果要链接的目标锚记位于其他网页中，在创建锚记链接时需要先在“链接”下拉列表框中输入该网页的地址路径，再输入“#”号和锚记名称，如 lifeju/index.html#top。

3.3.3　应用举例——创建文本、图像和电子邮件链接

下面分别为文本和图像创建链接，并创建一个电子邮件链接。

操作步骤如下：

（1）启动 Dreamweaver CS3，打开 default.html 素材文件（立体化教学:\实例素材\第 3 章\ isearch\default.html），选择图像文件，并在“属性”面板中进行链接创建，如图 3-55 所示。

（2）在页面中选择“新闻”文本，在“属性”面板的“链接”下拉列表框中输入“news.html”，在“目标”下拉列表框中选择_blank 选项，如图 3-56 所示。

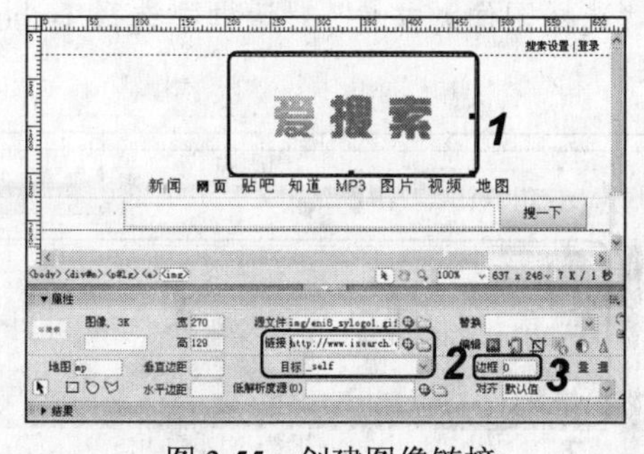

图 3-55　创建图像链接

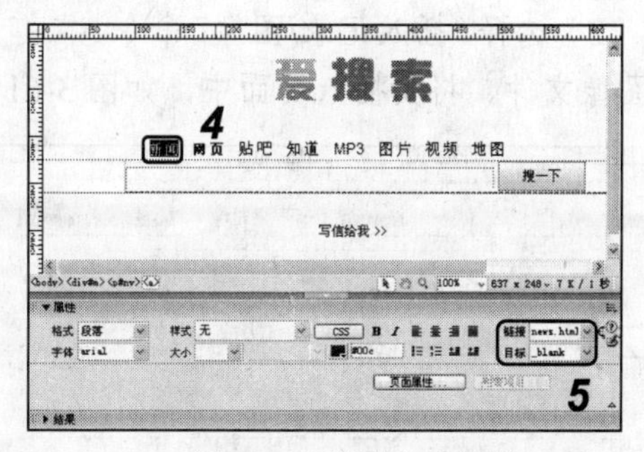

图 3-56　设置文本链接

（3）选择“写信给我 >>”文本，在“属性”面板的“链接”下拉列表框中输入“mailto:”及邮箱地址，如图 3-57 所示。

（4）按 Ctrl+S 键保存网页，并按 F12 键预览，效果如图 3-58 所示

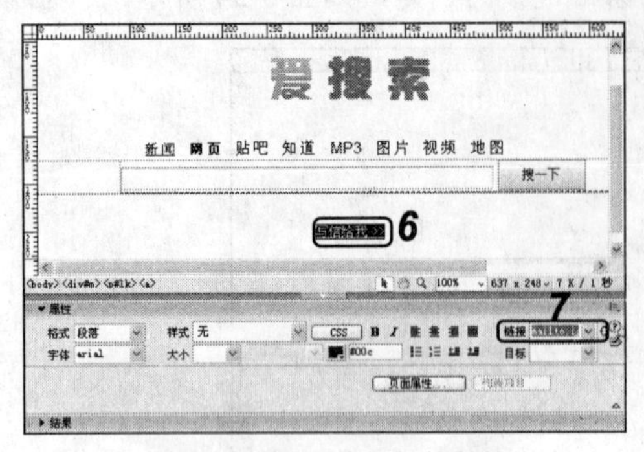

图 3-57　设置电子邮件链接

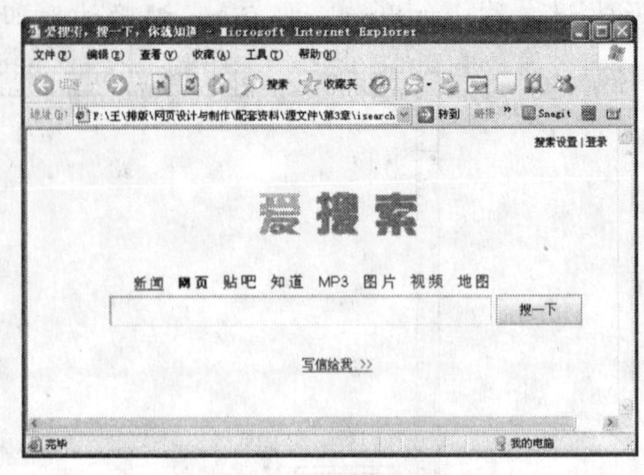

图 3-58　最终效果

3.4　上机及项目实训

3.4.1　制作“星牌服饰”网站

本次实训将创建“星牌服饰”网站的主页面，包括插入文本和图像（立体化教学:\实例素材\第 3 章\star\images\）、创建页面的导航条、建立文本、图像和电子邮件链接，最终效果如图 3-59 所示（立体化教学:\源文件\第 3 章\star\star.html）。

图 3-59　最终效果

操作步骤如下：

（1）启动 Dreamweaver CS3，打开 star.html 素材文件（立体化教学:\实例素材\第 3 章\star\star.html），将光标定位到表格上侧的空白区域中，如图 3-60 所示。

（2）选择“插入记录/图像”命令，在打开的“选择图像源文件”对话框中选择 1-shouye.jpg 图像文件，将其插入页面中，如图 3-61 所示。

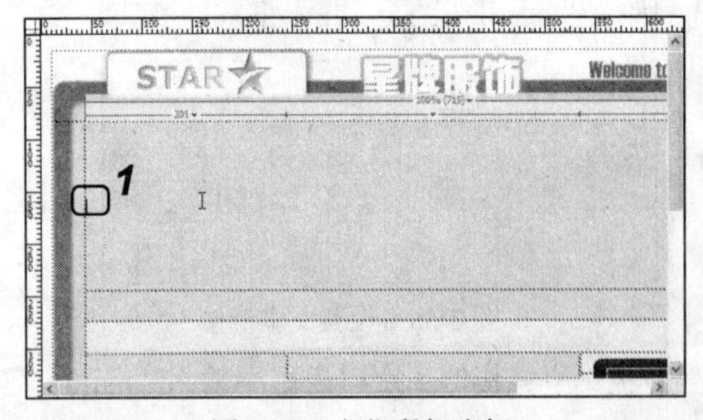

图 3-60　定位鼠标光标

图 3-61　插入图像

（3）使用相同的方法在表格左下侧和中间的空白处分别插入1-01.jpg和1-news.jpg图像文件，如图3-62所示。

（4）在表格中间的位置输入如图3-63所示的文本，并设置日期字号大小为“12像素”，文本颜色为“#647b98”。

图3-62 插入图像

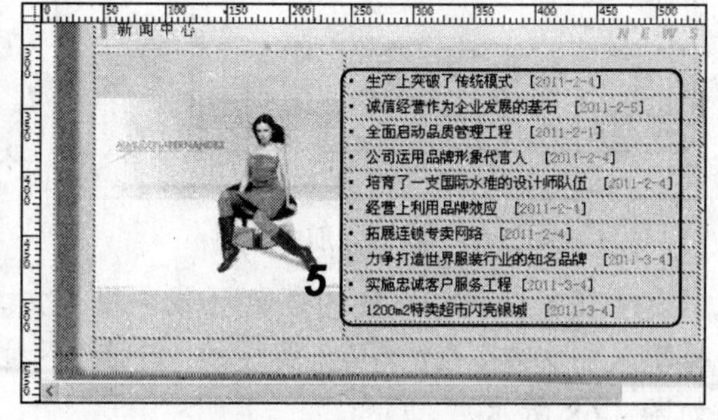

图3-63 输入并设置文本

（5）将光标定位到表格上侧图像间的空白区域中，选择“插入记录/图像对象/导航条”命令，打开“插入导航条”对话框，单击“状态图像”文本框右侧的 浏览... 按钮，如图3-64所示。

（6）在打开的“选择图像源文件”对话框中选择sy01.jpg图像文件。

（7）单击“鼠标经过图像”文本框右侧的 浏览... 按钮，在打开的“选择图像源文件”对话框中选择sy02.jpg图像文件，单击 确定 按钮返回“插入导航条”对话框，如图3-65所示。

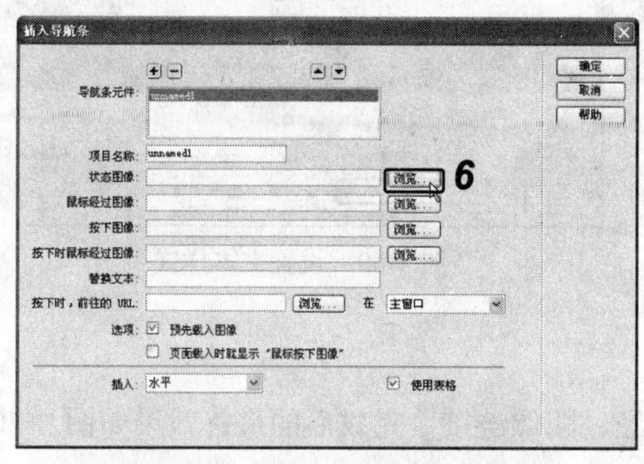

图3-64 “插入导航条”对话框

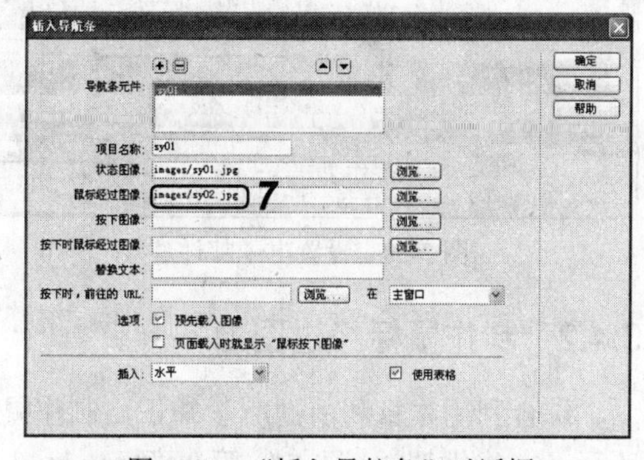

图3-65 “插入导航条”对话框

（8）单击+按钮添加导航条元件，使用同样的方法，分别将cp01.jpg、jm01.jpg、new01.jpg、man01.jpg、wm01.jpg和gy01.jpg图像设置为“状态图像”，分别将cp02.jpg、jm02.jpg、new02.jpg、man02.jpg、wm02.jpg和gy02.jpg图像设置为“鼠标经过图像”。选中☑预先载入图像和☑使用表格复选框，在“插入”下拉列表框中选择“水平”选项，如图3-66所示。

（9）单击 确定 按钮，在页面中插入导航条，如图3-67所示。

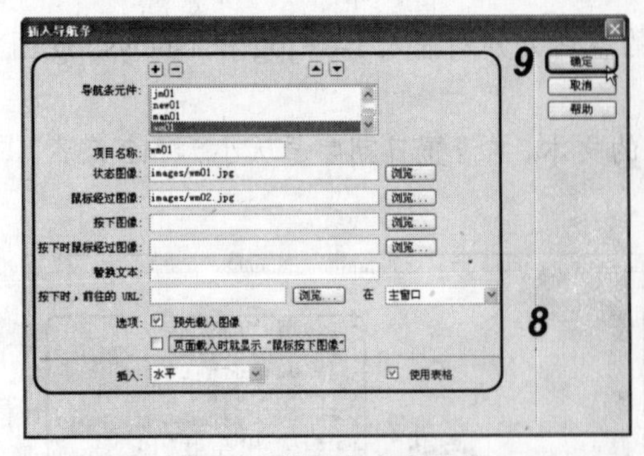

图 3-66 设置导航条元件

图 3-67 插入导航条

（10）在表格下侧的蓝色区域中输入文本“邮件地址：1269858166@qq.com”，然后选择输入的文本，在“属性”面板的“链接”下拉列表框中输入“mailto: 1269858166@qq.com”，如图 3-68 所示。

（11）在表格最下方的蓝色区域中输入版权信息文本“Copyright ©2011,Star Ltd.All Right reserved.”，并将其选中，然后在“属性”面板的“样式”下拉列表框中选择 style8 选项，完成页面的添加，如图 3-69 所示。

（12）按 Ctrl+S 键保存，完成“星牌服饰”网站主页面的创建。

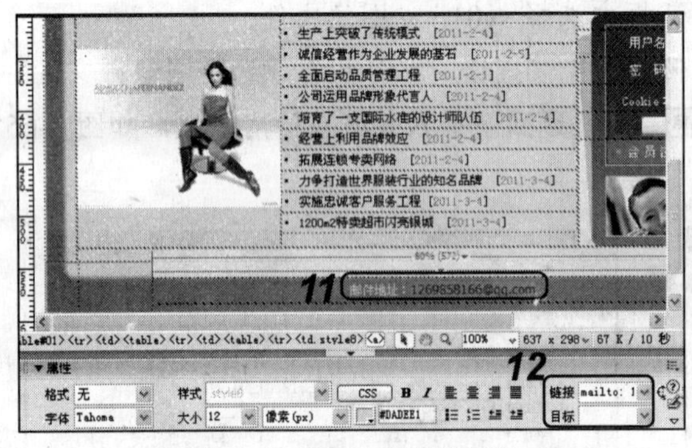

图 3-68 设置电子邮件链接

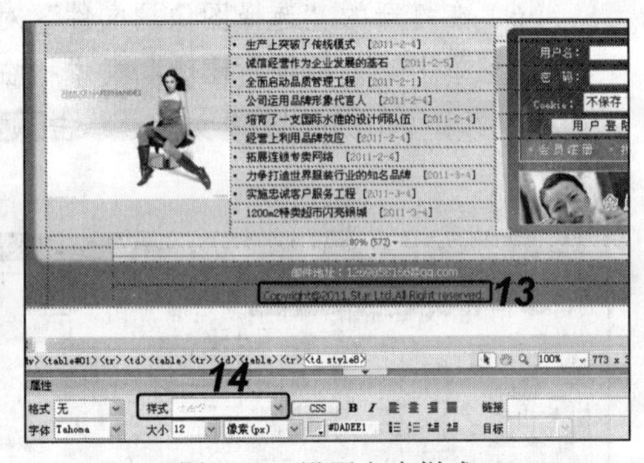

图 3-69 设置文本样式

3.4.2 制作鼠标经过图像

综合利用本章和前面所学知识，制作鼠标经过图像链接，完成后的最终效果如图 3-70 所示（立体化教学:\源文件\第 3 章\qun.html）。

图 3-70 最终效果

本练习可结合立体化教学中的视频演示进行学习（立体化教学:\视频演示\第 3 章\制作鼠标经过图像.swf）。主要操作步骤如下：

（1）新建网页并保存为 qun.html，创建一个鼠标经过图像。

（2）设置链接为 http://www.baobao. com。

3.5　练习与提高

（1）在页面中插入图像。

（2）在页面中创建一个锚记链接。

（3）在页面中为自己的邮箱创建电子邮件链接，如图 3-71 所示。

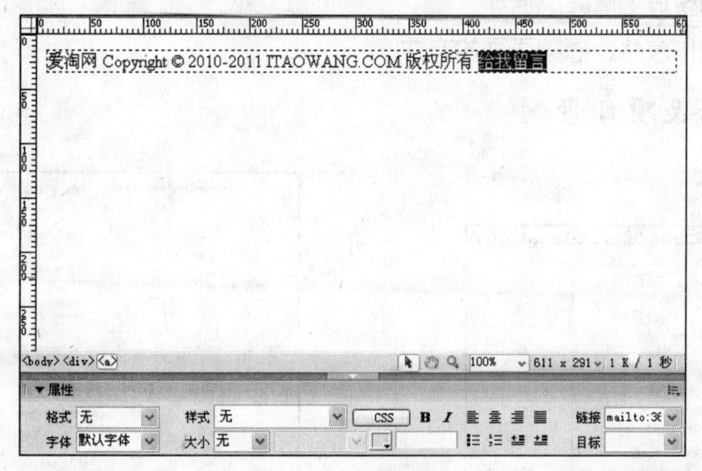

图 3-71　参考效果

（4）在网页中写一篇日记，并以章节为锚点创建锚记链接。

总结链接路径的问题

进行超链接创建时，链接的路径是非常重要的。下面总结一些技巧供大家参考。

- **连接到站外**：需要输入完整地址，如 http://www.qq5163.com/。
- **连接到站内子目录中**：可以使用相对路径，如 bbs/index.php。
- **连接到站内父目录中**：可以使用相对路径，如../index.php。
- **连接到站内另一个子目录中**：可以使用相对路径，如../news/index.php。

第 4 章　布 局 页 面

学习目标

☑　掌握创建表格的方法
☑　掌握编辑表格的方法
☑　掌握创建框架的方法
☑　掌握编辑框架属性的方法
☑　掌握制作表格、框架页面的方法

目标任务&项目案例

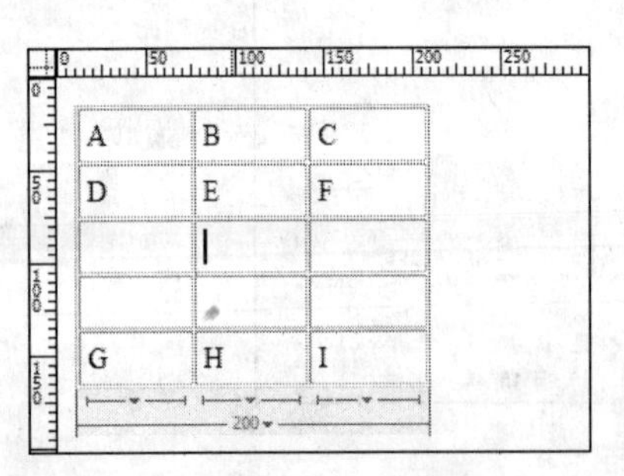

在表格中插入行效果

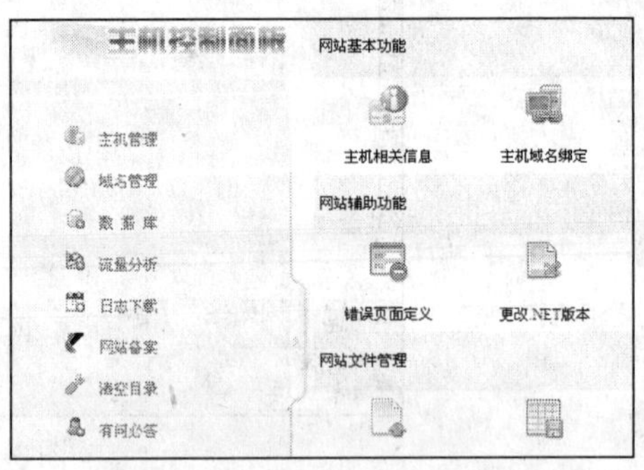

制作框架网页效果

在网页布局方面，表格起着举足轻重的作用，通过设置表格以及单元格的属性，可以对页面中的元素进行准确定位，有序地排列数据并对页面进行更加合理的布局。框架则是在聊天室、网站后台中经常使用的一种布局方式，通过框架可以将多个不同的页面同时在浏览器的一个窗口中显示。本章将讲解利用表格和框架进行页面布局的方法。

4.1　使用表格布局页面

表格是制作表格式数据网页的首选，在 Dreamweaver 中进行表格的操作与在 Word 中进行表格的操作有许多相似的地方，因此非常容易上手。

4.1.1　插入表格

在 Dreamweaver CS3 中，插入表格可以通过“插入”面板的“常用”选项卡或“插入记录”菜单来完成。

【例 4-1】　使用“插入记录”菜单完成表格的插入。

（1）在页面文档中将光标定位在需要插入表格的位置，选择“插入记录/表格”命令，如图 4-1 所示。

（2）在打开的“表格”对话框中设置行数、列数、表格宽度等属性，如图 4-2 所示。

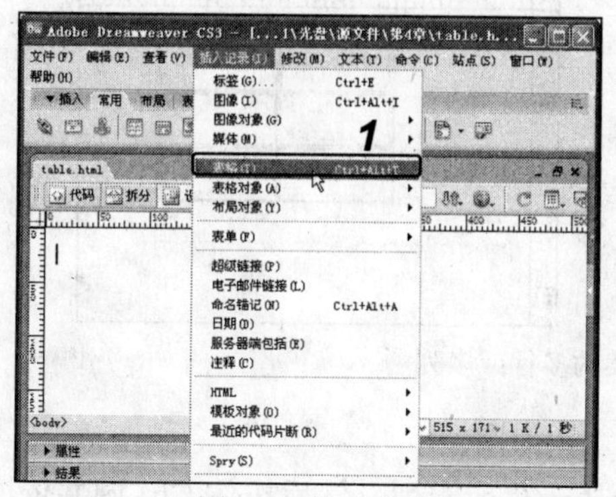

图 4-1　插入表格

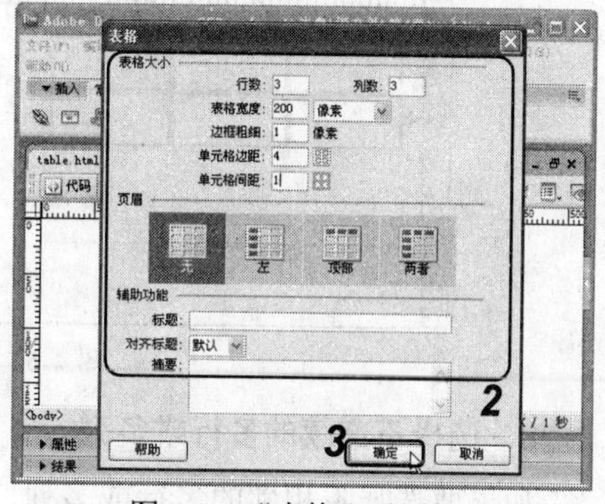

图 4-2　“表格”对话框

（3）单击 确定 按钮，完成表格的插入，如图 4-3 所示。

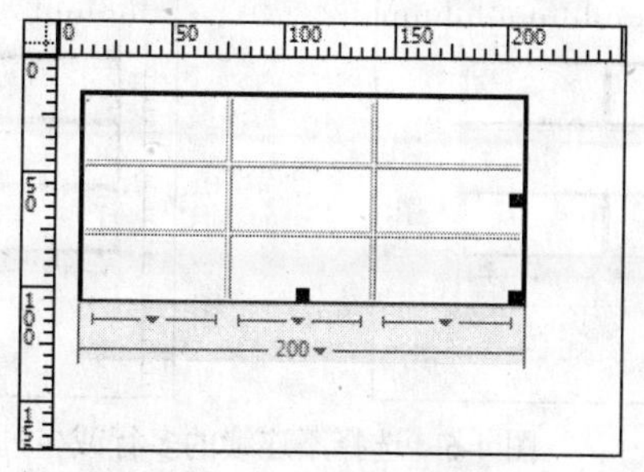

图 4-3　插入表格效果

4.1.2　选择表格元素

在对表格进行编辑操作之前，首先应掌握如何选中需要编辑的表格元素。在表格中，可以选择单行、单列、多行、多列、连续或不连续的单元格及整个表格。

1. 选择单行或单列

要选择表格的行或列，可将光标指向该行的左边线或该列的上边线并单击，即可选择单行或单列。当表格的某行或列被选中后，该行或列中所有单元格的四周都会出现黑色粗框，如图 4-4 所示。

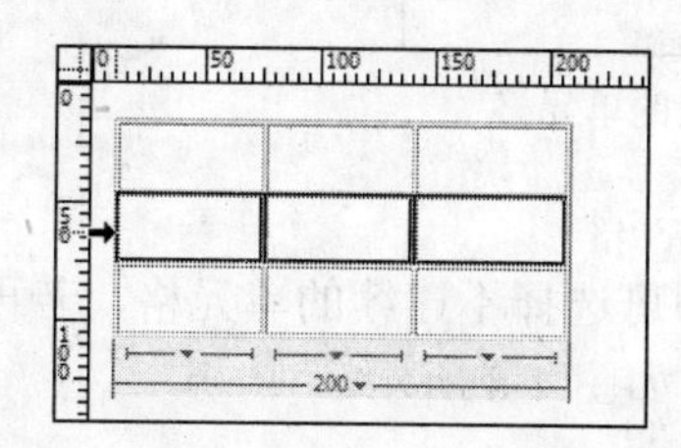

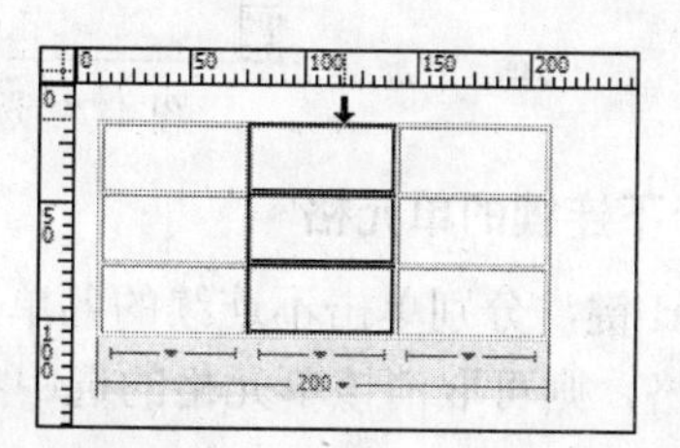

图 4-4　选择单行或单列

2．选择连续的多行或多列

如果要选择多行或多列相邻的单元格，可将光标移动到需要选择行的左侧边框处或列的上方边框处，当其变为黑色箭头形状时，单击鼠标并拖动即可，如图 4-5 所示。

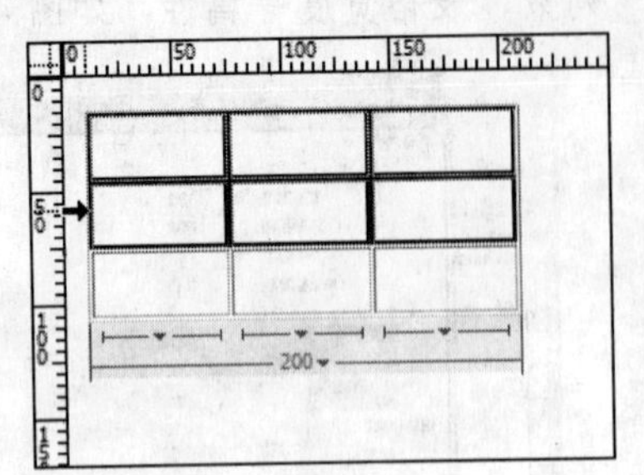

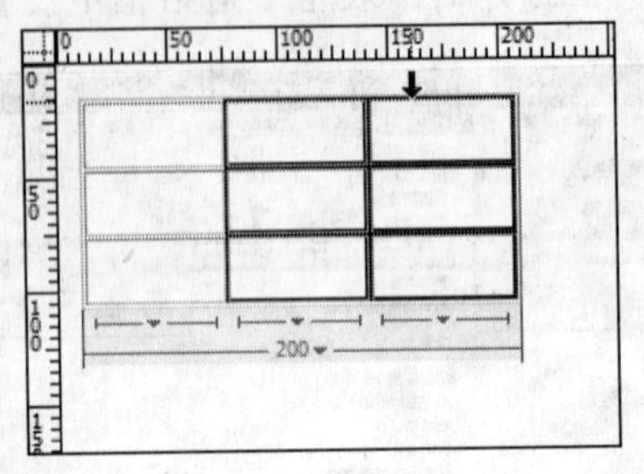

图 4-5　选择连续的多行或多列

3．选择不连续的多行或多列

如果要选择不相邻的多行或多列，可先选择一行或一列，然后按住 Ctrl 键并依次在其他行的左边框或列的上边框处单击即可，如图 4-6 所示。

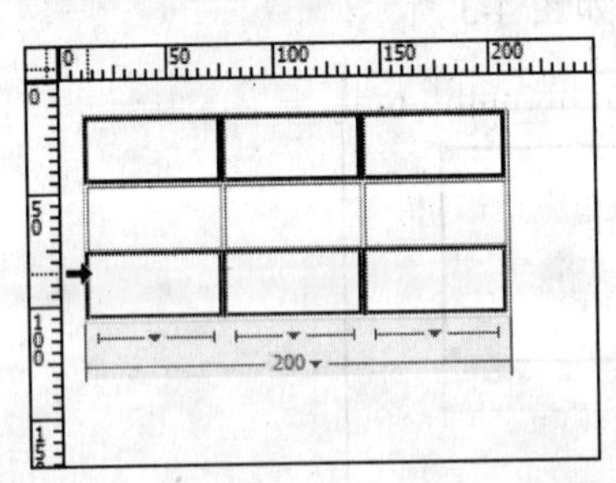

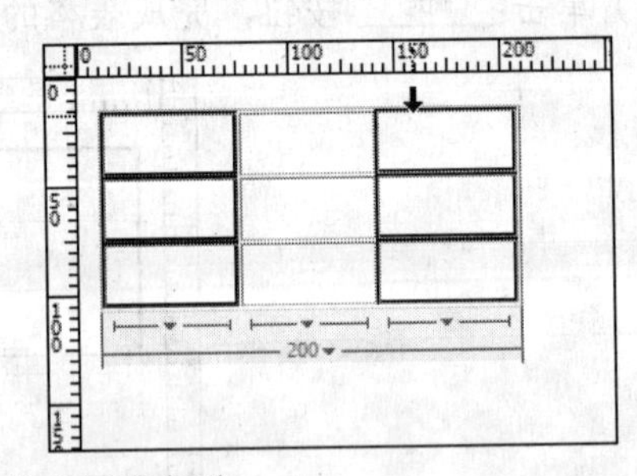

图 4-6　选择不连续的多行或多列

4．选择连续的单元格

先选择一个单元格，然后按住 Shift 键并单击其他要选择的单元格，或在一个单元格中单击并横向或纵向拖动鼠标，即可选择多个连续的单元格，如图 4-7 所示。

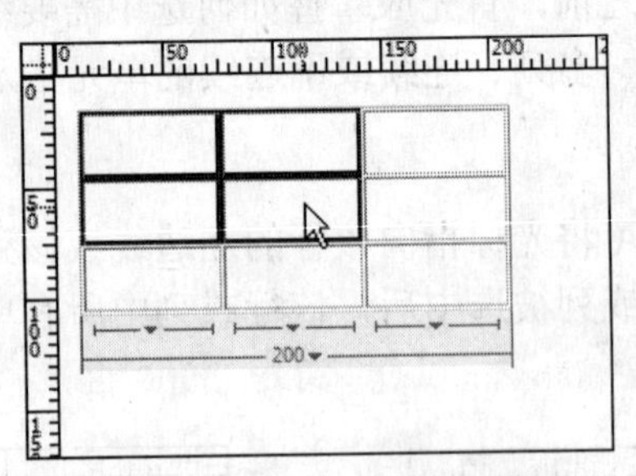

图 4-7　选择连续的单元格

5．选择不连续的单元格

按住 Ctrl 键，分别单击不连续的各单元格即可选择不连续的单元格，若再次单击已被选中的单元格，则可取消该单元格的选中状态，如图 4-8 所示。

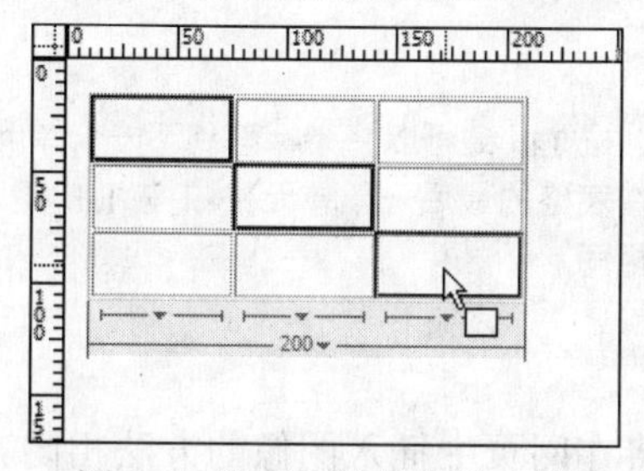

图 4-8　选择不连续的单元格

6. 选择整个表格

选择整个表格有多种方法，经常使用的方法有两种：一种是将光标指向表格框线，当出现红色外框线时单击；另一种是将光标置于表格单元格中，然后单击状态栏中的<table>标签，如图 4-9 所示。

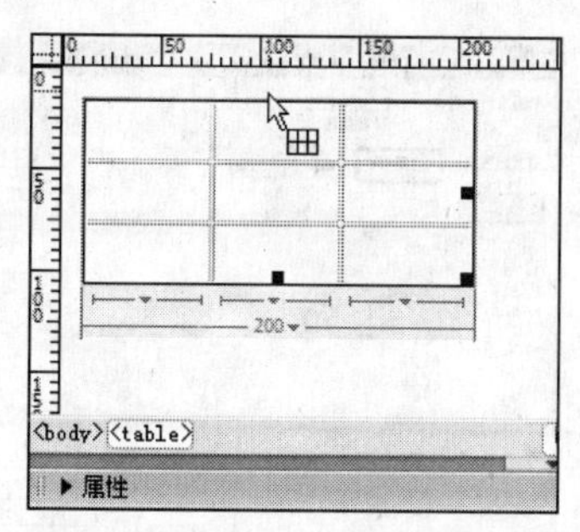

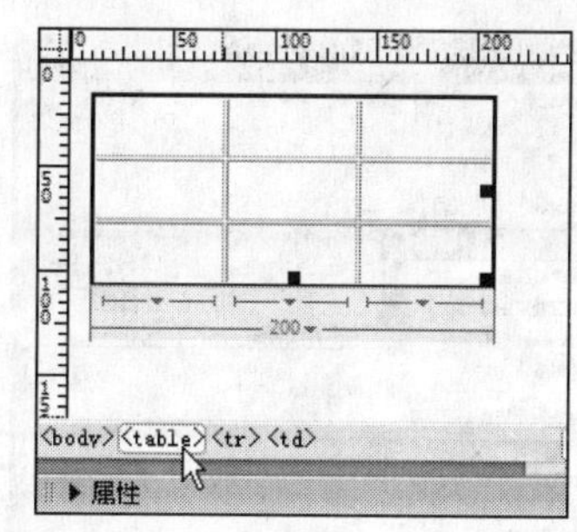

图 4-9　选择整个表格

4.1.3　输入页面元素

创建表格后，通常需要在表格中输入文本、插入图像等页面元素，也可以在单元格中插入表格或对数据进行编辑操作。

1. 输入文本

在表格中输入文本，只需在表格的单元格中直接输入文本或将复制的文本粘贴到表格单元格中即可。

【例 4-2】　在表格中输入文本。

（1）将光标定位到需要插入文本的单元格中，如图 4-10 所示。

（2）选择输入法，输入需要插入的文本即可，如图 4-11 所示。

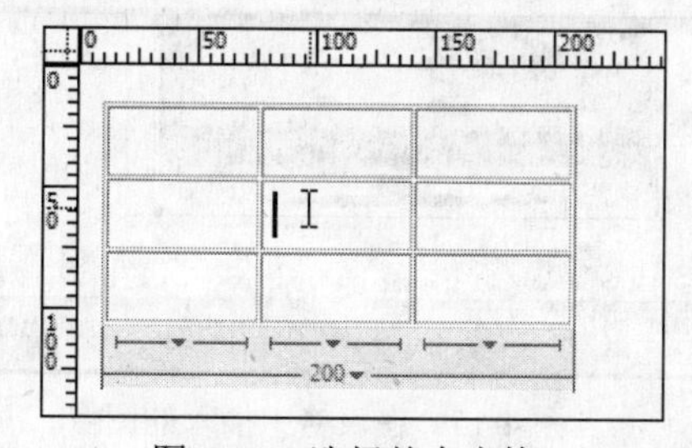

图 4-10　选择整个表格

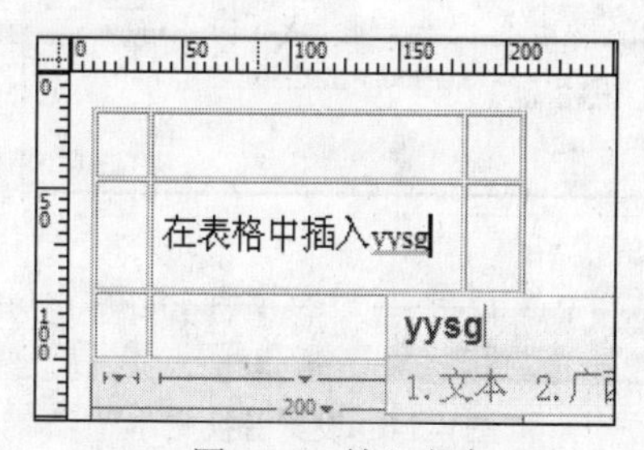

图 4-11　输入文本

提示：

在一个单元格中输入文本后，按 Tab 键可以将光标移到下一个单元格中，按 Shift+Tab 键可以将光标移动到上一个单元格。如果在表格的最后一个单元格中按 Tab 键，表格将自动增加一行，该行所含单元格的个数与上一行完全相同。

2．插入图像

在表格中插入图像与直接在网页中插入图像的方法相同。

【例 4-3】　在表格中插入图像。

（1）将光标定位到需要插入图像的单元格中，单击“插入”面板的“常用”选项卡中的按钮或选择“插入记录/图像”命令，如图 4-12 所示。

（2）打开“选择图像源文件”对话框，在“查找范围”下拉列表框中选择图像文件所在位置，在文件列表框中双击需要插入的图像，如图 4-13 所示。

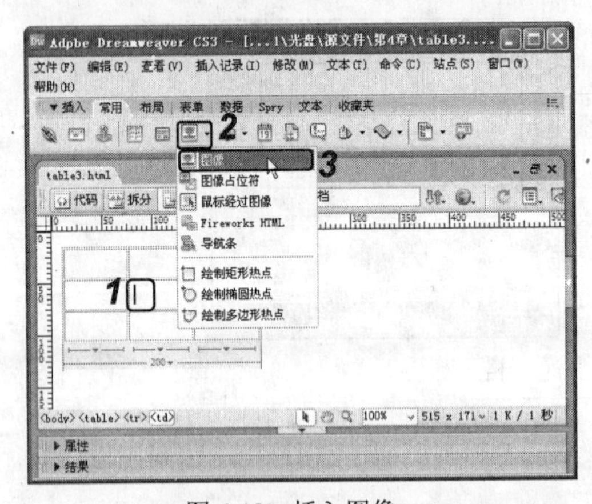

图 4-12　插入图像

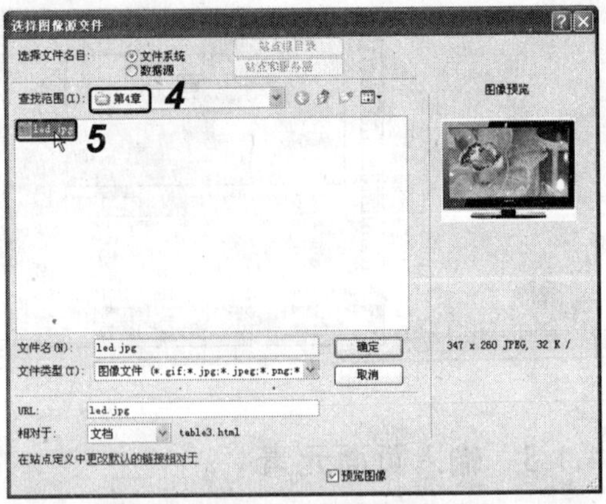

图 4-13　选择图像

（3）在打开的对话框的“替换文本”下拉列表框中输入替换文本，单击 确定 按钮，如图 4-14 所示。

（4）插入的图像如图 4-15 所示。

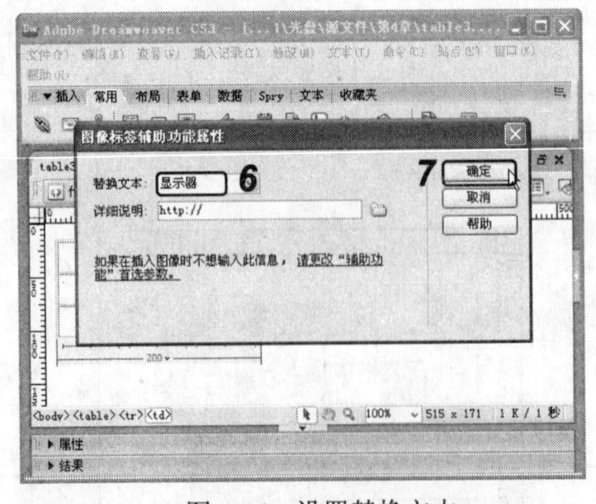

图 4-14　设置替换文本

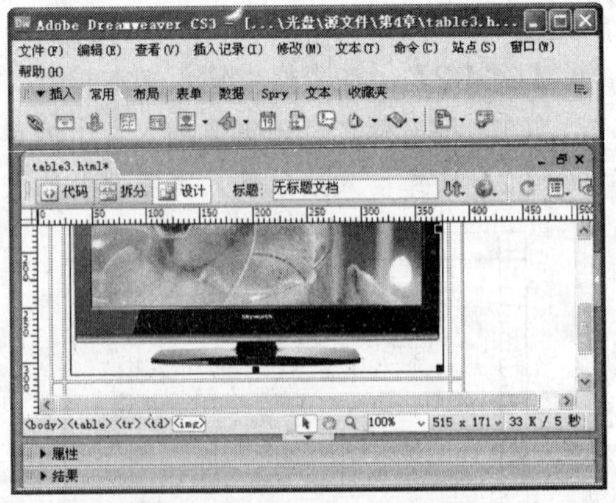

图 4-15　在表格中插入的图像

提示：

在单元格中插入图像时，如果单元格的宽度和高度小于插入图像的宽度和高度，则插入图像后，单元格的宽度和高度会自动增大到与图像相同的尺寸。

3．嵌套表格

在表格的单元格中可以再插入表格，插入单元格中的表格称为嵌套表格。嵌套表格可以将单元格再分为许多行和列，并且可以无限制地插入。但嵌套表格插入得越多，浏览器的下载时间越长，因此嵌套表格的层数不应过多，一般不超过 3 层。

【例 4-4】　插入嵌套表格。

（1）将光标定位到需要插入嵌套表格的单元格中，单击“插入”面板的“常用”选项卡中的按钮或选择“插入记录/表格”命令，如图 4-16 所示。

（2）在打开的“表格”对话框中设置表格属性后单击 确定 按钮，如图 4-17 所示。

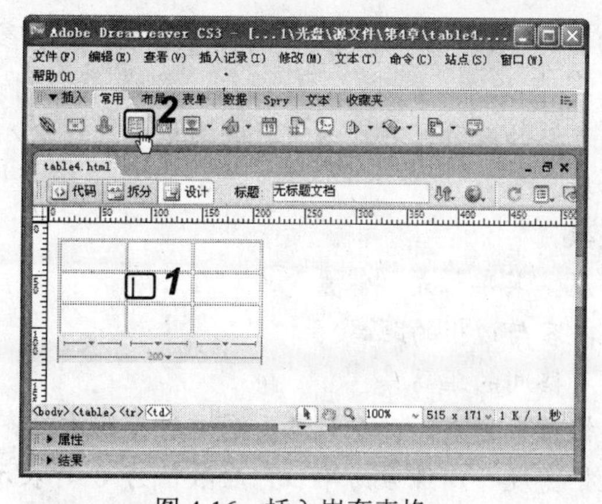

图 4-16　插入嵌套表格

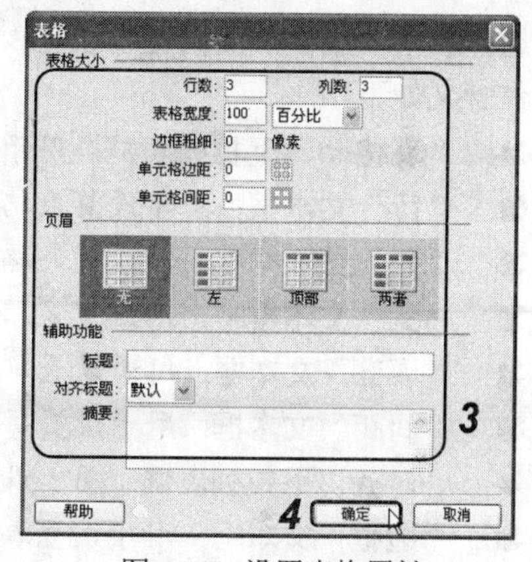

图 4-17　设置表格属性

（3）插入的嵌套表格如图 4-18 所示。

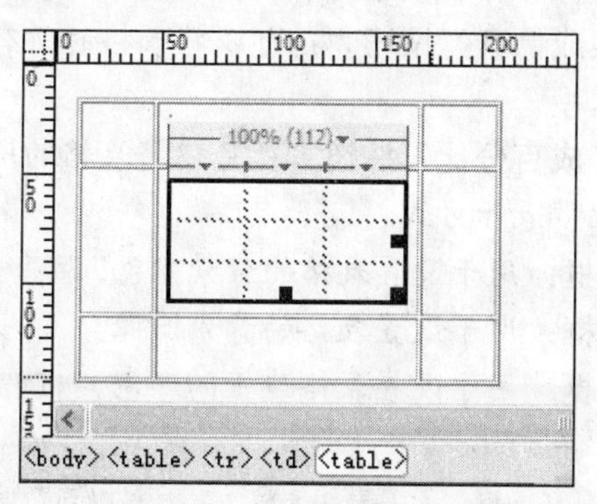

图 4-18　插入的嵌套表格

4.1.4　设置表格属性

在 Dreamweaver CS3 中，通过设置表格和单元格属性，可以修改表格和单元格的各项参数，使其满足布局要求。下面将分别介绍表格和单元格的属性设置。

1．设置表格属性

选中页面中插入的表格后，其“属性”面板如图 4-19 所示。

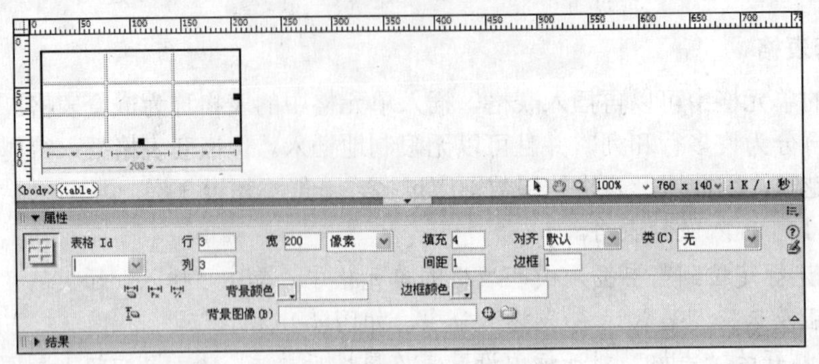

图 4-19　表格“属性”面板

通过表格“属性”面板可以设置表格的名称、行列数、宽度和高度等参数。主要参数的具体含义如下。

- **“表格 Id”下拉列表框**：用于设置表格的名称，可在该下拉列表框中直接输入。
- **“行”文本框**：用于设置表格的行数。
- **“列”文本框**：用于设置表格的列数。
- **“宽”文本框**：用于设置表格的宽度，其单位是“像素”或“%”。
- **“填充”文本框**：用于设置单元格内容与边框的距离。
- **“间距”文本框**：用于设置每个单元格间的距离。
- **“对齐”下拉列表框**：用于设置表格对齐方式，如左对齐、居中对齐和右对齐。
- **“边框”文本框**：用于设置表格边框宽度，以像素为单位，当数值为 0 时表示没有边框。
- **“清除列宽”按钮、“清除行高”按钮**：可以删除表格的所有列宽以及行高数据。
- **“将表格宽度转换成像素”按钮**：可以将表格的所有宽度表示方式转换为“像素”表示方式。
- **“将表格宽度转换成百分比”按钮**：可以将表格的所有宽度由“像素”表示方式转换为“百分比”表示方式。
- **“背景颜色”颜色框**：用于设置表格的背景颜色。
- **“背景图像”文本框**：用于设置表格的背景图像。
- **“边框颜色”颜色框**：用于设置表格边框的颜色。

提示：

当表格宽度或高度的单位是“像素”时，表明表格的宽度是绝对宽度，不随浏览器窗口大小的变化而变化；而当其单位是“%”时，则表明表格的宽度值是与浏览器窗口宽度的百分比数值，因此表格宽度是相对的，会随着浏览器窗口大小的变化而变化。

2．设置单元格属性

通过“属性”面板可以单独设置单元格的属性，将光标定位到单元格中或单击要设置属性的单元格后，单元格“属性”面板如图 4-20 所示。

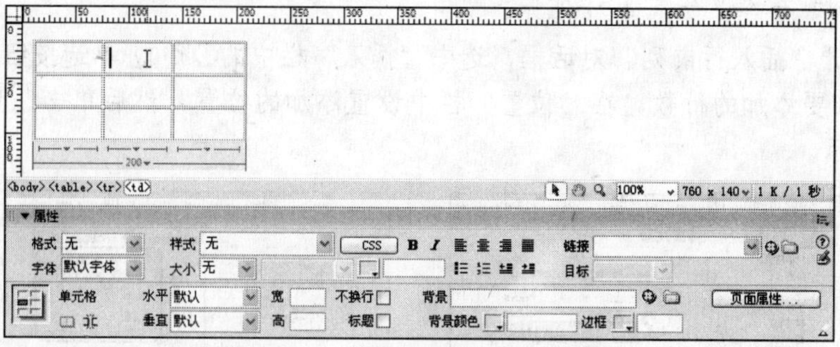

图 4-20　单元格“属性”面板

通过单元格“属性”面板可以设置单元格中内容的对齐方式、单元格的宽度和高度、背景颜色和背景图像等参数。其中各项参数的含义介绍如下。

- “水平”下拉列表框：用于设置单元格中内容的水平对齐方式，有默认、左对齐、居中对齐和右对齐 4 种方式。
- “垂直”下拉列表框：用于设置单元格中内容的垂直对齐方式，有默认、顶端、居中、底部和基线 5 种方式。
- “宽”、“高”文本框：用于设置单元格的宽度和高度。
- “背景”文本框：用于设置单元格的背景图像。
- “背景颜色”颜色框：用于设置单元格的背景颜色。
- “边框”颜色框：用于设置单元格边框的颜色。
- “合并单元格”按钮：用于合并选择的单元格，此按钮只有在选择了多个连续单元格时才能使用。
- “拆分”按钮：用于将一个单元格拆分为多个单元格。
- 不换行(O)☑复选框：选中此复选框，将禁止单元格中的文字换行。
- 标题(E)☑复选框：选中此复选框，可将选择的单元格设置为标题单元格。默认情况下，标题单元格中的内容为粗体并居中显示。

4.1.5　添加/删除行或列

为了制作的需要，有时需在已经创建的表格中添加或删除行或列。

1. 添加行或列

将光标定位到表格的单元格内，选择“修改/表格/插入行”命令；或将光标定位到单元格后，单击鼠标右键，在弹出的快捷菜单中选择“表格/插入行”命令；或按 Ctrl+M 键都可以添加一行。

将光标定位到表格的单元格内，选择“修改/表格/插入列”命令；或将光标定位到单元格后，单击鼠标右键，在弹出的快捷菜单中选择“表格/插入列”命令；或按 Shift+Ctrl+A 键都可以在表格中添加一列。

【例 4-5】　在表格中添加 2 行单元格。

（1）将光标定位到要添加行的单元格中，单击鼠标右键，在弹出的快捷菜单中选择“表格/插入行或列”命令，如图 4-21 所示。

（2）打开“插入行或列”对话框，选中“插入”栏中的⊙行(R)单选按钮，在“行数”数值框中输入要添加的行数，在“位置”栏中设置添加的位置，然后单击确定按钮，如图 4-22 所示。

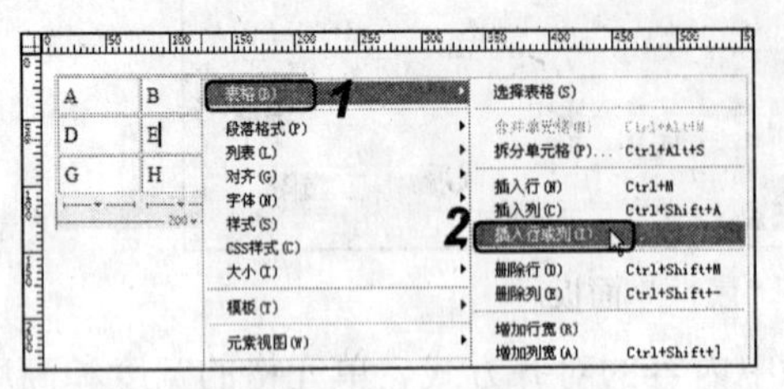

图 4-21　插入行或列

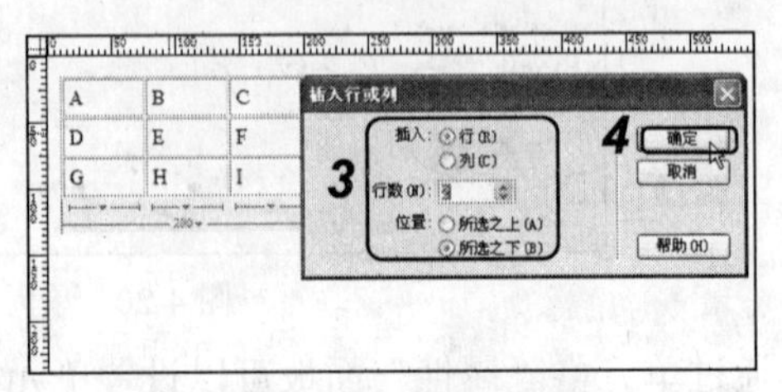

图 4-22　设置添加行属性

（3）插入的行如图 4-23 所示。

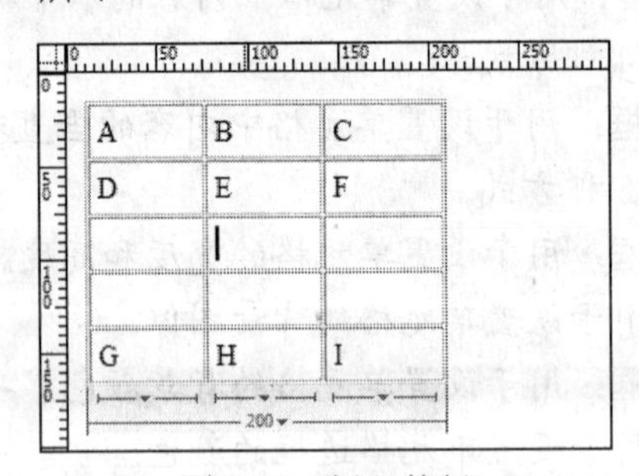

图 4-23　插入的行

2. 删除行或列

将光标定位到要删除行所在行中的任意一个单元格内，选择“修改/表格/删除行”命令，或单击鼠标右键，在弹出的快捷菜单中选择“表格/删除行”命令可删除一行。

将光标定位到要删除列所在列中的任意一个单元格内，选择“修改/表格/删除列”命令，或单击鼠标右键，在弹出的快捷菜单中选择“表格/删除列”命令可删除一列。

4.1.6　单元格的合并及拆分

为了页面制作的需要，有时需要对已创建表格中的单元格进行合并或拆分，下面将对其分别进行介绍。

1. 合并单元格

合并单元格的前提是要合并的单元格必须是连续的多个单元格，对于不连续的单元格无法进行合并操作。合并单元格比较简单，只需选中要合并的单元格后，执行相应的命令即可。

【例 4-6】　合并连续单元格。

（1）在表格中选中需要合并的多个连续单元格，如图 4-24 所示。

（2）选择“修改/表格/合并单元格”命令，或在单元格“属性”面板中单击□按钮，

即可合并所选的单元格，如图 4-25 所示。

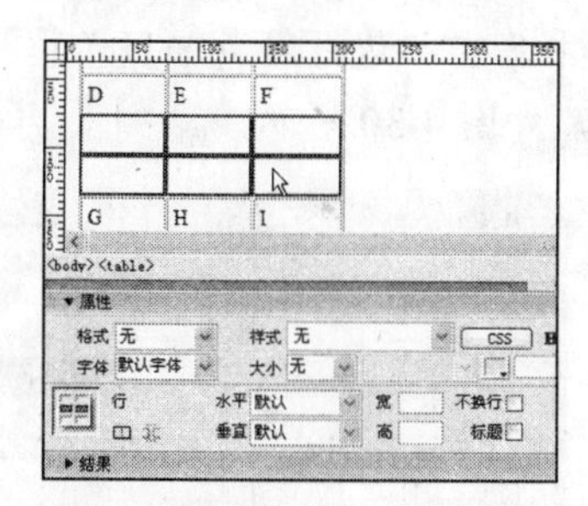

图 4-24　选择连续的单元格

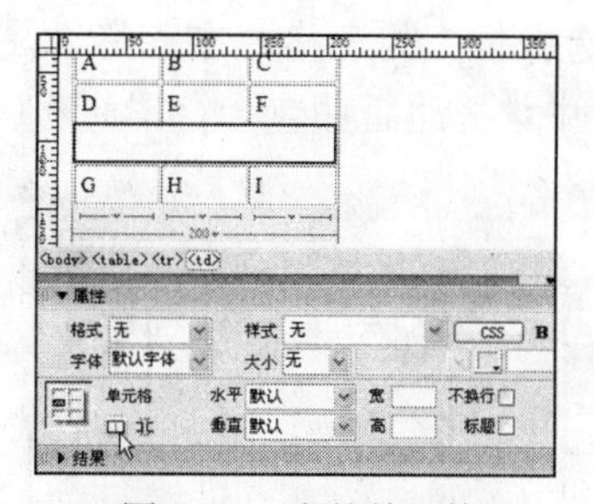

图 4-25　合并单元格

2．拆分单元格

拆分单元格是将单个单元格拆分为多个单元格，在拆分时需指定拆分的行数或列数。

【例 4-7】　拆分单个单元格。

（1）将光标定位到需要拆分的单元格中，在单元格“属性”面板中单击按钮，在打开的对话框中设置拆分为行或列，以及要拆分的行数或列数，然后单击 确定 按钮，如图 4-26 所示。

（2）拆分单元格后的显示效果如图 4-27 所示。

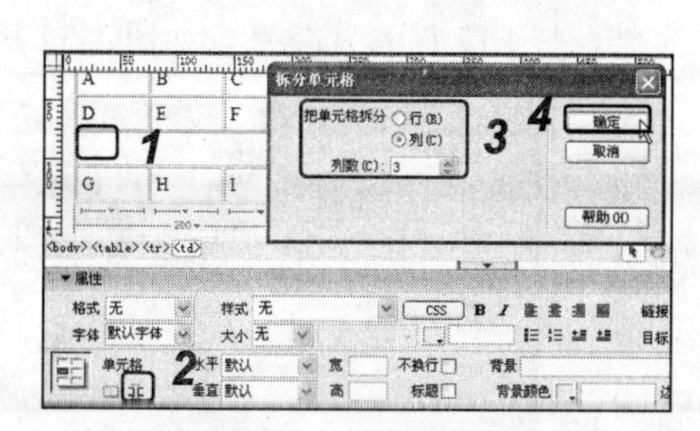

图 4-26　拆分单元格

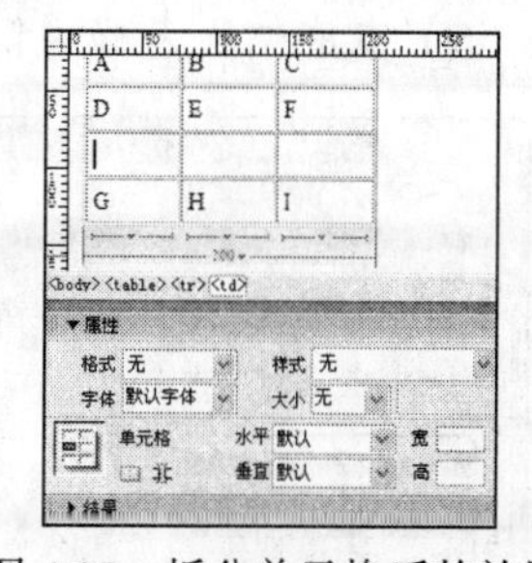

图 4-27　拆分单元格后的效果

4.1.7　应用举例——创建细线表格

细线表格就是边框只有 1 像素的表格，但在 Dreamweaver 中，将表格边框设置为 1 时，所创建的表格的边框其实并不止 1 像素。因此要创建细线表格，可以将表格的单元格间距设置为 1，然后通过分别为表格和单元格设置不同的背景颜色来实现。

操作步骤如下：

（1）启动 Dreamweaver CS3，新建一个 HTML 页面并保存为 xi.html，在“插入”面板的“常用”选项卡中单击按钮，如图 4-28 所示。

图 4-28　插入表格

（2）在打开的“表格”对话框中设置“行数”、“列数”和“表格宽度”为所需值，“边框粗细”和“单元格边距”的值为 0，“单元格间距”的值为 1，然后单击 确定 按钮，如

图4-29所示。

（3）选择插入的表格，在表格“属性”面板中单击“边框颜色”颜色框，在弹出的颜色列表中设置边框颜色为“黑色”（#000000），如图4-30所示。

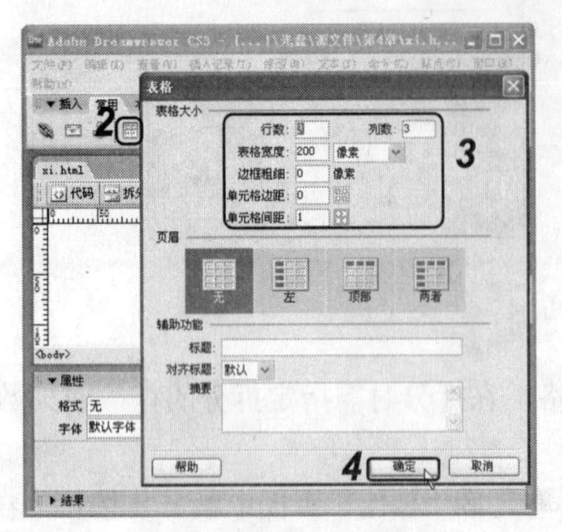

图4-29 插入表格

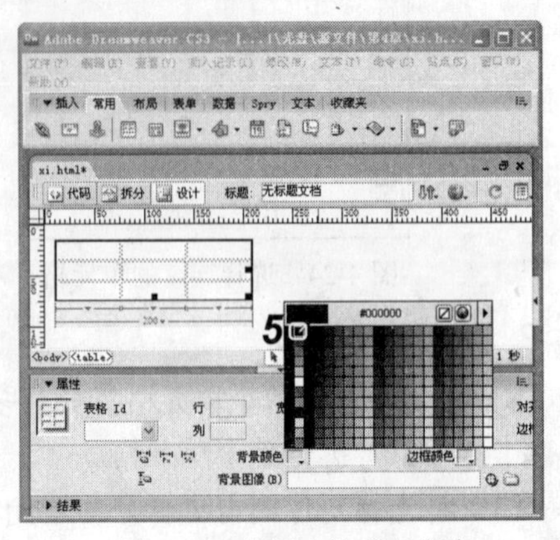

图4-30 设置表格背景颜色

（4）选择表格中的所有单元格，在单元格“属性”面板中单击“背景颜色”颜色框，在弹出的颜色列表中设置背景颜色为“白色”（#FFFFFF），如图4-31所示。

（5）完成细线表格的创建，保存网页文档，按F12键预览效果，如图4-32所示。

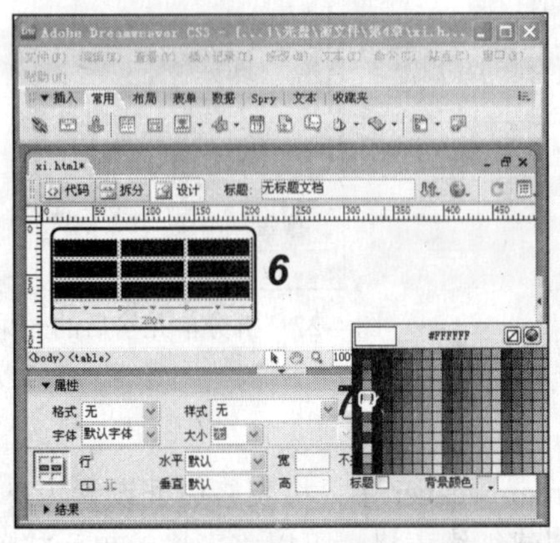

图4-31 设置单元格背景颜色

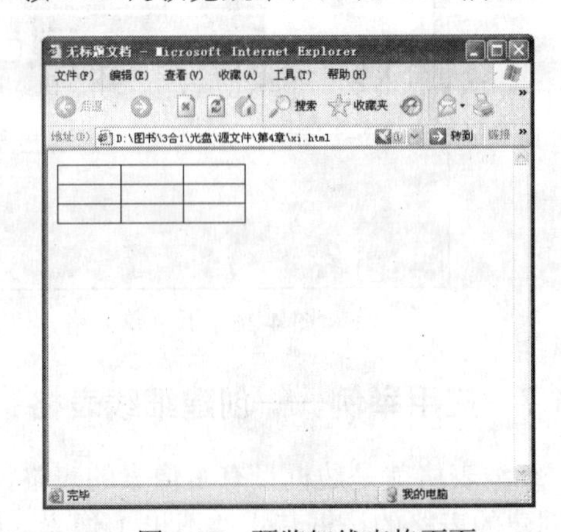

图4-32 预览细线表格页面

4.2 使用框架布局网页

框架是一种比较特殊的布局方式，它可以将浏览器窗口划分为多个独立的区域，每个区域显示不同的HTML文档。这在需要固定网页中某部分时比较适用，如页面底部的面板区域中的信息通常是固定的，即可用框架网页进行制作。

如图4-33所示为某框架网页的结构示意图，该框架页面表面看好像是一个页面，其实是由1个框架集网页及3个框架网页构成的。

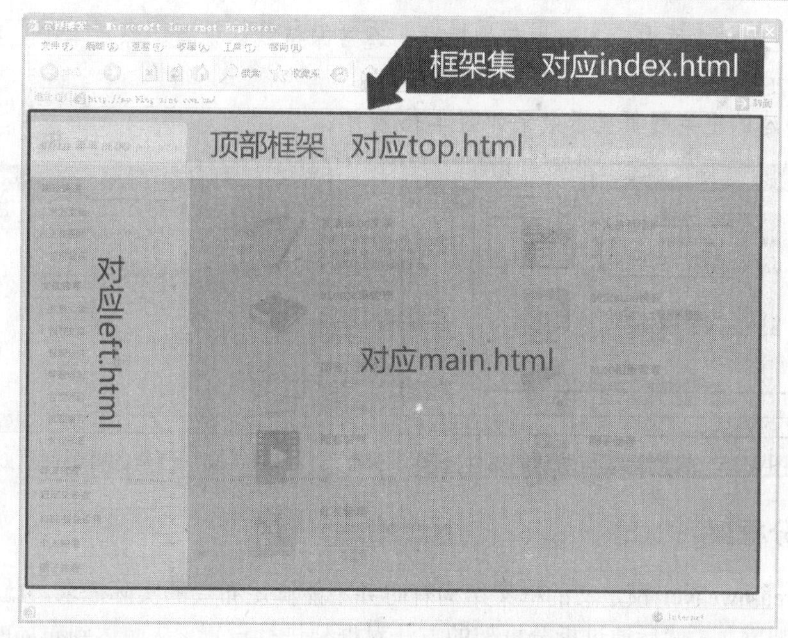

图 4-33　框架页面结构示意图

4.2.1　创建框架网页

在“新建文档”对话框或“插入”面板的“布局”选项卡中可以直接创建预定义框架集。

【例 4-8】　创建框架网页。

（1）选择“文件/新建”命令，打开“新建文档”对话框。

（2）在“示例中的页”选项卡的“示例文件夹”列表框中选择“框架集”选项，在“示例页”列表框中双击需要的框架结构，如图 4-34 所示。

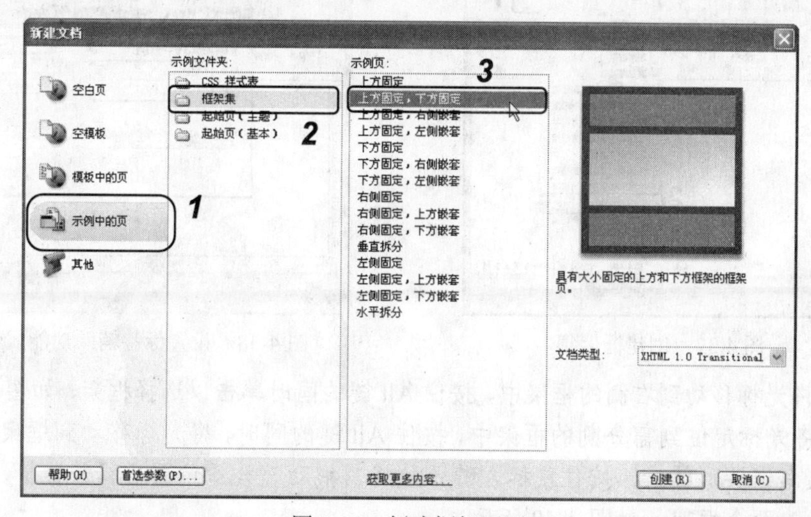

图 4-34　创建框架网页

（3）在打开的“框架标签辅助功能属性”对话框的“框架”下拉列表框中选择某个框

架，在“标题”文本框中输入该框架的标题，通常保持默认设置，然后单击[确定]按钮，如图 4-35 所示。

（4）创建的框架网页显示效果如图 4-36 所示。

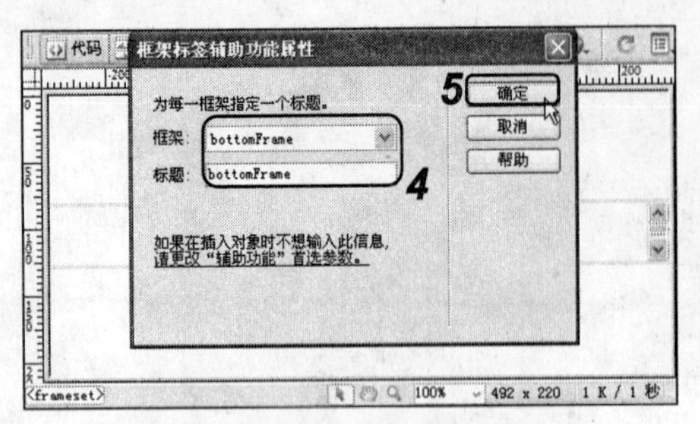

图 4-35　设置标签辅助功能属性

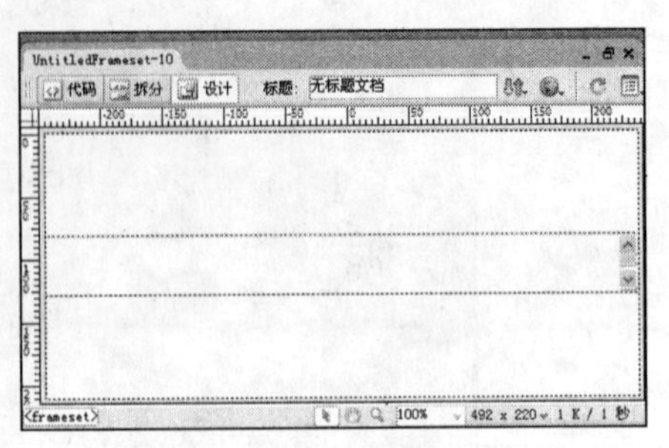

图 4-36　创建的框架网页效果

4.2.2　拆分框架

采用 Dreamweaver 预定义的框架结构有时并不能满足布局的实际需求，此时可以先创建预定义框架网页，然后通过拆分框架的方法对框架进行设置，从而达到布局的实际需求。

【例 4-9】　拆分框架网页。

（1）启动 Dreamweaver，新建空白 HTML 网页，在“插入”面板的“布局”选项卡中单击▥按钮，在弹出的列表中选择“顶部和嵌套的左侧框架”选项，如图 4-37 所示。

（2）在打开的“框架标签辅助功能属性”对话框的“框架”下拉列表框中选择某个框架，在“标题”文本框中输入该框架的标题，通常保持默认设置，然后单击[确定]按钮，如图 4-38 所示。

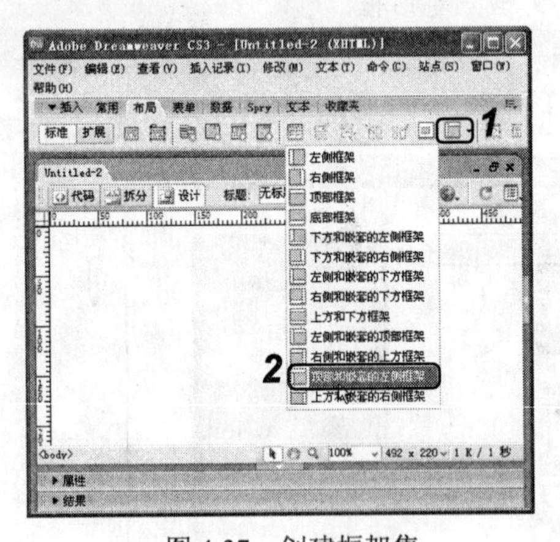

图 4-37　创建框架集

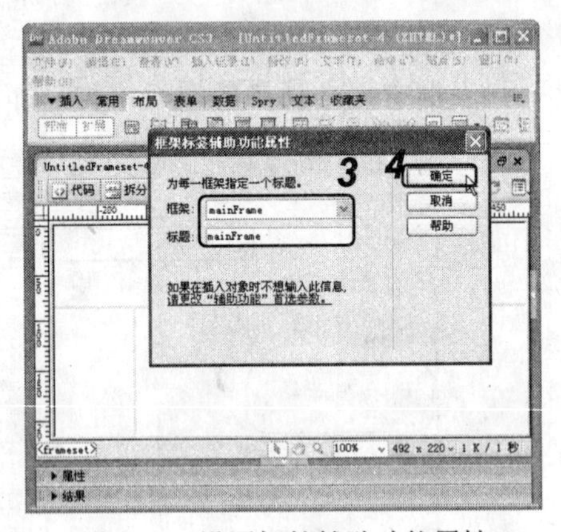

图 4-38　设置标签辅助功能属性

（3）将光标移动到右侧的框架中，按住 Alt 键的同时单击以选择框架，如图 4-39 所示。

（4）将光标定位到需分割的框架中，按住 Alt 键的同时，将光标移动到框架边框线上，当其变为双向箭头形状时，按住鼠标左键不放将其拖动至合适位置后释放鼠标，即可将一个框架拆分为两个框架，如图 4-40 所示。

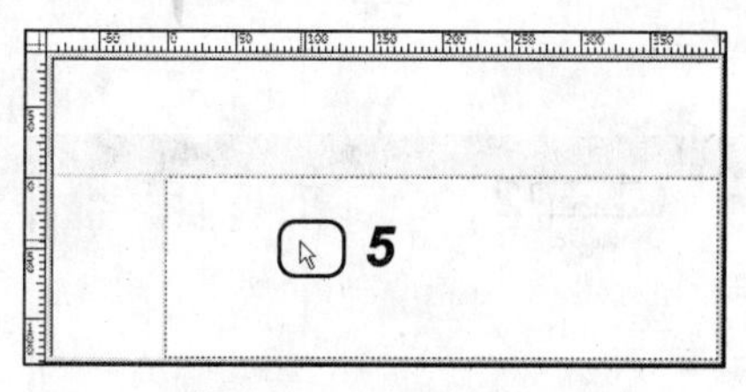

图 4-39　选择框架

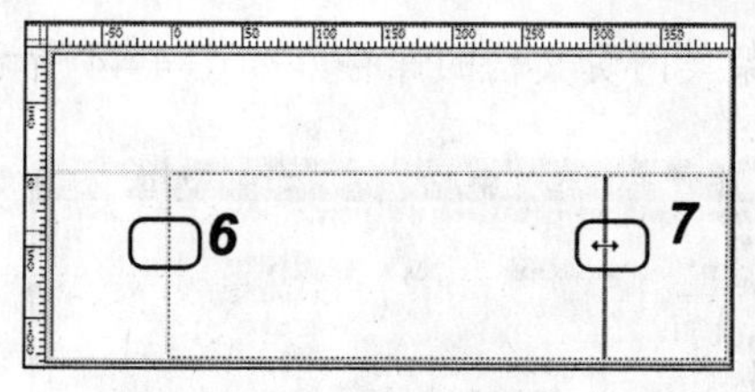

图 4-40　拆分框架

4.2.3　保存框架和框架集

创建完框架网页后，可对其进行保存操作。在 Dreamweaver CS3 中保存框架和框架集与保存一般的网页有所不同，可以单独保存某个框架文档，也可保存框架集文档，还可以保存框架集和框架中出现的所有文档。

1．保存单个框架文档

将光标定位到需保存网页文档的框架中，选择“文件/保存框架”命令即可保存框架文档。

【例 4-10】　保存单个框架文档。

（1）将光标定位在需保存网页文档的框架中，选择“文件/保存框架”命令，如图 4-41 所示。

（2）打开“另存为”对话框，在“保存在”下拉列表框中选择保存位置，在“文件名”下拉列表框中输入文件名，单击保存(S)按钮即可完成框架网页文档的保存，如图 4-42 所示。

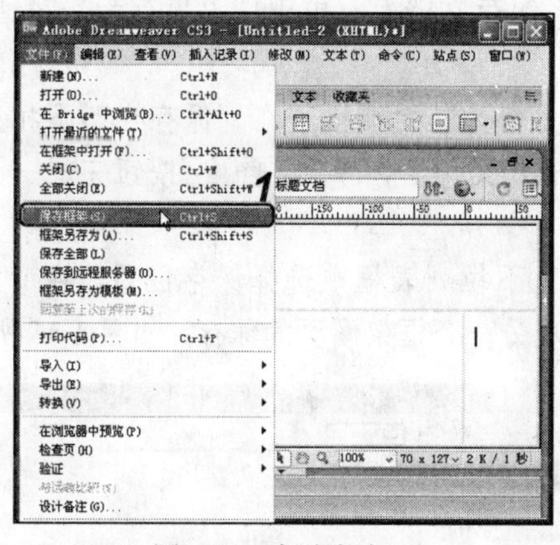

图 4-41　保存框架

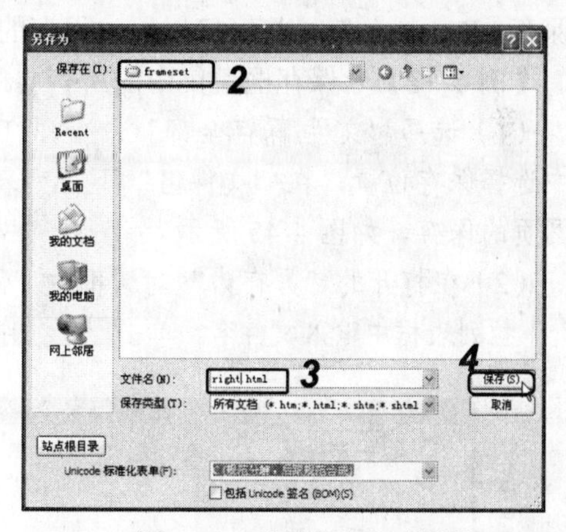

图 4-42　“另存为”对话框

2．保存框架集文档

选择框架集后选择“文件/框架集另存为”命令可进行框架集的保存。

【例 4-11】　保存框架集文档。

（1）按 Shift+F2 键打开“框架”面板，在如图 4-43 所示位置单击以选择框架集。

（2）选择“文件/框架集另存为”命令，打开“另存为”对话框，在“保存在”下拉列表框中选择保存位置，在“文件名”下拉列表框中输入文件名，单击保存(S)按钮即可完成框架集网页文档的保存，如图 4-44 所示。

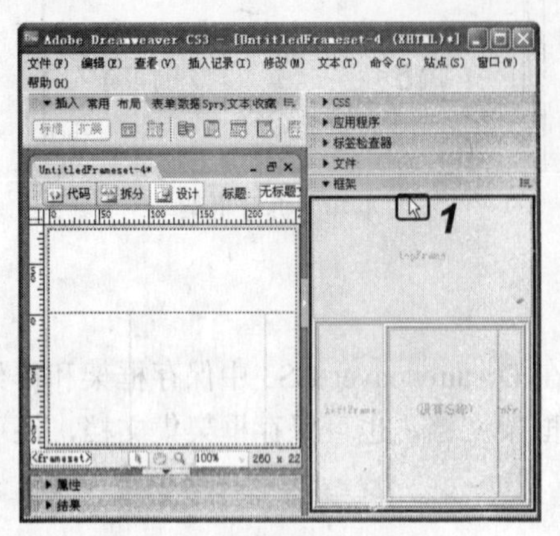

图 4-43　保存框架集网页文档

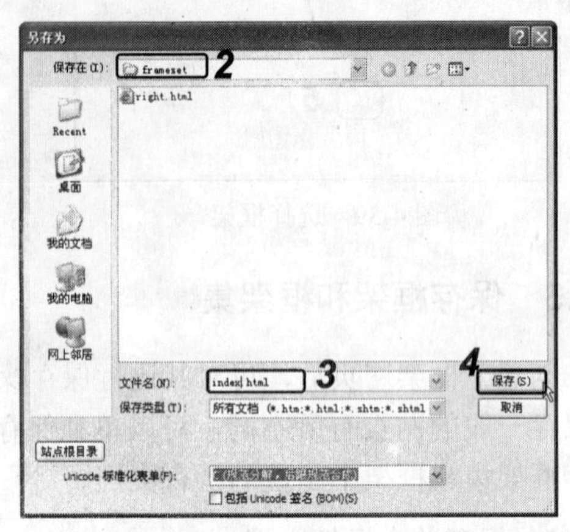

图 4-44　“另存为”对话框

3．保存框架集中的所有文档

可以一次性完成框架集、所有框架网页文档的保存。在 Dreamweaver CS3 中选择“文件/保存全部”命令即可完成框架集及所有框架网页文档的保存。在保存时，通常先保存框架集网页文档，再保存各个框架网页文档，被保存的当前文档所在的框架或框架集用粗线表示。

如果所有框架集中有框架的文档都没有保存，则会出现“另存为”对话框，提示保存该文档。如果有多个文档没有保存，则会多次打开“另存为”对话框。如果所有文档都已经保存，Dreamweaver 将直接以原先保存的框架名保存文档，不再出现“另存为”对话框。

【例 4-12】　保存框架集中的所有文档。

（1）选择“文件/保存全部”命令，打开 “另存为”对话框，在“保存在”下拉列表框中选择保存位置，在“文件名”下拉列表框中输入文件名，单击保存(S)按钮完成一个框架网页的保存，如图 4-45 所示。

（2）在打开的“另存为”对话框的“保存在”下拉列表框中选择保存位置，在“文件名”下拉列表框中输入文件名，单击保存(S)按钮完成另一个框架网页的保存，如图 4-46 所示。

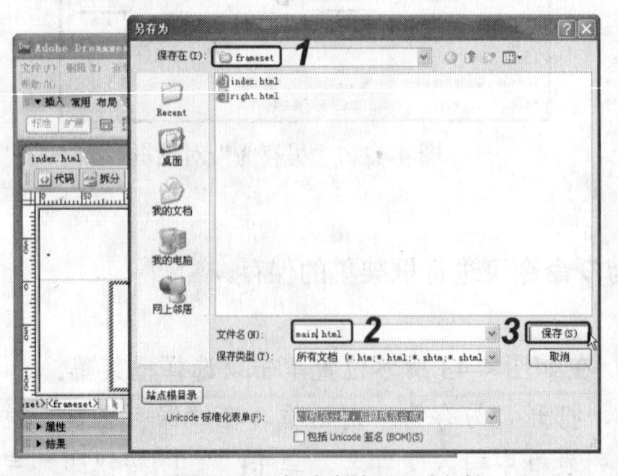

图 4-45　保存框架网页文档

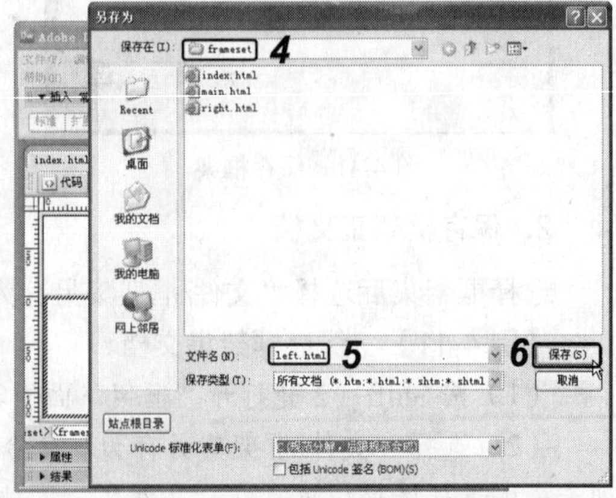

图 4-46　保存框架网页文档

4.2.4　删除框架

初次进行框架创建时，难免考虑不周，此时便需要删除不需要的框架。删除框架的方法为：用鼠标将要删除框架的边框拖动至页面外即可；如果是嵌套框架，则拖动到父框架边框上或拖动到页面外即可，如图 4-47 所示。

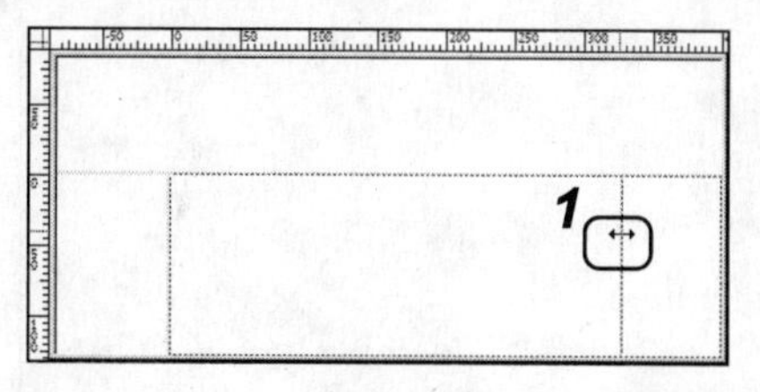

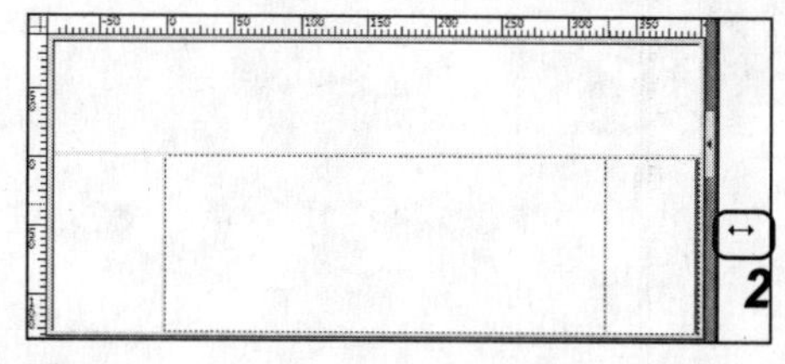

图 4-47　删除框架

4.2.5　设置框架集及框架的属性

选择框架或框架集后，可在“属性”面板中设置其属性，如名称、源文件、空白边距、滚动特性、大小特性和边框特性等。

1．设置框架集的属性

选择需设置属性的框架集后，“属性”面板如图 4-48 所示。

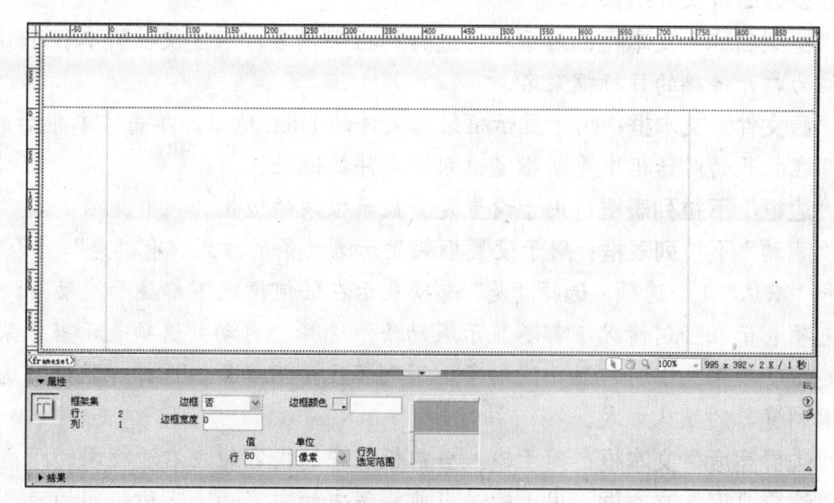

图 4-48　框架集“属性”面板

其中各参数的含义介绍如下。

- **“边框”下拉列表框**：用于确定在浏览器中查看文档时在框架周围是否显示边框。要显示边框，则选择“是”；要不显示边框，则选择“否”；根据浏览器确定是否显示边框，则选择“默认值”。
- **“边框颜色”按钮**：用于设置边框的颜色。
- **“边框宽度”文本框**：用于指定框架集中所有边框的宽度。
- **“行列选定范围”栏**：若要设置选中框架集的各行和各列的框架大小，可单击“行列选定范围”区域左侧或顶部的选项，然后在“值”文本框中输入行或列的值。

2. 设置框架的属性

选择需设置属性的框架后，“属性”面板如图 4-49 所示。

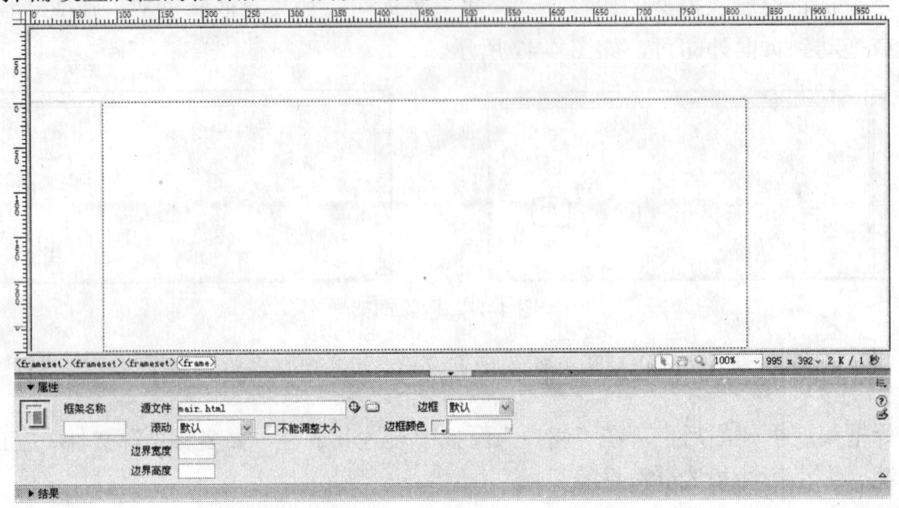

图 4-49 框架“属性”面板

其中各参数的含义介绍如下。

- **“框架名称”文本框**：用于可为选择的框架命名，以方便被脚本程序引用，也可作为打开链接的目标框架名。
- **“源文件”文本框**：用于显示框架源文件的 URL 地址，单击文本框后的按钮，可在打开的对话框中重新指定框架源文件的地址。
- **“边框”下拉列表框**：用于设置是否显示框架的边框。
- **“滚动”下拉列表框**：用于设置框架显示滚动条的方式，有“是”、“否”、“自动”和“默认”4 个选项。选择“是”选项表示在任何情况下都显示滚动条；选择“否”选项表示在任何情况下都不显示滚动条；选择“自动”选项表示当框架中的内容超出了框架大小时，显示滚动条，否则不显示滚动条；选择“默认”选项表示采用浏览器的默认方式。
- **“边界宽度”文本框**：用于输入当前框架中的内容距左右边框间的距离。
- **“边界高度”文本框**：用于输入当前框架中的内容距上下边框间的距离。
- **“边框颜色”按钮**：用于设置框架边框的颜色。
- □不能调整大小 **复选框**：选中该复选框，则不能在浏览器中通过拖动框架边框来改变框架大小。

4.2.6 应用举例——制作网站后台框架页面

下面使用框架制作网站后台页面，掌握框架页面的创建、属性设置与保存等知识。效果如图 4-50 所示（立体化教学:\源文件\第 4 章\admin\default.html）。

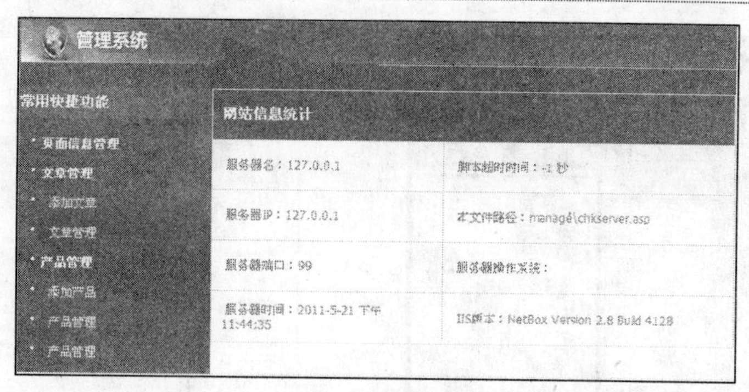

图 4-50　最终效果

操作步骤如下：

（1）启动 Dreamweaver CS3，选择“文件/新建”命令，打开“新建文档”对话框，在“示例中的页”选项卡的“示例文件夹”列表框中选择“框架集”选项，在“示例页”列表框中双击需要的框架结构“上方固定”，如图 4-51 所示。

（2）在打开的对话框中单击 确定 按钮，如图 4-52 所示。

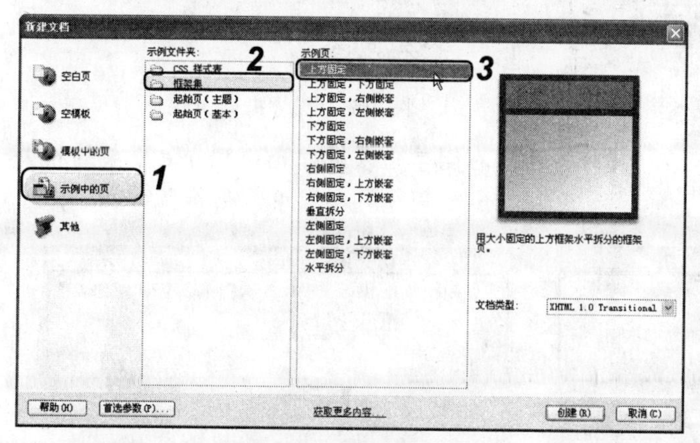

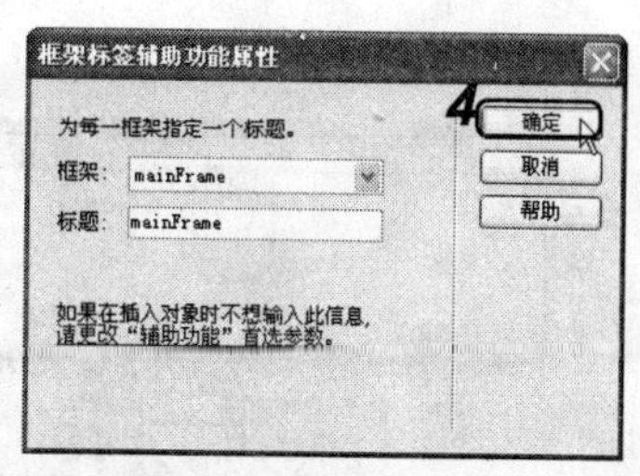

图 4-51　选择框架结构　　　　图 4-52　“框架标签辅助功能属性”对话框

（3）选择“窗口/框架”命令，打开“框架”面板，选择框架集，如图 4-53 所示。

（4）选择“文件/框架集另存为”命令，在打开的“另存为”对话框中选择保存位置，并在“文件名”下拉列表框中输入文件名称 default.html，单击 保存(S) 按钮完成框架集网页文档的保存，如图 4-54 所示。

（5）在“框架”面板中单击 topFrame 框架，在“属性”面板的“源文件”文本框中输入“top.html”并按 Enter 键，在“边框”下拉列表框中选择“否”选项，在“滚动”下拉列表框中选择“否”选项，在“边界宽度”和“边界高度”文本框中都输入“0”，如图 4-55 所示。

（6）使用相同的方法，选择 mainFrame 框架，并在“属性”面板中设置相应的属性，如图 4-56 所示。

（7）在“框架”面板中选择框架集，并在“属性”面板的“边框”下拉列表框中选择“否”选项，在“边框宽度”文本框中输入“0”，在“行”栏的“值”文本框中输入“67”，在其后的下拉列表框中选择“像素”选项，如图 4-57 所示。

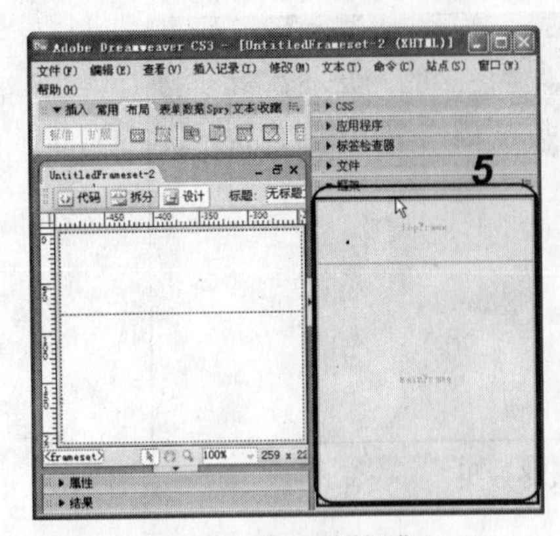

图 4-53　选择框架集

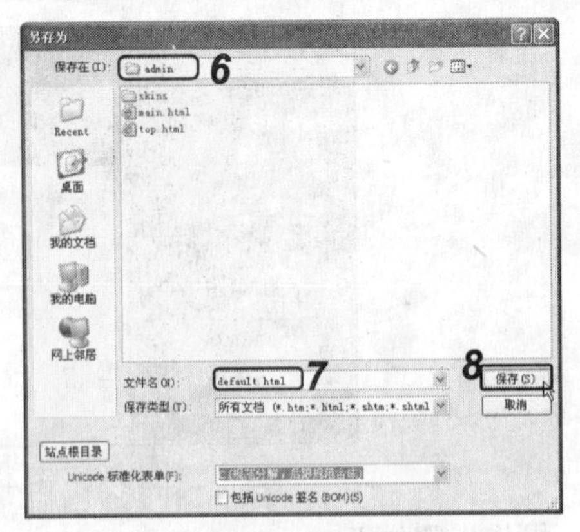

图 4-54　保存框架集

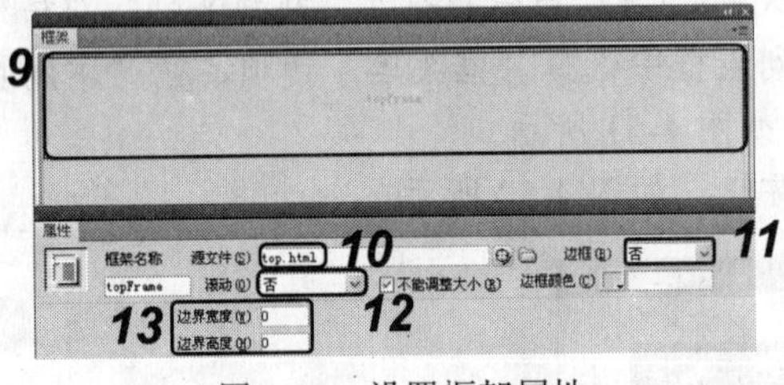

图 4-55　设置框架属性

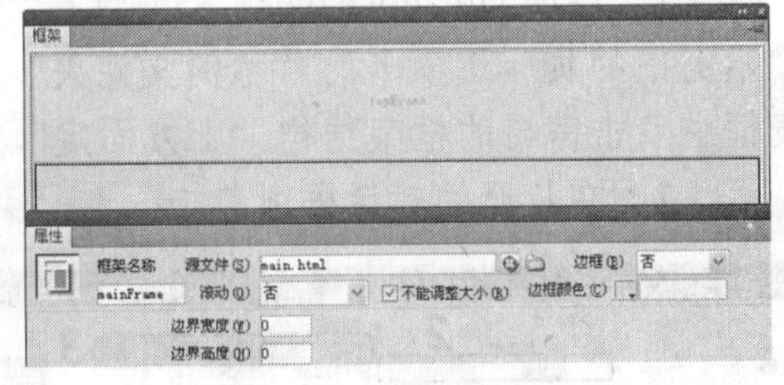

图 4-56　设置框架属性

（8）保持框架集的选中状态，在“属性”面板右侧单击以设置 mainFrame 框架的相关属性，如图 4-58 所示。

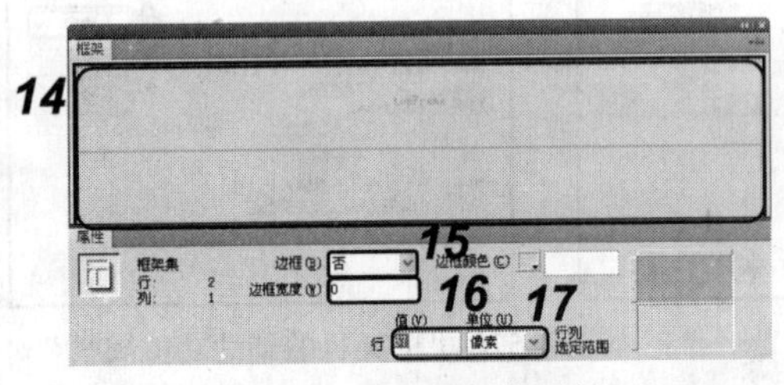

图 4-57　设置框架集属性

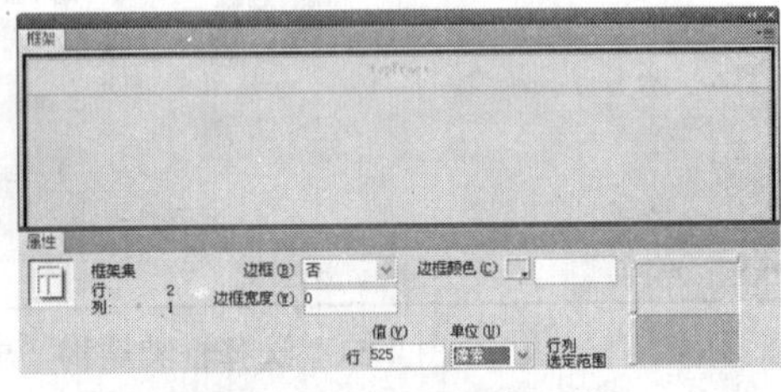

图 4-58　设置框架集属性

（9）选择“文件/保存全部”命令进行保存，然后选择框架集，在文档工具栏的“标题”文本框中输入框架集网页标题“网站后台管理”，如图 4-59 所示。

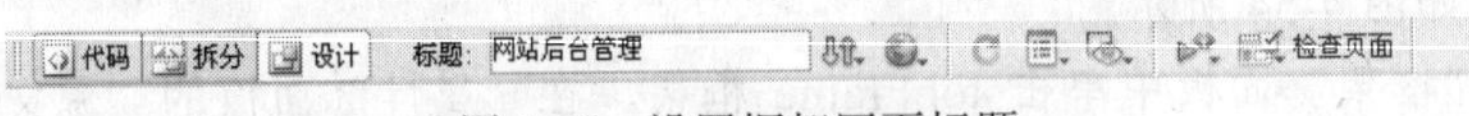

图 4-59　设置框架网页标题

（10）选择“修改/框架集/编辑无框架内容”命令，打开“无框架内容”窗口，在其中输入如图 4-60 所示的文本。

图 4-60　编辑无框架内容

（11）保存全部网页并按 F12 键进行预览。

4.3　上机及项目实训

4.3.1　制作网站后台管理页面

本次实训将分别使用表格和框架制作网站后台管理页面，效果如图 4-61 所示（立体化教学:\源文件\第 4 章\houtai\index.html）。

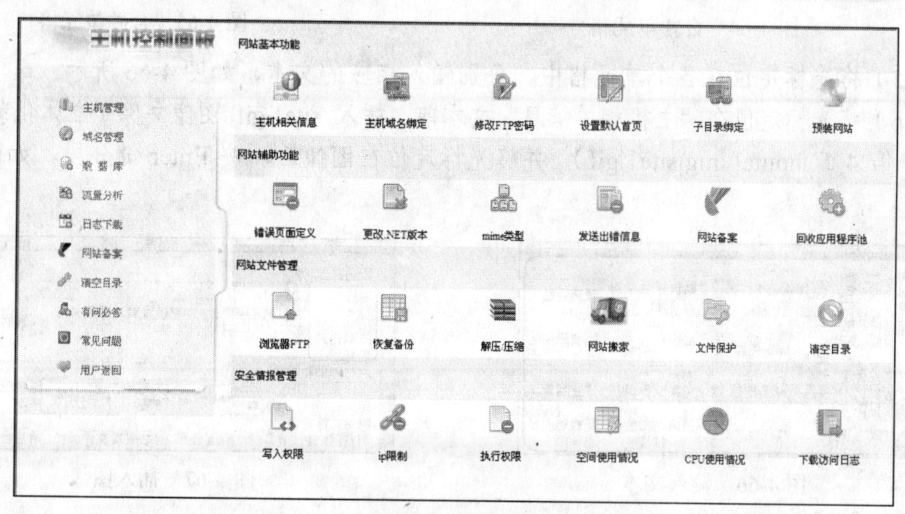

图 4-61　最终效果

操作步骤如下：

（1）启动 Dreamweaver CS3，新建空白 HTML 网页并另存为 main.html，在“插入”面板的“布局”选项卡中单击按钮，如图 4-62 所示。

（2）打开“表格”对话框，设置“行数”、“列数”、“表格宽度”等属性后单击 确定 按钮，如图 4-63 所示。

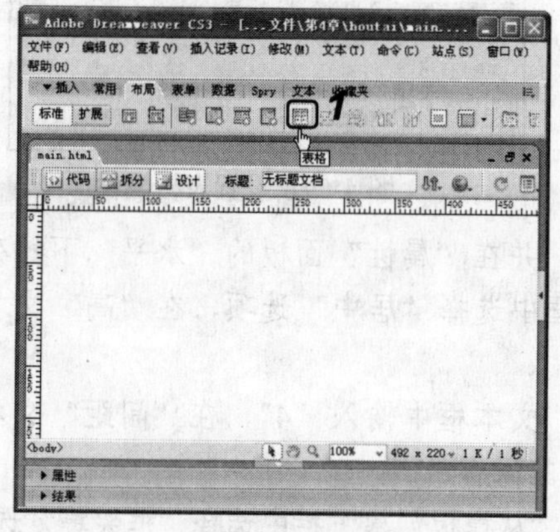

图 4-62　插入表格

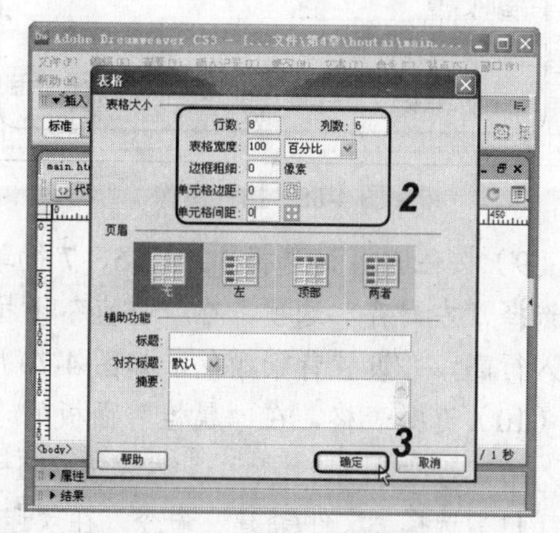

图 4-63　设置表格属性

（3）选择第一行单元格，再在“属性”面板中单击□按钮合并单元格，如图 4-64 所示。

（4）使用相同的方法，完成第 3、5、7 行单元格的合并操作，如图 4-65 所示。

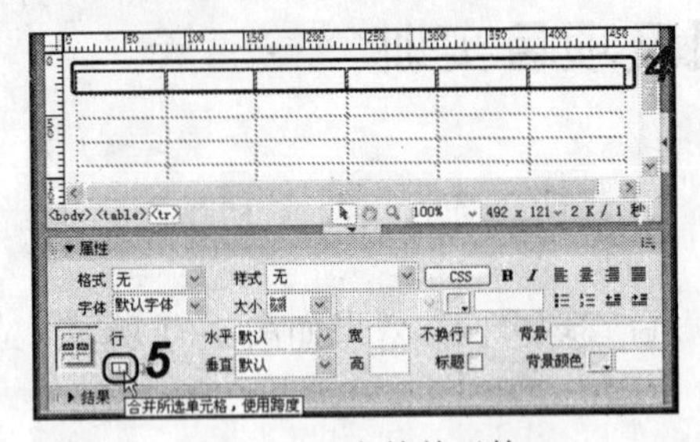

图 4-64　合并单元格

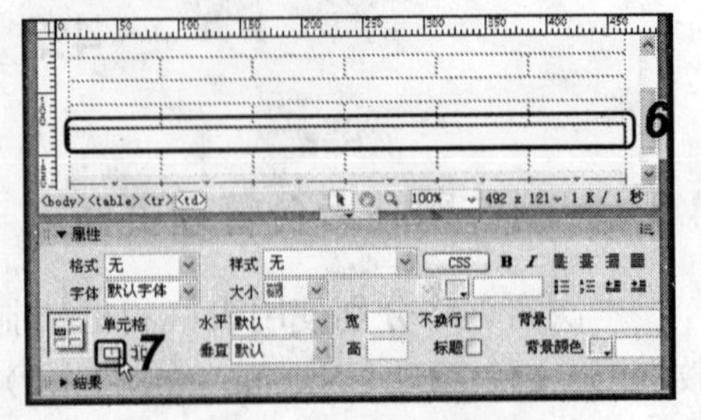

图 4-65　合并单元格

（5）将光标定位在各个单元格中，分别输入相应的文本，如图 4-66 所示。

（6）将光标定位在“主机相关信息”文本前，插入 site1.gif 图像文件（立体化教学:\实例素材\第 4 章\houtai\img\site1.gif），并将光标定位在图像后，按 Enter 键分段，如图 4-67 所示。

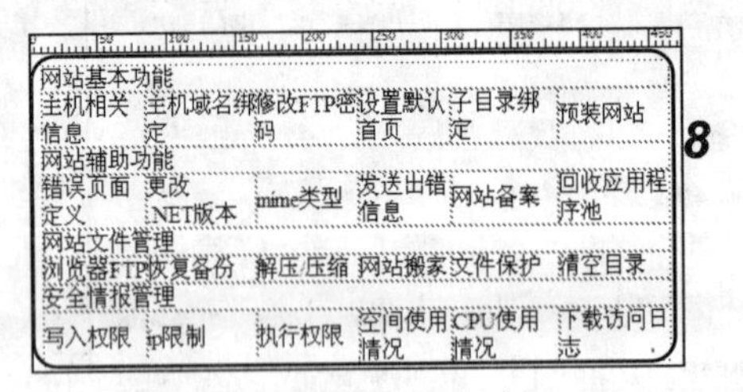

图 4-66　输入文本

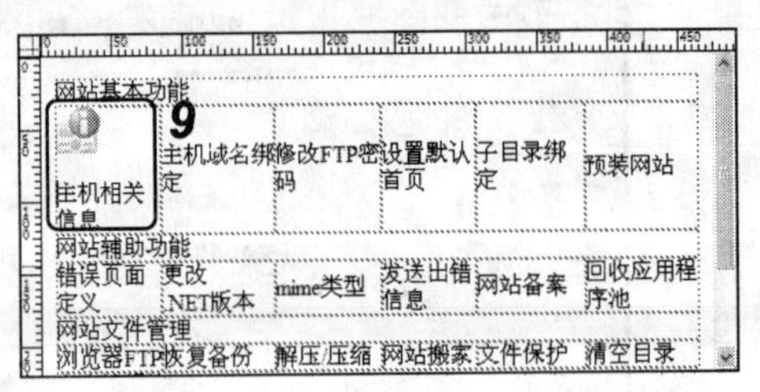

图 4-67　插入图像

（7）使用相同的方法完成其他单元格中图像的插入，完成后的效果如图 4-68 所示。

（8）选择表格，在“属性”面板的“水平”下拉列表框中选择“居中对齐”选项，在“垂直”下拉列表框中选择“居中”选项，如图 4-69 所示。

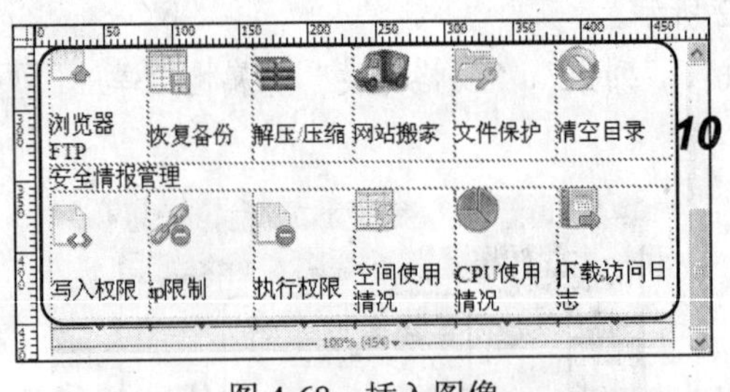

图 4-68　插入图像

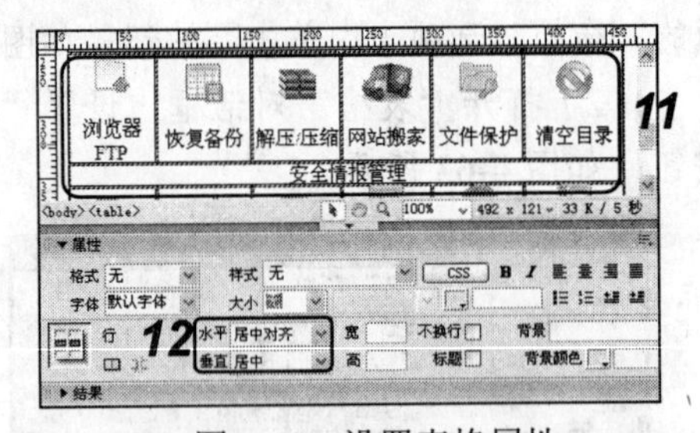

图 4-69　设置表格属性

（9）按住 Ctrl 键选择 1、3、5、7 行单元格，并在“属性”面板的“水平”下拉列表框中选择“左对齐”选项，在“垂直”下拉列表框中选择“居中”选项，在“高”文本框中输入行高，并设置背景颜色，如图 4-70 所示。

（10）选择表格，在“属性”面板的“填充”文本框中输入“4”，在“间距”文本框中输入“1”，如图 4-71 所示，然后按 Ctrl+S 键将其保存。

（11）选择“文件/新建”命令，在欢迎屏幕的“从模板创建”栏中选择“框架集”选项。

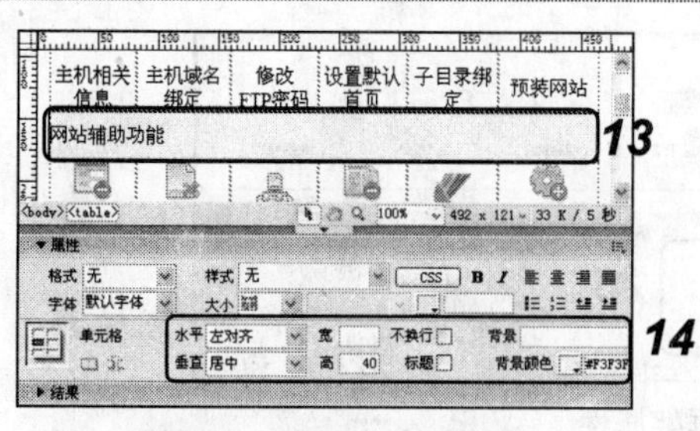

图 4-70　设置单元格属性

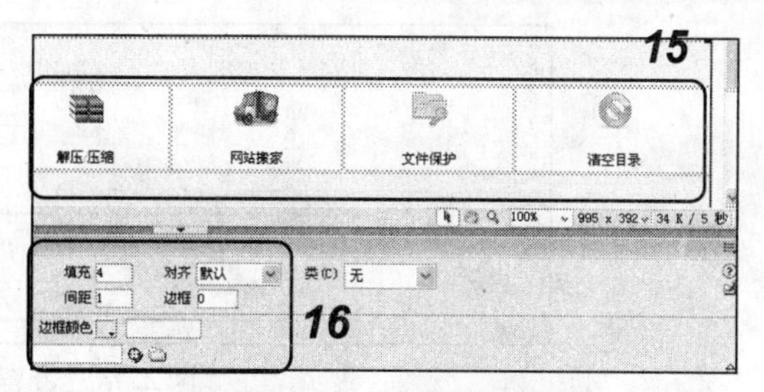

图 4-71　设置表格属性

（12）在打开的对话框中选择“示例中的页”选项卡，在“示例文件夹”列表框中选择“框架集”选项，在“示例页”列表框中双击“左侧固定”选项，如图 4-72 所示。

（13）在打开的对话框中直接单击[确定]按钮，选择框架集后选择“文件/框架集另存为”命令，在打开的对话框的“保存在”下拉列表框中选择保存位置，在“文件名”下拉列表框中输入文件名称，再单击[保存(S)]按钮，如图 4-73 所示。

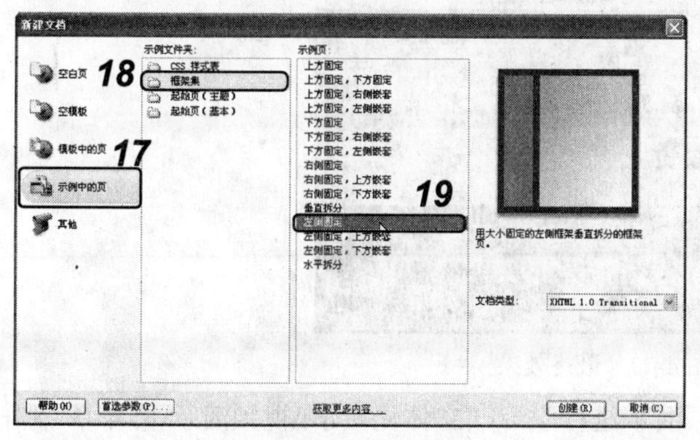

图 4-72　选择框架集

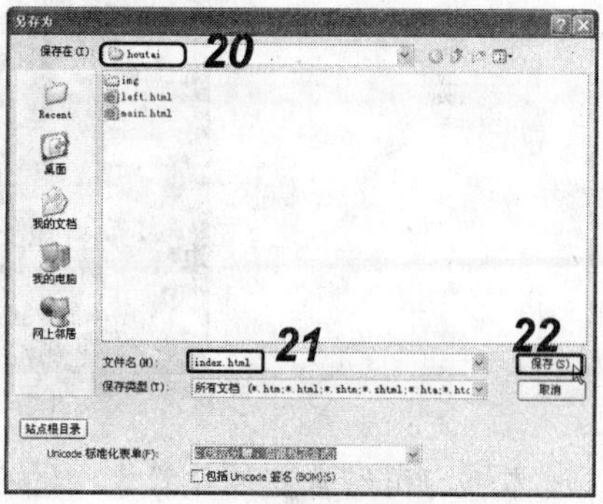

图 4-73　保存框架集

（14）按住 Alt 键的同时，在左侧框架中单击选择框架，在“属性”面板的“边框”下拉列表框中选择“否”选项，在“边框宽度”文本框中输入“0”，如图 4-74 所示。

（15）再将光标移动到如图 4-75 所示的框架线上，按住鼠标左键不放向右拖动，以便将左侧框架中的网页显示出来。

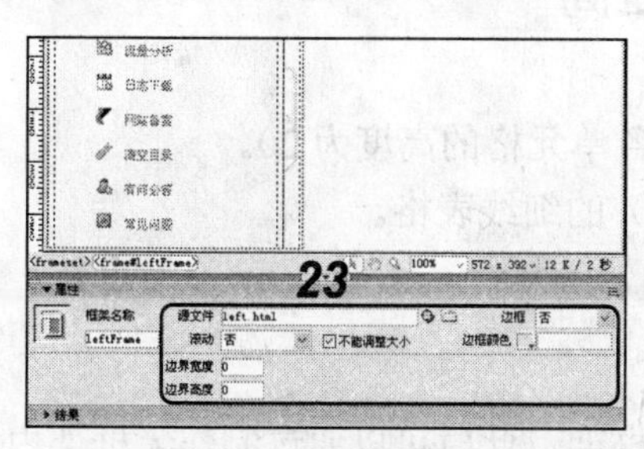

图 4-74　设置框架属性

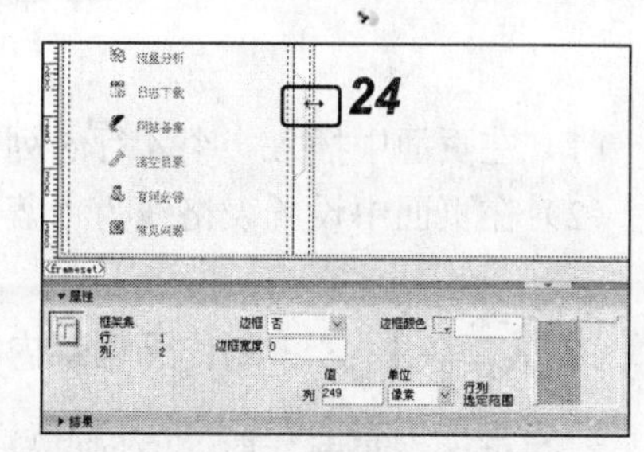

图 4-75　调整框架宽度

（16）选择右侧的框架，设置框架的属性，如图 4-76 所示。选择“文件/保存全部”命令保存文件，然后按 F12 键预览网页。

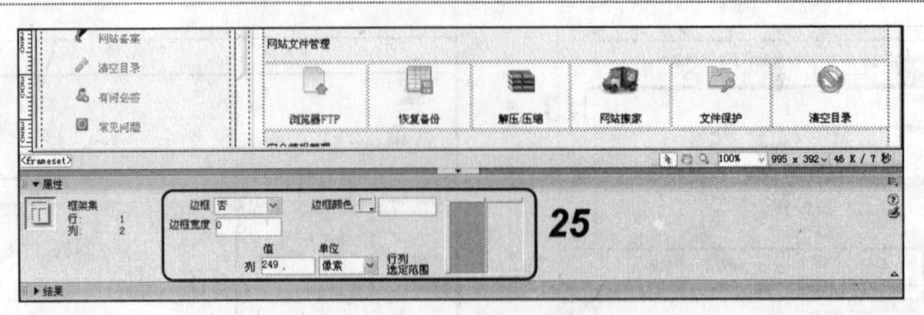

图 4-76　设置框架属性

4.3.2　制作“探险游”网页

综合利用本章和前面所学知识，制作“探险游”网页，最终效果如图 4-77 所示（立体化教学:\源文件\第 4 章\ali.html）。

图 4-77　最终效果

本练习可结合立体化教学中的视频演示进行学习（立体化教学:\视频演示\第 4 章\制作“探险游”网页.swf）。主要操作步骤如下：

（1）新建网页并保存为 ali.html。

（2）先使用表格布局页面，然后分别在表格中插入相应的图像和文本。

4.4　练习与提高

（1）在页面中插入一个 4 行 5 列的表格并设置各单元格的高度为 20。

（2）在页面中设置表格线为“蓝色”（#0066FF）的细线表格。

制作无框架内容的方法

进行框架网页制作时，有时某些浏览器不支持框架，此时可以通过制作无框架内容网页显示一些提示信息，以便让自己的网站更人性化，其制作方法如下：

选择“修改/框架集/编辑无框架内容”命令，将进入无框架内容编辑窗口，像制作普通网页一样，在其中输入内容或插入图像后，再次选择“修改/框架集/编辑无框架内容”命令即可退出编辑窗口。

第 5 章　使用 AP Div 和行为

学习目标

☑ 掌握 AP Div 的创建和设置
☑ 掌握 AP Div 的操作
☑ 掌握行为的创建和设置
☑ 掌握内置行为动作的应用

目标任务&项目案例

创建 AP Div 并添加行为

添加“转到 URL”行为

在 Dreamweaver 中可以通过 AP Div 来设计页面的布局，可以将网页元素置于不同的 AP Div 中，以产生层叠效果，也可以利用 AP Div 来精确定位网页元素；Dreamweaver 中的行为可以使用户不用编写 JavaScript 代码便可实现多种动态网页效果，从而使页面更具动感和吸引力。本章将详细讲解 AP Div 和行为的使用方法。

5.1 AP Div 的创建和设置

AP Div 是一种 HTML 页面元素，可以将它定位于页面上的任意位置。AP Div 可以包含文本、图像或其他任何可以在 HTML 文档正文中放入的内容。

5.1.1 创建 AP Div

在 Dreamweaver CS3 中，AP Div 的创建可通过绘制 AP Div 和插入 AP Div 两种方法进行，下面将分别进行讲解。

1. 绘制 AP Div

通过绘制 AP Div 创建一个新 AP Div 时，可以自由定位 AP Div 的初始位置，以及 AP Div

的宽度、高度等。

【例 5-1】 绘制 AP Div。

（1）新建空白 HTML 文档，在“插入”面板的“布局”选项卡中单击按钮，如图 5-1 所示。

图 5-1 “布局”选项卡

（2）将光标移动到页面文档窗口中，当其变为十字形时，选择需要绘制 AP Div 的位置，按住鼠标左键并拖动，在页面中绘制一个大小合适的区域，如图 5-2 所示。

（3）释放鼠标，完成 AP Div 的绘制，如图 5-3 所示。

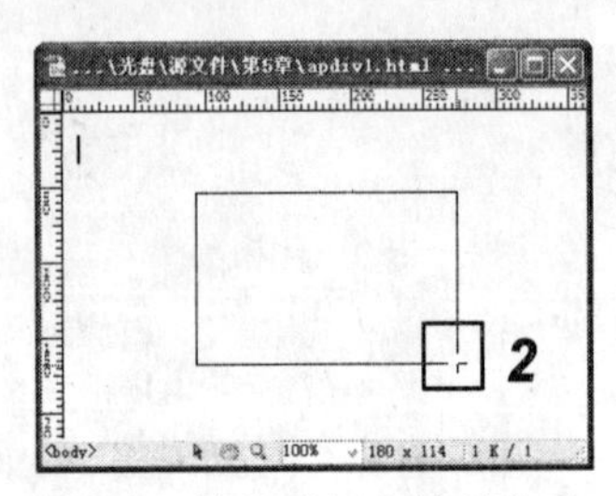

图 5-2 按住鼠标左键并拖动

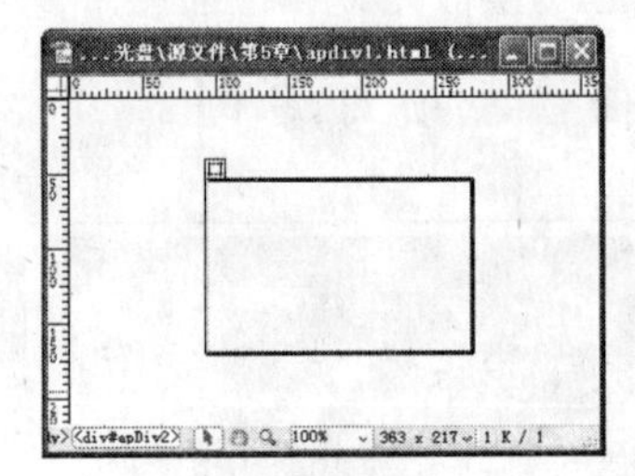

图 5-3 完成 AP Div 的绘制

提示：

在绘制 AP Div 时，按住 Ctrl 键不放，可以连续绘制多个 AP Div，而不用多次单击按钮。

2．插入 AP Div

插入 AP Div 是通过菜单命令直接在光标处插入一个预定大小的 AP Div。

【例 5-2】 插入 AP Div。

（1）将光标放置到需要插入 AP Div 的位置，选择“插入记录/布局对象/AP Div”命令，如图 5-4 所示。

（2）在页面左上角即插入一个 AP Div，如图 5-5 所示。

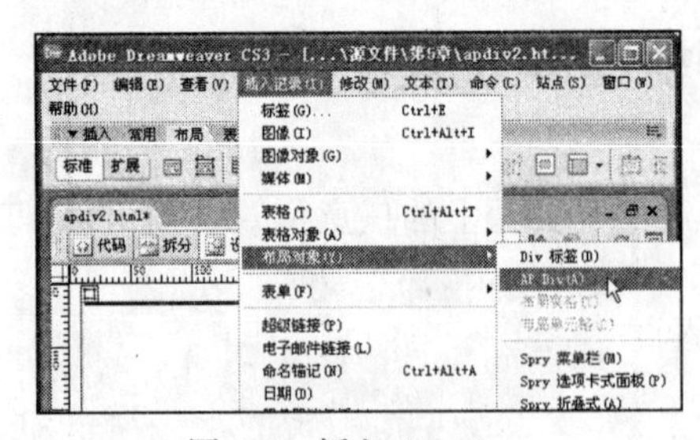

图 5-4 插入 AP Div

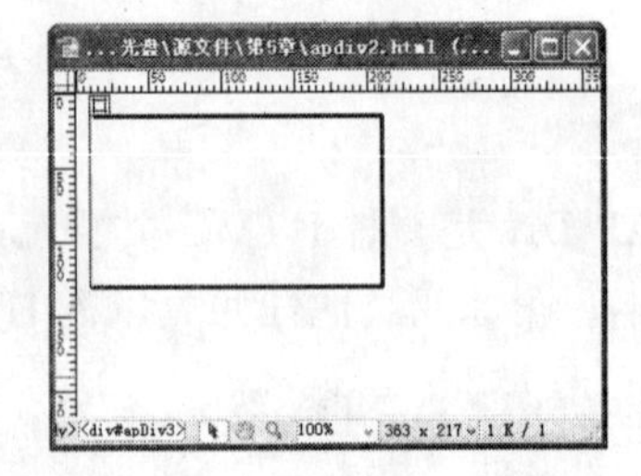

图 5-5 完成 AP Div 的插入

3．嵌套 AP Div

嵌套 AP Div 是指包含在其他 AP Div 中的 AP Div，通常情况下将嵌套 AP Div 内部的 AP Div 称为子 AP Div，外部的 AP Div 称为父 AP Div。一个嵌套 AP Div 继承其父 AP Div

的可见性，并能随父 AP Div 的移动而移动，因此可以通过移动 AP Div 来判断 AP Div 之间的嵌套关系。

嵌套 AP Div 之间存在着继承关系。继承是使子 AP Div 的可见性与父 AP Div 保持一致，并且保持子 AP Div 与父 AP Div 的相对位置不变。这在制作动态网页时非常有用，因为动态网页的很多效果是通过 JavaScript 控制 AP Div 的可见性和位置变化来实现的。

【例 5-3】　创建嵌套 AP Div。

（1）将光标放置到需要嵌套 AP Div 的 AP Div 中，选择"插入记录/布局对象/AP Div"命令，如图 5-6 所示。

（2）新创建的嵌套 AP Div 与原 AP Div 基本上重合在一起，不太容易看清楚是否创建成功，此时按 F2 键打开"AP 元素"面板，在面板中即可查看到已成功嵌套了 AP Div，如图 5-7 所示。

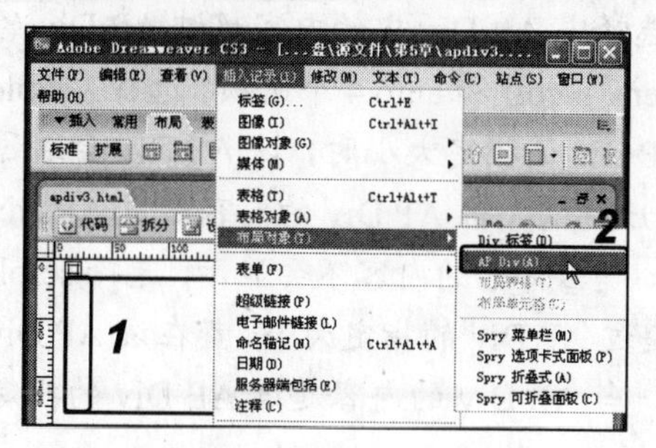

图 5-6　插入 AP Div

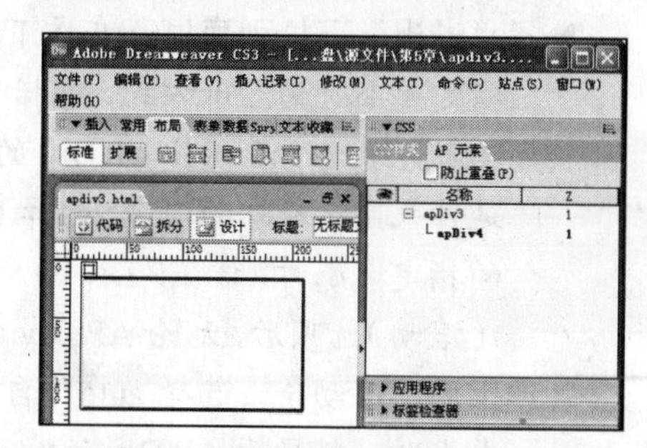

图 5-7　完成嵌套 AP Div 的创建

提示：

嵌套 AP Div 并不意味着子 AP Div 必须包含在父 AP Div 里面，嵌套是体现在 HTML 代码中的，子 AP Div 对应的<div></div>标记包含在父 AP Div 的<div></div>标记里面。

5.1.2　AP Div 的"属性"面板

选择创建的单个 AP Div 时，AP Div 的"属性"面板如图 5-8 所示。

图 5-8　AP Div 的"属性"面板

其中各项参数的含义介绍如下。

- "AP Div 编号"下拉列表框：在该下拉列表框中输入当前 AP Div 的名称，便于在"AP 元素"面板和 JavaScript 代码中标识该 AP Div。
- "左"文本框：用于指定 AP Div 相对于页面或相对于父 AP Div 左边界的位置。
- "上"文本框：用于指定 AP Div 相对于页面或相对于父 AP Div 上边界的位置。
- "宽"文本框：用于指定 AP Div 的宽度，默认单位为像素。
- "高"文本框：用于指定 AP Div 的高度，默认单位为像素。

- **“Z 轴”文本框**：在垂直平面方向上确定 AP Div 的排列顺序。在浏览器中，编号较大的 AP Div 出现在编号较小的 AP Div 的前面，值可以为正，也可以为负。
- **“可见性”下拉列表框**：在该下拉列表框中指定该 AP Div 最初是否是可见的。包括 default、inherit、visible 和 hidden 4 个选项。default（默认）表示不指定 AP Div 的可见性，当未指定可见性时，大多数浏览器都会默认为 inherit；inherit（继承）表示继承该 AP Div 父级的可见性属性；visible（可见）表示显示该 AP Div 的内容，无论其父级 AP Div 是否可见；hidden（隐藏）表示隐藏 AP Div 的内容，无论其父级 AP Div 是否可见。
- **“背景图像”文本框**：用于设置当前 AP Div 的背景图像。
- **“背景颜色”颜色框**：用于设置当前 AP Div 的背景颜色。
- **“类”下拉列表框**：用于选择定义好的 CSS 样式名称或 AP 元素。
- **“溢出”下拉列表框**：在该下拉列表框中选择当 AP Div 中的内容超过 AP Div 的指定大小时的显示方式，包括 visible、hidden、scroll 和 auto 4 个选项。选择 visible（可见）选项后，当 AP Div 的内容超过 AP Div 的指定大小时，该 AP Div 会通过延伸来显示额外的内容；选择 hidden（隐藏）选项后，当 AP Div 的内容超过 AP Div 的指定大小时，该 AP Div 的尺寸保持不变，超出部分的内容不会显示；选择 scroll（滚动）选项后，无论 AP Div 的内容是否超过 AP Div 的指定大小，都在该 AP Div 上添加滚动条；选择 auto（自动）选项后，当 AP Div 的内容超过 AP Div 的指定大小时，将显示 AP Div 的滚动条。
- **“剪辑”栏**：用于定义 AP Div 的可见区域。在“左”、“上”、“右”、“下”文本框中输入的数值表示可见区域与 AP Div 各个边界的距离。

5.1.3 “AP 元素”面板

通过“AP 元素”面板可以管理文档中的 AP Div，控制 AP Div 的重叠顺序等。选择“窗口/AP Div”命令或按 F2 键，即可打开如图 5-9 所示的“AP 元素”面板。

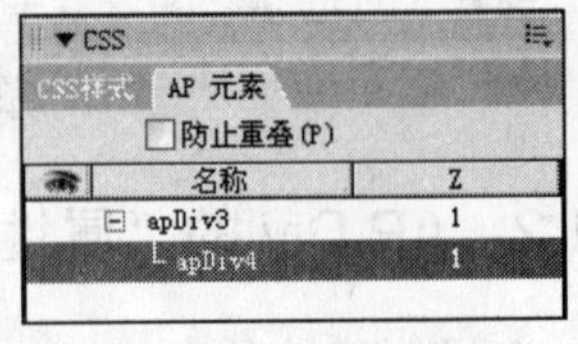

图 5-9 “AP 元素”面板

1. 控制 AP Div 的重叠顺序

AP Div 的重叠顺序即 AP Div 的显示顺序。在“AP 元素”面板中改变 AP Div 的重叠顺序有以下两种方法：

- 在“AP 元素”面板中选择某个 AP Div，单击 Z 属性列，出现如图 5-10 所示的设置框，在设置框中输入相应的数值即可改变 AP Div 的重叠顺序。
- 在“AP 元素”面板中选择要改变重叠顺序的 AP Div，并按住鼠标左键拖动，在移动 AP Div 时将出现一条线，当该线显示在想要的重叠顺序时释放鼠标即可改变 AP Div 的顺序，如图 5-11 所示。

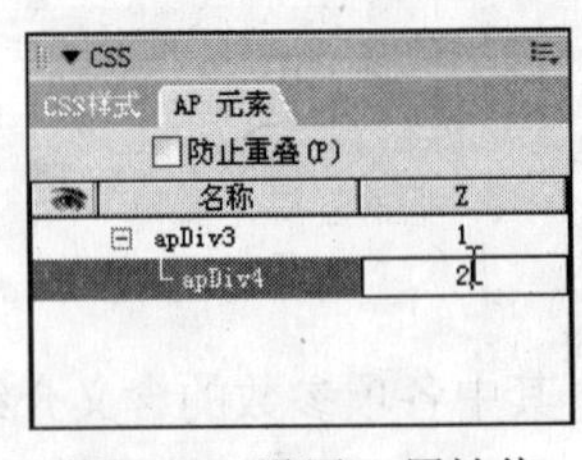

图 5-10 设置 Z 属性值

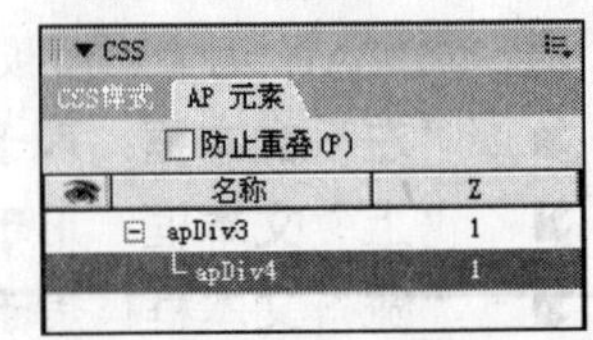

图 5-11 拖动 AP Div 改变重叠顺序

2. 控制 AP Div 的可见性

在“AP 元素”面板中设置 AP Div 的可见性，只需单击“AP 元素”面板中的 图标或 图标即可，如图 5-12 所示。“可见性”图标 所表示的含义分别介绍如下。

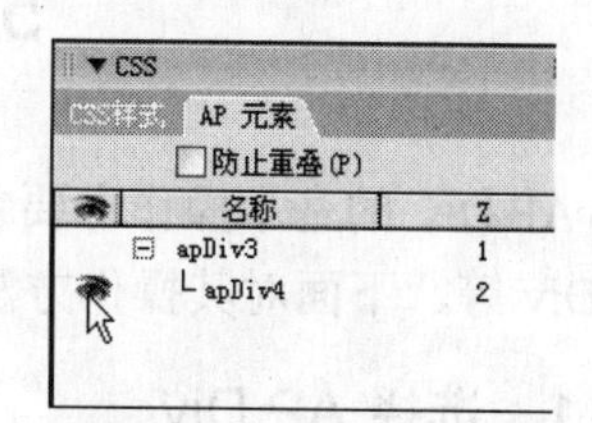

图 5-12　改变可见性

- “不可见性”图标 ：表示隐藏该 AP Div，AP Div 为不可见。
- “可见性”图标 ：表示显示该 AP Div，AP Div 为可见。
- 没有图标：表示该 AP Div 继承父 AP Div 的可见性。如果此 AP Div 不是嵌套 AP Div，则总是可见的 AP Div。

5.1.4　应用举例——创建 AP Div

下面在网页文档中创建 AP Div，并在其中添加图像，效果如图 5-13 所示（立体化教学:\源文件\第 5 章\apdiv.html）。

图 5-13　最终效果

操作步骤如下：

（1）新建一个空白网页文档，单击“插入”面板的“布局”选项卡中的 按钮，在文档空白处拖动鼠标绘制一个 AP Div，如图 5-14 所示。

（2）保持光标在 AP Div 中，选择“插入记录/图像”命令，在打开的对话框中双击选择需要插入的图像，如图 5-15 所示，完成图像插入。

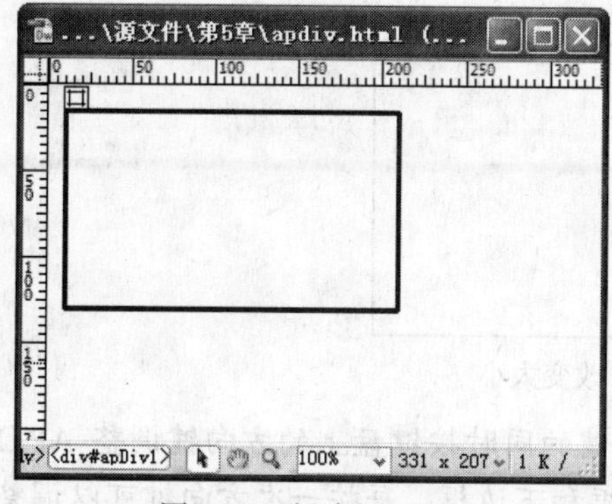

图 5-14　创建 AP Div

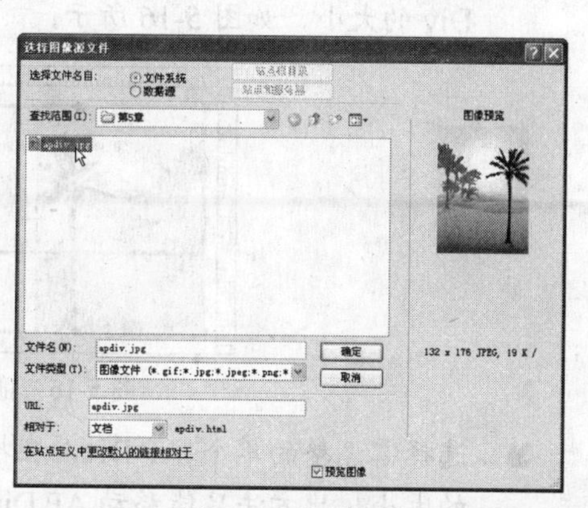

图 5-15　选择图像

5.2 AP Div 的基本操作

AP Div 的基本操作主要包括选择 AP Div、调整 AP Div 的大小、移动 AP Div 和对齐 AP Div 等，下面对其操作方法分别进行讲解。

5.2.1 选择 AP Div

选择 AP Div 可以分为选择单个 AP Div 和选择多个 AP Div 两种情况。

1. 选择单个 AP Div

选择单个 AP Div 的方法主要有如下几种：

- 在“AP 元素”面板中单击需选择 AP Div 的名称。
- 在页面中单击需选择 AP Div 的边框。
- 单击一个 AP Div 的控制点。如果控制点不可见，可在该 AP Div 中的任意位置单击，显示出控制点。

2. 选择多个 AP Div

选择多个 AP Div 的方法主要有如下几种：

- 在“AP 元素”面板中，按住 Shift 键并单击需要选择的多个 AP Div。
- 在页面中按住 Shift 键并单击需要选择的多个 AP Div。

5.2.2 调整 AP Div 的大小

在 Dreamweaver 中，可以调整单个 AP Div 的大小，也可以同时调整多个 AP Div 的大小，使它们具有相同的宽度和高度。如果在“AP 元素”面板中选中☑防止重叠(P)复选框，则在调整 AP Div 的大小时将无法使该 AP Div 与另一个 AP Div 重叠。调整单个 AP Div 的大小有如下几种方法：

- 选择需调整的单个 AP Div，拖动该 AP Div 的控制点即可在相应的方向上改变 AP Div 的大小，如图 5-16 所示。

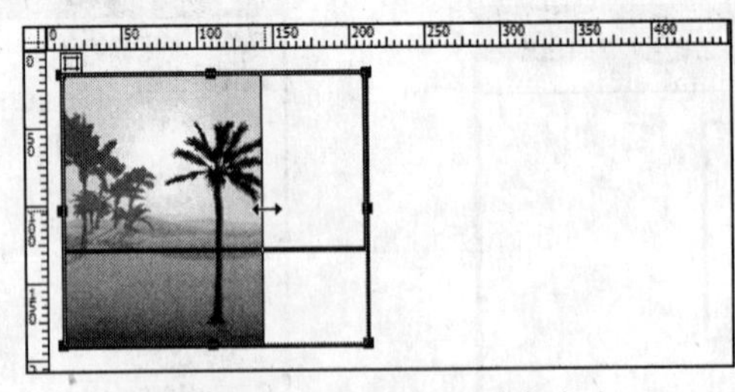

图 5-16　拖动 AP Div 改变大小

- 选择需调整的单个 AP Div，在按住 Ctrl 键的同时按键盘上的方向键调整 AP Div 的大小。此方法只能移动 AP Div 的右边框和下边框，每按一次方向键可以调整 1 像素的大小。

- 选择需调整的单个 AP Div，同时按住 Ctrl 键和 Shift 键，每按一次方向键可在相应的方向上调整一个网格单元的大小。
- 选择需调整的单个 AP Div，在 AP Div“属性”面板的“宽”和“高”文本框中直接输入相应的数值改变 AP Div 的大小。

5.2.3　移动 AP Div

移动 AP Div 的方法主要有如下几种：

- 选择要移动的 AP Div，拖动 AP Div 的边框或者控制点即可。
- 选择要移动的 AP Div，在“属性”面板的“左”和“上”文本框中输入相应的数值，按 Enter 键即可改变 AP Div 的位置。
- 选择要移动的 AP Div，每按一次方向键可在相应的方向上移动 1 像素的距离。
- 选择要移动的 AP Div，按住 Shift 键并按一次方向键可在相应的方向上移动一个网格的距离。

5.2.4　对齐 AP Div

当需要对齐 AP Div 时，未选中的子 AP Div 可能也会因为其父 AP Div 的移动而移动。要避免这种情况，则不要使用嵌套 AP Div。

使用 AP Div 对齐命令可利用最后一个选择 AP Div 的边框来对齐一个或多个 AP Div。

【例 5-4】　对齐 AP Div。

（1）依次选择需要对齐的 AP Div，如图 5-17 所示。

（2）选择“修改/排列顺序”命令，在弹出的子菜单中选择所需的对齐命令即可。如图 5-18 所示为选择“对齐下缘”命令后的对齐效果。

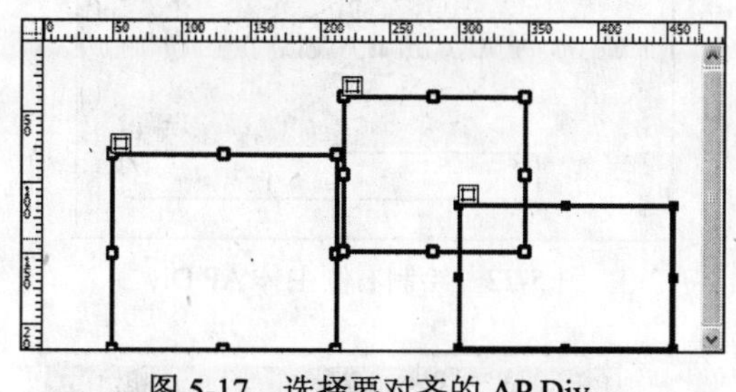

图 5-17　选择要对齐的 AP Div

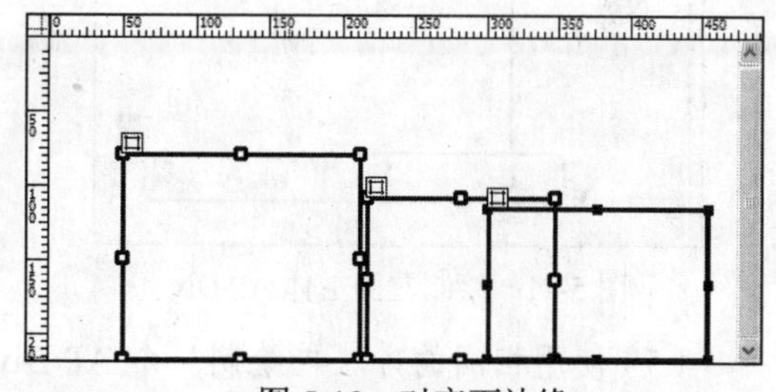

图 5-18　对齐下边缘

5.2.5　应用举例——使用 AP Div 布局页面

下面使用 AP Div 来布局网页页面，主要是通过创建 AP Div、嵌套 AP Div 和控制 AP Div 的位置实现的，效果如图 5-19 所示（立体化教学:\源文件\第 5 章\2apdiv.html）。

操作步骤如下：

（1）新建一个网页文档，在“插入”面板的“布局”选项卡中单击按钮，在文档中拖动鼠标创建一个 AP Div。

（2）选择该 AP Div，在 AP Div“属性”面板中设置 AP Div 的“左”和“上”为“0px”，

“宽”为“700px”，“高”为“130px”，“背景颜色”为“#FF0000”，将此 AP Div 作为页面的 Banner 和导航条部分，如图 5-20 所示。

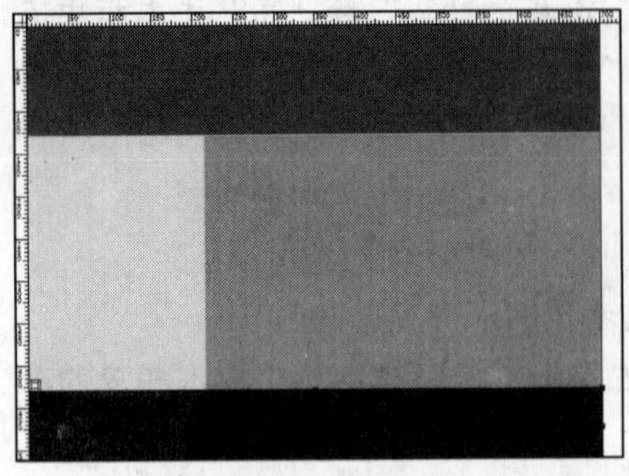

图 5-19 最终效果

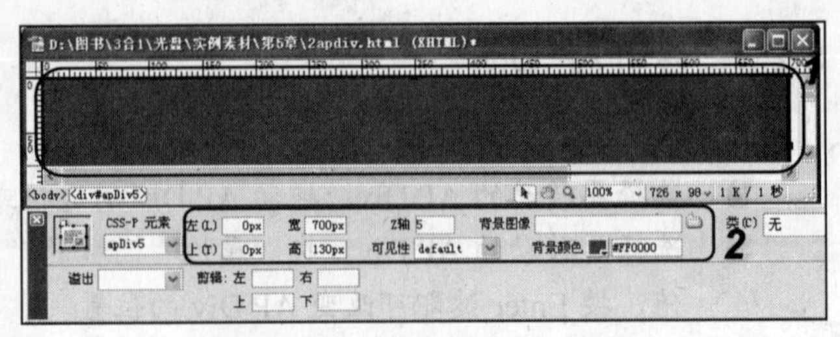

图 5-20 绘制 AP Div 并设置属性

（3）单击“插入”面板的“布局”选项卡中的按钮，在文档中拖动鼠标再创建一个 AP Div。选中该 AP Div，在 AP Div“属性”面板中设置 AP Div 的“左”为“0px”，“上”为“130px”，“宽”为“215px”，“高”为“300px”，“背景颜色”为“#FFFF00”，将此 AP Div 作为网页左侧的主体部分，如图 5-21 所示。

（4）使用相同的方法再绘制一个 AP Div，并设置 AP Div 的“左”为“215px”，“上”为“130px”，“宽”为“485px”，“高”为“300px”，“背景颜色”为“#00FF00”，将此 AP Div 作为网页右侧的主体部分，如图 5-22 所示。

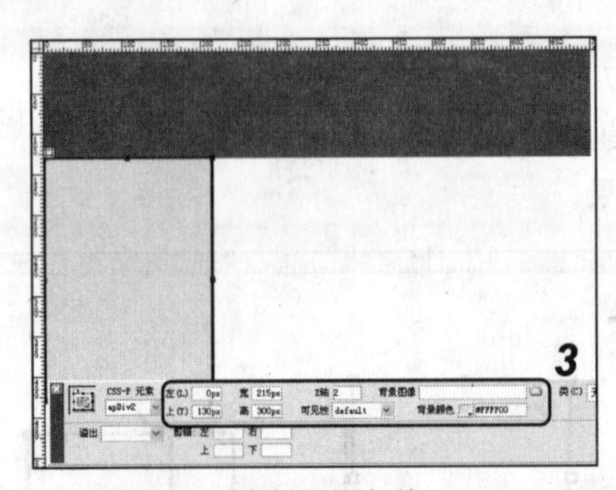

图 5-21 绘制左侧主体 AP Div

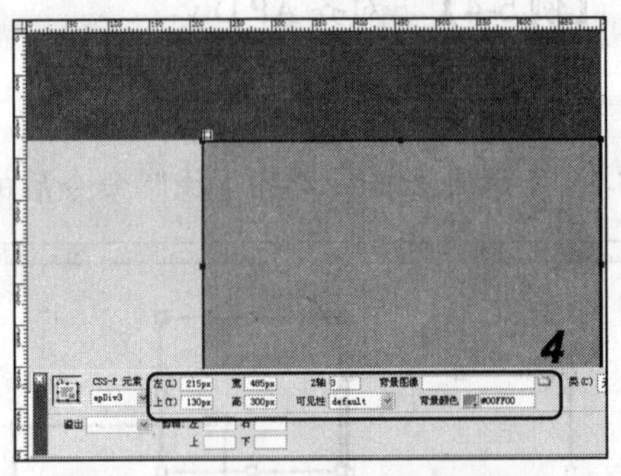

图 5-22 绘制右侧主体 AP Div

（5）使用相同的方法再绘制一个 AP Div，并设置 AP Div 的“左”为“0px”，“上”为“430px”，“宽”为“700px”，“高”为“90px”，“背景颜色”为“#0000FF”，将此 AP Div 作为网页的底部版权信息的部分，如图 5-23 所示。

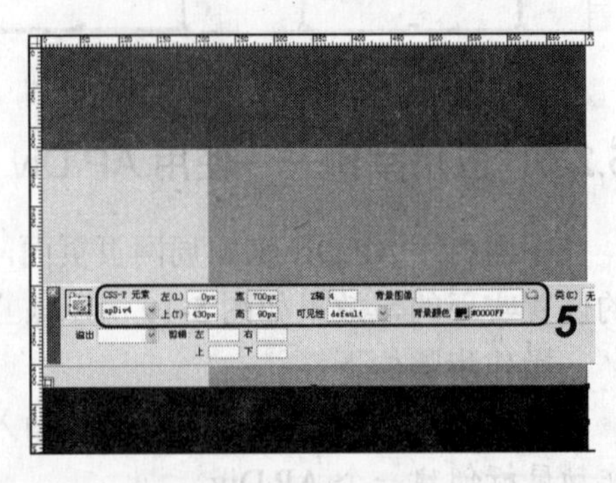

图 5-23 绘制页面底部部分

（6）选择“窗口/AP Div”命令，打开“AP 元素”面板，选择 apDiv2，按住 Ctrl 键并将 apDiv2 拖动到 apDiv1 之上，释放鼠标使 apDiv2 成为 apDiv1 的嵌套 AP Div，如图 5-24 所示。

（7）用同样的方法分别将 apDiv3 和 apDiv4

设置为 apDiv1 的嵌套 AP Div，如图 5-25 所示。然后按 Ctrl+S 键保存，完成操作。

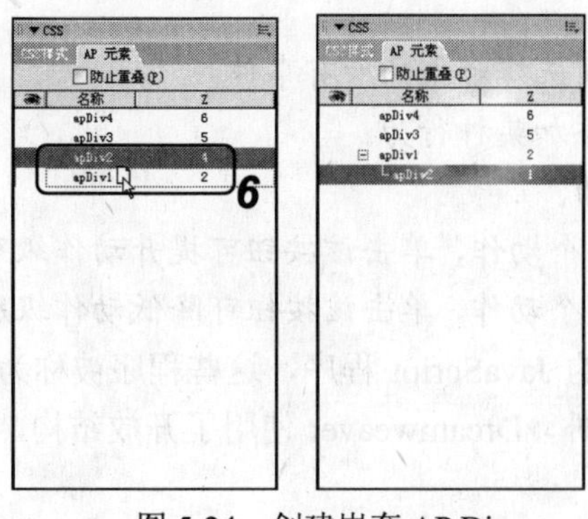

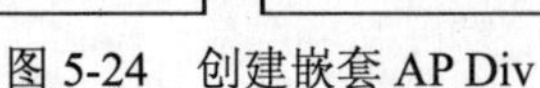
图 5-24　创建嵌套 AP Div

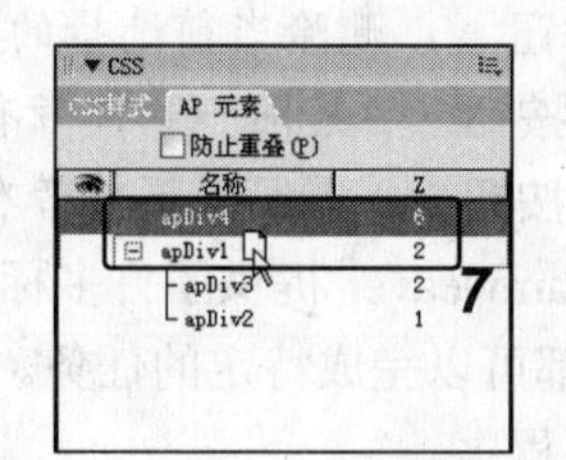

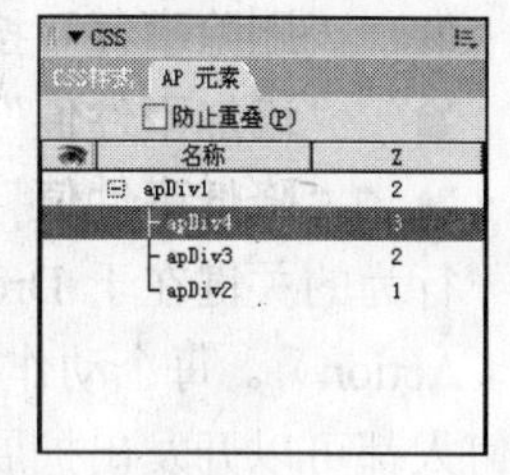

图 5-25　设置嵌套 AP Div

5.3　行为的基本操作

在 Dreamweaver CS3 中，行为是指将 JavaScript 代码放置在文档中，使 Web 页具有交互功能，使访问者能以多种方式更改页面或引起某些任务的执行。

5.3.1　认识行为和事件

行为是由事件和该事件触发的动作两部分组成的，事件是动作被触发的结果，任何一个事件都需要一个动作来激发，行为是事件和由该事件触发的动作的组合。在“行为”面板中，可以先指定一个动作，然后指定触发该动作的事件，从而将行为添加到页面中。

事件是浏览器生成的消息，指示该页的访问者执行了某种操作。如当访问者将鼠标光标移动到某个链接上时，浏览器为该链接生成一个 onMouseOver 事件，然后浏览器查看是否存在应当为该链接生成事件调用的 JavaScript 代码（这些代码是在被查看的页面中指定的），不同的页面元素定义不同的事件。

事件总是针对页面元素或标签而言的。如将鼠标光标移到图像上、将鼠标光标放在图像之外或单击鼠标左键，这些是关于鼠标最常见的 3 个事件（onMouseOver、onMouseOut、onClick）。

5.3.2　“行为”面板

使用“行为”面板可将行为附加到网页元素上，更具体地说是附加到标签上，并修改以前附加行为的参数。已附加到所选网页元素的行为将显示在行为列表中，按事件的字母顺序排列。若同一个事件有多个动作，则将以在列表上出现的顺序执行这些动作。

选择“窗口/行为”命令或按 Shift+F4 键，将打开“行为”面板，如图 5-26 所示。

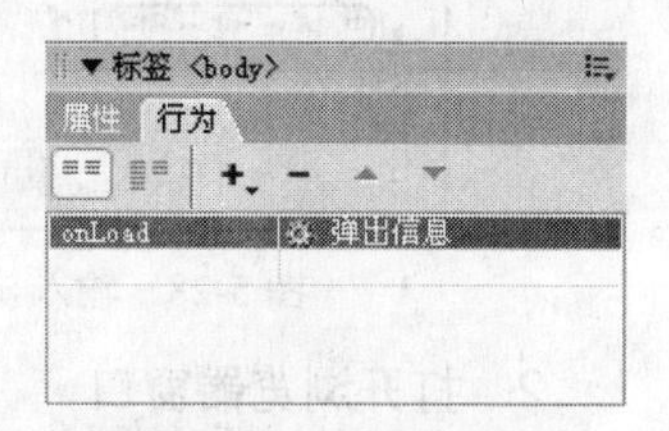

图 5-26　“行为”面板

其中各项参数的含义介绍如下。

- **“显示触发事件”按钮**：显示已经设置了的行为，

只有在选择了行为列表中的某个事件时才显示此按钮。所选对象不同，显示的事件也会有所不同。

- “显示所有事件”按钮：显示可用于当前选择对象的所有事件。
- “添加行为”按钮 +.：为当前选择的对象添加某种行为。
- “删除事件”按钮 -：删除当前选择的行为。
- “增加事件值”按钮 ▲：若同一事件带有多个动作，单击该按钮可提升动作级别。
- “降低事件值”按钮 ▼：若同一事件带有多个动作，单击该按钮可降低动作级别。

行为的关键在于 Dreamweaver 提供了许多标准的 JavaScript 程序，这些程序被称为动作（Action）。每个动作都可以完成特定的任务。另外，Dreamweaver 使用了开放结构，即任何人都可以开发出扩展程序。

5.3.3 内置行为动作的应用

在“行为”面板中单击 +. 按钮可以打开动作菜单。动作菜单中显示了 Dreamweaver 内置的行为动作。下面将对动作菜单中主要的行为动作和使用方法进行讲解。

1．弹出信息

弹出信息动作可显示一个带有用户指定的 JavaScript 警告，最常见的信息对话框只有一个 确定 按钮。如果希望访问者一进入网站就会看到提示消息，可以弹出一个消息框，如图 5-27 所示。

图 5-27 弹出信息

【例 5-5】 使用弹出信息的行为动作。

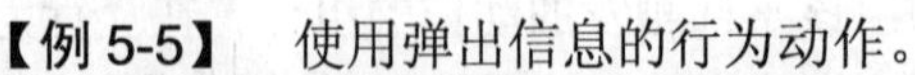

（1）新建一个网页文档，选择“窗口/行为”命令，打开“行为”面板。

（2）单击 +. 按钮，在弹出的下拉菜单中选择“弹出信息”命令。

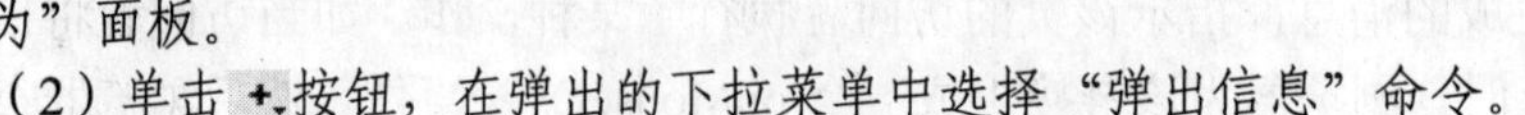

（3）在“消息”文本框中输入弹出信息中显示的文本内容，单击 确定 按钮，如图 5-28 所示。

（4）在“行为”面板的事件下拉列表框中选择 onLoad 选项，如图 5-29 所示。保存文档（立体化教学:\源文件\第 5 章\action.html）后按 F12 键预览页面，即可看到如图 5-27 所示的弹出信息。

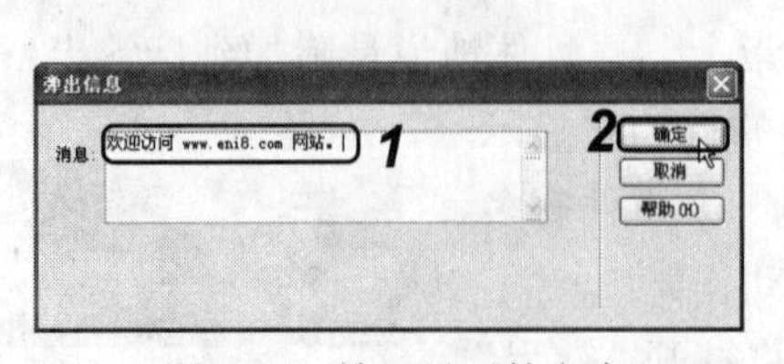

图 5-28 输入显示的文本

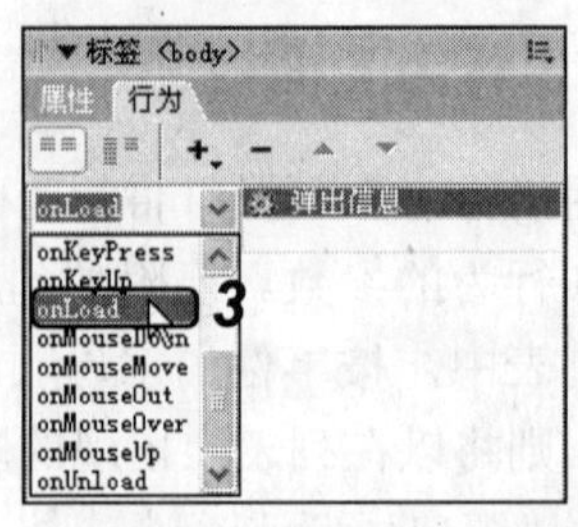

图 5-29 选择事件

2．打开浏览器窗口

打开浏览器窗口动作可以在单击某文本、图像，或加载完网页时打开一新的浏览器

窗口。

【例 5-6】　使用打开浏览器窗口行为动作。

（1）新建一个网页文档，选择“窗口/行为”命令，打开“行为”面板。

（2）单击+.按钮，在弹出的下拉菜单中选择“打开浏览器窗口”命令。

（3）在打开的对话框的“要显示的 URL”文本框中输入要显示的网页，单击确定按钮，如图 5-30 所示。

（4）在“行为”面板的事件下拉列表框中选择 onLoad 选项，如图 5-31 所示。保存文档（立体化教学:\源文件\第 5 章\openwindow.html）后按 F12 键预览页面，即可看到网页打开时会打开一个新的窗口。

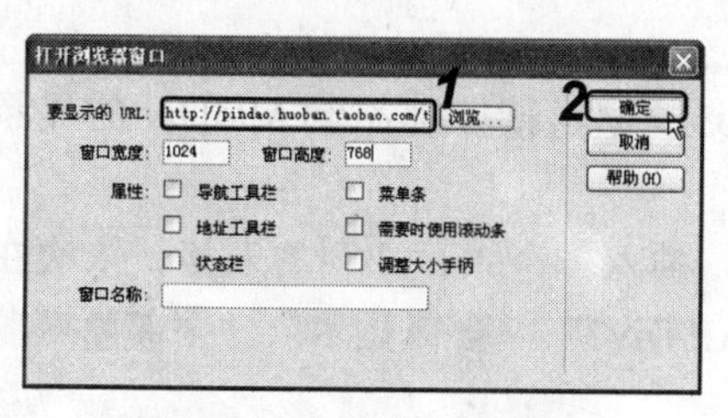

图 5-30　设置要打开的网页

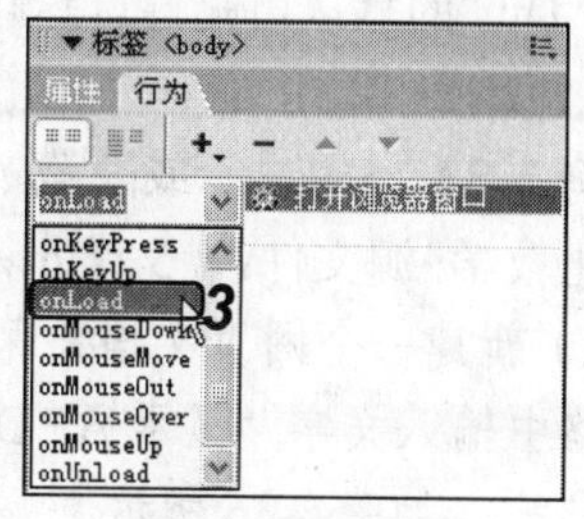

图 5-31　选择事件

3. 调用 JavaScript

调用 JavaScript 行为用于当事件发生时，自动执行自定义函数或 JavaScript 代码。调用 JavaScript 动作允许使用“行为”面板指定发生某个事件时应该执行的自定义函数或 JavaScript 代码行，可以自己编写或使用 Web 上免费代码库中提供的 JavaScript 代码。

【例 5-7】　通过调用 JavaScript 行为创建一个关闭当前页面的行为动作（立体化教学:\源文件\第 5 章\close.html）。

（1）新建网页文档并保存为 close.html，在编辑窗口中输入文本“关闭窗口”并添加空链接，如图 5-32 所示。

（2）选择创建的链接文本，选择“窗口/行为”命令，打开“行为”面板，单击+.按钮，在弹出的下拉菜单中选择“调用 JavaScript”命令，打开“调用 JavaScript”对话框，在 JavaScript 文本框中输入“window.close();”，单击确定按钮，如图 5-33 所示。

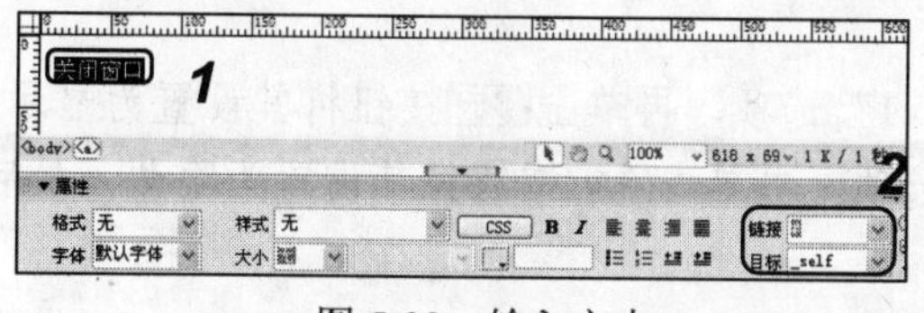

图 5-32　输入文本

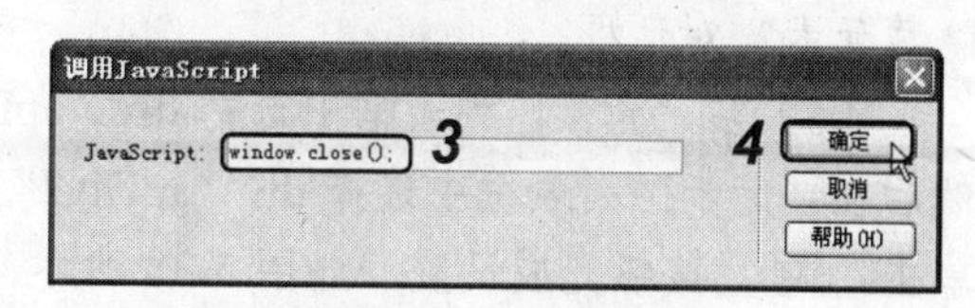

图 5-33　输入代码

（3）在“行为”面板中设置事件为 onClick，如图 5-34 所示。

（4）保存文档，按 F12 键预览页面，单击“关闭窗口”文字链接就会打开如图 5-35 所示的对话框，单击是(Y)按钮即可关闭当前页面。

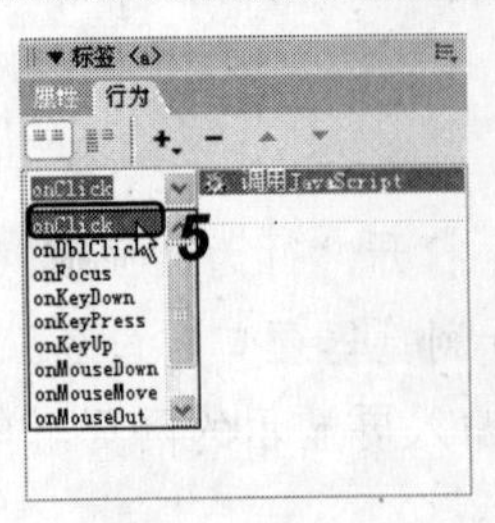

图 5-34　设置事件

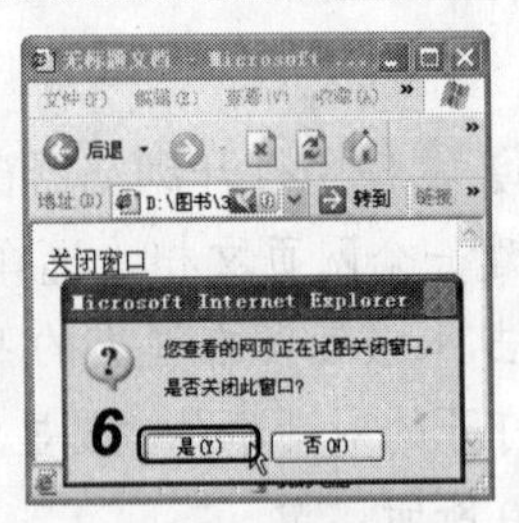

图 5-35　关闭窗口

4．显示或隐藏 AP Div

AP Div 的显示和隐藏是一个非常通用的网页特效，主要用于显示、隐藏、恢复一个和多个 AP Div 的默认可见性。这可以通过 Dreamweaver 内置的显示或隐藏 AP Div 行为来实现。

【例 5-8】　用显示或隐藏 AP Div 行为通过文字链接控制各个 AP Div 的显示和隐藏（立体化教学:\源文件\第 5 章\div.html）。

（1）新建一个网页文档并保存为 div.html，插入一个 1 行 4 列的表格，依次在表格的各单元格中输入文字“显示 AP Div1”、“显示 AP Div2”、“全部显示”、“全部隐藏”并分别添加空链接，如图 5-36 所示。

（2）在“插入”面板的“布局”选项卡中单击按钮，按住 Ctrl 键的同时在编辑窗口中绘制两个 AP Div，选中 apDiv1 后设置 apDiv1 的背景颜色为“#993333”，选中 apDiv2 后设置 apDiv2 的背景颜色为“#33CCFF”，如图 5-37 所示。

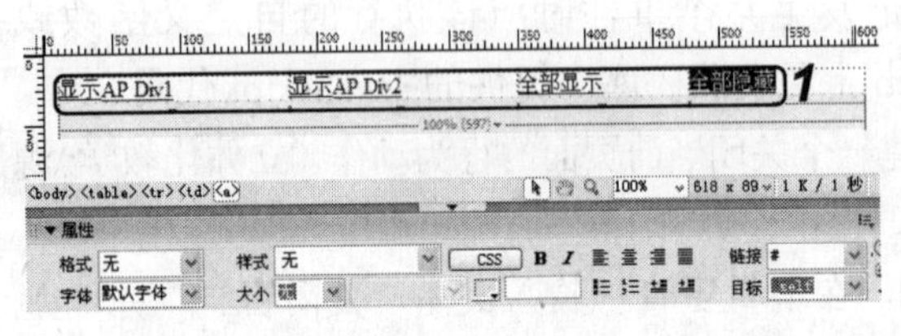

图 5-36　创建文字链接

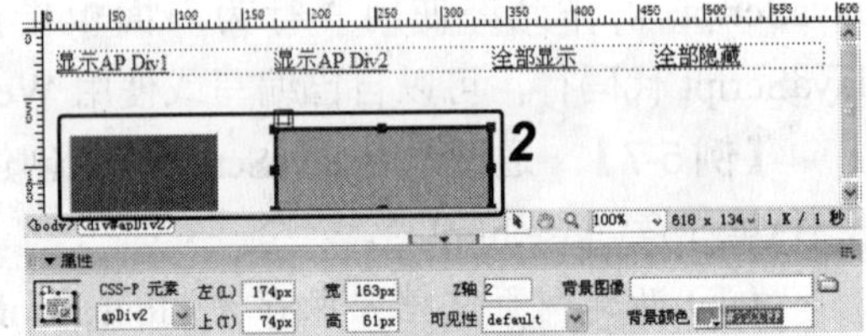

图 5-37　创建 AP Div

（3）选中“显示 AP Div1”文本，选择“窗口/行为”命令或按 Shift+F4 键，打开“行为”面板。

（4）单击 +. 按钮，在弹出的下拉菜单中选择“显示-隐藏元素”命令，打开“显示-隐藏元素”对话框。

（5）在“元素”列表框中选择 div “apDiv1” 选项，再单击 显示 按钮将其设置为显示，然后在“元素”列表框中选择 div “apDiv2” 选项，再单击 隐藏 按钮将其设置为隐藏，最后单击 确定 按钮完成设置，如图 5-38 所示。

（6）使用相同的方法，分别选择文本并设置相应的行为，其中“显示 AP Div2”文本的设置为 apDiv1 隐藏、apDiv2 显示，“全部显示”文本的设置为 apDiv1 及 apDiv2 显示，“全部隐藏”文本的设置为 apDiv1 及 apDiv2 隐藏，如图 5-39 所示为设置“全部隐藏”文本的属性。

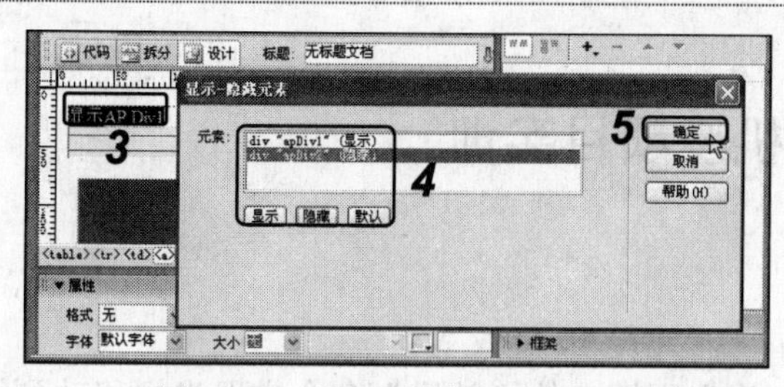

图 5-38 “显示-隐藏元素”对话框

图 5-39 “显示-隐藏元素”对话框

（7）保存网页并按 F12 键预览，单击相应的文本即可实现相应的效果，如图 5-40 所示为单击“显示 AP Div2”文本后的显示效果。

图 5-40 预览效果

5.3.4 应用举例——设置状态栏文本

下面通过添加“设置状态栏文本”行为为状态栏添加提示文本，效果如图 5-41 所示（立体化教学:\源文件\第 5 章\text.html）。

操作步骤如下：

（1）新建一个网页文档并保存为 text.html，在“行为”面板中单击 +. 按钮，在弹出的下拉菜单中选择“设置文本/设置状态栏文本”命令。

（2）在打开对话框的“消息”文本框中输入消息，单击 确定 按钮，如图 5-41 所示。

（3）在“行为”面板中修改事件为 onLoad，如图 5-42 所示。

图 5-41 设置状态栏文本

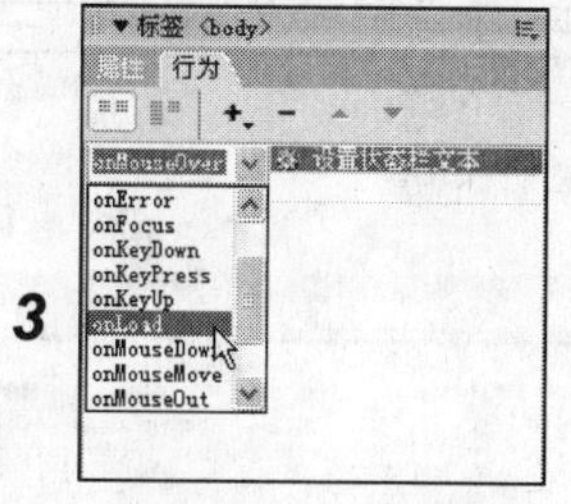

图 5-42 修改事件

（4）保存网页并按 F12 键预览网页，其显示效果如图 5-43 所示。

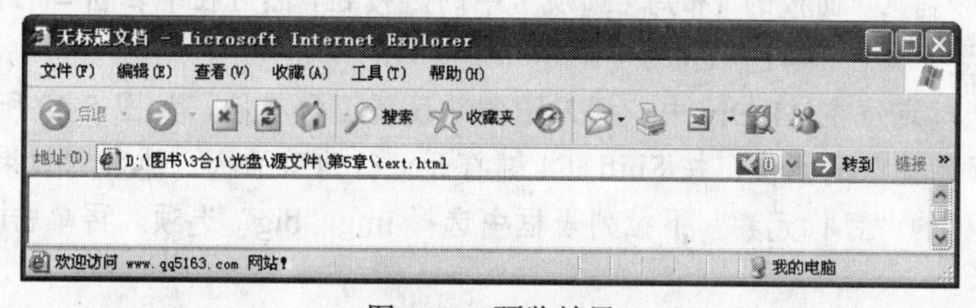

图 5-43 预览效果

5.4 上机及项目实训

5.4.1 绘制 AP Div

本次实训将绘制 AP Div，并使用“行为”面板中的“效果”命令实现光标移动到缩略图上时动态显示大图的效果，如图 5-44 所示（立体化教学:\源文件\第 5 章\tu.html）。

图 5-44 最终效果

操作步骤如下：

（1）新建空白 HTML 网页文档并保存为 tu.html，选择“插入记录/布局对象/AP Div”命令插入 AP Div，然后在“属性”面板中进行属性设置，如图 5-45 所示。

（2）将光标定位在 AP Div 中，插入图像并设置图像属性，如图 5-46 所示。

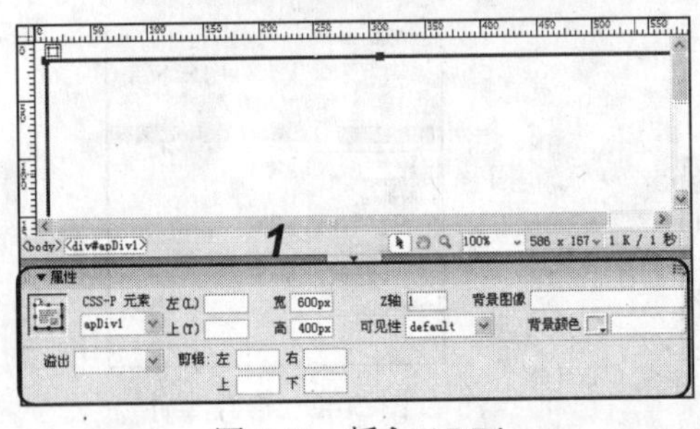

图 5-45 插入 AP Div

图 5-46 插入图像

（3）单击“插入”面板的“布局”选项卡中的按钮，然后在编辑窗口右侧绘制 AP Div 并进行属性设置，如图 5-47 所示。

（4）将光标定位在 AP Div 中，插入图像并设置图像属性，如图 5-48 所示。

（5）选择刚插入的图像，按 Shift+F4 键打开“行为”面板，添加“效果/晃动”行为，在打开的对话框的“目标元素”下拉列表框中选择 img “big” 选项，再单击 确定 按钮，如图 5-49 所示。

（6）在“行为”面板中修改行为事件为 onMouseOver，如图 5-50 所示。

（7）保存网页并按 F12 键预览，当光标移动到右侧的缩略图上时，左侧的大图将左右晃动。

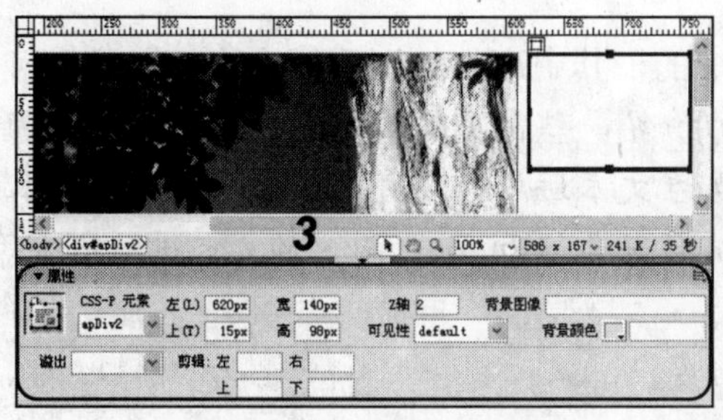

图 5-47　插入 AP Div

图 5-48　插入图像

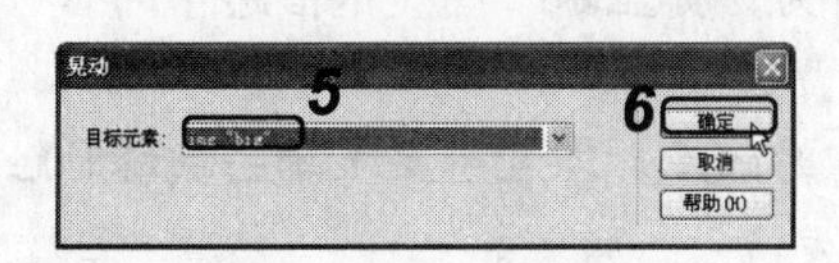

图 5-49　添加行为

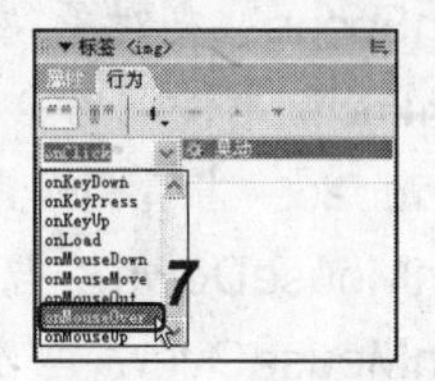

图 5-50　修改事件

5.4.2　制作图像跳转网页

本次实训将制作图像跳转网页，最终效果如图 5-51 所示（立体化教学:\源文件\第 5 章\gourl.html）。

图 5-51　最终效果

本练习可结合立体化教学中的视频演示进行学习（立体化教学:\视频演示\第 5 章\制作图像跳转网页.swf）。主要操作步骤如下：

（1）新建空白 HTML 网页并插入 gourl.jpg 图像（立体化教学:\实例素材\第 5 章\gourl.jpg）。

（2）添加空链接等属性，再选择图像，为其添加“转到 URL”行为。

5.5　练习与提高

（1）在页面中创建多个嵌套 AP Div。

（2）设置弹出信息为“我的网站你作主”的行为动作。

经验技巧 总结事件的含义

Dreamweaver 中的行为与事件是相辅相成的，其中事件特别重要，它确定了如何与用户进行交互，如单击还是双击等。下面分别介绍一些常见的事件的含义。

- onBlur：当对象失去焦点时触发，如在文本域中输入文本并切换到下一文本域时，即可触发 onBlur 事件调用自己编写好的行为，如对输入的内容进行检查等。
- onClick：使用鼠标单击对象时触发。
- onDblClick：使用鼠标双击对象时触发。
- onError：出错时触发。
- onFocus：当对象得到焦点时触发，如将光标切换到一个文本域中时即可触发 onFocus 事件调用自己编写好的行为，如显示一些提示信息等。
- onLoad：当页面加载完成时触发。
- onMouseDown：当鼠标光标按下时触发，即在对象上单击鼠标时触发。
- onMouseOver：当释放鼠标时触发。

第6章 创 建 表 单

学习目标

☑ 了解表单域及表单中的对象
☑ 掌握创建表单以及表单对象的方法

目标任务&项目案例

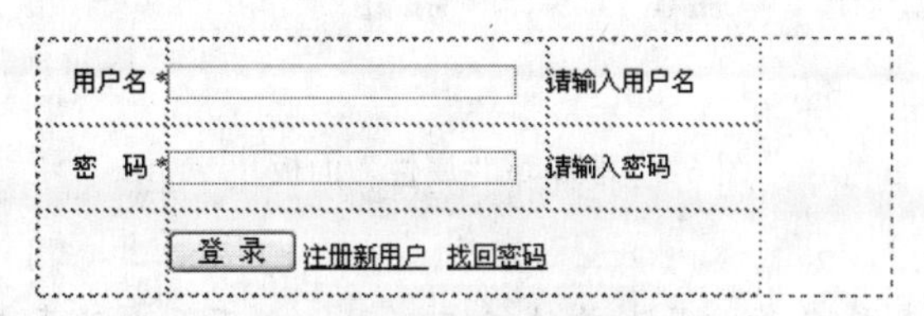

了解表单域及表单对象

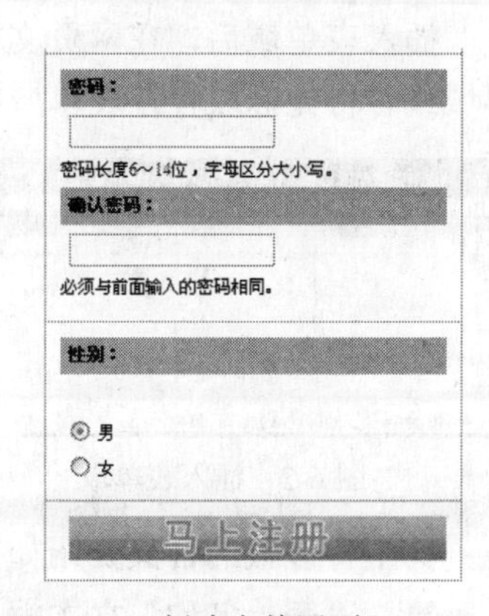

创建表单网页

使用表单能收集网站访问者的信息，其在网络中的应用非常广泛，如会员的加入、收集反馈意见等。要创建表单首先应了解表单域和表单对象的概念，并掌握各种表单对象的创建及其属性设置。本章将详细讲解这些知识。

6.1 表单的概念

动态网页主要由客户端接口和服务器端响应程序两部分组成，而表单（Form）就是一种与用户交互的接口界面，用户通过表单可以将信息提交给服务器端，服务器处理后再将处理结果返回给用户端，这就是现今流行的动态网页技术。

6.1.1 表单域

表单主要由表单域和表单对象两部分组成，如图 6-1 所示。表单域包含处理数据所用 CGI 程序的 URL 以及将数据提交到服务器的方法。在网页中表单域是由红色虚线所围起来的区域，各种表单对象都必须插入这个红色虚线区域才能起作用，否则服务器无法处理用户填写的信息。表单对象主要包括文本域、密码域、单选按钮、复选框、弹出式菜单和按钮等。

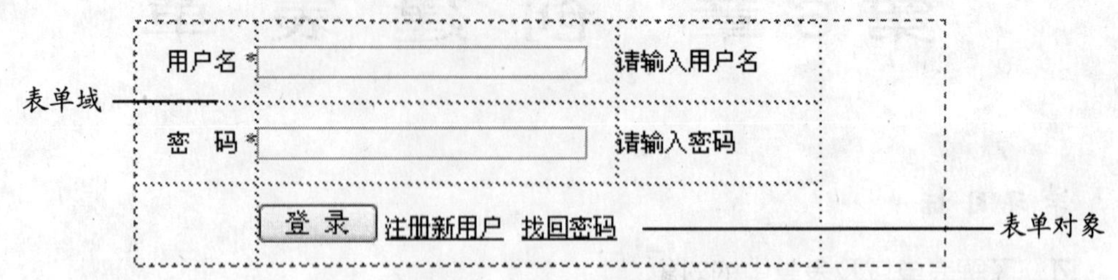

图 6-1　表单的组成

表单域可以通过单击“插入”面板的“表单”选项卡中的按钮或选择“插入记录/表单/表单”命令插入，如图 6-2 所示。

插入表单域后，在网页文档中出现的红色虚线框即为新插入的空白表单域，选中此表单域或者将光标放置在表单域中，“属性”面板如图 6-3 所示。

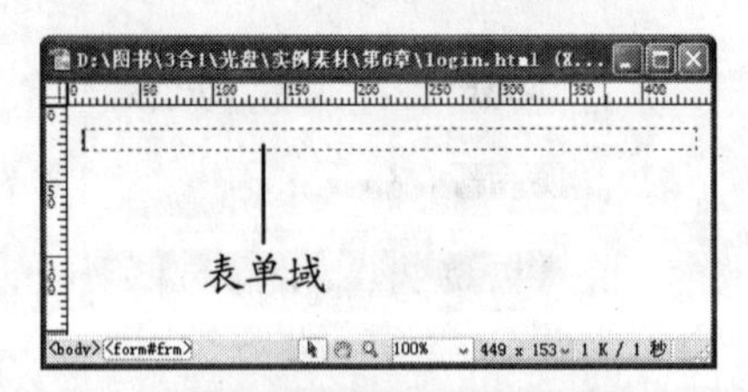

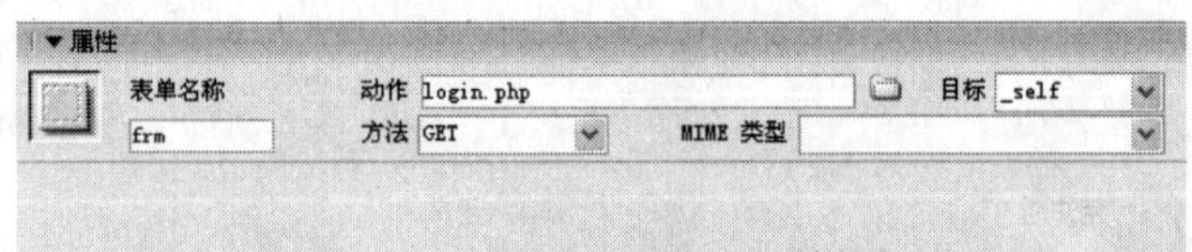

图 6-2　插入表单域　　　　图 6-3　表单域“属性”面板

其中各参数的含义介绍如下。

- **“表单名称”文本框**：用于设置表单名称，是表单的标记。同一个页面中的表单应该具有不同的名称，以便服务器在处理数据时能够准确地识别表单。
- **“动作”文本框**：在该文本框中输入处理表单的动态页或用来处理表单数据的程序路径。也可以单击右侧的按钮来选择程序所在的 URL。
- **“方法”下拉列表框**：选择表单的提示方式，包括“默认”、GET 和 POST 3 种方式，默认值是 GET。
- **“目标”下拉列表框**：该下拉列表框共包括_blank、_parent、_self 和_top 4 个选项。
- **“MIME 类型”下拉列表框**：在该下拉列表框中可以指定提交给服务器进行处理的数据所使用的 MIME 编码类型。默认设置为 application/x-www-form-urlencod-ed，该类型通常与 POST 方法协同使用。如果要创建文件上传域，则应指定为 multipart/form-data 类型。

6.1.2　表单对象

表单对象就是表单的控件类型，通过选择“插入记录/表单”命令，在弹出的子菜单中选择相应的命令，可插入各种表单对象，如图 6-4 所示。在“插入”面板的“表单”选项卡中（如图 6-5 所示）单击相应的表单对象按钮也可创建表单对象。

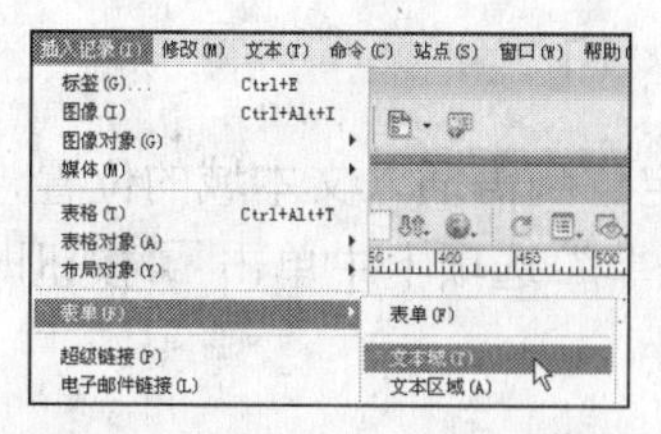

图 6-4　通过菜单命令插入表单对象

图 6-5　“表单”面板

6.1.3　应用举例——快速选择表单域和表单对象

下面将练习快速选择表单域和表单对象的操作。

操作步骤如下：

（1）启动 Dreamweaver CS3，打开 login.html 素材文件（立体化教学:\实例素材\第 6 章\login.html），如图 6-6 所示。

（2）在状态栏中单击<form#frm>标签，在表单域中的所有网页元素都被选中，如图 6-7 所示。

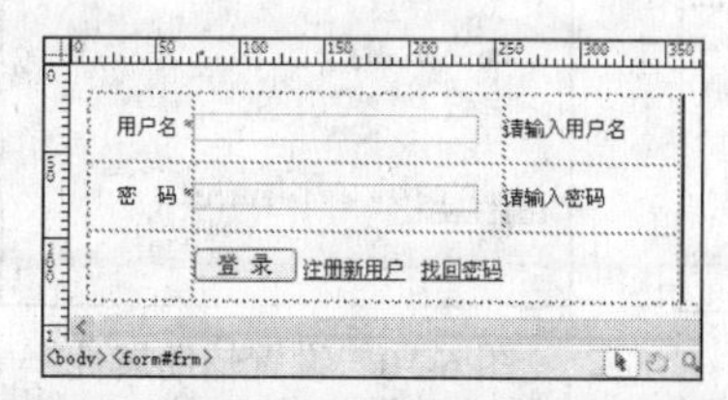

图 6-6　打开表单

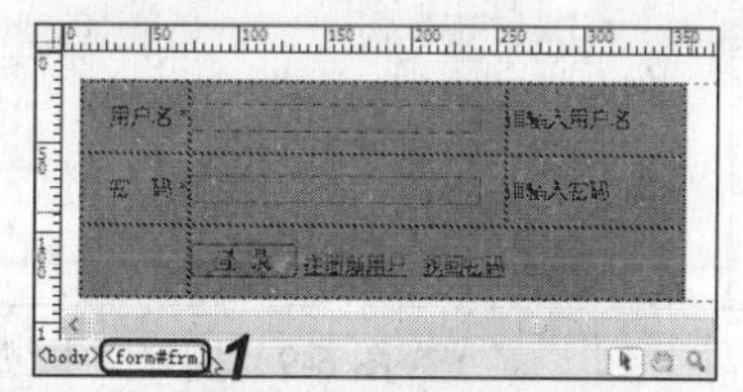

图 6-7　选中表单域

（3）选择表单对象则可以直接单击表单对象，如图 6-8 所示为选择文本域和按钮的操作。

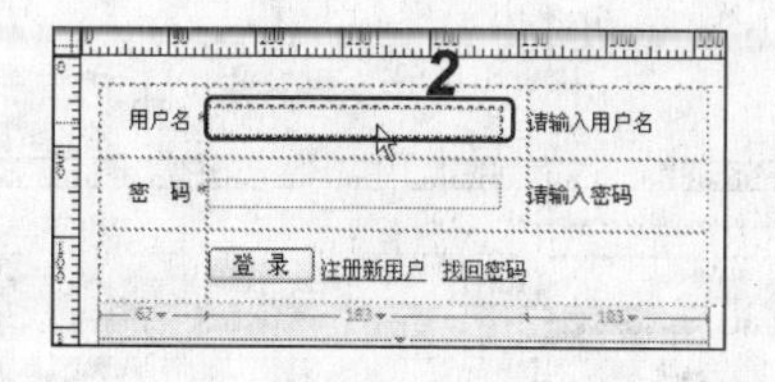

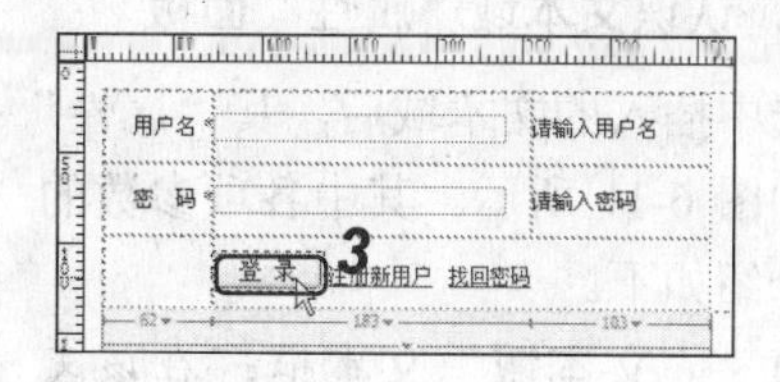

图 6-8　选择表单对象

6.2　创建表单对象

在表单域中插入各个表单对象后，访问者可以利用表单对象与服务器进行信息交流。在制作表单前，必须先规划表单的内容和用途，太多的表单内容会使访问者望而却步，放弃填表。下面将对各种表单对象的插入方法和属性设置方法进行讲解。

6.2.1　文本域

文本域用来在表单中输入文本，访问者浏览网页时可以在文本域中输入相应的信息，是表单中常用的一种表单对象。

1．插入文本域

在页面中插入文本域的方法非常简单，只需将光标定位到需插入文本域的位置，选择“插入记录/表单/文本域”命令或在“插入”面板的“表单”选项卡中单击按钮即可在光标位置插入单行文本域。

【例 6-1】 插入文本域。

（1）将光标定位在需要插入文本域的位置，单击“插入”面板的“表单”选项卡中的按钮，如图 6-9 所示。

（2）在打开的对话框的 ID 文本框中输入文本域的 ID 名称，这里输入“name”，在“标签文字”文本框中输入标签文字，即显示在文本域前或后的提示文本，然后单击 确定 按钮，完成文本域的插入操作，如图 6-10 所示。

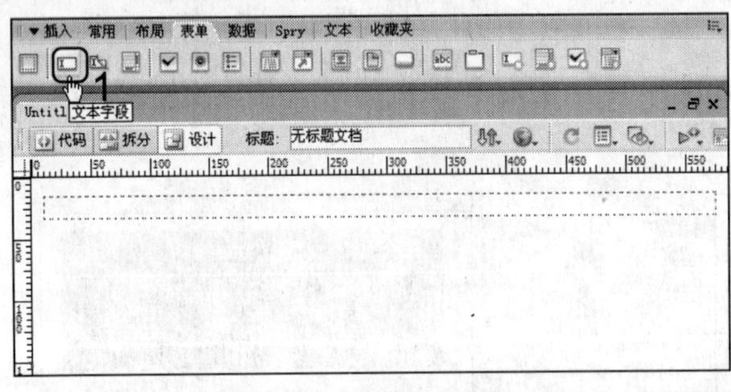

图 6-9 插入文本域

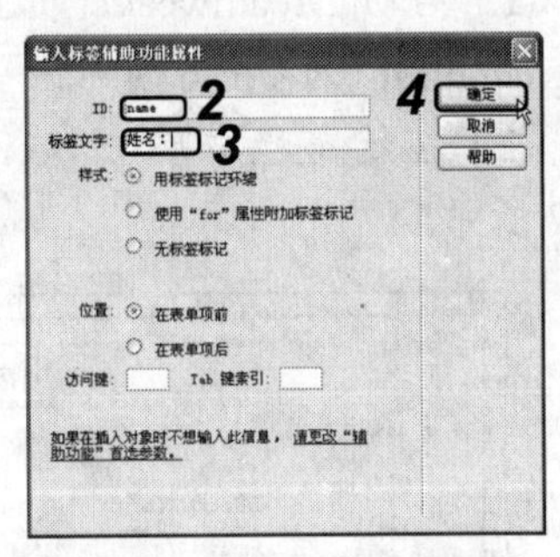

图 6-10 设置辅助属性

提示：

选择“插入记录/表单/文本区域”命令或在“表单”面板中单击按钮，可以插入多行文本域。

2．认识文本域“属性”面板

选中插入的文本域后，其“属性”面板如图 6-11 所示。其中各项参数的含义介绍如下。

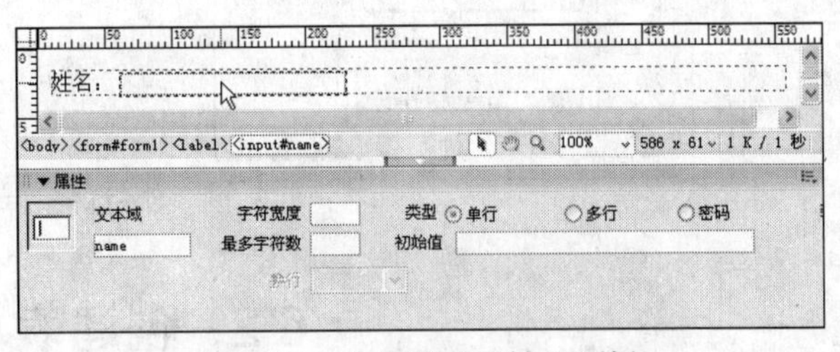

图 6-11 文本域“属性”面板

- **“文本域”文本框**：在该文本框中输入当前文本域的名称。输入的名称在该表单内必须具有唯一性。

提示：

表单对象名称不能包含空格或特殊字符，可以使用字母、数字和下划线“_”的任意组合。

- **“字符宽度”文本框**：设置文本域的最大长度，即该文本域一次最多可显示的字符数。
- **“最多字符数”文本框**：设置单行文本字段最多能接受的字符数。
- **“类型”栏**：可以指定文本域的类型。包括“单行”、“多行”和“密码”3 个选项。
- **“初始值”文本框**：在该文本框中输入文本，当浏览器载入此表单时，文本域中将显示此文本。

6.2.2　复选框

复选框允许在一组选项中选择多个选项，因此用户可以选择任意多个适用的选项。复选框主要用于对每个单独的响应进行“关闭”和“打开”状态的切换。

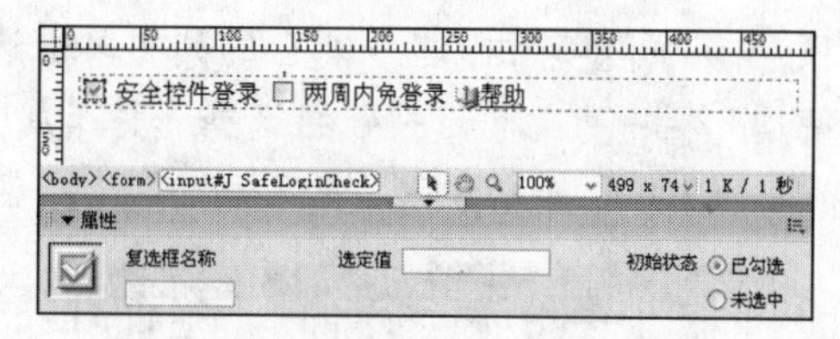

图 6-12　复选框“属性”面板

选择“插入记录/表单/复选框”命令或在“插入”面板的“表单”选项卡中单击☑按钮即可在当前光标位置插入复选框。选中复选框后，可在“属性”面板中进行相应的属性设置，如图 6-12 所示。

其中各参数的含义介绍如下。

- **“复选框名称”文本框**：在该文本框中可输入一个描述复选框的名称。
- **“选定值”文本框**：在该文本框中设置复选框被选中时的值，当表单被提交时，该值被传送给服务器的应用程序。
- **“初始状态”栏**：设置复选框的初始状态，选中◉已勾选单选按钮，插入的复选框中会出现“✓”标志，表示该复选框被选中。选中◉未选中单选按钮，表示复选框在初始状态下未被选中。

【例 6-2】　在文档中创建复选框。

（1）将光标定位到需插入复选框的位置，选择“插入记录/表单/复选框”命令，或在“插入”面板的“表单”选项卡中单击☑按钮，在打开的对话框中设置 ID 及标签文字属性后单击［确定］按钮，如图 6-13 所示。

（2）将光标移动到添加的复选框上单击以选中复选框，再在“属性”面板中进行属性设置，如图 6-14 所示。

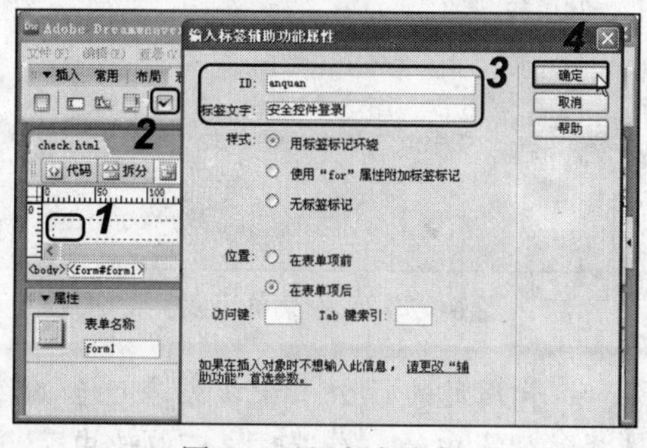

图 6-13　添加复选框

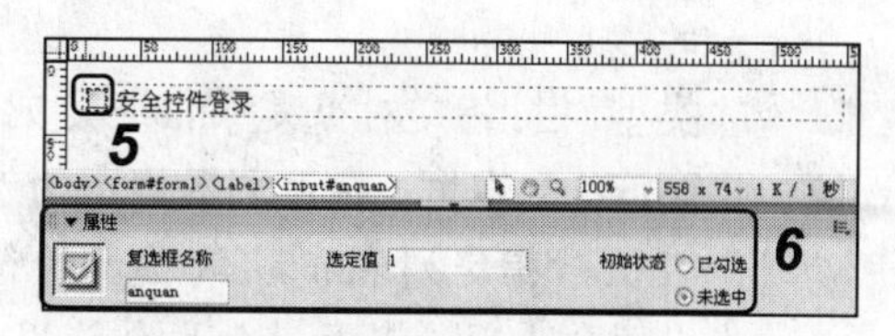

图 6-14　设置属性

6.2.3　单选按钮

单选按钮通常成组使用，一组单选按钮必须具有相同的名称，但所包含的域值不能相同。选中其中的某个单选按钮，就会同时取消选中该组单选按钮中的其他按钮。

【例 6-3】 在文档中创建单选按钮组。

（1）将光标定位到需插入单选按钮组的位置，选择“插入记录/表单/单选按钮组”命令，或在“插入”面板的“表单”选项卡中单击按钮。

（2）打开“单选按钮组”对话框，在“名称”文本框中输入该单选按钮组的名称；单击+或-按钮可以向组中添加或删除单选按钮；单击▲或▼按钮可以调整单选按钮的排列顺序；在“标签”和“值”所在的列中单击选中项目后，可以修改其标签或选定值；在“布局，使用”栏中可为单选按钮组选择一种布局方式，如图 6-15 所示。

（3）单击 确定 按钮插入单选按钮组，如图 6-16 所示。

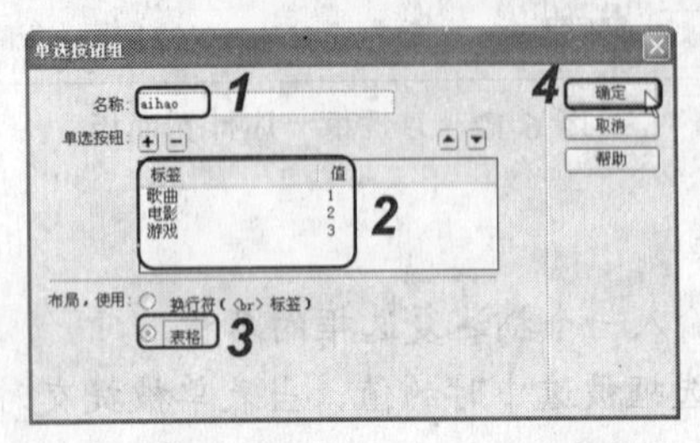

图 6-15 “单选按钮组”对话框

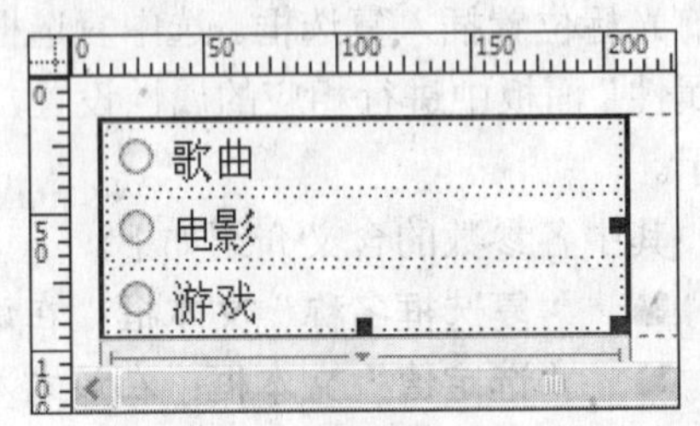

图 6-16 插入单选按钮组

6.2.4 列表和菜单

列表和菜单可以在有限的空间内为用户提供多项选择。列表提供了一个滚动条，它使用户可以浏览项目并进行选择。下拉式菜单仅显示一个选项，但用户可以从下拉菜单中选择所需选项。

1．创建滚动列表

选择“插入记录/表单/列表/菜单”命令，或在“插入”面板的“表单”选项卡中单击按钮，即可在页面中插入一个列表框。选中插入的列表框，其“属性”面板如图 6-17 所示。

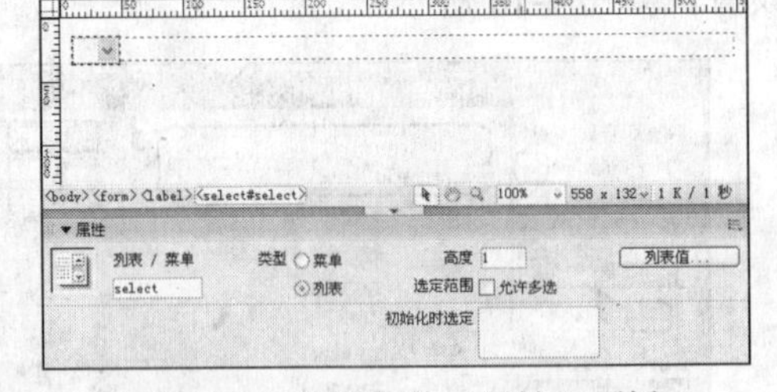

图 6-17 列表/菜单“属性”面板

其中各项参数的含义介绍如下。

- **“列表/菜单”文本框**：在该文本框中输入列表或菜单名称，此名称必须是唯一的。
- **“类型”栏**：指定对象是菜单还是列表。
- **“高度”文本框**：在该文本框中输入一个数值，指定列表中默认显示的行数。如果指定的行数小于该列表包含的选项数，则会出现滚动条。如果允许用户选择该列表中的多个选项，可以选中□允许多选复选框。
- **列表值... 按钮**：单击此按钮将打开如图 6-18 所示的对话框。将光标定位于“项目标签”列中，可输入要在该列表中显示的文本，在“值”列中可输入当用户选择该项时将发送到服务器的数据。列表中的每个项目都有一个标签和一个值。如果不输入项目值，则项目标签会代替值被发送给处理程序。+和-按钮用于添加和删除项目，▲和▼按钮用于调整项目在列表中的排列顺序。

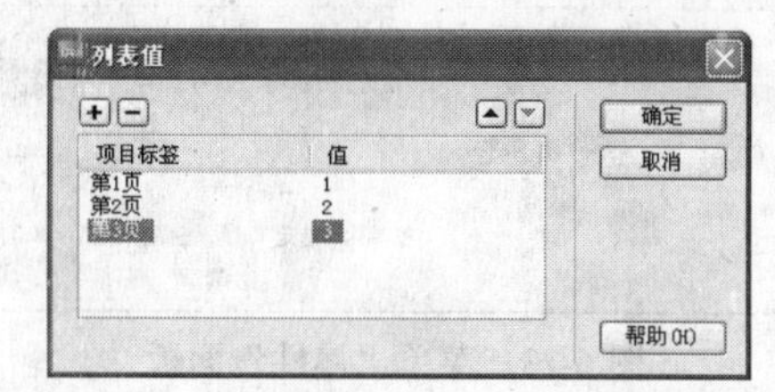

图 6-18　“列表值”对话框

【例 6-4】　在文档中创建滚动列表。

（1）将光标定位到需插入列表的位置，选择“插入记录/表单/列表”命令，或在“表单”面板中单击按钮，在打开的对话框中设置 ID 和标签文字属性后单击确定按钮，如图 6-19 所示。

（2）选择列表，在“属性”面板中单击列表值...按钮，如图 6-20 所示。

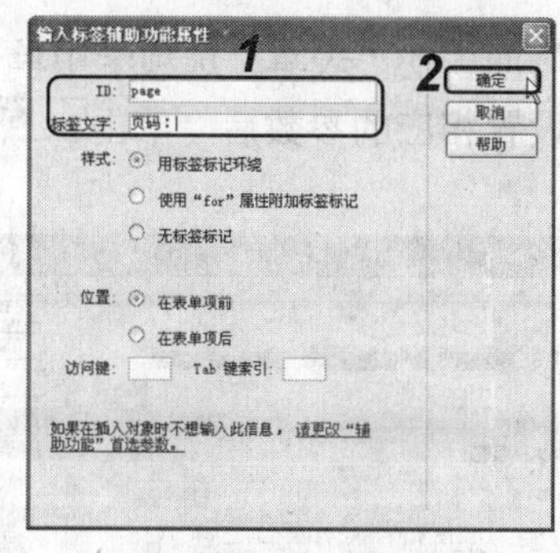

图 6-19　添加列表

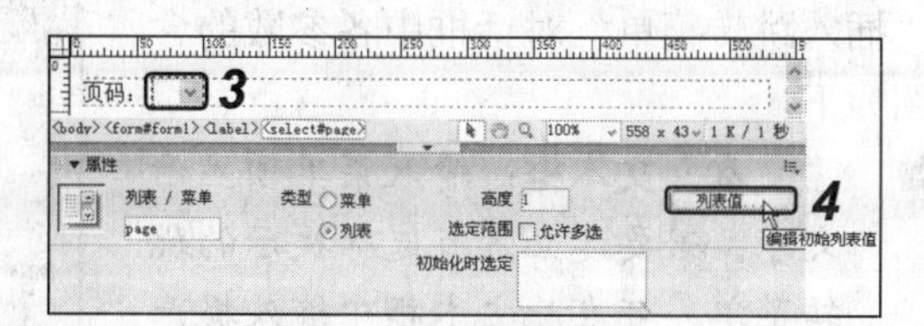

图 6-20　设置列表值

（3）在打开的对话框中进行项目标签和值的设置，可按 Tab 键在各设置项间切换，完成后单击确定按钮，如图 6-21 所示。

（4）在“属性”面板的“初始化时选定”列表框中可选择初始显示的列表项，如图 6-22 所示。

图 6-21　添加列表

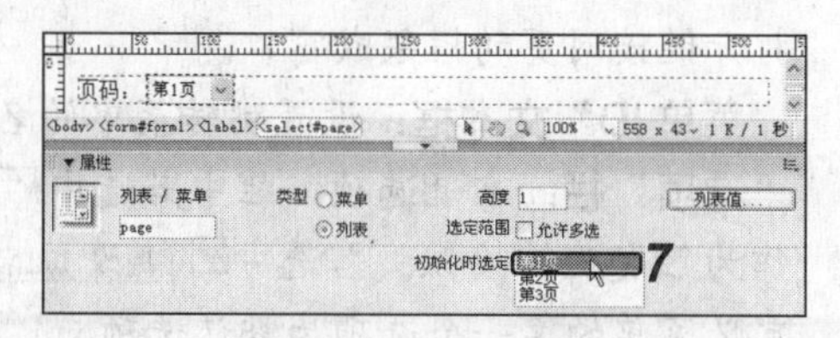

图 6-22　设置列表值

2. 创建下拉菜单

下拉菜单可以让访问者从由多项组成的列表中选择一项。当空间有限而又需要显示多个菜单项时，下拉式菜单非常有用。

创建下拉菜单同创建列表相似，只需在“属性”面板的“类型”栏中选中◉菜单单选按钮并设置相应的“列表值”即可，如图 6-23 所示。

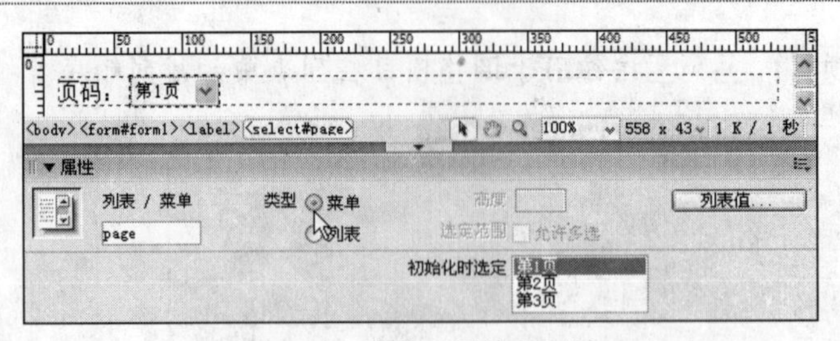

图 6-23　菜单“属性”面板

6.2.5　跳转菜单

跳转菜单是一种非常特殊的表单对象，是可导航的列表或弹出菜单。跳转菜单列表中的每一个选项都是一个超链接，当选择了某个选项后，浏览器就会自动跳转到该项所对应的链接地址。

1．插入跳转菜单

选择“插入记录/表单/跳转菜单”命令或在“插入”面板的“表单”选项卡中单击按钮，打开如图 6-24 所示的“插入跳转菜单”对话框，设置相应的参数后，单击确定按钮即可插入跳转菜单。

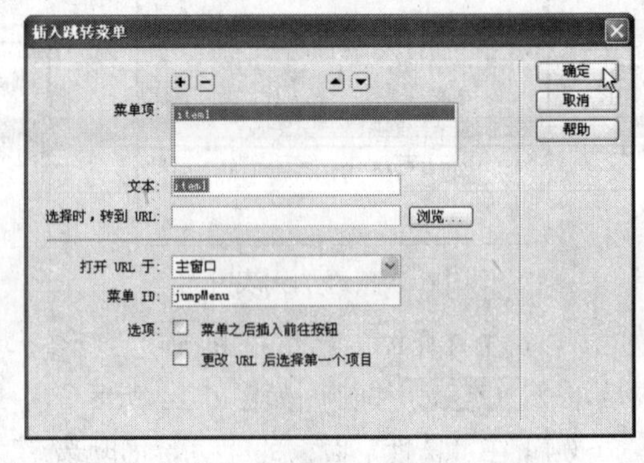

图 6-24　“插入跳转菜单”对话框

“插入跳转菜单”对话框中各参数的含义介绍如下。

- **“文本”文本框**：输入菜单项显示文字。若要建立带有选择提示的跳转菜单，可在此文本框中输入提示用语并选中☑更改 URL 后选择第一个项目复选框。
- **“选择时，转到 URL”文本框**：设置菜单项跳转的 URL。
- **“打开 URL 于”下拉列表框**：选择打开链接网页的框架或窗口。
- **“菜单 ID”文本框**：设置跳转菜单的名称，以便脚本调用。
- **“选项”栏**：在“选项”栏中若选中☑菜单之后插入前往按钮复选框，“前往”按钮将作为触发跳转按钮；若选中☑更改 URL 后选择第一个项目复选框，可以在跳转后重新定义菜单的第一个选项为默认选项。

2．跳转菜单“属性”面板

跳转菜单“属性”面板如图 6-25 所示，通过该面板可以改变菜单项列表顺序或一个菜单项所链接的 URL，也可以添加、删除和重命名菜单项。

在“属性”面板中单击列表值...按钮，将打开如图 6-26 所示的“列表值”对话框，在其中可以对已经创建的菜单项目标签和值进行添加、删除和修改。

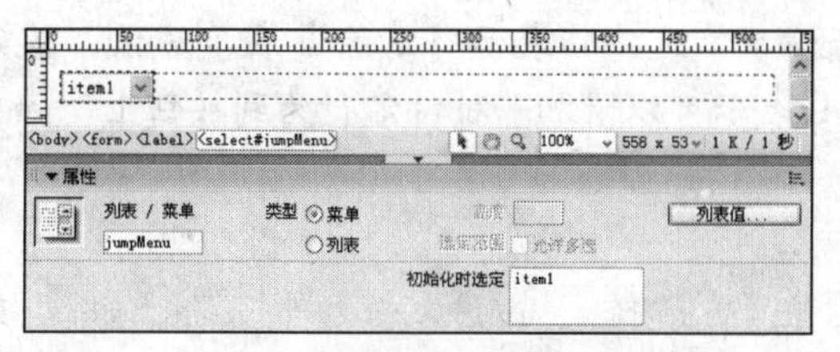

图 6-25　跳转菜单“属性”面板

图 6-26　“列表值”对话框

【例 6-5】　在文档中创建跳转菜单。

（1）将光标定位到需插入跳转菜单的位置，选择“插入记录/表单/跳转菜单”命令，或在“插入”面板的“表单”选项卡中单击按钮，在打开的对话框中对“文本”和“选择时，转到 URL”文本框进行设置后，可单击按钮添加第二项，完成菜单项的添加后单击 确定 按钮，如图 6-27 所示。

（2）选择跳转菜单，在“属性”面板的“初始化时选定”下拉列表框中选择初始显示的列表项，如图 6-28 所示。

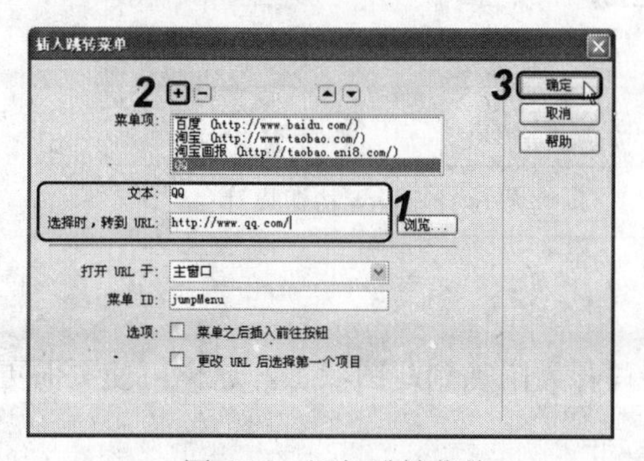

图 6-27　添加跳转菜单

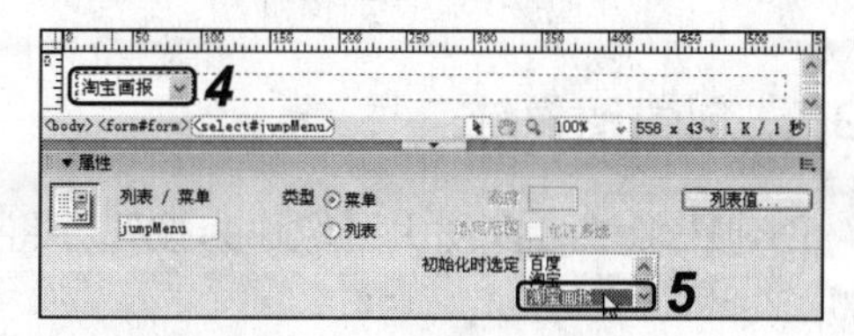

图 6-28　设置初始化值

6.2.6　表单按钮

表单按钮用于控制表单操作，使用表单按钮可以将输入表单的数据提交到服务器，或重置该表单，还可以将其他已经在脚本中定义了的处理任务分配给按钮。

选择“插入记录/表单/表单按钮”命令或在“插入”面板的“表单”选项卡中单击按钮即可在当前光标处插入表单按钮。选中所插入的表单按钮，其“属性”面板如图 6-29 所示。

图 6-29　表单按钮“属性”面板

其中各项参数的含义介绍如下。

- **“按钮名称”文本框**：用于设置按钮被引用的名称。
- **“值”文本框**：用于设置按钮上显示的文本。
- **“动作”栏**：用于指定在单击此按钮时发生的动作。其中 提交表单 单选按钮表示将表单信息提交给处理程序；⊙重设表单单选按钮表示将清除各表单域值，恢复表单载入时的初始值；⊙无 单选按钮表示可以附加一种特定行为到按钮上，如“转到 URL”。

【例 6-6】 在文档中创建按钮。

（1）将光标定位到需插入跳转菜单的位置，选择“插入记录/表单/按钮”命令，或在“插入”面板的“表单”选项卡中单击□按钮，在打开的对话框中设置 ID 值后单击[确定]按钮，如图 6-30 所示。

（2）选择按钮，在“属性”面板的“动作”栏中可设置按钮的类型，如图 6-31 所示。

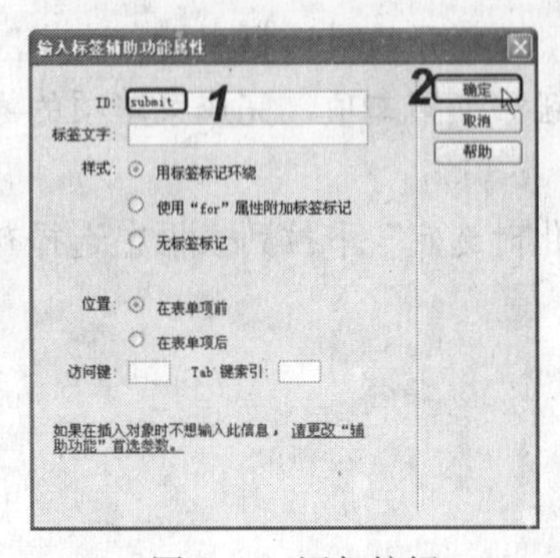

图 6-30 添加按钮

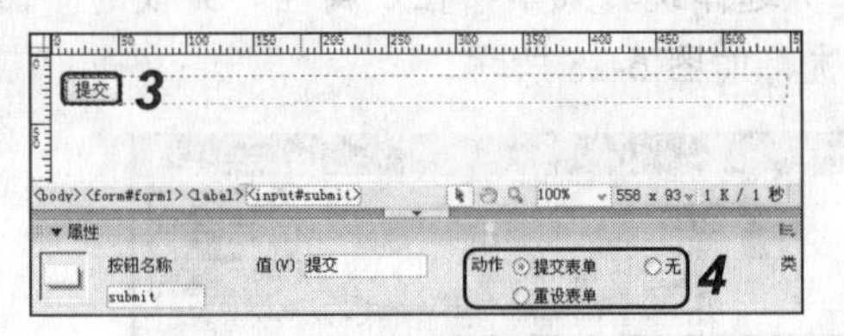

图 6-31 设置按钮属性

6.2.7 创建图像域

创建图像域可以使用图像作为按钮并将某种行为附加到此图像上，这样可使页面更加美观。

选择“插入记录/表单/图像域”命令或在“插入”面板的“表单”选项卡中单击按钮可以创建图像域。选择插入的图像域后，其“属性”面板如图 6-32 所示。

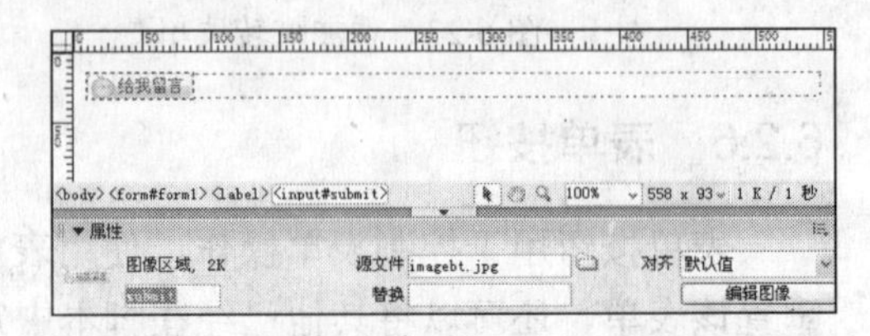

图 6-32 图像域“属性”面板

其中各参数的含义介绍如下。

- “图像区域”文本框：在文本框中输入图像域的名称。
- “替换”文本框：在该文本框中输入图像的替换文字，当在浏览器中浏览时不显示图像的情况下，将显示该替换文字。
- [编辑图像]按钮：单击该按钮可调用预设的图片编辑器编辑图片。

【例 6-7】 在文档中创建图像域。

（1）将光标定位到要插入图像域的位置，选择“插入记录/表单/图像域”命令或在“插入”面板的“表单”选项卡中单击按钮。

（2）打开“选择图像源文件”对话框，在“查找范围”下拉列表框中选择图像所在位置，在文件列表框中双击需要的图像，如图 6-33 所示。

（3）在打开的对话框中设置 ID 值后单击[确定]按钮，如图 6-34 所示。

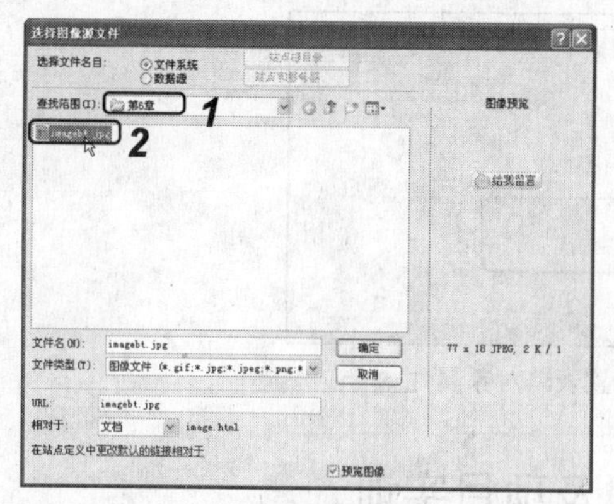

图6-33 “选择图像源文件”对话框

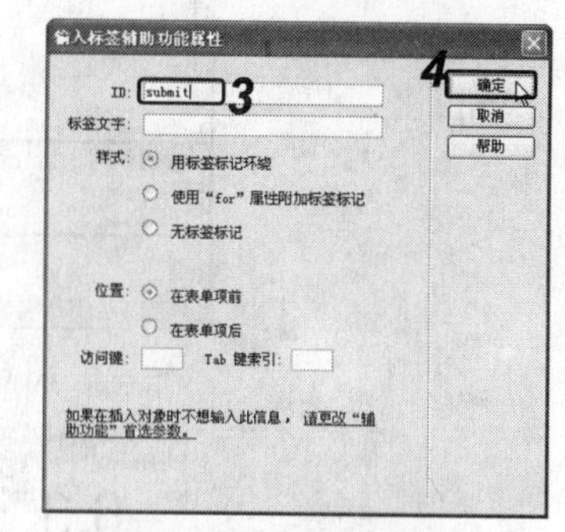

图6-34 设置标签属性

（4）选择图像域，在“属性”面板的“替换”文本框中可设置替换文本，在“对齐”下拉列表框中可选择对齐方式，如图6-35所示。

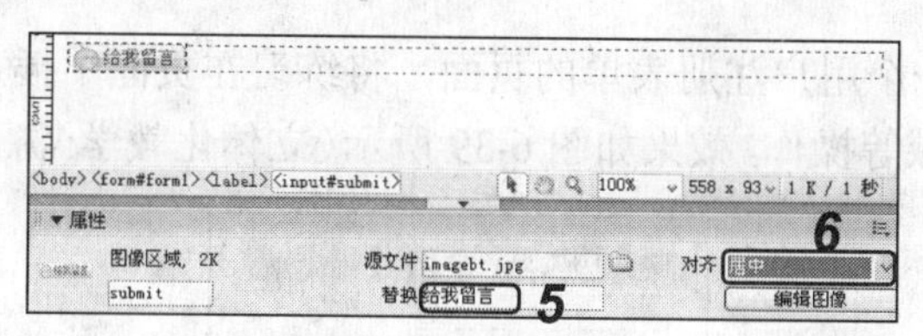

图6-35 设置属性

提示：

在添加第一个表单对象时，如果未添加表单域，则会先提示创建表单域，再进行表单对象的添加，因此可以使用这一特性，节省操作步骤。

6.2.8 应用举例——在添加表单对象的同时添加表单域

本例将练习在添加表单的同时添加表单域操作。

操作步骤如下：

（1）启动Dreamweaver CS3，新建空白HTML网页，在“插入”面板的“表单”选项卡中单击按钮，在打开的提示对话框中单击“是(Y)”按钮，如图6-36所示。

（2）系统将在添加表单域的同时，完成表单对象的添加，选择表单域，在“属性”面板中进行属性设置，如图6-37所示。

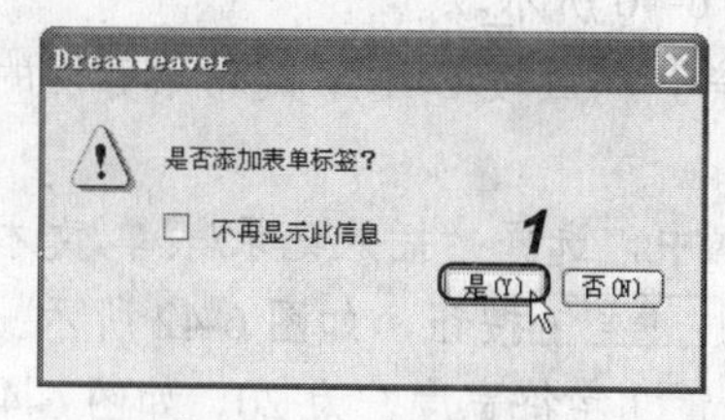

图6-36 添加表单域

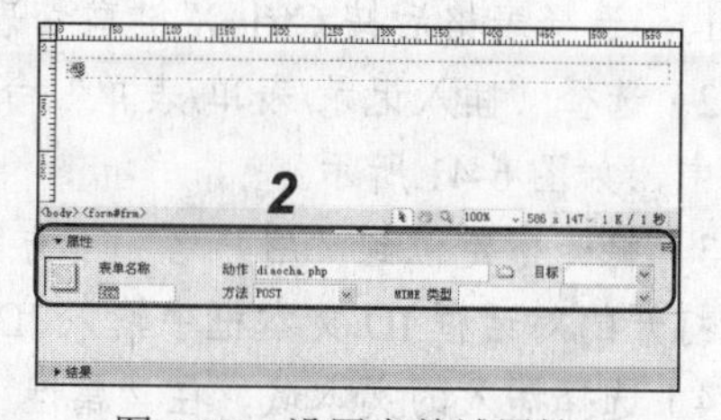

图6-37 设置表单域属性

（3）选择表单对象，在“属性”面板中进行属性设置，如图6-38所示。

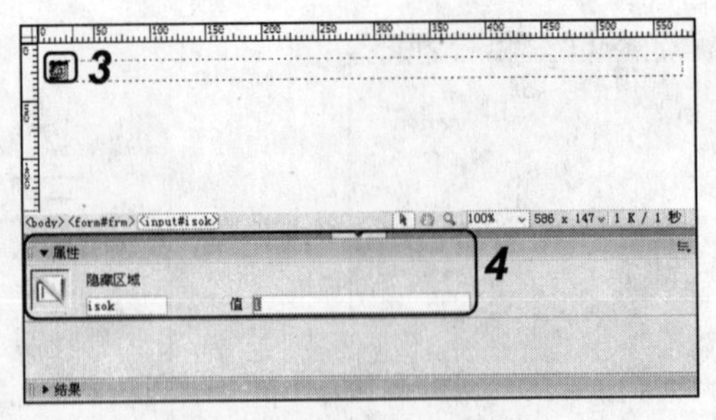

图 6-38　设置表单对象属性

6.3　上机及项目实训

6.3.1　制作注册表单页面

本次实训将创建一个用户注册表单的页面，将练习在页面中插入及设置文本域、密码域、单选按钮组、图像域等操作，效果如图 6-39 所示（立体化教学:\源文件\第 6 章\reg.html）。

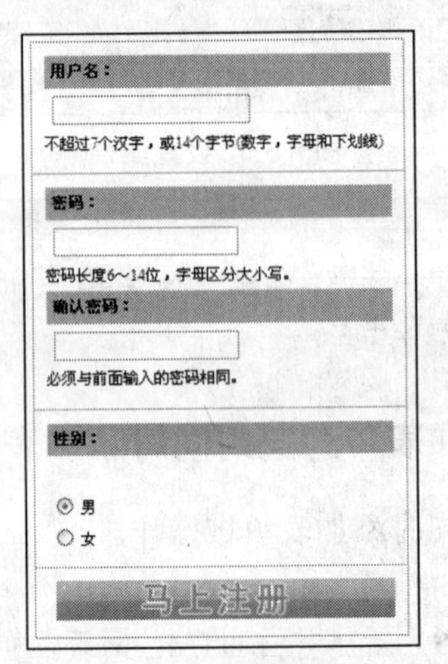

图 6-39　预览效果

操作步骤如下：

（1）启动 Dreamweaver，打开 reg.html 素材文件（立体化教学:\实例素材\第 6 章\reg.html），选择表格后按 Ctrl+X 键剪切表格，如图 6-40 所示。

（2）选择“插入记录/表单/表单”命令插入表单，然后按 Ctrl+V 键粘贴剪切的表格到表单域中，如图 6-41 所示。

（3）将光标定位到“用户名”下方的 Div 容器中，选择“插入记录/表单/文本域”命令，在打开的对话框 ID 文本框中输入 ID 值后单击 确定 按钮，如图 6-42 所示。

（4）选择插入的文本域，在“属性”面板中设置“字符宽度”为 20，如图 6-43 所示。

（5）将光标定位在“密码”下方的 Div 容器中，在“插入”面板的“表单”选项卡中单击 按钮，在打开的对话框 ID 文本框中输入 ID 值后单击 确定 按钮，如图 6-44 所示。

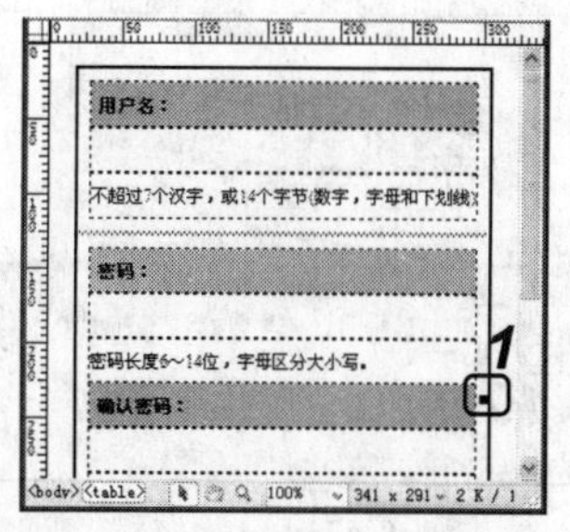

图 6-40　打开文件

图 6-41　插入表单域

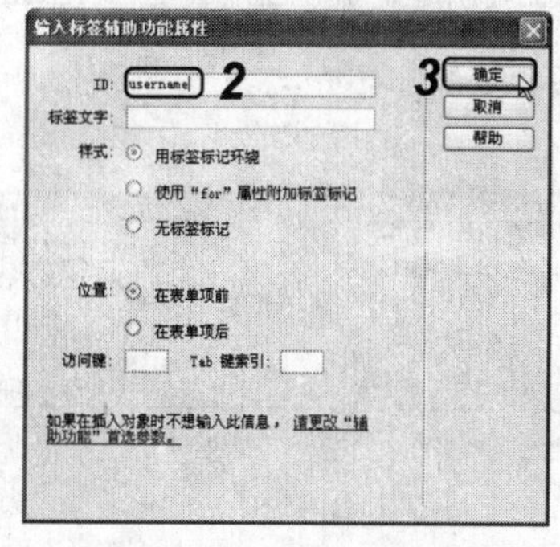

图 6-42　设置辅助标签

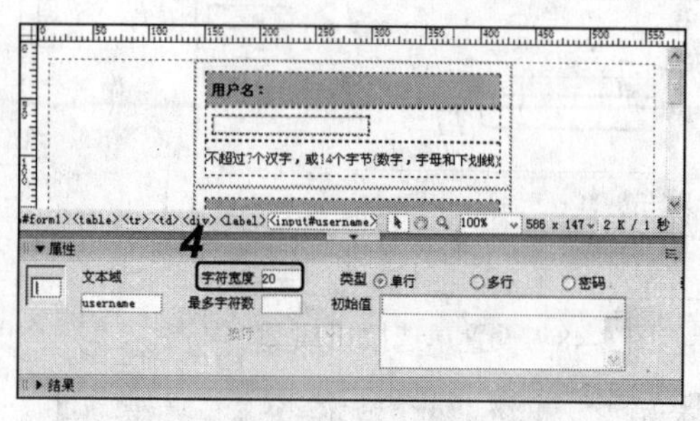

图 6-43　设置属性

（6）选中文本域，在“属性”面板中设置“字符宽度”为 20，“类型”为“密码”，如图 6-45 所示。

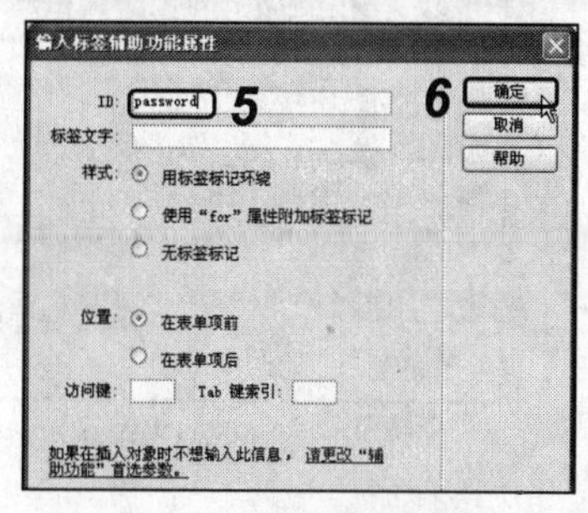

图 6-44　设置辅助标签

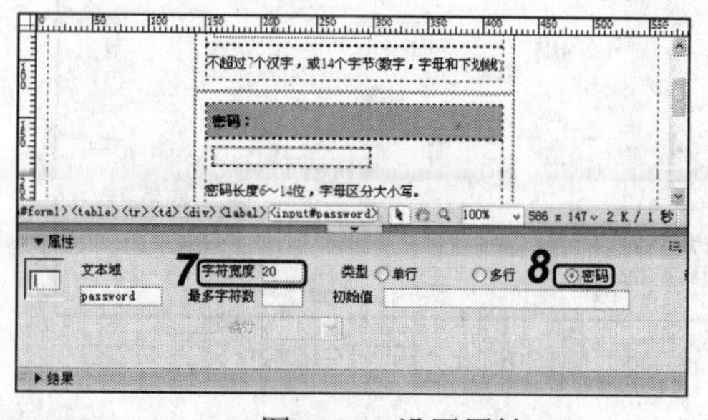

图 6-45　设置属性

（7）选中密码域后按 Ctrl+C 键进行复制，再将光标定位在“确认密码”下方的 Div 容器中，按 Ctrl+V 键进行粘贴，如图 6-46 所示。

（8）选中密码域，在“属性”面板中设置“文本域”为 repassword，如图 6-47 所示。

（9）将光标定位在“性别”下方的 Div 容器中，在“插入”面板的“表单”选项卡中单击按钮，在打开的对话框中进行单选按钮项的设置后单击 确定 按钮，如图 6-48 所示。

（10）选中男单选按钮，在“属性”面板中选中已勾选单选按钮，如图 6-49 所示。

（11）将光标定位在最后一个 Div 容器中，单击“插入”面板的“表单”选项卡中的按钮，在打开的对话框的“查找范围”下拉列表框中选择图像所在位置，在文件列表框中双击需要添加的图像，如图 6-50 所示。

（12）在打开的对话框中设置 ID 值后单击 确定 按钮，如图 6-51 所示。

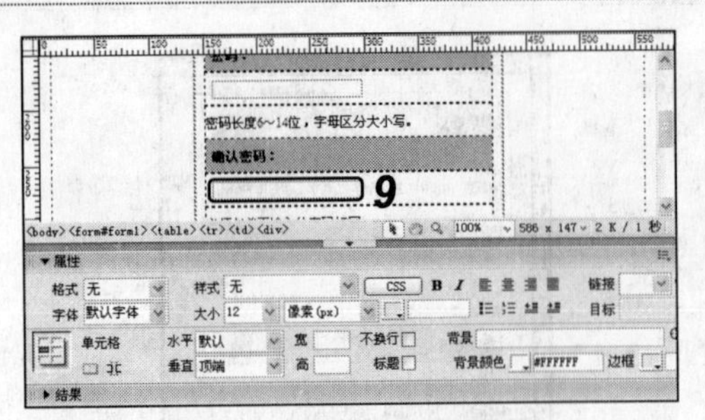

图 6-46　复制粘贴密码域

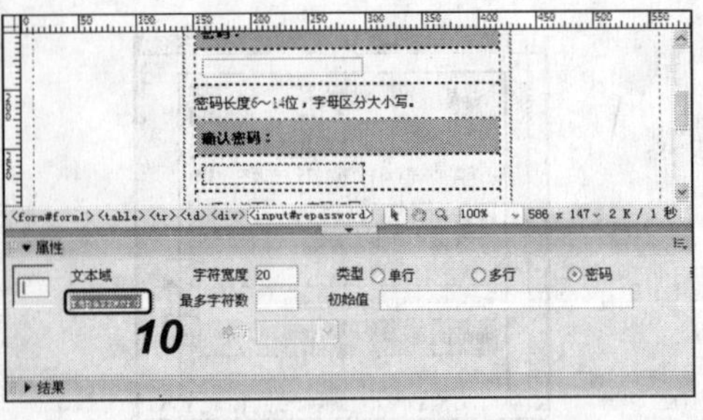

图 6-47　设置属性

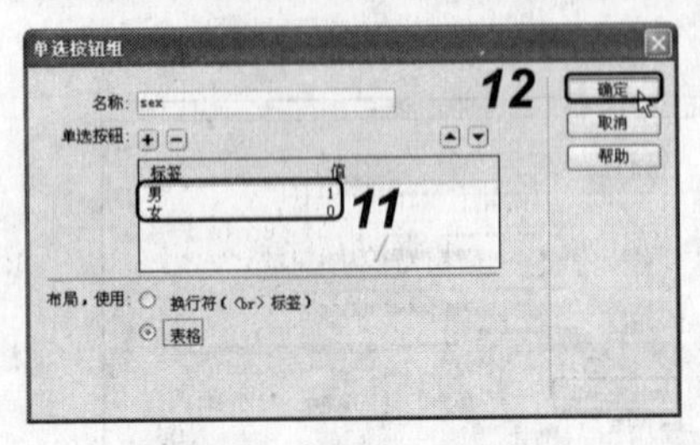

图 6-48　设置单选按钮项

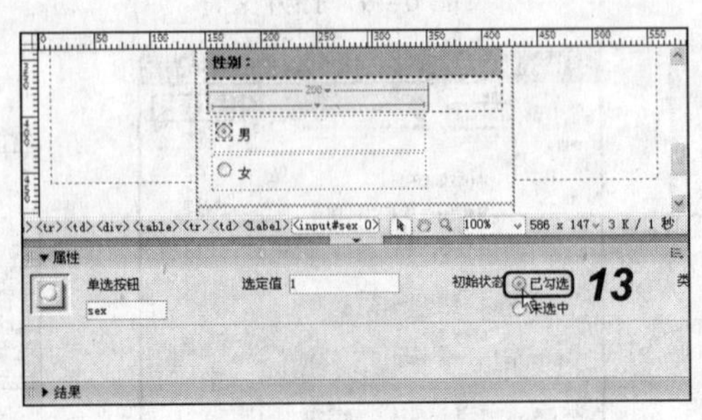

图 6-49　设置属性

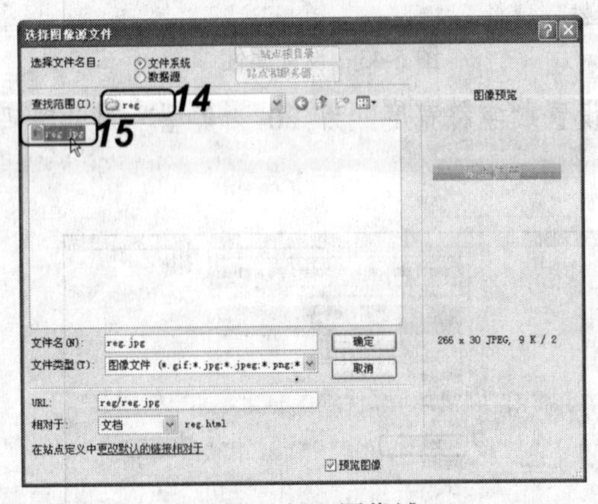

图 6-50　插入图像域

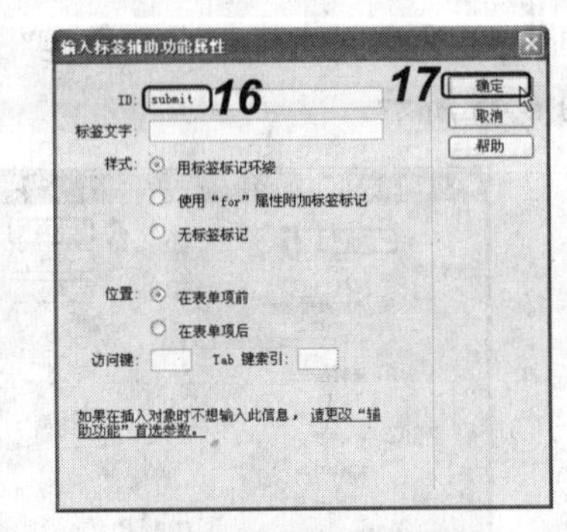

图 6-51　设置辅助属性

（13）在标签栏中单击<form#form1>标签选择表单域，如图 6-52 所示。

（14）在“属性”面板中设置“表单名称”为 reg，“动作”为 reg.php，“目标”为_self，如图 6-53 所示。

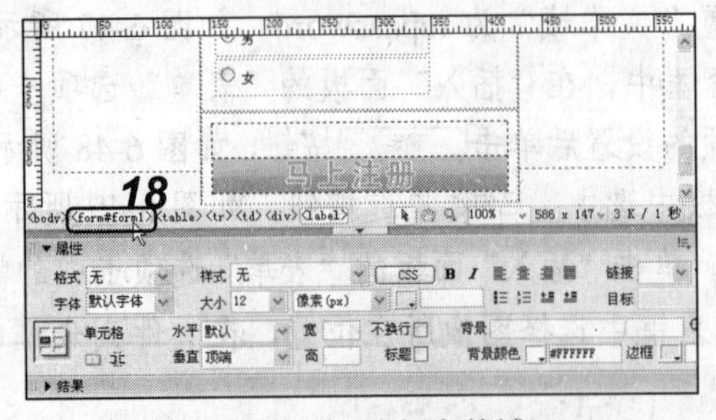

图 6-52　选择表单域

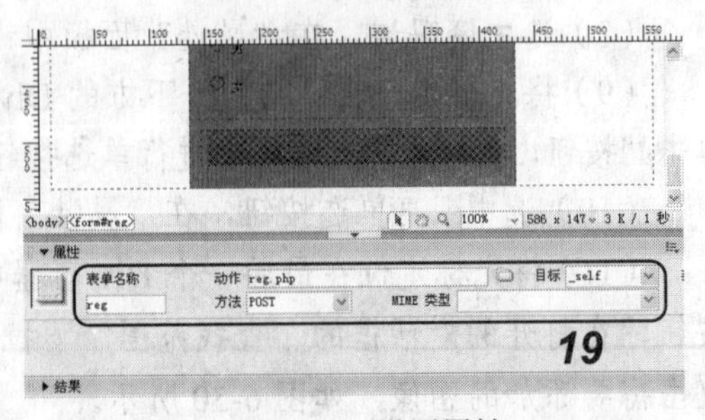

图 6-53　设置属性

（15）按Ctrl+S键保存网页，按F12键预览网页。

6.3.2 制作搜索表单

综合利用本章和前面所学知识，制作搜索表单，完成后的最终效果如图 6-54 所示（立体化教学:\源文件\第 6 章\search.html）。

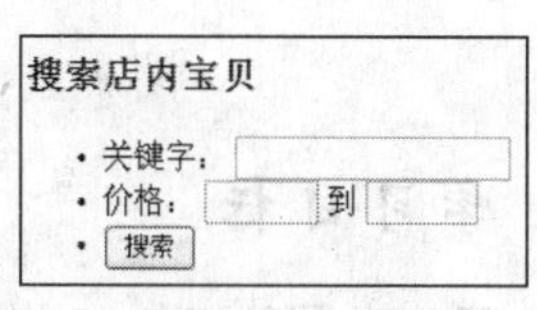

图 6-54　搜索表单

本练习可结合立体化教学中的视频演示进行学习（立体化教学:\视频演示\第 6 章\制作搜索表单.swf）。主要操作步骤如下：

（1）新建空白文档，输入文本“搜索店内宝贝”并进行属性设置。

（2）插入表单域，并进行属性设置。

（3）在表单域中添加文本域及按钮等表单对象，并进行相应的属性设置。

6.4　练习与提高

（1）创建文本域、多行文本域和密码域。

（2）创建含有6个复选框和4个单选按钮的单选按钮组。

（3）创建表单按钮和图像域。

（4）创建跳转菜单和滚动列表。

确定是否需要表单域的技巧

表单是与用户发生交互最有效的方法之一，一般情况下表单对象是必须添加在表单域中，但某些时候是不需要表单域的。下面分别对这两种情况进行介绍。

- **需要表单域**：当需要对表单数据进行动态处理时，需要添加表单域，以便单击提交按钮后，能通过表单域中设置的“动作”页面进行处理。
- **不需要表单域**：如果是只需要将数据显示出来，则可以不用表单域，如要将朋友们的留言内容显示出来，则可以使用“文本区域”对象将其显示出来，此时不需要对数据进行处理，只起显示的作用。

第 7 章　CSS 与多媒体的应用

学习目标

- ☑ 掌握创建 CSS 样式表的方法
- ☑ 掌握应用 CSS 样式的方法
- ☑ 了解多媒体和 Flash 文件类型
- ☑ 掌握插入多媒体对象的方法
- ☑ 使用 CSS 样式和 Flash 制作“娃娃网”周年网页

目标任务&项目案例

“娃娃网”周年网页效果

插入 Flash

CSS 样式是一系列格式规则，通过它可以灵活地控制网页外观，而插入多媒体对象可以丰富页面表现力，使其更具动感。本章将讲解“CSS 样式”面板的布局、多媒体的概念和 Flash 的文件类型等知识，引导读者掌握创建及设置 CSS 样式表属性和插入各种多媒体对象的方法。

7.1　网页中 CSS 的应用

CSS 的主要作用是批量控制网页元素的外观和位置，可以控制许多 HTML 无法控制的属性，如可以指定自定义列表项目符号和更加精确地控制文本的属性等。除了可以设置文本格式外，还可以控制网页中块级元素的格式和定位。

7.1.1　认识“CSS 样式”面板

选择“窗口/CSS 样式”命令或按 Shift+F11 键可以显示或隐藏“CSS 样式”面板，如图 7-1 所示。

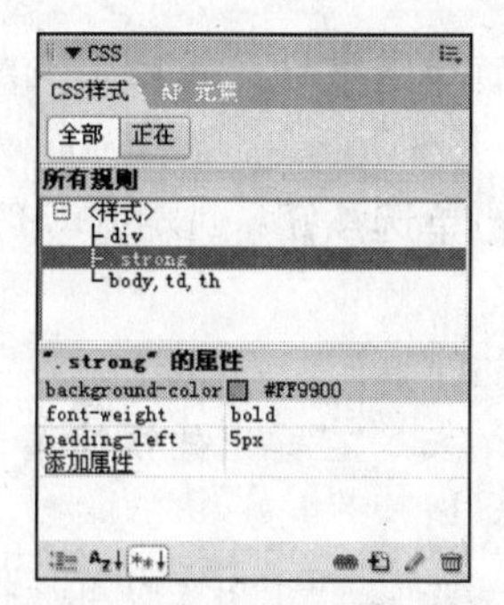

图 7-1　“CSS 样式”面板

“CSS 样式”面板右下方 4 个按钮的作用分别介绍如下。

- **“附加样式表”按钮**：单击此按钮，在打开的“链接外部样式表”对话框中可以设置链接或导入一个外部 CSS 文件。
- **“新建 CSS 规则”按钮**：单击此按钮，在打开的“新建 CSS 规则”对话框中可以创建一个新的 CSS 样式文件。
- **“编辑样式”按钮**：单击此按钮，在打开的“编辑样式表”对话框中可以编辑 CSS 样式。
- **“删除 CSS 规则”按钮**：在“CSS 样式”面板中选中创建的 CSS 样式，单击此按钮可以将其删除。

7.1.2　新建 CSS 样式

新建 CSS 样式主要通过“新建 CSS 规则”对话框完成。打开“新建 CSS 规则”对话框主要有以下几种方法：

- 在“CSS 样式”面板的下方单击“新建 CSS 规则”按钮。
- 在“CSS 样式”面板右上角单击按钮，在弹出的下拉菜单中选择“新建”命令。
- 在“CSS 样式”面板空白处单击鼠标右键，在弹出的快捷菜单中选择“CSS 样式/新建”命令。

通过上面的几种方法，打开“新建 CSS 规则”对话框，如图 7-2 所示。

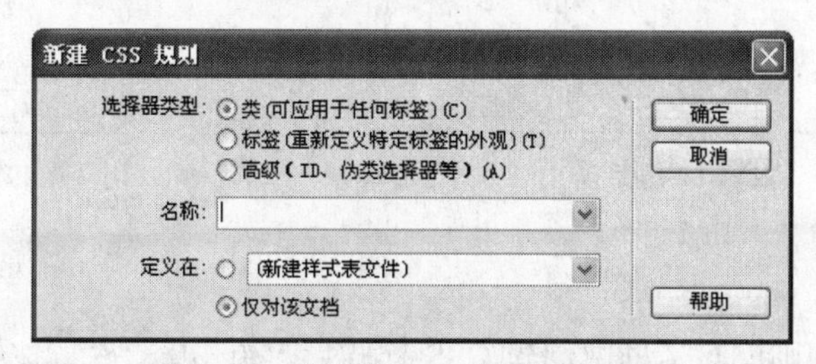

图 7-2　“新建 CSS 规则”对话框

“新建 CSS 规则”对话框的“选择器类型”栏中各单选按钮的含义介绍如下。

- 类(可应用于任何标签)(C) **单选按钮**：选中该单选按钮，然后在“名称”下拉列表框中输入一个名称（注意在名称前一定要保留一个点号），可以创建一个通用类（class），该类可用于所有标签，以改变标签所作用内容的外观。

- 标签(重新定义特定标签的外观)(T)单选按钮：是对系统默认的 HTML 标签属性进行重定义，如 body、h1 等。
- 高级(ID、伪类选择器等)(A)单选按钮：创建 ID、伪类选择器等 CSS 样式，如#main、a:link 等。

【例 7-1】 创建.strong 类样式。

（1）在页面空白处单击鼠标右键，在弹出的快捷菜单中选择“CSS 样式/新建”命令，如图 7-3 所示。

（2）在打开的对话框中选中类(可应用于任何标签)(C)单选按钮，在“名称”下拉列表框中输入“.strong”，在“定义在”栏中选中仅对该文档单选按钮，然后单击确定按钮，如图 7-4 所示。

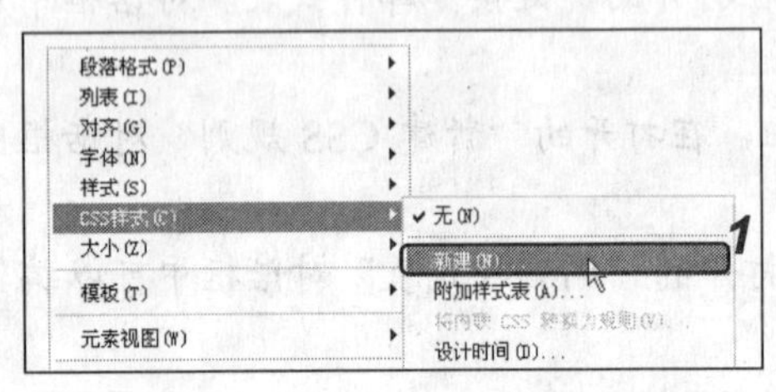

图 7-3 新建 CSS 样式

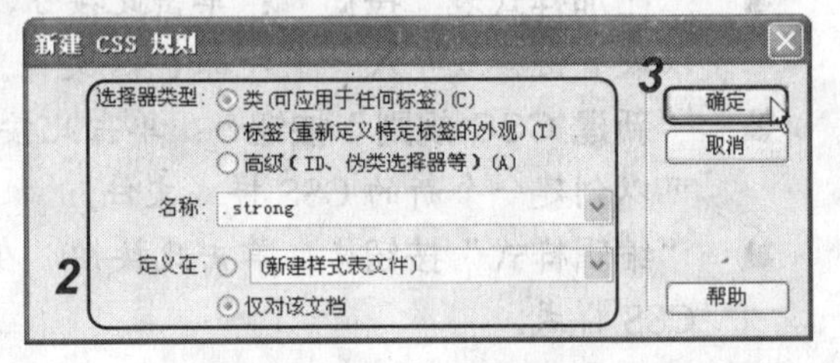

图 7-4 设置 CSS 类别

（3）在打开的对话框右侧“粗细”下拉列表框中选择“粗体”选项，单击确定按钮，如图 7-5 所示。

（4）完成 CSS 样式创建后，在“CSS 样式”面板中显示出该 CSS 样式，如图 7-6 所示。

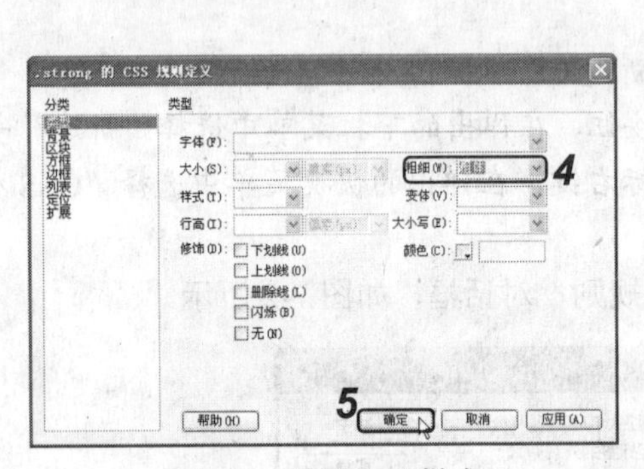

图 7-5 设置 CSS 样式

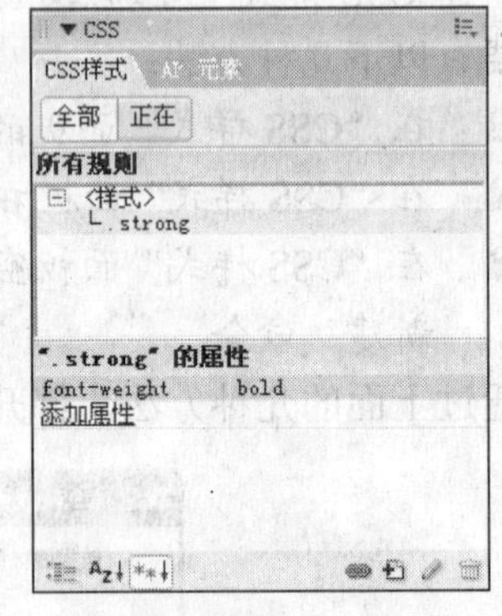

图 7-6 添加的 CSS 样式

7.1.3 CSS 属性

在“新建 CSS 规则”对话框中创建 CSS 样式后，单击确定按钮将打开“CSS 规则定义”对话框。在该对话框左侧的“分类”列表中显示了设置 CSS 样式的不同属性，包括“类型”、“背景”、“区块”、“方框”、“边框”、“列表”、“定位”和“扩展”8 个选项。可以定义各种样式参数，下面分别介绍各类参数的设置。

1. 类型

如图 7-7 所示的“类型”选项卡主要用于定义页面中文本的字体、颜色和字体的风格等，各项参数的含义分别介绍如下。

- “字体”下拉列表框：在该下拉列表框中选择字体类型。
- “大小”下拉列表框：在该下拉列表框中设置文本字体的字号。
- “粗细”下拉列表框：用于设置字体的粗细效果。
- “样式”下拉列表框：在该下拉列表框中设置字体的特殊格式。有“正常”、“斜体”和“偏斜体”3 个选项。

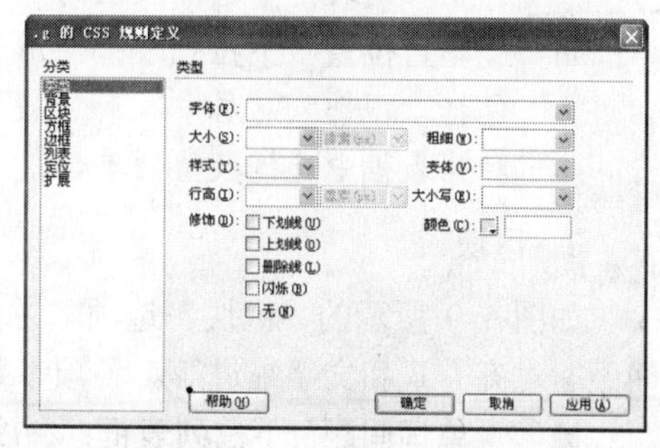

图 7-7　“类型”选项卡

- “行高”下拉列表框：在该下拉列表框中设置文本的行高。选择“正常”选项后，系统将自动计算行高和字体大小。如果要指定具体的行高，可直接在其中输入需要的数值，然后在其后的下拉列表框中选择单位。
- “大小写”下拉列表框：用于控制字母的大小写，包括“首字母大写”、“大写”、“小写”和“无”4 个选项。
- “颜色”按钮：单击该按钮，在弹出的颜色列表中选择一种颜色或在其后的文本框中输入颜色的十六进制色标值，以设置字体颜色。
- “修饰”栏：用于设置字体的修饰格式，包括“下划线”、“上划线”、“删除线”、“闪烁”和“无”5 种格式。

2. 背景

如图 7-8 所示的“背景”选项卡主要用于设置网页元素中背景颜色和背景图像。各项参数的含义分别介绍如下。

- “背景颜色”按钮：单击按钮，在弹出的颜色列表中可以选择背景颜色，或在文本框中输入背景颜色的十六进制色标值。
- “背景图像”下拉列表框：在该下拉列表框中输入样式背景图像文件的 URL 地址或单击浏览...按钮，在打开的对话框中选择图像文件，如果选择“无”则表示不设置背景图像。

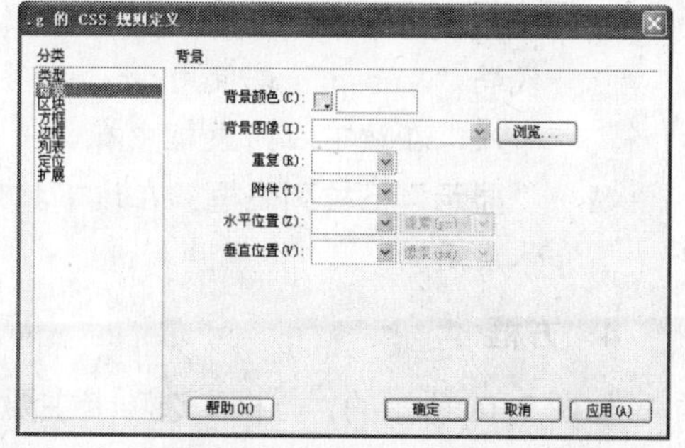

图 7-8　“背景”选项卡

- “重复”下拉列表框：用于控制背景图像的平铺方式。
- “附件”下拉列表框：在该下拉列表框中设置背景图像是固定在原始位置还是可以滚动。“固定”表示背景图像固定在原始位置；“滚动”表示背景图像可跟随滚动轴上下滚动。

- **“水平位置”下拉列表框**：用于指定背景图像相对于应用样式元素的水平位置，包括“左对齐”、“居中”和“右对齐”3 个选项。也可以输入一个数值并在其后的下拉列表框中选择数值的单位。
- **“垂直位置”下拉列表框**：用于指定背景图像相对于应用样式元素的垂直位置，包括“顶部”、“居中”和“底部”3 个选项。也可以输入一个数值并在其后的下拉列表框中选择数值的单位。

3．区块

如图 7-9 所示的“区块”选项卡主要用于控制文本、图像、层等替代元素块中内容的间距、对齐方式和文字缩进等。各项参数的含义分别介绍如下。

- **“单词间距”下拉列表框**：在该下拉列表框中设置单词间的距离。
- **“字母间距”下拉列表框**：在该下拉列表框中设置字符间距。设置的字符间距会覆盖任何由文本调整而产生的字符间距。
- **“垂直对齐”下拉列表框**：在该下拉列表框中设置指定元素相对于其父级元素在水平方向上的对齐方式，也可以直接输入一个数值，其后的下拉列表框中会显示百分号。

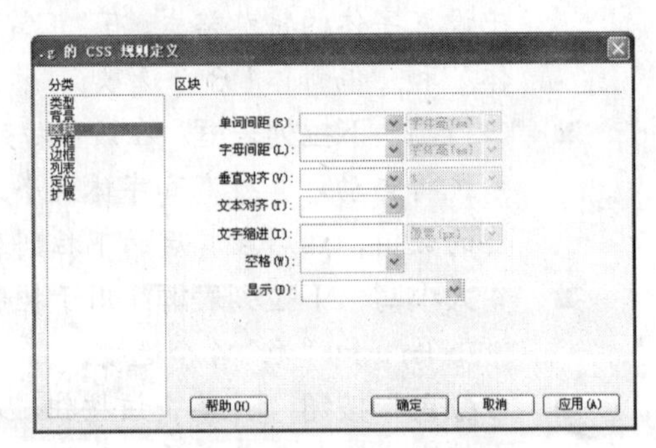

图 7-9 “区块”选项卡

- **“文本对齐”下拉列表框**：在该下拉列表框中设置文本元素的对齐方式。
- **“文字缩进”文本框**：在该文本框中输入文本第一行的缩进距离。
- **“空格”下拉列表框**：在 HTML 中的空格是被省略的，即在一个段落标签的开始处无论输入多少个空格都无效，输入空格可以通过在 HTML 文档中直接输入空格代码“ ”或使用<pre>标签。在 CSS 中使用属性 white-space 来控制空格的输入，在该下拉列表框中有“正常”、“保留”和“不换行”3 种设置空格的方法。
- **“显示”下拉列表框**：在该下拉列表框中设置以上关于 CSS 样式块在网页中的具体应用。

4．方框

如图 7-10 所示的“方框”选项卡主要用于设置容器大小以及与周围元素之间的间距等属性。各项参数的含义分别介绍如下。

- **“宽”下拉列表框**：在该下拉列表框中设置元素的宽度，如选择“自动”选项，可以由浏览器自行控制元素宽度，也可以直接输入一个值并在其后的下拉列表框中选择数值单位。
- **“高”下拉列表框**：在该下拉列表框中设置元素的高度，如选择“自动”选项，

可以由浏览器自行控制元素宽度，也可以直接输入一个值并在其后的下拉列表框中选择数值单位。

- **“浮动”下拉列表框**：在该下拉列表框中设置应用样式的元素的浮动位置。选择“左对齐”选项可以将元素放置到页面左侧空白处；选择“右对齐”选项可以将元素放置到页面右侧空白处。

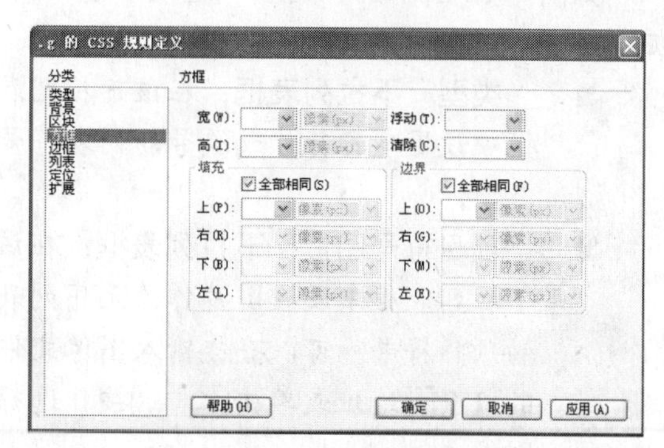

图 7-10　“方框”选项卡

- **“清除”下拉列表框**：在该下拉列表框中定义不允许层出现在应用样式的元素的某个侧边。选择“左对齐”选项表示不允许层出现在应用样式的元素左侧；选择“右对齐”选项表示不允许层出现在应用样式的元素右侧。
- **“填充”栏**：用于定义应用样式的元素内容和元素边界之间的大小。可以分别输入相应的值，并在各项后的下拉列表框中选择适当的数值单位。
- **“边界”栏**：用于定义应用样式的元素边界和其他元素之间的空白大小。可以分别输入相应的值，并在各项后的下拉列表框中选择适当的数值单位。
- **☑全部相同(F)复选框**：选中该复选框后，只需在“上”下拉列表框中输入所需数值或单位，其他各下拉列表框将自动和“上”下拉列表框中所设置的保持一致。

5．边框

如图 7-11 所示的“边框”选项卡主要用于设置容器的边框属性。各项参数的含义分别介绍如下。

- **☑全部相同(F)复选框**：选中该复选框后，只需在“上”下拉列表框中设置所需数值或单位，其他下拉列表框就会自动和“上”下拉列表框中所设置的保持一致。

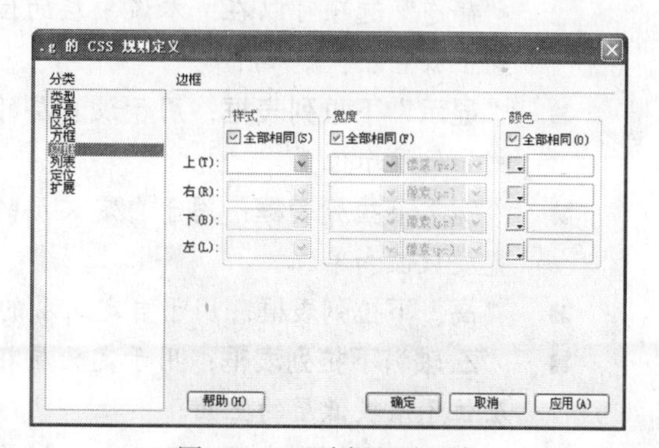

图 7-11　“边框”选项卡

- **“样式”栏**：在该栏各下拉列表框中设置表格或表单边框的格式。
- **“宽度”栏**：用于定义应用样式的元素的边框宽度。在下拉列表框中选择所需选项，或分别输入相应的值后，可在其后的下拉列表框中选择适当的数值单位。
- **“颜色”栏**：用于指定应用样式的元素的边框颜色。单击按钮，在弹出的颜色列表中选择所需颜色或在各下拉列表框中直接输入颜色的十六进制色标值。

6．列表

如图 7-12 所示的“列表”选项卡主要用于设置列表属性。各项参数的含义分别介绍如下。

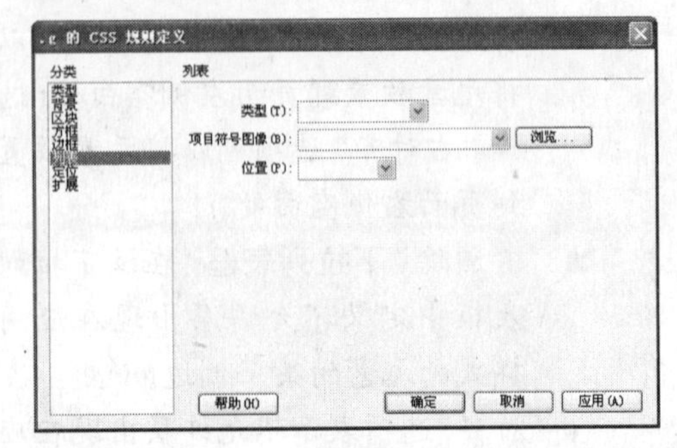
图 7-12 “列表”选项卡

- “类型”下拉列表框：在该下拉列表框中设置项目符号或编号的列表符号类型。
- “项目符号图像”下拉列表框：在该下拉列表框中设置图片作为无序列表的项目符号。可以直接输入图像文件的 URL 地址或单击浏览...按钮选择图像文件。
- “位置”下拉列表框：在该下拉列表框中设置列表项的换行位置。选择“内”选项，表示当列表项过长而换行时，直接显示在旁边的空白处，不进行缩进；选择“外”选项，表示当列表项过长而自动换行时以缩进方式显示。

7．定位

如图 7-13 所示的“定位”选项卡主要用于确定容器的位置。各项参数的含义分别介绍如下。

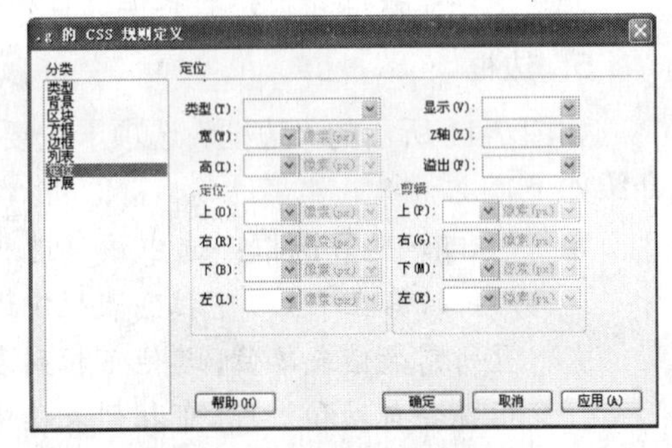
图 7-13 “定位”选项卡

- “类型”下拉列表框：用于设置浏览器如何放置层。选择“绝对”选项可以使用绝对坐标放置层；选择“相对”选项可以使用相对坐标放置层；选择“静态”选项可以在文本流中层的位置上放置层。
- “显示”下拉列表框：用于设置层的初始化显示位置。
- “宽”下拉列表框：用于自定义层的宽度数值和单位。
- “高”下拉列表框：用于自定义层的高度数值和单位。
- “Z 轴”下拉列表框：用于定义层在堆栈中的顺序，即层重叠的顺序。值较高的层位于值较低层的上面。
- “溢出”下拉列表框：用于定义如果层中的内容超出层边界后的显示类型。
- “定位”栏：用于设置层的位置和大小，取决于在下拉列表框中选择的位置类型。在各下拉列表框中可分别输入相应的值并选择数值单位，默认单位为像素。
- “剪辑”栏：用于定义可视层的局部区域的位置和大小。如果指定了层的碎片区域，可以通过脚本语言和 JavaScript 来进行操作。在各下拉列表框中，可以分别输入相应的值并选择数值单位，默认单位为像素。

8．扩展

如图 7-14 所示的“扩展”选项卡主要用于设置光标形状及其他一些特殊效果属性。各项参数的含义分别介绍如下。

- “分页”栏：用于设置在打印页面强制分页的位置。可以分别设置分页前和分页后的位置。
- “视觉效果”栏：用于设置样式的可视效果。在“光标”下拉列表框中可以改变当鼠标光标经过应用了样式的对象时将改变的图像；在“滤镜”下拉列表框中可以指定应用了样式的特殊效果，如“模糊”、“反转”等。

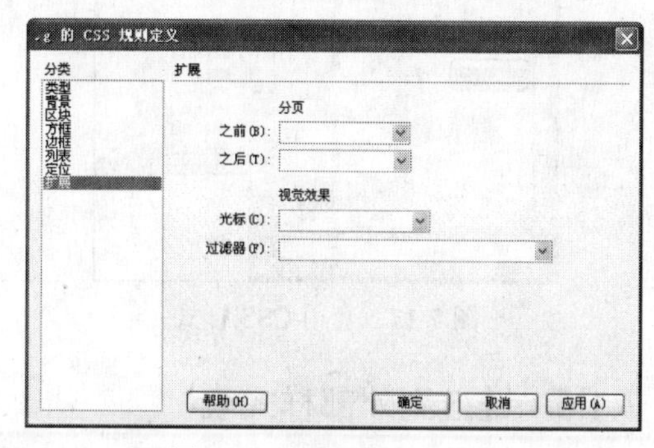

图 7-14　“扩展”选项卡

7.1.4　应用自定义样式

自定义样式的应用通常是针对网页中个别元素进行的。对页面文档应用已经创建的 CSS 样式的方法主要有如下几种：

- 选择网页中要应用样式的内容，在“CSS 样式”面板中右击要应用的 CSS 样式选项，在弹出的快捷菜单中选择“套用”命令，如图 7-15 所示。
- 选择网页中要应用样式的内容，单击鼠标右键，在弹出的快捷菜单中选择“CSS 样式”命令，并在弹出的子菜单中选择要应用的自定义样式，如图 7-16 所示。

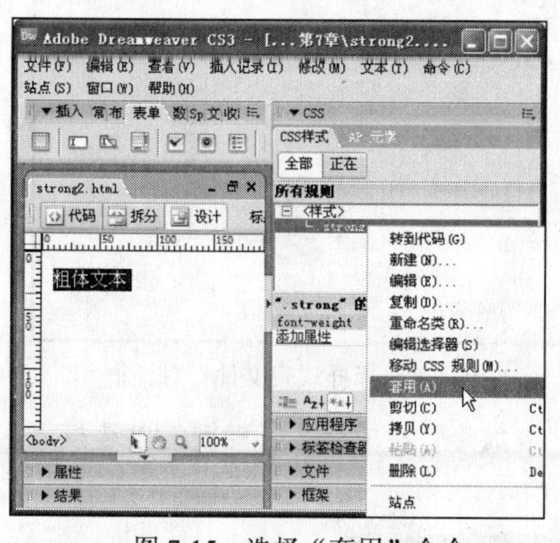

图 7-15　选择“套用”命令

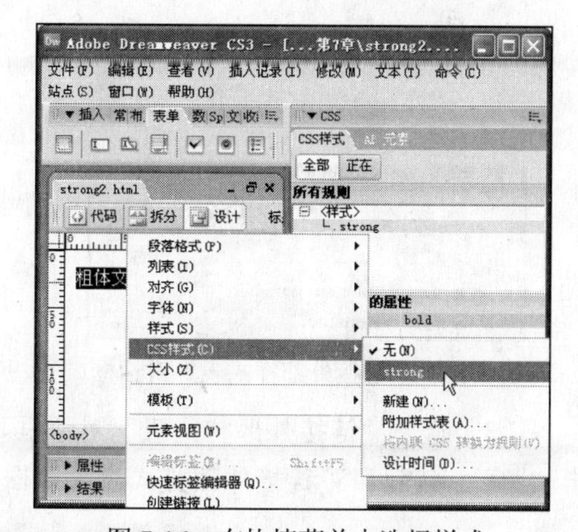

图 7-16　在快捷菜单中选择样式

【例 7-2】　套用.strong 类样式。

（1）选择要应用样式的文本“粗体文本”，在“CSS 样式”面板中右击要应用的 CSS 样式选项，在弹出的快捷菜单中选择“套用”命令，如图 7-17 所示。

（2）应用样式后的文本显示效果如图 7-18 所示。

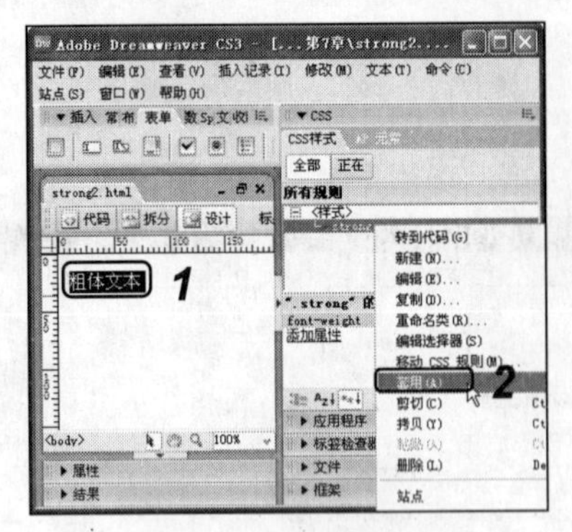

图 7-17　套用 CSS 样式

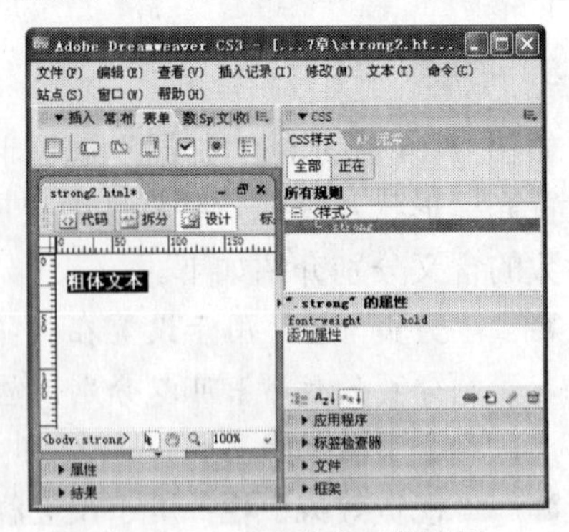

图 7-18　应用样式后的效果

7.1.5　链接到外部样式表

CSS 样式是一个包含样式和格式规范的外部文件。编辑外部 CSS 样式表可以将链接到该 CSS 样式表的所有文档全部更新；可以导出文档中包含的 CSS 样式以创建新的 CSS 样式表，然后附加或链接到外部样式表以应用样式。

【例 7-3】　链接外部样式表。

（1）在“CSS 样式”面板中单击按钮，打开“链接外部样式表”对话框，单击 浏览... 按钮，如图 7-19 所示。

（2）在打开的“选择样式表文件”对话框中双击一个样式表文件，如图 7-20 所示。

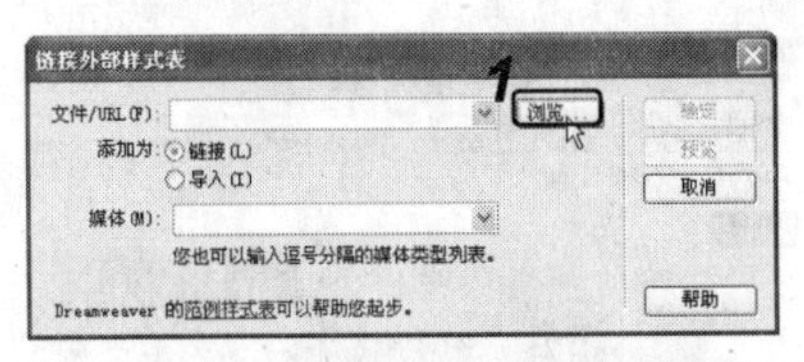

图 7-19　“链接外部样式表”对话框

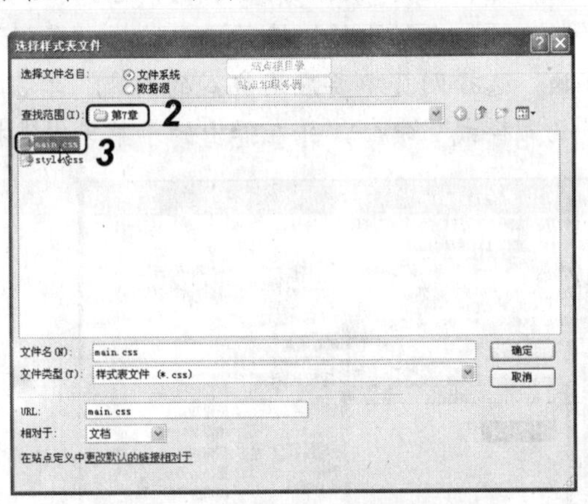

图 7-20　“选择样式表文件”对话框

（3）返回“链接外部样式表”对话框，在“添加为”栏中选中 链接(L) 单选按钮，单击 确定 按钮即可链接外部样式表，如图 7-21 所示。

图 7-21　设置对话框参数

7.1.6　应用举例——新建 CSS 样式

本例将通过“新建 CSS 规则”对话框创建新的 CSS 样式。

操作步骤如下：

（1）启动 Dreamweaver，新建空白 HTML 网页并保存为 css1.html，选择“窗口/CSS 样式”命令，打开“CSS 样式”面板，单击按钮，如图 7-22 所示。

（2）在打开的“新建 CSS 规则”对话框中选中 类(可应用于任何标签)(C) 单选按钮，在“名称”下拉列表框中输入“css01”，在“定义在”栏中选中 (新建样式表文件) 单选按钮，单击 确定 按钮，如图 7-23 所示。

图 7-22　“CSS 样式”面板

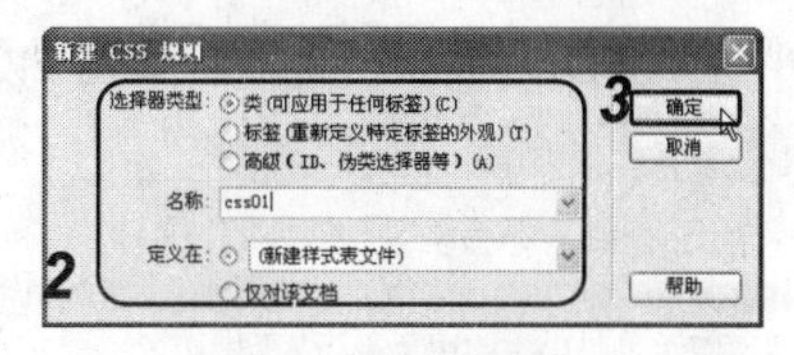

图 7-23　设置样式类型

（3）在打开的对话框的“保存在”下拉列表框中选择保存位置，在“文件名”下拉列表框中输入 CSS 样式文件名，然后单击 保存(S) 按钮，如图 7-24 所示。

（4）打开“.css01 的 CSS 规则定义”对话框，设置“字体”为“宋体”，“大小”为“12 像素”，“粗细”为“细体”，“行高”为“25 像素”；在“修饰”栏中选中 下划线(U) 复选框，并设置“颜色”为“#333333”，如图 7-25 所示。

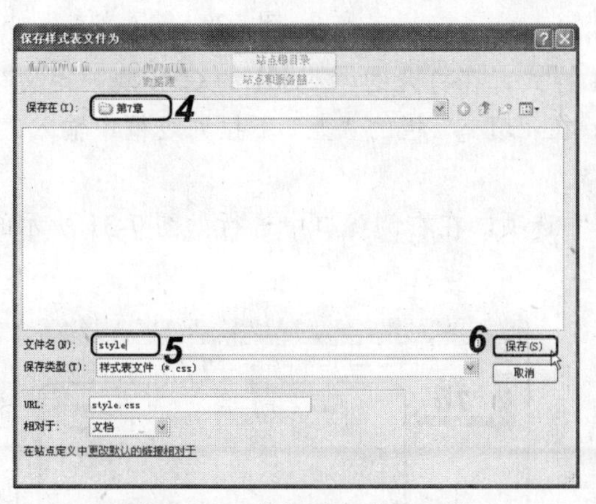

图 7-24　保存 CSS 样式文件

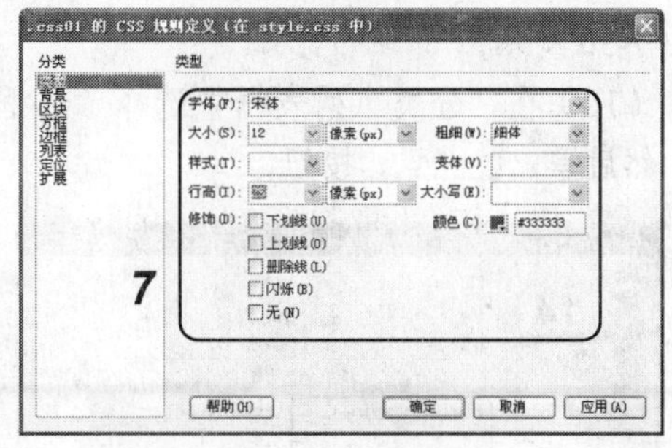

图 7-25　设置参数

（5）在“分类”列表框中选择“方框”选项，在右侧窗口中设置“高”为“25 像素”，单击 确定 按钮，如图 7-26 所示。完成 CSS 样式定义后的“CSS 样式”面板如图 7-27 所示。

（6）选择“文件/保存全部”命令保存当前网页文档和 style.css 样式表文件。

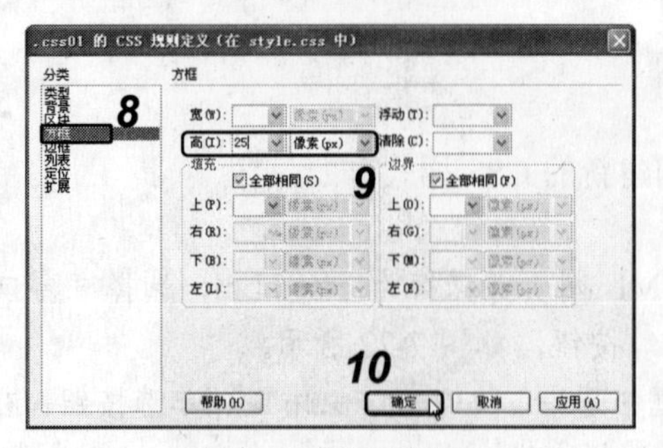

图 7-26　设置参数

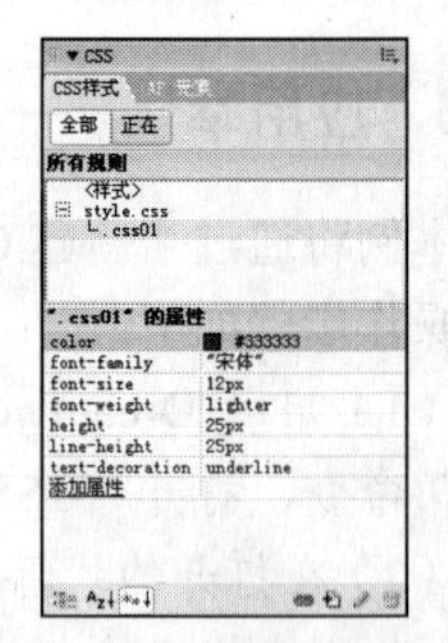

图 7-27　完成 CSS 样式设置

（7）选择“插入记录/布局对象/AP Div”命令插入 AP Div，再选中该 AP Div，在“属性”面板的“类”下拉列表框中选择 css01 选项，为 AP Div 应用 CSS 样式，如图 7-28 所示。

（8）在 AP Div 中输入文本，如图 7-29 所示。

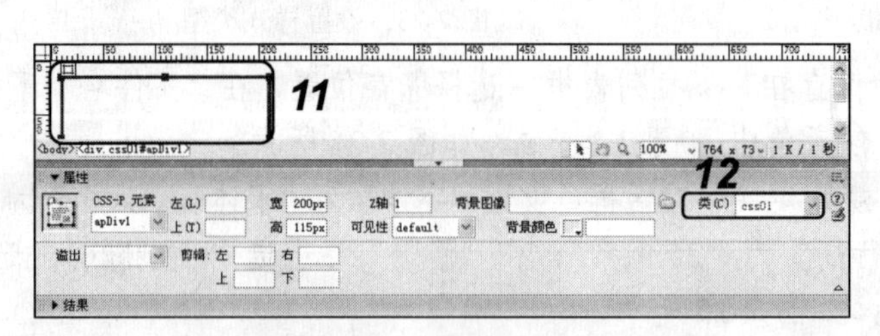

图 7-28　应用 CSS 样式

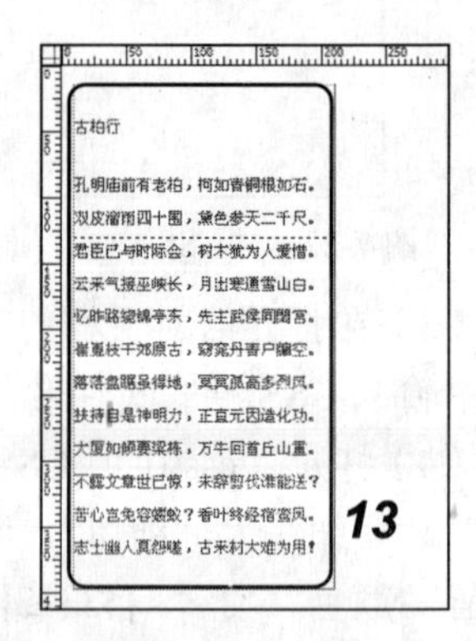

图 7-29　输入文本

（9）在“CSS 样式”面板中双击 css01 样式，在打开的“.css01 的 CSS 规则定义”对话框的“分类”列表框中选择“方框”选项，在“填充”栏的“上”下拉列表框中输入“5”，如图 7-30 所示。

（10）在“分类”列表框中选择“边框”选项，在右侧窗口中进行如图 7-31 所示的设置，然后单击 确定 按钮。

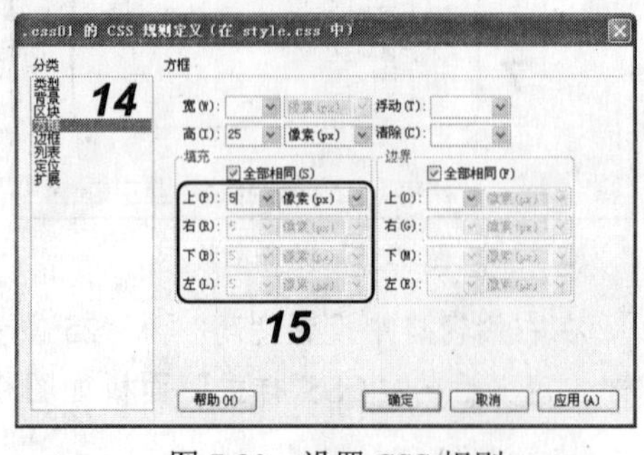

图 7-30　设置 CSS 规则

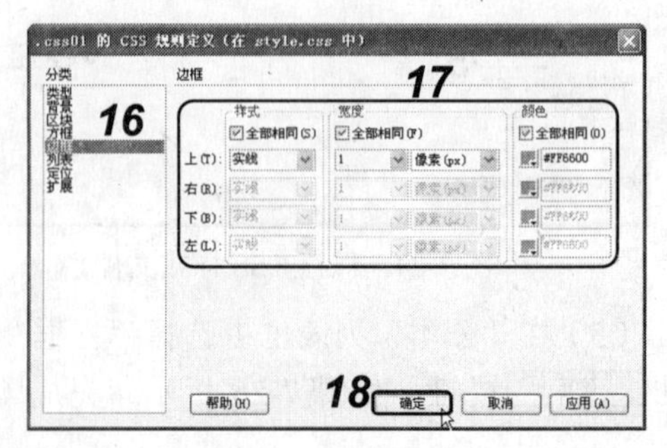

图 7-31　设置 CSS 规则

（11）保存网页后按 F12 键预览网页，效果如图 7-32 所示（立体化教学:\源文件\第 7 章\

css1.html）。

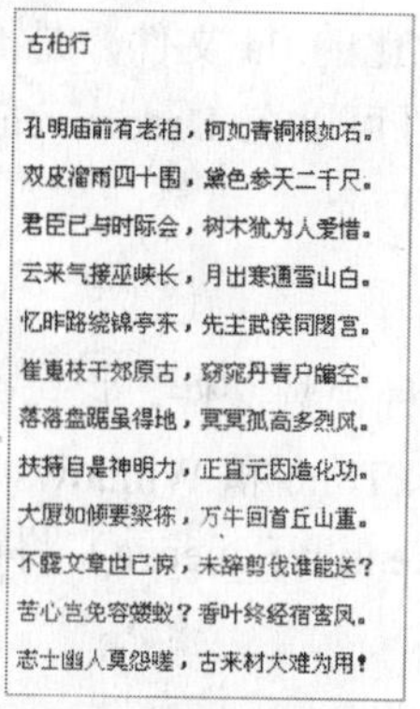

古柏行

孔明庙前有老柏，柯如青铜根如石。
双皮溜雨四十围，黛色参天二千尺。
君臣已与时际会，树木犹为人爱惜。
云来气接巫峡长，月出寒通雪山白。
忆昨路绕锦亭东，先主武侯同閟宫。
崔嵬枝干郊原古，窈窕丹青户牖空。
落落盘踞虽得地，冥冥孤高多烈风。
扶持自是神明力，正直元因造化功。
大厦如倾要梁栋，万牛回首丘山重。
不露文章世已惊，未辞剪伐谁能送？
苦心岂免容蝼蚁？香叶终经宿鸾凤。
志士幽人莫怨嗟，古来材大难为用！

图 7-32　预览效果

7.2　网页中多媒体的应用

在 Dreamweaver CS3 中，可以将 Flash、Shockwave 影片、QuickTime、Java Applet 和 ActiveX 控件插入到网页文件中。下面先了解什么是多媒体，再对 Flash 文件的类型及应用进行讲解。

7.2.1　多媒体的概念

信息的载体称为“媒体”，包括文字、图像、动画、音频和视频等。“多媒体”是指由两种以上的媒体共同表示、传播和存储同一信息。“多媒体技术”是指利用计算机来交互地综合处理文字、图形图像、动画、音频和视频等多种媒体信息，并且使这些信息建立逻辑连接的一种计算机技术。

多媒体具有数字化、多样化、交互性和集成性等特征。数字化是指媒体以数字形式进行存储和传播；多样化指计算机处理的信息媒体形式多样；交互性指用户与计算机的多种信息媒体进行交互操作，用户可以有效地控制和使用信息；集成性指以计算机为中心综合处理多种信息媒体，包括信息媒体的集成和处理这些媒体的操作和软件集成。

7.2.2　Flash 文件类型

在 Dreamweaver 中提供了对 Flash 对象的插入，无论计算机上是否安装了 Flash，都可以使用这些对象。在使用 Dreamweaver 提供的 Flash 命令前，应该对以下几种不同的 Flash 文件类型有所了解。

1．Flash 文件

扩展名为.fla 的 Flash 文件是所有 Flash 项目的源文件，在 Flash 程序中创建。此类型的文件只能在 Flash 中打开，而不能在 Dreamweaver 或浏览器中打开。可以通过在 Flash 中打开 Flash 文件，然后将它导出为 SWF 或 SWT 格式的文件后在浏览器中使用。

2. Flash SWF 文件

扩展名为.swf 的 Flash 文件是优化的.fla 文件，是.fla 文件的压缩版，便于在 Web 上查看。此文件可以在浏览器中播放并且可以在 Dreamweaver 中进行预览，但不能在 Flash 中编辑。

3. Flash 视频文件

扩展名为.flv 的 Flash 文件是一种视频文件，它包含经过编码的音频和视频数据，用于通过 Flash Player 传送。如果有 QuickTime 和 Windows Media 视频文件，就可以使用编码器（如 Flash CS3 Video Encoder 或 Sorensen Squeeze）将视频文件转换为 FLV 文件。

7.2.3 插入 Flash 动画

在文档中插入 Flash 动画与插入图片的操作类似，将光标定位到要插入 Flash 动画的位置，选择“插入记录/媒体/Flash”命令即可完成插入。在文档中选择插入的 Flash 动画后，其“属性”面板如图 7-33 所示。

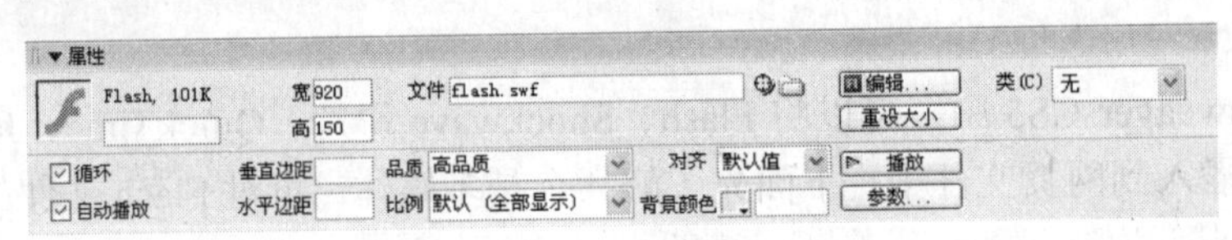

图 7-33 Flash“属性”面板

其中各项参数的含义分别介绍如下。

- Flash 文本框：用于为该动画输入标识名称，以便在脚本中识别。
- “宽”和“高”文本框：用于指定动画对象区域的宽度和高度，以控制其显示区域，默认单位为像素。
- “文件”文本框：用于指定 Flash 动画文件的路径及文件名。可以直接输入该动画文件的路径及文件名，也可以单击按钮进行选择。
- 编辑...按钮：用于调用预设的外部编辑器编辑 Flash 源文件（*.fla），即启动 Macromedia Flash 进行编辑以更新.fla 文件。
- 重设大小按钮：用于恢复 Flash 动画的原始尺寸。
- “水平边距”和“垂直边距”文本框：用于指定动画上、下、左、右的边距。
- “品质”下拉列表框：用于设置动画的质量参数。包括“低品质”、“自动低品质”、“自动高品质”和“高品质”4 个选项。
- “比例”下拉列表框：用于设置缩放比例。包括“默认（全部显示）”、“无边框”和“严格匹配”3 个选项。
- “对齐”下拉列表框：用于确定 Flash 动画在网页中的对齐方式。
- 播放和停止按钮：单击这两个按钮可以在文档中播放或停止 Flash 动画预览。
- “背景颜色”按钮：用于确定 Flash 动画区域的背景颜色，即使动画没有播放（载入时或播放后）该颜色也会显示。

- ☑自动播放**复选框**：选中该复选框后，网页载入时自动播放动画。
- ☑循环**复选框**：选中该复选框后，网页载入时使动画循环播放。
- 参数... **按钮**：单击此按钮，在打开的对话框中可设置传递给 Flash 动画的参数。

【例 7-4】　在页面中插入 Flash 动画。

（1）将光标定位到要插入 Flash 动画的位置，选择“插入记录/媒体/Flash”命令。

（2）打开“选择文件”对话框，在“查找范围”下拉列表框中选择 Flash 动画所在位置，在文件列表框中双击需要插入的 Flash 动画，如图 7-34 所示。

（3）在打开的对话框中单击 确定 按钮，如图 7-35 所示。

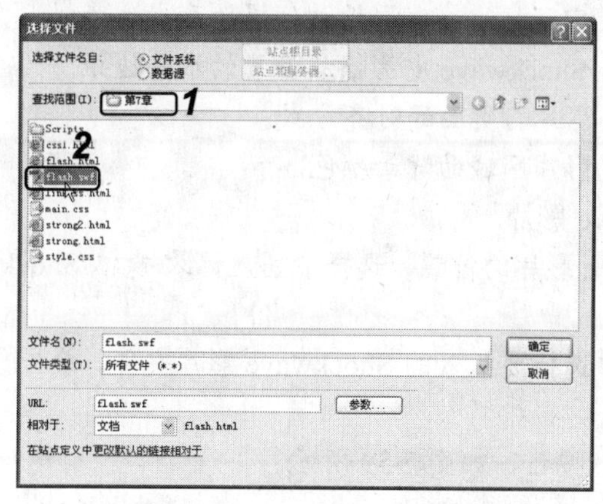

图 7-34　“选择文件”对话框

图 7-35　插入 Flash 动画

（4）保持插入 Flash 动画的选中状态，在“属性”面板中进行“宽”、“高”等属性的设置，如图 7-36 所示。

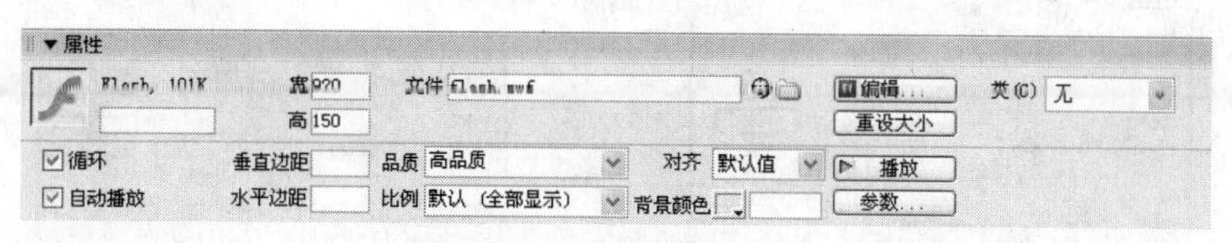

图 7-36　设置 Flash 属性

7.2.4　插入 Shockwave 影片

Shockwave 影片是 Adobe 公司开发的在 Web 上的交互式多媒体，是一种允许用 Adobe 公司的 Director 软件创建的媒体文件，能够快速下载并能被大多数流行浏览器播放。在文档中选择插入的 Shockwave 影片后，其“属性”面板如图 7-37 所示。

图 7-37　Shockwave“属性”面板

其中各项参数的含义分别介绍如下。

- **Shockwave 文本框**：用于为影片输入标识名称，以便在脚本中识别。
- **“宽”文本框**：用于指定影片在浏览器中打开时的宽度，默认单位为像素。
- **“高”文本框**：用于指定影片在浏览器中打开时的高度，默认单位为像素。
- **“文件”文本框**：用于指定 Shockwave 影片文件的路径。单击按钮，可在打开的对话框中选择所需文件。
- **播放按钮**：单击该按钮可以看到 Shockwave 影片的播放效果。
- **参数...按钮**：单击该按钮将打开“参数”对话框，从中可以设置传递给影片的附加参数。
- **“垂直边距”文本框**：用于设置 Shockwave 电影播放位置的垂直边距。
- **“水平边距”文本框**：用于设置 Shockwave 电影播放位置的水平边距。
- **“对齐”下拉列表框**：用于确定影片与页面的对齐方式。
- **“背景颜色”颜色框**：用于指定影片区域的背景颜色。

【例 7-5】 在页面中插入 Shockwave 影片。

（1）将光标定位到要插入 Shockwave 影片的位置，选择“插入记录/媒体/Shockwave”命令。

（2）在打开的“选择文件”对话框中选择要插入的 Shockwave 影片文件，单击确定按钮，如图 7-38 所示。

（3）在打开的对话框中单击确定按钮，如图 7-39 所示。

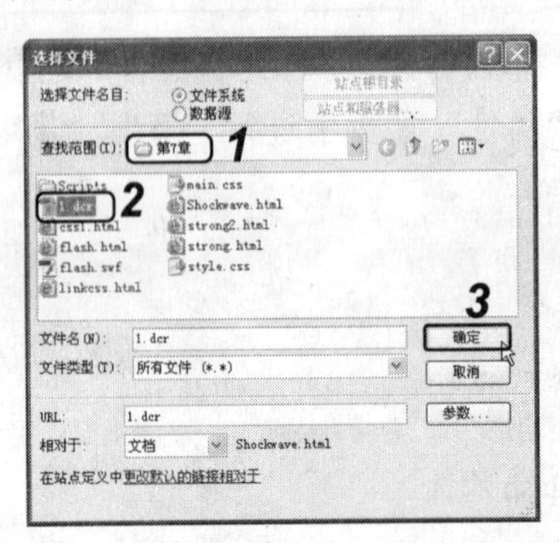

图 7-38 “选择文件”对话框

图 7-39 插入 Shockwave 影片

（4）保持插入 Shockwave 影片的选中状态，在“属性”面板中进行“宽”、“高”等属性的设置，如图 7-40 所示。

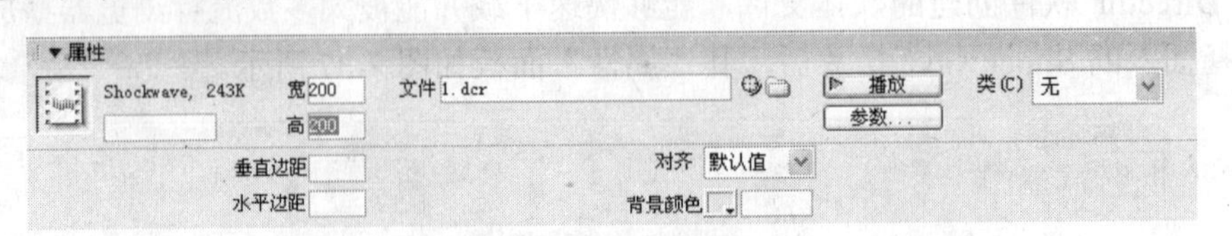

图 7-40 设置属性

7.2.5 应用举例——在页面中插入 Flash 动画

本例将在页面中插入 Flash 动画，并设置其属性及在 Dreamweaver 中预览动画效果。

效果如图 7-41 所示（立体化教学:\源文件\第 7 章\55.html）。

图 7-41　最终效果

操作步骤如下：

（1）打开 55.html 素材网页（立体化教学:\实例素材\第 7 章\55.html），将光标定位在要插入 Flash 的单元格中，在“插入”面板的“常用”选项卡中单击按钮，在弹出的子菜单中选择 Flash 命令，如图 7-42 所示。

（2）打开“选择文件”对话框，在“查找范围”下拉列表框中选择 Flash 动画所在位置，在文件列表框中双击需要插入的 Flash 动画，如图 7-43 所示。

图 7-42　插入 Flash

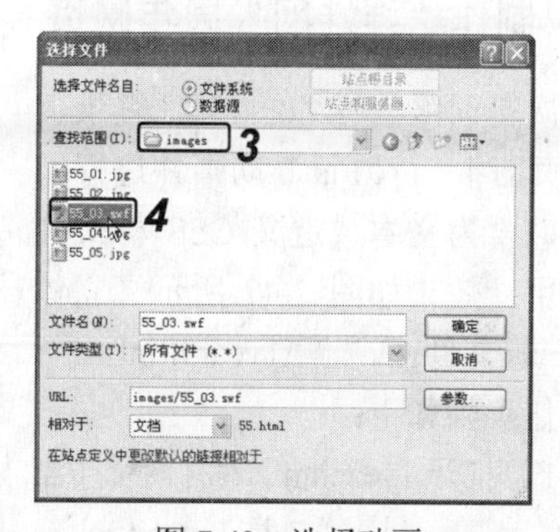

图 7-43　选择动画

（3）在打开的对话框中单击 确定 按钮，如图 7-44 所示。

（4）保持 Flash 动画的选中状态，在“属性”面板中设置“宽”、“高”分别为 950、150，然后单击 播放 按钮，如图 7-45 所示。

图 7-44　设置辅助属性

图 7-45　设置 Flash 属性

（5）在“属性”面板中单击 停止 按钮，关闭预览 Flash 动画效果，如图 7-46 所示。

（6）保存网页并按 F12 键预览网页。

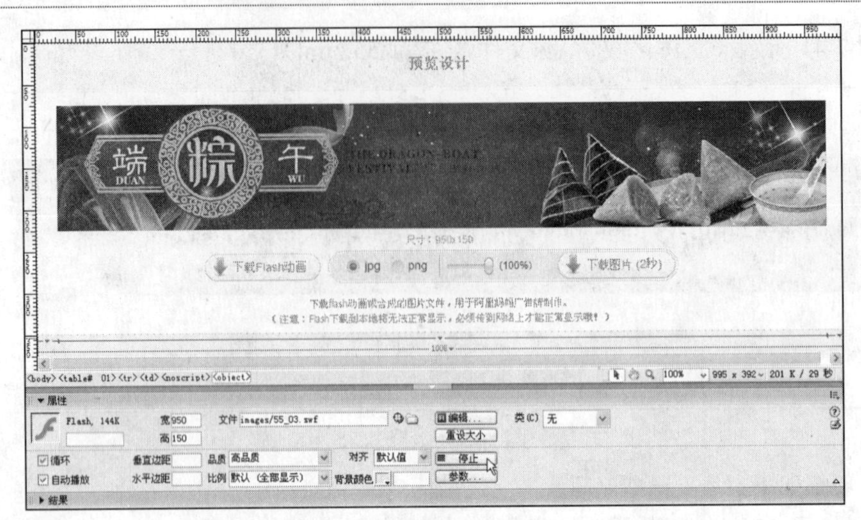

图 7-46　停止动画预览

7.3　上机及项目实训

7.3.1　制作“娃娃网”周年网页

本次实训将创建“娃娃网”登录页面，在页面中插入 Flash 动画并进行属性设置，再为文本域定义 CSS 样式并进行应用，效果如图 7-47 所示（立体化教学:\源文件\第 7 章\1year.html）。

图 7-47　最终效果

操作步骤如下：

（1）打开 1year.html 素材网页（立体化教学:\实例素材\第 7 章\1year.html），将光标定位在要插入 Flash 的单元格中，选择“插入记录/媒体/Flash”命令，如图 7-48 所示。

（2）打开“选择文件”对话框，在“查找范围”下拉列表框中选择 Flash 动画所在位置，在文件列表框中双击要插入的 Flash 动画，如图 7-49 所示。

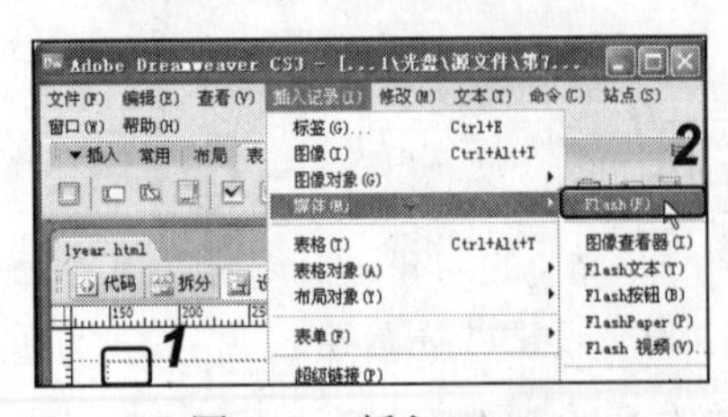

图 7-48　插入 Flash

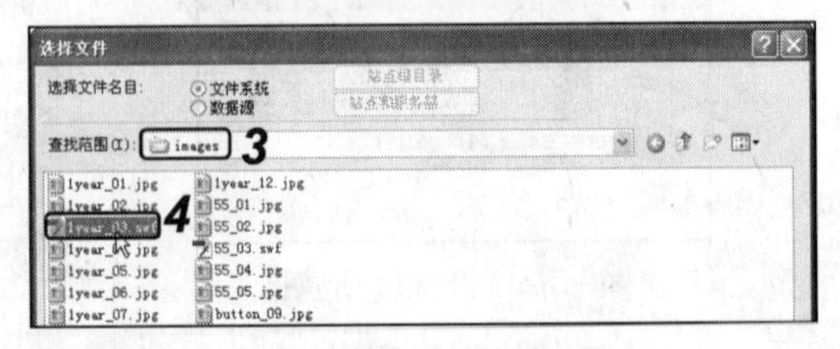

图 7-49　选择 Flash

（3）在打开的对话框中单击 确定 按钮，如图 7-50 所示。

（4）保持 Flash 的选中状态，在“属性”面板中按如图 7-51 所示对“宽”、“高”进行设置。

图 7-50　设置辅助属性

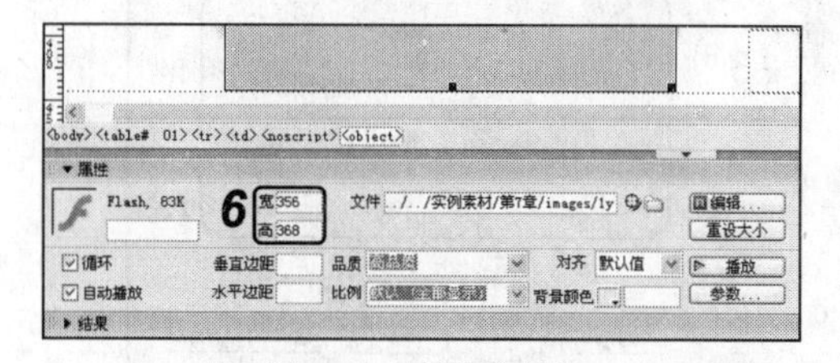

图 7-51　设置属性

（5）在页面空白处单击鼠标右键，在弹出的快捷菜单中选择“CSS 样式/新建”命令，如图 7-52 所示。

（6）在打开的“新建 CSS 规则”对话框中进行如图 7-53 所示的设置后单击 确定 按钮。

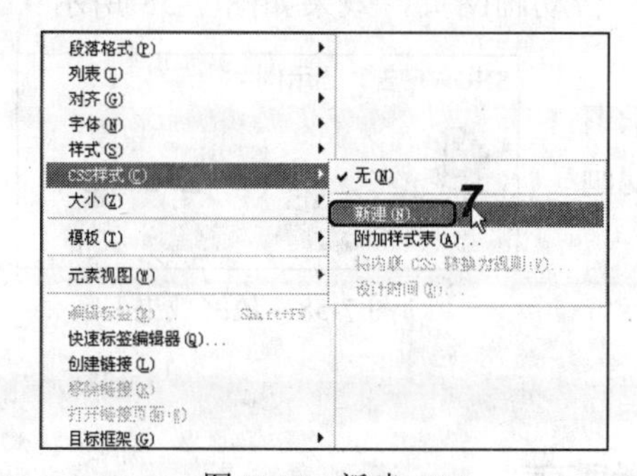

图 7-52　新建 CSS

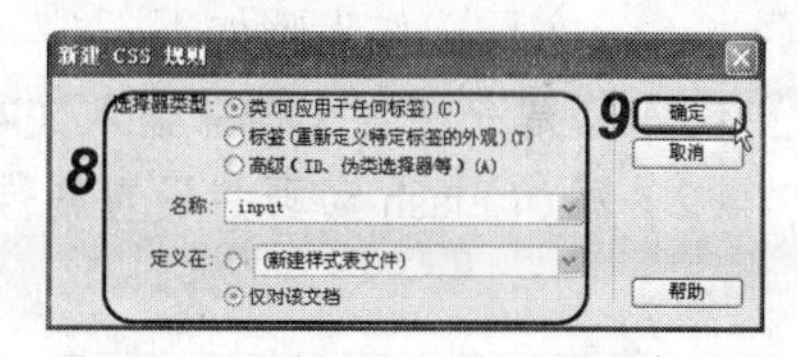

图 7-53　设置样式类型

（7）在打开的“.input 的 CSS 规则定义”对话框中进行如图 7-54 所示的设置。

（8）在“分类”列表框中选择“背景”选项，在右侧窗口中进行如图 7-55 所示的设置。

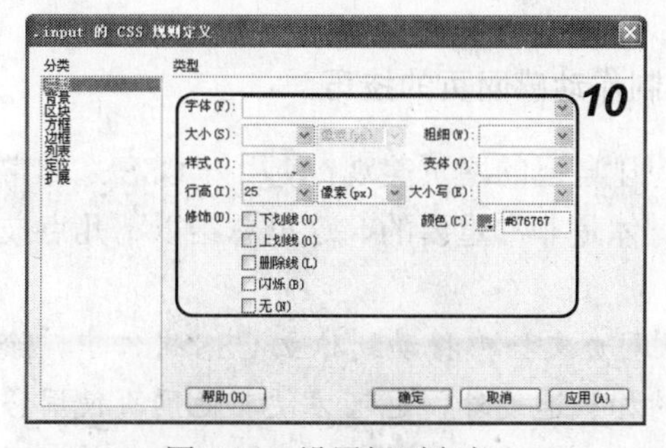

图 7-54　设置规则定义

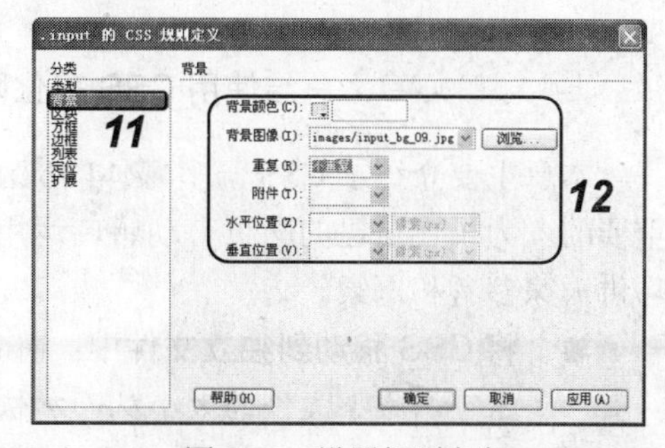

图 7-55　设置规则定义

（9）在“分类”列表框中选择“方框”选项，在右侧窗口中进行如图 7-56 所示的设置，单击 确定 按钮。

（10）在编辑窗口中分别选择“账户名”文本域、“密码”文本域，并在“属性”面板中选择 input 选项，如图 7-57 所示。

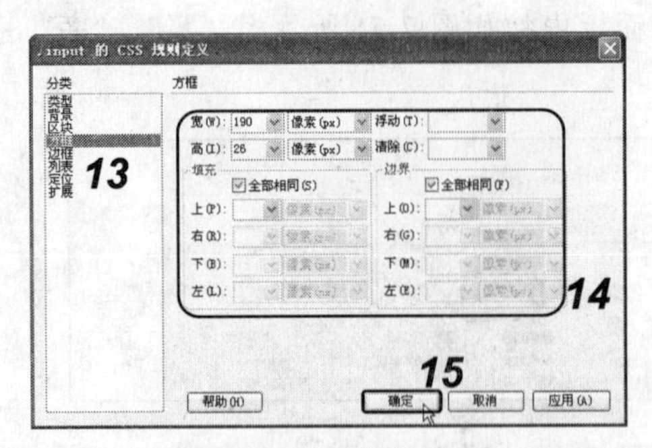

图 7-56　设置规则定义

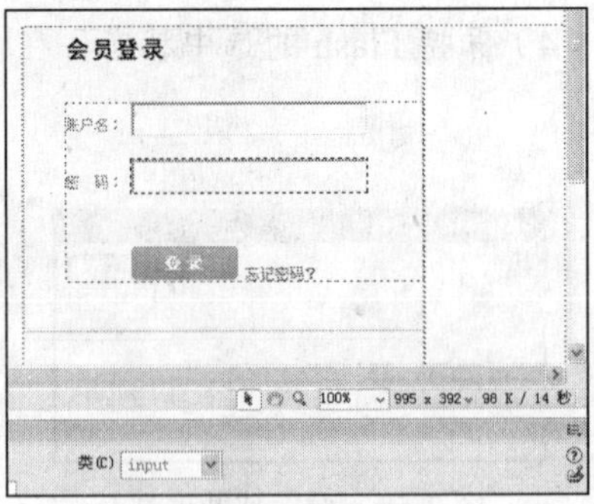

图 7-57　应用 CSS

（11）保存网页并按 F12 键预览网页效果。

7.3.2　制作“SHOW 广告动画”网页

综合利用本章和前面所学知识，制作 SHOW 广告动画网页，效果如图 7-58 所示（立体化教学:\源文件\第 7 章\show.html）。

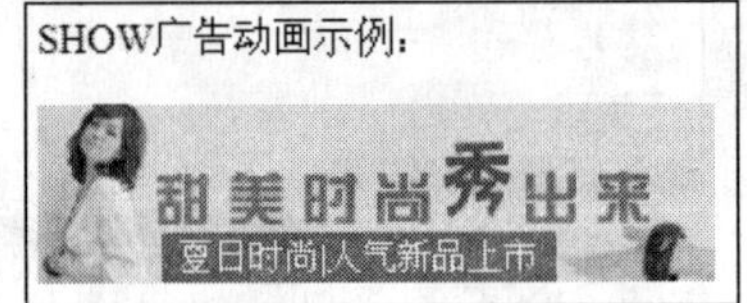

图 7-58　最终效果

本练习可结合立体化教学中的视频演示进行学习（立体化教学:\视频演示\第 7 章\制作 SHOW 广告动画网页.swf）。主要操作步骤如下：

（1）新建一网页文档并输入文本。

（2）添加 Flash 动画并设置属性。

7.4　练习与提高

（1）新建一个 CSS 规则并保存为一个新文件。

（2）在页面中链接所创建的外部样式表。

总结使用 CSS 美化网页与制作动感网页的技巧

本章主要介绍了 CSS 与多媒体的应用。要想让自己的网页美观，使用好 CSS 是非常重要的。为了让自己的网页有动感，运用好多媒体是非常重要的，这里总结以下几点技巧供大家参考和探索。

- **将 CSS 移动到独立文件中**：将 CSS 从网页文档中移动到独立 CSS 文件中，除了可以减小文件的大小从而加快网页的加载速度外，也可方便其他网页使用移动出的独立 CSS 文件中的样式定义，让其一次定义多处使用，从而减小整个网站的大小。
- **尽量少使用 Flash**：虽然 Flash 可以加强网页的动感，但同一个网页中 Flash 动画不能太多，否则会严重影响网页的下载速度，可以使用一些 GIF 动画代替 Flash 动画实现动感效果。

第 8 章　Flash CS3 基础

学习目标

☑ 认识 Flash 动画
☑ 了解 Flash CS3 的工作界面
☑ 掌握 Flash 文档的创建和保存

目标任务&项目案例

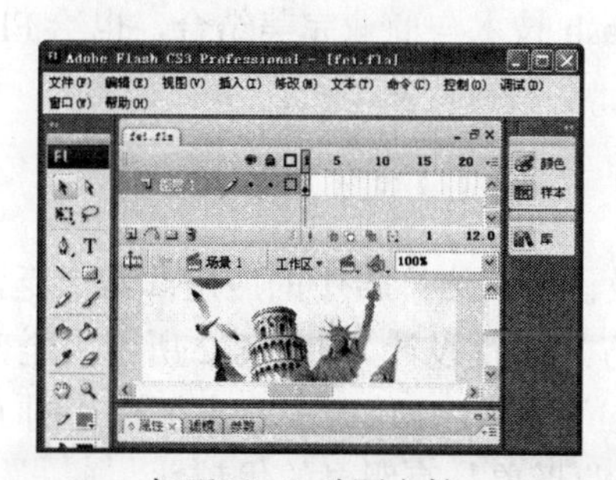

打开 Flash 动画文档

预览 Flash 动画

Flash 被广泛应用于网页制作、网页广告、MTV 和游戏动画等领域。学习制作 Flash 动画之前，首先应了解 Flash 动画的制作原理，熟悉 Flash CS3 的工作界面，掌握 Flash 文档的创建、保存和打开等基本操作方法。本章将讲解 Flash CS3 的基础知识，为学习制作 Flash 动画打下基础。

8.1　认识 Flash 动画

Flash CS3 是一款经典的 Flash 动画制作软件，它简单易学，制作出来的 Flash 动画效果流畅生动，画面风格多变，因此在动画制作领域受到广大用户的青睐。

8.1.1　Flash 动画的原理及应用领域

传统的动画都是由一幅幅静止的相关画面快速移动，从而使人们在视觉上产生运动感，这是利用了视觉暂留原理。视觉暂留是客观事物对眼睛的刺激停止后，它的影像还会在眼睛的视网膜上存在一刹那，有一定的滞留性。

Flash 动画同样基于视觉暂留原理，特别是 Flash 中的逐帧动画与传统动画的核心制作几乎一样，同样是通过一系列连贯动作的图形快速放映而形成的。当前一帧播放后，其影像仍残留在人的视网膜上，这样让观赏者产生了连续动作的视觉感受。

用 Flash 可以制作高品质的图像，创建出精彩的动画影像，而且文件的体积很小，因此广泛应用于互联网中。现在 Flash 的应用领域更加广泛，贺卡、MTV、动画短片、交互游戏、网站片头、网络广告都有 Flash 的身影，甚至在电子商务中也应用了 Flash 技术，其中应用最多的领域是在网络广告中。如图 8-1 所示即是使用 Flash 制作的一则手机广告。

图 8-1　Flash 制作的手机广告

现在随便打开一个网站，都会看到熟悉的 Flash 广告，而网络用户也接受这种新兴的广告方式，因为他们都被 Flash 的趣味设计所吸引，并不会厌烦这种带有广告性质的 Flash 动画。相比之下，带有商业性质的 Flash 动画制作更加精致，画面设计、背景音乐更加考究。网络广告把 Flash 技术与商业完美结合，也给 Flash 的学习者指明了发展方向。

8.1.2　Flash 动画在网页方面的应用

由于具有良好的视觉效果，Flash 技术在网页设计和网络广告中的应用非常广泛，有些网站为了追求美观，甚至将整个首页全部用 Flash 方式进行设计。如图 8-2 所示为全部采用 Flash 制作的一个网站。从浏览者的角度来看，Flash 动画内容比一般文本加图片的 HTML 格式网页大大增强了艺术效果，对于展示产品和企业形象具有明显的优越性。

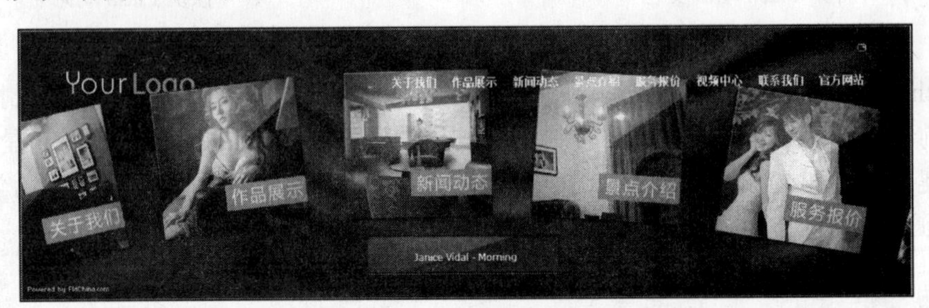

图 8-2　Flash 网站

在网页制作方面，还可以通过制作 Flash 导航条使导航菜单更精彩、更具动感。如图 8-3 所示为使用 Flash 制作的网页导航条的实例效果。

图 8-3　使用 Flash 制作的导航菜单

8.1.3　认识 Flash CS3 工作界面

在启动 Flash CS3 后将出现如图 8-4 所示的欢迎屏幕，可以选择“打开最近的项目”、

“新建”、“从模板创建”等项目。如果选中☑不再显示复选框，下次启动时将不再显示欢迎屏幕。

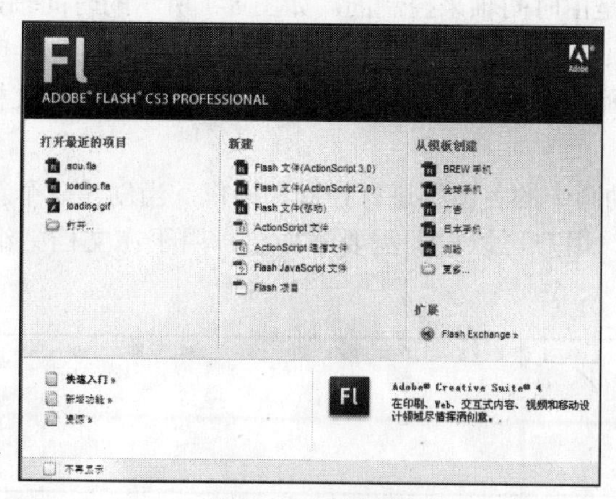

图 8-4　欢迎屏幕

在“新建”栏中选择 Flash 文件(ActionScript 3.0)选项即可进入如图 8-5 所示的 Flash CS3 工作界面，其由标题栏、菜单栏、时间轴、工具箱、绘画区域、“属性”面板和功能面板等部分组成。

图 8-5　Flash CS3 的工作界面

1．菜单栏

菜单栏由“文件”、“编辑”、“视图”、“插入”、“修改”、“文本”、“命令”、“控制”、“调试”、“窗口”和“帮助”11 个菜单项组成，如图 8-6 所示。从这些菜单项中可以执行 Flash CS3 的所有命令。

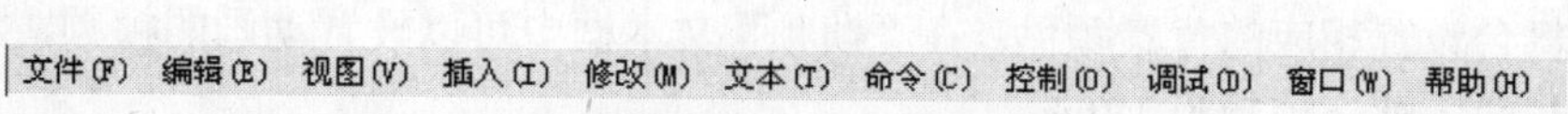

文件(F)　编辑(E)　视图(V)　插入(I)　修改(M)　文本(T)　命令(C)　控制(O)　调试(D)　窗口(W)　帮助(H)

图 8-6　菜单栏

2．时间轴

Flash 动画的播放是由时间轴来控制的。如图 8-7 所示的时间轴，其左侧为图层区域，右侧是由播放指针、帧、时间轴标尺和状态栏组成的时间轴区域，时间轴上的每一个小格称为帧，是 Flash 动画的最小时间单位。时间轴用于组织和控制文档内容在一定时间内播放的层数。

图层区域用于对动画中的各图层进行控制和操作，当创建一个新的 Flash 文档后，它就会自动创建一个层。用户可以根据需要添加层，用于在文档中组织图形、动画和其他元素。

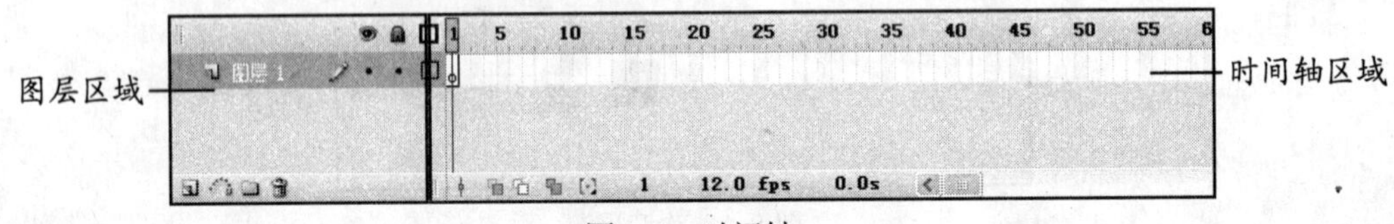

图 8-7 时间轴

3．工具箱

工具箱是 Flash 中重要的组成部分，它包含绘制和编辑矢量图形的各种操作工具，主要由绘图工具、色彩填充工具、查看工具、颜色选择工具和选项工具 5 部分构成，如图 8-8 所示。

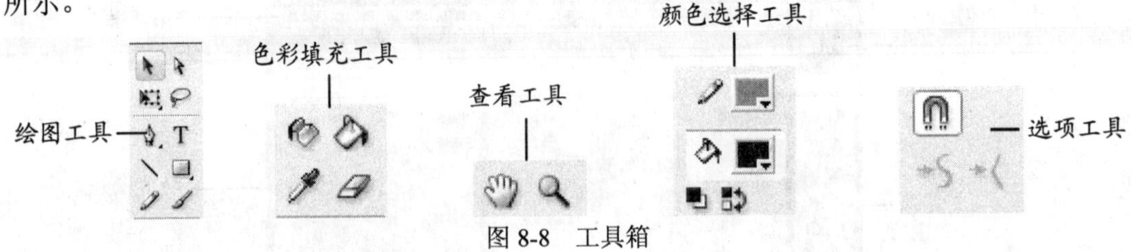

图 8-8 工具箱

4．“属性”面板

在“属性”面板中显示了文档的名称、大小、背景色和帧频等信息，如图 8-9 所示。

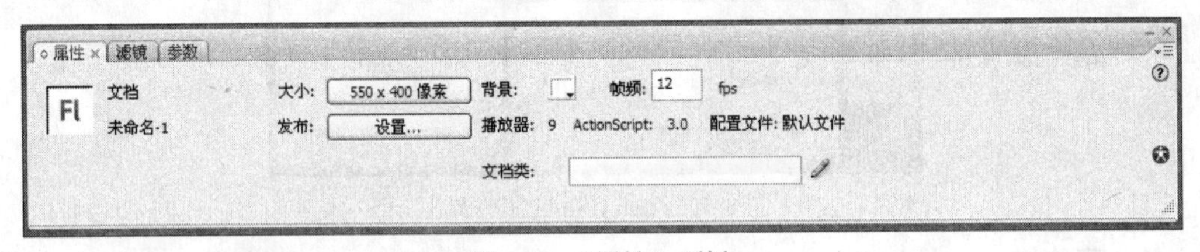

图 8-9 “属性”面板

在“属性”面板中单击 550 x 400 像素 按钮，将打开如图 8-10 所示的“文档属性”对话框，从中可以设置文档的大小、背景颜色和帧频等内容。

单击“属性”面板中的按钮，将打开如图 8-11 所示的颜色列表，从中单击某个颜色框即可为舞台设置相应的背景颜色。在“帧频”文本框中可以设置动画的帧频，数值越大，播放速度越快，默认帧频为 12fps。

图 8-10 “文档属性”对话框

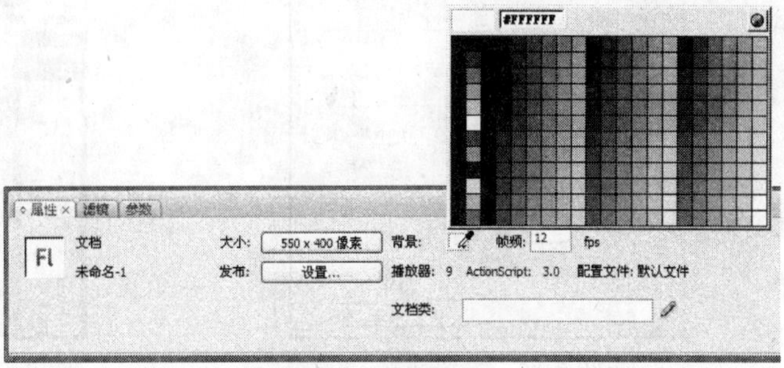

图 8-11 颜色列表

当选择不同的工具或对象时，“属性”面板也会随着变化。如图 8-12 所示为选择“钢笔工具”时的“属性”面板，其中显示了钢笔工具的相关属性。

图 8-12 钢笔工具“属性”面板

8.1.4 应用举例——设置文档属性

下面为新建的 Flash 设置文档属性。一般情况下都应该先设置文档属性再进行动画的制作，如先制作动画，后期可能因动画元素在绘画区域中的位置不正确而增大调整的难度。

操作步骤如下：

（1）在欢迎屏幕的“新建”栏中选择 Flash 文件(ActionScript 3.0) 选项新建 Flash 文档后，在绘画区域单击鼠标右键，在弹出的快捷菜单中选择“文档属性”命令，如图 8-13 所示。

（2）在打开的对话框中设置画布尺寸后单击按钮，在弹出的颜色列表中选择背景颜色，如图 8-14 所示。

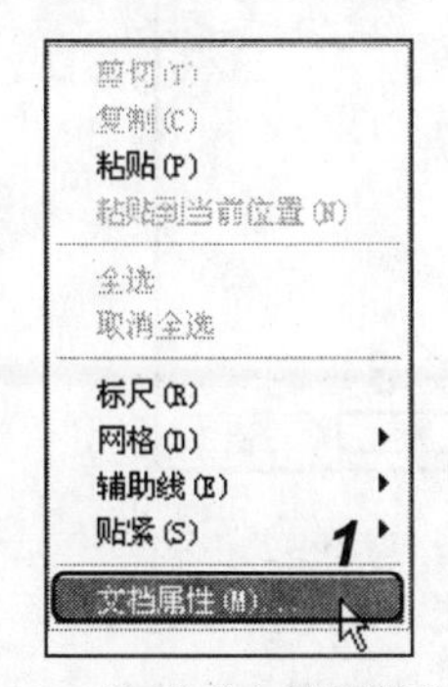

图 8-13 选择“文档属性”命令

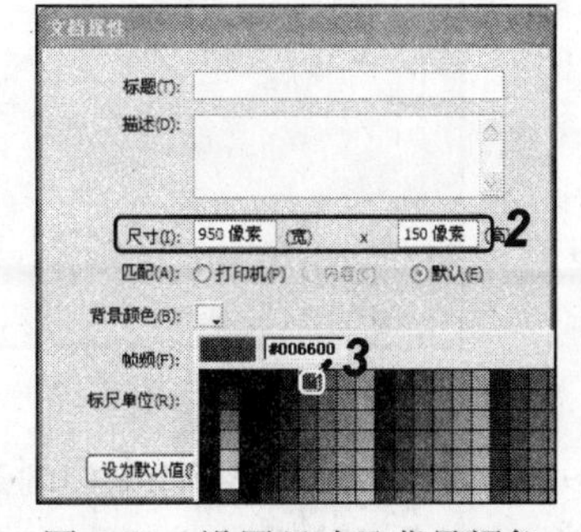

图 8-14 设置尺寸及背景颜色

（3）在“帧频”文本框中输入帧频，如 20，然后单击 确定 按钮，如图 8-15 所示。

（4）完成文档属性设置后的显示效果如图 8-16 所示。

图 8-15　设置帧频

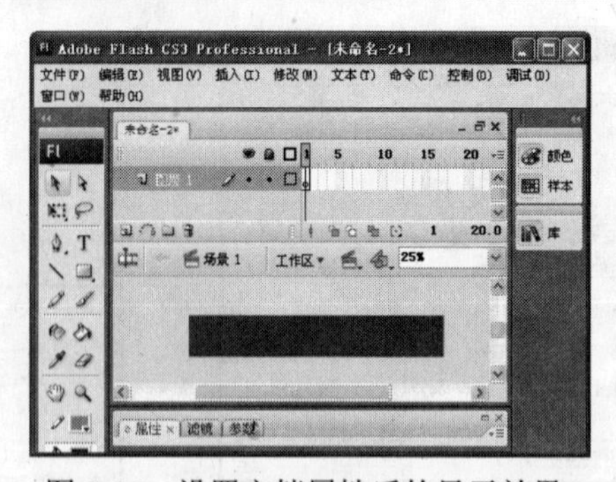

图 8-16　设置文档属性后的显示效果

8.2　Flash 文档的基本操作

在了解 Flash CS3 的工作界面之后，下面对 Flash 文档的创建、保存和打开等基本操作进行讲解。

8.2.1　Flash 文档的创建

在 Flash CS3 中创建文档的方法有以下几种：

- 在欢迎屏幕的“创建新项目”栏中选择 Flash 文件(ActionScript 3.0)选项创建 Flash 文档。
- 在 Flash 工作界面中选择“文件/新建”命令，在打开的“新建文档”对话框中选择“常规”选项卡，在“类型”列表框中选择“Flash 文件（ActionScript 3.0）”选项，如图 8-17 所示，单击 确定 按钮即可创建 Flash 文档。

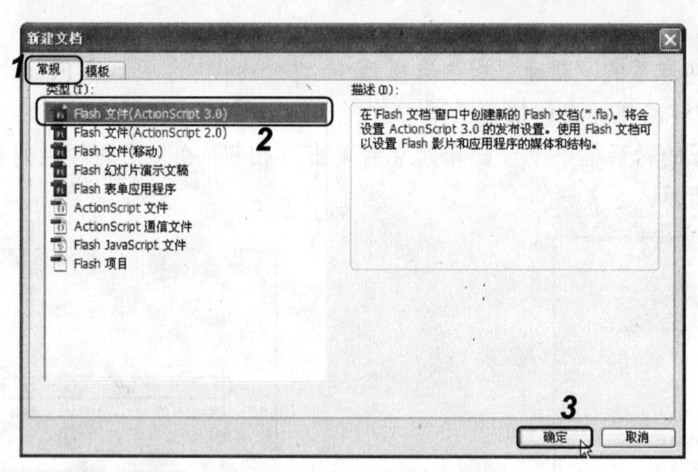

图 8-17　“新建文档”对话框

【例 8-1】　从模板新建 Flash 动画文档。

（1）启动 Flash CS3 后，按 Ctrl+N 键打开“新建文档”对话框，如图 8-18 所示。

（2）选择“模板”选项卡，在“类别”列表框中选择“广告”选项，在“模板”列表框中双击相应的广告尺寸选项，如图 8-19 所示，完成 Flash 文档的创建。

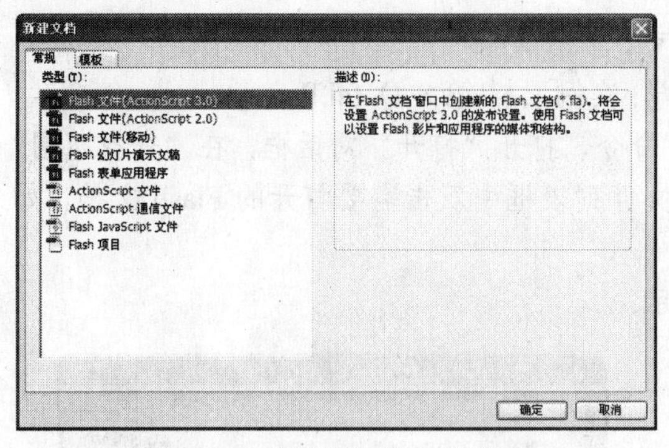

图 8-18　“新建文档”对话框

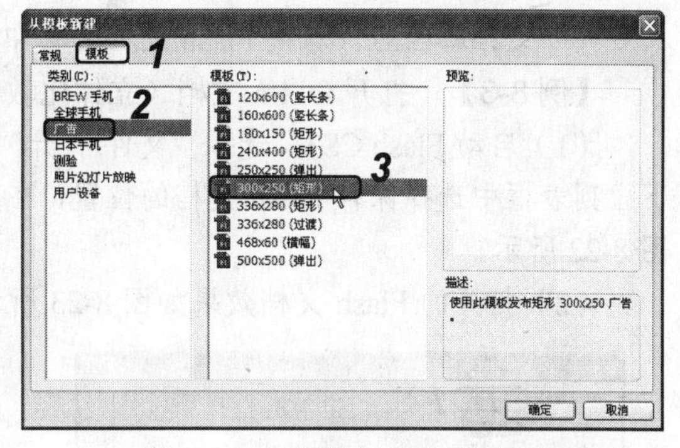

图 8-19　从模板创建 Flash 文档

8.2.2　Flash 文档的保存

在 Flash 动画的创建过程中，如果需要对文档进行保存，可以选择“文件/保存”命令或按 Ctrl+S 键保存文档。

【例 8-2】　保存新建的 Flash 文档。

（1）新建 Flash 文档后，选择“文件/保存”命令，打开“另存为”对话框。

（2）在“保存在”下拉列表框中选择保存 Flash 文档的位置，在“文件名”下拉列表框中输入文件的保存名称，然后单击保存(S)按钮，如图 8-20 所示。

（3）如果所建文档的版本低于 Flash CS3 版本，则会打开如图 8-21 所示的提示对话框，询问是否要转换为 Flash CS3 版本，如果需要转换则单击保存按钮，否则单击取消按钮。

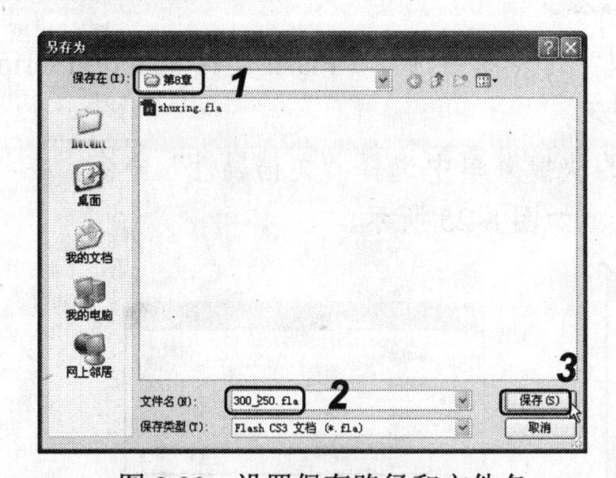

图 8-20　设置保存路径和文件名

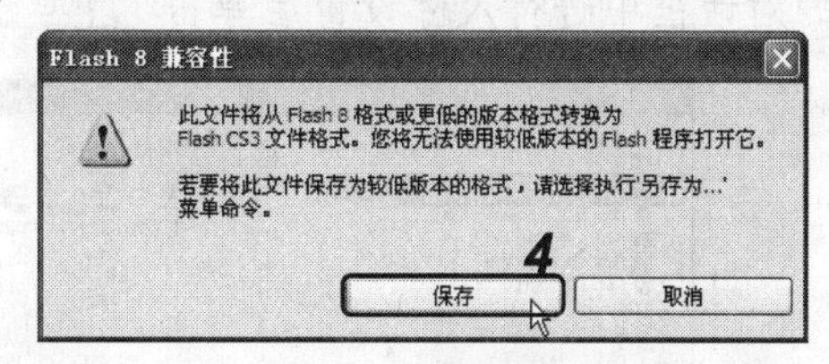

图 8-21　转换提示

8.2.3　Flash 文档的打开

完成 Flash 文档的编辑或暂停编辑时，需先保存文档，并选择“文件/退出”命令退出 Flash CS3；当需要再次对 Flash 文档进行编辑时，需要先将 Flash 文档打开，再进行编辑操作。

在 Flash CS3 中打开文档的方法有以下几种：

- 在有 Flash 文档的窗口中双击 Flash 文档图标。
- 在 Flash 工作界面中选择“文件/打开”命令，在打开的“打开”对话框中选择 Flash

文档路径后，双击 Flash 文档名称即可。

【例 8-3】 打开 fei.fla 文档（立体化教学:\实例素材\第 8 章\fei.fla）。

（1）启动 Flash CS3，选择“文件/打开”命令，打开“打开”对话框，在“查找范围”下拉列表框中选择保存 Flash 文档的位置，在文件列表框中双击需要打开的 Flash 文档，如图 8-22 所示。

（2）打开的 Flash 文档效果如图 8-23 所示。

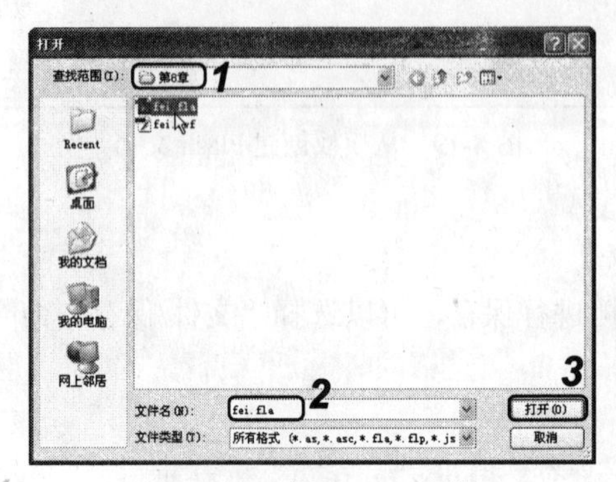

图 8-22 选择 Flash 文档

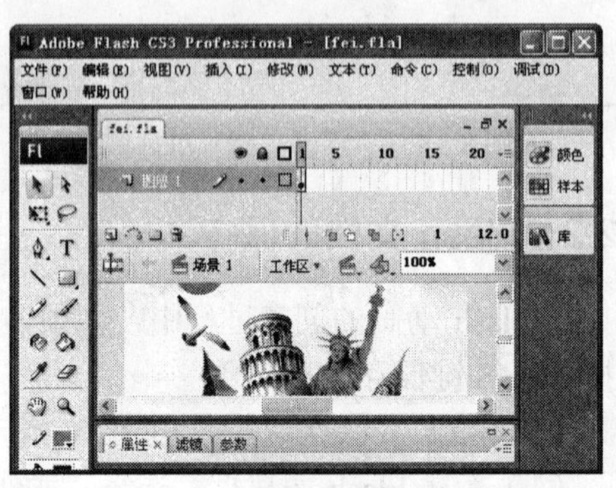

图 8-23 打开的 Flash 文档

8.2.4 应用举例——新建 Flash 广告动画

本例将新建 Flash 文档并对其进行属性设置。

操作步骤如下：

（1）启动 Flash CS3，选择“文件/新建”命令。

（2）在打开的“新建文档”对话框的“类型”列表框中选择“Flash 文件（ActionScript 3.0）”选项，再单击 确定 按钮，如图 8-24 所示。

（3）在绘图区域中单击鼠标右键，在弹出的快捷菜单中选择“文档属性”命令，在打开的对话框中进行尺寸设置后单击 确定 按钮，如图 8-25 所示。

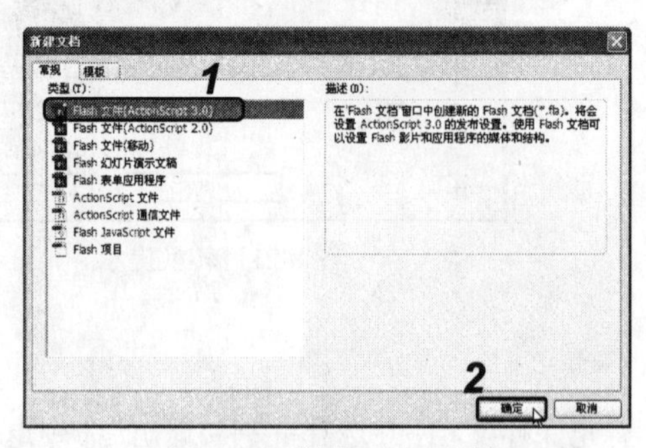

图 8-24 新建 Flash 文档

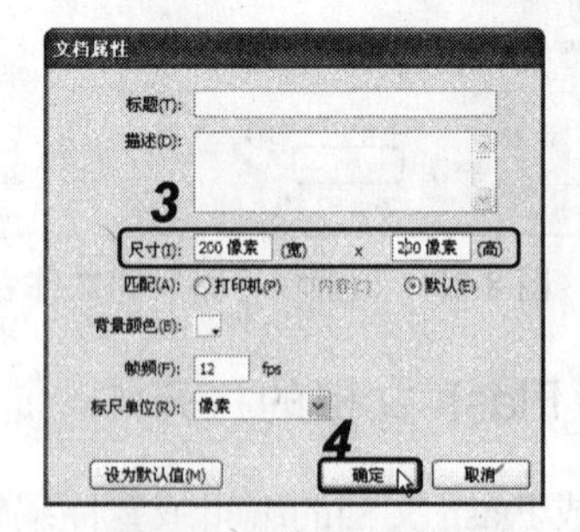

图 8-25 设置文档属性

（4）按 Ctrl+S 键打开“另存为”对话框，在“保存在”下拉列表框中选择保存位置，在“文件名”下拉列表框中输入文件名，然后单击 保存(S) 按钮，如图 8-26 所示。

（5）在窗口右上角单击☒按钮关闭 Flash 文档并退出 Flash CS3，如图 8-27 所示。

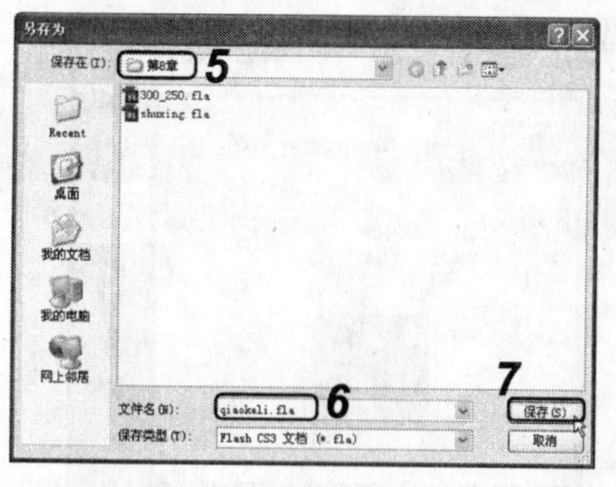

图 8-26 保存文档

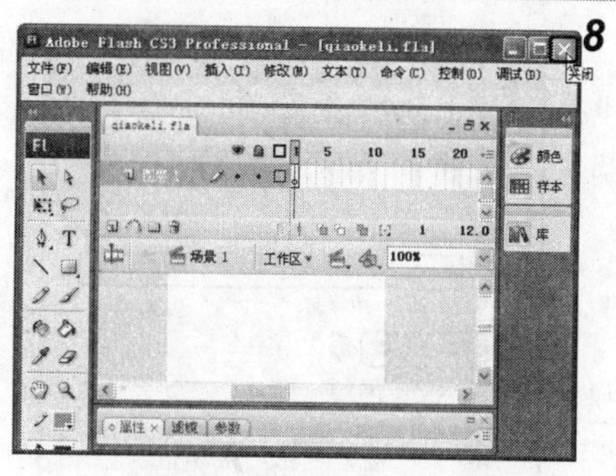

图 8-27 退出 Flash CS3

8.3 上机及项目实训

8.3.1 制作 gongzhu Flash 文档

本次实训将制作一个名为 gongzhu 的 Flash 文档（立体化教学:\源文件\第 8 章\gongzhu.fla），在文档的创建过程中将练习到启动与退出 Flash CS3、新建和保存文档等基本操作。

操作步骤如下：

（1）选择"开始/所有程序/Adobe Design Premium CS3/Adobe Flash CS3 Professional"命令启动 Flash CS3。

（2）在 Flash CS3 欢迎屏幕的"新建"栏中选择 Flash 文件(ActionScript 3.0)选项，如图 8-28 所示。

（3）系统新建一个 Flash 文档，再选择"文件/保存"命令，打开"另存为"对话框。

（4）在"保存在"下拉列表框中选择保存 Flash 文档的位置，在"文件名"下拉列表框中输入文件名，单击 保存(S) 按钮完成保存操作，如图 8-29 所示。

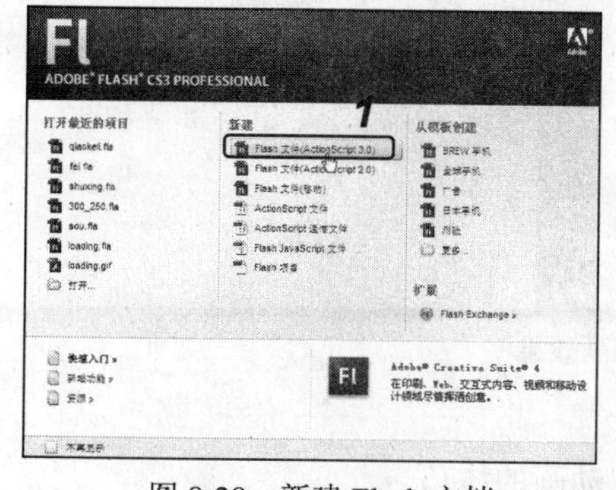

图 8-28 新建 Flash 文档

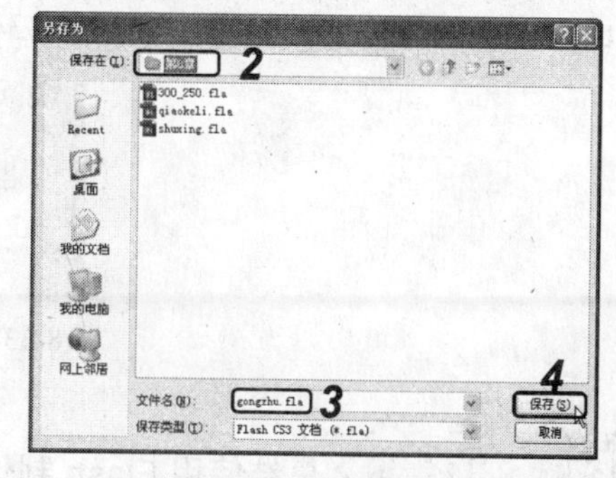

图 8-29 保存 Flash 文档

（5）在"属性"面板中单击 550 x 400 像素 按钮打开"文档属性"对话框，修改尺寸大小及背景颜色为"#FF0099"后，单击 确定 按钮，如图 8-30 所示。

（6）按 Ctrl+S 键保存 Flash 文档，如图 8-31 所示。

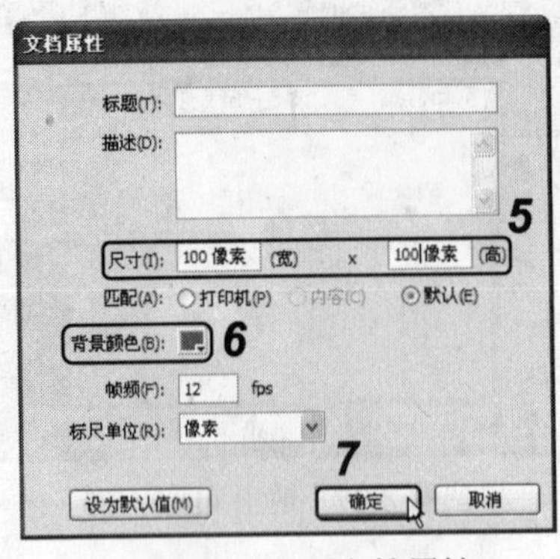

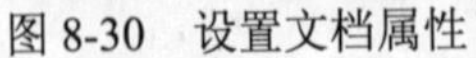
图 8-30　设置文档属性

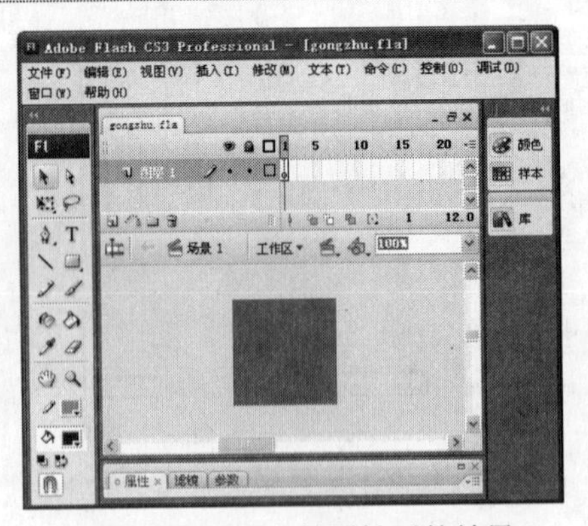

图 8-31　设置文档属性后的效果

（7）按 Ctrl+Enter 键发布影片，查看 Flash 动画效果。

8.3.2　制作 SHOW 文档

综合利用本章和前面所学知识，制作 SHOW 动画文档，效果如图 8-32 所示（立体化教学:\源文件\第 8 章\shou.fla）。

本练习可结合立体化教学中的视频演示进行学习（立体化教学:\视频演示\第 8 章\show.fla）。主要操作步骤如下：

（1）新建 Flash 动画文档。

（2）修改文档属性。

（3）保存文档。

图 8-32　最终效果

8.4　练习与提高

启动 Flash CS3，打开 gongzhu.fla 素材文件（立体化教学:\实例素材\第 8 章\gongzhu.fla），按 Ctrl+Enter 键预览动画效果，如图 8-33 所示。

图 8-33　预览动画效果

总结使用 Flash 制作 Flash 动画的技巧

本章主要介绍了 Flash 的基本操作，这里总结以下几点技巧供大家参考和探索：

- 通过欢迎屏幕可以快速创建 Flash 文档。
- 制作 Flash 时应先设置好文档属性，再进行动画制作。

第 9 章　绘制 Flash 图像

学习目标

☑　使用工具箱中的工具绘制咖啡杯
☑　通过导入图像的方法制作光晕图像效果
☑　使用“滤镜”面板创建特殊字体效果

目标任务&项目案例

绘制咖啡杯

创建特殊字体效果

创建 Flash 动画之前，首先应掌握使用工具箱中各项工具进行图形的绘制、使用“导入”功能导入和编辑外部图像等方法。本章将对 Flash 中常用的操作进行详细讲解，并将通过“滤镜”面板创建特殊 Flash 动画效果。

9.1　绘图工具的使用

使用工具箱是用 Flash 进行图像编辑操作的基础，其包括了在工作区制作与控制影片时使用的所有工具，每一个工具在 Flash 绘图中都起着不同的作用。

9.1.1　工具箱介绍

默认情况下，工具箱位于 Flash 工作界面的左侧，如果工具箱不可见，可以选择“窗口/工具”命令将其显示出来。

工具箱主要由绘图工具、色彩填充工具、查看工具、颜色选择工具和选项工具 5 部分构成。

1. 绘图工具

绘图工具中包含选择工具、部分选取工具、任意变形工具、填充变形工具、套索工具、线条工具、钢笔工具、椭圆工具、矩形工具、铅笔工具和刷子工具，如图 9-1 所示。各工具的作用分别介绍如下。

图 9-1 绘图工具

- **选择工具**：选择工具是 Flash 中进行图像绘制和动画编辑时最常用的工具，用于对绘图工作区中的图像进行选择、移动及造型等处理。
- **部分选取工具**：图形造型编辑工具，以贝塞尔曲线的方式对图形进行编辑，这样能方便对路径上的控制点进行选择、拖动、调整路径方向及删除节点等操作，使图形达到理想的造型效果。
- **任意变形工具**：对工作区中的对象进行变形操作。可以对各种对象进行 5 种变形处理，分别为缩放、旋转、倾斜、扭曲和封套。
- **填充变形工具**：用于对填充颜色的属性进行编辑或变形。
- **套索工具**：用于选择创建的对象，与选择工具相比，套索工具的选择方式有所不同。使用套索工具可以自由确定要选择的区域，而不像选择工具会将整个对象都选中。
- **线条工具**：使用该工具可以绘制任意方向和长短的直线。
- **钢笔工具**：用于绘制精确、平滑的路径，如绘制心形等较为复杂的图案。钢笔工具又叫贝塞尔曲线工具，是在许多绘图软件中广泛使用的一种重要工具，有很强的绘图功能。
- **椭圆工具**：用于绘制椭圆和正圆，不仅可以任意设置轮廓线的颜色、线宽和线型，还可以任意设置圆的填充色。
- **矩形工具**：用于绘制长方形和正方形，可以任意设置轮廓线的颜色、线宽和线型，还可以任意设置绘制图像的填充色。
- **铅笔工具**：可以绘制直线，也可以绘制曲线，与线条工具相比，铅笔工具则更加灵活。
- **刷子工具**：使用刷子工具能绘制出刷子般的笔触。刷子工具可以在进行大面积上色时使用。

2. 色彩填充工具

色彩填充工具包含墨水瓶工具、颜料桶工具、滴管工具和橡皮擦工具，如图 9-2 所示。各工具的作用分别介绍如下。

- **墨水瓶工具**：用于改变已有边框线的颜色、粗细、线型等属性，可以为没有边框的矢量图块添加边框线。墨水瓶工具本身不能在舞台中绘制线条，只能对已有线条进行修改。

- **颜料桶工具**：绘图编辑中常用的填色工具，用于对封闭的轮廓范围或图形块区域进行颜色填充。这个区域可以是无色区域，也可以是有色区域。填充时可以使用纯色、渐变色或位图进行填充。
- **滴管工具**：用于对色彩进行采样，可以拾取描绘色、填充色以及位图图像等。在拾取描绘色后，滴管工具自动变成墨水瓶工具，在拾取填充色或位图图形后自动变成颜料桶工具。
- **橡皮擦工具**：用于擦除图形的外轮廓和内部颜色。橡皮擦工具有多种擦除模式，可以设置为只擦除图形的外轮廓和侧部颜色，也可以设置为只擦除图形对象的某一部分的内容。

图 9-2　色彩填充工具

3．查看工具

查看工具包括手形工具和缩放工具，如图 9-3 所示。其作用分别介绍如下。

- **手形工具**：用于在工作区移动画面。选择手形工具后，按住鼠标左键不放并移动，舞台的纵向滑块和横向滑块也随之移动。手形工具的作用相当于同时拖动纵向和横向滚动条。
- **缩放工具**：用于放大或缩小舞台的显示比例，在处理图形时，使用缩放工具可以帮助设计者完成重要的细节设计。

图 9-3　查看工具

提示：

手形工具和选择工具是有区别的，虽然它们都可以移动对象，但是选择工具的移动是指在工作区内移动绘图对象，所以对象的实际坐标也会发生改变；而使用手形工具移动对象时，表面上看来对象的位置发生了改变，实际移动的却是工作区的显示空间，工作区中所有对象的实际坐标相对于其他对象的坐标并没有发生任何改变。手形工具的主要目的是为了在一些比较大的舞台内将对象快速移动到目标区域。

4．颜色选择工具

颜色选择工具包括笔触颜色工具和填充颜色工具等，如图 9-4 所示。其作用分别介绍如下。

- **笔触颜色工具**：用于对所选对象的线条和边框颜色进行设置。
- **填充颜色工具**：用于对所选对象内部的填充颜色进行设置。
- **“黑白”按钮**：单击此按钮可使所选对象只以白色或黑色方式显示。
- **“没有颜色”按钮**：单击此按钮可以消除矢量图形边框的颜色。
- **“交换颜色”按钮**：单击此按钮可交换矢量图形填充颜色和边框颜色。

图 9-4　颜色选择工具

5．选项工具

“选项”区域将显示所选工具的设置属性，它随着所选工具的变化而变化。当选择某种工具后，在“选项”区域中将出现相应的设置选项，这些选项会影响工具的填色或编辑操作。图 9-5、图 9-6 和图 9-7 所示分别为选择矩形工具、套索工具和刷子工具时的选项工具面板。

图 9-5　矩形工具选项工具

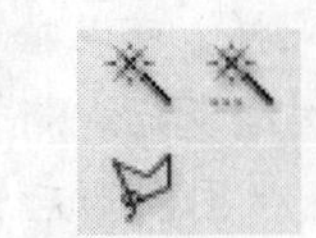

图 9-6　套索工具选项工具

图 9-7　刷子工具选项工具

提示：

在 Flash 中绘制矢量图时，大多都是利用线条工具 或铅笔工具 先勾勒出要绘制图形的外部轮廓线，再对绘制好的线条图形进行颜色填充。在使用线条工具绘制轮廓时，就需要用到部分选取工具 来对线条的曲度进行一些编辑和调整，这样绘制出来的线条才会更简洁、更流畅。

9.1.2　矢量图与位图

计算机中显示的图形一般可以分为两大类，即矢量图和位图。Flash、FreeHand、Illustrator 等软件主要采用矢量图格式；Photoshop 等软件主要使用位图格式。目前，越来越多的软件既可创建矢量图并对其进行编辑，也可以导入并处理以其他方式创建的位图。下面分别对这两种图像格式进行简单的介绍。

1．矢量图

矢量图使用直线和曲线来描述图形，这些图形由点、线、矩形、多边形、圆和弧线等对象组成，它们都是通过数学公式计算获得的。每个对象都是一个自成一体的实体，它具有颜色、形状、轮廓、大小和屏幕位置等属性，可以在维持它原有清晰度和弯曲度的同时，多次移动和改变它的属性，而不会影响图例中的其他对象。由于矢量图形是通过公式计算获得的，所以矢量图形文件体积一般较小。矢量图形最大的优点是无论放大、缩小或旋转等都不会失真；最大的缺点是难以表现色彩层次丰富的逼真图像效果。

矢量图有放大不失真的特点，而且能够表现很独特的效果（尤其在平面美术设计中，表达抽象的、概念化的主题时），但是将拍摄的照片等真实图片转换为矢量图并无意义，或者说根本不宜保存为矢量图格式。

2．位图

位图图像又称为点阵图像或绘制图像，是由像素（图片元素）的单个点组成的，这些点可以进行不同的排列和染色以构成图像。当放大位图时，可以看见构成整个图像的无数个方块。扩大位图尺寸的效果是增加单个像素，从而使线条和形状显得参差不齐。然而，如果从稍远的位置观看它，位图图像的颜色和形状又显得很连续。由于每一个像素都是单独染色的，因此可以通过以每次一个像素的频率操作选择区域而产生近似相片的逼真效果，如加深阴影和加重颜色。缩小位图尺寸也会使原图变形，因为这是通过减少像素来使整个图像变小的方式。

9.1.3　应用举例——绘制咖啡杯

下面使用工具箱中的工具绘制一个咖啡杯的矢量图，最终效果如图 9-8 所示（立体化教学:\源文件\第 9 章\绘制咖啡杯.fla）。

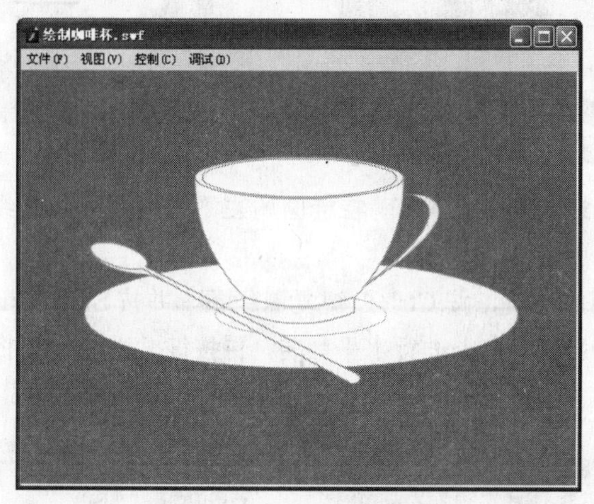

图 9-8　咖啡杯最终效果

操作步骤如下：

（1）启动 Flash CS3，新建一个 Flash 文档，并保存为“绘制咖啡杯.fla”。在“属性”面板中单击“背景”颜色框，在弹出的颜色列表中设置文档的背景颜色为“#7F756B”，如图 9-9 所示。

（2）在工具箱中选择椭圆工具，在“属性”面板中分别设置笔触颜色为“#999999”，笔触高度为 1，填充颜色为“白色”，再用鼠标在场景中绘制如图 9-10 所示的椭圆。

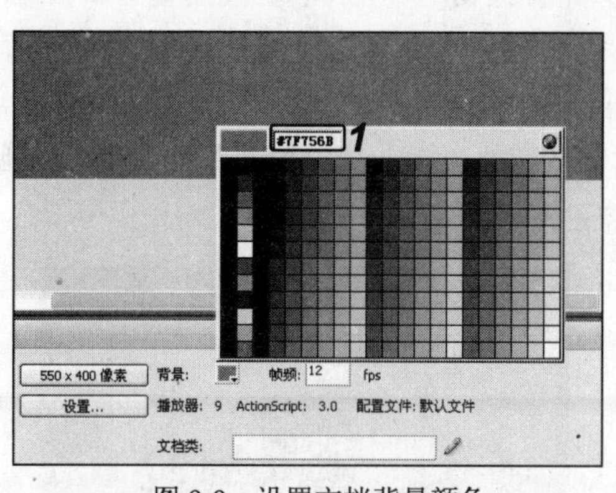

图 9-9　设置文档背景颜色

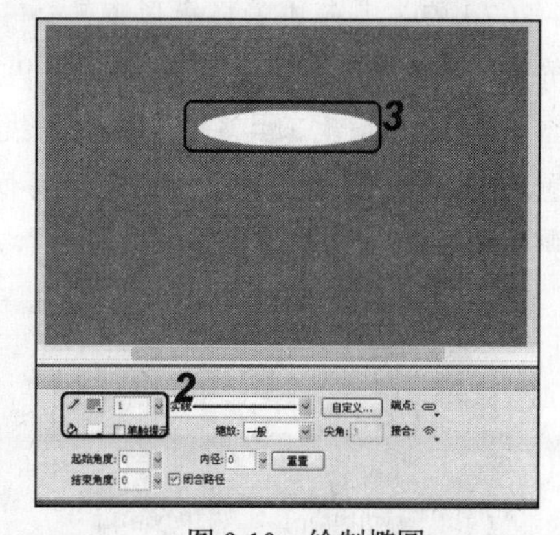

图 9-10　绘制椭圆

（3）在工具箱中选择选择工具，使用框选的方式选中绘制的整个椭圆，按 Ctrl+C 键复制，再按 Shfit+Ctrl+V 键将椭圆复制一次并粘贴到原位置，如图 9-11 所示。

（4）选择“修改/变形/缩放和旋转”命令，在打开的“缩放和旋转”对话框中设置“缩放”为 93%，单击 确定 按钮，如图 9-12 所示。

图 9-11　复制并原位粘贴图像

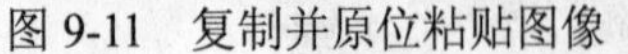

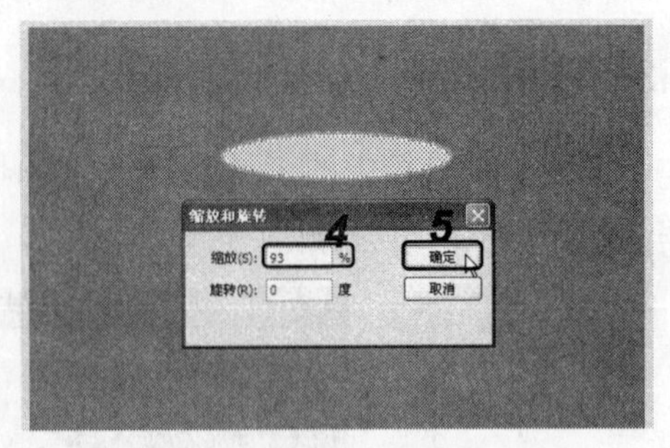

图 9-12　缩放图像

（5）在工具箱中选择线条工具＼，在椭圆的左下方绘制一条直线，再使用选择工具↖调整线条，如图 9-13 所示。

（6）选择刚绘制的线条，按 Ctrl+C 键复制线条，并按 Shift+Ctrl+V 键原位粘贴线条，选择“修改/变形/水平翻转”命令进行水平翻转，再按键盘上的→键将其移动到椭圆右侧边缘，如图 9-14 所示。

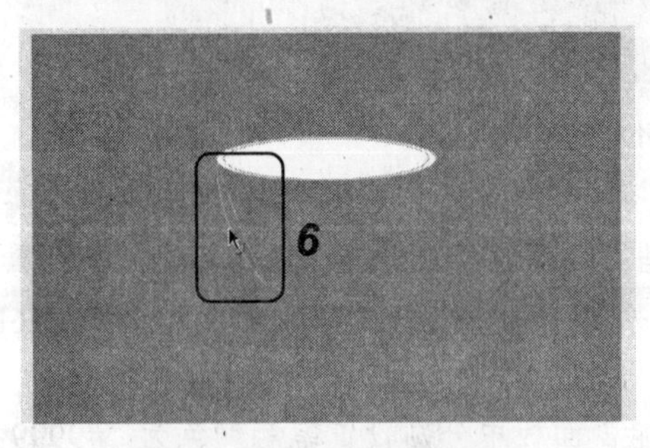

图 9-13　绘制并调整线条

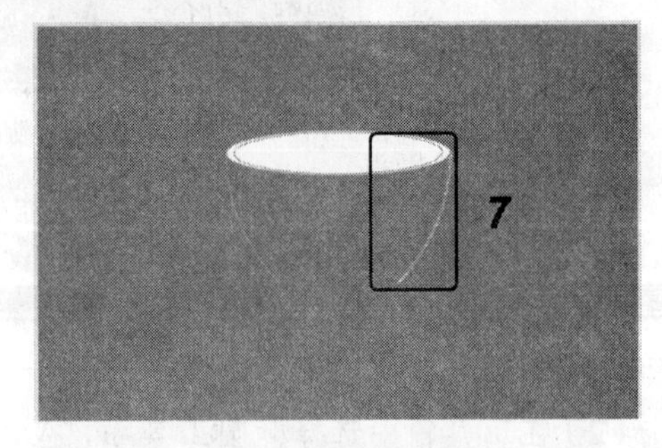

图 9-14　复制粘贴并翻转线条

（7）在工具箱中选择矩形工具□，在线条下方绘制一个矩形，并使用选择工具↖对矩形的上、下两条线条进行调整，如图 9-15 所示。

（8）选择钢笔工具♁，在右侧的线条上单击以选择该线条，再在线条杯沿下方一点的位置单击，然后将光标移动到线条上杯底稍上方的位置单击并按住鼠标左键不放进行拖动，以调整线条的曲度及形状，至合适时释放鼠标，如图 9-16 所示。

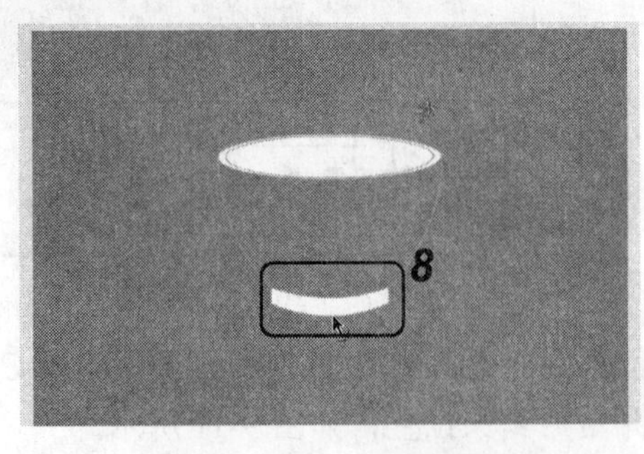

图 9-15　绘制矩形

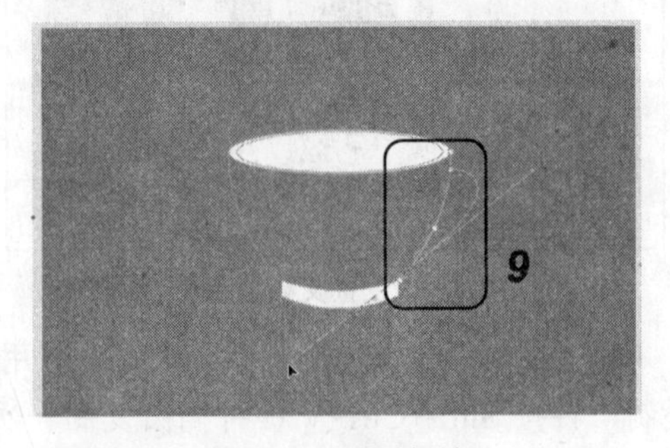

图 9-16　绘制手柄

（9）选择选择工具↖，在绘图区域空白处单击取消线条的选中状态，再将光标移动到

手柄曲线上，按住 Ctrl 键的同时按住鼠标左键不放稍向右拖动，至合适位置后释放鼠标及按键。

（10）将光标移动到新复制的曲线顶端，按住鼠标左键不放向左拖动至与原手柄曲线的顶端重合，再使用相同的方法调整底部的曲线，完成后的效果如图 9-17 所示。

（11）在时间轴左侧的图层区中单击按钮新建“图层 2”，在新建的图层中绘制两个笔触为 1、圆心在同一位置、填充颜色为白色的椭圆作为咖啡碟，如图 9-18 所示。

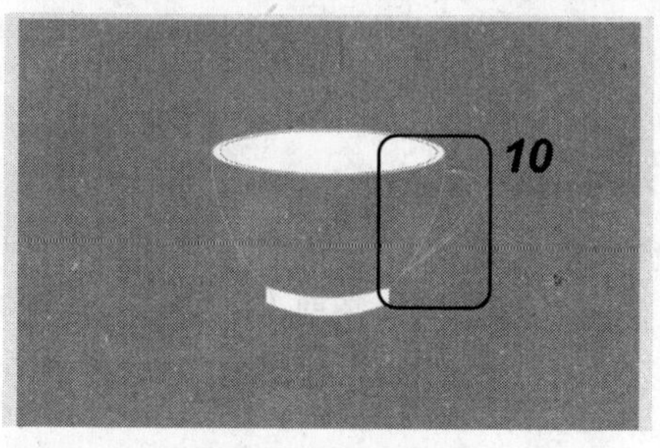

图 9-17　绘制手柄

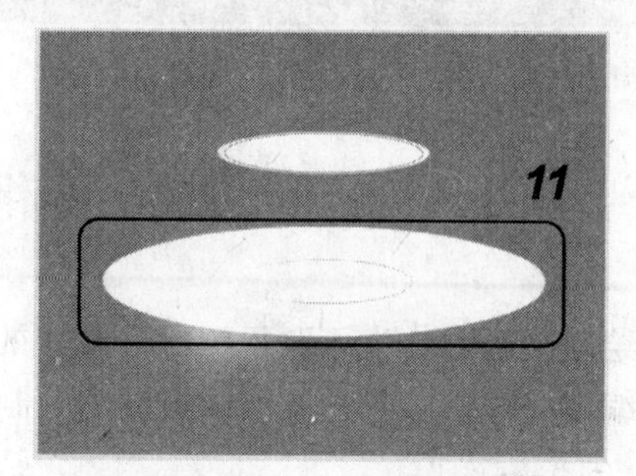

图 9-18　绘制咖啡碟

（12）在时间轴左侧的图层区中单击按钮新建“图层 3”，并在新建的图层中分别使用椭圆工具、线条工具和部分选取工具绘制一个小勺，并填充为“白色”，如图 9-19 所示。

（13）在时间轴左侧的图层区中将“图层 2”拖动到“图层 1”的下方，再选择“图层 1”，按↑键将咖啡杯图像位置向上调整，让咖啡杯底位于托盘中央，如图 9-20 所示。

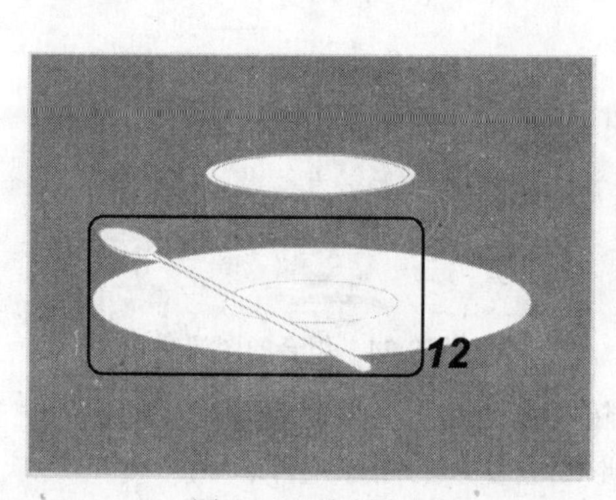

图 9-19　绘制小勺

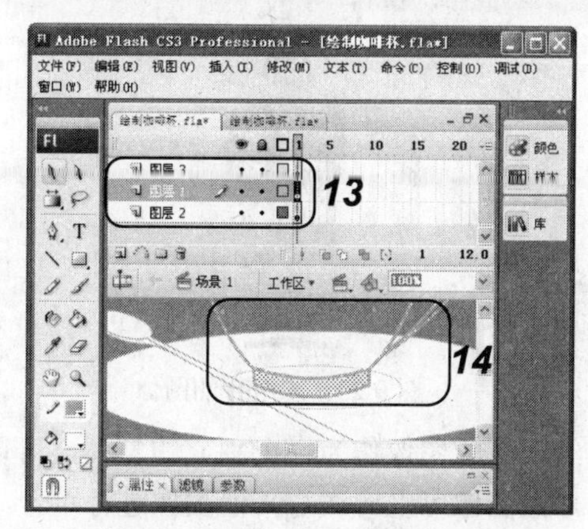

图 9-20　调整图层以及图像位置

（14）在工具箱中选择颜料桶工具，将光标移动到咖啡杯中单击以填充颜色，如图 9-21 所示。

（15）将光标移动到咖啡杯右侧的手柄中单击以填充颜色，如图 9-22 所示。

（16）按 Ctrl+S 键保存文档，按 Ctrl+Enter 键预览动画效果。

提示：

调整图层顺序的目的是改变绘图区域中图像的显示顺序，从而改变画面效果。

图 9-21　填充咖啡杯颜色

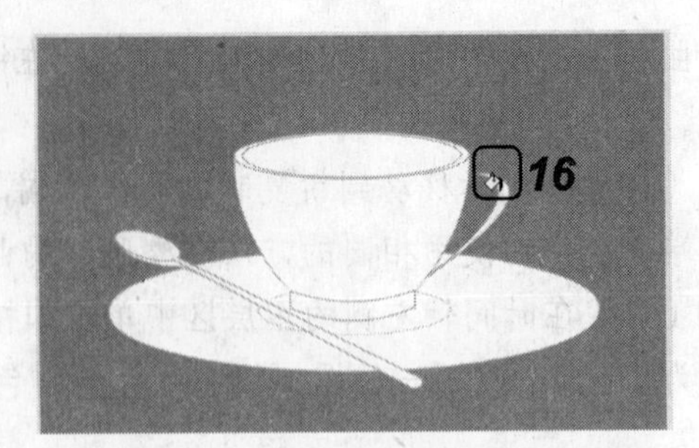

图 9-22　填充手柄颜色

9.2　图像的编辑和导入

绘制图像后，为了取得更好的图像效果以满足动画编辑的需要，通常需对图像进行适当的编辑处理。导入图像可以提高动画制作的工作效率，使影片效果更加丰富。

9.2.1　组合与分离

组合与分离是图像编辑中效果相反的图像处理功能。使用绘图工具直接绘制出的图像处于分离状态，如图 9-23 所示；对绘制的图像进行组合操作可以保持图像的独立性。选择“修改/组合”命令或按 Ctrl+G 键可将选择的图像进行组合，组合后的图像在被选中时将显示出蓝色边框，如图 9-24 所示。

图 9-23　未组合的图像

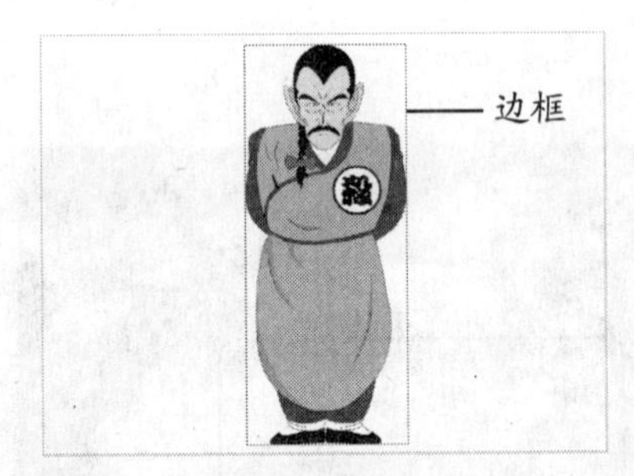

图 9-24　组合的图像

组合后的图像作为一个独立的整体，可以随意拖动而不会使图像发生变形。而且多个组合后的图像可以再次与其他图像进行组合，形成更复杂的图像整体。

选择“修改/分离”命令或按 Ctrl+B 键可以将组合后的图像还原为分离状态。分离操作也常用于对位图的编辑中，将位图分离后，可以对其进行填色或清理操作。

9.2.2　图像的导入

在 Flash CS3 中可以导入矢量图或位图文件，其方法是：选择“文件/导入/导入到舞台”或“文件/导入/导入到库”命令，在打开的“导入”或者“导入到库”对话框中选择需要导入的图像，单击打开(O)按钮。

【例 9-1】　对图像进行导入操作，导入后的效果如图 9-25 所示（立体化教学:\源文

件\第 9 章\浓情巧克力.fla)。

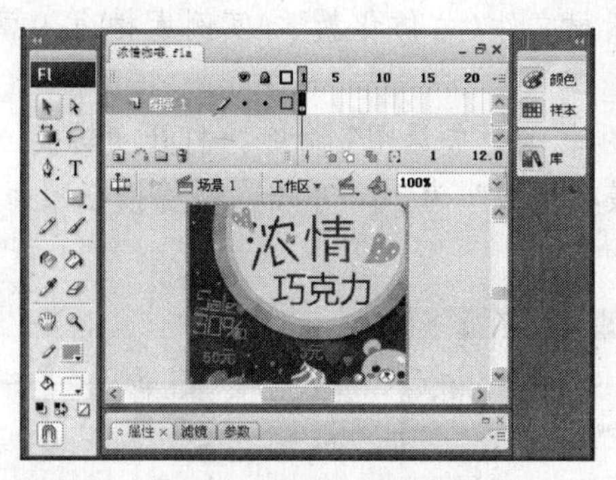

图 9-25　导入图像效果

操作步骤如下：

（1）打开浓情巧克力.fla 素材文件（立体化教学:\实例素材\第 9 章\浓情巧克力.fla），选择“文件/导入/导入到舞台”命令，如图 9-26 所示。

（2）在打开的“导入”对话框的“查找范围”下拉列表框中选择导入图像的位置，在文件列表框中双击需要导入的图像，如图 9-27 所示。导入图像后的显示效果如图 9-25 所示。

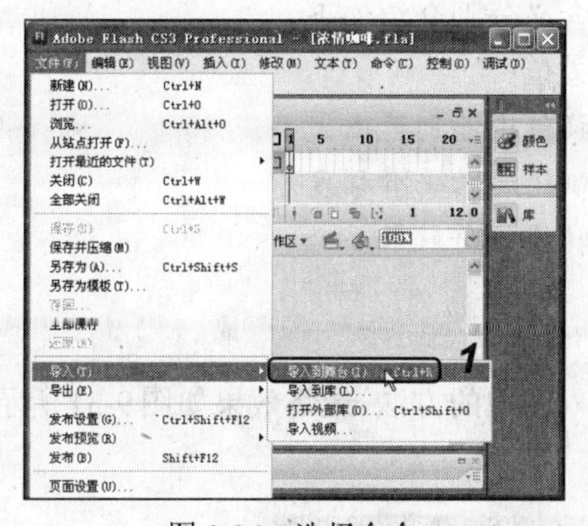

图 9-26　选择命令

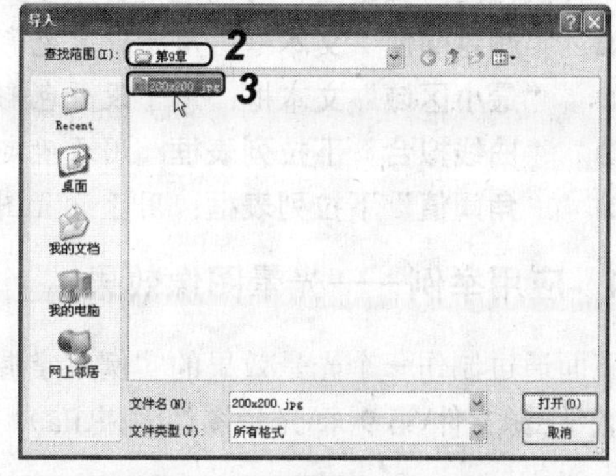

图 9-27　选择要导入的图像

9.2.3　将位图转换为矢量图

Flash 具有将位图转换为矢量图的功能，利用该功能可以很方便地取得漂亮的素材图形，提高动画制作的工作效率。

【例 9-2】　将位图转换为矢量图，最终效果如图 9-28 所示（立体化教学:\源文件\第 9 章\咖啡杯.fla）。

图 9-28　最终效果

操作步骤如下：

（1）打开咖啡杯.fla 素材文件（立体化教学:\实例素材\第 9 章\咖啡杯.fla）并选择图像，如图 9-29 所示。

（2）选择“修改/位图/转换为矢量图”命令，打开“转换位图为矢量图”对话框，设置“颜色阈值”为 50，“最小区域”为 10，单击 确定 按钮，如图 9-30 所示。转换为矢量图的效果如图 9-28 所示。

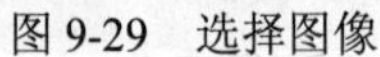

图 9-29 选择图像

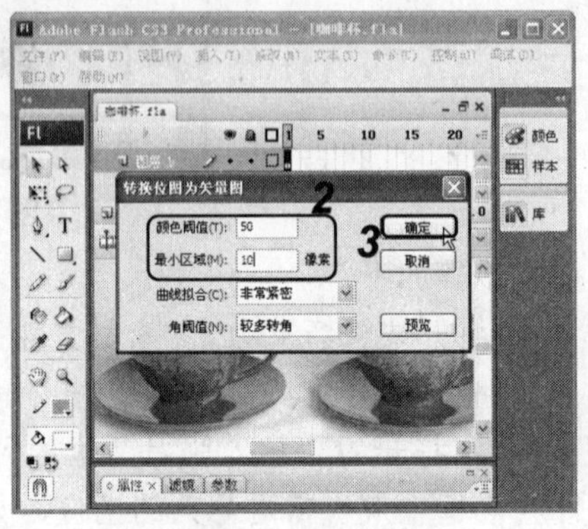

图 9-30 设置转换参数

“转换位图为矢量图”对话框中各项参数的含义分别介绍如下。

- **“颜色阈值”文本框**：用于设置色彩容差值。
- **“最小区域”文本框**：用于设置色彩转换最小差别范围大小。
- **“曲线拟合”下拉列表框**：用于确定绘制轮廓的平滑程度。
- **“角阈值”下拉列表框**：用于设置图像转换折角效果。

9.2.4 应用举例——光晕图像效果

下面通过制作一个光晕效果的实例来掌握导入图像的方法，最终效果如图 9-31 所示（立体化教学:\源文件\第 9 章\光晕图像效果.fla）。

图 9-31 光晕图像效果

操作步骤如下：

（1）打开“光晕图像效果.fla”素材文件（立体化教学:\实例素材\第 9 章\光晕图像效果.fla），选择“图层 2”，如图 9-32 所示。

（2）按 Ctrl+R 键打开“导入”对话框，在“查找范围”下拉列表框中选择图像所在位置，这里选择“第 9 章”，在文件列表框中双击要导入的 bg.jpg 图像（立体化教学:\实例素材\第 9 章\bg.jpg），如图 9-33 所示。完成后的显示效果如图 9-31 所示。

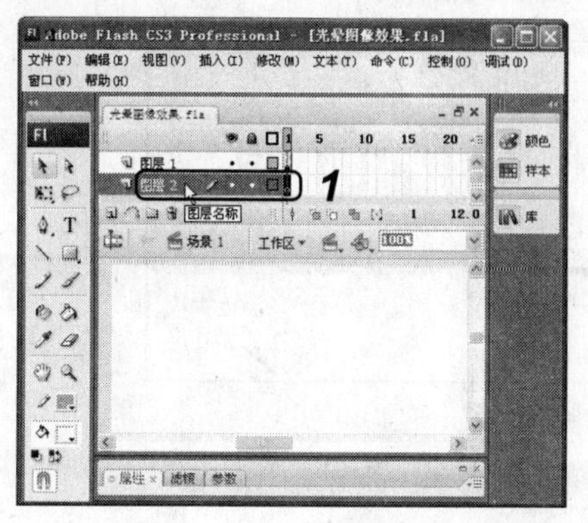

图 9-32　选择“图层 2”

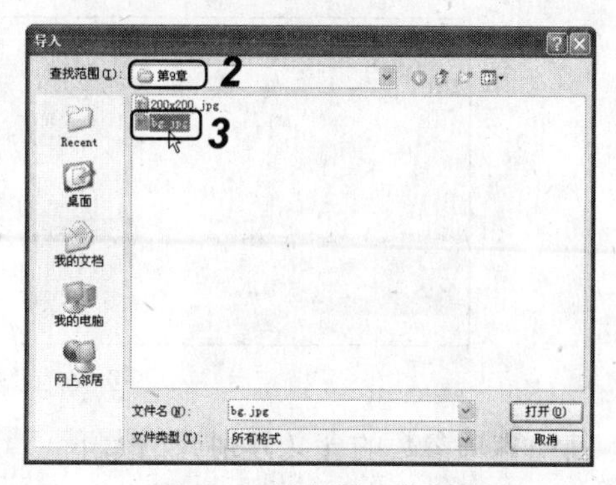

图 9-33　选择导入的图像

9.3　图像特殊效果的创建

通过 Flash CS3 的滤镜可以给影片剪辑添加斜角、投影、发光、模糊、渐变发光、渐变斜角和调整颜色等特殊效果，而且可应用到文本、按钮和影片剪辑的图形效果上。

9.3.1　“滤镜”面板

选择要添加滤镜的对象后，在 Flash 工作界面中选择“窗口/属性/滤镜”命令，打开如图 9-34 所示的“滤镜”面板。在“滤镜”面板中单击 按钮，将弹出如图 9-35 所示的菜单，选择相应的命令即可为所选文本、影片剪辑或按钮添加滤镜效果。

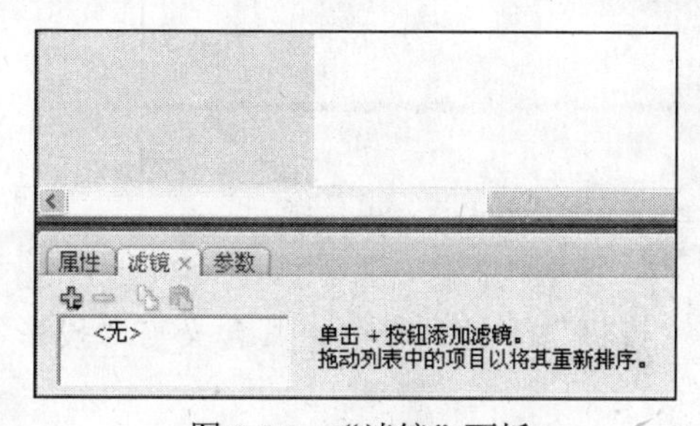

图 9-34　“滤镜”面板

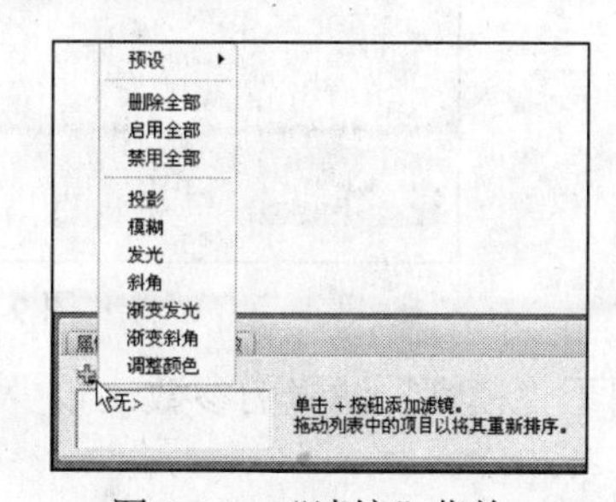

图 9-35　“滤镜”菜单

提示：

滤镜只适用于文本、影片剪辑和按钮，对其他对象则不能使用滤镜功能。

9.3.2 滤镜的使用

通过单击“滤镜”面板中的按钮，在弹出的菜单中可以为所选对象添加各种滤镜效果，下面对其进行详细介绍。

1. 投影

在弹出的菜单中选择“投影”命令，其面板如图 9-36 所示。

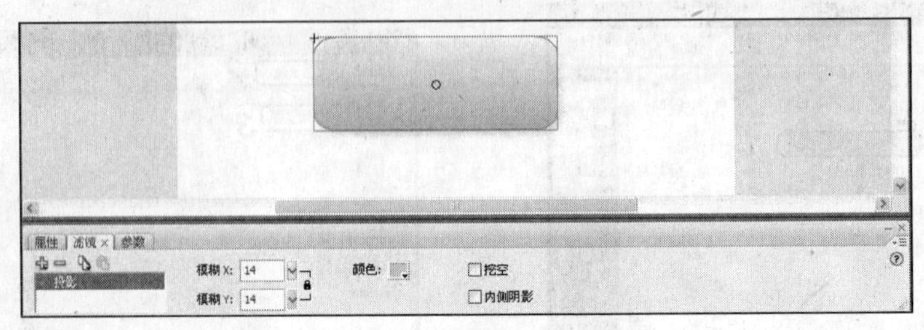

图 9-36 “投影”滤镜面板

其中各项参数的含义分别介绍如下。

- **“模糊”下拉列表框**：用于指定投影的模糊程度，可分别对 X 和 Y 两个方向进行设定，取值范围为 0～100。单击“锁定”按钮，可以解除对 X 轴和 Y 轴方向的比例锁定。
- **“颜色”按钮**：单击按钮，在打开的颜色列表中可选择投影的颜色。
- **挖空复选框**：选中该复选框，可在将投影作为背景的基础上，挖空对象的显示。
- **内侧阴影复选框**：选中该复选框，可设置阴影的生成方向为对象的内侧。

2. 模糊

在弹出的菜单中选择“模糊”命令，其面板如图 9-37 所示。

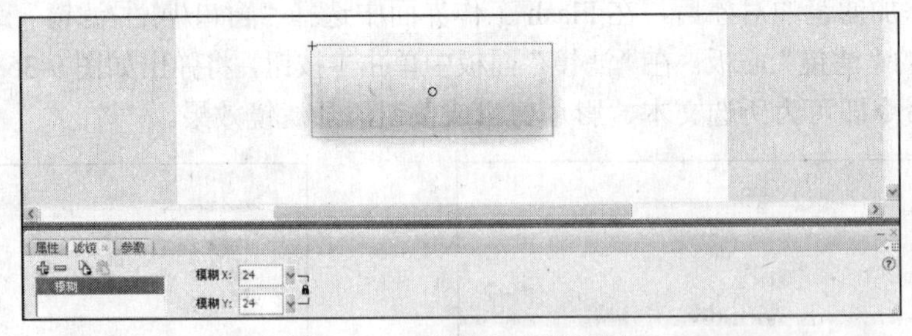

图 9-37 “模糊”滤镜面板

用于“模糊”滤镜的参数比较少，只有“模糊”下拉列表框，其含义与“投影”滤镜相应参数相同。

3. 发光

在弹出的菜单中选择“发光”命令，其面板如图 9-38 所示。

其中各项参数的含义与“投影”滤镜面板相同。

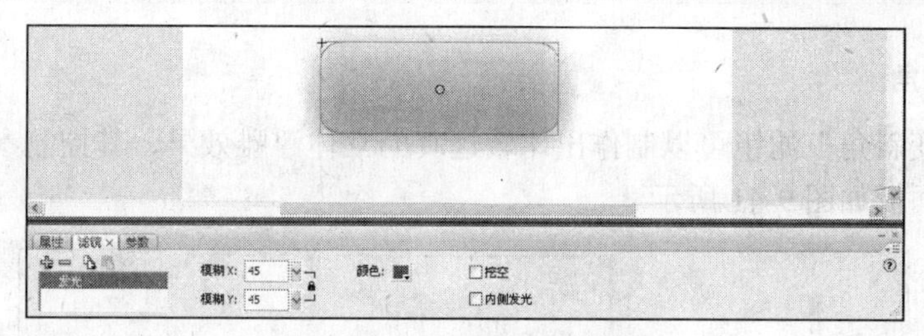

图 9-38　“发光”滤镜面板

- **“模糊”下拉列表框**：用于指定发光的模糊程度。
- **“颜色”按钮**：单击按钮，在打开的颜色列表中可选择发光的颜色。
- **☑挖空复选框**：选中该复选框，可将发光效果作为背景并挖空对象显示。
- **☑内侧发光复选框**：选中该复选框，可设置发光的生成方向指向对象的内侧。

4．斜角

使用“斜角”滤镜可以制作出立体的浮雕效果，其面板如图 9-39 所示。

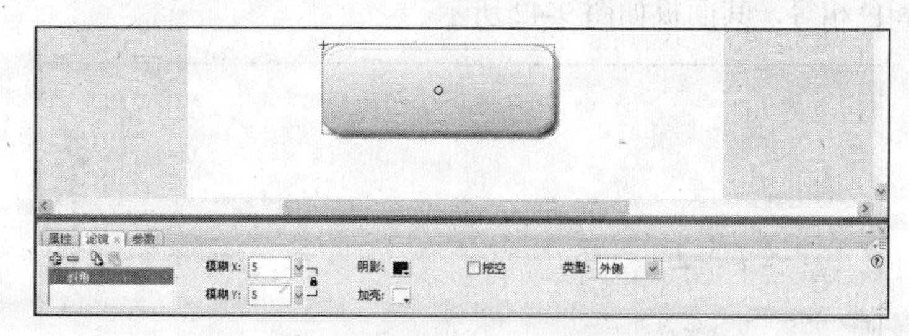

图 9-39　“斜角”滤镜面板

其中部分参数的含义分别介绍如下。

- **“模糊”下拉列表框**：用于设置斜角的模糊程度。
- **“阴影颜色”按钮**：用于设置阴影的颜色。
- **“加亮颜色”按钮**：用于设置高光部分的颜色。
- **“类型”下拉列表框**：用于设置斜角的类型，包括“外侧”、“内侧”与“整个”3 个选项。

5．渐变发光

“渐变发光”滤镜效果和“发光”滤镜效果基本相似，只是“渐变发光”滤镜效果可以设置渐变类型，其面板如图 9-40 所示。

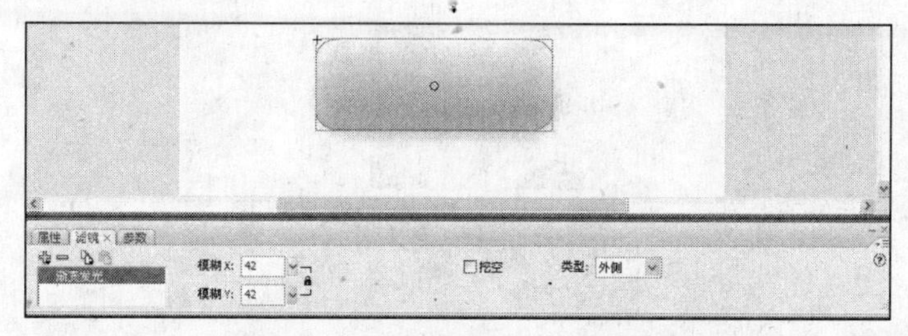

图 9-40　“渐变发光”滤镜面板

6．渐变斜角

添加"渐变斜角"滤镜可以制作出比较逼真的立体浮雕效果，其控制参数和"斜角"滤镜相似，其面板如图 9-41 所示。

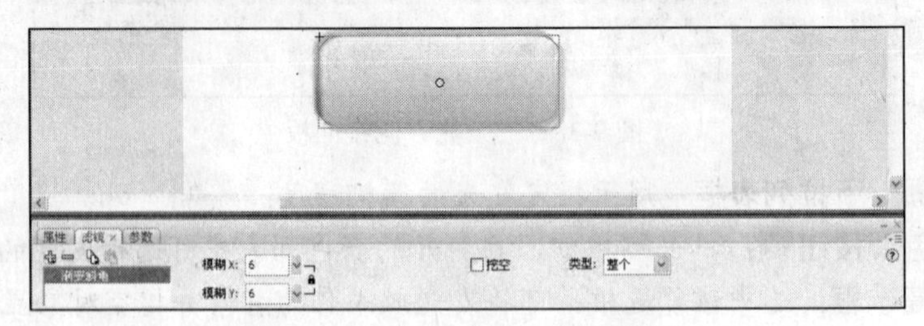

图 9-41 "渐变斜角"滤镜面板

7．调整颜色

"调整颜色"滤镜面板允许对影片剪辑、文本或按钮进行颜色调整，如调整亮度、对比度、饱和度和色相等，其面板如图 9-42 所示。

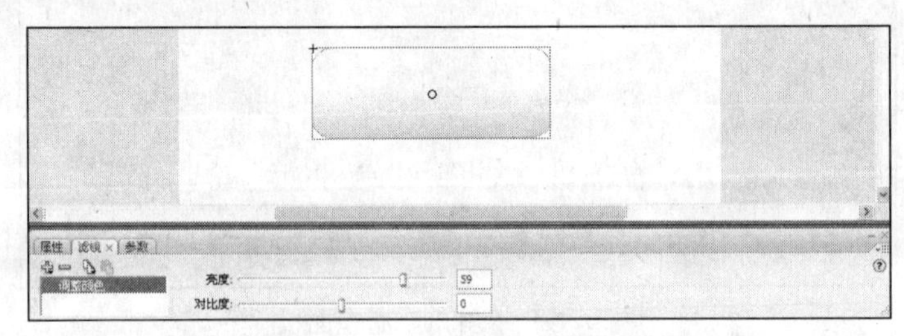

图 9-42 "调整颜色"滤镜面板

其中各项参数的含义分别介绍如下。

- **"亮度"滑块**：用于调整对象的亮度。取值范围为-100～100，向左拖动滑块可以降低对象的亮度，向右拖动滑块可以增强对象的亮度。
- **"对比度"滑块**：用于调整对象的对比度。取值范围为-100～100，向左拖动滑块可以降低对象的对比度，向右拖动滑块可以增强对象的对比度。

9.3.3 应用举例——创建特殊字体效果

本实例将使用"滤镜"面板创建特殊效果的字体，如图 9-43 所示（立体化教学:\源文件\第 9 章\微笑的咖啡杯.fla）。

图 9-43 最终效果

操作步骤如下：

（1）打开“微笑的咖啡杯.fla”素材文件（立体化教学:\实例素材\第 9 章\微笑的咖啡杯.fla），选择文本“出手截杀，就是现在!”，在“滤镜”面板中单击按钮，在弹出的菜单中选择“发光”命令，如图 9-44 所示。

（2）在“滤镜”面板中单击按钮，在打开的颜色列表中选择白色，如图 9-45 所示。

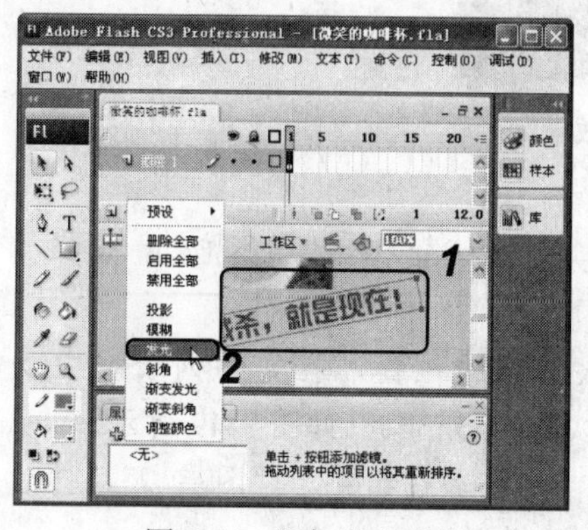

图 9-44　添加发光效果

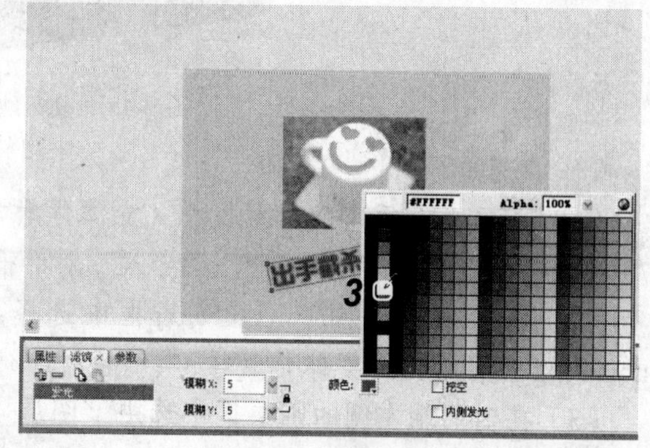

图 9-45　设置颜色

（3）选择文本“活动时间：5 月 25 日—6 月 8 日”，在“滤镜”面板中单击按钮，在弹出的菜单中选择“发光”命令，如图 9-46 所示。

（4）在“滤镜”面板的“模糊 X”下拉列表框中输入“14”，如图 9-47 所示。

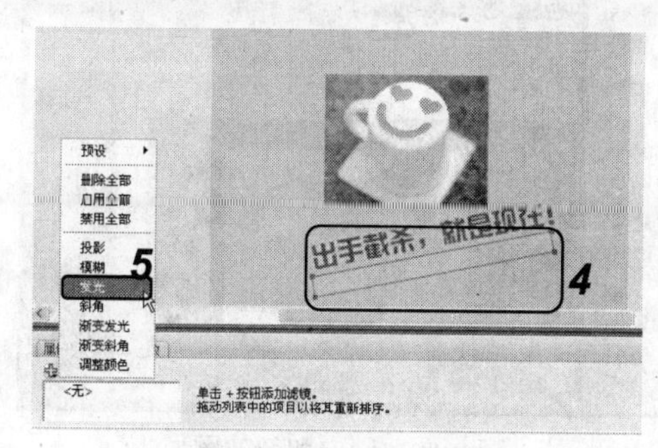

图 9-46　设置发光滤镜效果

图 9-47　设置模糊值

（5）保存文档，按 Ctrl+Enter 键进行预览。

9.4　上机及项目实训

9.4.1　绘制鼠标图形

本实训将利用工具箱中的工具绘制鼠标图形，效果如图 9-48 所示（立体化教学:\源文件\第 9 章\鼠标.fla）。

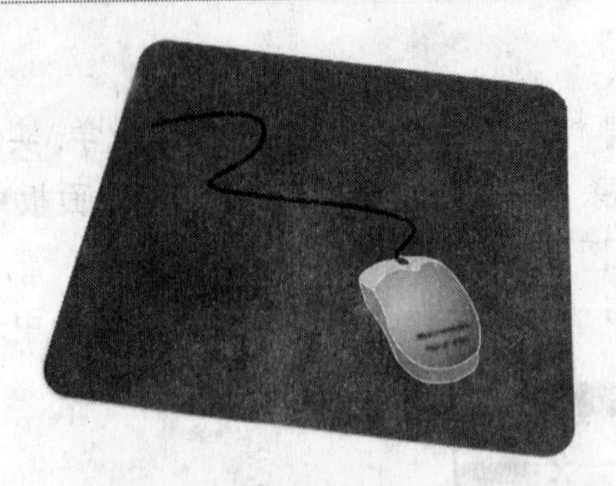

图 9-48　最终预览效果

操作步骤如下：

（1）打开“鼠标.fla”素材文档（立体化教学:\实例素材\第 9 章\鼠标.fla），选择“文件/导入/导入到舞台”命令，打开“导入”对话框。

（2）在“查找范围”下拉列表框中选择导入图像的位置，在文件列表框中双击 shubiao.jpg 图像文件（立体化教学:\实例素材\第 9 章\shubiao.jpg），如图 9-49 所示。

（3）在时间轴左侧的图层区中选中“图层 2”后单击🔒按钮锁定“图层 2”，然后单击□按钮新建“图层 3”，如图 9-50 所示。

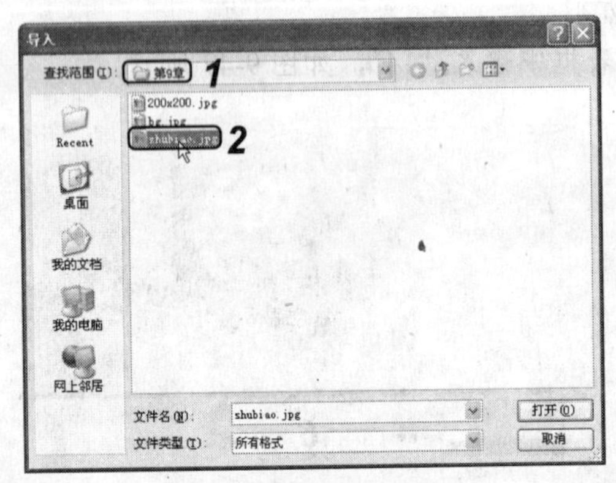

图 9-49　导入图像

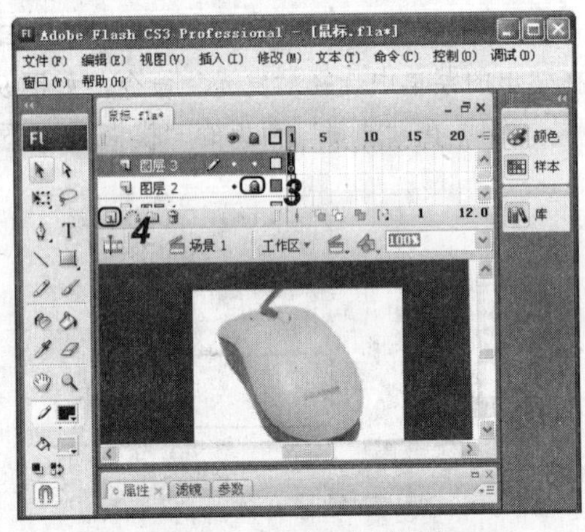

图 9-50　锁定和新建图层

（4）在工具箱中选择钢笔工具，围绕着鼠标的外框绘制几段相连的直线，如图 9-51 所示。再选择选择工具，将直线调整为比较符合鼠标外框轮廓的曲线，如图 9-52 所示。

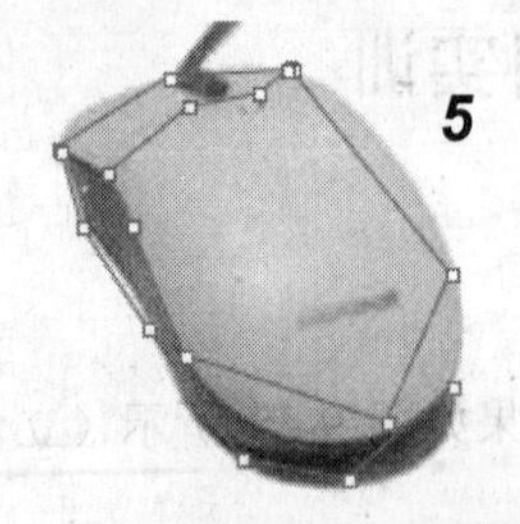

图 9-51　使用钢笔工具绘制线段

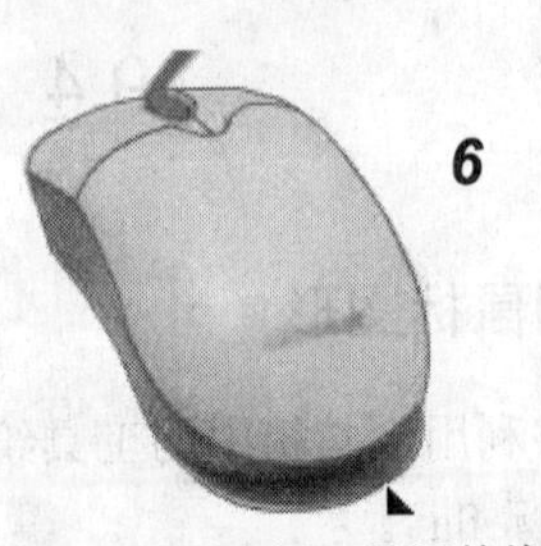

图 9-52　使用选择工具调整线段

（5）在工具箱中选择文字工具，在舞台中输入文本“Macromedia Flash CS3”，在“属性”面板中设置字体为 Arial Black，字体大小为 9，文本颜色为“黑色”，并依次单击 B、I 和 ≡ 按钮，效果如图 9-53 所示。

（6）在工具箱中选择任意变形工具，对输入的文本进行旋转变形，如图 9-54 所示。

（7）在工具箱中选择颜料桶工具，分别选择相应的颜色，在各区域中单击鼠标左键进行颜色填充，如图 9-55 所示。

图 9-53　设置文本格式

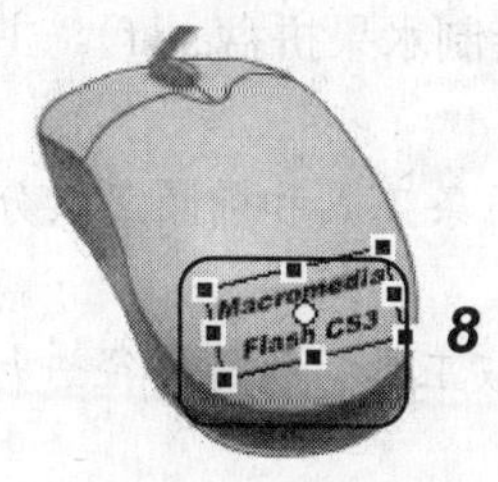

图 9-54　旋转文本

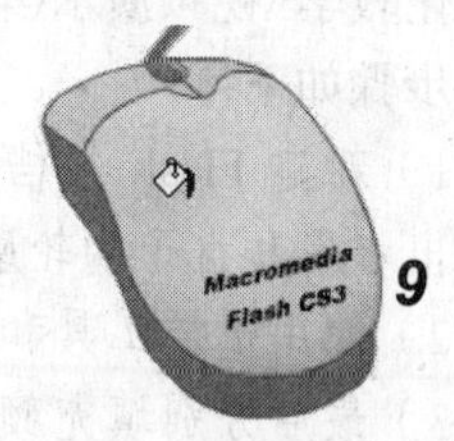

图 9-55　填充鼠标颜色

（8）选择输入的文本，选择“窗口/属性/滤镜”命令，打开“滤镜”面板，单击 按钮，在弹出的菜单中选择“模糊”命令，并设置模糊参数为 5，如图 9-56 所示。

（9）在工具箱中选择铅笔工具，绘制出鼠标线，并在“属性”面板中将笔触高度设置为“5”，如图 9-57 所示。

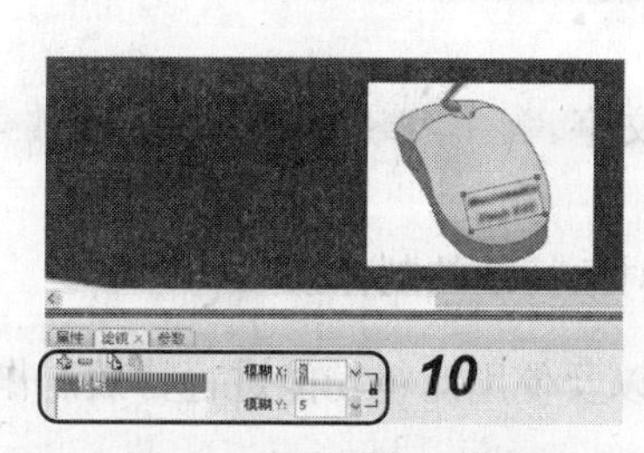

图 9-56　设置字体模糊

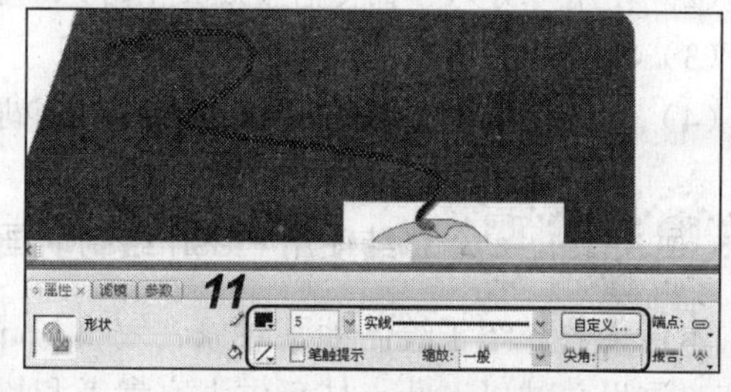

图 9-57　设置笔触高度

（10）选择文档中的鼠标轮廓线条，在“属性”面板中将笔触颜色设置为白色，如图 9-58 所示。

（11）选中“图层 2”，单击 按钮将该图层删除，如图 9-59 所示。

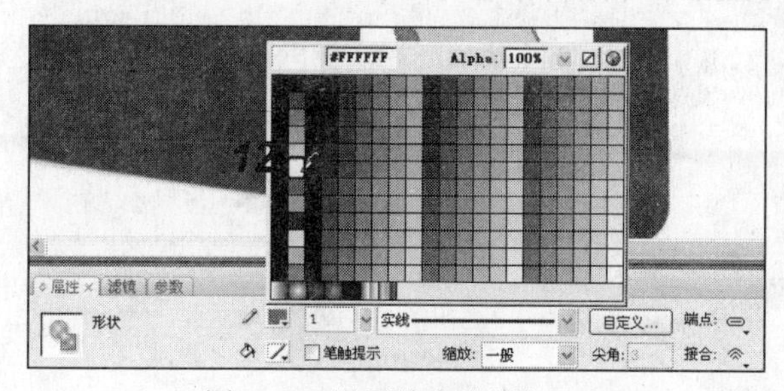

图 9-58　设置轮廓线颜色

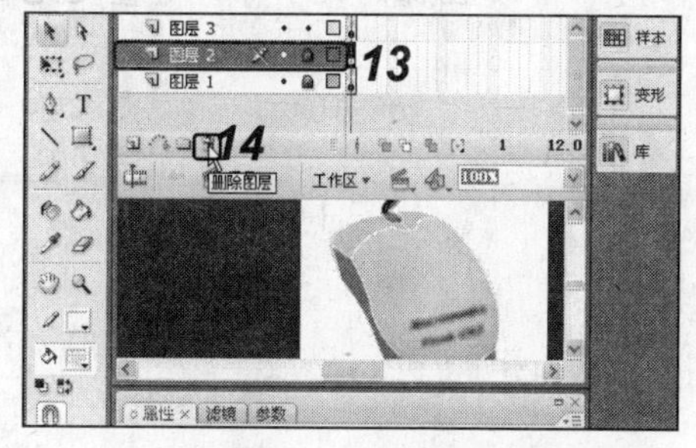

图 9-59　删除图层

（12）保存文档，按 Ctrl+Enter 键预览效果。

9.4.2 绘制水果拼盘

综合利用本章和前面所学知识，绘制水果拼盘，完成后的最终效果如图 9-60 所示（立体化教学:\源文件\第 9 章\水果拼盘.fla）。

图 9-60 水果拼盘

本练习可结合立体化教学中的视频演示进行学习（立体化教学:\视频演示\第 9 章\绘制水果拼盘.swf）。主要操作步骤如下：

（1）新建 Flash 文档，使用线条工具和椭圆工具分别勾画出水果和盘子的轮廓。

（2）使用选择工具和部分选取工具对轮廓路径进行调整。

（3）最后分别填充颜色即可。

9.5 练习与提高

（1）根据本章中绘制咖啡杯的方法在 Flash 中绘制一个烟灰缸。

（2）使用“导入”命令在 Flash 中导入一幅位图图像。

（3）将导入的位图图像转换为矢量图。

（4）尝试使用“滤镜”面板创建具有模糊效果的文字。

总结使用 Flash 绘制动画对象及对象特效的制作技巧

本章主要介绍了绘制动画对象、编辑与导入图像以及使用滤镜功能进行特效制作等内容，这里总结以下几点技巧供大家参考和探索。

- **通过素材图形快速绘制动画对象**：如果用户手绘能力不好，可以先导入一张素材图像，再以此图像作为模板进行动画对象的绘制。
- **导入图像时应先处理好图像**：在向 Flash 中导入素材图像时，应先处理好图像，如图像的大小等，尽量避免在 Flash 中再对图像进行优化与处理。

第 10 章　元件和“库”面板的应用

学习目标

☑ 掌握创建元件的方法

☑ 认识与使用“库”面板

目标任务&项目案例

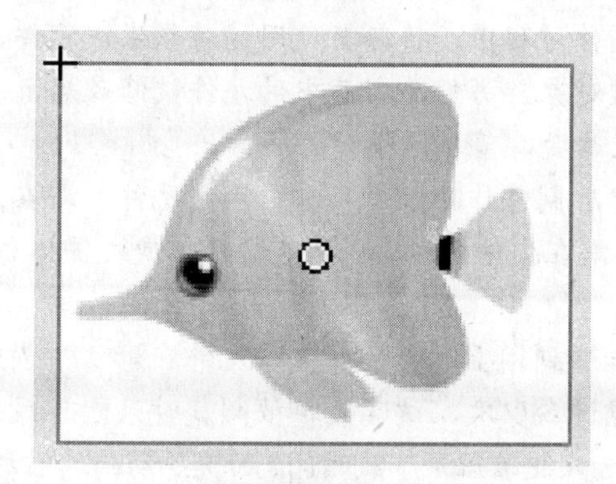

转换图形为图形元件

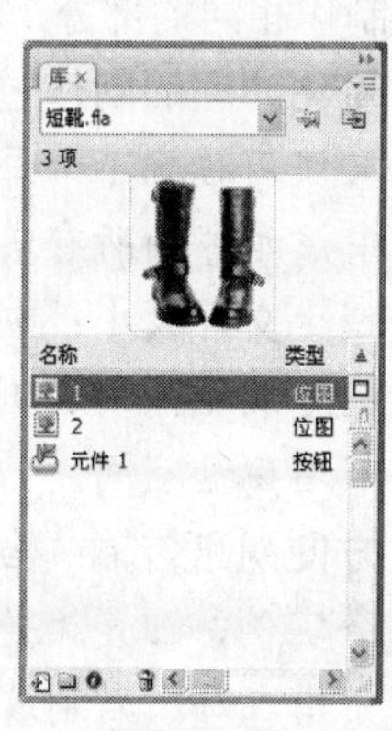

“库”面板

元件是可以重复使用的对象，该对象可以应用于当前影片或其他影片中。本章将介绍元件的概念和分类，掌握元件的创建方法以及“库”面板的操作方法。

10.1　元件的创建

Flash 影片中的元件就像影视剧中的演员、道具，都是具有独立身份的元素，是 Flash 影片构成的主体。

10.1.1　元件的概念

在制作 Flash 影片的过程中常常会反复用到同一个对象，此时可通过多次复制该对象来达到创作目的。但是通过这样的操作后，每个复制得到的对象都具有独立的文件信息，会使整个影片的体积增大。但如果将对象制作成元件后再应用，Flash 就会反复调用同一个对象，不会影响影片的体积。如果将该图像直接复制 6 个，如图 10-1 所示，则输出影片的大小为 128KB；如果将该图像转换为元件，并通过调用元件达到相同的效果，影片的大小则仅为 42KB。

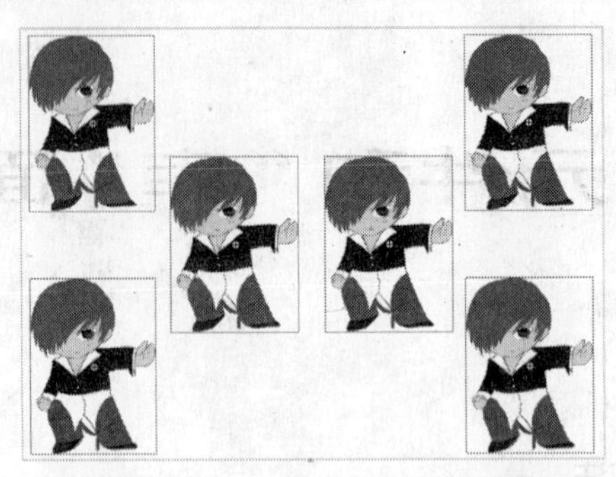

图 10-1　复制使用某对象的效果

在 Flash 中可以创建的元件分为图形元件、按钮元件和影片剪辑元件 3 种类型。元件中的动画可以独立于主场景中的动画进行播放。由于元件具有可以反复使用的特点，因而不必重复制作相同的部分，从而大大提高了工作效率。在 Flash 中使用元件主要有以下优点。

- **简化动画的制作过程**：在动画的制作过程中，将频繁使用的对象做成元件，在多次使用时就不必每次都重新编辑该对象。另外，当库中的元件被修改后，在场景中该元件的所有实例都会随之发生改变，节省了设计时间。
- **减小文件大小**：创建元件后，在以后制作作品时，只需引用该元件，即在场景中创建该元件的实例。所有的元件只需在文件中保存一次，这样可使文件体积减小，节省磁盘空间。
- **方便网络传输**：当把 Flash 文件传输到网上时，虽然一个元件在影片中创建了多个实例，但是无论其在影片中出现过多少次，该实例在被浏览时只需下载一次，不用在每次遇到该实例时都下载。这样便缩短了下载时间，加快了动画的播放速度。

10.1.2　图形元件

图形元件用于静态图像，还可用于创建连接到时间轴可以重复使用的动画片段以使图形元件与时间轴同步运行，但交互式控件和声音在图形元件的动画序列中不起作用。

图形元件是 Flash 电影中最基本的元件，主要用于建立和存储独立的图形内容，也可以用来制作动画，但当把图形元件拖到舞台或其他元件中时，不能在“属性”面板中设置其实例名称，也不能为其添加脚本。

在文档的舞台中，被选择的任何对象都可以被转换为图形元件。在文档中选中要转换为图形元件的对象后，选择“修改/转换为元件”命令或按 F8 键，在打开的“转换为元件”对话框中选中“类型”栏中的 ◎图形 单选按钮，并在“名称”文本框中输入元件的名称（如图 10-2 所示），单击 确定 按钮即可将其转换为元件。

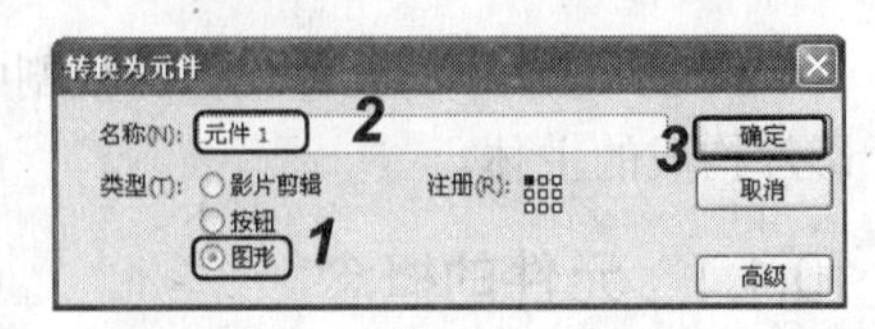

图 10-2　“转换为元件”对话框

提示：

在为元件命名时，应将其命名为一个易记、独有的名称，这样有助于在制作大型动画时，在众多的元件中快速找到需要的元件。

【例 10-1】　创建图形元件。

（1）在 Flash 文档中选择“插入/新建元件”命令，在打开的“创建新元件”对话框中选中“类型”栏中的◎图形单选按钮，并在“名称”文本框中输入元件的名称，再单击 确定 按钮，如图 10-3 所示。

（2）在图形元件编辑区域中进行图形的绘制，完成图形元件的创建，如图 10-4 所示。

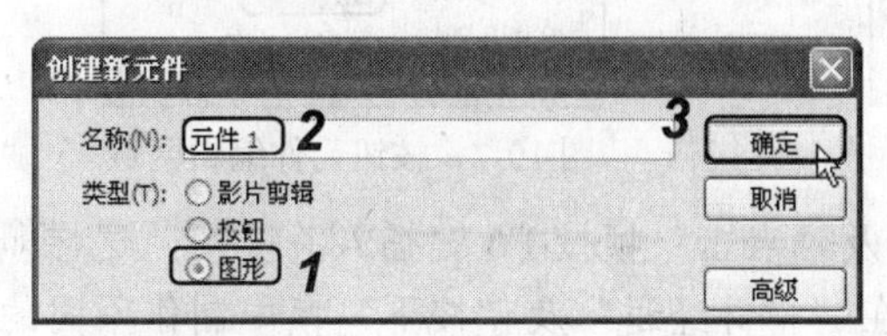

图 10-3　“创建新元件”对话框

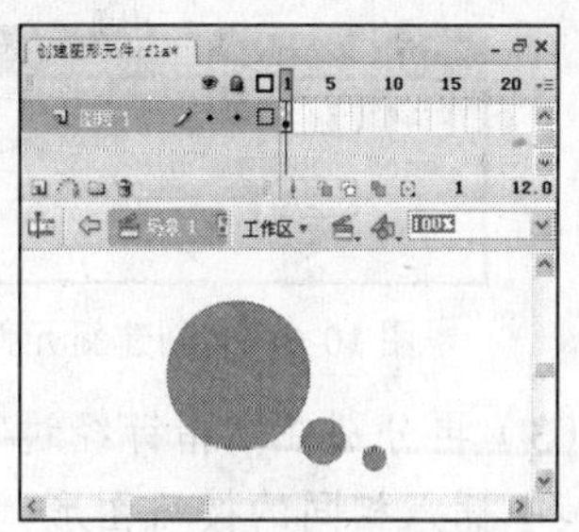

图 10-4　图形元件编辑区域

10.1.3　按钮元件

按钮元件用于创建动画的交互控制按钮。按钮实际上是一个 4 帧的交互影片，如图 10-5 所示。这 4 帧代表了按钮弹起、指针经过、按下、点击 4 个不同状态。用户可以在不同的状态中创建相应的内容，既可以是文本和静态图形，也可以是动画或影片，还可以通过给按钮添加事件和交互动作，使按钮具有交互功能。使用按钮元件可以创建响应鼠标点击、经过或其他的动作。用户可以定义与各种按钮状态关联的图形，然后将动作指定给按钮实例。

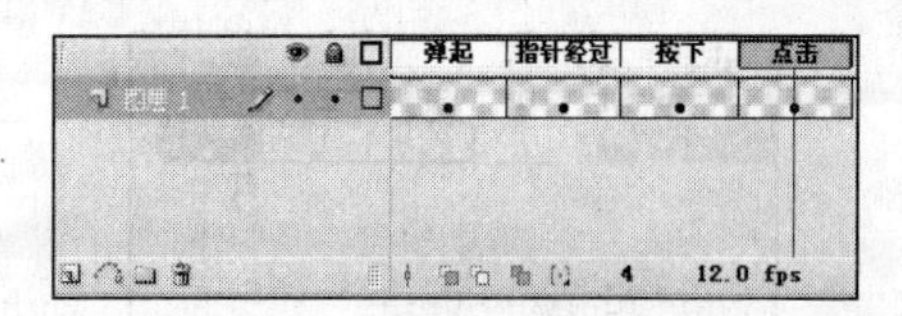

图 10-5　按钮元件编辑区

在按钮元件编辑区中各帧的含义分别介绍如下。

- **弹起**：表示光标未移到按钮上时的状态，即按钮在正常情况下呈现的状态。此帧在创建时初始为空关键帧，单击此帧可在工作区创建该按钮的状态。
- **指针经过**：表示光标移到按钮上但没有按下按钮时所处的状态，在该帧上应插入空白关键帧，然后再创建在该帧按钮的状态。一般来说，为了使按钮更生动形象，该帧相对于弹起状态应该有所不同。
- **按下**：光标在按下该按钮时所处的状态。在该帧上也需插入空白关键帧，然后再创建在该帧按钮的状态。同“指针经过”帧相同，最好在该帧也设置一些变化。
- **点击**：这种状态下可以定义响应按钮事件的区域范围，只有当光标进入到这一区域时，按钮才开始响应鼠标的动作。另外，这一帧仅代表一个区域，并不会在动画选择时显示出来。通常，该范围不用特别设定，Flash 会自动依照按钮的“弹起”或“指针经过”状态时的面积作为鼠标的反应范围。

【例 10-2】　创建按钮元件。

（1）在 Flash 文档中选择“插入/新建元件”命令，在打开的“创建新元件”对话框中选中“类型”栏中的◎按钮单选按钮，并在“名称”文本框中输入按钮的名称，再单击 确定按钮，如图10-6所示。

（2）在按钮元件编辑区域的“弹起”帧中绘制图形或导入图形，如图10-7所示。

图10-6 “创建新元件”对话框

图10-7 按钮元件编辑区域

（3）再分别在“指针经过”、“按下”及“点击”帧按F6键插入关键帧，这样即可在这些帧中插入相同的按钮图形，如果需要在“指针经过”及“按下”帧中制作不同的显示效果，则可删除这些帧中的图形并重新绘制，或者进行颜色等的调整，这里保持原按钮效果，如图10-8所示。

（4）在时间轴中新建图层，并在“弹起”帧中输入文本并进行属性设置，如图10-9所示。

图10-8 绘制按钮背景图形

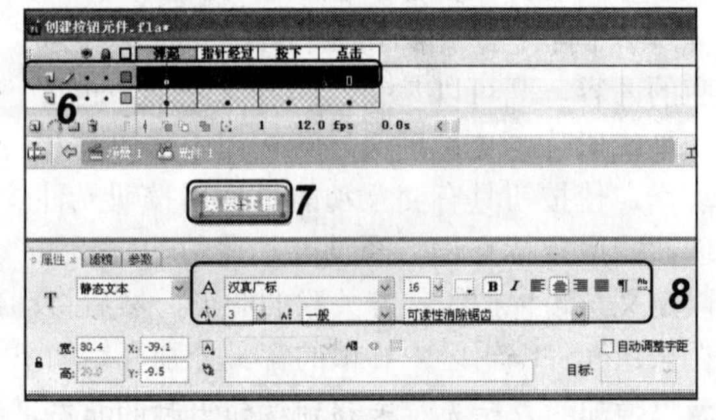

图10-9 输入文本

（5）在“图层2”的“指针经过”帧中按F6键插入关键帧，再选择文本，并添加“发光”滤镜效果，如图10-10所示。

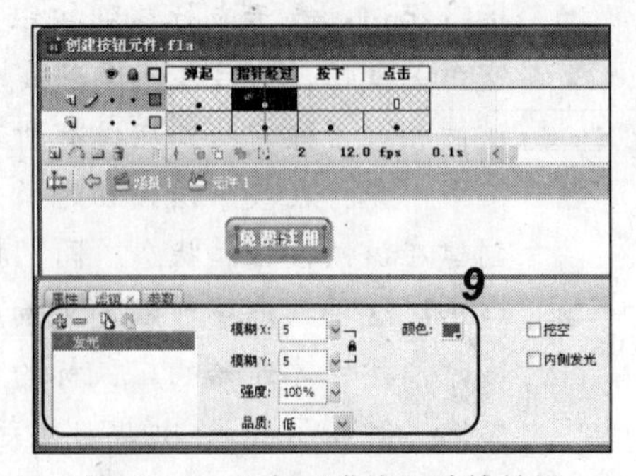

图10-10 添加“发光”滤镜效果

（6）选择“编辑/编辑文档”命令或按Ctrl+E键返回场景中，将“库”面板中的按钮元件拖入到场景，如图10-11所示。

（7）按Ctrl+S键保存文件，并按Ctrl+Enter键预览Flash动画效果（立体化教学:\源文件\第10章\创建按钮元件.fla），将鼠标光标移动到按钮上时，按钮中的文本效果将发生变化，如图10-12所示。

图 10-11　拖入元件到场景中

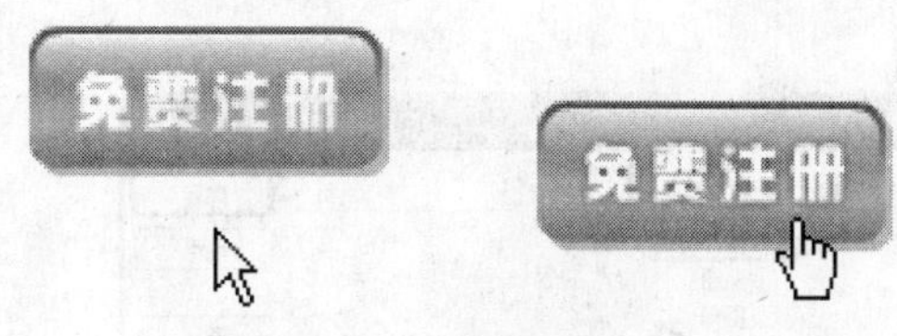

图 10-12　预览效果

10.1.4　影片剪辑元件

影片剪辑是 Flash 影片中常用的元件类型，是独立于影片时间线的动画元件，主要用于创建具有独立主题内容的动画片段。当影片剪辑所在图层的其他帧无其他的元件或空白关键帧时，它不受目前场景中帧长度的限制，作循环播放；如果有空白关键帧，并且空白关键帧所在位置比影片剪辑动画的结束帧靠前，影片会结束，同样也作提前结束的循环播放。

如果在一个 Flash 动画中，某一个动画片段会经常使用，这时可把该动画片段制作成影片剪辑元件。影片剪辑元件包括交互性控制、音效和其他动画剪辑等。

已经创建完毕的动画片段可以转换为影片剪辑，也可以新建一个空白的影片剪辑元件，然后在元件编辑模式下制作和编辑元件。

新建影片剪辑的方法同创建图形元件的方法相同，需要在文档中选择“插入/新建元件”命令或按 Ctrl+F8 键，打开“创建新元件”对话框，选中⊙影片剪辑单选按钮，并在“名称”文本框中输入元件的名称（如图 10-13 所示），单击 确定 按钮进入影片剪辑元件编辑区进行制作和编辑即可。

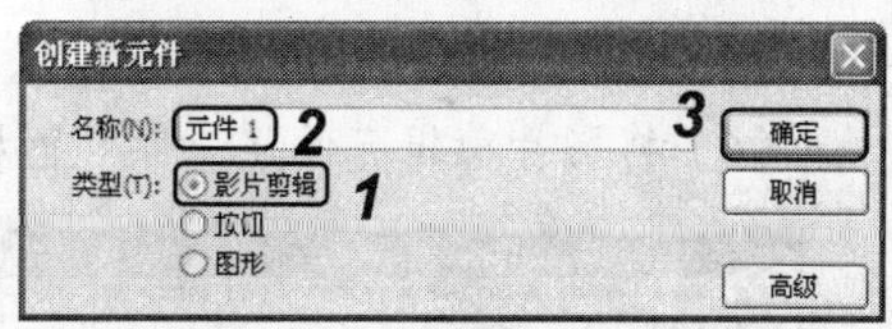

图 10-13　“创建新元件”对话框

【例 10-3】　创建影片剪辑元件。

（1）在 Flash 文档中选择“插入/新建元件”命令，在打开的“创建新元件”对话框中选中“类型”栏中的⊙影片剪辑单选按钮，并在“名称”文本框中输入影片剪辑元件的名称，再单击 确定 按钮，如图 10-14 所示。

（2）在影片剪辑元件编辑区中将“库”面板中的“1”图形拖入到舞台中，如图 10-15 所示。

（3）在第 19 帧中按 F5 键插入帧，在第 20 帧中按 F6 键插入关键帧，再在图形上单击鼠标右键，在弹出的快捷菜单中选择“交换位图”命令，如图 10-16 所示。

（4）在打开的对话框的图形列表框中选择“2”选项后单击 确定 按钮，如图 10-17 所示。

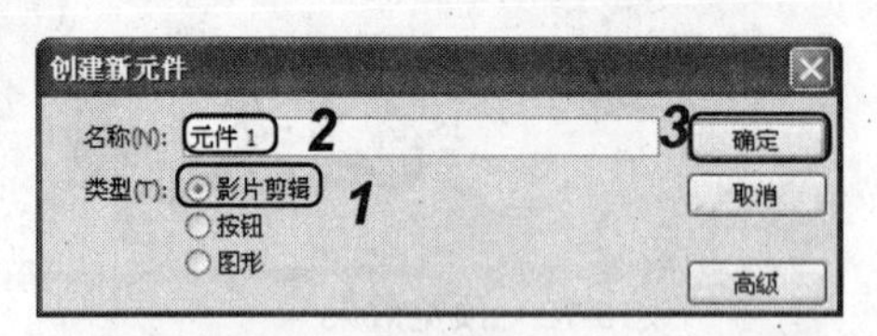

图 10-14　“创建新元件”对话框

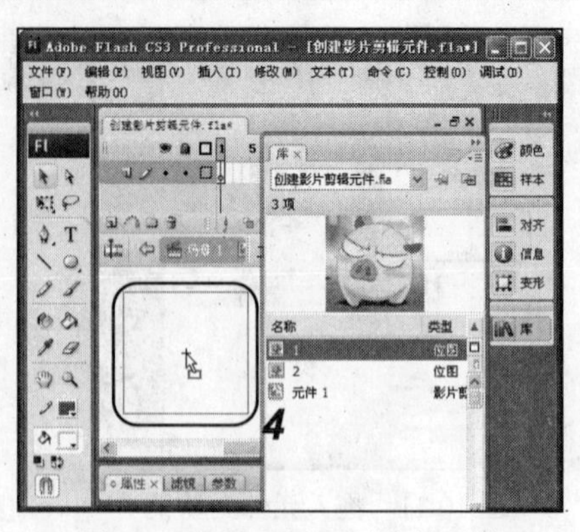

图 10-15　拖入图形到编辑区域

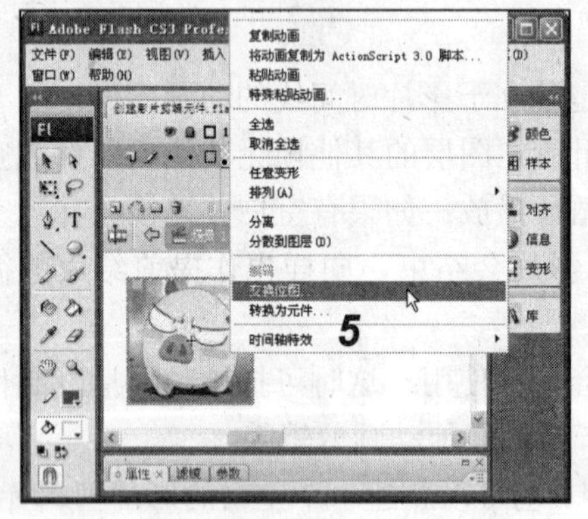

图 10-16　选择“交换位图”命令

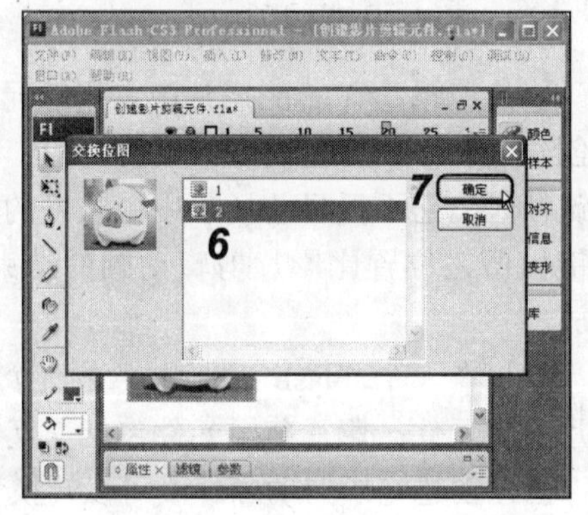

图 10-17　“交换位图”对话框

（5）单击⇦按钮返回到主场景中，如图 10-18 所示。

（6）将影片剪辑元件从“库”面板中拖入到舞台中，如图 10-19 所示。

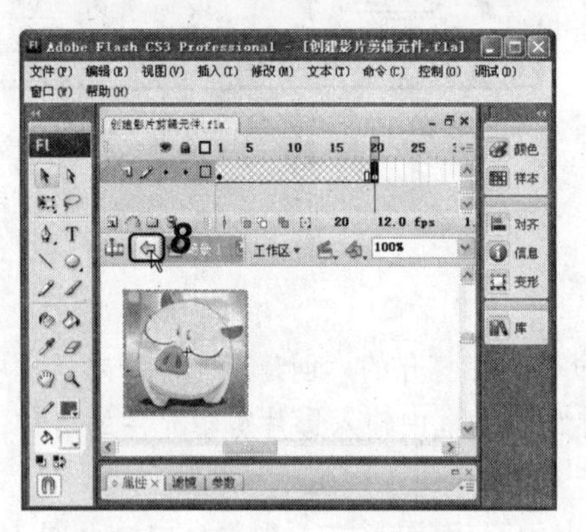

图 10-18　返回到主场景中

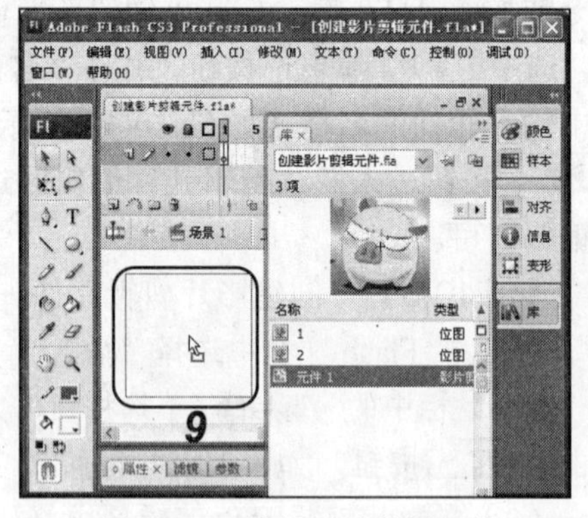

图 10-19　拖入影片剪辑元件

（7）保存文档后按 Ctrl+Enter 键预览动画效果（立体化教学:\源文件\第 10 章\创建影片剪辑元件.fla）。

提示：

按 Ctrl+L 键可以打开“库”面板，按 Ctrl+F8 键可快速打开“创建新元件”对话框。

10.1.5　应用举例——制作“短靴”动画

本例将制作“短靴”动画，效果如图 10-20 所示（立体化教学:\源文件\第 10 章\短靴.fla）。

图 10-20　最终效果

操作步骤如下：

（1）打开“短靴.fla”素材文件（立体化教学:\实例素材\第 10 章\短靴.fla），在绘图区的图像上单击鼠标右键，在弹出的快捷菜单中选择“转换为元件”命令，如图 10-21 所示。

（2）在打开的对话框中选中⊙按钮单选按钮，再单击 确定 按钮，如图 10-22 所示。

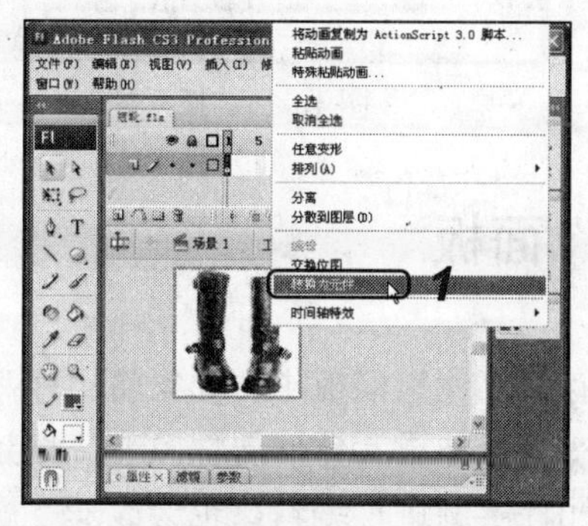

图 10-21　选择“转换为元件”命令

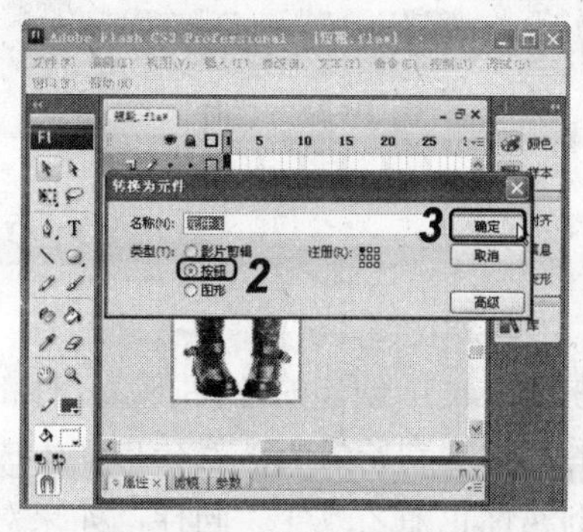

图 10-22　转换为按钮元件

（3）在绘图区中双击转换为按钮元件的元件实例，如图 10-23 所示。

（4）在“指针经过”帧中按 F6 键插入关键帧，再在图形上单击鼠标右键，在弹出的快捷菜单中选择“交换位图”命令，如图 10-24 所示。

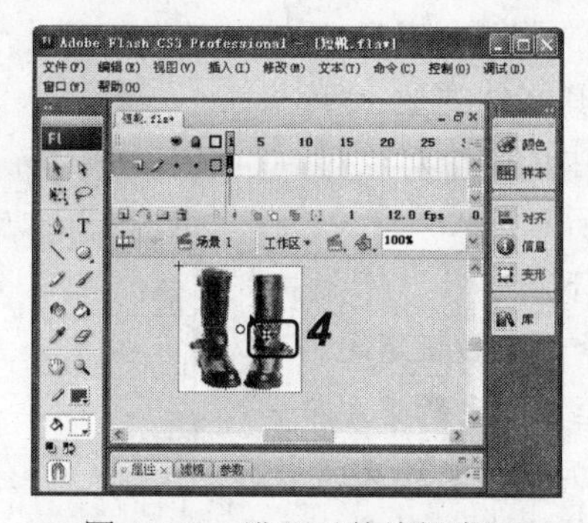

图 10-23　进入元件编辑窗口

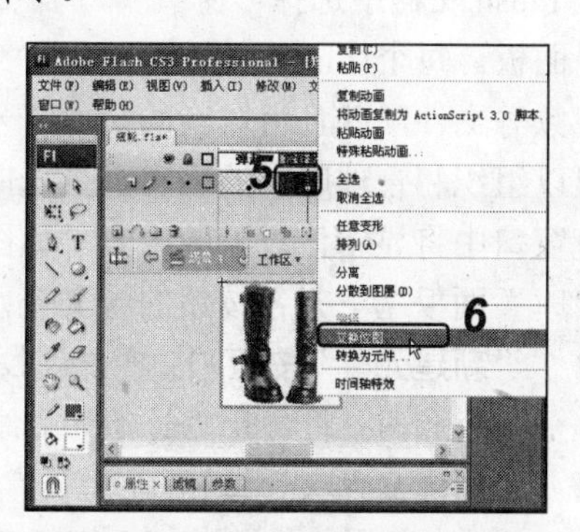

图 10-24　选择“交换位图”命令

（5）在打开的对话框的图形列表框中选择“2”选项，再单击[确定]按钮，如图 10-25 所示。

（6）在“点击”帧上单击鼠标右键，在弹出的快捷菜单中选择“插入帧”命令，再单击⇦按钮返回到主场景中，如图 10-26 所示。

（7）按 Ctrl+S 键保存文档并按 Ctrl+Enter 键预览动画效果。

提示：

使用交换位图的方法进行图形的更换，可以让图形不发生错位。

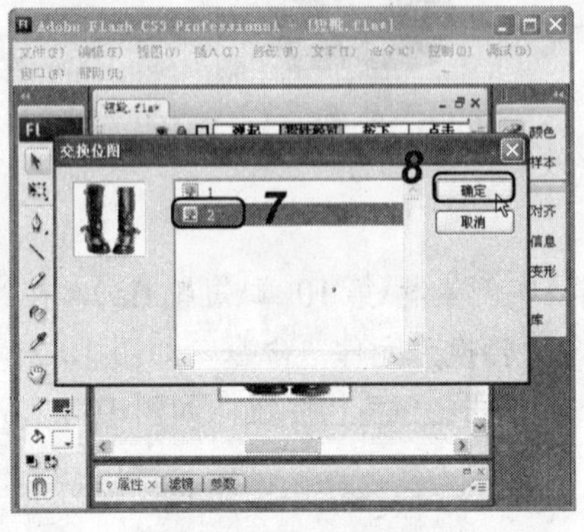

图 10-25　选择图形

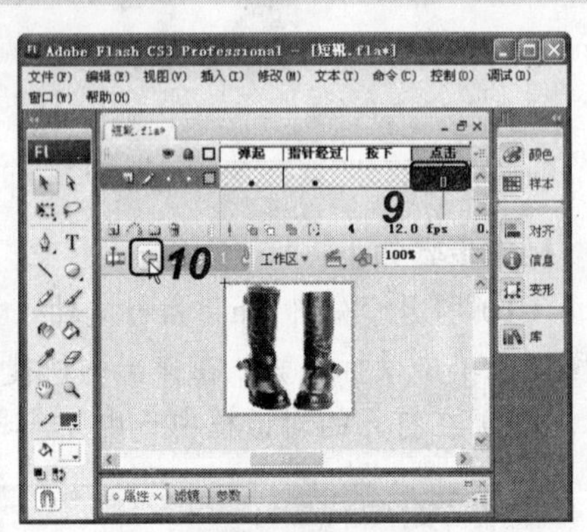

图 10-26　插入帧

10.2　“库”面板

在 Flash 中创建的各种类型元件都会自动保存在“库”面板中。如果将“库”面板中保存的元件拖到场景中，就会自动生成一个元件实例。如果元件的属性改变，场景中对应的实例属性也随之改变。同样，如果对场景中的元件实例进行编辑，也会改变“库”面板中对应的元件属性。

10.2.1　认识“库”面板

在 Flash 文档中选择“窗口/库”命令或按 Ctrl+L 键，可以打开“库”面板。每个 Flash 文件都对应一个库来存放元件、声音、位图及视频等文件，并且用对应的元件符号来显示其文件类型。“库”面板可以组织和管理库中的内容，当选中库列表中的一个对象时，库预览窗口中将显示该对象的内容，如图 10-27 所示。

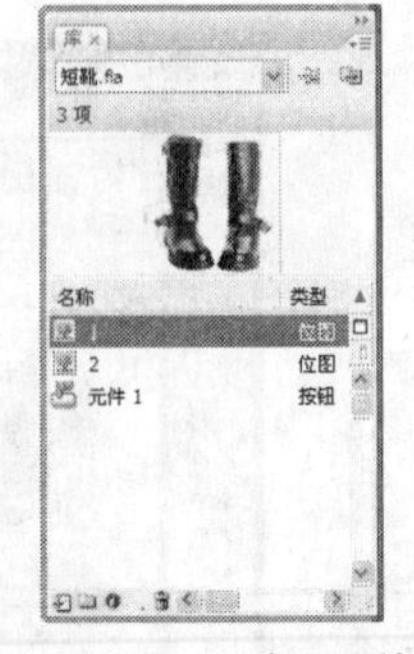

图 10-27　“库”面板

“库”面板左下方各按钮的含义分别介绍如下。

- “新建元件”按钮：单击该按钮与选择“插入/新建元件”命令相同，将打开“创建新元件”对话框，用于新建元件。
- “新建文件夹”按钮：用于在库中增加一个文件夹。当库中的元件数目太多时，就需要新建文件夹来分别存放不同类型的元件。通过文件夹可以对库中的元件进行分类管理。

- “属性”按钮：该按钮的作用是显示当前被选中元件的属性并允许对这些属性进行修改。
- “删除”按钮：选择库中的元件或文件夹，单击该按钮可删除元件或文件夹。

10.2.2　库的管理和使用

对库中的元件或文件夹可以进行重命名、复制、删除以及转换等操作。

1．重命名元件

对库中的元件或文件夹重命名的方法有以下几种：

- 双击要重命名的元件或文件夹的名称。
- 在需要重命名的元件或文件夹上单击鼠标右键，在弹出的快捷菜单中选择“重命名”命令。
- 选择重命名的元件或文件夹，单击“库”面板右上角的按钮，在弹出的下拉菜单中选择“重命名”命令。

执行上述任何一种操作后，元件名将呈可编辑状态，直接输入新名称即可为元件重命名，如图 10-28 所示。

图 10-28　重命名元件

2．复制元件

复制元件是取得具有相同内容元件的最简单有效的方法。对复制出的元件进行编辑，可在原来的图形基础上快速创建出新的元件。

在库中需复制的元件上单击鼠标右键，在弹出的快捷菜单中选择“直接复制”命令，打开“直接复制元件”对话框，为复制得到的元件命名并选择元件类型（如图 10-29 所示）后，单击确定按钮即可复制该元件。

图 10-29　“直接复制元件”对话框

3．删除元件

要删除库中多余的元件，可选择该元件后单击鼠标右键，在弹出的快捷菜单中选择“删除”命令，或单击“库”面板下方的按钮删除所选择的元件。如果需要撤销删除元件操作，可以选择“编辑/撤销”命令。

4．转换元件

在 Flash 影片的编辑中，可以随时将库中元件的类型转换为需要的类型。如可将图形元件转换成影片剪辑元件，使之具有影片剪辑元件的属性。在需要转换类型的元件上单击鼠标右键，在弹出的快捷菜单中选择“类型”命令，在弹出的子菜单中选择所需类型即可完成转换，如图 10-30 所示。

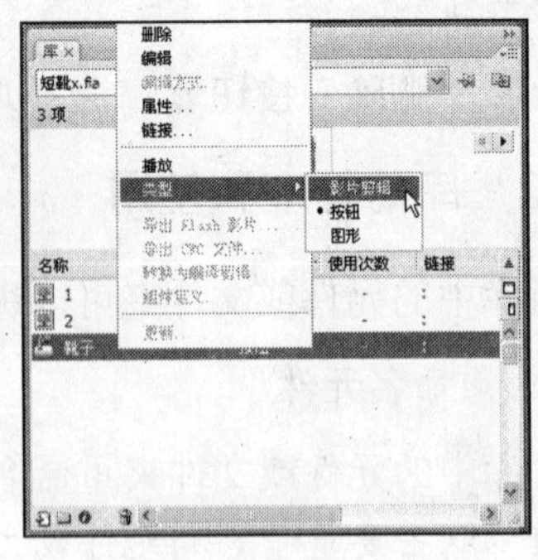

图 10-30 更改元件类型

10.2.3 应用举例——清理未用项目

本例将介绍清理 Flash 文档中未使用的项目，减小 Flash 文档的大小及发布的 Flash 影片文件的大小（立体化教学:\源文件\第 10 章\清理未用项目.fla）。

操作步骤如下。

（1）打开“清理未用项目.fla”素材文件（立体化教学:\实例素材\第 10 章\清理未用项目.fla），按 Ctrl+L 键打开“库”面板，如图 10-31 所示。

（2）单击“库”面板右上角的按钮，在弹出的下拉菜单中选择“选择未用项目”命令，“库”面板中未使用的项目将被选中，如图 10-32 所示，按 Delete 键即可删除选中的项目。

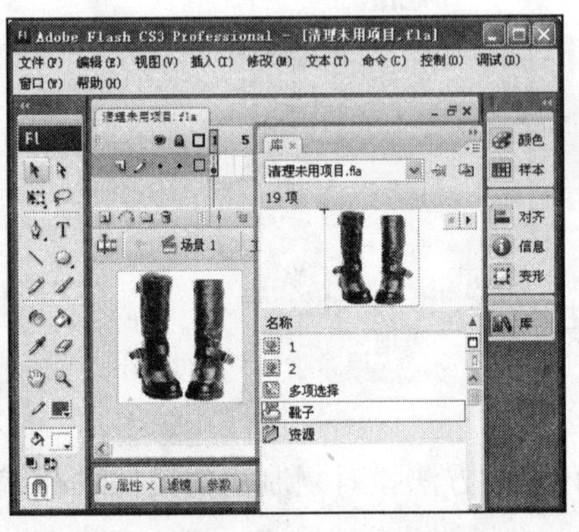

图 10-31 打开“库”面板

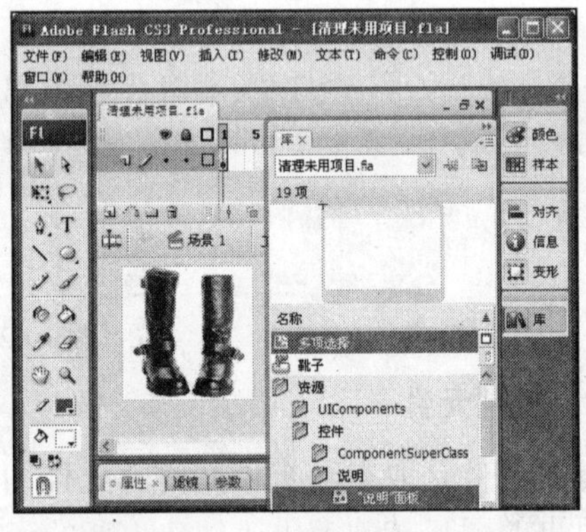

图 10-32 选择未使用的项目

10.3 上机及项目实训

10.3.1 绘制 Logo 型按钮

本次实训将创建一个 Logo 型按钮，效果如图 10-33 所示（立体化教学:\源文件\第 10 章\woniu.fla）。

图 10-33　最终效果

操作步骤如下：

（1）打开 woniu.fla 素材文件（立体化教学:\实例素材\第 10 章\woniu.fla），使用框选的方法将绘图区域中的所有对象选中，再单击鼠标右键，在弹出的快捷菜单中选择“转换为元件”命令，如图 10-34 所示。

（2）在打开的对话框中选中⊙按钮单选按钮，在“名称”文本框中输入“woniu”，再单击 确定 按钮，如图 10-35 所示。

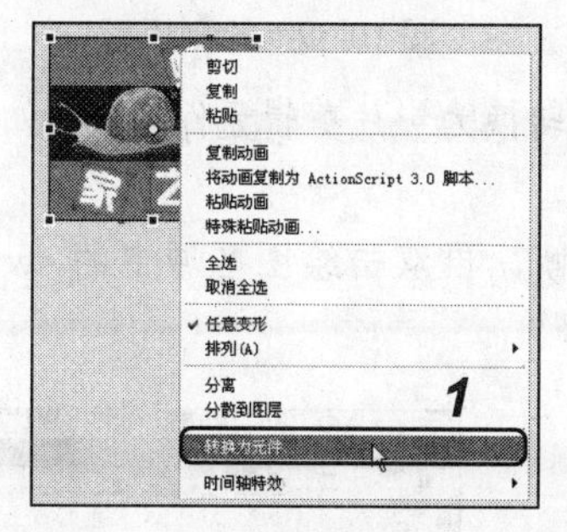

图 10-34　选择“转换为元件”命令

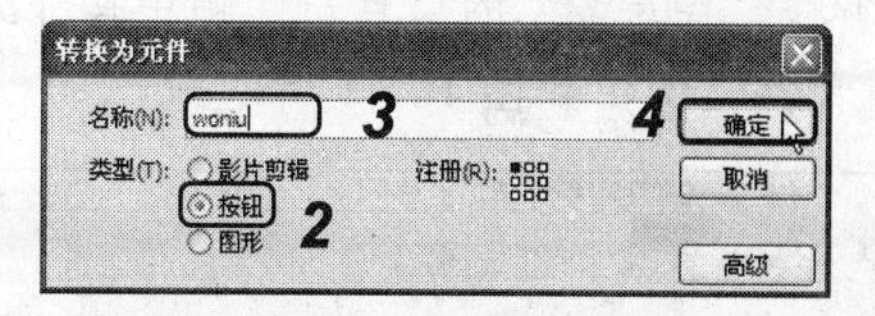

图 10-35　转换为按钮元件

（3）双击转换为按钮元件的实例图形，进入按钮元件编辑窗口，按住 Shift 键的同时单击所有文本，按 Ctl+X 键进行剪切，新建“图层 2”，再按 Shift+Ctrl+V 键进行原位置粘贴，如图 10-36 所示。

（4）在“图层 1”中的“指针经过”帧中按 F6 键插入关键帧，并在该帧中的图形上单击鼠标右键，在弹出的快捷菜单中选择“转换为元件”命令，在弹出的对话框中进行设置，单击 确定 按钮，将其转换为影片剪辑元件 woniu_mv，如图 10-37 所示。

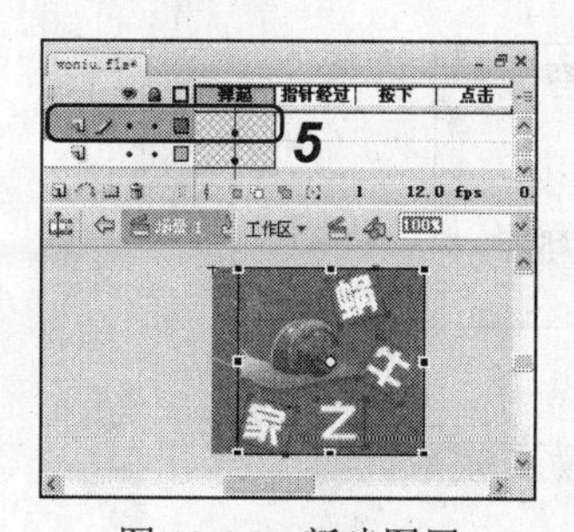

图 10-36　新建图层

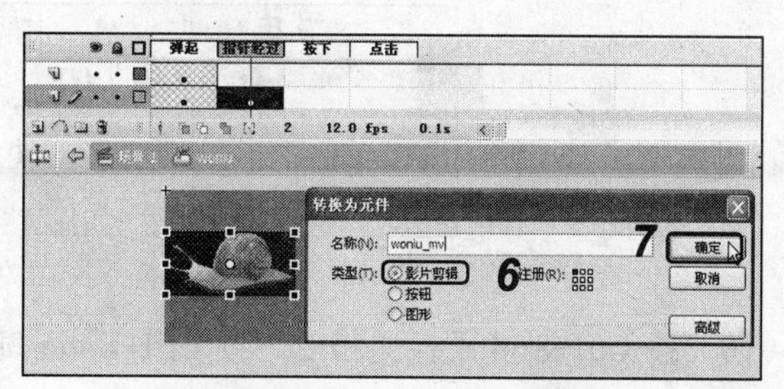

图 10-37　转换元件为影片剪辑元件

（5）选中转换的 woniu_mv 影片剪辑元件实例图形，为其添加“投影”滤镜效果，如图 10-38 所示。

（6）在“图层 1”的“按下”帧中按 F5 键插入帧，在“点击”帧中按 F6 键插入关键帧，删除该帧中的蜗牛图形后，选择矩形工具，绘制一个与舞台一样大小的红色无边矩形，如图 10-39 所示。

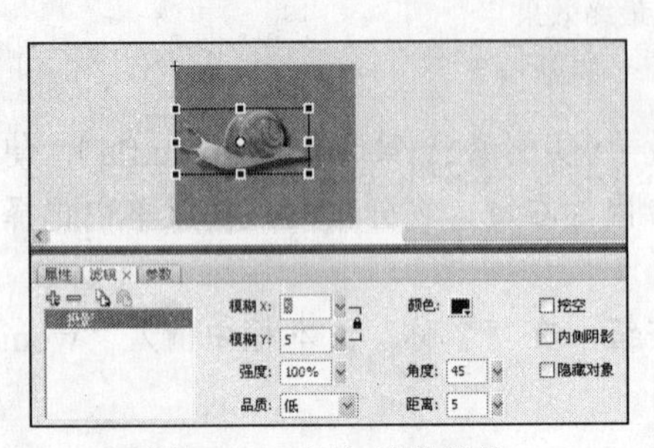

图 10-38　添加滤镜效果

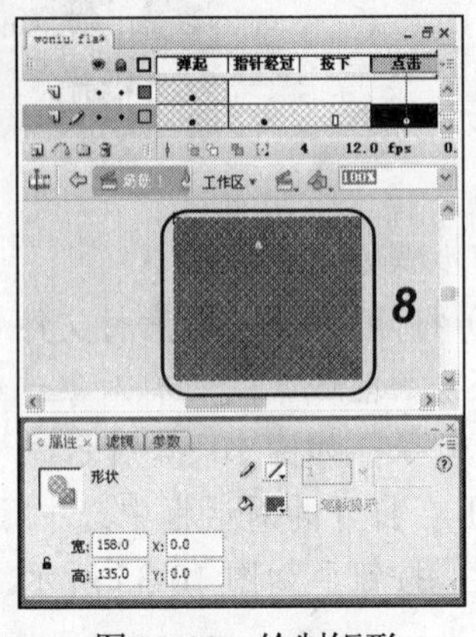

图 10-39　绘制矩形

（7）选择“图层 2”的“弹起”帧中的文本，并将其转换为影片剪辑元件实例，如图 10-40 所示。

（8）在“图层 2”的“点击”帧中按 F5 键插入帧，再双击绘图区域中的 woniu_text 影片剪辑元件实例，如图 10-41 所示。

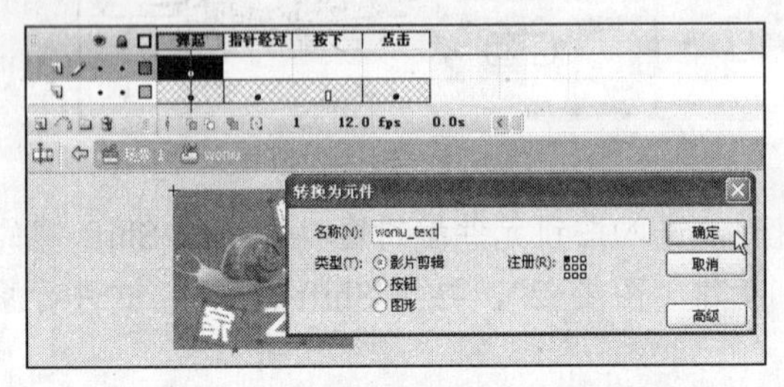

图 10-40　转换文本为影片剪辑元件

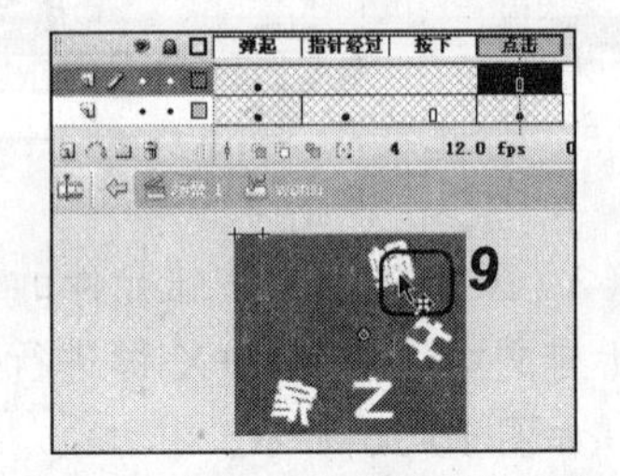

图 10-41　进入影片剪辑元件编辑窗口

（9）在时间轴的第 8 帧上单击鼠标右键，在弹出的快捷菜单中选择“插入空白关键帧”命令，将第 8 帧设置为空白关键帧，如图 10-42 所示。

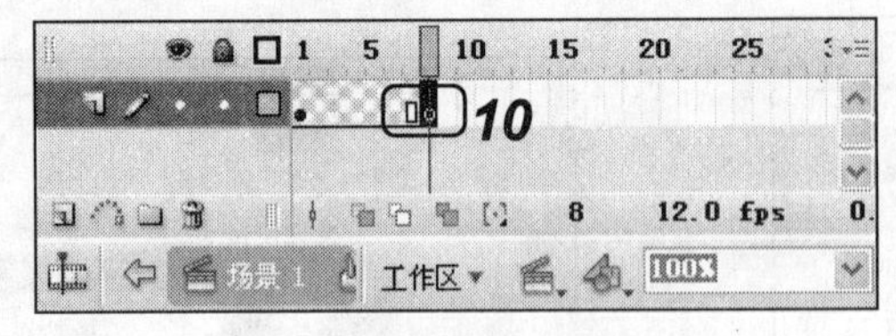

图 10-42　插入空白关键帧

（10）按 Ctrl+S 键保存文档后，按 Ctrl+Enter 键预览动画效果。

10.3.2　创建缩放动画

综合利用本章和前面所学知识，创建缩放动画，完成后的最终效果如图 10-43 所示（立

体化教学:\源文件\第 10 章\movie.fla）。

图 10-43　创建影片剪辑元件动画

本练习可结合立体化教学中的视频演示进行学习（立体化教学:\视频演示\第 10 章\创建缩放动画.swf）。主要操作步骤如下：

（1）打开 movie.fla 素材文件（立体化教学:\实例素材\第 10 章\movie.fla），将其中的图形转换为影片剪辑元件。

（2）进入影片剪辑元件编辑窗口，通过缩放的方式创建动画。

10.4　练习与提高

（1）将“鱼.fla”素材文件（立体化教学:\实例素材\第 10 章\鱼.fla）中的图形转换为图形元件，转换前后的效果如图 10-44 所示。

提示：通过右键菜单“转换为元件”命令进行转换。

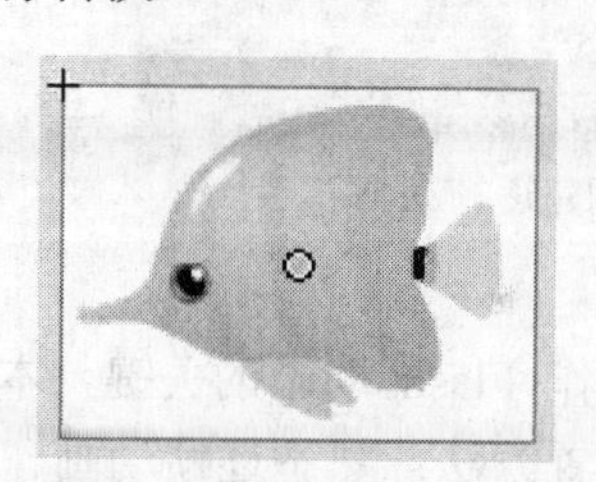

图 10-44　将图形转换为图形元件

（2）将“库”面板中的图形文件拖动到编辑区域中并将其转换为影片剪辑元件。

总结 Flash 元件的创建与“库”面板的使用技巧

本章主要介绍了 Flash 元件的创建与“库”面板的相关操作，这里总结以下几点技巧供大家参考和探索。

- **合理选择元件类型**：不同类型的元件有不同的特点，因此在全面掌握不同类型的元件的特性基础上，要合理地选择元件类型。另外，在选择元件类型时，还必须考虑要实现的动画的特点。
- **清理不需要的素材对象**：为了减小 Flash 文档的大小及发布的.swf 文件的大小，必须将动画中未使用的项目清除掉。

第 11 章　用时间轴创建动画

学习目标

☑ 掌握插入帧的方法
☑ 掌握创建逐帧动画和补间动画的方法
☑ 了解特殊图层的应用

目标任务&项目案例

创建逐帧动画

创建动画

时间轴是制作 Flash 动画的关键，本章将介绍时间轴的具体组成元素和帧的类型、帧的创建及属性设置方法；熟悉逐帧动画、动画补间动画和形状补间动画的概念以及创建方法；了解特殊图层的概念，掌握灵活使用引导层和遮罩层的方法。

11.1　时间轴与关键帧

时间轴是在 Flash 中创建动画的基础部分。时间轴中的每一个方格称为一个帧，是 Flash 中计算动画时间的基本单位。在时间轴中为元件设置在一定时间中显示的帧范围，然后使元件的图形内容在不同的帧中产生如大小、位置、形状等的变化，再以一定的速度从左到右播放时间轴中的帧，便形成了“动画”的视觉效果。

11.1.1　时间轴的组成

在 Flash 中，时间轴默认位于菜单栏的下方，如图 11-1 所示。时间轴可分为两个部分，左侧为图层查看窗口，右侧为帧查看窗口。一个图层中包含若干帧，而通常一部 Flash 影片又包含若干图层。

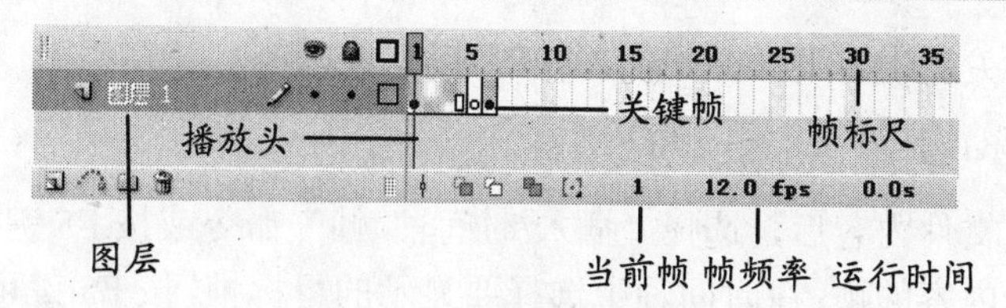

图 11-1　时间轴的组成

时间轴中各项的作用介绍如下。

- **图层**：在不同的图层中可以放置相应的元件，从而产生层次丰富、变化多样的动画效果。
- **播放头**：用于表示动画当前所处的位置。
- **关键帧**：是指时间轴中用于放置元件实体的帧，黑色的实心圆表示含有内容的关键帧，空心圆表示没有内容的关键帧，也称空白关键帧。
- **当前帧**：指播放头当前所在的帧位置。
- **帧频率**：指当前动画每秒钟播放的帧数。
- **运行时间**：指播放到当前位置所需要的时间。
- **帧标尺**：显示时间轴中的帧所使用时间的长度标尺，每格表示一帧。

11.1.2　时间轴中的图层

要制作层次丰富、效果精彩的动画影片，只注重图形或时间的变化是不够的，还需要恰当地利用时间轴中的图层来完成复杂动画的制作。

在时间轴的图层区中，各按钮的作用介绍如下。

- **"插入图层"按钮**：单击此按钮可在时间轴中增加新的图层。也可以选择"插入/时间轴/图层"命令插入图层。
- **"添加运动引导层"按钮**：单击此按钮可在当前图层上添加一个引导层。
- **"插入图层文件夹"按钮**：单击此按钮可以添加图层文件夹，从而对图层进行有效的分类管理。
- **"删除图层"按钮**：选中图层后，单击此按钮，可以删除该图层。
- **"显示/隐藏所有图层"按钮**：单击此按钮可以显示或隐藏所有图层。在此按钮下方单击图层名称后面对应的•按钮，则可以隐藏或显示相应图层中的所有图形内容。
- **"锁定/解除锁定所有图层"按钮**：单击此按钮可以锁定或解除锁定所有的图层。在此按钮下方单击图层名称后面对应的•按钮，则可以锁定或解除锁定相应图层中的所有图形内容。
- **"显示所有图层的轮廓"按钮**：单击此按钮可以显示所有图层的轮廓。在此按钮下方单击图层名称后面对应的•按钮，则可以显示相应图层下的图形轮廓。

11.1.3　插入帧

默认状态下，任意一个新建的场景或元件，都在时间轴中安排了一个图层并在开始位置插入了一个空白关键帧。下面介绍插入帧的具体方法。

1．插入帧

在设置好动画文件内容后，选择“插入/时间轴/帧”命令或按 F5 键，可以逐个向后为该关键帧添加显示内容的帧；在时间轴中选择要显示的目标帧，按 F5 键可以添加连续的帧，如图 11-2 所示。

2．插入关键帧

选择“插入/时间轴/关键帧”命令或按 F6 键，可以在一个关键帧的后面插入与其具有相同内容的关键帧，如图 11-3 所示。

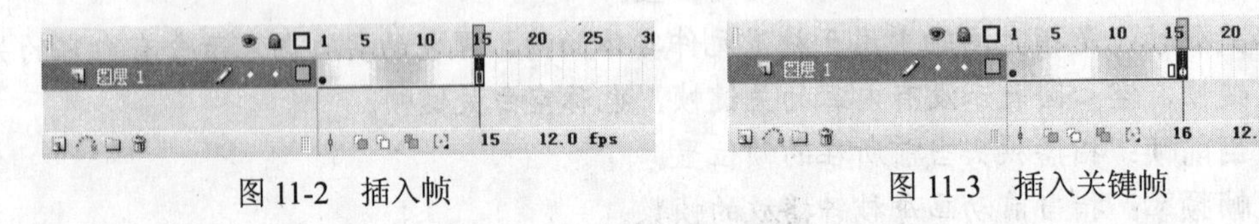

图 11-2　插入帧　　　　图 11-3　插入关键帧

3．插入空白关键帧

选择“插入/时间轴/空白关键帧”命令或按 F7 键，可以插入空白关键帧，如图 11-4 所示。可以在舞台中为空白关键帧编辑新的元件内容。

在时间轴中所需帧上单击鼠标右键，在弹出的快捷菜单中选择相应的命令，可以对设置的帧、关键帧或空白关键帧进行删除、剪切、复制和转换等编辑操作，如图 11-5 所示。

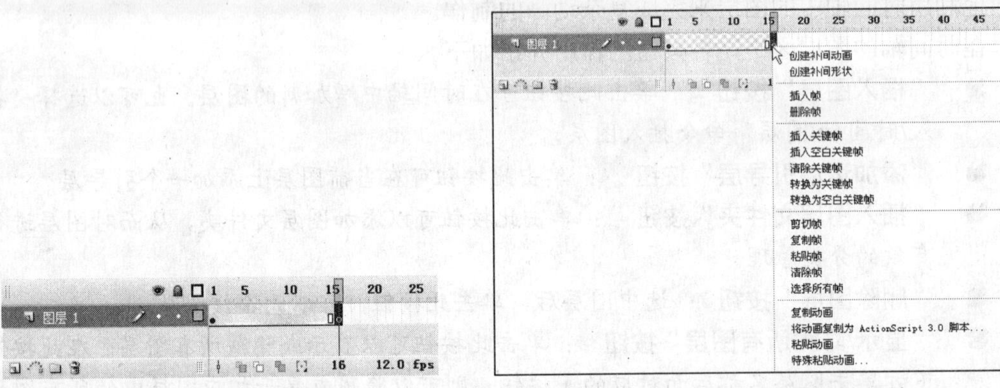

图 11-4　插入空白关键帧　　　　图 11-5　利用快捷菜单编辑帧

提示：

有时制作 Flash 动画要用到大量的帧，时间轴会不够用，拖来拖去很不方便。这时，可以单击时间轴右上角的 按钮，在弹出的下拉菜单中选择一种显示方式来改变时间轴的显示效果。

11.1.4　应用举例——插入帧

本例将在文档中创建 3 个不同的图形元件，并在时间轴中依次插入关键帧，将各个图形元件分别拖入到各帧的舞台中，然后添加帧和空白关键帧，创建闪动的动画效果，最终预览效果如图 11-6 所示（立体化教学:\源文件\第 11 章\闪电.fla）。

图 11-6　动画效果

操作步骤如下：

（1）打开“闪电.fla”素材文件（立体化教学:\实例素材\第 11 章\闪电.fla），按 Ctrl+L 键打开“库”面板，将“11”图形元件拖入到场景中，并在“属性”面板中将 X、Y 的值均设置为 0，如图 11-7 所示。

（2）按住 Shift 键的同时，在第 2 帧及第 7 帧上单击以选择第 2～7 帧，并按 F6 键插入关键帧，如图 11-8 所示。

图 11-7　拖入图形元件

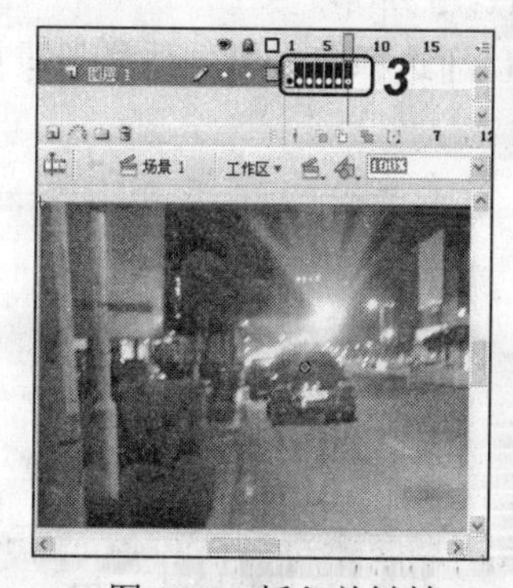

图 11-8　插入关键帧

（3）选择第 2 帧，按 Delete 键删除场景中的图形元件实例，再分别选择第 5、7 帧，按 Delete 键删除场景中的图形元件实例，如图 11-9 所示。

（4）选择第 3 帧，在场景中的图形元件实例上单击鼠标右键，在弹出的快捷菜单中选择“交换元件”命令，如图 11-10 所示。

图 11-9　删除场景中的元件实例

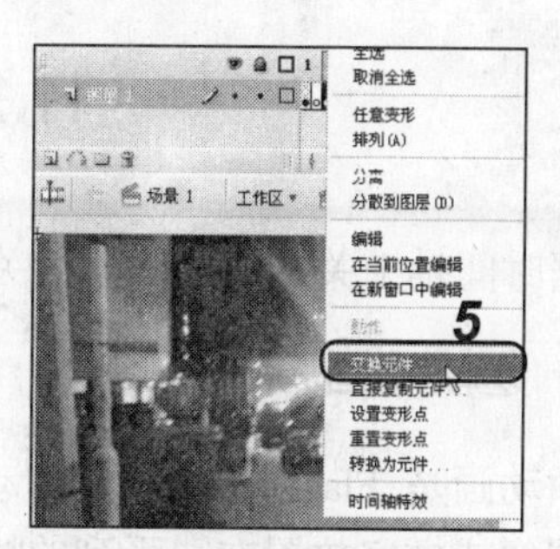

图 11-10　选择“交换元件”命令

（5）在打开对话框的元件列表框中选择“22”图形元件后单击 确定 按钮，如图 11-11

所示。

（6）在时间轴的第 3 帧上单击鼠标右键，在弹出的快捷菜单中选择“复制帧”命令，如图 11-12 所示。

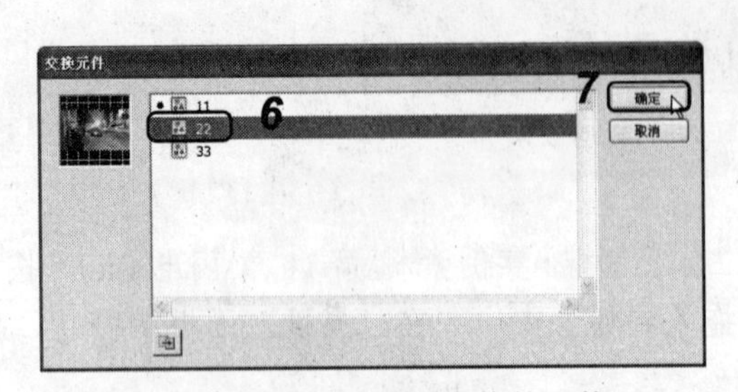

图 11-11　选择要交换的元件

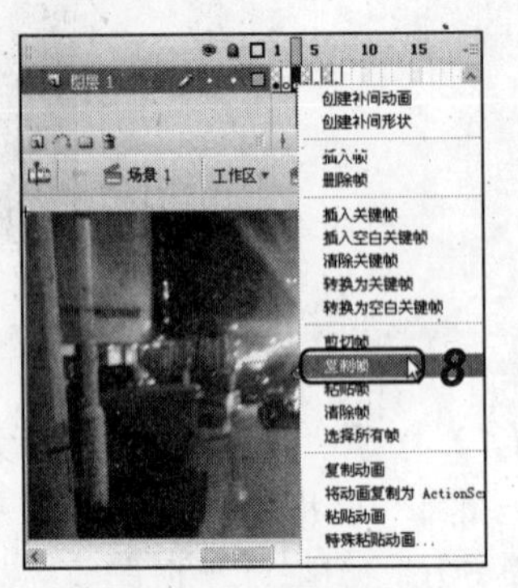

图 11-12　复制帧

（7）在时间轴的第 4 帧上单击鼠标右键，在弹出的快捷菜单中选择“粘贴帧”命令，如图 11-13 所示。

（8）选择第 6 帧，并将场景中的图形元件实例交换为“33”图形元件实例，如图 11-14 所示。

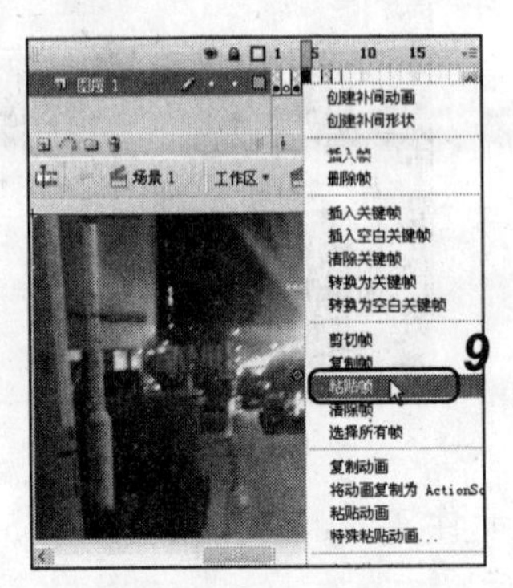

图 11-13　粘贴帧

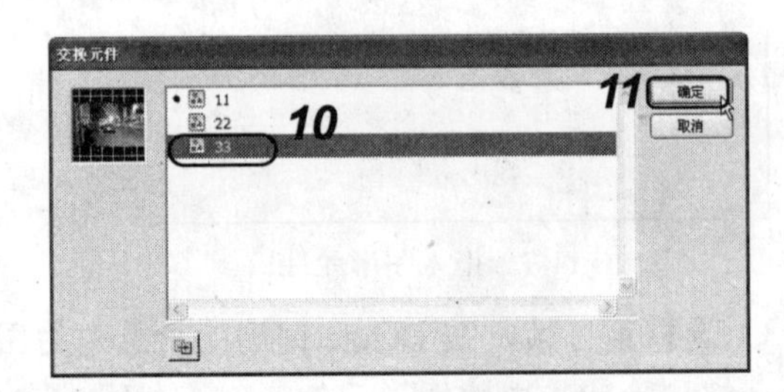

图 11-14　交换元件

（9）保存文件，按 Ctrl+Enter 键预览动画。

11.2　创 建 动 画

根据时间轴中关键帧之间连续关系的不同，Flash 动画可以分为逐帧动画和补间动画。

11.2.1　逐帧动画

逐帧动画是 Flash 中一种制作动画的方法。制作逐帧动画的基本思想是把一系列相差不大的图像或文字放置在一系列的帧和关键帧中。在逐帧动画的制作中，关键帧使用得越多，每一个关键帧中图像变化的差别越小，得到的动画效果就越流畅。

逐帧动画的每一帧都是独立的，它可以制作出许多依靠 Flash CS3 的补间功能无法实现

的动画，所以在许多优秀的动画设计中常常使用逐帧动画。

【例 11-1】 通过 gif 动画创建逐帧动画（立体化教学:\源文件\第 11 章\逐帧动画.fla），效果如图 11-15 所示。

图 11-15　动画效果

操作步骤如下：

（1）打开“逐帧动画.fla”素材文件（立体化教学:\实例素材\第 11 章\逐帧动画.fla），按 Ctrl+R 键打开“导入”对话框，在“查找范围”下拉列表框中选择 gif 动画所在位置，在文件列表框中双击需要导入的“飞鸟.gif”图像（立体化教学:\实例素材\第 11 章\飞鸟.gif），如图 11-16 所示。

（2）导入 gif 动画后，Flash 自动完成逐帧动画的创建，如图 11-17 所示。

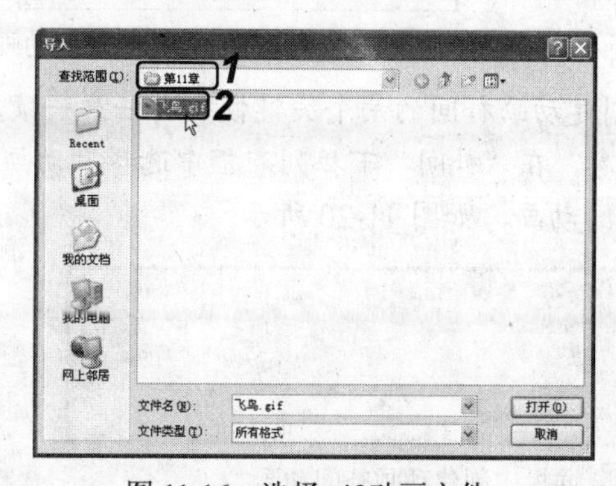

图 11-16　选择 gif 动画文件

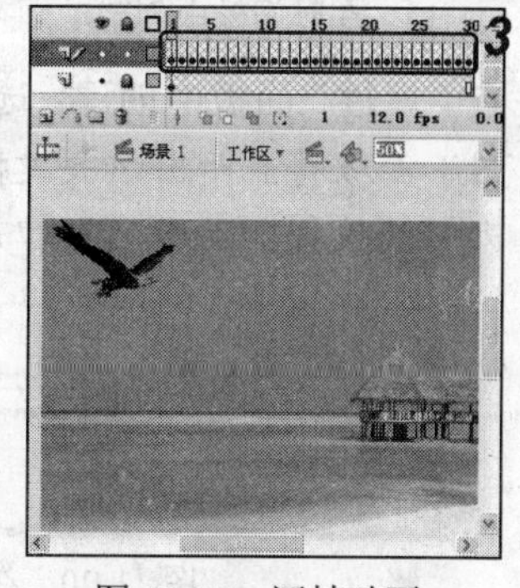

图 11-17　逐帧动画

（3）保存文档，并按 Ctrl+Enter 键预览动画。

提示：

逐帧动画最大的缺点就是制作过程较复杂，尤其是在制作大型 Flash 动画时，它的制作效率非常低，而且因为每一帧都是相对独立的，在每一帧中都将对图像或文字进行调整，所以占用的空间会比制作补间动画的空间大。

11.2.2　补间动画

在 Flash 中，补间动画又称为关键帧动画，其原理是记录序列中较为关键的动画帧的物理形态，而关键帧之间的插补帧则由电脑自动运算而生成。

补间动画又根据动画样式的不同分为动画补间和形状补间两种类型。下面将对这两种类型进行详细讲解。

1．动画补间

动画补间动画是指在时间轴的一个图层中创建两个关键帧，并分别为这两个关键帧设置不同的位置、大小和方向等参数，再在两个关键帧之间创建动作补间动画效果，是 Flash 中比较常用的动画类型。

与逐帧动画的创建相比较，补间动画的创建相对较简便。在一个图层的两个关键帧之间建立补间动画关系后，Flash 会在两个关键帧之间自动生成补充动画图像的显示变化，达到更流畅的动画效果。

创建动画补间动画可以通过以下几种方法进行。

- **在时间轴中创建**：在时间轴中的两个关键帧间单击鼠标右键，在弹出的快捷菜单中选择“创建补间动画”命令即可创建动画补间动画，如图 11-18 所示。
- **在菜单中创建**：选择要创建动画补间的两个关键帧中的任意一帧，选择“插入/时间轴/创建补间动画”命令即可创建动画补间动画，如图 11-19 所示。

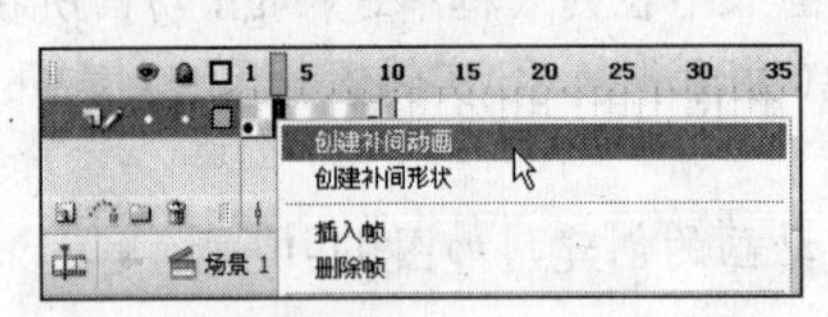

图 11-18　在时间轴中创建动画补间动画

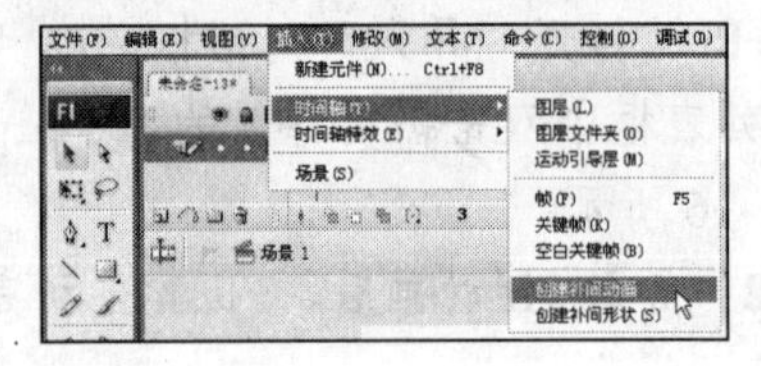

图 11-19　在菜单中创建动画补间动画

- **在“属性”面板中创建**：选择要创建动画补间的两个关键帧中的任意一帧，在“属性”面板将显示出该关键帧的信息，在“补间”下拉列表框中选择“动画”选项，即可为选择的关键帧创建动画补间动画，如图 11-20 所示。

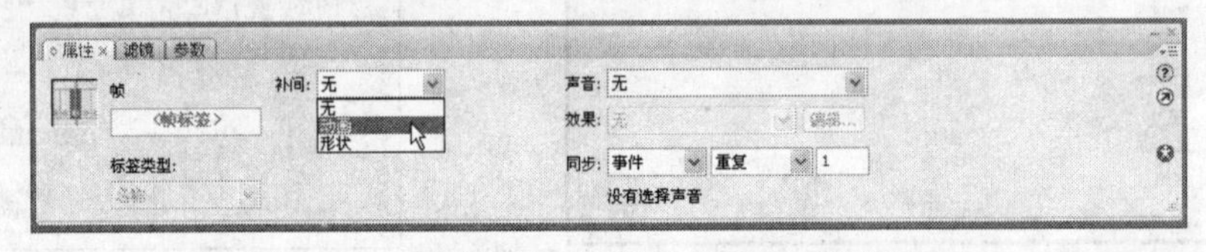

图 11-20　在“属性”面板中创建动画补间动画

在“属性”面板的“补间”下拉列表框中选择“动画”选项后，其“属性”面板如图 11-21 所示。

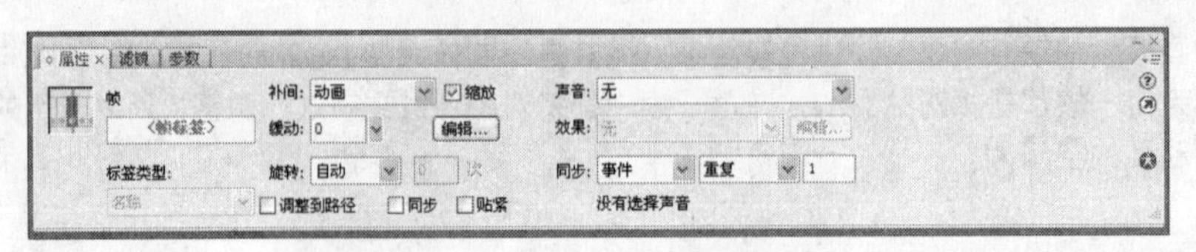

图 11-21　帧“属性”面板

其中部分参数的含义介绍如下。

- ☑缩放 **复选框**：该复选框在制作缩放动画时使用。制作完缩放动画后必须选中该复选框，缩放效果才会出现。
- **“缓动”下拉列表框**：用于设置动画变化的速度，取值范围为-100～100。可以在此下拉列表框中直接输入数字或通过单击右侧的按钮，在弹出的滑块上拖动来调整其大小。设置为 100 时动画先快后慢，设置为-100 时动画先慢后快，其间的数字按照 100 到-100 的变化趋势逐渐变化。

- **“旋转”下拉列表框**：包括“无”、“自动”、“顺时针”和“逆时针”4 个选项。“无”表示没有旋转效果；“自动”表示如果结束帧相对于起始帧旋转了一定角度，动画会自动旋转；“顺时针”表示即使结束帧相对于起始帧没有任何旋转角度，也会生成顺时针旋转效果；“逆时针”与顺时针的概念基本相同，差别在于该选项是逆时针旋转。
- **旋转次数文本框**：只有在“旋转”下拉列表框中选择了“顺时针”或“逆时针”选项时，该文本框才会生效，用于设置旋转的圈数。
- **□调整到路径 复选框**：多用于引导层动画。选中该复选框后，元件在沿引导线移动的过程中，元件的中心点与弧线始终保持垂直。

2. 形状补间

形状补间动画是基于所选两个关键帧中的矢量图像存在形状、色彩和大小等差异而创建的动画关系，在两个关键帧间插入逐渐变形的图像。同动画补间动画不同，形状补间动画两个关键帧中的内容主体必须是处于分离状态的图像，独立的图像元件不能创建形状补间动画。

选择要创建动画的两个关键帧中的任意一帧，在“属性”面板的“补间”下拉列表框中选择“形状”选项即可为选择的关键帧创建形状补间动画，如图 11-22 所示。

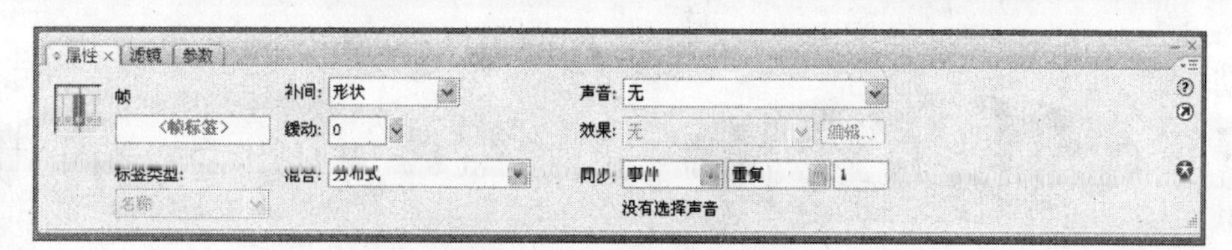

图 11-22　创建形状补间动画

“属性”面板的“混合”下拉列表框中有“分布式”和“角形”两个选项，其含义介绍如下。

- **分布式**：默认的混合方式，可使关键帧间的动画形状比较平滑。
- **角形**：选择此选项，关键帧间的动画变化时会保留明显的角和直线。

11.2.3　应用举例——文本特效动画

本例将创建一个文本特效动画，效果如图 11-23 所示（立体化教学:\源文件\第 11 章\文本特效.fla）。

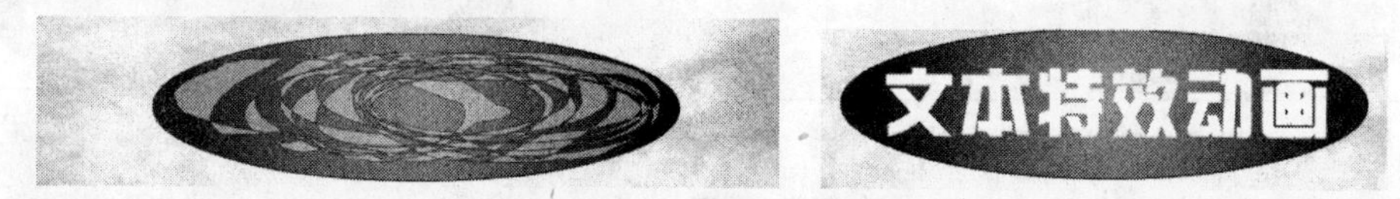

图 11-23　预览动画效果

操作步骤如下：

（1）打开“文本特效.fla”素材文件（立体化教学:\实例素材\第 11 章\文本特效.fla），在第 10 帧处插入关键帧，再在第 1 帧上单击鼠标右键，在弹出的快捷菜单中选择“创建补间动画”命令，如图 11-24 所示。

（2）选择第 1 帧中的图形元件实例，将其水平移动到场景左侧，如图 11-25 所示。

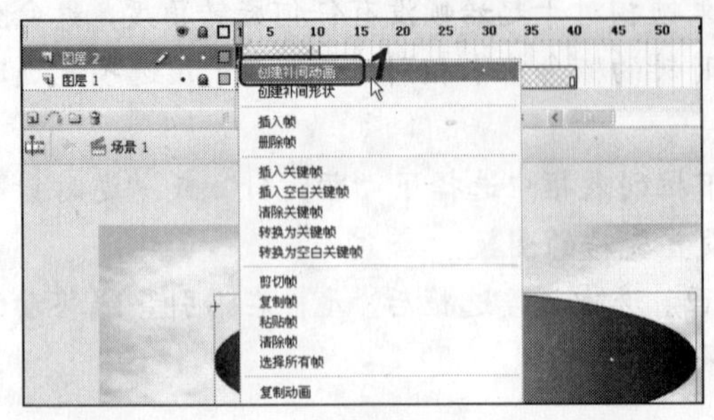

图 11-24　选择“创建补间动画”命令

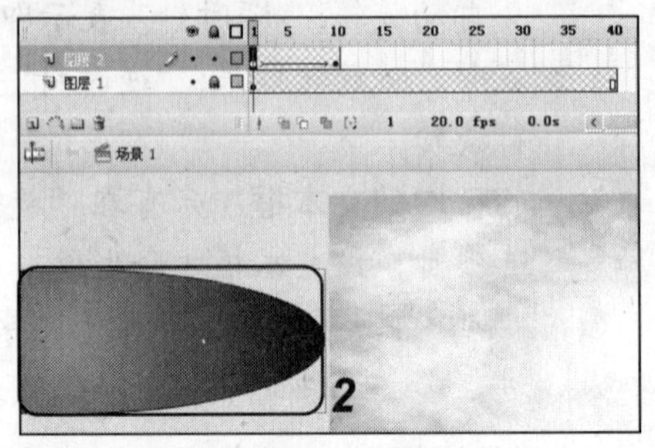

图 11-25　移动图形元件实例

（3）在第 11 帧处插入关键帧，并按 Ctrl+B 键将椭圆打散，如图 11-26 所示。

（4）在第 30 帧处插入关键帧，并将 text 图形元件从“库”面板拖入到场景中，再按 Ctrl+B 键将文本打散，如图 11-27 所示。

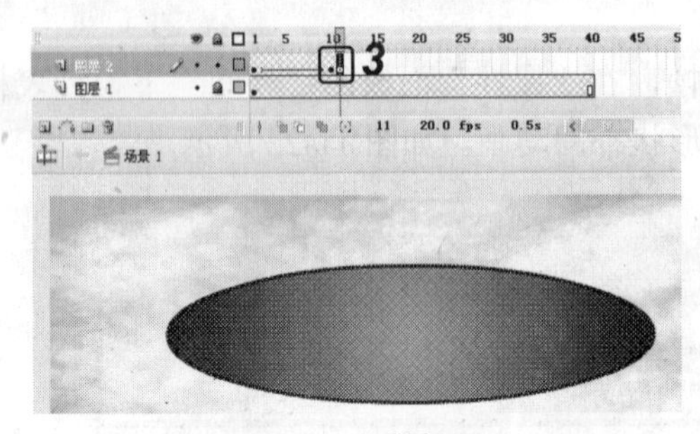

图 11-26　打散椭圆

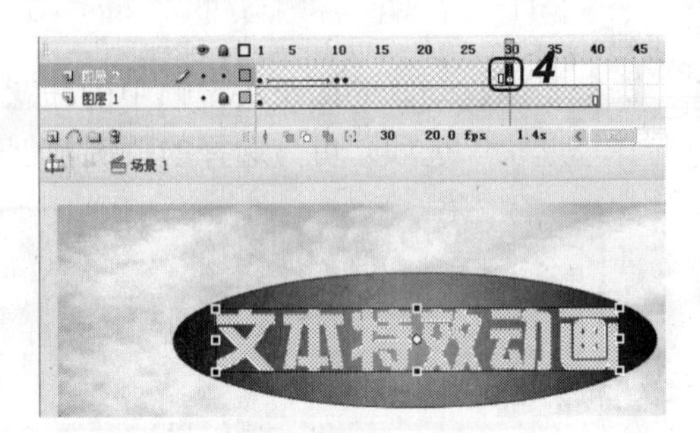

图 11-27　打散文本

（5）在第 11～29 帧中的任一帧上单击鼠标右键，在弹出的快捷菜单中选择“创建补间形状”命令，如图 11-28 所示。

（6）在第 40 帧处按 F5 键插入帧，如图 11-29 所示。

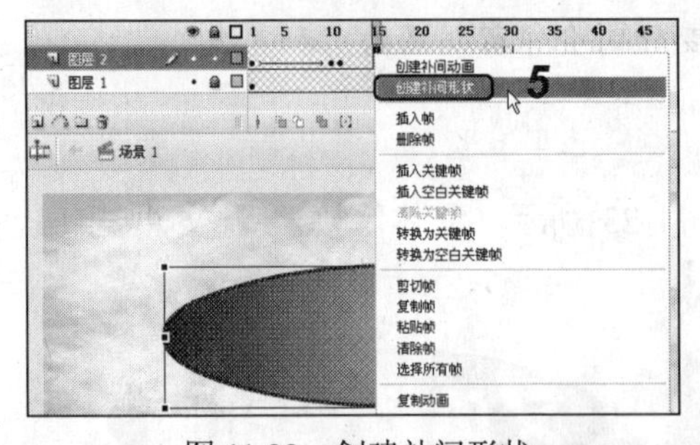

图 11-28　创建补间形状

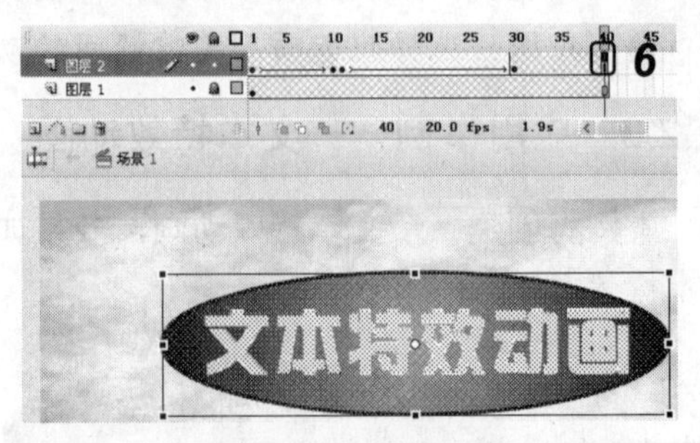

图 11-29　插入帧

（7）保存文档，按 Ctrl+Enter 键预览动画。

11.3 特殊图层的应用

本节所讲的特殊图层是指 Flash 中的引导层和遮罩层，通过这两个特殊图层的使用，可以创建更加丰富的动画特效。

11.3.1 引导层

引导层作为一个特殊的图层，在 Flash 动画设计中应用十分广泛。使用引导层，可以让对象沿特定的路径运动，并可以使多个图层与同一个引导层相关联，从而使多个对象沿相同路径运动。

1. 引导层的概念

在创建动画补间动画时，Flash 会根据起始帧和终止帧中图形位置的不同，自动按照直线运动方式产生动画，但是这种方法不能使图形产生曲线运动。要使影片中的图形运动更加生动、富有变化，就需要使用动画引导层。一个引导层可以同时作用于多个普通图层，使被引导层中的图形沿引导层中的路径进行运动。

2. 创建引导层

创建引导层的方法有如下几种。

- **通过菜单命令创建**：选择"插入/时间轴/运动引导层"命令，如图 11-30 所示，可在当前图层上方新建一个引导层。
- **通过更改图层属性创建**：在所需图层上单击鼠标右键，在弹出的快捷菜单中选择"属性"命令，打开"图层属性"对话框，在"类型"栏中选中⊙引导层单选按钮，如图 11-31 所示，单击确定按钮可将该图层转换为引导层。

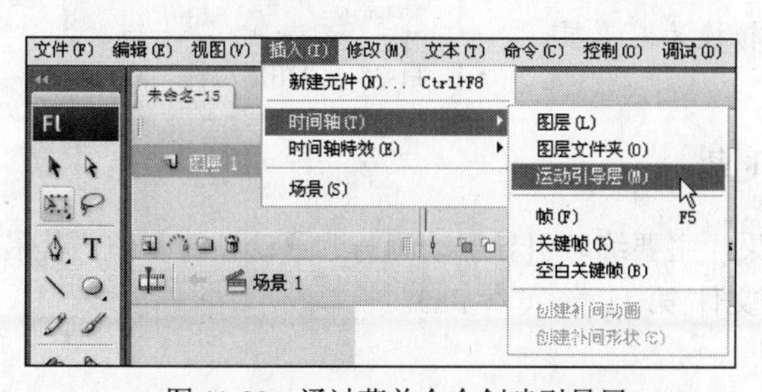

图 11-30 通过菜单命令创建引导层

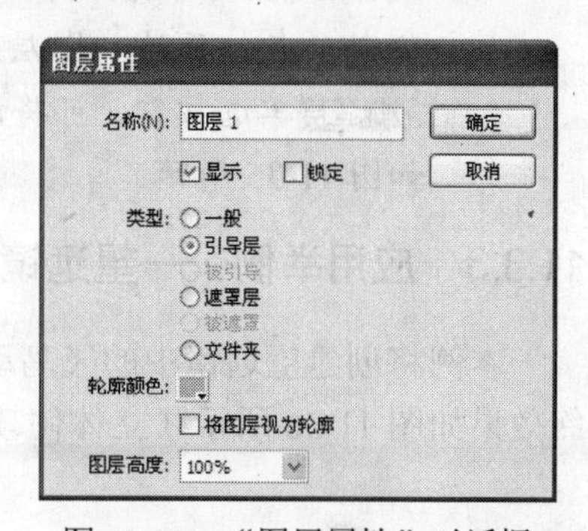

图 11-31 "图层属性"对话框

- **单击按钮创建**：在时间轴左侧的图层区中直接单击"添加运动引导层"按钮，可在当前图层上方新建一个引导层。
- **通过鼠标右键创建或者添加**：在所选图层上单击鼠标右键，在弹出的快捷菜单中选择"引导层"或"添加引导层"命令，即可新建或添加一个引导层。

将图层转换为引导层前的效果如图 11-32 所示，转换为引导层后的效果如图 11-33 所示。

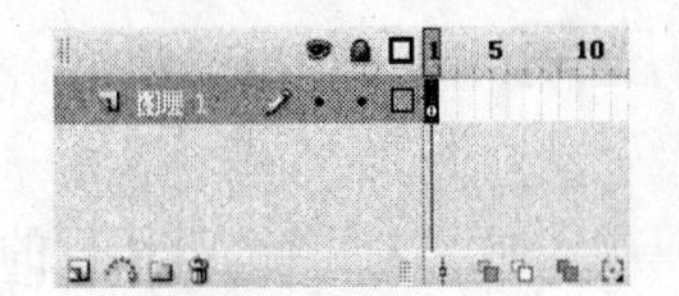

图 11-32　图层转换为引导层前

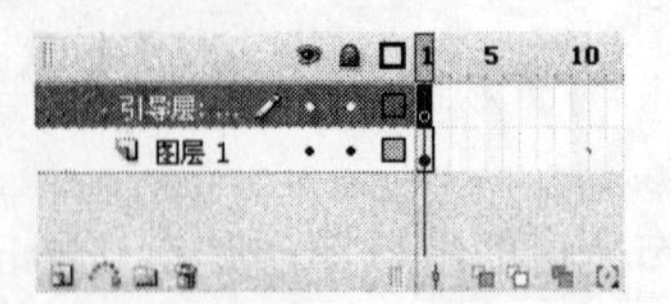

图 11-33　图层转换为引导层后

11.3.2　遮罩层

遮罩层也是 Flash 中比较特殊的图层，使用遮罩层可以制作出特殊的动画效果。

1．认识遮罩层

实现遮罩层所创建的效果至少需要两个图层，其中上方图层为遮罩层，下方图层为被遮罩层，如图 11-34 所示。

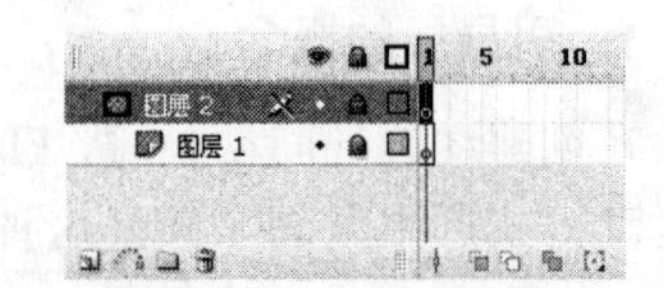

图 11-34　遮罩层效果

遮罩层移动时，被遮罩的对象会随之发生改变。一个遮罩层可以同时作用于其下方的几个图层，从而产生各种特殊的效果。

2．创建遮罩层

创建遮罩层有以下两种方法。

- **通过右键菜单创建**：在图层上单击鼠标右键，在弹出的快捷菜单中选择“遮罩层”命令，可将当前图层转换为遮罩层。
- **通过“图层属性”对话框创建**：在图层上单击鼠标右键，在弹出的快捷菜单中选择“属性”命令，在打开的“图层属性”对话框中选中⊙遮罩层单选按钮，可将该图层转换为遮罩层，如图 11-35 所示。

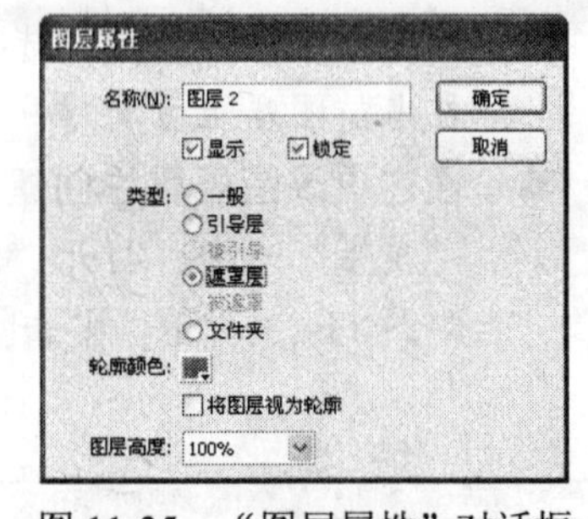

图 11-35　“图层属性”对话框

11.3.3　应用举例——望远镜中的飞鸟

本例将创建望远镜中的飞鸟动画效果，主要练习引导层动画与遮罩动画的制作，其最终效果如图 11-36 所示（立体化教学:\源文件\第 11 章\飞鸟.fla）。

图 11-36　动画最终效果

操作步骤如下：

（1）打开“飞鸟.fla”素材文件（立体化教学:\实例素材\第 11 章\飞鸟.fla），如图 11-37 所示。

（2）在“望远镜”图层的第 40 帧处插入关键帧，并将望远镜图形元件实例拖动到如图 11-38 所示的位置。

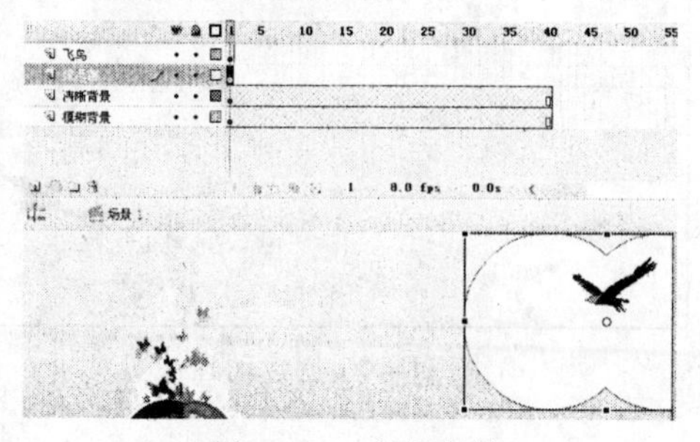

图 11-37　素材文件

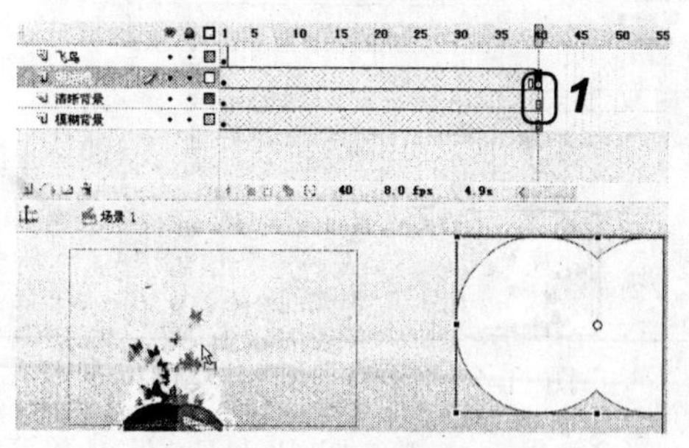

图 11-38　调整望远镜位置

（3）在“望远镜”图层的第 1～39 帧中的任意一帧上单击鼠标右键，在弹出的快捷菜单中选择“创建补间动画”命令，如图 11-39 所示。

（4）在“望远镜”图层上单击鼠标右键，在弹出的快捷菜单中选择“遮罩层”命令，如图 11-40 所示。

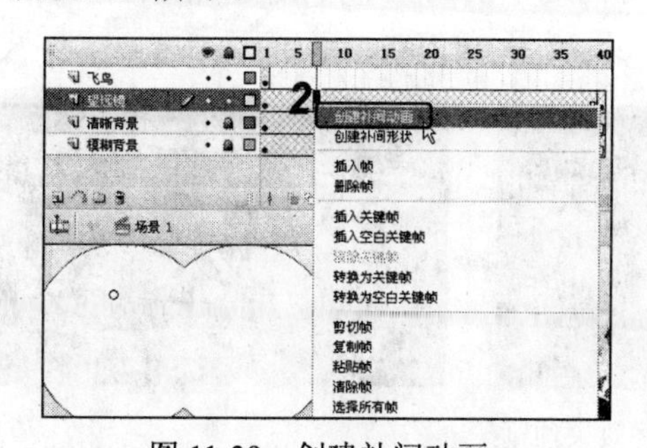

图 11-39　创建补间动画

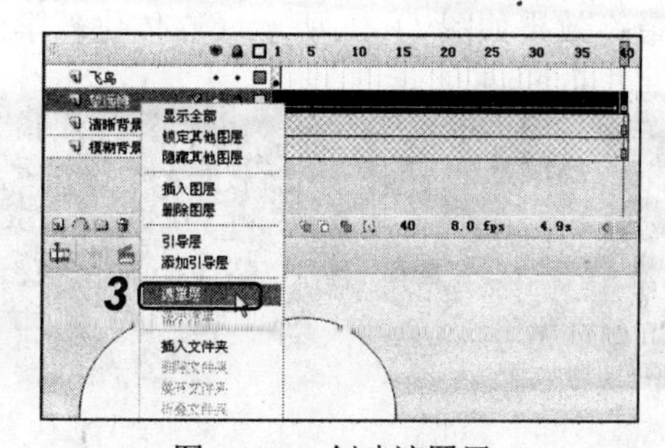

图 11-40　创建遮罩层

（5）选择“飞鸟”图层，单击按钮添加引导层，如图 11-41 所示。

（6）选择引导层的第 1 帧，再选择铅笔工具，设置铅笔模式为“平滑”，绘制如图 11-42 所示的引导线。

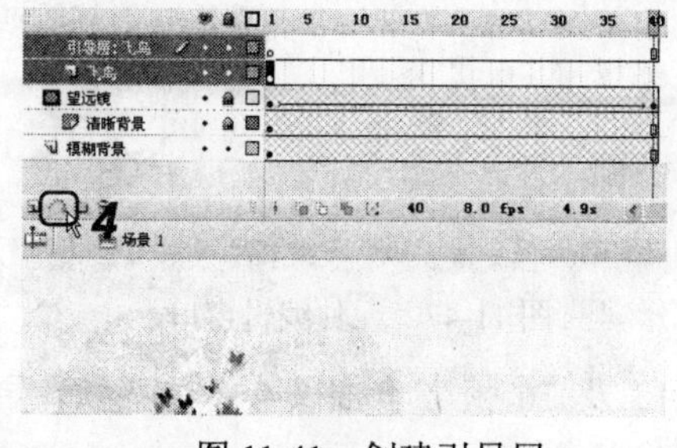

图 11-41　创建引导层

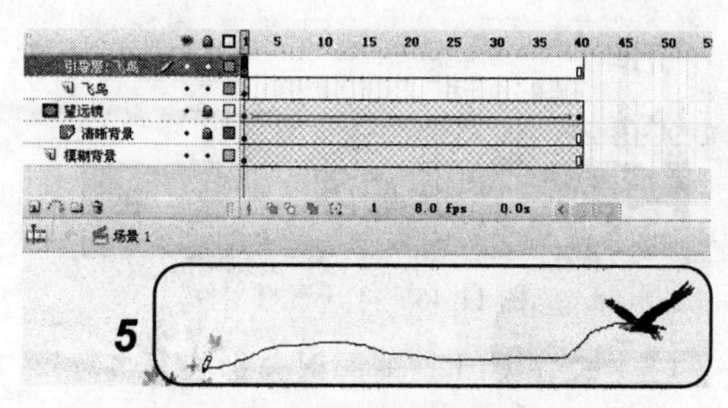

图 11-42　绘制引导线

（7）在“飞鸟”图层的第 40 帧处插入关键帧，并将飞鸟图形元件实例拖动到如图 11-43

所示的位置。

（8）在“飞鸟”图层的第 1～39 帧中的任意一帧上单击鼠标右键，在弹出的快捷菜单中选择“创建补间动画”命令，完成补间动画的创建，如图 11-44 所示。

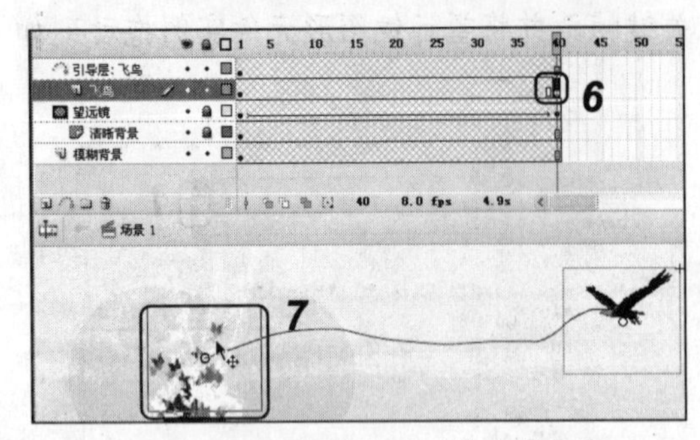

图 11-43 调整图形元件实例位置

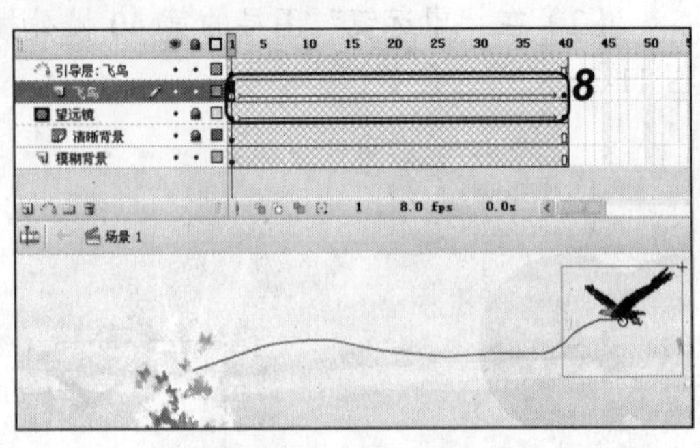

图 11-44 创建动画补间

（9）保存文档，按 Ctrl+Enter 键预览动画。

11.4 上机及项目实训

本次实训将创建一个游泳的鱼的动画，主要练习逐帧动画及引导层动画的制作方法，其最终效果如图 11-45 所示（立体化教学:\源文件\第 11 章\鱼.fla）。

图 11-45 动画最终效果预览

操作步骤如下：

（1）打开“鱼.fla”素材文件（立体化教学:\源文件\第 11 章\鱼.fla），如图 11-46 所示。

（2）双击场景中的鱼图形元件进入元件编辑窗口，如图 11-47 所示。

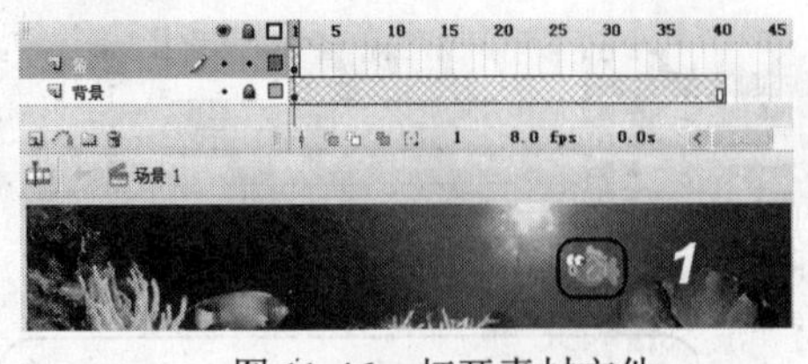

图 11-46 打开素材文件

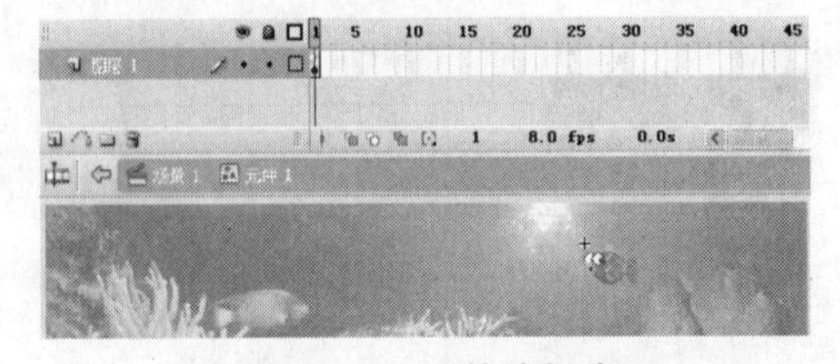

图 11-47 元件编辑窗口

（3）按住 Ctrl 键的同时分别在第 4、7、10、13 及 16 帧上单击以选择这些帧，再按 F6 键插入关键帧，如图 11-48 所示。

（4）选择第 4 帧，选择场景中的图形元件实例，按↓键两次，如图 11-49 所示。

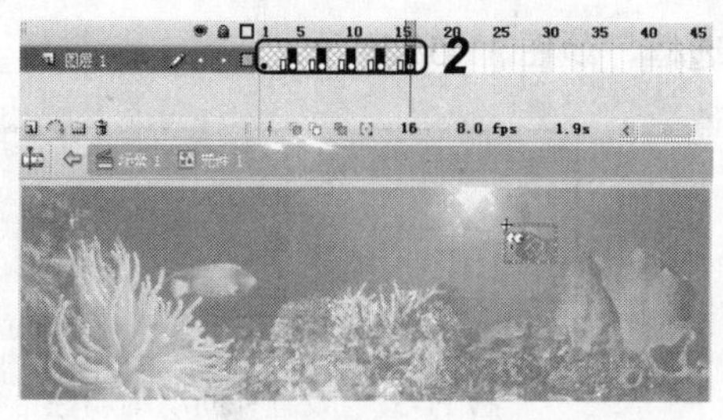

图 11-48　插入关键帧

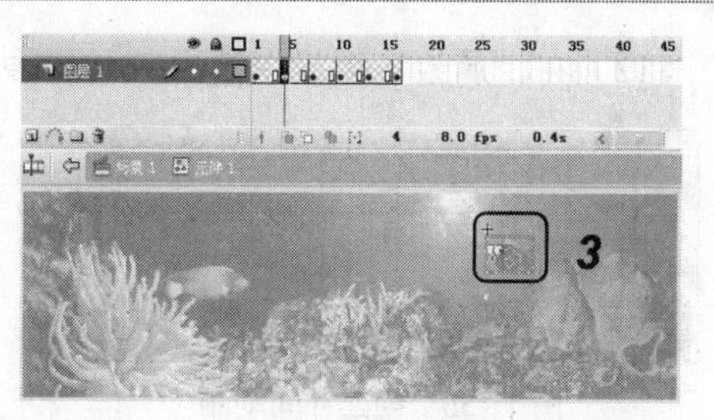

图 11-49　移动第 4 帧图形元件实例

（5）选择第 10 帧，选择场景中的图形元件实例，按↑键两次，如图 11-50 所示。

（6）选择第 16 帧，选择场景中的图形元件实例，按↓键两次，如图 11-51 所示。

图 11-50　移动第 10 帧元件实例

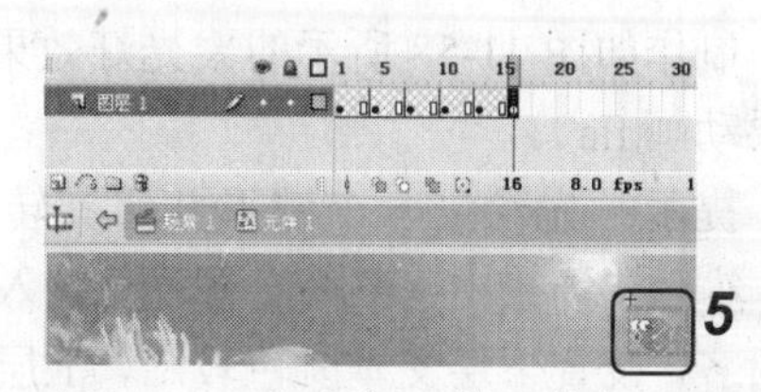

图 11-51　移动第 16 帧元件实例

（7）选择第 18 帧后按 F5 键插入帧，再单击⇦按钮返回到主场景中，如图 11-52 所示。

（8）选择“鱼”图层，单击按钮添加引导层，如图 11-53 所示。

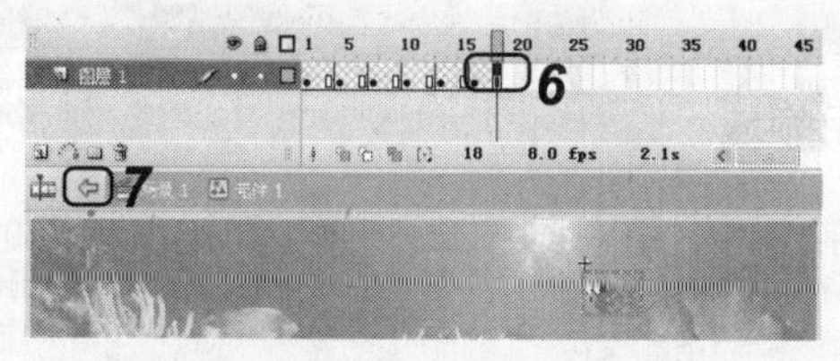

图 11-52　插入帧

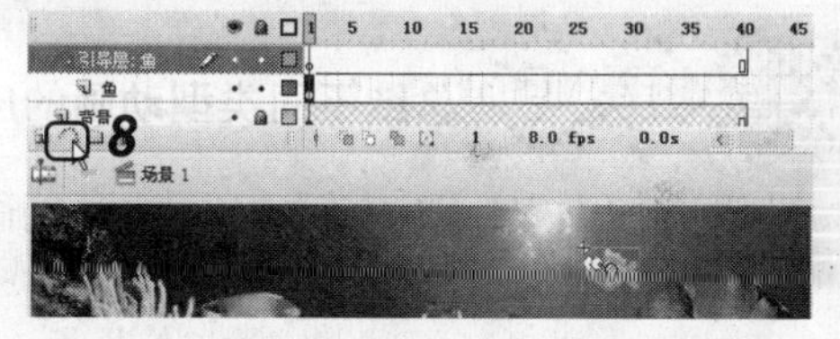

图 11-53　创建引导层

（9）选择铅笔工具，并设置铅笔模式为“平滑”，在场景中绘制如图 11-54 所示的线条。

（10）在“鱼”图层的第 40 帧处插入关键帧，并将场景中的鱼图形元件实例拖动到引导线左侧末端，如图 11-55 所示。

图 11-54　绘制引导线

图 11-55　插入关键帧

（11）为“鱼”图层创建补间动画，如图 11-56 所示。

（12）在“属性”面板中选中☑调整到路径复选框，如图 11-57 所示。

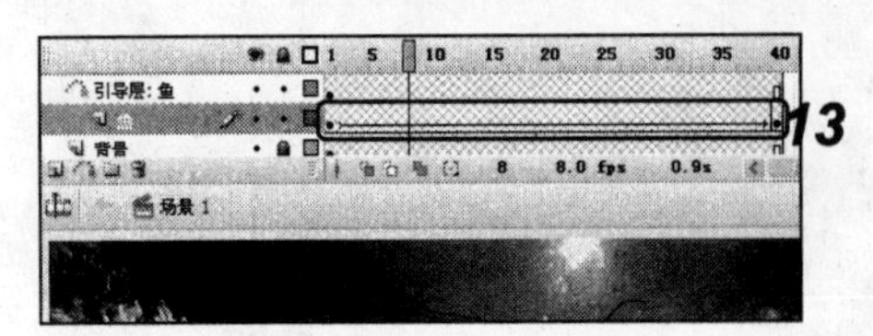

图 11-56　创建补间动画

图 11-57　设置补间动画属性

（13）保存文档，按 Ctrl+Enter 键预览动画。

11.5　练习与提高

制作如图 11-58 所示的聚光灯效果的 Flash 动画（立体化教学:\源文件\第 11 章\聚光灯效果动画.fla）。

提示：先绘制一个圆形并将其转换为图形元件，然后在场景中建立两个图层，输入相同的文本并对齐，设置下层文本颜色较暗，上层文本颜色较亮。在文本层之上再创建一个图层，拖入图形元件并创建左右移动的动画，最后将此图层设置为遮罩层，较亮文本的图层设置为被遮罩层。

图 11-58　动画最终效果

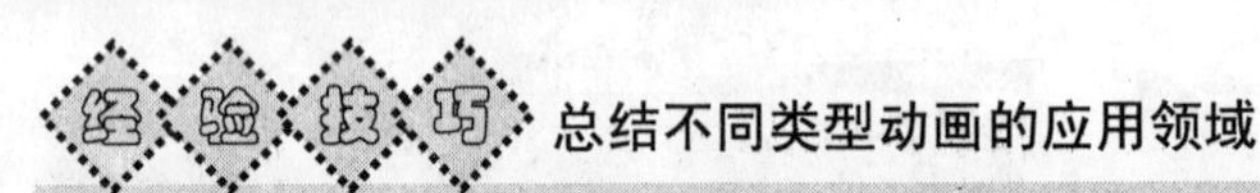

总结不同类型动画的应用领域

为了方便大家选取正确的方式进行动画制作，这里总结本章 3 种不同类型动画的应用领域供大家参考。

- **逐帧动画**：适合于表演很细腻的动画，如 3D 效果、人物或动物急剧转身等效果。
- **动画补间动画**：适合制作元件本身属性改变的动画，如位置、颜色、透明度等。
- **形状渐变动画**：适合制作由一种形状或对象变为另一种形状或对象的动画。

第 12 章　导入声音和视频

学习目标

☑ 为“狼”动画添加声音
☑ 掌握设置声音效果的方法
☑ 掌握导入“花”视频的方法

目标任务&项目案例

为动画添加声音

导入视频

要使 Flash 影片更加完善、更加引人入胜，只有漂亮的造型和精彩的情节是不够的。为 Flash 影片添加生动的声音效果和视频剪辑，除了可以使影片内容更加完整外，还有助于影片主题的表现。本章主要学习声音和视频的导入方法，了解声音的类型和导入的视频格式种类，熟悉声音的属性及设置方法。

12.1　导入及使用声音

下面就来学习为 Flash 影片中的动画添加声音效果的方法。

12.1.1　声音的类型

在 Flash 中可以为动画添加声音并对其进行相应设置。Flash 本身虽然并没有制作音频的功能，但用户可以利用其他音频编辑工具事先制作好一段音频文件，再将其添加到 Flash 作品中。

Flash 中有事件声音和流式声音两种类型，下面分别讲解。

1. 事件声音

事件声音在动画完全下载之前不能持续播放，只有下载结束后才可以，而且在没有得到明确的停止指令前，声音会不断地重复播放。当选择了这种声音播放形式后，声音在播放的过程中将不受帧的影响。

2. 流式声音

Flash 将流式声音分成小片段，并将每一段声音结合到特定的帧上，对于流式声音，Flash 迫使动画与声音同步。在动画播放过程中，只需下载开始的几帧后即可播放。

Flash CS3 可直接导入 WAV（*.wav）、MP3（*.mp3）和 AIFF（*.aif）等格式的声音文件，同时也支持将 MIDI 格式（*.mid）的声音文件映射到 Flash 中。

12.1.2 导入声音

导入声音的方法与导入图片的方法类似。

【例 12-1】 在 Flash 文档中导入声音。

（1）在 Flash 文档中选择“文件/导入/导入到库”命令，打开“导入到库”对话框。

（2）在打开的对话框的“查找范围”下拉列表框中选择声音文件所在的位置，在文件列表框中双击需要导入的声音文件，如图 12-1 所示。

（3）打开“库”面板，选择声音文件，单击▶按钮即可播放导入的声音，如图 12-2 所示。

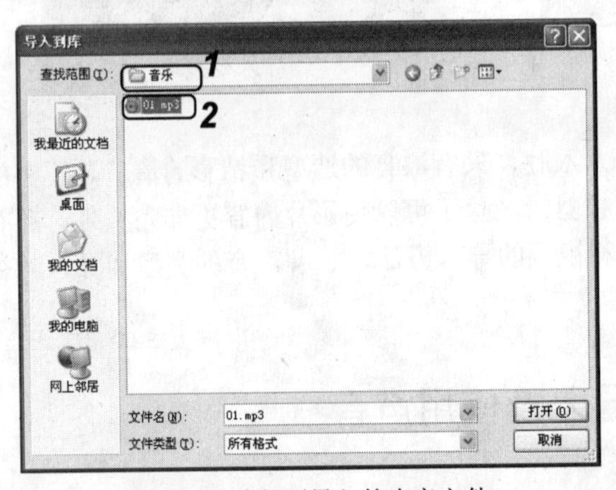

图 12-1 选择要导入的声音文件

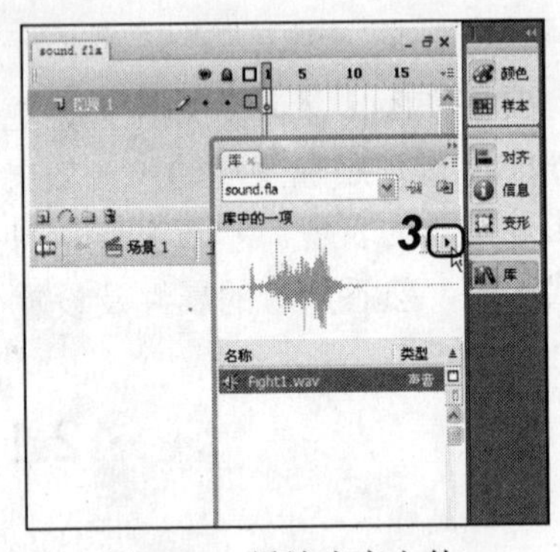

图 12-2 播放声音文件

12.1.3 声音的使用

声音是多媒体作品中不可或缺的一种媒介手段。在动画设计中，为了追求丰富而具有感染力的动画效果，恰当地使用声音十分必要。优美的背景音乐、动感的按钮音效以及适当的旁白可以更加贴切地表达作品的深层内涵，使影片的意境表现得更加充分。

在 Flash 中可以为按钮和时间轴添加声音，下面分别介绍其具体的添加方法。

1．为按钮添加声音

进入按钮编辑窗口后，可以选择相应的帧（除点击帧外）进行声音的添加，如为“指针经过”帧添加声音后，当光标移到按钮上时将播放声音。

【例 12-2】　为按钮添加声音。

（1）打开 button.fla 素材文件（立体化教学:\实例素材\第 12 章\button.fla），双击场景中的按钮元件实例进入按钮元件编辑区，如图 12-3 所示。

（2）在时间轴左侧的“图层”区中单击按钮新建一个图层，在“指针经过”帧处按 F6 键插入关键帧，在“按下”帧处插入空白关键帧，选择“指针经过”帧，将“库”面板中的声音文件拖入到舞台中，即可为按钮添加声音，如图 12-4 所示。

图 12-3　进入按钮元件编辑区

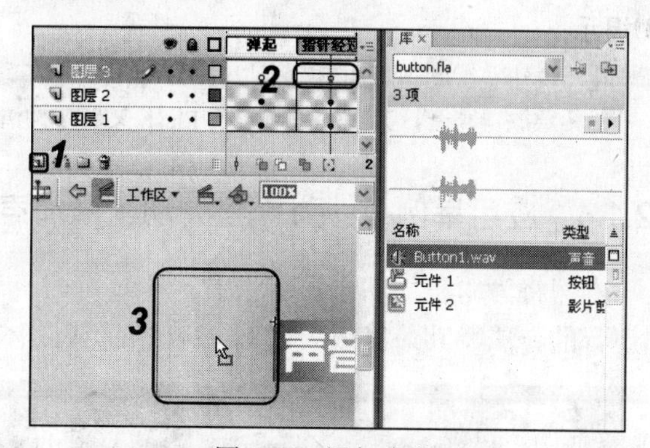

图 12-4　添加声音

提示：

为按钮添加声音，可以在“弹起”、“指针经过”、“按下”帧之间任意选择一帧添加声音，选择的帧不同，则声音播放的时段也不同。如在“指针经过”帧插入声音后，在预览时，当鼠标光标经过按钮时就会播放声音；在“按下”帧插入声音后，在预览时只有鼠标光标单击按钮时才会播放声音。也可以在各帧中分别插入不同的声音，体现特殊的按钮效果。

2．在时间轴上添加声音

要将声音从“库”面板中添加到时间轴，可把声音分配到一个新图层上，然后在其“属性”面板中设置相应选项。也可以把多个声音放在同一个图层上，或放在包含其他对象的图层上。建议将不同的声音放在独立的层中，即每个图层都作为一个独立的声音通道。

【例 12-3】　在时间轴上添加声音效果（立体化教学:\源文件\第 12 章\zhou.fla）。

（1）打开 zhou.fla 素材文件（立体化教学:\实例素材\第 12 章\zhou.fla），选择“背景音乐”层中的第 1 帧，在“属性”面板的“声音”下拉列表框中选择 Music1.wav 选项，如图 12-5 所示。

（2）在“属性”面板右下角查看所选声音的播放时间长度为 102.0s，即 102 秒，并且知道本动画的帧频为 12fps，即每秒播放 12 帧画面，经计算要完整播放完该声音文件需要 1224 帧（102.0×12），因此在“背景音乐”层的第 1225 帧处插入帧，以便能完整播放声音文件，如图 12-6 所示。

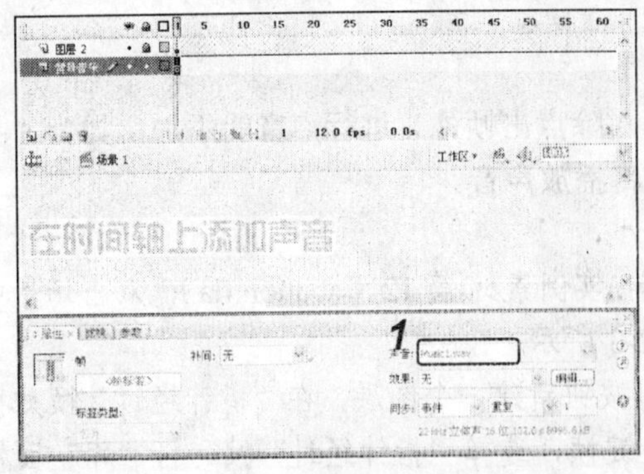

图 12-5 设置声音

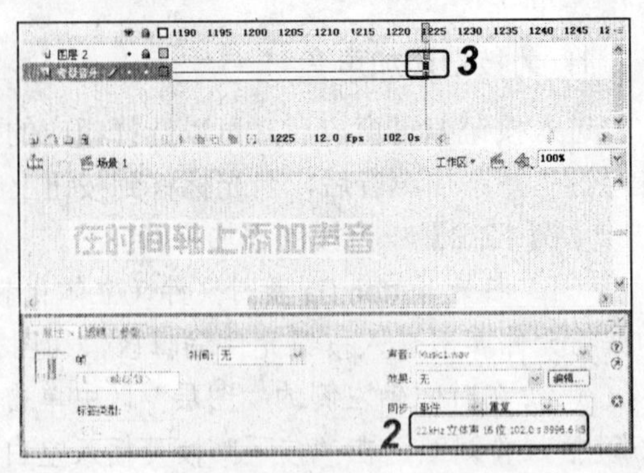

图 12-6 添加声音

提示：

在为按钮或时间轴添加声音时，虽然可直接在已有图层中添加声音，但是建议最好还是创建一个新的图层放置声音，其目的是为了使 Flash 文档结构清晰，便于以后对文档进行编辑和管理。

12.1.4 应用举例——为“狼”动画添加声音

本例将为“狼”动画添加声音，主要练习声音的导入、为按钮添加声音及为时间轴添加声音的方法，其最终效果如图 12-7 所示（立体化教学:\源文件\第 12 章\狼.fla）。

图 12-7 最终效果

操作步骤如下：

（1）打开“狼.fla”素材文件（立体化教学:\实例素材\第 12 章\狼.fla），选择“隐形按钮”图层，并双击场景中的隐形按钮元件实例，如图 12-8 所示

（2）按 Ctrl+R 键打开“导入”对话框，在“查找范围”下拉列表框中选择声音所在位置，按住 Shift 键的同时，在文件列表框中选择需要导入的声音文件（可以多选），再单击 打开(O) 按钮将声音导入到“库”面板中，如图 12-9 所示。

（3）打开“库”面板，将“狼叫.mp3”从“库”面板中拖入到场景中，如图 12-10 所示。

（4）在“狼叫”图层的“按下”帧处插入空白关键帧，再单击 按钮返回主场景，如图 12-11 所示。

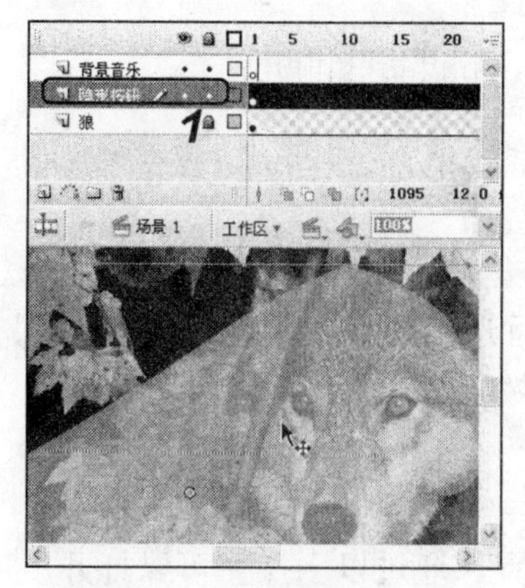

图 12-8　进入元件编辑窗口

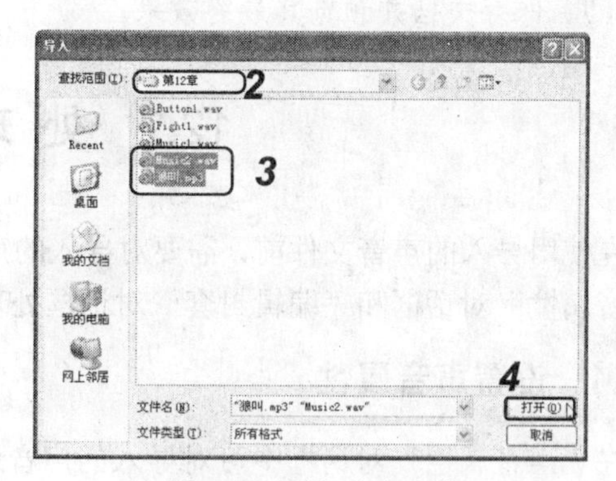

图 12-9　导入声音文件

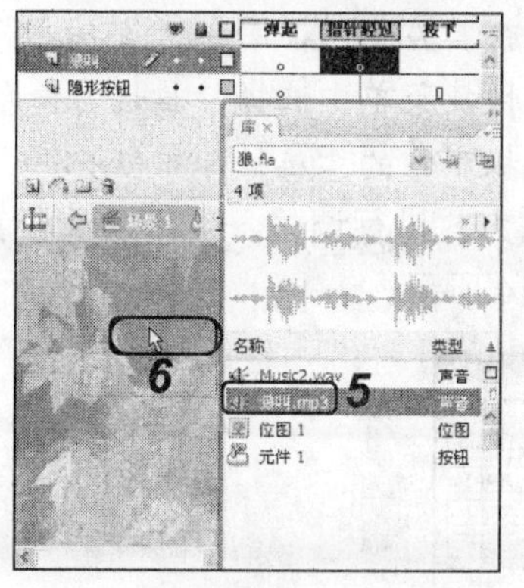

图 12-10　拖入声音

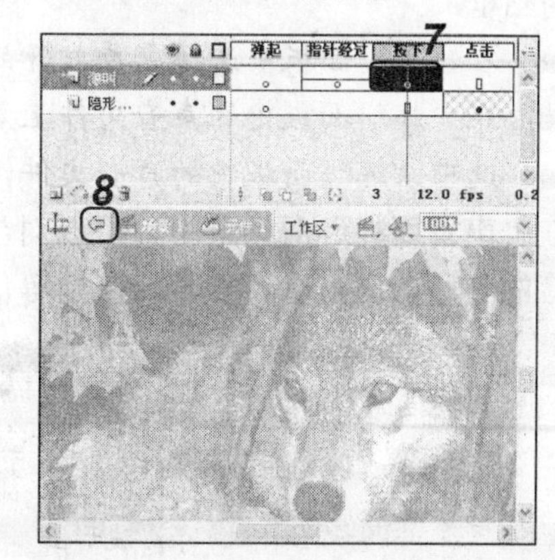

图 12-11　插入空白关键帧

（5）选择“背景音乐”图层，从“库”面板中将 Music2.wav 拖入到场景中，如图 12-12 所示。

（6）在“属性”面板右下角查看声音文件的播放长度为 91.1s，该 Flash 文档的帧频为 12fps，经计算可知要完整播放该声音的帧数是 1093.2 帧，即 1094 帧，因此在“背景音乐”图层的第 1095 帧处插入关键帧，如图 12-13 所示。

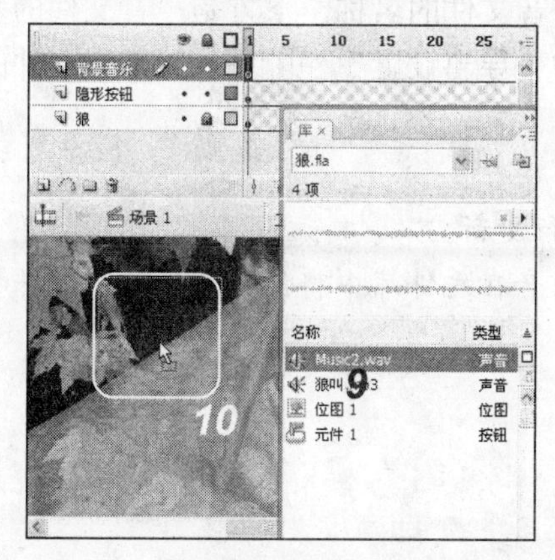

图 12-12　拖入声音

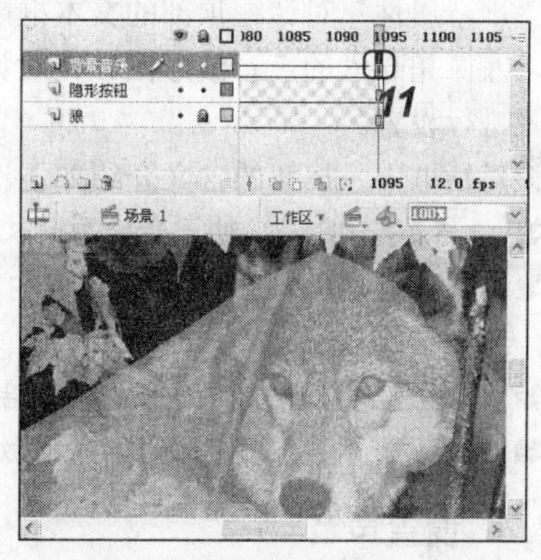

图 12-13　插入帧

（7）保存文档并预览其最终效果。

12.2 处 理 声 音

在使用导入的声音文件前，需要对导入的声音进行适当处理。可以通过“属性”面板、“声音属性”对话框和“编辑封套”对话框处理声音效果。

12.2.1 设置声音属性

在“声音属性”对话框中可对导入的声音进行设置。通过以下操作可以打开“声音属性”对话框：

- 在“库”面板中选择需要打开的声音文件，双击其左侧的图标。
- 在“库”面板中的声音文件上右击，在弹出的快捷菜单中选择“属性”命令。
- 选中“库”面板中的声音文件，单击“库”面板下方的“属性”按钮。

在“声音属性”对话框中，可以对当前声音的压缩方式进行调整，也可以重命名导入的声音的名称，还可以查看声音属性等信息，如图 12-14 所示。

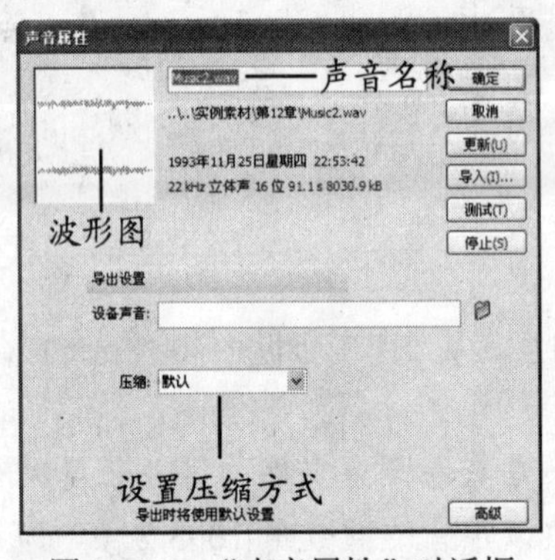

图 12-14 “声音属性”对话框

“声音属性”对话框顶部的文本框中显示了声音文件的名称，下方是声音文件的基本信息，左侧是导入的声音波形图。在对话框下方的“导出设置”栏中可以对声音文件的压缩方式进行设置。

该对话框中各按钮的含义介绍如下。

- 更新(U) 按钮：对声音的原始文件链接进行更新。
- 导入(I)... 按钮：导入新的声音内容。新的声音在元件库中将使用原来的名称并将原声音覆盖。
- 测试(T) 按钮：播放当前的声音元件。
- 停止(S) 按钮：停止声音的播放。

12.2.2 设置声音

在文档中选择添加声音的帧后，在“属性”面板中可以设置声音的同步类型和循环方式。

1．同步类型

在帧“属性”面板的“同步”下拉列表框中，可以设置当前关键帧中声音的同步类型，并对声音在输出影片中的播放进行控制，如图 12-15 所示。

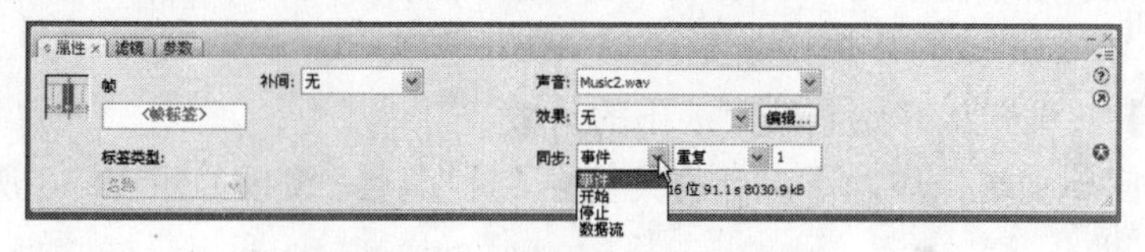

图 12-15　“同步”下拉列表框

“同步”下拉列表框中各选项的含义介绍如下。

- **事件**：选择此选项，在声音所在的关键帧开始显示时播放声音，并独立于时间轴中帧的播放状态，即使影片停止也将继续播放声音，直至整个声音播放完毕。
- **开始**：与“事件”选项相似，如果当前声音还没有播放完，即使时间轴中已经经过了有声音的其他关键帧，也不会播放新的声音内容。
- **停止**：选择此选项，当时间轴播放到该帧后，停止播放该关键帧中指定的声音，通常在设置有播放跳转的互动影片中才使用。
- **数据流**：选择该播放方式，Flash 将强制动画与音频流同步播放。如果 Flash Player 不能按正常的速度播放影片中帧的内容，便跳过阻塞的帧，但声音的播放将继续进行并随影片的停止而停止。

2．声音的循环

如果要使声音在影片中重复播放，可以在“属性”面板的“同步”下拉列表框后的重复下拉列表框中对关键帧的声音进行“重复”或“循环”设置，其作用介绍如下。

- **重复**：用于设置该关键帧上的声音重复播放的次数，如图 12-16 所示。

图 12-16　设置“重复”项

- **循环**：使该关键帧上的声音一直不停地循环播放，如图 12-17 所示。

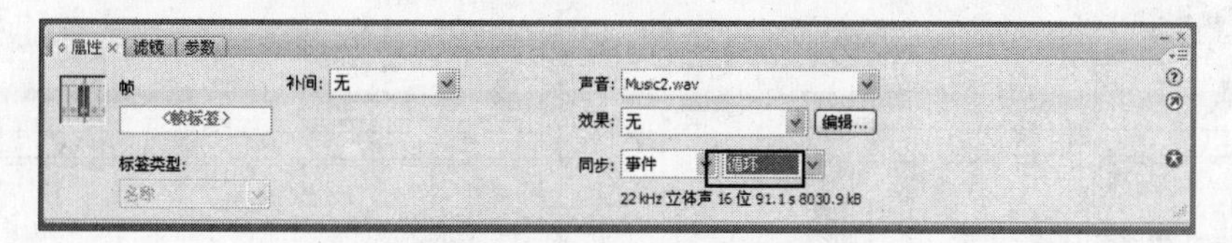

图 12-17　设置“循环”项

提示：

如果使用“数据流”方式对关键帧中的声音进行同步设置，则不宜为声音设置重复或循环播放。因为音频流在被重复播放时，会在时间轴中添加同步播放的帧，文件大小就会随声音重复播放的次数增加。

12.2.3 设置音效

导入到 Flash 影片中的声音，通常都是已经设置好音效的文件。在实际影片编辑中，经常需编辑声音的播放时间和声音效果，使其更符合影片的要求。在 Flash 中可以为声音设置淡入淡出、左声道或右声道的效果。

【例 12-4】 设置从开始到结束淡出的音效。

（1）在时间轴中选择添加了声音的关键帧，其“属性”面板如图 12-18 所示，单击编辑...按钮。

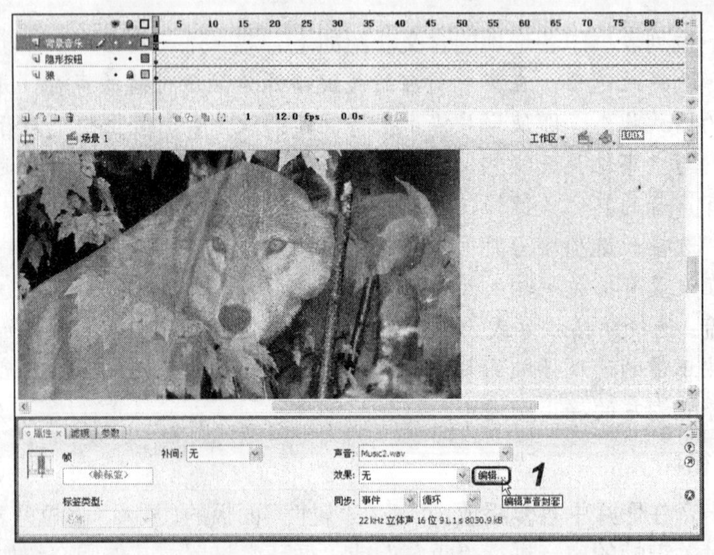

图 12-18 帧“属性”面板

（2）打开“编辑封套”对话框，在“效果”下拉列表框中选择“从右到左淡出”选项，如图 12-19 所示。

（3）如果需要自定义效果，在声音通道顶部的时间线上增加控制手柄，对声音左、右声道在该位置的音量大小分别进行调节，单击确定按钮完成音效的设置，如图 12-20 所示。

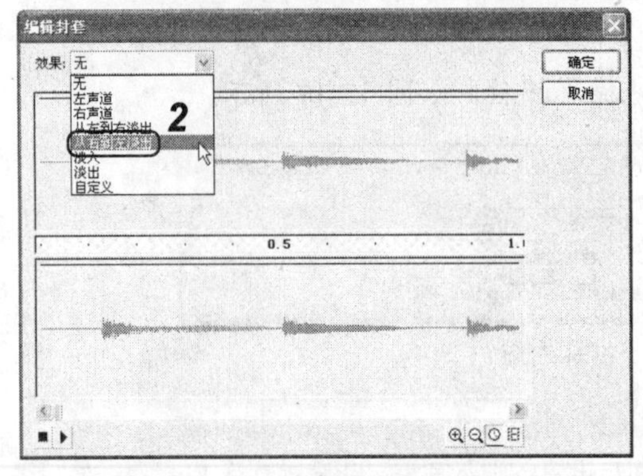

图 12-19 “编辑封套”对话框

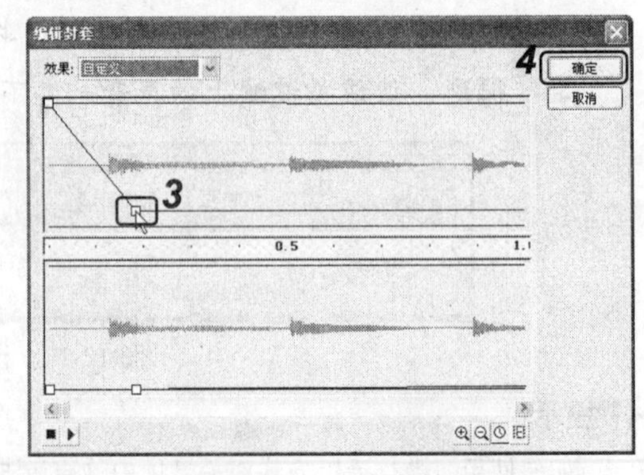

图 12-20 自定义效果

12.2.4　应用举例——设置声音的淡出效果

本例将对声音音效进行设置，其最终效果如图 12-21 所示（立体化教学:\源文件\第 12 章\飞鸟.fla）。

图 12-21　最终效果

操作步骤如下：

（1）打开“飞鸟.fla”素材文件（立体化教学:\实例素材\第 12 章\飞鸟.fla），选择“飞鸟”图层中的第 1 帧，双击场景中的飞鸟影片剪辑元件实例，如图 12-22 所示。

（2）选择“图层 2”，在“属性”面板中单击编辑...按钮，如图 12-23 所示。

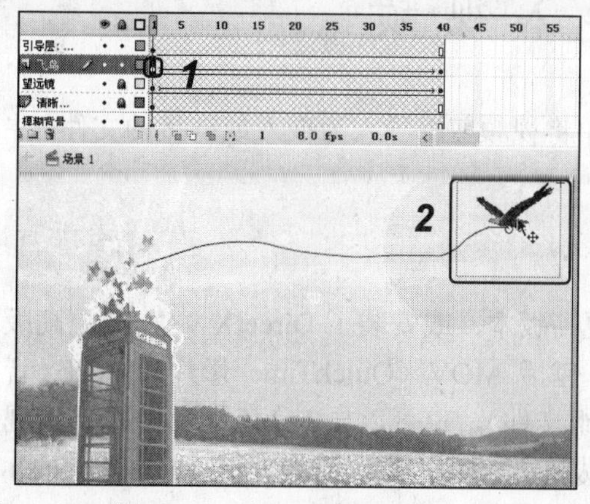

图 12-22　进入元件编辑窗口

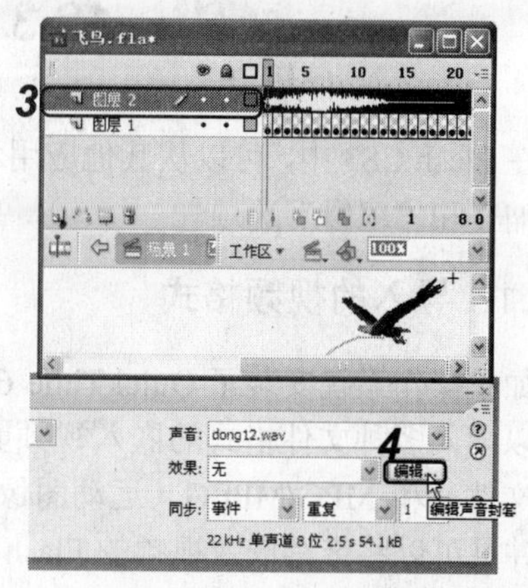

图 12-23　进行声音编辑

（3）在打开的对话框中单击🔍按钮，如图 12-24 所示。

（4）将光标移动到控制手柄上，按住鼠标左键不放向右拖动到如图 12-25 所示的位置后释放鼠标。

（5）添加控制手柄，然后拖动控制手柄，如图 12-26 所示。

（6）使用相同的方法为另一声道进行调整，再单击确定按钮，如图 12-27 所示。

（7）保存文档，并按 Ctrl+Enter 键预览动画。

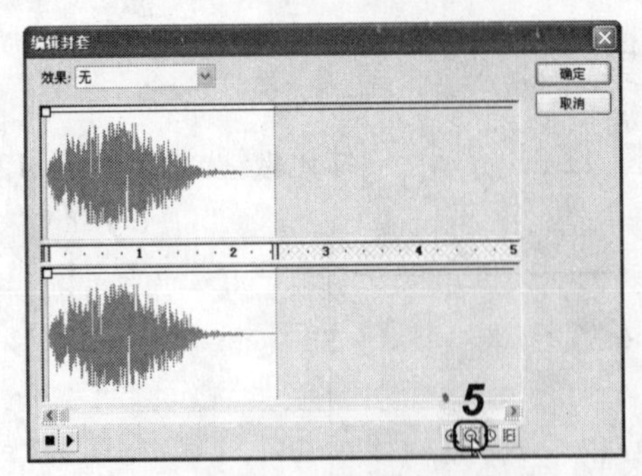

图 12-24　单击“缩小”按钮

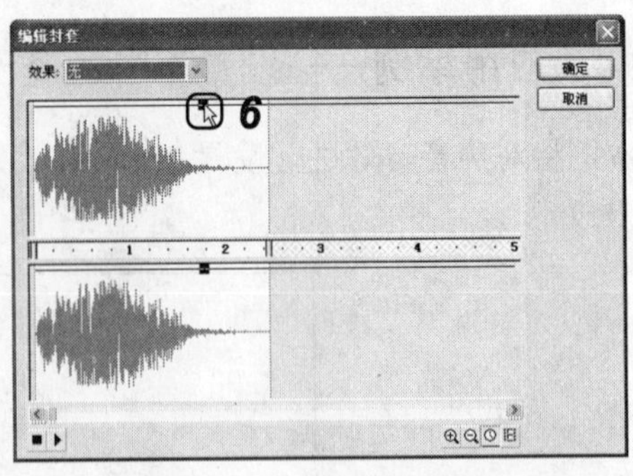

图 12-25　移动控制手柄

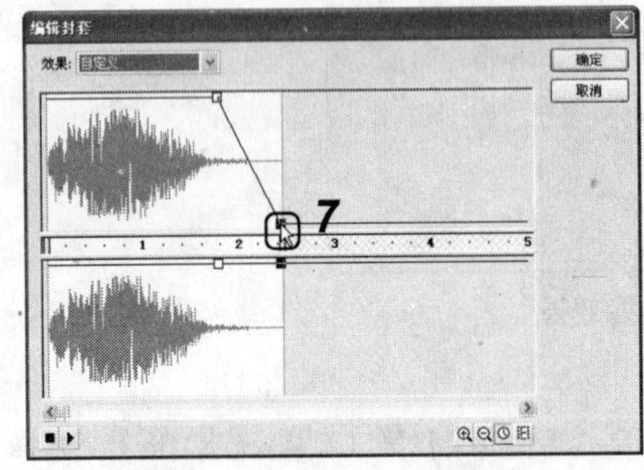

图 12-26　添加并调整控制手柄

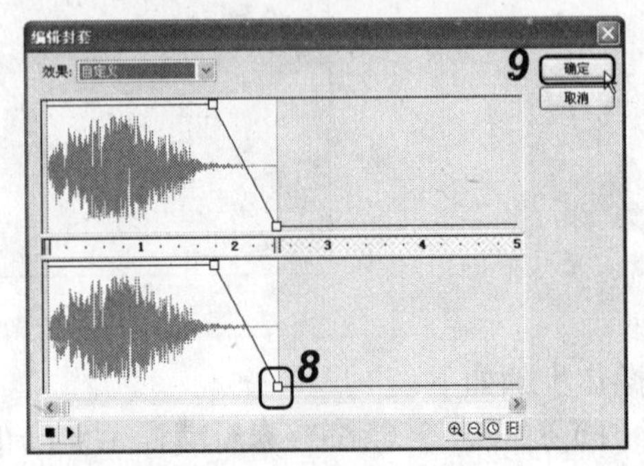

图 12-27　调整另一声道

12.3　导入视频

在 Flash CS3 中，可以从其他应用程序中将视频剪辑导入为嵌入或链接的文件，并选择“压缩”和“编辑”选项。

12.3.1　导入的视频格式

如果操作系统安装了 QuickTime 6 或更高版本，或安装了 DirectX 9.0c 或更高版本，则可以导入多种文件格式的嵌入视频剪辑，包括 MOV（QuickTime 影片）、AVI（音视频交叉文件）和 MPG/MPEG（运动图像专家组文件），也可以导入 MOV 格式的链接视频剪辑，并且可以将带有嵌入视频的 Flash 文档发布为.swf 文件，但带有链接视频的 Flash 文档必须以 QuickTime 格式发布。

如果导入了系统不支持的文件格式，Flash 会显示警告消息，指明无法完成该操作。在有些情况下，Flash 可能只导入了文件中的视频，而无法导入音频，如系统不支持用 QuickTime 6 导入的 MPG/MPEG 文件中的音频。在这种情况下，Flash 会显示警告消息，指明无法导入该文件的音频部分，但是仍然可以导入视频部分。

12.3.2　导入视频的方法

内嵌视频也称为嵌入视频，即导入 Flash 中的视频文件。用户可以将导入后的视频与主场景中的帧频同步，也可以调整视频与主场景时间轴的比率，以便在回放时对视频中的

帧进行编辑。

Flash CS3 中提供了对影片文件的编辑功能。可在视频文件中嵌入提示点，在回放影片时，可定位到任意提示点，以实现对影片文件的章节选择；还可通过提示点触发 ActionScript 方法，实现将视频回放与 Flash 文档中的其他事件同步。

在“库”面板中将视频剪辑拖入到场景即可创建视频对象。利用导入的视频可以创建多个实例，而不会增大 Flash 影片文件的体积。

12.3.3　应用举例——导入 hua.avi 视频

导入 hua.avi 视频文件到 Flash 文档中，其最终效果如图 12-28 所示（立体化教学:\源文件\第 12 章\hua.fla）。

图 12-28　最终效果

操作步骤如下：

（1）先安装好 DirectShow 9 或 QuickTime 7，再启动 Flash CS3，在文档中选择“文件/导入/导入视频”命令，在打开的“导入视频”对话框中单击 浏览... 按钮，如图 12-29 所示。

（2）在打开的对话框的“查找范围”下拉列表框中选择视频文件所在位置，在文件列表框中双击需要导入的 hua.avi 视频文件（立体化教学:\实例素材\第 12 章\hua.avi），如图 12-30 所示。

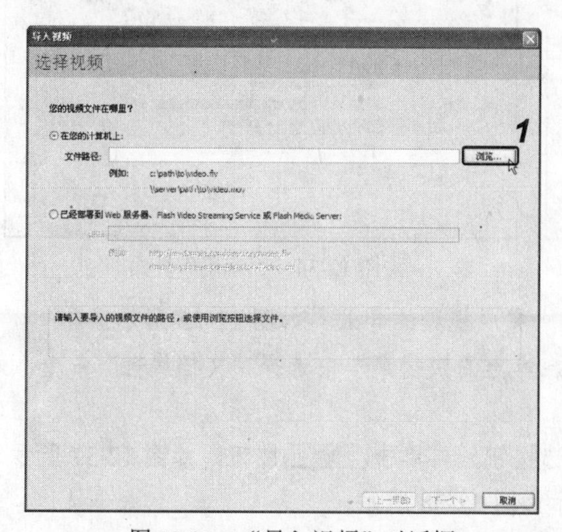

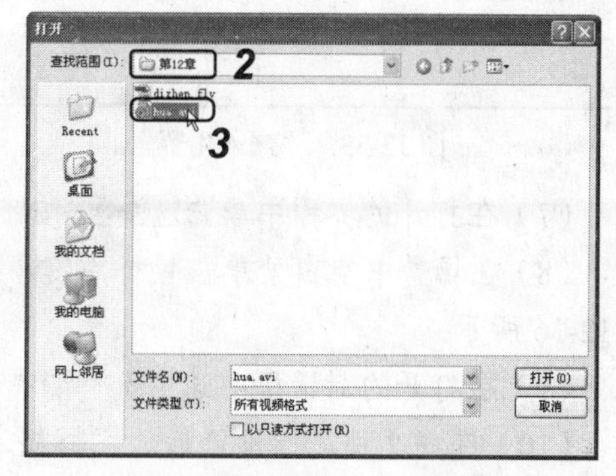

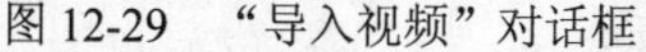

图 12-29　“导入视频”对话框　　　　图 12-30　“打开”对话框

（3）返回到“导入视频”对话框中单击 下一个 > 按钮，如图 12-31 所示。

（4）在打开的界面中选中 ⊙在 SWF 中嵌入视频并在时间轴上播放 单选按钮，再单击 下一个> 按钮，如图 12-32 所示。

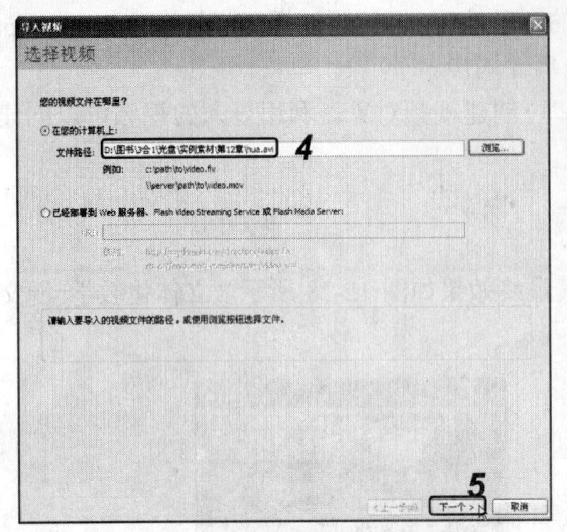

图 12-31　设置要导入的视频

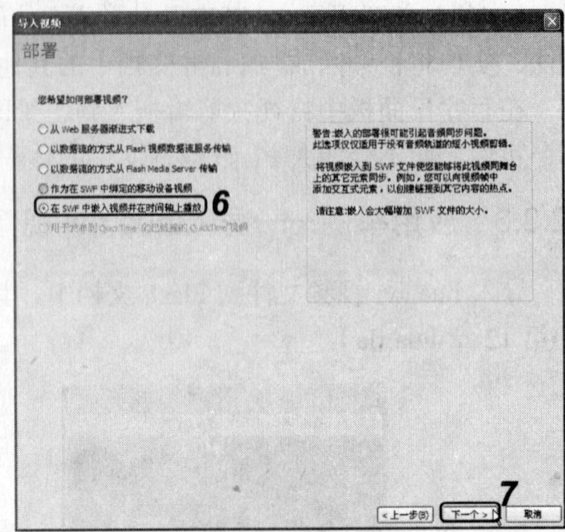

图 12-32　“部署”界面

（5）在打开的界面中保持默认设置，直接单击 下一个> 按钮，如图 12-33 所示。

（6）在打开的界面中保持默认设置，直接单击 下一个> 按钮，如图 12-34 所示。

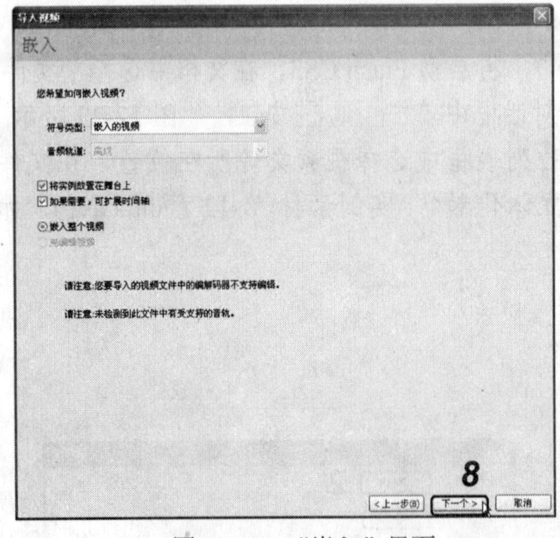

图 12-33　“嵌入”界面

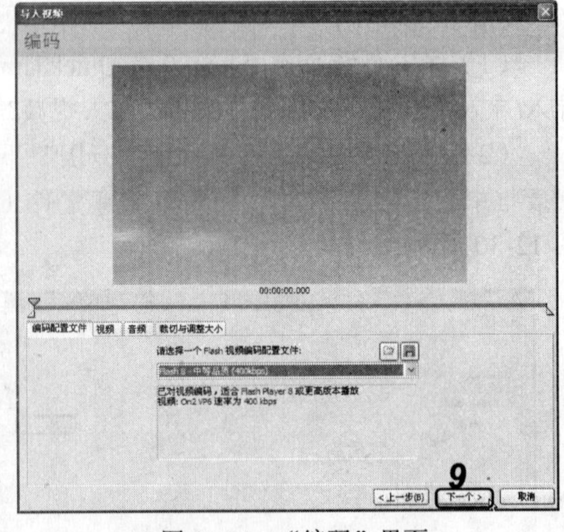

图 12-34　“编码”界面

（7）在打开的界面中单击 完成 按钮，完成视频的导入，如图 12-35 所示。

（8）在场景中空白处单击鼠标右键，在弹出的快捷菜单中选择“文档属性”命令，如图 12-36 所示。

（9）在打开的对话框中选中 ⊙内容(C) 单选按钮，再单击 确定 按钮，如图 12-37 所示。

（10）完成文档属性设置后的文档显示如图 12-38 所示。

（11）保存文档并按 Ctrl+Enter 键测试动画效果。

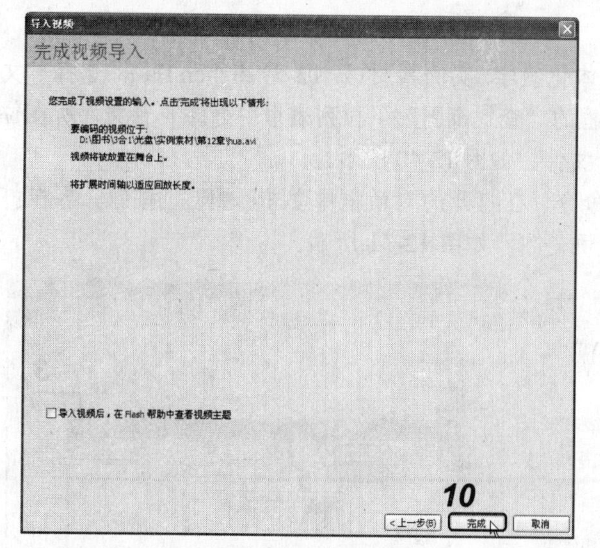

图 12-35　完成视频导入

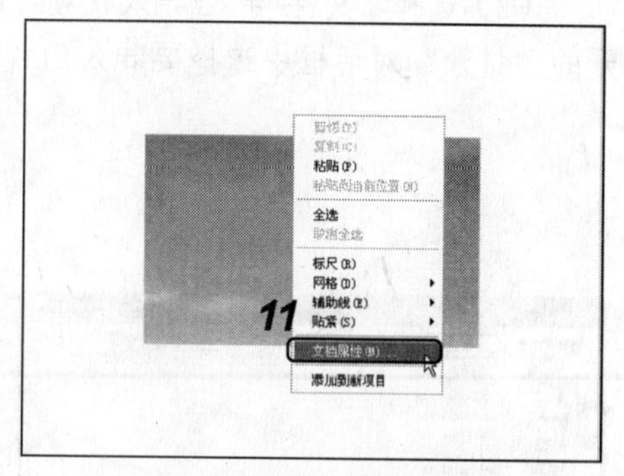

图 12-36　选择“文档属性”命令

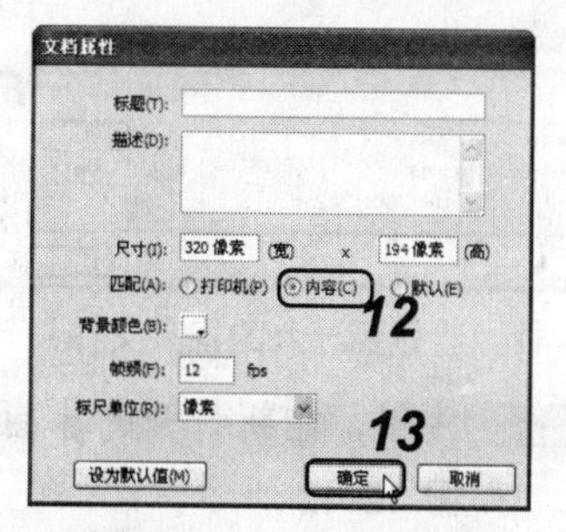

图 12-37　设置文档属性

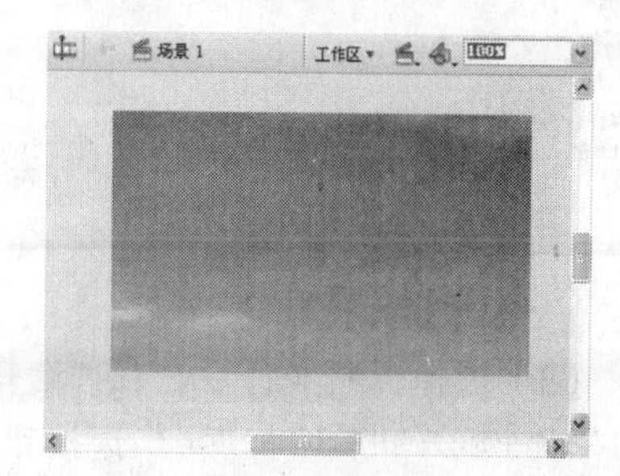

图 12-38　设置文档属性后的效果

12.4　上机及项目实训

12.4.1　导入声音及视频

本实训将在 Flash 文档中导入声音及视频，并为“重播”按钮添加声音，其最终效果如图 12-39 所示（立体化教学:\源文件\第 12 章\dizhen.fla）。

图 12-39　最终浏览效果

操作步骤如下：

（1）打开 dizhen.fla 素材文件（立体化教学:\实例素材\第 12 章\dizhen.fla），选择“文件/导入/导入到库”命令，在打开的对话框的“查找范围”下拉列表框中选择声音文件所在位置，在文件列表框中双击需要导入的声音文件，如图 12-40 所示。

（2）选择“文件/导入/导入视频”命令，在打开的对话框中单击 浏览... 按钮，再在打开的“打开”对话框中选择要导入的视频文件，如图 12-41 所示。

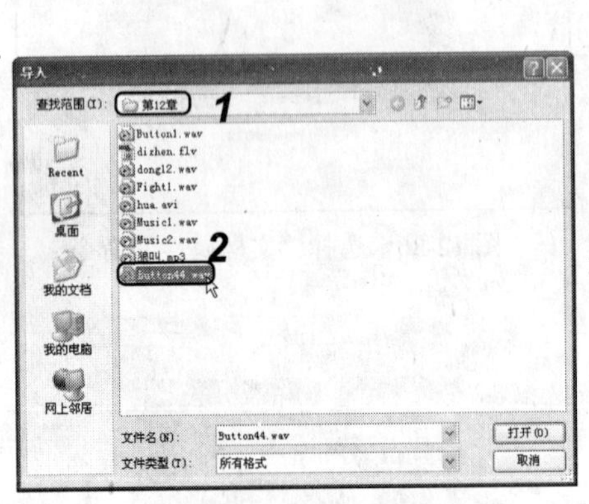

图 12-40　导入声音文件

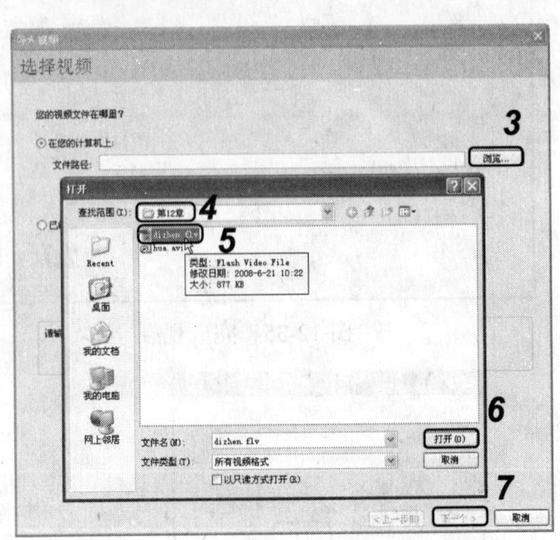

图 12-41　选择要导入的视频文件

（3）选择视频文件后，在“选择视频”界面中单击 下一个> 按钮，在新打开的界面中选中 在 SWF 中嵌入视频并在时间轴上播放 单选按钮，并单击 下一个> 按钮，如图 12-42 所示。

（4）在打开的界面中单击 下一个> 按钮，如图 12-43 所示。

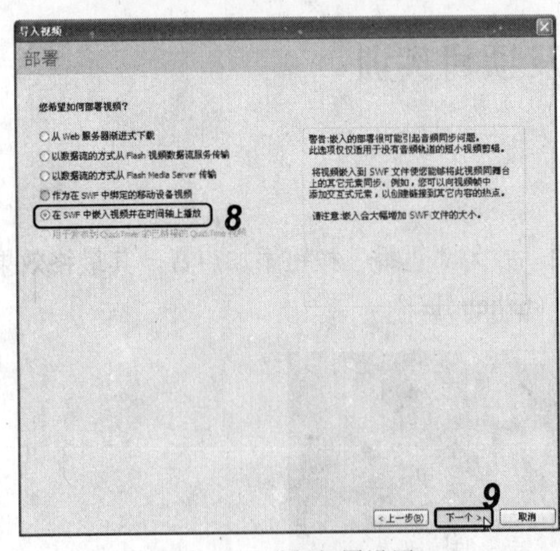

图 12-42　进行部署设置

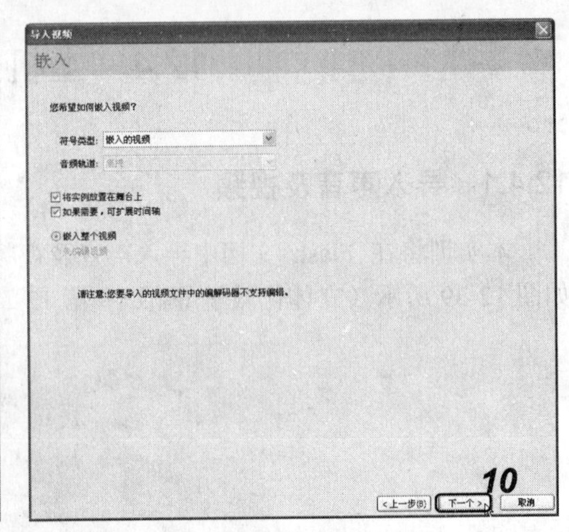

图 12-43　进行嵌入设置

（5）在打开的界面中单击 完成 按钮，完成视频的导入操作，如图 12-44 所示。

（6）在场景中的空白处单击鼠标右键，在弹出的快捷菜单中选择“文档属性”命令，在

打开的“文档属性”对话框中选中⊙内容(C)单选按钮，再单击 确定 按钮，如图 12-45 所示。

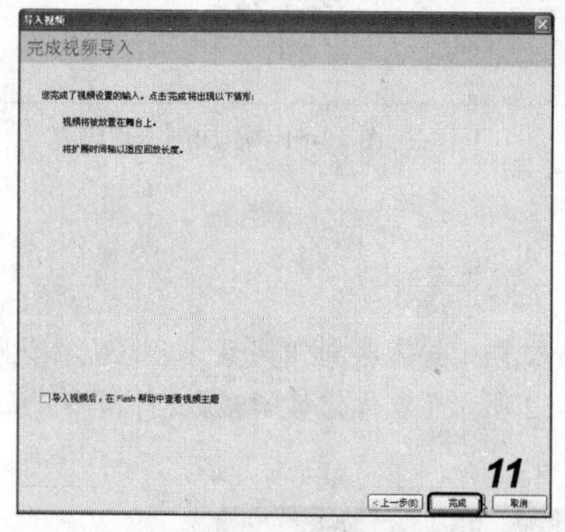

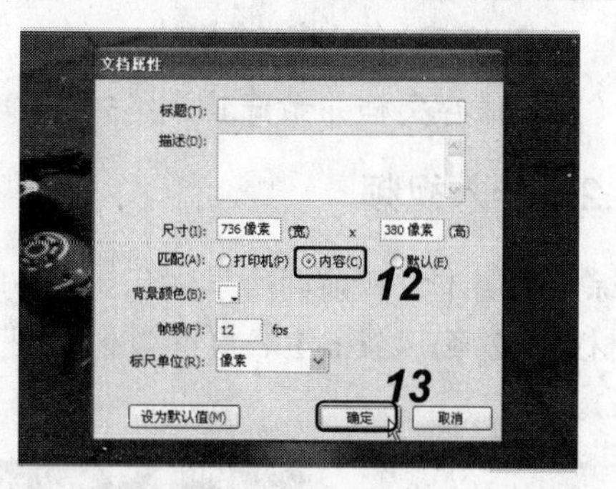

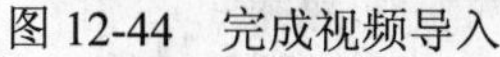

图 12-44　完成视频导入　　　　图 12-45　设置文档属性

（7）新建“图层 2”，在第 235 帧处插入关键帧，将“重播”按钮从“库”面板拖入到场景中如图 12-46 所示位置。

（8）双击场景中的“重播”按钮元件实例进入元件编辑窗口，如图 12-47 所示。

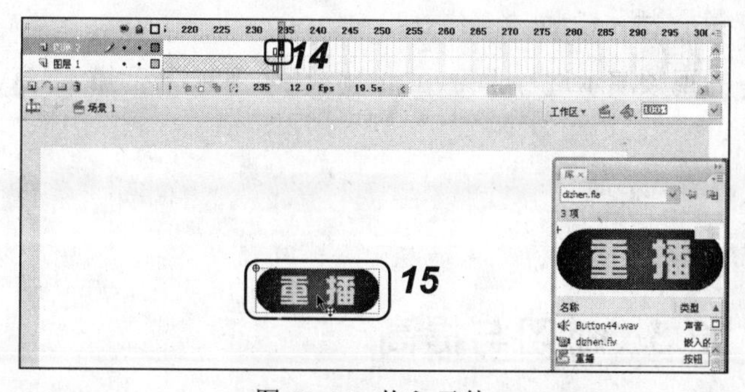

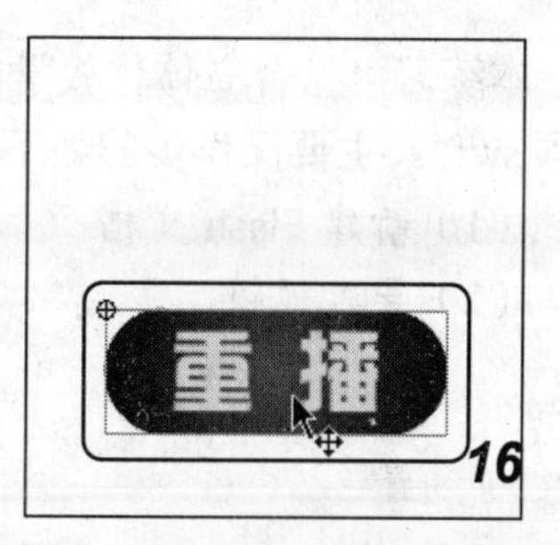

图 12-46　拖入元件　　　　图 12-47　进入元件编辑窗口

（9）在“图层 3”的“按下”帧处插入关键帧，将 Button44.wav 拖入到场景中，如图 12-48 所示。

（10）在“图层 3”的“点击”帧处插入空白关键帧，如图 12-49 所示。

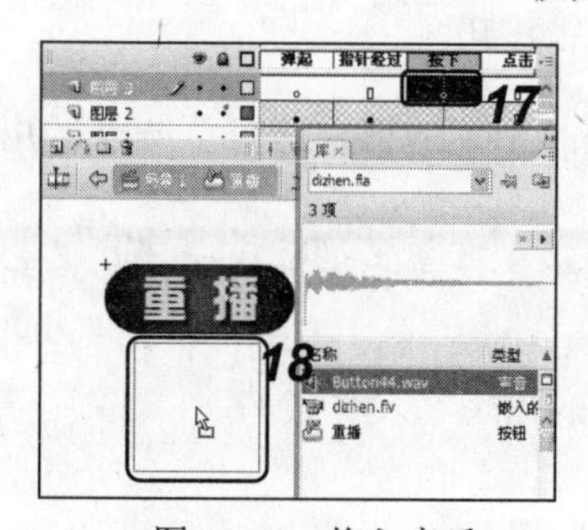

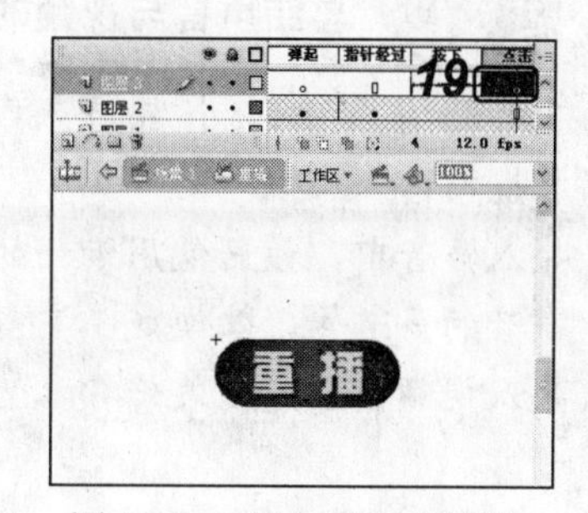

图 12-48　拖入音乐　　　　图 12-49　插入空白关键帧

（11）返回到主场景中，在“图层 3”的第 235 帧处插入空白关键帧，如图 12-50 所示。

（12）按 F9 键打开“动作”面板，输入“stop();”语句后关闭面板，如图 12-51 所示。

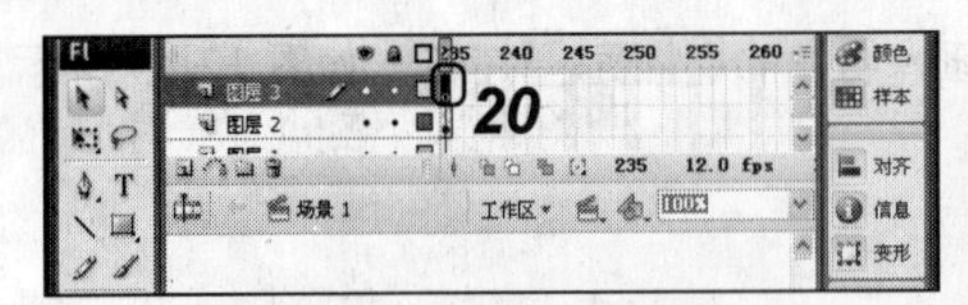

图 12-50　插入空白关键帧

图 12-51　添加脚本代码

（13）保存文档并预览其最终效果。

12.4.2　导入视频

综合利用本章和前面所学知识，在 Flash 文档中导入视频“风景.avi”（立体化教学:\实例素材\第 12 章\风景.avi），最终效果如图 12-52 所示（立体化教学:\源文件\第 12 章\导入视频.fla）。

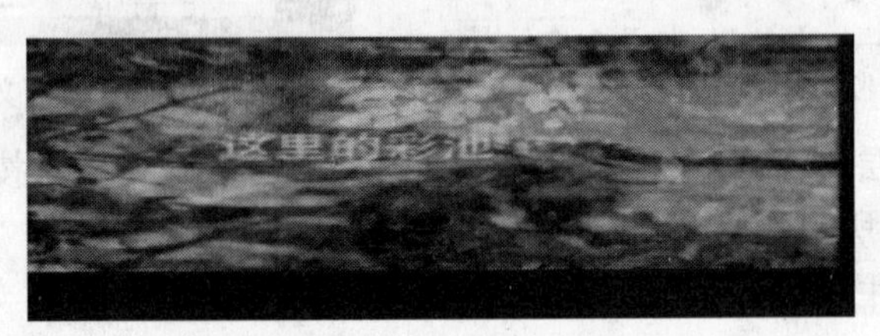

图 12-52　导入视频最终效果

本练习可结合立体化教学中的视频演示进行学习（立体化教学:\视频演示\第 12 章\导入视频.swf）。主要操作步骤如下：

（1）新建 Flash 文档。

（2）导入视频。

12.5　练习与提高

（1）分别在按钮元件和时间轴上添加一段声音。

（2）为添加的声音设置淡入淡出效果。

总结声音与视频的导入与编辑技巧

本章主要介绍了在 Flash 中导入声音与视频的相关知识，这里总结以下几点技巧供大家参考和探索：

- 导入声音前，最好使用专门的声音处理软件对声音进行处理，如声音的长短、声音的声道等，以便减小 Flash 文档的大小。
- 导入视频前应先安装好 QuickTime，否则无法导入视频。

第 13 章　使用 ActionScript 语句

学习目标

☑ 掌握通过按钮控制影片的播放和停止的方法
☑ 掌握通过脚本创建“文本跟随鼠标移动”的动画效果的方法
☑ 了解制作星空闪烁动画的方法

目标任务&项目案例

制作可拖动的小球动画

星空闪烁动画

通过 ActionScript 语句可以完成动画特效的制作。如果想进一步提高 Flash 动画作品的质量，就需要学习 ActionScript 语句。本章将介绍可添加动作脚本的对象，以及脚本中使用的函数、变量和运算符的作用。

13.1　ActionScript 概述

ActionScript（简称 AS）是一种面向对象的编程语言，是在 Flash 影片中实现互动的重要组成部分，也是 Flash 优越于其他动画制作软件的主要因素。Flash CS3 中使用的 ActionScript 3.0，其编辑功能比以前的 ActionScript 2.0 更加强大，编辑出的脚本更加稳定、完善。

13.1.1　ActionScript 3.0 的特性

ActionScript 3.0 和以前的版本相比，有很大的区别，需要一个全新的虚拟机来运行，并且 ActionScript 3.0 在 Flash Player 中的回放速度要比 ActionScript 2.0 代码快 10 倍，在早期版本中有些并不复杂的任务在 ActionScript 3.0 中的代码长度会是原来的两倍，但是最终会获得高速和效率。总的来说，ActionScript 3.0 有如下一些新特性。

- **增强处理运行错误的能力**：提示的运行错误提供了足够的附注（列出出错的源文件）和以数字提示的时间线，帮助开发者迅速定位产生错误的位置。
- **类封装**：ActionScript 3.0 引入密封的类的概念，在编译时间内的密封类拥有唯一固定的特征和方法，其他的特征和方法不可能被加入，因而提高了对内存的使用效率，避免了为每一个对象实例增加内在的杂乱指令。
- **命名空间**：不但在 XML 中支持命名空间，而且在类的定义中也同样支持。
- **运行时变量类型检测**：在回放时会检测变量的类型是否合法。
- **int 和 uint 数据类型**：新的数据变量类型允许 ActionScript 使用更快的整型数据来进行计算。
- **新的显示列表模式**：一个新的、自由度较大的，在屏幕上显示对象的方法。
- **新的事件类型模式**：一个新的基于侦听器事件的模式。

13.1.2 输入代码

在 ActionScript 1.0 和 ActionScript 2.0 中，可以将代码输入到时间轴、选择的按钮或影片剪辑元件上。代码加入在 on()或 onClipEvent()代码块以及一些相关的事件中，如 press、enterFrame 等。在 ActionScript 3.0 中，只支持在时间轴上输入代码，或将代码输入到外部类文件中。

1. 在时间轴上输入代码

在 Flash CS3 中，可以在时间轴上的任何帧添加代码，包括主时间轴上的任何帧和任何影片剪辑元件的时间轴中的任何帧。该代码将在影片播放期间播放头进入该帧时执行。选择“窗口/动作”命令，或按 F9 键，可以打开“动作”面板，如图 13-1 所示，在其中可以输入代码。

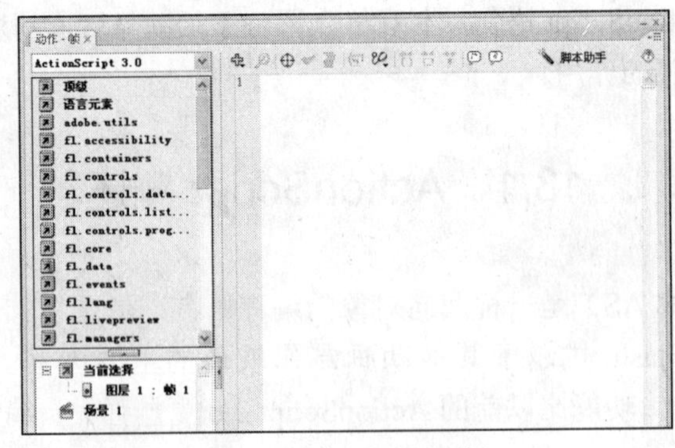

图 13-1 “动作”面板

【例 13-1】 在时间轴上输入代码。

（1）打开“时间轴.fla”素材文件（立体化教学:\实例素材\第 13 章\时间轴.fla），选择要添加行为的帧，并按 F9 键打开“动作”面板，如图 13-2 所示。

（2）在命令编辑窗口中输入代码，如图 13-3 所示。

图 13-2　选择帧

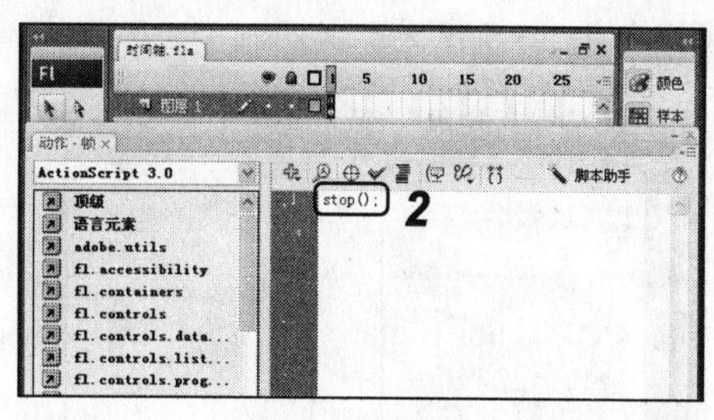

图 13-3　输入代码

2．创建单独的 ActionScript 文件

在构建较大的应用程序或包括重要的 ActionScript 代码时，最好在单独的 ActionScript 源文件（扩展名为 as 的文本文件）中组织代码，因为在时间轴上输入代码容易导致无法跟踪各帧包含的脚本，从而随着时间的推移，应用程序会越来越难以维护。

在 Flash CS3 中，可以采用以下两种方式来创建 ActionScript 源文件，其具体取决于如何在应用程序中使用该文件。

- **关键字直接非结构化 ActionScript 代码**：使用 ActionScript 中的 include 语句可以访问以此方式编写的 ActionScript。include 指令会导致在特定位置以及脚本中的指定范围内插入外部 ActionScript 文件的内容，就好像它们是直接在时间轴上输入一样，其具体方法可以参考 ActionScript 2.0 中 include 指令的使用方法。
- **ActionScript 类定义**：定义一个 ActionScript 类，包含它的方法和属性。定义一个类后，可以像对任何内置的 ActionScript 类所做的那样，通过创建该类的一个实例并使用它的属性、方法和事件来访问该类中的 ActionScript 代码。

【例 13-2】　创建单独的 AS 文件。

（1）启动 Flash CS3，在欢迎屏幕的“新建”栏中选择“ActionScript 文件”选项，如图 13-4 所示。

（2）按 Ctrl+S 键，在打开的“另存为”对话框的“保存在”下拉列表框中选择文件的保存位置，在“文件名”下拉列表框中输入文件名后单击 保存(S) 按钮，如图 13-5 所示。

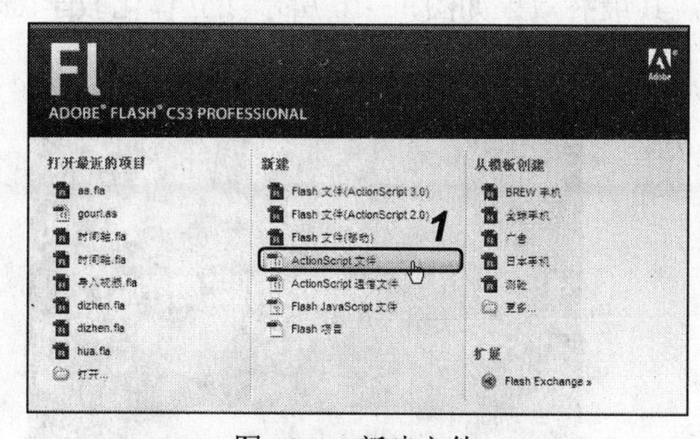

图 13-4　新建文件

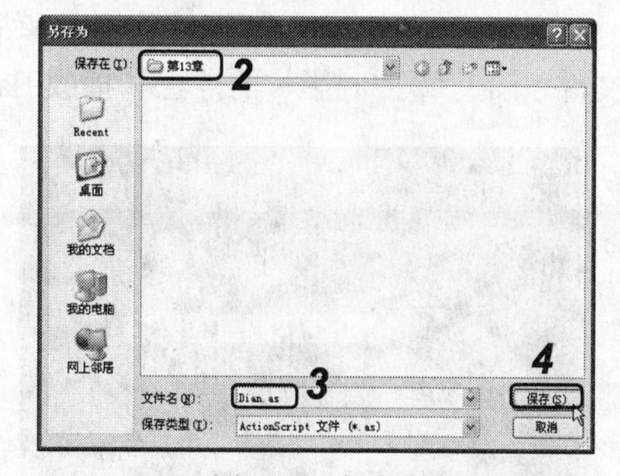

图 13-5　保存文件

（3）在命令编辑窗口中输入代码，完成 AS 文件的创建，如图 13-6 所示。

（4）按 Ctrl+N 键，在打开的“新建文档”对话框中双击“Flash 文件(ActionScript 3.0)”选项，如图 13-7 所示。

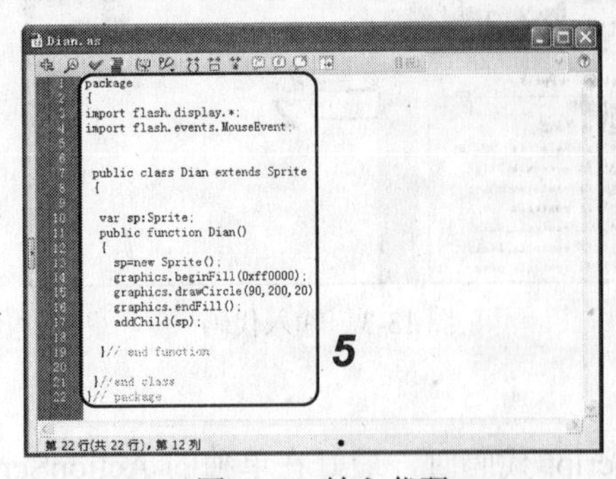

图 13-6　输入代码

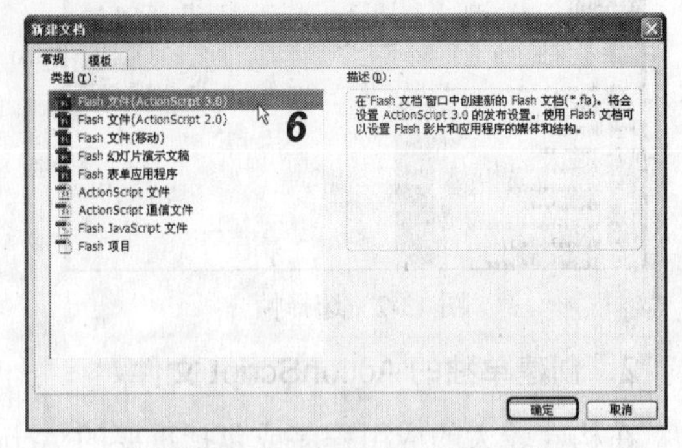

图 13-7　“新建文档”对话框

（5）按 Ctrl+S 键，在打开的对话框的“保存在”下拉列表框中选择保存位置，在“文件名”下拉列表框中输入文件名，再单击保存(S)按钮，如图 13-8 所示。

（6）选择第 1 帧，按 F9 键打开“动作”面板，在其中输入如图 13-9 所示的代码。

图 13-8　保存文件

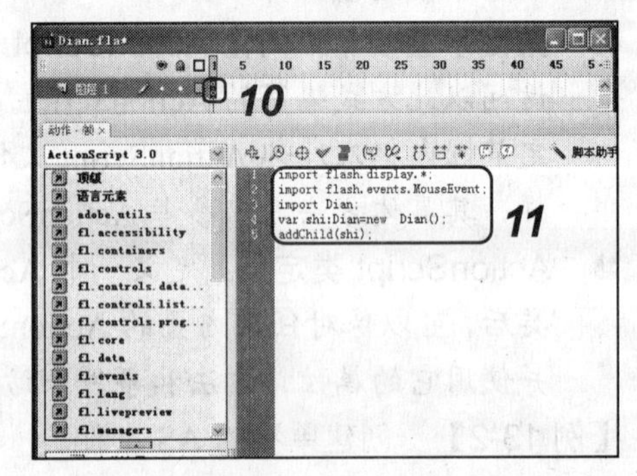

图 13-9　输入代码

（7）保存文档并按 Ctrl+Enter 键预览动画（立体化教学:\源文件\第 13 章\时间轴.fla）。

13.1.3　应用举例——控制影片的停止和播放

本例将使用按钮控制影片的停止和播放，其最终效果如图 13-10 所示（立体化教学:\源文件\第 13 章\控制影片的停止和播放.fla）。

图 13-10　动画的最终效果

操作步骤如下：

（1）启动 Flash CS3，打开“控制影片的停止和播放.fla”素材文件（立体化教学:\实例素材\第 13 章\控制影片的停止和播放.fla），如图 13-11 所示。

（2）单击场景中的 停止 按钮，在“属性”面板中的“实例名称”文本框中输入“btn_stop”，如图 13-12 所示。

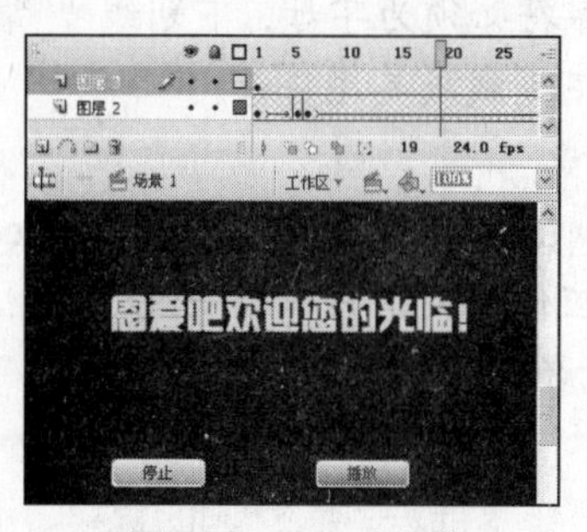

图 13-11 打开文件

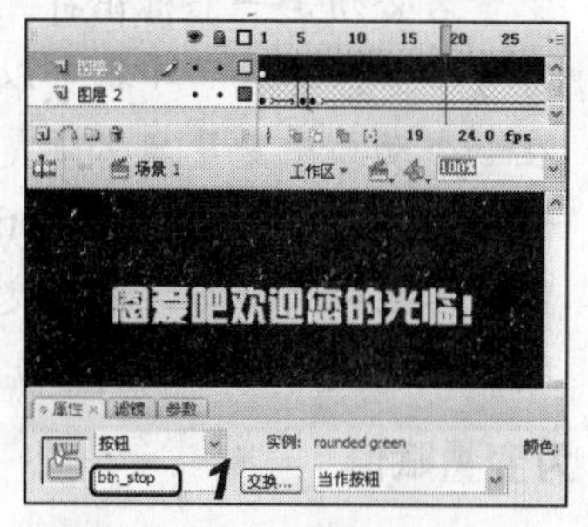

图 13-12 设置实例名称

（3）单击场景中的 播放 按钮，在“属性”面板的“实例名称”文本框中输入“btn_play”，如图 13-13 所示。

（4）新建图层并选择第 1 帧，按 F9 键打开“动作”面板，在其中添加如图 13-14 所示的代码。

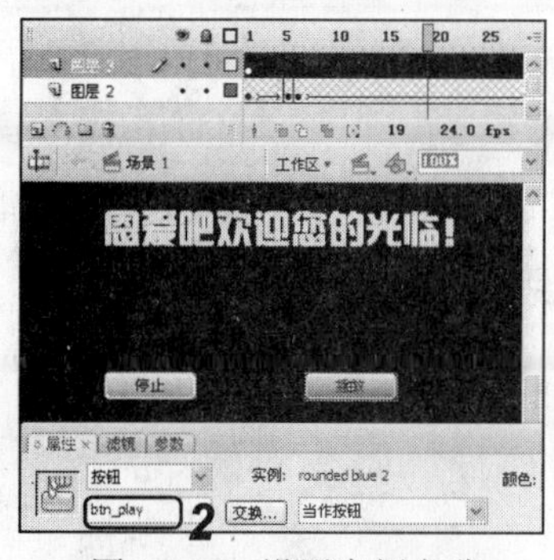

图 13-13 设置实例名称

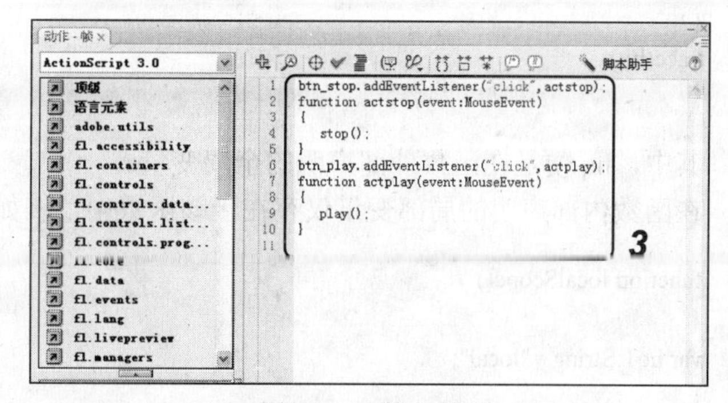

图 13-14 输入代码

（5）保存文档，按 Ctrl+Enter 键预览动画，单击 停止 按钮将停止动画播放，单击 播放 按钮将继续播放。

13.2 ActionScript 语句基础

ActionScript 是 Flash 特有的脚本程序编辑工具，在使用它进行脚本编辑前，需要先了解其在程序编辑中的各种基本概念和规则。

13.2.1 变量

变量在 ActionScript 中用于存储信息，它可以在保持原有名称的情况下使其包含的值随特定的条件而改变。变量可以存储数值、逻辑值、对象、字符串以及动画片段等。

1．变量命名规则

一个变量由变量名和变量值组成，变量名用于区分变量的不同，变量值用于确定变量的类型和大小，在动画的不同部分可以为变量赋予不同的值。变量名可以是一个单词或几个单词构成的字符串，也可以是一个字母。在 Flash CS3 中为变量命名时必须遵循以下规则：

- 变量名必须是一个标识符。标识符的第一个字符必须为字母、下划线“_”或美元符号“$”，其后的字符可以是数字、字母、下划线或美元符号。
- 在一个动画中变量名必须是唯一的。
- 变量名不能是关键字或 ActionScript 文本，如 true、false、null 或 undefined。
- 变量名区分大小写，因此定义及使用变量时应保持大小写前后一致。
- 变量不能是 ActionScript 语言中的任何元素，例如类名称。

2．为变量赋值

变量的作用域是指变量能够被识别和应用的区域。根据变量的作用域不同可以将变量分为全局变量和局部变量。全局变量是指在代码的所有区域中定义的变量，而局部变量是指仅在代码的某个部分定义的变量。全局变量在函数定义的内部和外部均可用。例如：

```
var hq:String = "Global";
function scopeTest()
{
trace(hq);
}
```

其中，hq 便是在函数外部声明的全局变量。

在函数内部声明的局部变量仅存在于该函数中，例如：

```
function localScope()
{
var hq1:String ="local";
}
```

其中，hq1 便是在函数内部声明的局部变量。

3．默认值

默认值是在设置变量值之前变量中包含的值。首次设置变量的值实际上就是初始化变量。如果声明了一个变量，但是没有设置它的值，则该变量便处于未初始化状态，未初始化的变量的值取决于它的数据类型。变量的默认值如表 13-1 所示。

表 13-1　变量的默认值

数 值 类 型	默 认 值
Boolean	false
int	0
Number	NaN

续表

数值类型	默认值
Object	null
String	null
uint	0
未声明（与类型注释 * 等效）	undefined
其他所有类（包括用户定义的类）	null

13.2.2　数据类型

数据类型描述一个数据片段以及可以对其执行的各种操作。在创建变量、对象实例和函数定义时，应使用数据类型来指定要使用的数据的类型。ActionScript 3.0 的某些数据类型可以看作是“简单”或“复杂”数据类型。“简单”数据类型表示单条信息，如单个数字或单个文本序列。常用的“简单”数据类型如表 13-2 所示。

表 13-2　常用的“简单”数据类型

数值类型	含义
String	一个文本值，如一个名称或书中某一章的文字
Numeric	ActionScript 3.0 中，该类型数据包含 3 种特定的数据类型，分别是 Number——任何数值，包括有小数部分或没有小数部分的值；Int——一个整数（不带小数部分的整数）；Uint——一个“无符号”整数，即不能为负数的整数
Boolean	一个 true 或 false 值，如开关是否开启或两个值是否相等

ActionScript 中定义的大部分数据类型都可以被描述为“复杂”数据类型，因为它们表示组合在一起的一组值。大部分内置数据类型以及程序员定义的数据类型都是复杂数据类型，如表 13-3 所示。

表 13-3　常用的“复杂”数据类型

数值类型	含义
MovieClip	影片剪辑元件
TextField	动态文本字段或输入文本字段
SimpleButton	按钮元件
Date	该数据类型表示单个值，如时间中的某个片刻。然而，该日期值实际上表示为年、月、日、时、分、秒等几个值，它们都是单独的数字动态文本字段或输入文本字段

13.2.3　ActionScript 语句的基本语法

了解 ActionScript 语句的组成后，还需要对 ActionScript 语句的语法规则有一个基本的认识。ActionScript 语句的基本语法包括点语法、括号和分号、字母的大小写、关键字和注释等。

1．点语法

在 Actions 语句中，点运算符“.”用来访问对象的属性和方法。使用点语法，可以使用后跟点运算符和属性名（或方法名）的实例名来引用类的属性或方法。例如：

```
var myDot:MyExample=new MyExample();
myDot.prop1="Hi";
myDot.method1();
```

其中，使用点语法创建的实例名来访问 prop1 属性和 method1()方法。

2．括号和分号

在 ActionScript 中，括号主要包括大括号“{}”和小括号“()”两种。其中大括号用于将代码分成不同的块，而小括号通常用于放置使用动作时的参数，定义一个函数以及调用该函数时，都需要使用小括号。分号则用在 ActionScript 语句的结束处，用来表示该语句的结束。

3．字母的大小写

在 ActionScript 中，除了关键字区分大小写之外，其余 ActionScript 语句的大小写字母可以混用，但是遵守规则的书写约定可以使脚本代码更容易被区分，便于阅读。

4．关键字

在 ActionScript 语句中，具有特殊含义且供 Action 脚本调用的特定单词，被称为“关键字”。在编辑 Action 脚本时，要注意关键字的编写，如果关键字错误将会发生脚本的混乱，导致对象赋予的动作无法正常运行。在 ActionScript 语句中，易引发脚本错误的关键字如表 13-4 所示。

表 13-4　易引发脚本错误的关键字

as	break	case	catch	false	class	const	continue
default	delete	do	else	extends	false	finally	for
function	if	implements	import	in	instance	interface	Internal
is	native	new	null	package	private	protected	public
return	super	switch	this	throw	to	true	try
typeof	use	var	void	while	with		

5．注释

在编辑语句时，为了便于语句的阅读和理解，可以在语句后面添加注释，添加注释的方法是直接在语句后面输入“//”，然后输入注释的内容即可。注释内容以灰色显示，它的长度不受限制，也不会执行。例如：

```
gotoAndStop(10);//播放到第 10 帧停止
```

语句中的注释明确地标明了“gotoAndStop(10);”语句的作用。

13.2.4　运算符

运算符也称作操作符，和数学运算中的加减乘除相似，用来指定表达式中的值是如何被联系、比较和改变的。一个完整的表达式由变量、常数及运算符 3 个部分组成，例如 t=t-1，它包含了变量“t”、常数“1”及运算符“-”，这个式子就是一个可以在 ActionScript 3.0 脚本中成立的表达式，如图 13-15 所示。

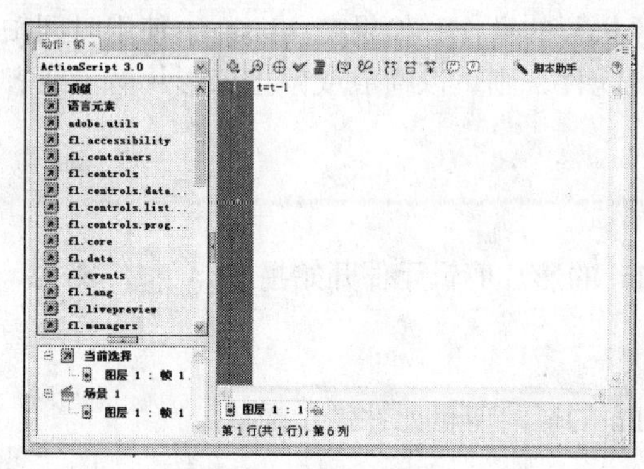

图 13-15　运算符表达式

当在一个表达式中使用了两个或多个运算符时，Flash 会根据运算规则，对各个运算符的优先级进行判断。与数学运算一样，脚本中的表达式同样也遵循“先乘除后加减、有括号先运算括号”的运算规则。在脚本中常常还会遇到“++”、“<>”等特殊运算符，它们都可以在 ActionScript 3.0 脚本中被执行并发挥各自的作用。ActionScript 3.0 脚本中的运算符分为数学运算符、比较运算符和逻辑运算符 3 类。

13.2.5　处理对象

ActionScript 3.0 是一种面向对象 OOP 的编程语言。面向对象的编程仅是一种编程方法，它与使用对象来组织程序中的代码的方法没有差别。

程序是电脑执行的一系列步骤或指令。从概念上来理解，可以认为程序只是一个很长的指令列表，然而在面向对象的编程中，程序指令被划分到不同的对象中，构成代码功能块。

1. 属性

属性是对象的基本特性，它表示某个对象中绑定在一起的若干数据块中的一个，如影片剪辑元件的位置、大小、透明度等。例如：

```
mymc.x=100;
```

表示将名为 mymc 的影片剪辑元件移动到 x 坐标为 100 像素的地方。

```
mymc.rotation=triangle.rotation;
```

表示使用 rotation 属性旋转 mymc 影片剪辑元件，以便与 triangle 影片剪辑元件的旋转相匹配。

```
mymc.scaleY=5;
```

表示更改 mymc 影片剪辑元件的水平缩放比例，使宽度为原始宽度的 5 倍。

从上面的 3 条语句中，就可以发现属性的通用结构为：

对象名称(变量名).属性名称;

2. 方法

方法是指可以由对象执行的操作。如果在 Flash 中使用时间轴上的几个关键帧和基本动画制作了一个影片剪辑元件，则可以播放或停止该影片剪辑或者指示它将播放头移到特定的帧。例如：

```
myFilm.play();
```

用于指示名为 myFilm 的影片剪辑元件开始播放。

```
myFilm.stop();
```

用于指示名为 myFilm 的影片剪辑元件停止播放。

```
myFilm.gotoAndStop(5);
```

用于指示名为 myFilm 的影片剪辑元件并将其播放头移到第 5 帧，然后停止播放。

```
myFilm.gotoAndPlay(9);
```

用于指示名为 myFilm 的影片剪辑元件跳到第 9 帧开始播放。

从上面的 4 条语句中，就可以发现使用方法的通用结构为：

对象名称(变量名).方法名();

由此可见，方法与属性非常相似，小括号中指示对象执行的动作，可以将值（或变量）放入小括号中。这些值称为方法的“参数”，如 gotoAndStop()方法中的参数表示对象应转到哪一帧，而如 play()这种方法，其自身的意义已经非常明确，因此不需要额外信息，但书写时仍然需要小括号。

3. 事件

事件是确定电脑执行哪些指令以及何时执行的机制。本质上，事件就是所发生的、ActionScript 能够识别并可响应的事情。许多事件与用户交互动作有关，如用户单击按钮或按键盘上的键等。

无论编写怎样的事件处理代码，都会包括事件源、事件和响应 3 个元素，它们的含义介绍如下。

- **事件源**：事件源就是发生事件的对象，也称为事件目标。如哪个按钮会被单击，这个按钮就是事件源。
- **事件**：事件是将要发生的事情，有时一个对象会触发多个事件，因此对事件的识别是非常重要的。

- 响应：当事件发生时执行的操作。

编写事件代码时，要遵循以下基本的结构：

```
function eventResponse(eventObject:EventType):void
{
//响应事件而执行的动作
}
eventSource.addEventListener(EventType.EVENT_NAME, eventResponse);
```

在上面的结构中，加粗显示的是占位符，可以根据实际情况进行改变。在上面的结构中，首先定义了一个函数，函数实际上就是将若干个动作组合在一起，用一个快捷的名称来执行这些动作的方法。eventResponse 是函数的名称，eventObject 是函数的参数，EventType 是该参数的类型，这与声明变量是类似的。在{}之间是事件发生时执行的指令。

其次调用源对象的 addEventListener()方法，表示当事件发生时，执行该函数的动作。所有具有事件的对象都具有 addEventListener()方法，从上面可以看到，它有两个参数，第一个参数是响应的特定事件的名称，第二个参数是事件响应函数的名称。

例如：

```
this.stop();
function startMovie(event:MouseEvent):void
{
this.play();
}
startButton.addEventListener(MouseEvent.CLICK,startMovie);
```

上面这段语句表示单击按钮开始播放当前的影片剪辑。其中，startButton 是按钮的实例名称，而 this 是表示“当前对象”的特殊名称。

4．创建对象实例

在 ActionScript 中使用对象之前，必须确保该对象存在。创建对象的一个步骤就是声明变量，但声明变量只表示在电脑内创建了一个空位置，所以需要为变量赋一个实际的值，这整个过程称为对象“实例化”。

用户可以使用 ActionScript 语句来创建实例。除 Number、String、Boolean、XML、Array、RegExp、Object 和 Function 数据类型以外，要创建一个对象实例，都应将 new 运算符与类名一起使用。

例如：

```
var mymc:MovieClip =new MovieClip;
```

这样可以创建一个影片剪辑实例。

例如：

```
var myday:Date =new Date(2007,8,22);
```

以此方法创建实例时，在类名后加上小括号，有时还可以指定参数值。

除了在 ActionScript 中声明变量时赋值以外，其实还有一种创建对象实例的简单方法，该方法完全不必涉及 ActionScript，即直接在“属性”面板中为对象指定对象实例名。

13.2.6 应用举例——创建文本跟随鼠标移动的动画效果

本例将通过脚本创建一个文本跟随鼠标移动的动画效果，其最终效果如图 13-16 所示（立体化教学:\源文件\第 13 章\鼠标跟随.fla）。

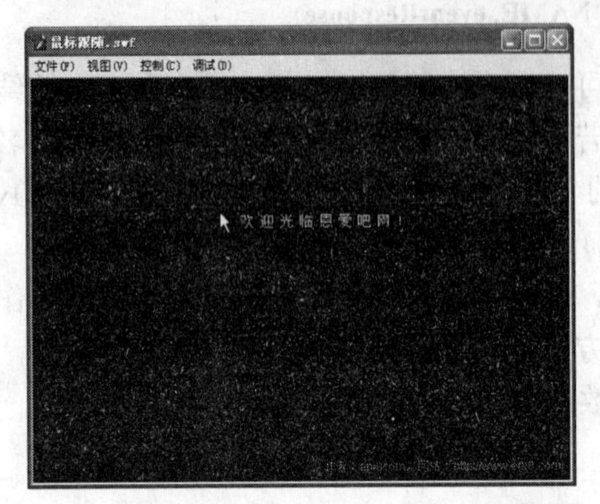

图 13-16 最终动画预览

操作步骤如下：

（1）启动 Flash CS3，打开“鼠标跟随.fla”素材文件（立体化教学:\实例素材\第 13 章\鼠标跟随.fla），新建“图层 2”并选择第 1 帧，如图 13-17 所示。

（2）按 F9 键打开“动作”面板，输入如图 13-18 所示的代码。

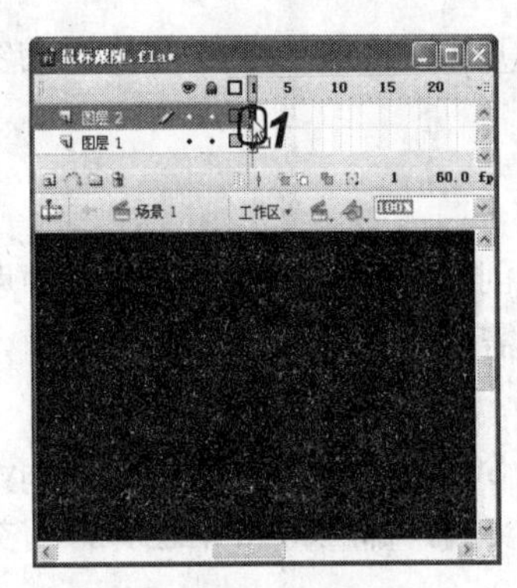

图 13-17 选择帧

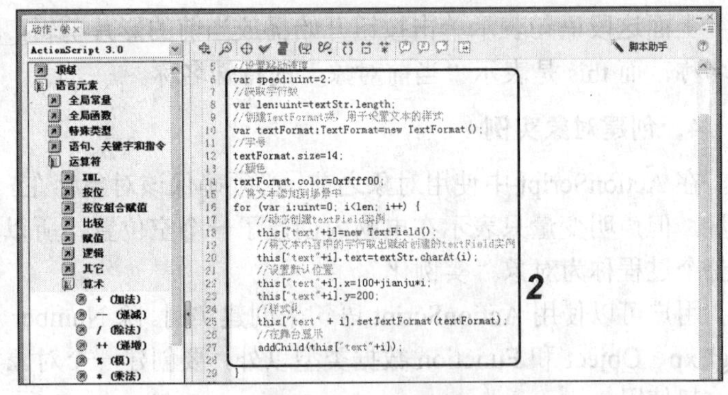

图 13-18 添加代码

（3）保存文档，按 Ctrl+Enter 键预览动画，移动光标，文本会自动跟随。

13.3 常见的 ActionScript 语句

下面介绍一些常用的 ActionScript 3.0 语句，以此理解和掌握使用 ActionScript 3.0 进行脚本编辑的操作方法和技巧。

13.3.1　播放控制

播放控制的实质是对电影时间轴中播放头的运动状态进行控制，以产生包括 play（播放）、stop（停止）等动作，可作用于影片中的所有对象。下面介绍在 Flash 互动影片中最常见的语句。

1．play

play 命令用于开始或继续播放被停止的影片，通常被添加在影片中的一个按钮上，在其被按下后即可开始或继续播放。其语法结构为“play();”。

2．stop

使用 stop 命令可以使正在播放的动画停止在目前帧，可以在脚本的任意位置独立使用而不用设置参数。其语法结构为“stop();”。

13.3.2　播放跳转

当运行 goto 语句后，可以将时间轴中的播放头引导到指定位置，并根据具体的参数设置决定是继续播放（gotoandPlay）还是停止（gotoandStop）。如图 13-19 所示为为按钮添加的播放跳转代码。

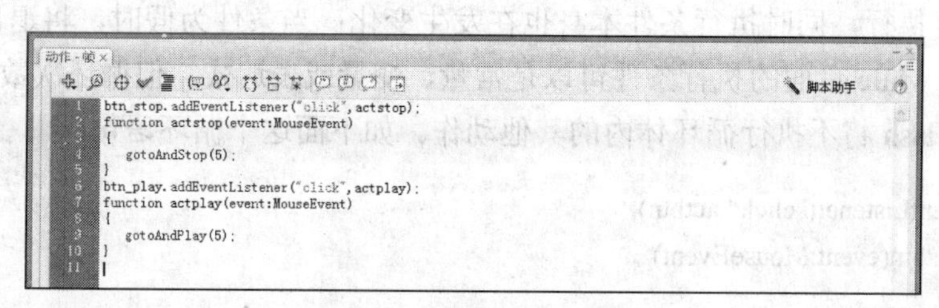

图 13-19　播放跳转代码

13.3.3　条件语句

条件语句用于在影片中设置执行条件，当影片播放到该位置时，脚本将对设置的条件进行检查，如果这些条件得到满足，将执行其中的动作；如果条件不满足，将执行设置的其他动作。

条件语句需要用 if…else 命令来设定。在执行过程中，if 命令将判断其后的条件是否成立，如果条件成立则执行下面的语句，否则将执行 else 后面的语句。如下面的语句就是一个典型的条件语句，它表示当变量 score 的值大于等于 50 时，程序将执行 play()语句播放影片，否则将执行 stop()语句停止影片的播放。

```
if(score>=50){
play();
}else{

  stop();
}
```

条件语句可以多重嵌套，条件语句 if…else if 可以根据多个条件的判断结果执行相关的动作语句。其标准语法如下：

```
if 逻辑条件 1 成立
{执行语句 1}
else if 逻辑条件 2 成立
{执行语句 2}
…
else if 逻辑条件 n 成立
{执行语句 n}
```

它表示当逻辑条件 1 成立时，“执行语句 1”将生效；逻辑条件 2 成立时，“执行语句 2”将生效；依此类推，当逻辑条件 n 成立时，“执行语句 n”将生效；如果所有条件都不成立，则不执行任何语句。

13.3.4 循环语句

在需要多次执行几个相同的语句时，可以用 while（可以理解为“当……，就……”）循环语句来完成。循环语句同样要在执行前设置条件，当条件为真时，指定的一个或多个语句将被重复执行，同时执行条件本身也在发生变化；当条件为假时，将退出循环并执行后续的语句。while 后面的执行条件可以是常量、变量或表达式，但循环次数必须在 20000 以内，否则 Flash 将不执行循环体内的其他动作。如下面这个循环语句：

```
btn.addEventListener("click",actbtn);
function actbtn(event:MouseEvent)
{
   var score=0;
   //判断执行条件，当条件为真时，指定的语句将重复执行
   while(score<50){
      trace(score);
      score++;
   }
}
```

提示：

在上面代码中的“//”是命令 comment（注释）的符号，用于在脚本中为命令语句添加注释。任何出现在注释分隔符“//”和行结束符之间的字符，都将被程序解释为注释并忽略。

13.3.5 应用举例——重播动画

本例将创建一个实现重播功能的动画，其最终效果如图 13-20 所示（立体化教学:\源文件\第 13 章\重播动画.fla）。

图 13-20　动画预览

操作步骤如下：

（1）启动 Flash CS3，打开“重播动画.fla”素材文件（立体化教学:\实例素材\第 13 章\重播动画.fla），选择“replay 重播”图层的第 360 帧，并选中场景中的 replay 按钮，在“属性”面板的“实例名称”文本框中输入实例名称，如图 13-21 所示。

（2）新建图层，在第 360 帧处插入关键帧，如图 13-22 所示。

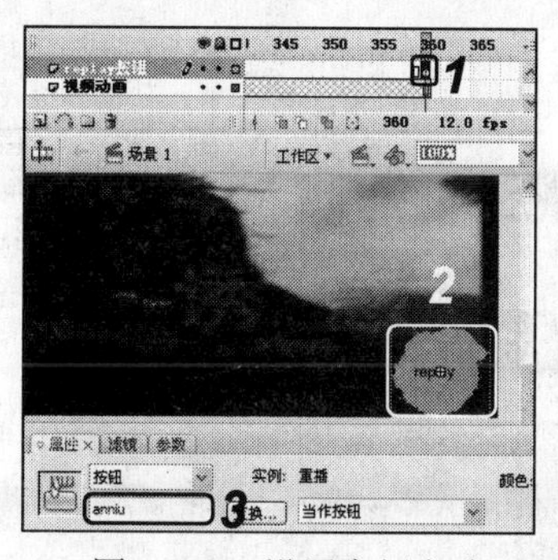

图 13-21　设置实例名称

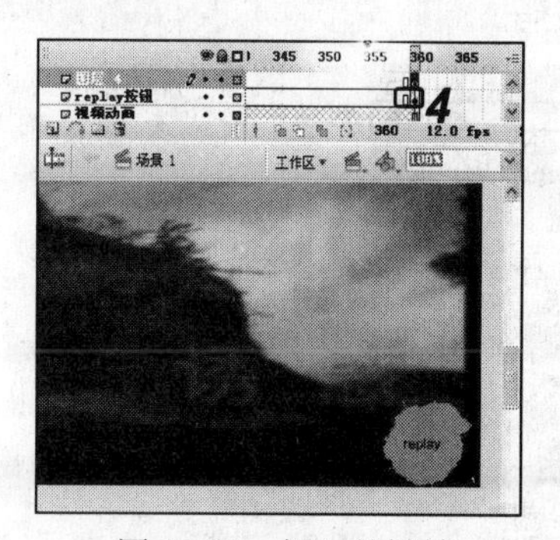

图 13-22　插入关键帧

（3）按 F9 键打开“动作”面板，输入如下代码:

```
stop();
function startMovie(event:MouseEvent):void
{
this.gotoAndPlay(1);
}
anniu.addEventListener(MouseEvent.CLICK, startMovie);
```

（4）保存文档，按 Ctrl+Enter 键预览动画。

13.4　上机及项目实训

13.4.1　制作可拖动的小球动画

本实训将通过 Flash 脚本制作一个可拖动的小球动画效果，其最终效果如图 13-23 所示（立体化教学:\源文件\第 13 章\球.fla）。

图 13-23　最终动画效果

操作步骤如下：

（1）启动 Flash CS3，打开“球.fla”素材文件（立体化教学:\源文件\第 13 章\球.fla），选择“可拖动的小球”图层，选择场景中的小球，并在“属性”面板中设置实例名称，如图 13-24 所示。

（2）新建图层，并选择新建图层的第 1 帧，按 F9 键打开“动作”面板并输入如图 13-25 所示的代码。

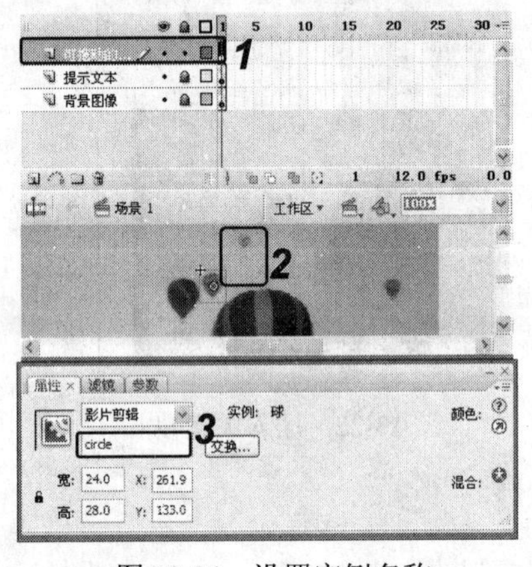

图 13-24　设置实例名称

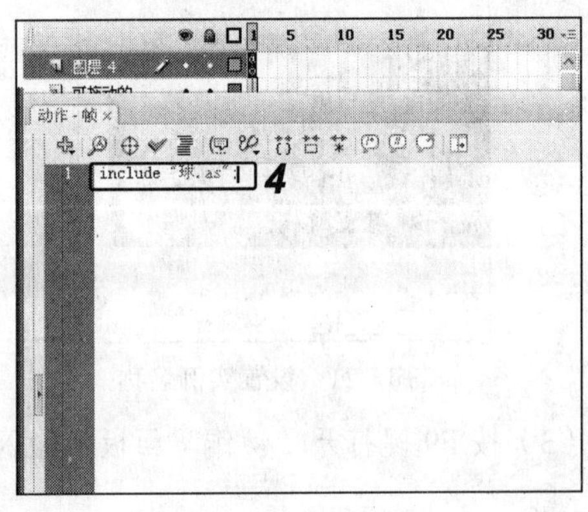

图 13-25　输入代码

（3）保存文档后按 Ctrl+N 键，在打开的对话框中双击“ActionScript 文件”选项，如图 13-26 所示。

（4）输入如图 13-27 所示的代码。

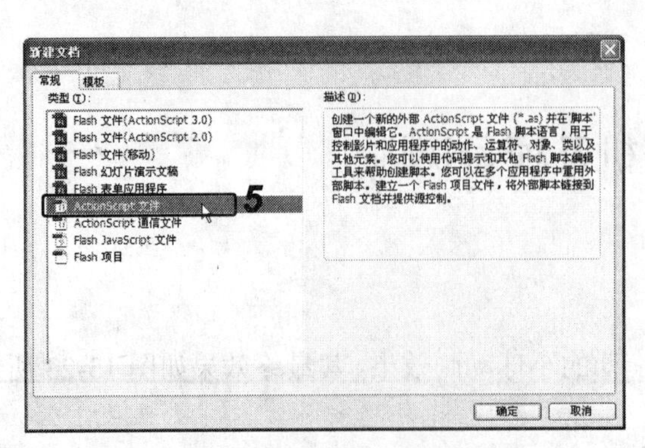

图 13-26　新建文件

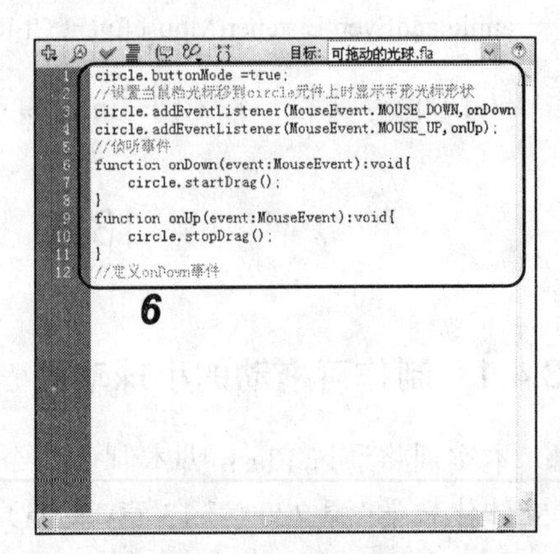

图 13-27　输入代码

（5）按 Ctrl+S 键，在打开的对话框的“文件名”下拉列表框中输入“球.as”，再单击保存(S)按钮，如图 13-28 所示。

（6）返回到“球.fla”的“动作”面板中，单击✔按钮测试代码的正确性，如图 13-29 所示。

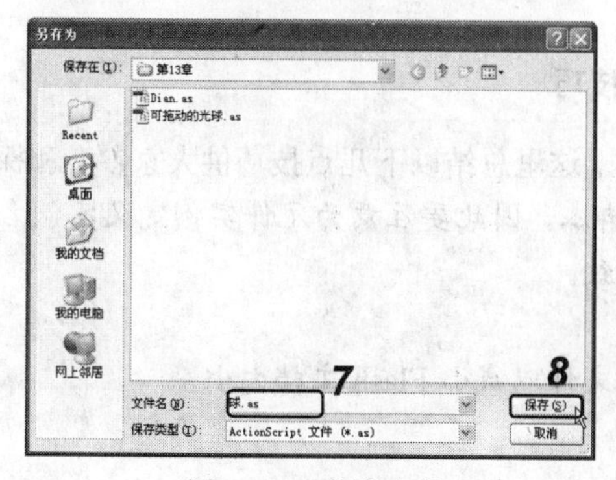

图 13-28　保存文件

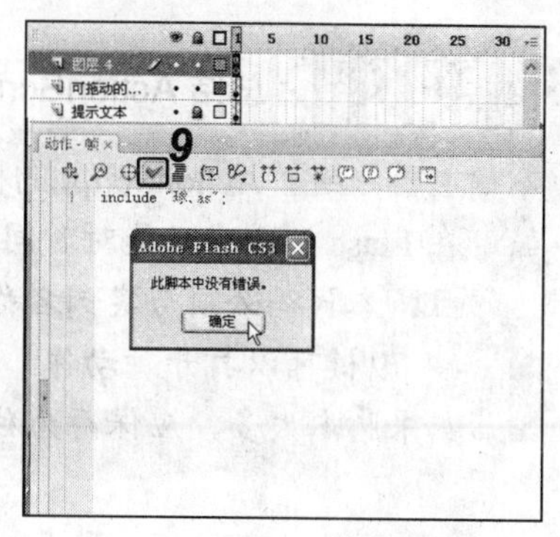

图 13-29　测试代码

（7）保存文档，按 Ctrl+Enter 键预览动画。

13.4.2　制作星空闪烁动画

综合利用本章和前面所学知识，制作星空闪烁动画，完成后的最终效果如图 13-30 所示（立体化教学:\源文件\第 13 章\星空闪烁.fla）。

图 13-30　最终效果

本练习可结合立体化教学中的视频演示进行学习（立体化教学:\视频演示\第 13 章\制作星空闪烁动画.swf）。主要操作步骤如下：

（1）新建文档并导入“星空.jpg”图片（立体化教学:\实例素材\第 13 章\星空.jpg）。

（2）将背景图片转换为元件、制作光晕和星星元件、绘制遮罩图形。

（3）应用星光闪烁影片剪辑到舞台中并为其添加语句。

13.5　练习与提高

（1）分别使用 play 和 stop 脚本命令控制“花.fla”动画（立体化教学:\实例素材\第 13

章\花.fla）的播放和停止。

提示：必须先创建 play 和 stop 按钮，才能对其添加脚本命令。

（2）为影片“风景.avi”（立体化教学:\实例素材\第 13 章\风景.avi）添加播放控制和播放跳转脚本命令。

总结 ActionScript 添加技巧

本章主要介绍了 ActionScript 的相关知识，这里总结以下几点技巧供大家参考和探索：

- 在 Flash CS3 中只能对时间轴添加脚本，因此要注意为元件实例定义实例名称，且脚本代码必须与实例名称保持一致。
- 按 F9 键可以打开“动作”面板。
- 如果脚本太多，应保存为独立脚本文件以减小 Flash 文档大小。

第 14 章　测试及导出影片

学习目标

☑　掌握优化与测试“春天”动画的方法
☑　掌握导出图像与影片的方法

目标任务&项目案例

优化与测试动画

导出图像

在完成 Flash 影片的制作后，在将其上传到网络之前，对其在网络中的播放情况进行模拟测试是很有必要的。本章将学习影片的优化和测试方法，了解影片的发布格式及导出影片和图像的方法。

14.1　影片优化和测试

使用 Flash 制作的影片多用于网页中，这就涉及浏览速度的问题。要加快浏览速度，必须对作品进行优化，也就是在不损坏观赏效果的前提下减小影片的体积。在发布过程中，Flash 会自动对影片进行一些优化。

14.1.1　影片的优化

对于影片的优化可以分为减小影片的大小、对文本进行优化、对颜色和线条进行优化以及对动作脚本进行优化几个方面。

1. 减小影片的大小

减小影片的大小应做到以下方面：

- 尽量多使用补间动画，少用逐帧动画，因为补间动画比逐帧动画占用的空间更少。
- 将在影片中多次使用的元素转换为元件。
- 对于动画序列最好使用影片剪辑元件而不是图形元件。
- 尽量少使用位图制作动画，位图多用于制作背景和静态元素。
- 在尽可能小的区域中编辑动画。
- 尽可能地使用数据量小的声音格式，如 MP3。

2. 优化文本

优化文本可以通过以下方法进行：

- 在同一个影片中，使用的字体尽量少、字号尽量小。
- 最好少用嵌入字体，因为它们会增加影片的大小。

3. 优化颜色和线条

对颜色和线条进行优化，可以通过以下方法进行：

- 在“属性”面板中将由一个元件创建的多个实例的颜色进行不同设置。
- 选择色彩时，尽量使用颜色样本中给出的颜色，因为这些颜色属于网络安全色。
- 尽量减少 Alpha 的使用，因为它会增加影片的大小。
- 尽量少用渐变效果，在单位区域中使用渐变色比使用纯色多占 50 个字节。
- 限制特殊线条类型的数量，实线所需的内存较少，铅笔工具生成的线条比画笔笔触生成的线条所需的内存少。
- 选择“修改/形状/优化”命令进行优化。

4. 优化动作脚本

对动作脚本进行优化可通过以下方法进行：

- 在“发布设置”对话框的 Flash 选项卡中选中☑省略 trace 动作(T)复选框，影片发布时将不使用 trace 动作，如图 14-1 所示。
- 尽量多使用本地变量。
- 把经常使用的脚本操作定义为函数。

图 14-1　“发布设置”对话框

14.1.2 测试影片下载性能

在选择“调试/调试影片”命令时，Flash CS3 窗口中的命令菜单将发生变化，不仅会出现一个“调试”菜单，而且部分菜单中的命令也会发生变化。利用这些新出现的菜单命令可以模拟输出后的影片在不同带宽速度下的播放情况，能够了解该影片是否适用于网络中，并可以根据模拟测试出的结果，对影片进行适当的修改和调整，如图 14-2 所示。

图 14-2　“视图”菜单

【例 14-1】　测试影片下载性能。

（1）打开一个已经编辑完毕的 Flash 动画，选择“控制/测试影片”命令播放影片动画，并选择“视图/带宽设置”命令，如图 14-3 所示。

（2）在窗口上部分的图表中显示了影片在浏览器中被下载时数据传输的情况，其中交错的块状图形，代表一个帧中所含数据量的大小。块状图形所占的面积越大，该帧中的数据量越大，如果块状图形高于图表中的红色水平线，影片在浏览器中被下载时可能会需要较长的时间，如图 14-4 所示。

图 14-3　选择命令

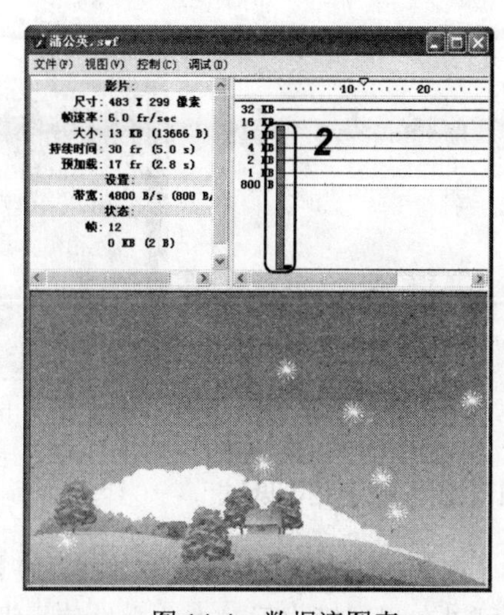

图 14-4　数据流图表

（3）选择“视图/帧数图表”命令，窗口中的块状图形将变为条状图形，单击条状图形，当其变为绿色时，在窗口左侧的列表框中会显示出该帧中数据的大小。如果条状图形高于图表中的红色水平线，影片在浏览器中被下载时可能会需要较长的时间，如图 14-5 所示。

（4）选择“视图/下载设置/自定义”命令，打开“自定义下载设置”对话框，根据实际情况定义下载的模拟设置，如图 14-6 所示，单击 确定 按钮。

（5）选择“视图/模拟下载”命令，播放进度条中的绿色进度条表示影片的下载情况，如果它一直领先于播放头的前进速度，则表明影片可以被顺利下载并播放，如图 14-7 所示。

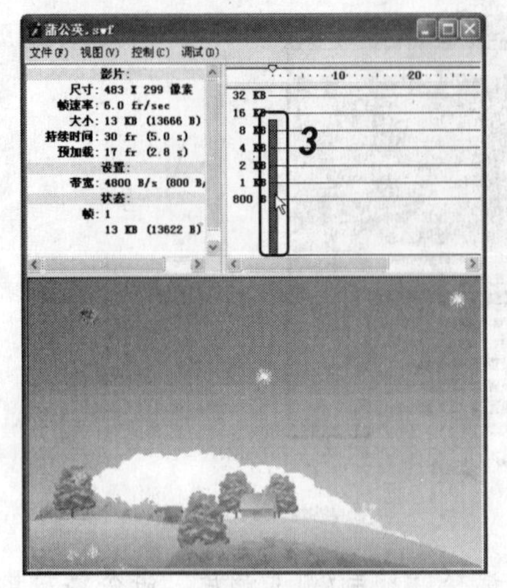

图 14-5　帧数图表

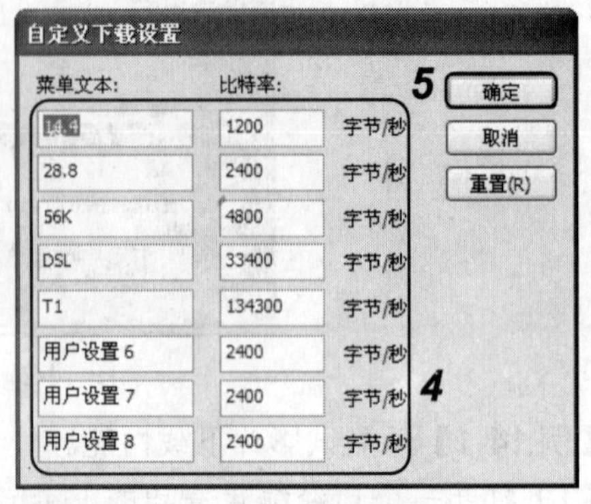

图 14-6　“自定义下载设置”对话框

图 14-7　模拟下载

14.1.3　影片的调试

在 Flash Player 中播放影片时，使用 Flash 调试器可以发现影片中的错误。影片的制作者可以在测试模式下对本地文件使用调试器，也可以通过调试器测试位于远程 Web 服务器上的文件。使用调试器可以在动作脚本中设置断点，断点会在运行时停止 Flash Player 并跟踪代码，然后回到脚本中对它们进行编辑，使它们产生正确的结果。

选择“调试/调试影片”命令，打开“调试器”面板，即可在测试模式下激活调试器，同时在测试模式下打开影片，如图 14-8 所示。

调试器被激活后，其状态栏中会显示影片的 URL 或本地文件路径，表明调试器正在调试远程或本地 Flash 文件，并且还会显示影片剪辑列表的动态视图。向影片添加影片剪辑或从影片删除影片剪辑时，显示列表会立刻反映出这些更改，通过移动水平拆分条，可以调整显示列表的大小。

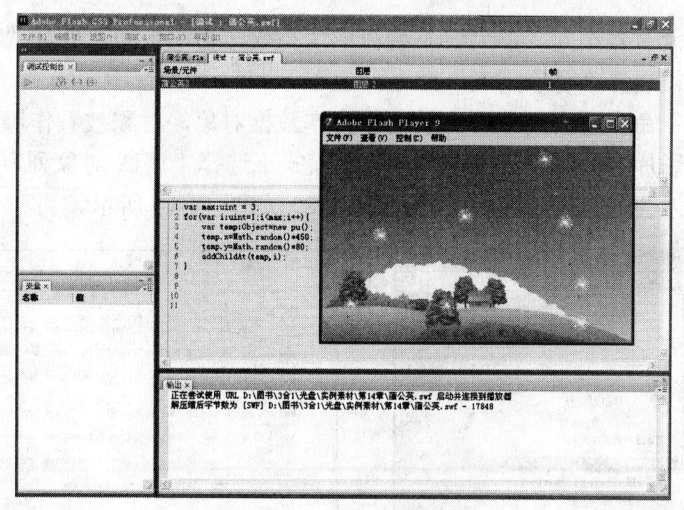

图 14-8　“调试器”面板

如果只允许可信赖用户在 Flash 调试播放器中运行影片，在发布影片时可能有其他的一些不想泄漏的机密，如影片剪辑结构等，这时可以使用调试密码来保护。用户也可以查看动作脚本中的客户端变量。要安全地存储变量，则必须把它们发送到服务器端应用程序而不要存储在影片中。

14.1.4　“输出”面板

测试影片时，如果影片中有错误，“输出”面板会自动显示错误信息，并且还可以通过使用“对象列表”和“变量列表”命令显示其他信息。

如果在脚本中使用 trace 动作，影片运行时可以向“输出”面板发送特定的信息，包括影片状态说明或表达式的值。

1．打开“输出”面板

在 Flash CS3 窗口中选择“窗口/输出”命令，可以打开“输出”面板。如果影片中存在错误，在测试影片时“输出”面板会自动打开并显示错误提示内容，如图 14-9 所示。

提示：

如果需要处理“输出”面板中的内容，可以单击面板右上角的 ≡ 按钮，在弹出的下拉菜单中选择相应命令即可。

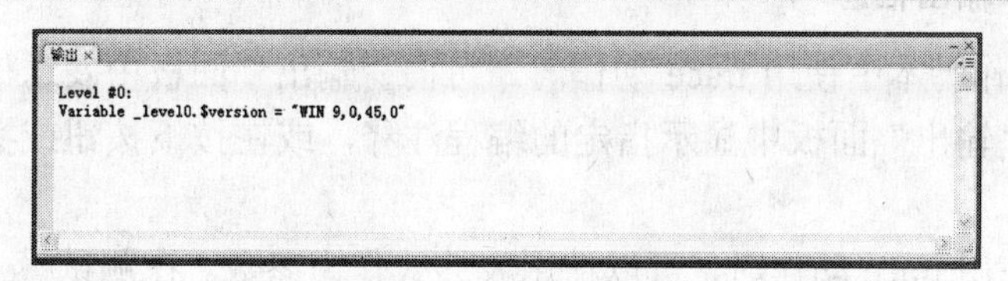

图 14-9　“输出”面板

2．列出影片的对象

在测试模式下，对象列表中的内容包括级别、帧、对象类型（形状、影片剪辑或按钮）、目标路径和影片剪辑、按钮以及文本字段的实例名称，这对查找正确的目标路径和实例名称特别有用。与调试器不同，该列表不会在影片播放时自动更新，要向“输出”面板发送这些信息时，必须选择“对象列表”命令。

“对象列表”命令不会列出所有的动作脚本数据对象，对象被看作舞台中的形状或元件。如果要显示影片中的对象列表，需在测试模式下选择“调试/对象列表”命令，然后在“输出”面板中才会显示舞台中所有对象的列表，如图 14-10 所示。

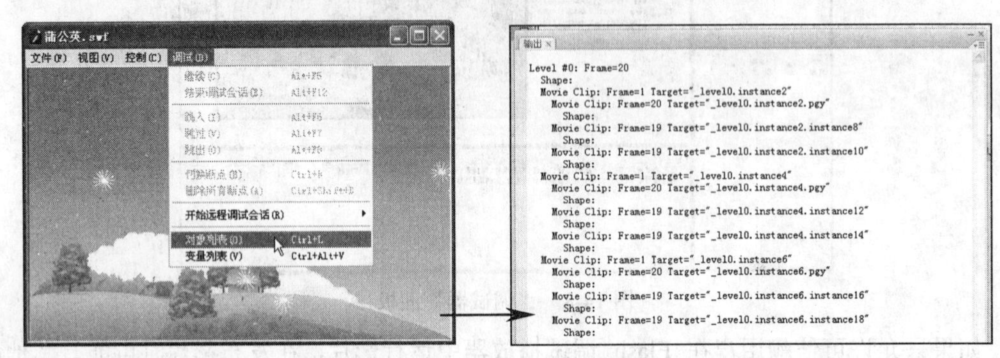

图 14-10　显示对象列表

3．列出影片变量

“变量列表”命令显示用_global 标识符声明的全局变量，全局变量会显示在“变量列表”命令输出的顶部，并且每个变量都有一个_global 前缀。

如果要显示影片中的变量列表，在测试模式下选择“调试/变量列表”命令即可，如图 14-11 所示。

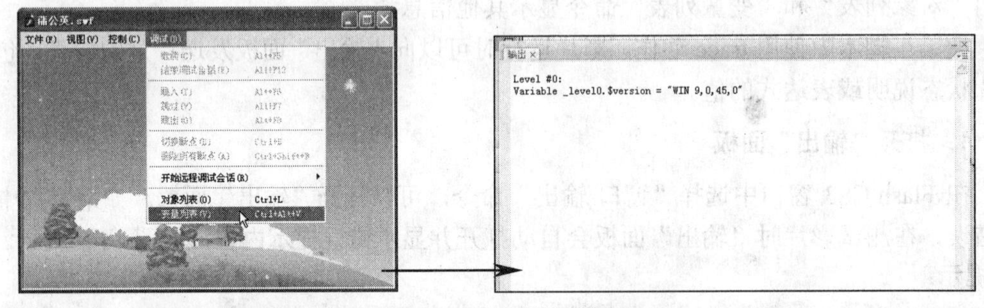

图 14-11　显示变量列表

4．trace 动作输出信息

在 Actions 动作脚本中使用 trace 动作时，可向“输出”面板中发送信息。例如，在测试影片时，可在“输出”面板中显示指定的编程注释，或在按下按钮或播放帧时显示指定的结果。

当在脚本中使用 trace 动作时，可以使用表达式作为参数。在测试模式下，表达式的值会显示在“输出”面板中。

14.1.5　应用举例——优化与测试“春天”动画

本例将对“春天”动画进行优化与测试，效果如图 14-12 所示（立体化教学:\源文件\

第 14 章\春天.fla）。

图 14-12　最终效果

操作步骤如下：

（1）启动 Flash CS3 后，打开“春天.fla”素材文件（立体化教学:\实例素材\第 14 章\春天.fla），如图 14-13 所示。

（2）动画中的文本“春天的感觉”使用了非常用字体，当用户电脑中没有该字体时将影响显示效果，因此需要对其进行优化。使用框选的方法框选文本，如图 14-14 所示。

图 14-13　打开素材文件

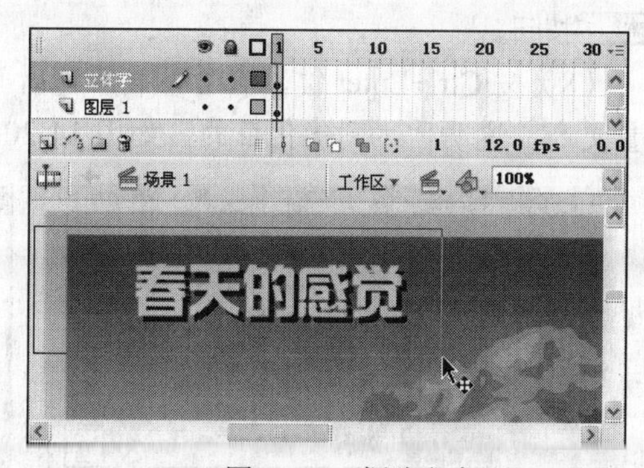

图 14-14　框选文本

（3）按住 Shift 键的同时单击被选中的背景图像，如图 14-15 所示。

（4）按 Ctrl+B 键两次，打散所选文本，再按 Ctrl+G 键进行组合，如图 14-16 所示。

图 14-15　取消背景图像的选中

图 14-16　打散并组合文本

（5）按 Ctrl+Enter 键进入影片测试模式，如图 14-17 所示。

（6）选择“视图/下载设置/DSL（32.6KB/s）”命令，再选择“视图/带宽设置”命令，查看在 32.6KB/s 的网速下，下载所需时间为 10.6s，如图 14-18 所示。

图 14-17　影片测试模式

图 14-18　查看下载所需时间

（7）退出测试模式，在“库”面板的“背景.jpg”图像名称上单击鼠标右键，在弹出的快捷菜单中选择“属性”命令，在打开的对话框中进行如图 14-19 所示的设置，再单击 确定 按钮。

（8）按 Ctrl+Enter 键，查看下载所需时间为 1.9s，下载时间已缩短，且动画中图像的质量更高，说明已达到优化目的，如图 14-20 所示。

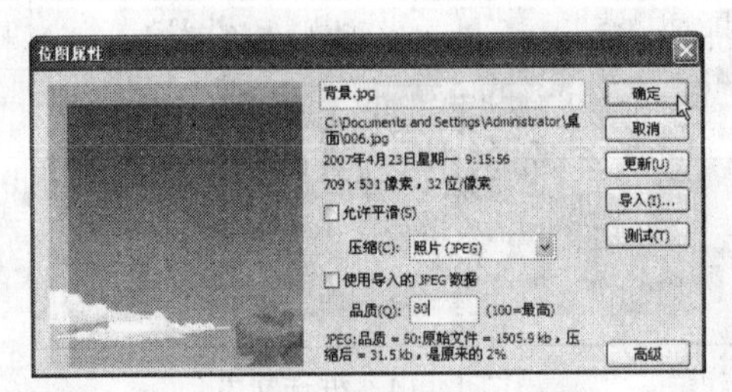

图 14-19　调整图像质量

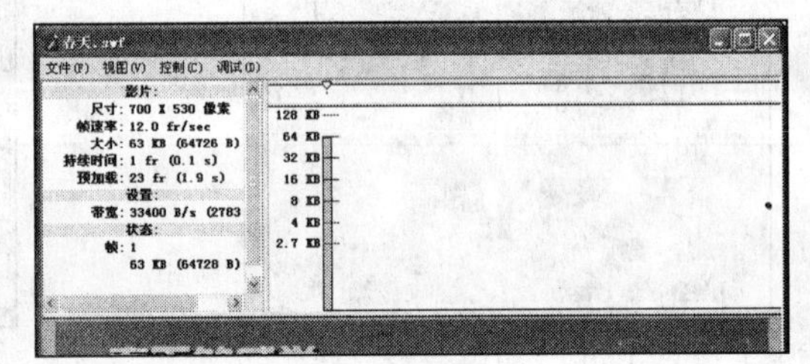

图 14-20　查看下载所需时间

14.2　导 出 影 片

制作完 Flash 动画后，可以将其导出为.swf 的 Flash 影片格式，也可以将其保存为各种 Flash 支持的图像文件格式。

14.2.1　导出影片的方法

选择“文件/导出/导出影片”命令，打开“导出影片”对话框，在“保存类型”下拉列表框中选择要导出的文件的类型，在“文件名”下拉列表框中输入文件名，单击 保存(S) 按钮即可导出影片。

【例 14-2】　导出影片。

（1）启动 Flash CS3 后，打开“童话.fla”素材文件（立体化教学:\实例素材\第 14 章\童话.fla），选择“文件/导出/导出影片”命令。

（2）打开“导出影片”对话框，在“保存类型”下拉列表框中选择要导出的文件的类型，如“Flash 影片(*.swf)”，在“文件名”下拉列表框中输入文件名，单击 保存(S) 按钮。

（3）在打开的对话框中对导出的 Flash 影片进行属性设置，如图 14-21 所示，再单击 确定 按钮完成影片导出操作。

（4）导出后的效果如图 14-22 所示（立体化教学:\源文件\第 14 章\童话.swf）。

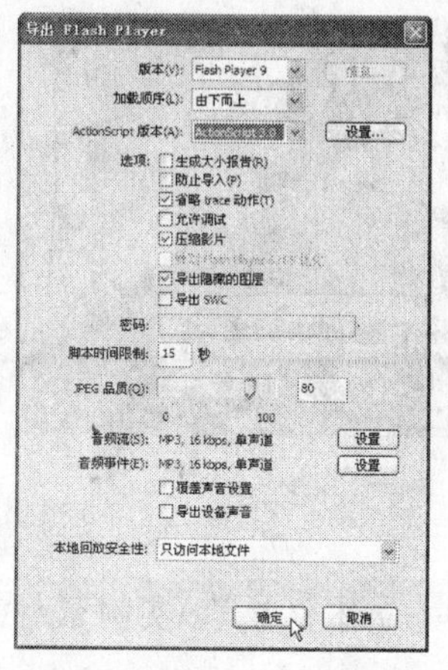

图 14-21　进行 Flash 影片设置

图 14-22　导出的影片效果

14.2.2　导出图像的方法

选择“文件/导出/导出图像”命令，打开“导出图像”对话框，设置相应参数后即可将当前帧的内容保存为 Flash 支持的各种图像文件格式。

【例 14-3】　导出图像。

（1）启动 Flash CS3 后，打开“童话.fla”素材文件（立体化教学:\实例素材\第 14 章\童话.fla），选择“文件/导出/导出图像”命令。

（2）打开“导出图像”对话框，在“保存类型”下拉列表框中选择要导出的文件的类型，在“文件名”下拉列表框中输入文件名，单击 保存(S) 按钮。

（3）在打开的对话框中对导出的图像进行属性设置，如图 14-23 所示，再单击 确定 按钮完成图像的导出操作。

（4）导出为图像后的效果如图 14-24 所示（立体化教学:\源文件\第 14 章\童话.png）。

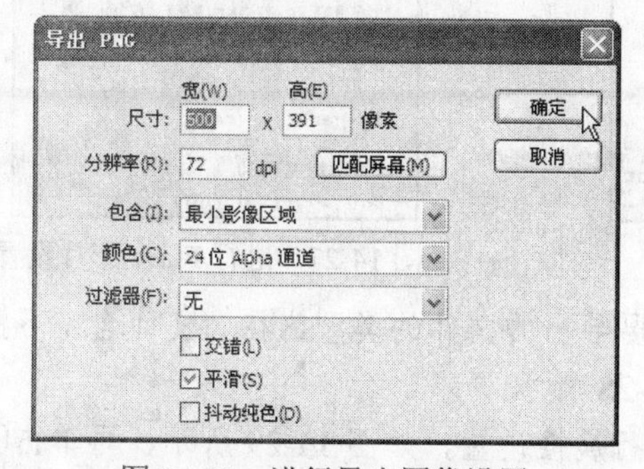

图 14-23　进行导出图像设置

图 14-24　导出的图像

14.2.3 应用举例——导出“风景”动画

本例将对“风景”动画进行导出操作，效果如图 14-25 所示（立体化教学:\源文件\第 14 章\风景.jpg）。

图 14-25 最终效果

操作步骤如下：

（1）启动 Flash CS3 后，打开“风景.fla”素材文件（立体化教学:\实例素材\第 14 章\风景.fla），选择“文件/导出/导出影片”命令。

（2）打开“导出影片”对话框，在“保存类型”下拉列表框中选择导出文件要保存的类型，在“文件名”下拉列表框中输入文件名，单击 保存(S) 按钮，如图 14-26 所示。

（3）在打开的对话框中对导出的动画进行属性设置，如图 14-27 所示，再单击 确定 按钮完成影片导出操作。

（4）选择“文件/导出/导出图像”命令，打开“导出图像”对话框。

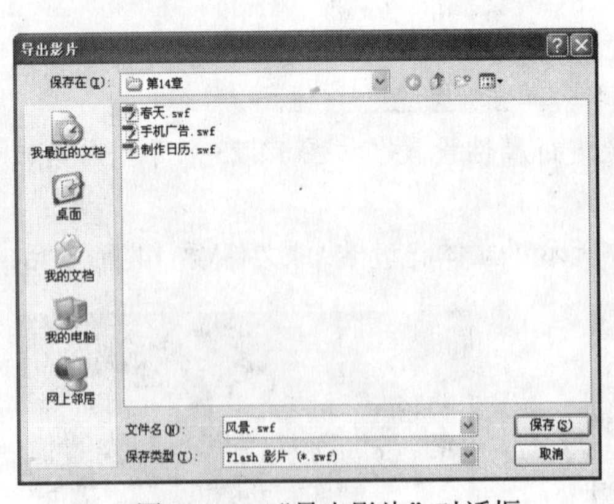

图 14-26 “导出影片”对话框

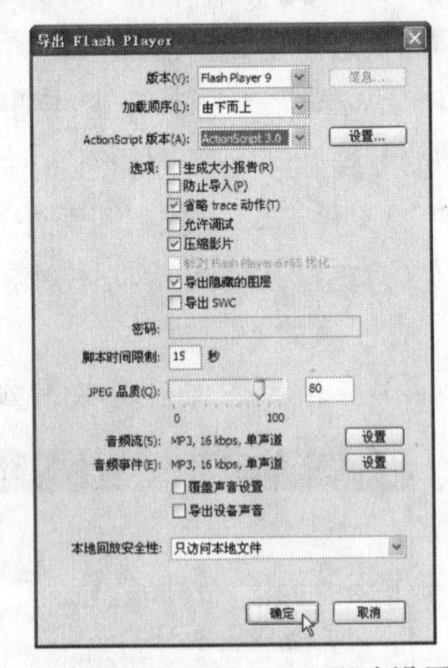

图 14-27 进行 Flash 影片设置

（5）在“保存类型”下拉列表框中选择要导出的文件的类型，在“文件名”下拉列表框中输入文件名，单击 保存(S) 按钮，如图 14-28 所示。

（6）在打开的对话框中对导出的图像进行属性设置，如图 14-29 所示，再单击 确定 按钮完成图像导出操作。

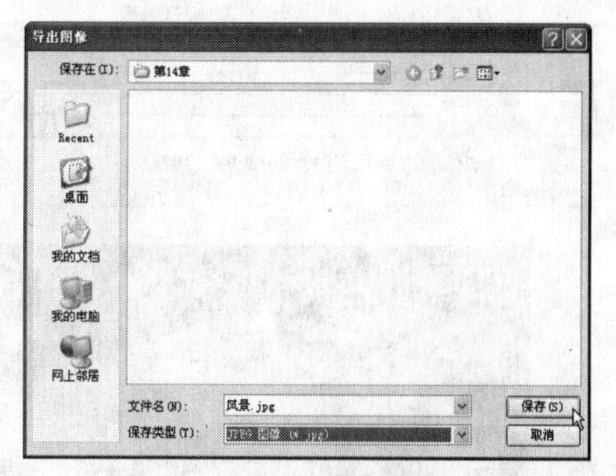

图 14-28　“导出图像”对话框

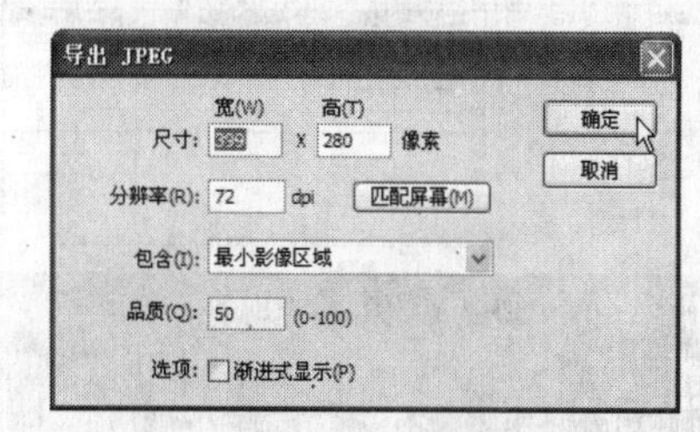

图 14-29　进行导出图像设置

14.3　上机及项目实训

14.3.1　测试及导出影片

本实训将测试 Flash 动画的下载性能，以及导出图像、动画的操作。

操作步骤如下：

（1）启动 Flash CS3，打开“手机广告.fla”素材文件（立体化教学:\实例素材\第 14 章\手机广告.fla），按 Ctrl+Enter 键播放影片动画，再选择“视图/带宽设置”命令，如图 14-30 所示。

（2）选择“视图/下载设置/DSL（32.6KB/s）”命令设置下载速度，如图 14-31 所示。

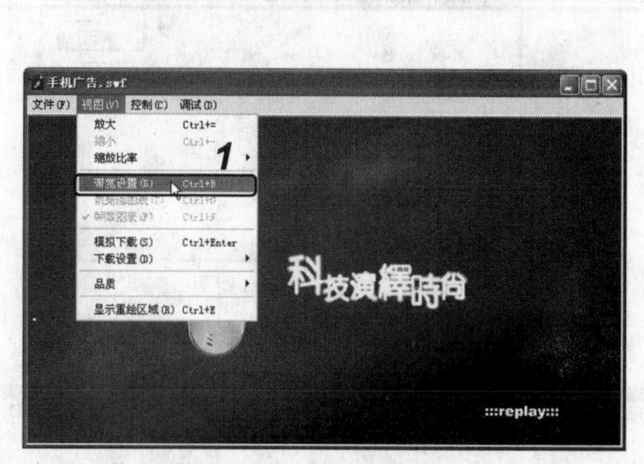

图 14-30　显示带宽设置

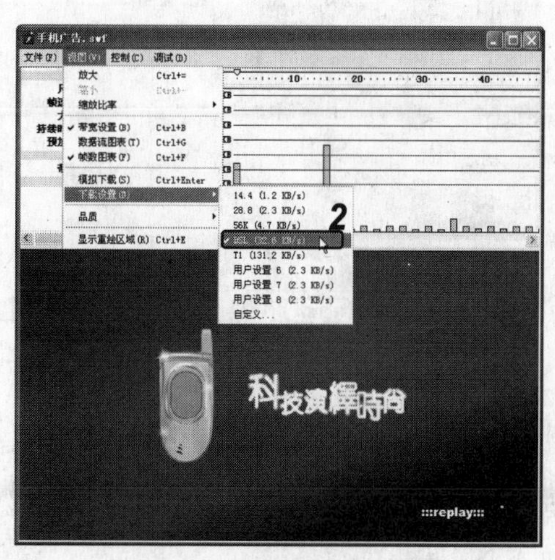

图 14-31　设置下载速度

（3）选择“视图/模拟下载”命令，从播放进度条中绿色进度条的速度观察影片的下载情况，如图 14-32 所示，通过测试效果来看，Flash 动画下载速度快，可不再对其进行优化。

（4）关闭 Flash 动画播放窗口，在 Flash 编辑窗口中的任意图层中选择第 350 帧，如图 14-33 所示。

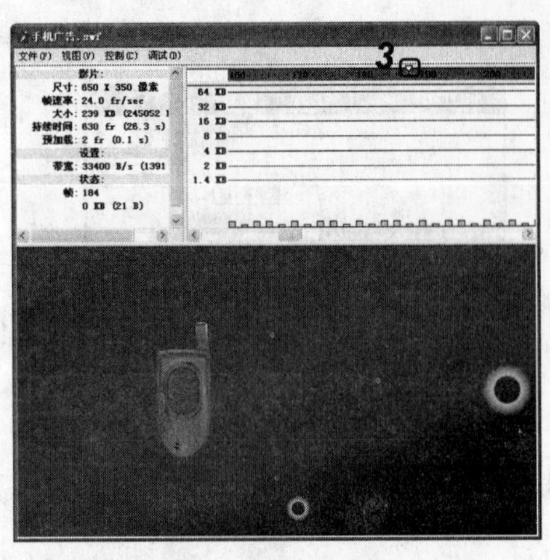

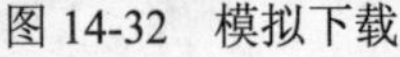

图 14-32　模拟下载

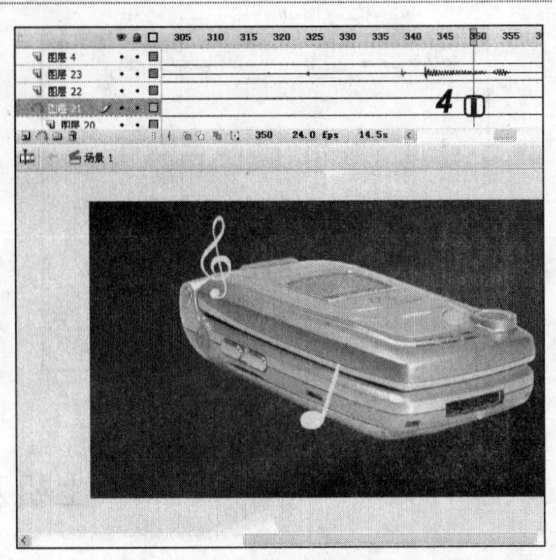

图 14-33　选择帧

（5）选择“文件/导出/导出图像”命令，在打开的对话框的“保存在”下拉列表框中选择保存位置，在“文件名”下拉列表框中输入文件名，再单击 保存(S) 按钮，如图 14-34 所示。

（6）在打开的对话框中对导出图像的属性进行设置，如“尺寸”、“分辨率”、“品质”等，这里将“品质”设置为 100，其余保持默认设置，单击 确定 按钮，如图 14-35 所示。

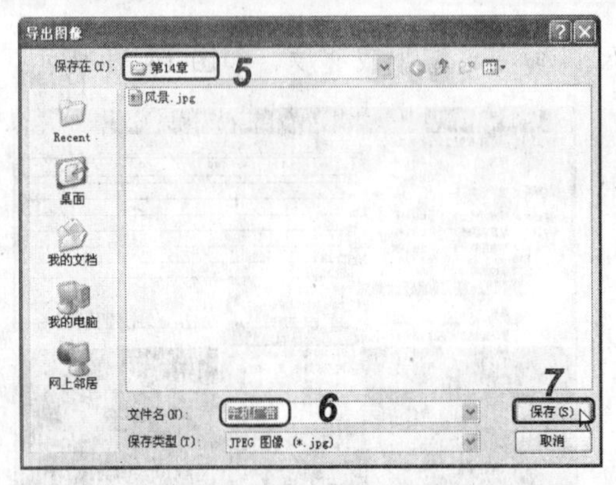

图 14-34　导出图像

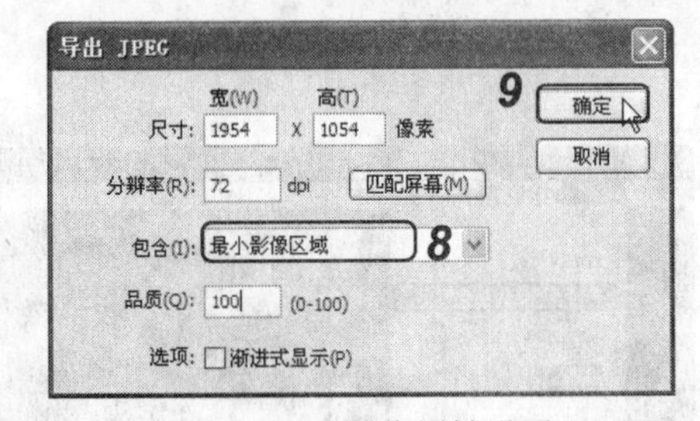

图 14-35　图像属性设置

（7）选择“文件/导出/导出影片”命令，在打开的对话框的“保存在”下拉列表框中选择保存位置，在“文件名”下拉列表框中输入文件名，再单击 保存(S) 按钮，如图 14-36 所示。

（8）在打开的对话框中对导出影片的属性进行设置，这里保持默认设置，单击 确定 按钮，如图 14-37 所示。

（9）在打开的对话框中对视频压缩进行设置，这里保持默认设置，单击 确定 按钮，如图 14-38 所示。Flash CS3 窗口中将显示导出进度，如图 14-39 所示。

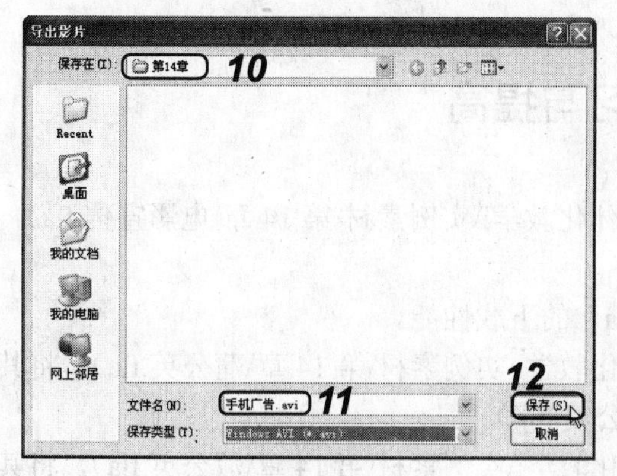

图 14-36　导出影片

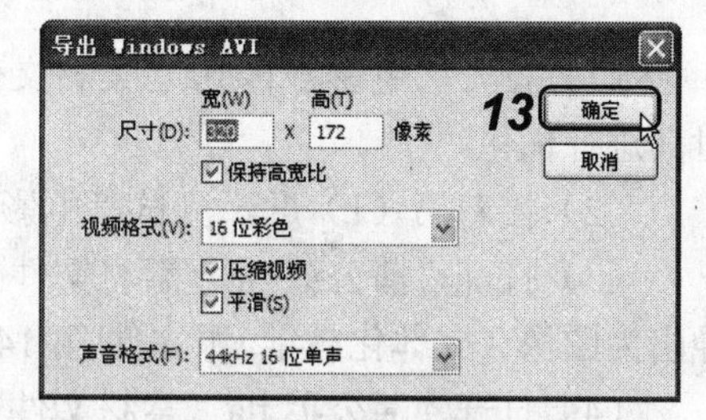

图 14-37　影片属性设置

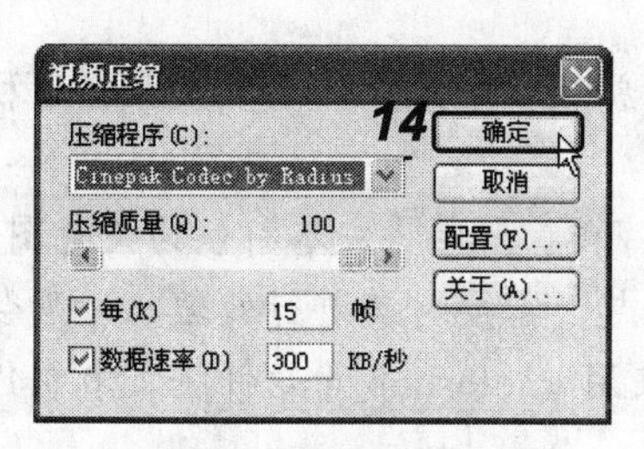

图 14-38　视频压缩设置

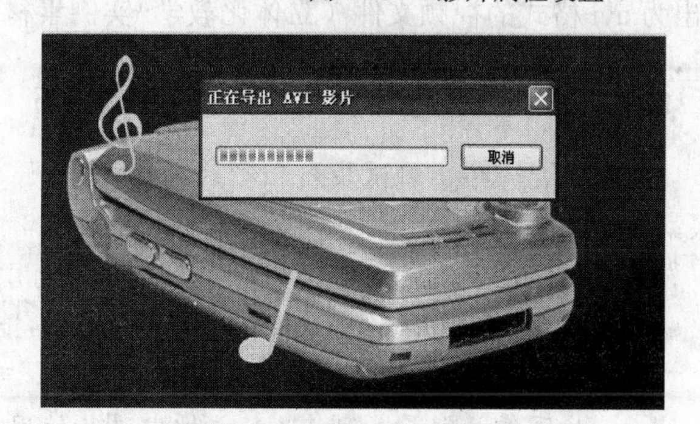

图 14-39　导出进度

14.3.2　测试及导出图像

综合利用本章和前面所学知识，测试及导出图像，导出的图像效果如图 14-40 所示（立体化教学:\源文件\第 14 章\制作日历.png）。

本练习可结合立体化教学中的视频演示进行学习（立体化教学:\视频演示\第 14 章\制作日历.swf）。主要操作步骤如下：

（1）选择“制作日历.fla”素材文件（立体化教学:\实例素材\第 14 章\制作日历.fla）。

（2）对动画进行优化与测试，如将文本打散等。

（3）导出图像，完成操作。

图 14-40　测试及导出图像

14.4 练习与提高

（1）打开“电影宣传.fla”素材文件（立体化教学:\实例素材\第 14 章\电影宣传.fla），对其进行优化。

（2）接着第（1）题，测试“电影宣传.fla”的下载性能。

（3）打开“蒲公英.fla”素材文件（立体化教学:\实例素材\第 14 章\蒲公英.fla），将其导出为图像（立体化教学:\源文件\第 14 章\蒲公英.jpg）。

（4）打开“蒲公英.fla”素材文件（立体化教学:\实例素材\第 14 章\蒲公英.fla），将其导出为.avi 格式的视频文件（立体化教学:\实例素材\第 14 章\蒲公英.avi）。

总结测试及发布影片的技巧

本章主要介绍了测试及发布影片的相关知识，这里总结以下几点技巧供大家参考和探索：

- 文本应使用常用字体，如果确实不能使用常用字体，需要将文本打散为矢量图，并要注意打散的文本有时某些部分会粘接在一起，需要对其进行处理，否则会影响 Flash 动画的质量，如果感觉麻烦，可以使用 Photoshop 等软件将文本制作为图像，并导入到 Flash 文档中进行使用。
- 必须清除 Flash 文档中未使用的项目，以减小 Flash 文档的大小。
- 对于图像和声音，要在质量与大小之间取得一个平衡，在尽可能保证动画质量的前提下，尽量减小图像及声音的大小，从而减小 Flash 文档的大小。
- 影片调试时应注意查看脚本部分是否有错，并根据提示进行修改。
- 通常情况下，导出影片只需要导出.swf 影片即可，不用导出 HTML 文档等。

第 15 章　Photoshop 文字和图层的应用

学习目标

☑ 掌握制作特效文字的方法
☑ 了解图层的应用，制作背景特效

目标任务&项目案例

特效文字

背景特效

在设计网页时，文字输入和特效文字的制作是经常用到的操作。在制作特效文字时，经常需要结合图层才能制作出满意的效果。因此，本章将介绍有关文字和图层的相关知识。

15.1　创建文字

文字是传递信息的重要手段。在 Photoshop 中除了可以创建点文字和段落文字外，还可以创建文字选区以及对文字进行变形处理。

15.1.1　文字工具

Photoshop 中的文字工具包括横排文字工具T、直排文字工具IT、横排文字蒙版工具和直排文字蒙版工具，按 Shift+T 键可以在这 4 个工具之间进行切换。

选择任意一种文字工具，其属性栏的内容基本相同，只有对齐方式在选择横排或直排文字工具时有所不同，这里以直排文字工具的属性栏为例进行讲解，如图 15-1 所示。

图 15-1　直排文字工具属性栏

其中各选项含义介绍如下。

- 按钮：单击此按钮可以更改文字方向。
- “字体”下拉列表框：用于设置文字字体。
- “字体形态”下拉列表框：用于设置输入文字使用的字体形态，包括 Regular（规则的）、Italic（斜体）、Bold（粗体）和 Bold Italic（粗斜体）4 个选项。
- “字号”下拉列表框：用于设置文字大小。
- “字体样式”下拉列表框：用于设置文字边缘的平滑程度，包括“无”、“锐利”、“犀利”、“浑厚”和“平滑”5 个选项。
- 按钮：对齐方式按钮，这里是选择直排文字工具时的状态，分别表示顶对齐、垂直中心对齐和底对齐。
- 颜色框：用于设置输入文字的颜色。单击该颜色框，在打开的“拾色器”对话框中可以设置文字的颜色。
- 按钮：单击此按钮可以创建变形文字。
- 按钮：单击此按钮可显示或隐藏“字符”和“段落”面板。

提示：

输入文字后，单击属性栏中的按钮可以取消输入或修改操作，单击按钮可确认输入或修改操作。

在“字符”面板中可以对文字进行修改，如设置文字的字体、字号、颜色、字间距和行间距等。“字符”面板如图 15-2 所示。

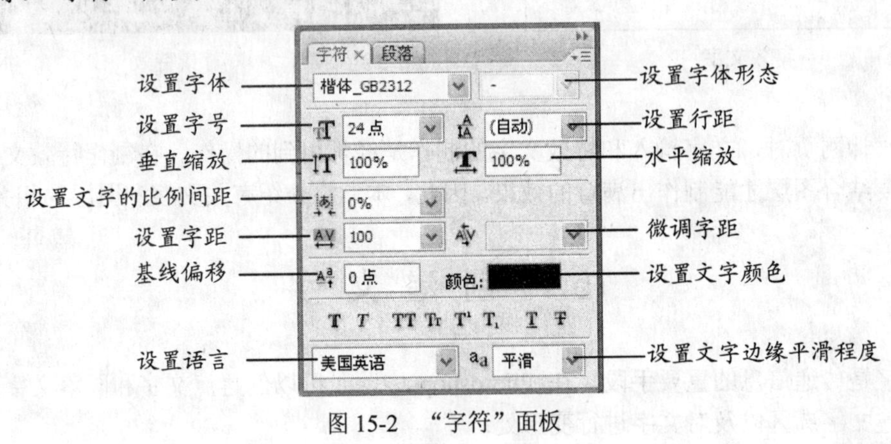

图 15-2　“字符”面板

“段落”面板主要用于对段落文字进行设置，包括文字的对齐方式以及缩进量等，如图 15-3 所示。

提示：

如果在“段落”面板中选中☑连字复选框，将允许使用连字符连接单词。

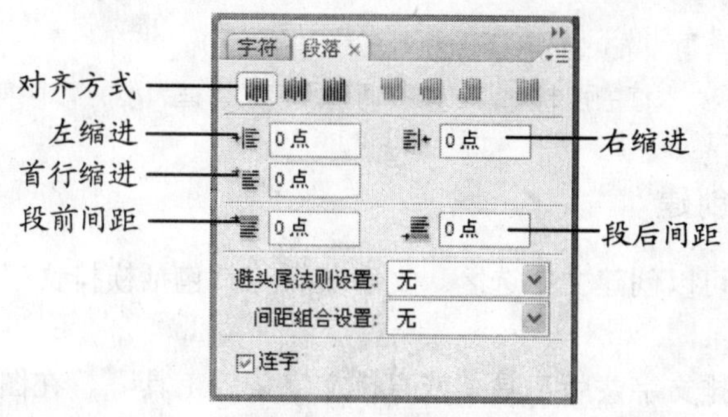

图 15-3　“段落”面板

15.1.2　创建文字的方法

文字的创建包括点文字和段落文字的创建，下面将分别进行讲解。

1．创建点文字

选择横排文字工具T.或直排文字工具IT.，在图像窗口中单击，将会出现字符输入光标，这时即可输入点文字。点文字不会自动换行，通常用于输入标题、名称和简短的广告语等。

2．创建段落文字

选择横排文字工具T.或直排文字工具IT.，在图像窗口中拖动鼠标绘制段落文本框，如图 15-4 所示。在段落文本框内输入文字即可创建段落文字。段落文字最大的特点是在段落文本框中输入文字时，文字将根据外框的尺寸在段落中自动换行，其操作类似于 Word、PageMaker 等排版软件。

注意：

如果在段落文本框中输入的文字过多，超出了段落文本框的大小，则多出的文字将被隐藏，此时在段落文本框右下角将出现一个田符号，如图 15-5 所示。

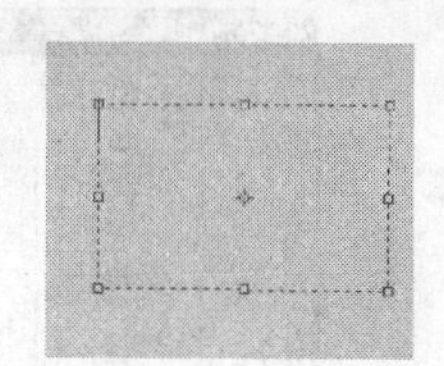

图 15-4　段落文本框

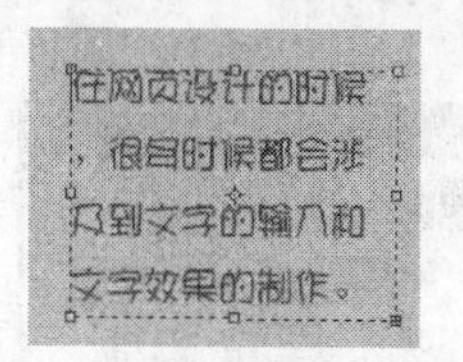

图 15-5　输入横排段落文字

对段落文字可以很方便地进行缩放和旋转操作，将光标放在段落文本框的控制点上，当其变成↗形状时，按住鼠标左键并拖动便可调整段落文本框的大小，如图 15-6 所示；当其变成↶形状时，按住鼠标左键并拖动则可旋转段落文本框，如图 15-7 所示。

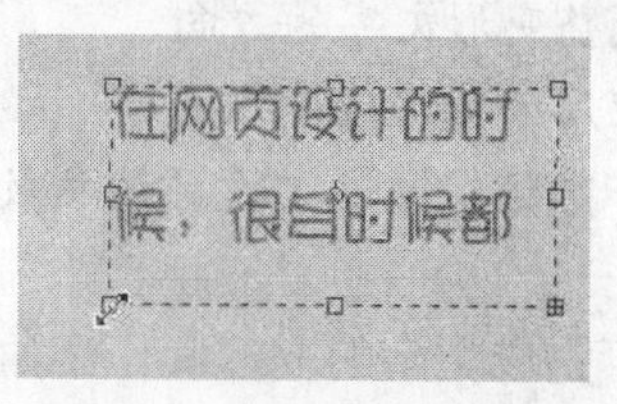

图 15-6　缩放段落文本框

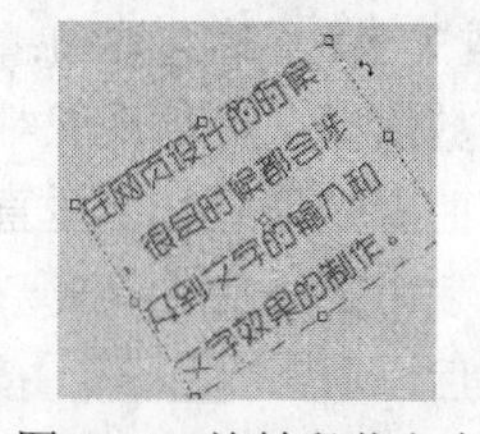

图 15-7　旋转段落文本

提示：

按住 Ctrl 键并拖动段落文本框的控制点，可以在调整段落文本框大小的同时缩放文字。

15.1.3 文字选区的创建

使用文字蒙版工具可以创建文字选区。文字蒙版工具包括横排文字蒙版工具和直排文字蒙版工具。

在工具箱中选择横排文字蒙版工具或直排文字蒙版工具，在图像窗口中单击，文字背景将变成红色并出现字符输入光标，如图 15-8 所示。输入文字后，按 Ctrl+Enter 键或单击属性栏中的✔按钮确认，即可得到文字选区，如图 15-9 所示。

图 15-8 输入文字

图 15-9 创建文字选区

15.1.4 文字的变形

Photoshop 中提供了 15 种文字变形样式，利用该功能可以制作很多形状各异的文字。选择文本工具，单击文字工具属性栏右侧的变形文字按钮，打开如图 15-10 所示的“变形文字”对话框。在该对话框中即可进行文字的变形操作，其中各选项的含义介绍如下。

- **“样式”下拉列表框**：在该下拉列表框中有 15 种文字变形样式可供选择，如“扇形”、“拱形”、“旗帜”和“鱼眼”等，如图 15-11 所示。

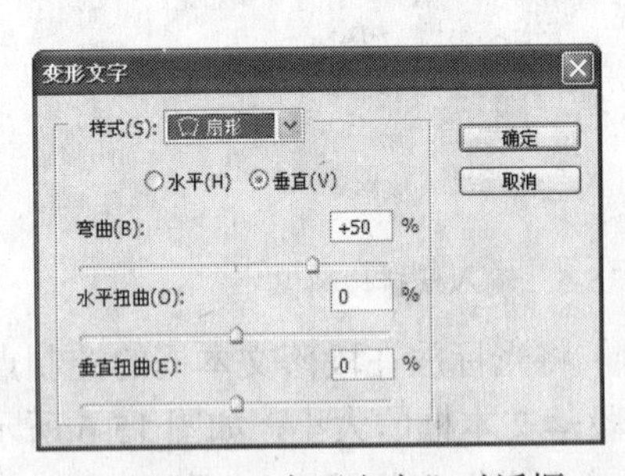

图 15-10 “变形文字”对话框

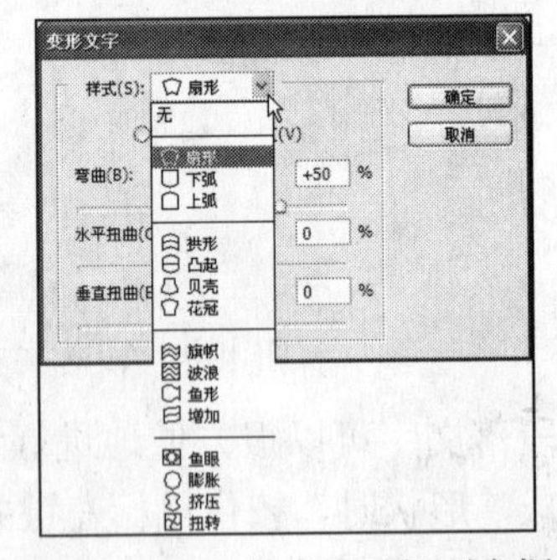

图 15-11 “样式”下拉列表框

- **水平(H)或垂直(V)单选按钮**：用于调整变形文字的方向。
- **“弯曲”数值框**：用于设置对图层应用的变形强度。
- **“水平扭曲”数值框和“垂直扭曲”数值框**：通过设置该参数，可调整文字在水平或垂直方向上应用透视变形的强度。

各选项设置好后，单击 确定 按钮即可完成文字的变形操作。如图 15-12 所示即为几种文字变形效果。

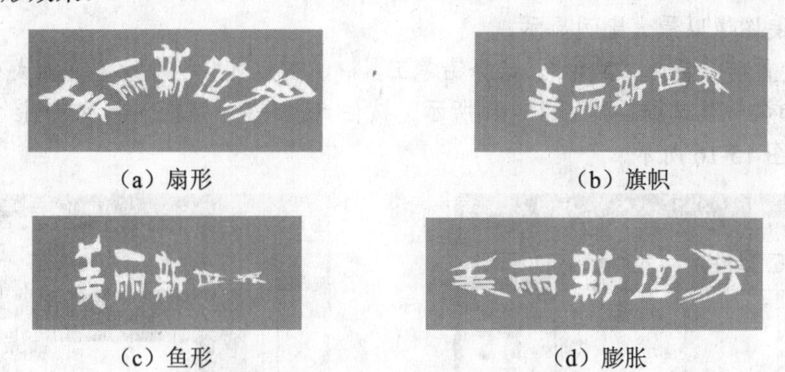

（a）扇形　　（b）旗帜

（c）鱼形　　（d）膨胀

图 15-12　文字变形效果

提示：

应用了变形文字后，“图层”面板中的图层标识将变为 。

15.1.5　应用举例——特殊文字效果

本例将讲解一种特殊文字效果——巧克力字的制作方法。制作时主要通过“定义图案”命令制作巧克力的纹理，然后使用“图层样式”对话框中的投影、斜面和浮雕、内发光等样式制作文字效果，其最终效果如图 15-13 所示（立体化教学:\源文件\第 15 章\特效文字.psd）。

图 15-13　最终效果

操作步骤如下：

（1）选择“文件/新建”命令或按 Ctrl+N 键新建一个文件，参数设置如图 15-14 所示，最后单击 确定 按钮关闭对话框，完成文档的新建操作。

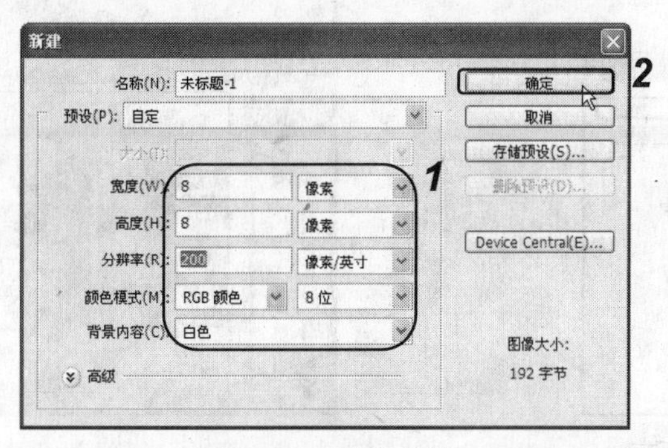

图 15-14　新建文件

（2）选择“窗口/导航器”命令，打开“导航器”面板，将面板底部的缩放滑块拖动到最右边，使图像以最大比例显示。

（3）设置前景色为“黑色”，选择铅笔工具，在其属性栏中设置笔触大小为2像素，取消选中□自动抹除复选框，如图15-15所示。按住Shift键分别在顶部及左侧绘制水平和垂直直线，如图15-16所示。

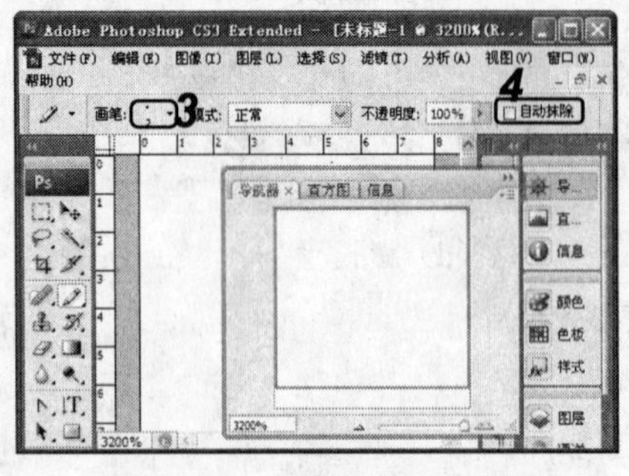

图15-15　设置铅笔工具属性

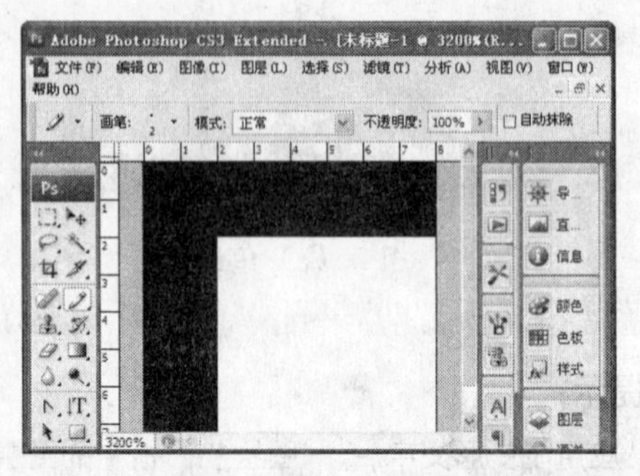

图15-16　绘制水平和垂直直线

（4）选择“编辑/定义图案”命令，打开“图案名称”对话框，输入名称后单击确定按钮，将刚才绘制的图形定义为图案，如图15-17所示。

图15-17　定义图案

（5）选择“图像/画布大小”命令，打开“画布大小”对话框，参数设置如图15-18所示，单击确定按钮新建一个文件。

（6）按Ctrl+A键选择绘制的直线，再按Delete键将其删除。

（7）将前景色设置为“深褐色”（#86522a），将字体设置为“汉真广标”，字体大小为“72点”，使用横排文字工具T在图像窗口中输入文字，这时可以看到“图层”面板中将自动生成以文字命名的图层，如图15-19所示。

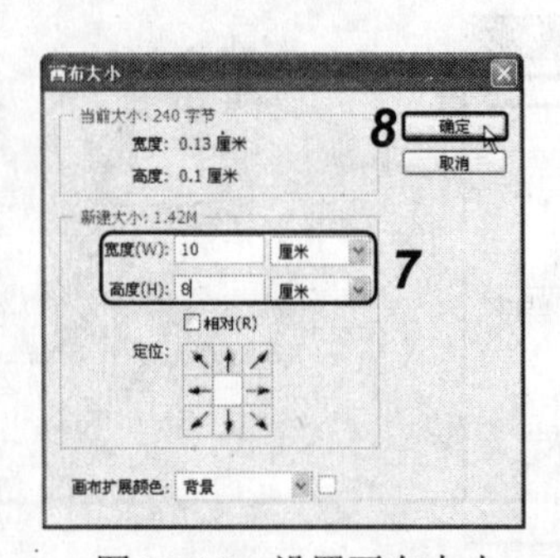

图15-18　设置画布大小

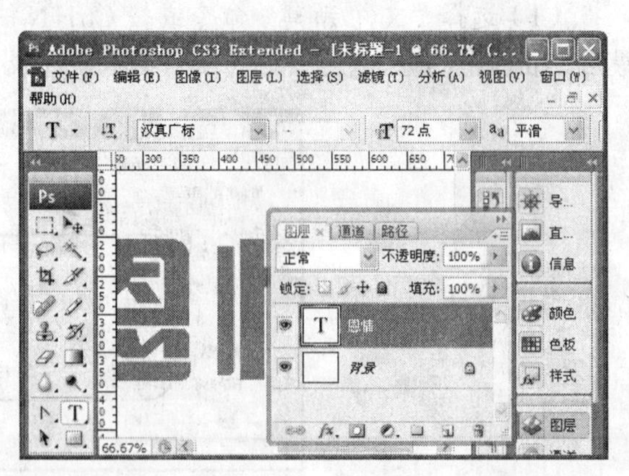

图15-19　输入文字

（8）双击文字图层，打开“图层样式”对话框，选中☑斜面和浮雕复选框，参数设置如图15-20所示。

（9）选中☑等高线复选框，单击“光泽等高线”缩略图，打开“等高线编辑器”对话框，调整等高线形状，调整锐角线时注意选中☑边角复选框，这样点与点之间才是直线。

（10）设置完成后单击 确定 按钮，返回“图层样式”对话框，如图15-21所示。

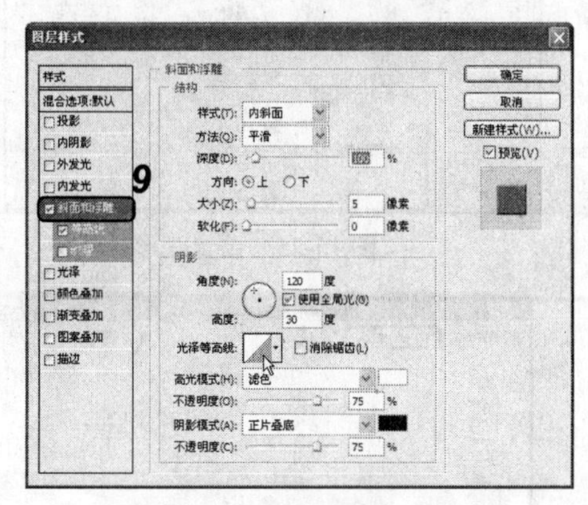

图15-20 设置斜面和浮雕

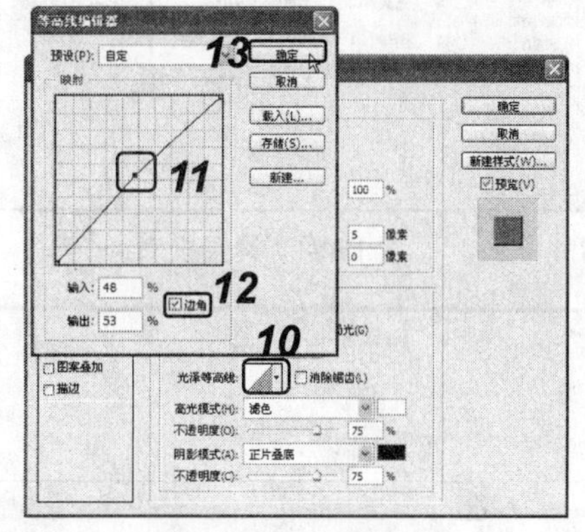

图15-21 设置等高线

（11）在“图层样式”对话框中选中☑纹理复选框，在“图案”下拉列表框中选择刚才自定义的图案，如图15-22所示。

（12）选中☑内发光复选框，设置发光颜色为“深褐色”（#6a391b），如图15-23所示。

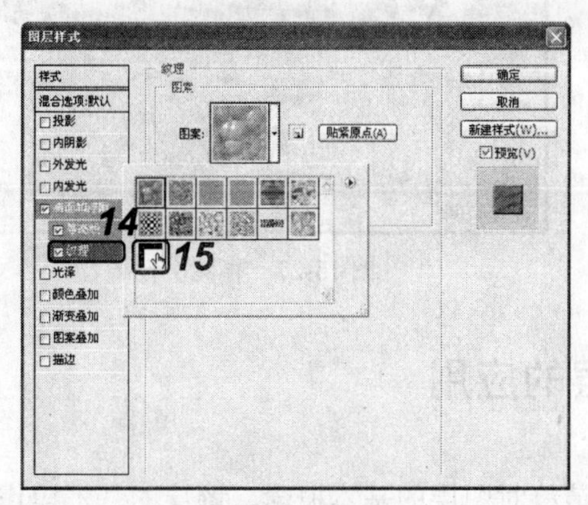

图15-22 设置纹理

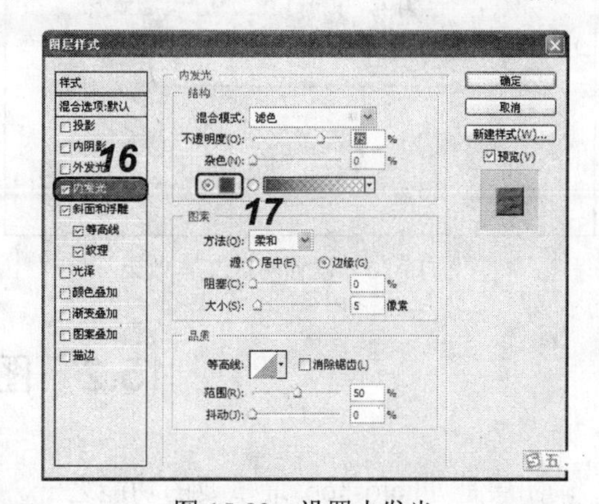

图15-23 设置内发光

（13）在“图层样式”对话框中选中☑投影复选框，进行如图15-24所示的参数设置，单击 确定 按钮。

（14）选择文本，在属性栏中单击 按钮，在打开的对话框的“样式”下拉列表框中选择“扇形”选项，再单击 确定 按钮，如图15-25所示。

（15）在“恩情”文本下方输入网址文本并进行属性设置，包括文字的大小、字体及文字变形等设置，如图15-26所示。

（16）按Ctrl+S键，在打开的“存储为”对话框的“保存在”下拉列表框中选择保存位置，在“文件名”下拉列表框中输入文件名，再单击 保存(S) 按钮，如图15-27所示。

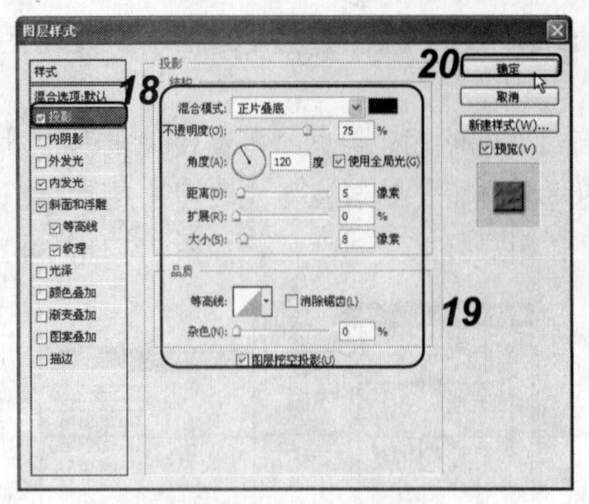

图 15-24　设置投影

图 15-25　设置变形

图 15-26　设置网址文本效果

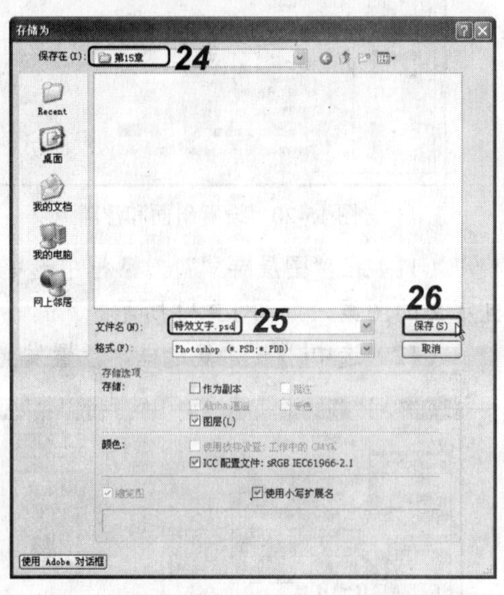

图 15-27　存储文件

15.2　图层的应用

图层是 Photoshop 最重要的功能之一。本节将对图层的基本概念、图层的基本操作和图层的混合模式等进行讲解。

15.2.1　图层的概念

Photoshop 中的图层是对图像进行各种合成效果的重要途径，使用图层可以在不影响图像中其他元素的情况下处理某一图像元素，不同图层上的图像可以进行独立操作而不对其他图层产生影响。用户可以透过图层的透明区域看到下面的图层。通过更改图层的顺序和属性，可以改变图像的合成效果。另外，调整图层、填充图层和图层样式这些特殊功能可用于创建复杂的合成效果。

➘　**背景图层：**“图层”面板中最下面的图层为背景图层，默认情况下背景图层是被锁

定的，不能更改背景图层的堆叠顺序、混合模式和透明度。

- **调整图层**：主要用于图像的色彩调整。在调整图层中进行各种色彩调整时，调节的效果对调整图层下面的所有图层都起作用。
- **填充图层**：该类型图层是采用填充的图层制造出特殊效果。填充图层共有 3 种形式，即纯色填充图层、渐变填充图层和图案填充图层。
- **图层样式**：图层样式即在图层中应用的投影、发光、斜面、浮雕和其他效果。应用了图层样式的图层，当改变其图层内容时，这些效果也会自动改变。

15.2.2　图层的基本操作

图层的基本操作包括新建、复制、删除、合并图层及调整图层顺序等，这些操作都可通过选择“图层”菜单中的相应命令或在“图层”面板中进行。

1. 新建图层

在 Photoshop 中，常用的新建图层的方法有以下几种：

- 在“图层”面板中单击按钮新建图层。
- 选择“图层/新建/图层”命令新建图层，通过这种方法将打开“新建图层”对话框，如图 15-28 所示，在其中可设置新建图层的名称、颜色、模式和不透明度等。

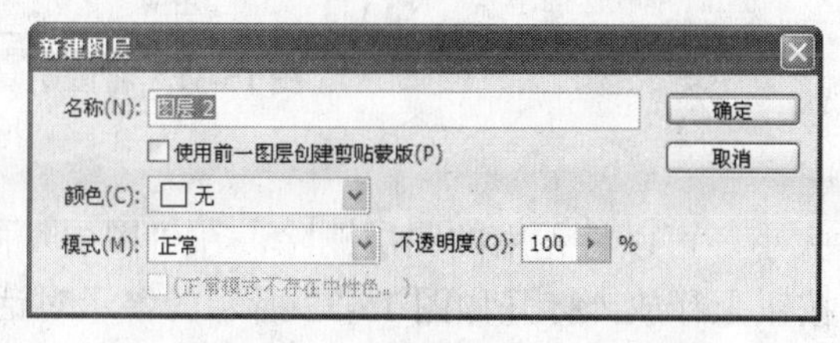

图 15-28　“新建图层”对话框

- 使用“图层/新建/通过拷贝的图层”命令可以将当前图层或选择的图像复制到新图层。
- 选择“图层/新建/通过剪切的图层”命令可以将选择的图像剪切到新图层。
- 在使用文字工具输入文字时将自动生成一个新的图层。
- 使用“图层”面板的快捷菜单命令新建图层。

如图 15-29 所示为在背景图层上选择“图层/新建/通过拷贝的图层”命令，新建图层后“图层”面板的前后对比效果。

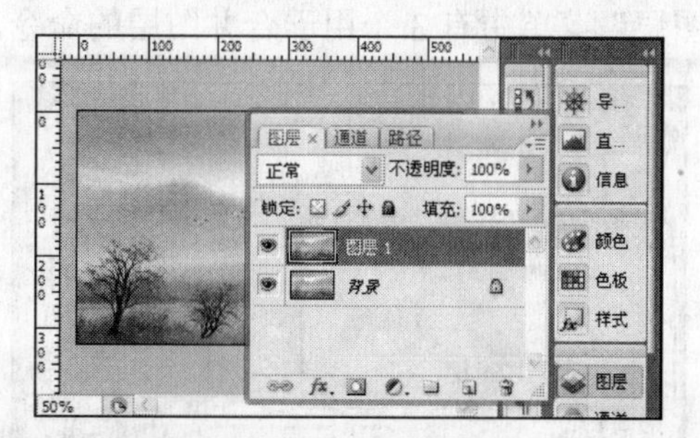

图 15-29　选择“通过拷贝的图层”命令新建图层的效果

提示：

新建图层一般位于当前图层的上方，采用正常模式和100%的不透明度显示，并且依照建立的次序命名，如图层 1、图层 2 等。

2．复制图层

在“图层”面板中将要复制的图层拖到按钮上释放，将在当前图层上增加一个与选中图层相同的图层，图层的名称会加上“副本”两字，如图 15-30 所示。

选择“图层/复制图层”命令，打开“复制图层”对话框，在“为”文本框中可以输入复制图层的名称，在“目标”栏的“文档”下拉列表框中选择要复制到的另外一个文件，如图 15-31 所示，单击 确定 按钮，可以复制当前图像文件中的图层到打开的另一个图像文件中。

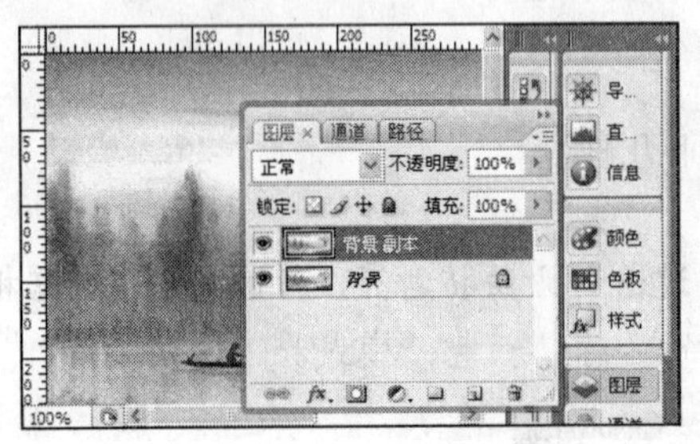

图 15-30　复制背景图层

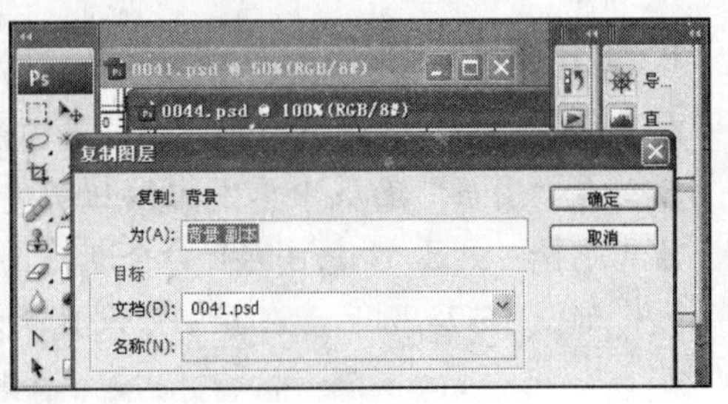

图 15-31　将图层复制到另一个窗口

3．删除图层

为了减小图像文件大小，可以将无用的图层删除。在“图层”面板中选择要删除的图层，直接将其拖动到按钮上释放，打开如图 15-32 所示的警示对话框，单击 是(Y) 按钮即可将该图层删除。

如果要删除隐藏图层，应选择“图层/删除/隐藏图层”命令将其删除。

提示：

在“图层”面板中，单击图层前面的图标可隐藏该图层，再单击图层前面的图标可将隐藏的图层显示出来。

4．合并图层

在图像处理过程中，如果图层过多，会影响操作速度，此时可将一些图层进行合并。“图层”菜单中有 3 个用于合并图层的命令，如图 15-33 所示。

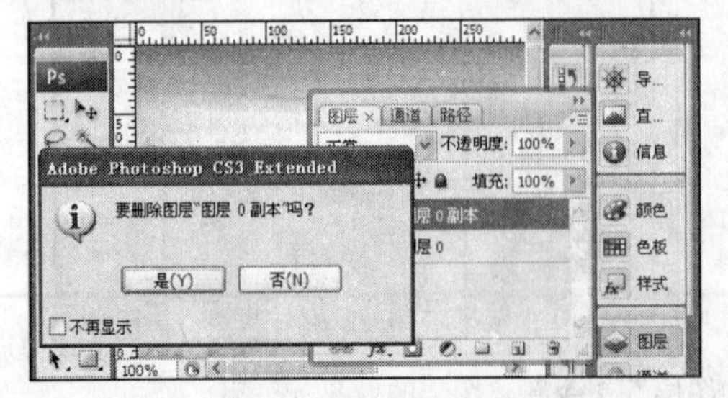

图 15-32　警示对话框

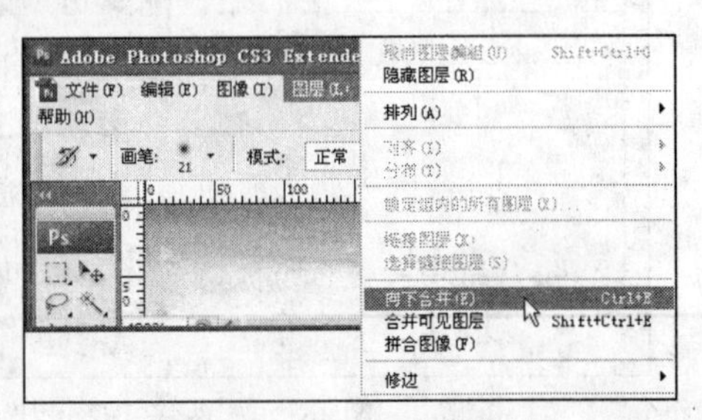

图 15-33　合并图层命令

各命令含义介绍如下。

- **向下合并**：将当前图层与其下一图层进行合并，其他图层保持不变。合并图层时，需要将当前图层的下一图层图像设置为显示状态，否则该命令不可用。按 Ctrl+E 键也可执行向下合并操作。
- **合并可见图层**：合并所有可见的图层，按 Shift+Ctrl+E 键也可执行该命令。
- **拼合图像**：将图像中的所有可见图层合并，并在合并过程中删除隐藏图层。

5．调整图层的顺序

图层的叠放顺序会直接影响图像显示的效果，先建立的图层在下，后建立的图层在上。上面的图层如果不透明，则会遮盖下面的图层，可以通过改变图层顺序来调整图像的效果。

选择要调整排列顺序的图层，直接将其拖至所需位置或选择“图层/排列”命令，在弹出的子菜单中选择相应的命令即可，如图 15-34 所示。各命令含义介绍如下。

- **置为顶层**：将当前图层移至最顶部。
- **前移一层**：将当前图层向上移动一层。
- **后移一层**：将当前图层向下移动一层。
- **置为底层**：将当前图层移至最底部。

如图 15-35 所示即为改变图层顺序后的对比效果。

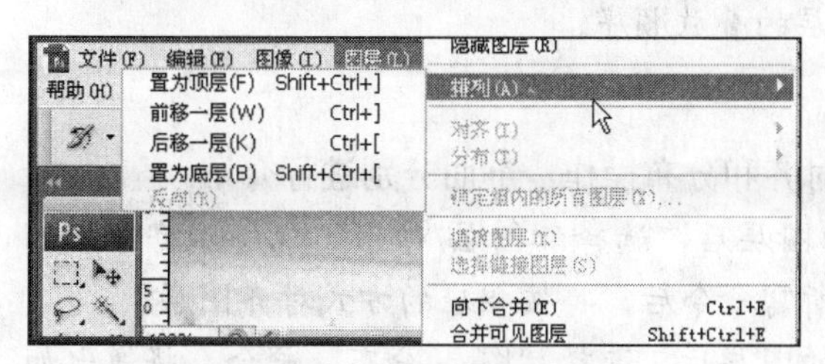

图 15-34 “排列”子菜单

图 15-35 改变图层顺序后的对比效果

6．链接图层

链接图层的作用主要是固定当前图层和链接图层间的相对位置，链接在一起的图层是一个整体，可以同时对它们进行移动、缩放和旋转等操作。对当前图层所作的变换、颜色调整和滤镜效果等操作也同时应用到链接图层上，通过链接图层还可以对不相邻的图层进行合并。

有 Photoshop CS3 中，链接图层的方法是在“图层”面板中选择需要链接的图层后，单击按钮即可将所选图层进行链接，如图 15-36 所示。链接后可以对链接的图层进行整体变换，如图 15-37 所示。

7．锁定图层

为了防止图层被误操作而破坏图像效果，可以将图层锁定。在“图层”面板的锁定栏中有 4 个按钮，其含义介绍如下。

- **“锁定透明像素”按钮**：用于锁定当前图层中的透明部分，锁定后，所有操作只对不透明图像起作用。

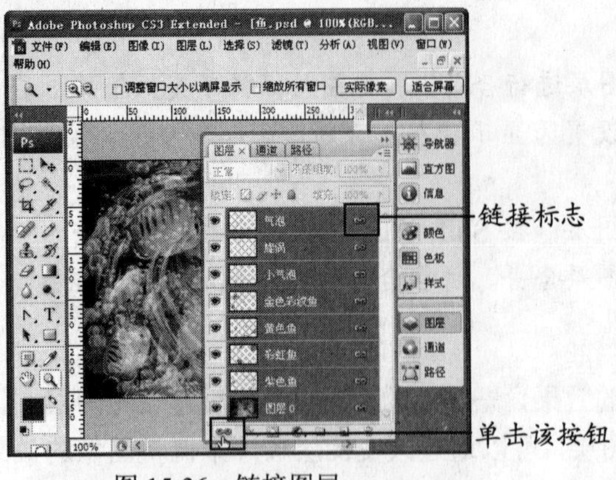

图 15-36　链接图层

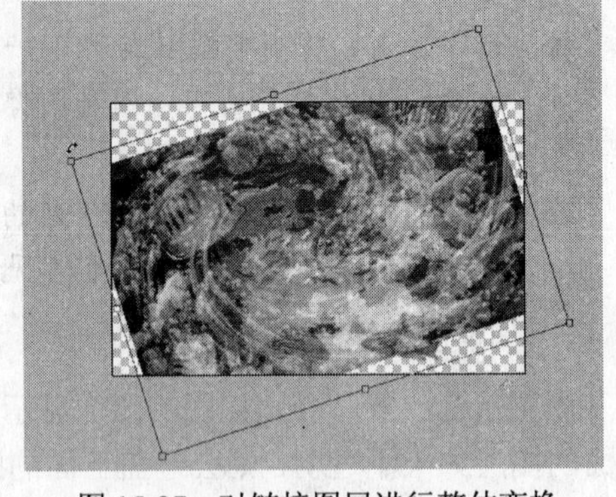

图 15-37　对链接图层进行整体变换

- **“锁定图像像素”按钮**：用于锁定当前图层中的图像，不管是透明区域还是图像区域，都不允许填色或进行色彩编辑。
- **“锁定位置”按钮**：用于锁定当前图层的变形操作，使图层上的图像无法被移动或进行各种变形编辑。锁定图像位置后，仍然可以对该图层进行填充、描边等操作。
- **“锁定全部”按钮**：用于锁定当前图层的所有编辑操作，不允许对图层上的图像进行任何操作，此时只能改变图层的叠放顺序。

8. 对齐和分布图层

在 Photoshop 中，可以对多个图层执行对齐和分布操作，下面分别进行介绍。

- **对齐图层**：选择两个或两个以上的图层后，选择“图层/对齐”命令，将弹出如图 15-38 所示的子菜单，从中选择所需命令后，将按相应的方式对齐图层。
- **分布图层**：选择 3 个或 3 个以上的图层后，选择“图层/分布”命令，将弹出如图 15-39 所示的子菜单，从中选择所需命令后，将按相应的方式分布图层。

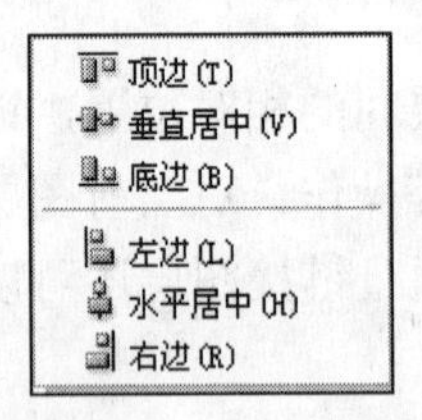

图 15-38　对齐命令

图 15-39　分布命令

15.2.3　图层的混合模式

图层的混合模式是指当图像叠加时，将上面图层与下面图层的像素进行混合，从而得到一种新的图像效果。不同的混合模式可以产生不同的效果，Photoshop CS3 提供了 20 多种混合模式。在“图层”面板中单击“图层混合模式”下拉列表框（如图 15-40 所示），将弹出如图 15-41 所示的下拉列表框。

各种混合模式的具体含义介绍如下。

- **正常**：Photoshop 默认的模式，在处理位图图像或索引颜色图像时，“正常”模式

也称为阈值。

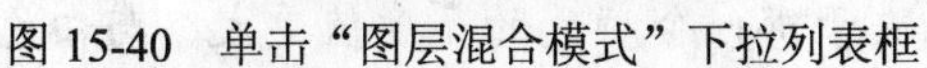

图 15-40　单击“图层混合模式”下拉列表框

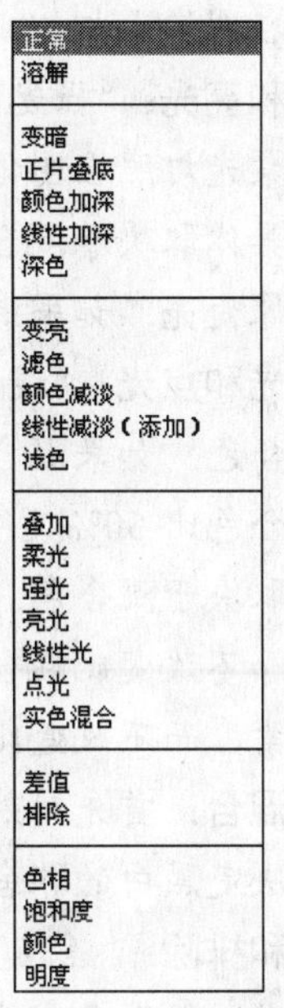

图 15-41　“图层混合模式”下拉列表框

- **溶解**：根据像素位置的不透明度，结果色由基色或混合色的像素随机替换。
- **变暗**：使用“变暗”模式时软件将自动查看每个通道中的颜色信息，并选择基色或混合色中较暗的颜色作为结果色。此时，比混合色亮的像素被替换；比混合色暗的像素保持不变。
- **正片叠底**：该模式主要用于查看每个通道中的颜色信息，并将基色与混合色复合。任何颜色与黑色复合产生黑色，与白色复合将保持不变。
- **颜色加深和颜色减淡**：“颜色加深”模式主要用于查看每个通道中的颜色信息，并通过增加对比度使基色变暗，以反映混合色，与白色混合后不产生变化；“颜色减淡”模式主要用于查看每个通道中的颜色信息，并通过减小对比度使基色变亮，以反映混合色，与黑色混合后不发生变化。
- **线性加深和线性减淡**：“线性加深”模式主要用于查看每个通道中的颜色信息，并通过减小亮度使基色变暗，以反映混合色，与白色混合后不产生变化；“线性减淡”模式主要用于查看每个通道中的颜色信息，并通过增加亮度使基色变亮，以反映混合色，与黑色混合后不发生变化。
- **变亮**：该模式主要用于查看每个通道中的颜色信息，并选择基色或混合色中较亮的颜色作为结果色。此时，比混合色暗的像素被替换，比混合色亮的像素保持不变。
- **滤色**：与“正片叠底”模式相反，通过这种模式转换后的图像颜色通常比较浅，具有漂白的效果。
- **叠加**：该混合模式用于复合或过滤颜色，最终效果取决于基色。图案或颜色在现有像素上叠加，同时保留基色的明暗对比。

- **柔光**：该模式可以使颜色变亮或变暗，具体取决于混合色。此效果与发散的聚光灯照在图像上相似。
- **强光和亮光**："强光"模式用于复合或过滤颜色，具体取决于混合色，此效果与耀眼的聚光灯照在图像上相似。"亮光"模式通过增加或减小对比度来加深或减淡颜色，具体取决于混合色。如果混合色（光源）比 50%灰色亮，则通过减小对比度使图像变亮；如果混合色比 50%灰色暗，则通过增加对比度使图像变暗。
- **线性光和点光**："线性光"模式通过减小或增加亮度来加深或减淡颜色，具体取决于混合色。如果混合色（光源）比 50%灰色亮，则通过增加亮度使图像变亮；如果混合色比 50%灰色暗，则通过减小亮度使图像变暗。"点光"模式即替换颜色，具体取决于混合色。如果混合色（光源）比 50%灰色亮，则替换比混合色暗的像素，而不改变比混合色亮的像素；如果混合色比 50%灰色暗，则替换比混合色亮的像素，而不改变比混合色暗的像素。
- **实色混合**：首先对基色和混合色图像执行阈值操作，然后根据哪个与黑色与白色最近决定黑白的取舍。
- **差值和排除**："差值"模式用于查看每个通道中的颜色信息，并从基色中减去混合色，或从混合色中减去基色，具体取决于哪一个颜色的亮度值更大。与白色混合将反转基色值，与黑色混合则不产生变化。"排除"模式是创建一种与"差值"模式相似但对比度更低的效果，与白色混合反转基色值，与黑色混合不发生变化。
- **色相和饱和度**："色相"模式是用基色的亮度和饱和度以及混合色的色相创建结果色；"饱和度"模式是用基色的亮度和色相以及混合色的饱和度创建结果色，在无饱和度（灰色）的区域上应用该模式不会产生变化。
- **颜色和明度**："颜色"模式是用基色的亮度以及混合色的色相和饱和度创建结果色，这样可以保留图像中的灰阶，在为单色图像上色或为彩色图像着色时非常有用；"明度"模式是用基色的色相和饱和度以及混合色的亮度创建结果色，此模式创建的效果与"颜色"模式相反。

打开有两个图层的文件，两个图层中的图片如图 15-42 所示，对上一图层使用不同图层混合模式，效果如图 15-43 所示。

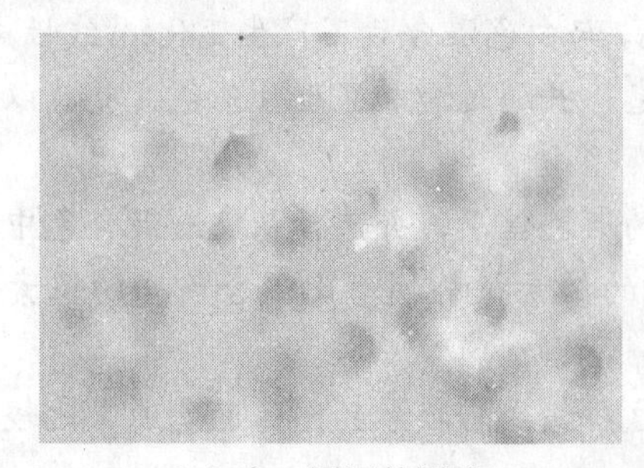

（a）上一图层的图片

（b）下一图层的图片

图 15-42　图片效果

（a）正片叠底　　（b）溶解

（c）强光

（d）差值

图 15-43　几种混合模式效果

15.2.4　应用举例——背景特效制作

网页设计中常常需要制作网页背景，下面介绍一种特效背景的制作方法，最终效果如图 15-44 所示（立体化教学:\源文件\第 15 章\背景特效.psd）。

图 15-44　最终效果

操作步骤如下：

（1）选择“文件/新建”命令，打开“新建”对话框，设置文件尺寸为“800×600 像素”，分辨率为“200 像素/英寸”，再单击[确定]按钮，如图 15-45 所示。

（2）按 D 键恢复颜色默认值，然后按 Alt+Delete 键将背景层填充为“黑色”，如图 15-46 所示。

（3）将前景色设置为“黄色”（#fdd000），然后选择画笔工具，在“画笔工具”属性栏中单击按钮，在打开的面板左侧选中☑其它动态、☑喷枪及☑平滑复选框，再单击“画笔笔尖形状”选项，进行如图 15-47 所示参数设置后单击×按钮关闭面板。

（4）在“图层”面板中新建“图层 1”，按住 Shift 键并向下拖动鼠标，绘制长短不一的垂直直线。由于开始在“画笔”面板中设置了画笔形状，这里绘制出的便是虚线，效果如图 15-48 所示。

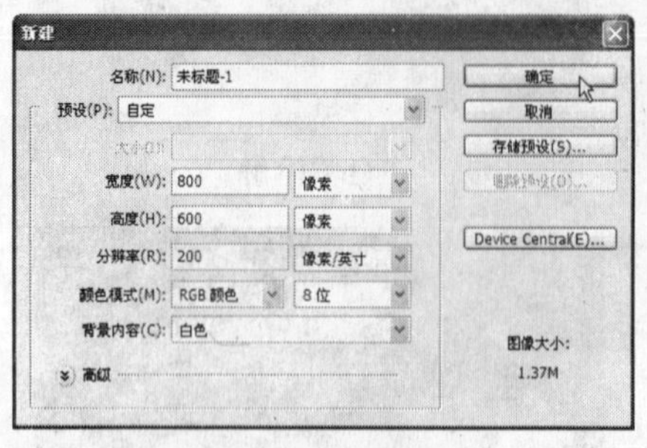

图 15-45　新建文件

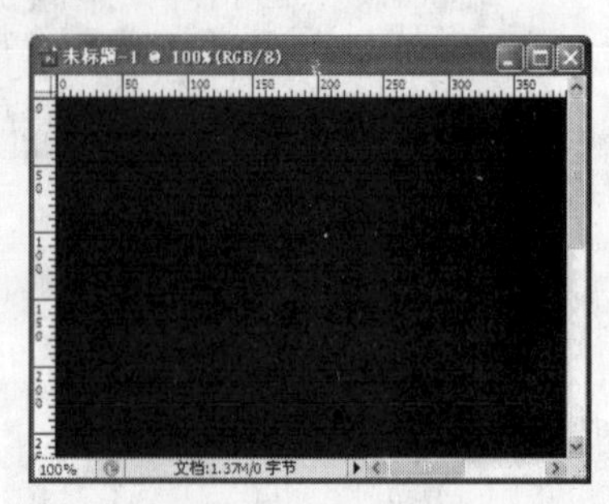

图 15-46　填充颜色

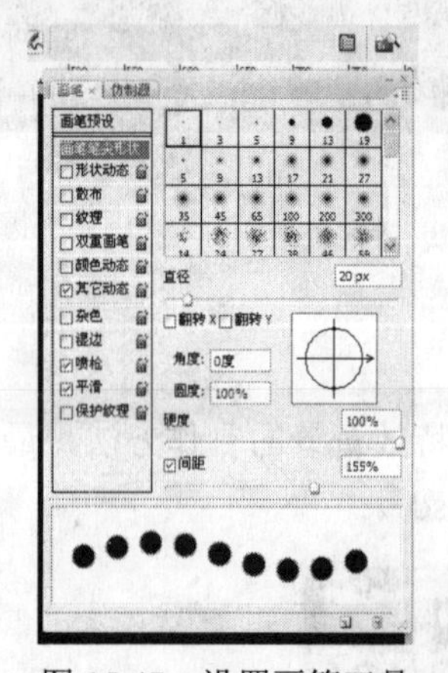

图 15-47　设置画笔工具

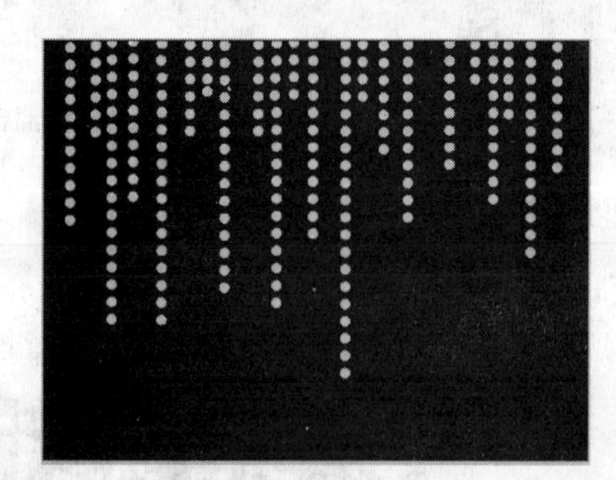

图 15-48　绘制虚线

（5）新建“图层 2”，将前景色设置为“绿色”（#218f49），画笔大小为 9，按照步骤（4）的方法随意绘制出另一种颜色的虚线，效果如图 15-49 所示。

（6）将前景色设置为其他颜色，再次执行步骤（5）的操作，为图像添加多个更细的虚线，效果如图 15-50 所示。

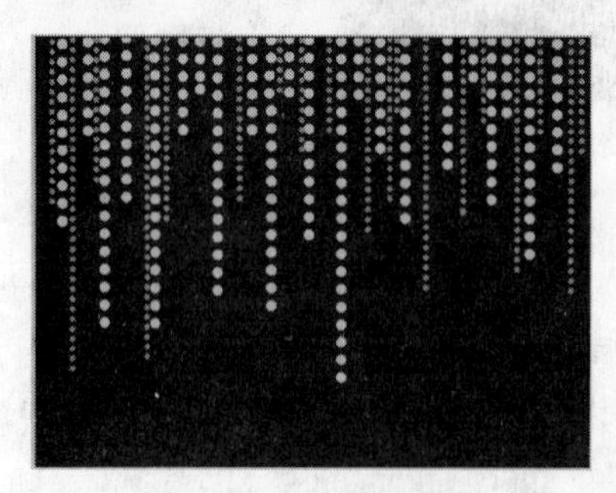

图 15-49　绘制细虚线

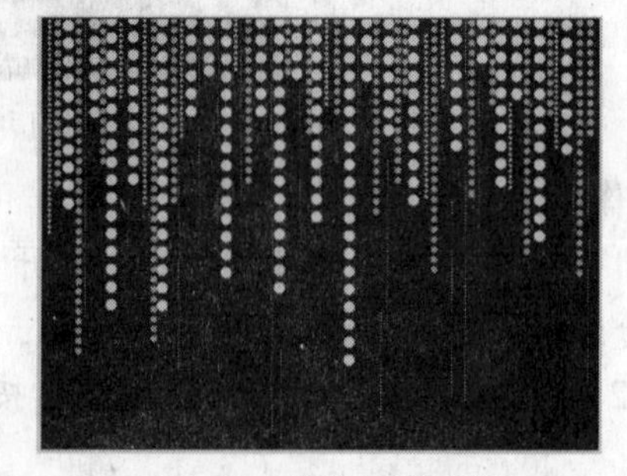

图 15-50　添加更细虚线

（7）选择直排文字工具 IT，输入英文“Effect Design”，如图 15-51 所示。

（8）复制文字图层并降低上面图层的不透明度，再任意调整文字的大小，如图 15-52 所示。

（9）使用相同的方法，完成其他文本的制作。最后保存文档为“背景特效.psd”。

图 15-51　添加文本

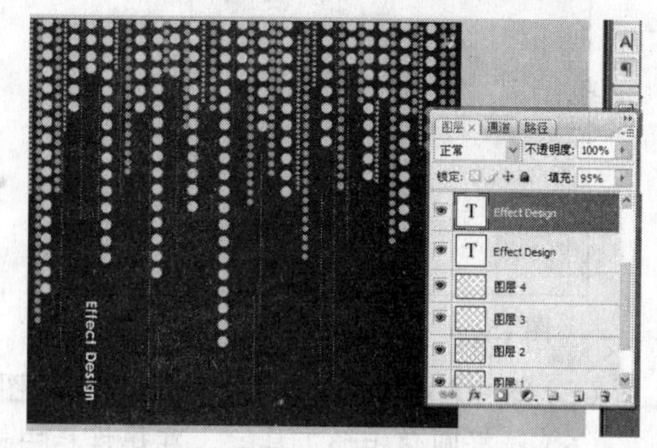

图 15-52　复制图层并调整文本属性

15.3　上机及项目实训

15.3.1　制作水晶按钮

在网页设计中，按钮的制作非常重要。本次实训将制作一个水晶按钮，制作完成后的效果如图 15-53 所示（立体化教学:\源文件\第 15 章\水晶按钮.psd）。

图 15-53　水晶按钮

操作步骤如下：

（1）选择“文件/新建”命令或按 Ctrl+N 键打开“新建”对话框，参数设置如图 15-54 所示，单击确定按钮。

（2）在“图层”面板中新建“图层 1”，选择圆角矩形工具，将前景色设置为“绿色”（#45b035），属性栏参数设置如图 15-55 所示。

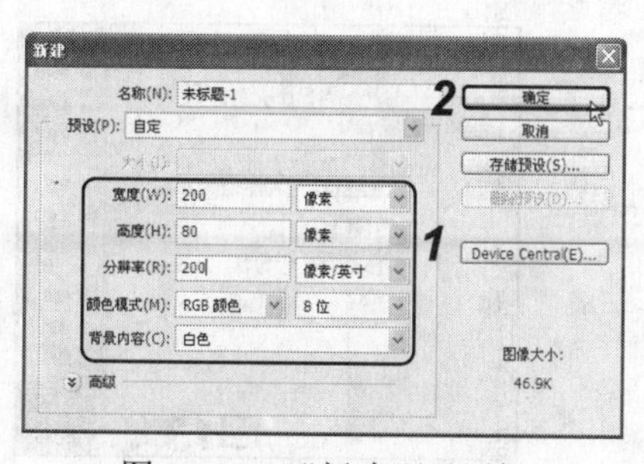

图 15-54　“新建”对话框

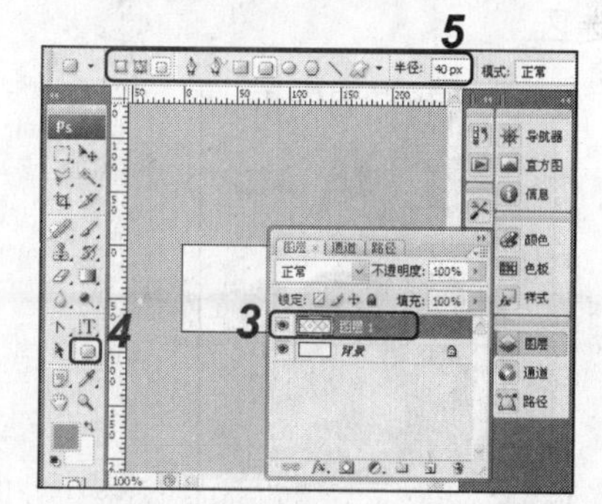

图 15-55　设置圆角矩形工具属性

（3）绘制一个圆角矩形，图形自动被填充为前景色，如图 15-56 所示。

（4）在“图层”面板中双击“图层 1”，打开“图层样式”对话框，选中投影复选框，参数设置如图 15-57 所示。

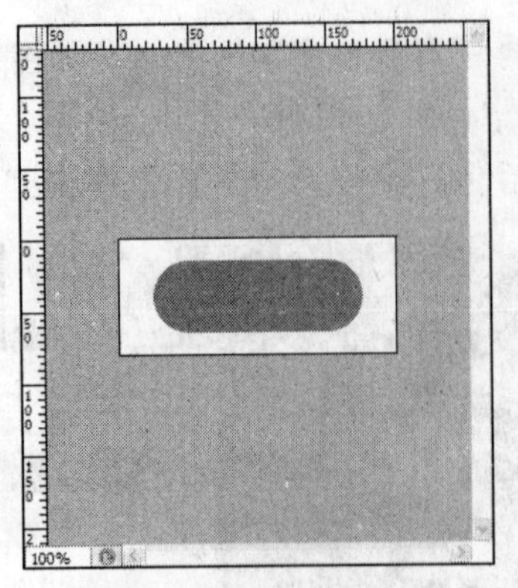

图 15-56　绘制的圆角矩形

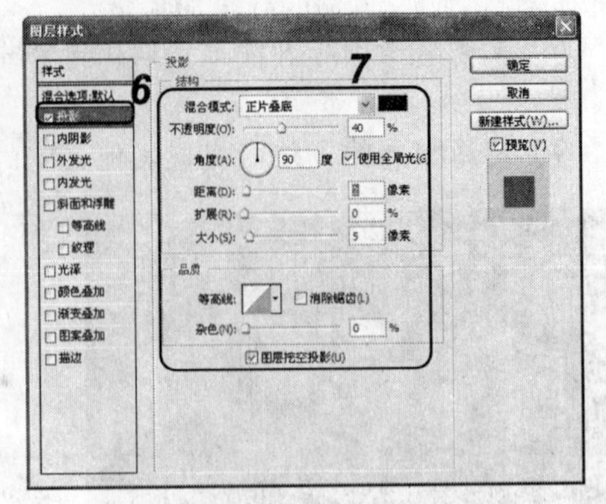

图 15-57　设置投影效果

（5）选中内阴影复选框，参数设置如图 15-58 所示，单击确定按钮。

（6）选择圆角矩形工具，在属性栏中进行如图 15-59 所示的设置。

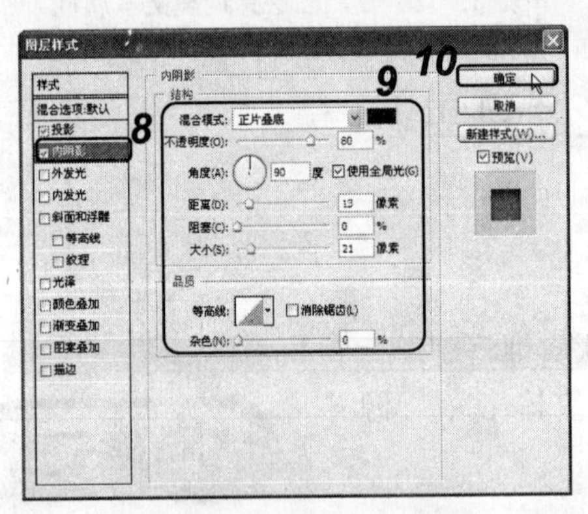

图 15-58　设置内阴影效果

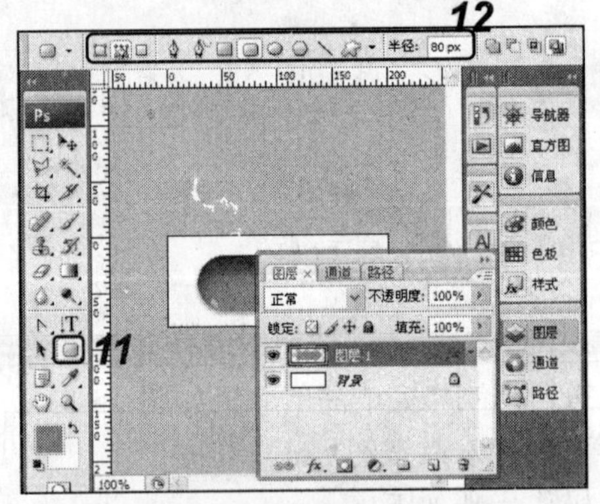

图 15-59　设置圆角矩形工具属性

（7）新建“图层 2”，并在“图层 2”上拖动鼠标，建立一个圆角矩形路径，如图 15-60 所示。

（8）打开“路径”面板，单击其中的“将路径作为选区载入”按钮，得到如图 15-61 所示的选区。

图 15-60　建立椭圆路径

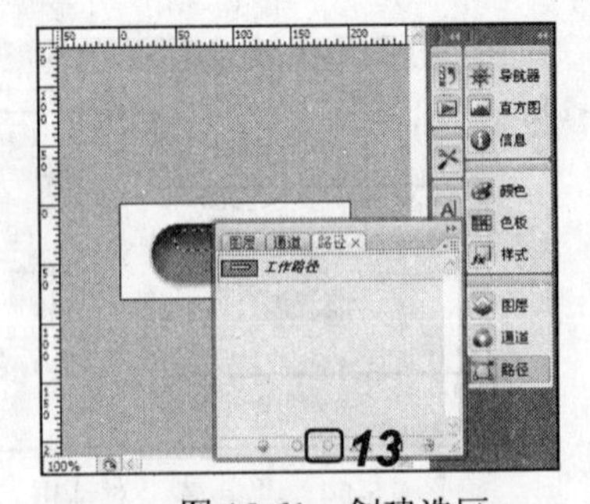

图 15-61　创建选区

（9）设置前景色为“白色”，选择渐变工具，在属性栏中设置渐变样式为“前景到透明”，在“图层 2”中为选区填充从上到下的线性渐变，得到如图 15-62 所示的效果。

（10）按 Ctrl+D 键取消选区。在“图层”面板中选择“图层 1”，选择“选择/载入选区”命令，打开“载入选区”对话框，进行如图 15-63 所示的设置，单击确定按钮载入选区。

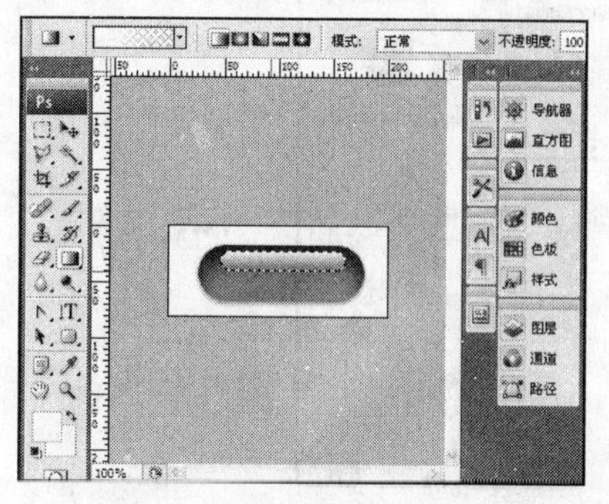

图 15-62 渐变填充效果

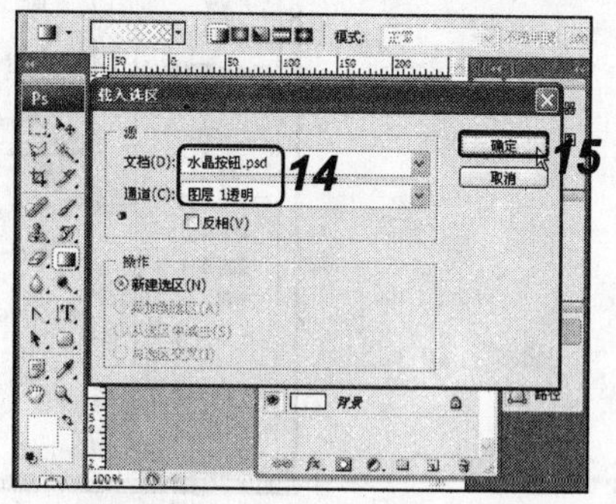

图 15-63 “载入选区”对话框

（11）在“图层”面板中新建一个“图层 3”，并将其拖动到最顶层，如图 15-64 所示。

（12）选择画笔工具，设置前景色为“白色”，在画笔工具属性栏中设置“不透明度”为 28%，在“画笔”面板中进行如图 15-65 所示的设置。

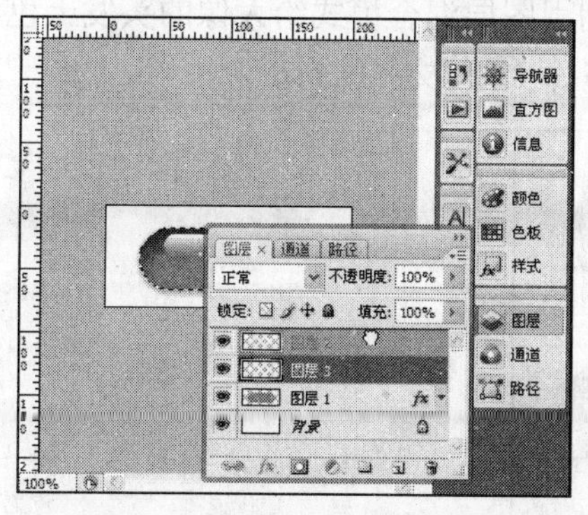

图 15-64 新建并调整“图层 3”

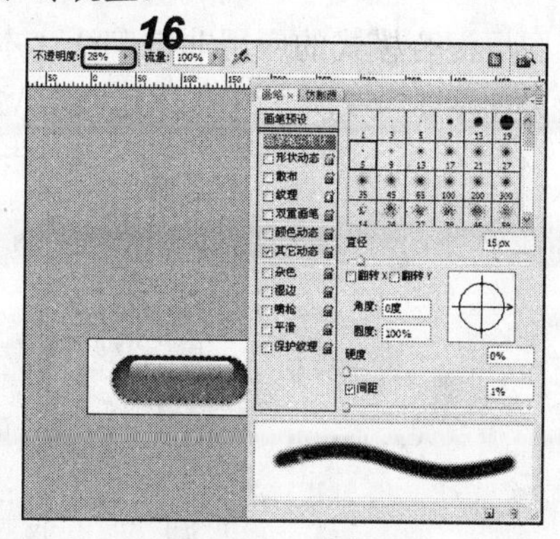

图 15-65 设置画笔

（13）在按钮底部画上淡淡的高光，完成后取消选区，效果如图 15-66 所示。

（14）选择横排文字工具T，在其工具属性栏中进行字体及大小设置后，在按钮上输入“确定”文本，并调整文本使其位于按钮中间，如图 15-67 所示。

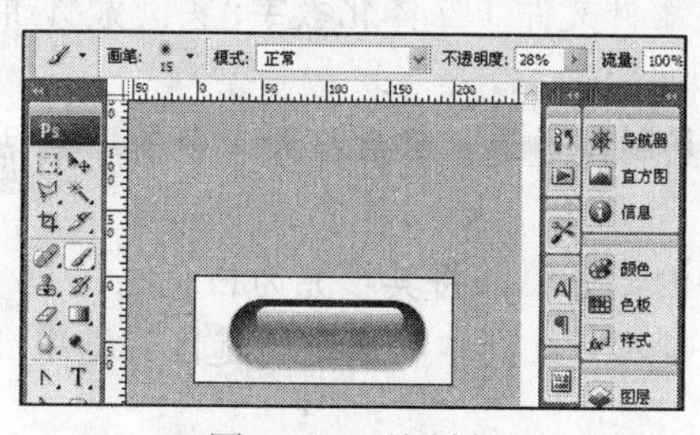

图 15-66 绘制高光

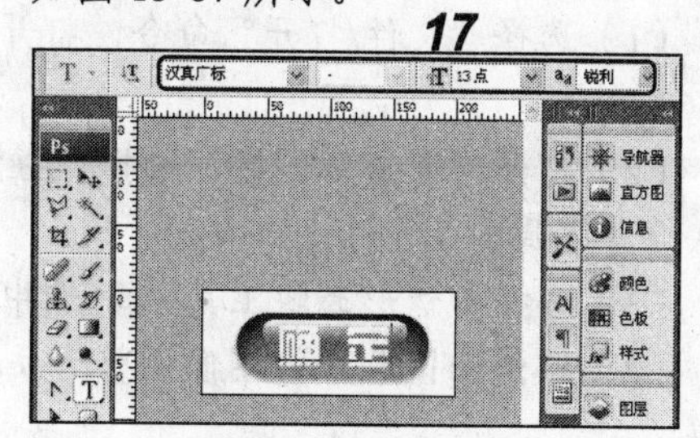

图 15-67 输入文本

（15）双击文字图层，在打开的“图层样式”对话框中选中投影复选框，进行如图 15-68 所示的参数设置后单击确定按钮，完成水晶按钮的制作。

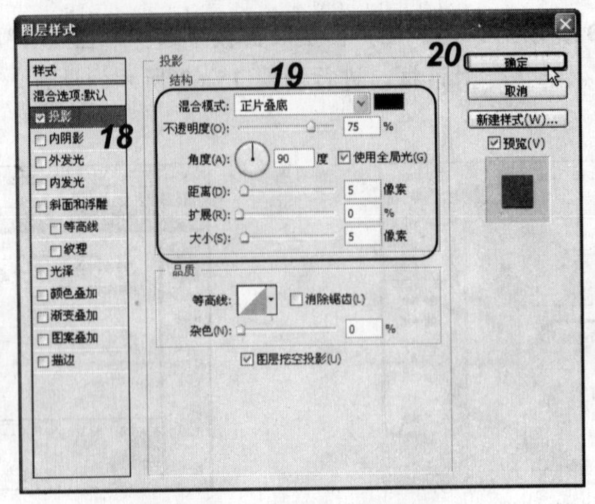

图 15-68　设置投影效果

（16）保存文档，查看其最终效果。

15.3.2　给头发上色

图层混合模式的应用非常广泛，本次实训将利用图层混合模式给人像的头发上色，最终效果如图 15-69 所示（立体化教学:\源文件\第 15 章\给头发上色.psd）。

图 15-69　最终效果

本练习可结合立体化教学中的视频演示进行学习（立体化教学:\视频演示\第 15 章\给头发上色.swf）。主要操作步骤如下：

（1）选择“文件/打开”命令，打开 163.jpg 素材文件（立体化教学:\实例素材\第 15 章\163.jpg）。

（2）打开“通道”面板，选择“红”通道并复制该通道，然后打开“色阶”对话框，对色阶进行调整。

（3）选择多边形套索工具，选中头发以外的部分，并将其填充为白色。

（4）取消选区后，将图像调整为反相，然后载入“红副本”通道的选区，选中 RGB 通道。

（5）新建“图层 1”，将选区填充为“红褐色”，并设置图层的混合模式。

（6）取消选区，完成上色效果。

15.4　练习与提高

（1）运用“样式”面板和图层混合模式制作眩目火环效果，如图 15-70 所示（立体化教学:\源文件\第 15 章\眩目火环.psd）。

提示：先在“样式”面板中选择纹理样式，然后新建一个图层并对其执行渐变填充，最后更改该图层的混合模式。读者可以尝试各种图层混合模式产生的不同效果。本练习可结合立体化教学中的视频演示进行学习（立体化教学:\视频演示\第 15 章\制作眩目火环.swf）。

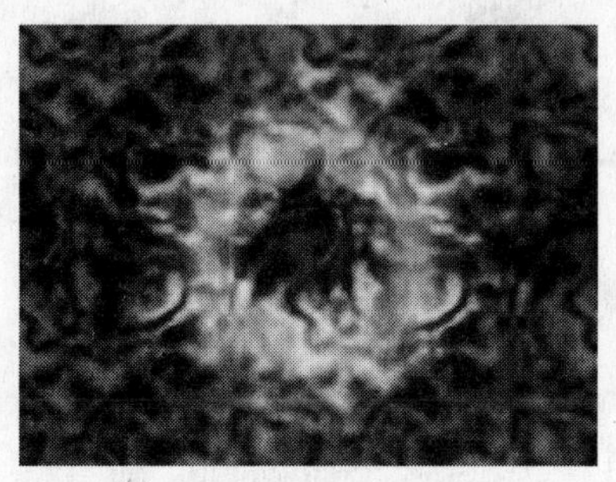

图 15-70　眩目火环效果

（2）利用文字工具和图层样式制作水晶字，完成后的效果如图 15-71 所示（立体化教学:\源文件\第 15 章\水晶字.psd）。

提示：输入文字后，为文字图层添加投影、内阴影、外发光、内发光、斜面和浮雕、渐变叠加和光泽效果。本练习可结合立体化教学中的视频演示进行学习（立体化教学:\视频演示\ 第 15 章\制作水晶字.swf）。

图 15-71　水晶字效果

（3）使用提供的素材（立体化教学:\实例素材\第 15 章\K015.jpg）制作网格图片，让图片上产生淡淡的小方格效果，如图 15-72 所示（立体化教学:\源文件\第 15 章\网格图片.psd）。

图 15-72　网格图片效果

提示：选择“滤镜/渲染/云彩”命令为图像添加“云彩”滤镜效果，再选择“滤镜/纹理/拼缀图”命令为图像添加“拼缀图”滤镜效果，最后更改图层的混合模式。

总结文本和图层的使用技巧

本章主要介绍了文本和图层的相关知识，这里总结以下几点技巧供大家参考和探索：

- 图层是非常重要的，对于管理与实现复杂的图像效果起着非常重要的作用，应尽量将不同的图像放置在不同的图层中，以方便进行修改。
- 如果图层较多，可以创建图层文件夹进行分类管理。

第 16 章　Photoshop 路径、色彩和通道在网页设计中的应用

学习目标

☑ 创建路径
☑ 调整图像色彩和色调
☑ 通道的应用

目标任务&项目案例

绘制 LOGO

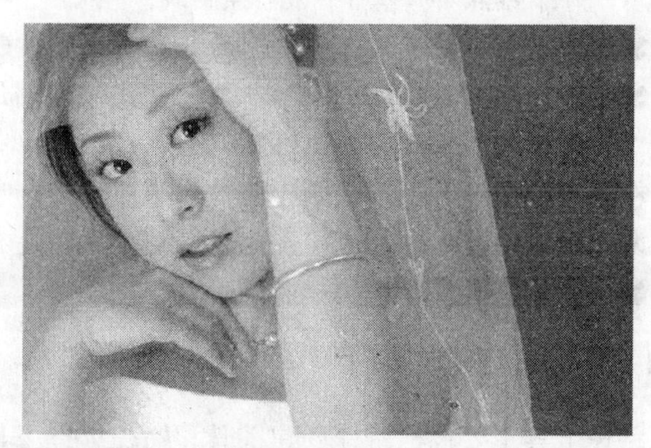

色彩调整

Photoshop 中的路径、色彩和色调的调整以及通道功能在网页设计中非常有用，如制作形状独特的文字就需要用到路径；对图像的色彩进行调整，就需要掌握色彩模式的应用、对图像色调的调整以及对整体图像效果的调整等；要制作具有特殊效果的图像，就必须掌握通道的基本操作及专色通道的使用。只有掌握了路径、色彩和通道在网页设计中的应用，才能将 Photoshop 与网页制作真正地结合起来。本章将讲解 Photoshop 中路径、色彩和通道等相关知识及应用方法。

16.1　创 建 路 径

绘制图形、选择图像以及制作随路径变化的文字时需要用到路径，创建路径之前必须先了解路径的概念以及路径的一些相关术语。

16.1.1　路径的概念

路径就是用一系列点连接起来的曲线或线段，它可以是直线也可以是曲线，可以是封闭图形也可以是开放图形。Photoshop 是处理位图的专业软件，它引入路径这个概念是为了弥补位图的不足。例如，用画笔工具绘制曲线时很难控制好曲线的曲度，而且绘制好以后就无法再对其进行编辑操作。但使用路径就很方便，因为它是矢量的，随时都能够通过锚点和控制线任意改变其形状，而且将其放大也不会出现锯齿状。

锚点、控制点和控制线是路径的基本构成要素，如图 16-1 所示。

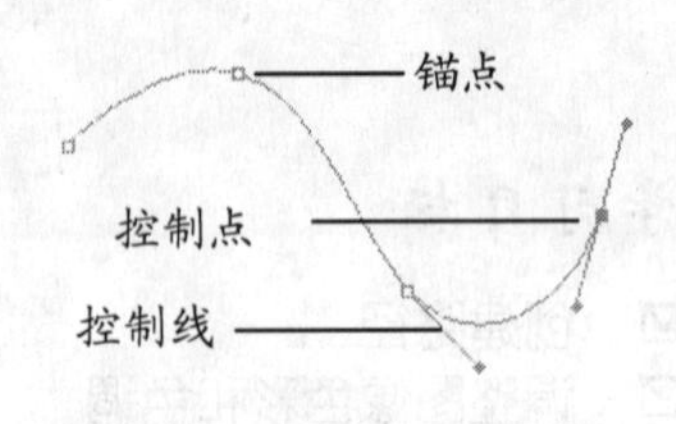

图 16-1　绘制路径

- **锚点**：曲线上空心的方框叫做锚点，它标记组成路径各线段的端点。在曲线线段上，每个锚点都带有 1～2 个控制线。
- **控制点**：鼠标正在控制着的锚点，叫做控制点。
- **控制线**：由锚点引出的曲线的切线叫控制线，其倾斜度控制曲线的弯曲方向，长度则控制曲线的弯曲幅度。

在绘制路径时，还涉及闭合路径和开放路径，它们的具体含义如下。

- **闭合路径**：路径的起点和终点重合，即没有明显的起点和终点。
- **开放路径**：路径的起点和终点未重合。

16.1.2　路径工具的使用

路径工具主要包括路径创建工具和路径选择工具。

路径创建工具包括钢笔工具、自由钢笔工具、添加锚点工具、删除锚点工具、转换点工具和各种形状工具；路径选择工具包括路径选择工具和直接选择工具。

1. 钢笔工具

路径主要由钢笔工具创建，并使用钢笔工具组中的其他工具进行修改。钢笔工具可以创建直线或平滑曲线，其工具属性栏如图 16-2 所示。选中工具属性栏中的☑自动添加/删除复选框，在创建路径的过程中钢笔工具会根据情况自动变成添加锚点工具或删除锚点工具，提示用户增加或删除锚点，以便精确控制创建路径的形状。

图 16-2　钢笔工具属性栏

用钢笔工具绘制直线时，单击工具属性栏中的“创建工作路径”按钮，进入创建工

作路径状态，在需要绘制路径的起始点单击鼠标，即可创建第一个锚点。在确定下一个锚点之前，第一个锚点将会保持选取状态，呈黑色实心显示。单击确定第二个锚点的位置，即可在两点间创建一条直线段，如图 16-3 所示。此时，第一个锚点呈空心显示，表示非编辑状态。若要结束路径的绘制，单击工具箱中的“钢笔工具”按钮即可。此时，若再次在图像中单击鼠标，将会另外创建路径。

用钢笔工具绘制曲线时，用鼠标单击确定第一个锚点，然后再次单击确定第二个锚点，同时拖动鼠标，即可得到一个曲线段，如图 16-4 所示。重复刚才的操作即可完成曲线的绘制。

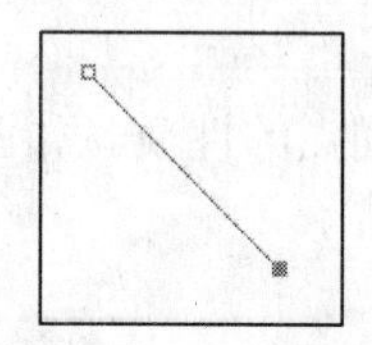

图 16-3　创建一条直线段

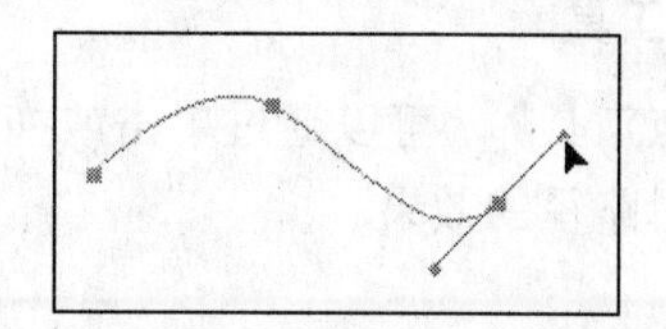

图 16-4　创建曲线段

提示：

在绘制过程中按住 Ctrl 键，当光标变成形状时拖动控制点，或选择工具箱中的直接选择工具，然后拖动方向点，可以移动控制点。

绘制闭合路径时，将光标移动到第一个锚点处，即路径的起始点，当光标形状由变成时，单击鼠标即可。

2．自由钢笔工具

自由钢笔工具用于绘制任意形状的不规则路径，就像用铅笔在纸上绘图一样。其属性栏如图 16-5 所示。当选中☑磁性的复选框时，自由钢笔工具将变成磁性钢笔工具，可以根据图像中色彩的对比度来精确地建立路径。其工作原理与磁性套索工具相似，不同的是后者建立的是选区，前者建立的是路径。

□磁性的

图 16-5　自由钢笔工具属性栏

使用该工具时，按住鼠标左键并自由拖动鼠标，将按光标移动的轨迹生成路径，如图 16-6 所示。

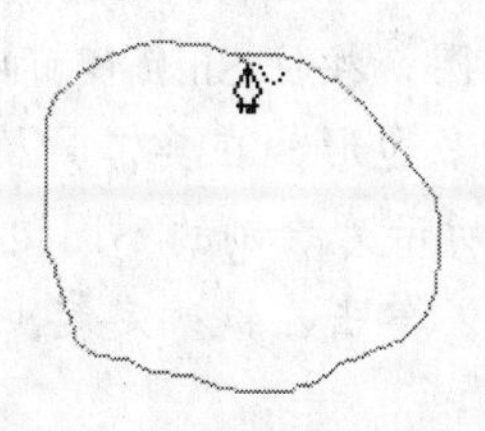

图 16-6　创建不规则路径

3．添加锚点和删除锚点工具

添加锚点工具主要用于在路径上添加锚点，当没有路径存在时该工具不起作用，如图 16-7 所示即为用添加锚点工具给路径添加锚点；删除锚点工具的功能和添加锚点工具相反，主要用于删除路径上的锚点。如图 16-8 所示即为删除锚点的效果。

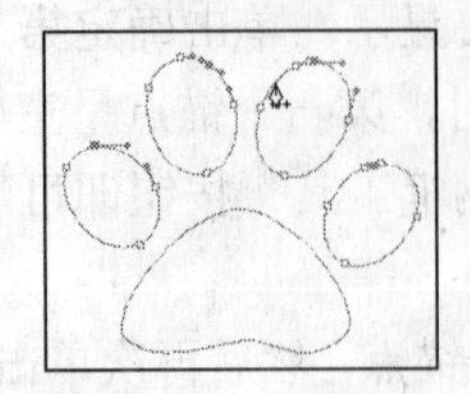
图 16-7　添加锚点

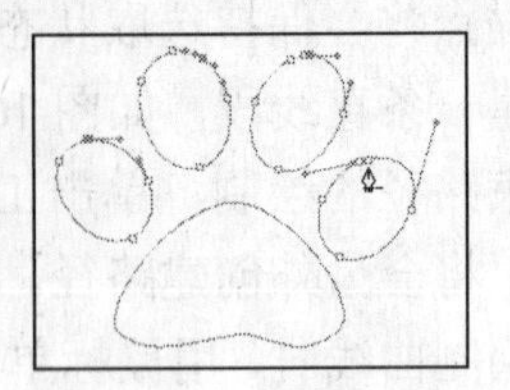
图 16-8　删除锚点

4．转换点工具

选择转换点工具，可以通过单击或拖动鼠标来改变锚点的性质。如图 16-9 所示即为使用该工具编辑路径的效果。

提示：

按 Ctrl+T 快捷键也可对路径进行变换，该操作可以针对某个锚点，如图 16-10 所示，也可以针对整个路径。

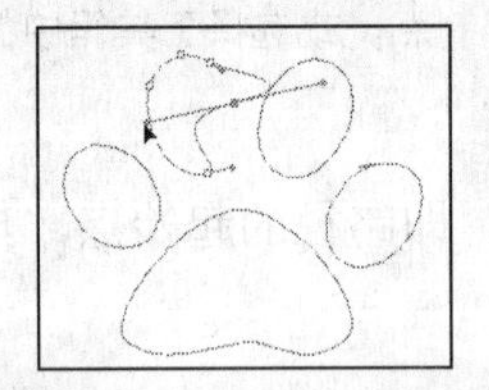
图 16-9　使用转换点工具编辑路径

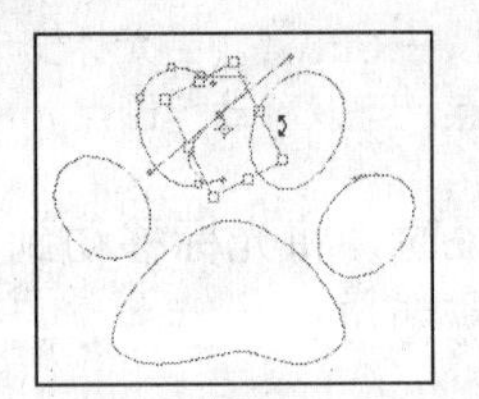
图 16-10　对路径进行变换

5．形状工具组

在工具箱中按住矩形工具不放，将弹出如图 16-11 所示的形状工具组列表。在形状工具组中包括矩形工具、圆角矩形工具、椭圆工具、多边形工具、直线工具及自定形状工具，其作用介绍如下。

矩形工具　U
圆角矩形工具　U
椭圆工具　U
多边形工具　U
直线工具　U
自定形状工具　U

图 16-11　形状工具组

- **矩形工具**：用于绘制矩形。选择矩形工具后拖动鼠标即可绘制矩形，按住 Shift 键可以绘制正方形。
- **圆角矩形工具**：用于绘制圆角矩形。其用法和矩形工具一样，不同的是使用该工具绘制出的矩形的 4 个角是圆滑的。
- **椭圆工具**：用于绘制椭圆。按住 Shift 键可以绘制正圆。
- **多边形工具**：用于绘制多边形，在其工具属性栏的“边”文本框中可以设置多边形的边数，如图 16-12 所示为绘制的不同边数的多边形效果。
- **直线工具**：用于绘制直线。单击左键确定起点，移动鼠标到结束点单击即可。

图 16-12　不同边数的多边形效果

- **自定形状工具**：选择该工具后，其工具属性栏如图 16-13 所示，在“形状”下拉列表框中有 Photoshop 预置的各种形状，如图 16-14 所示。使用不同自定形状绘制的形状如图 16-15 所示。

图 16-13　自定形状工具属性栏

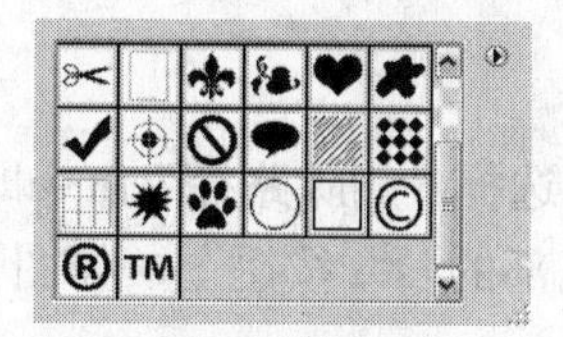

图 16-14　预置形状

图 16-15　绘制自定形状

16.1.3　编辑路径

使用路径工具创建路径后，还需要对路径进行编辑，包括创建新路径、保存路径、复制路径和删除路径等。

1．创建新路径

在“路径”面板中单击按钮即可创建新路径，这时新路径将使用默认的名称“路径 1”，如图 16-16 所示。单击“路径”面板右上角的按钮，在弹出的菜单中选择“新建路径”命令，在打开的“新建路径”对话框中输入新路径的名称，单击确定按钮也可创建新路径，如图 16-17 所示。

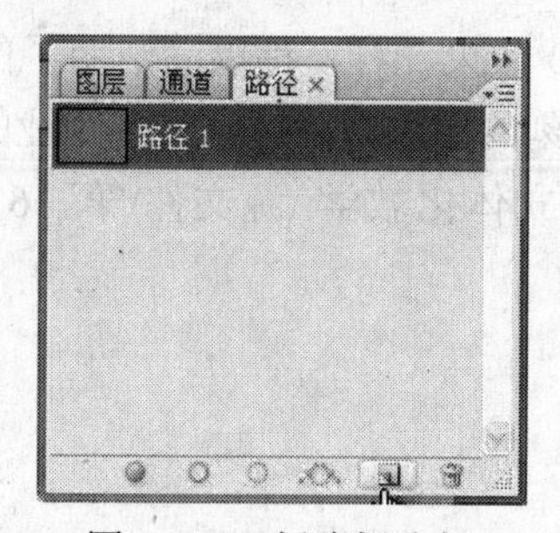

图 16-16　创建新路径

图 16-17　“新建路径”对话框

2．复制路径

复制路径可以为路径制作副本，复制的路径自动在路径名称的后面加上“副本”两字。在要复制的路径上右击，在弹出的快捷菜单中选择“复制路径”命令，如图 16-18 所示，或在“路径”面板菜单中选择“复制路径”命令，如图 16-19 所示，即可复制路径。复制后的“路径”面板如图 16-20 所示。

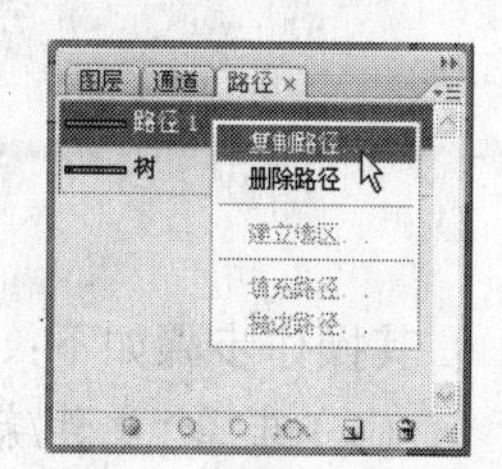

图 16-18　快捷菜单

提示：

将“路径”面板中的路径拖动到面板底部的按钮上也可复制路径。

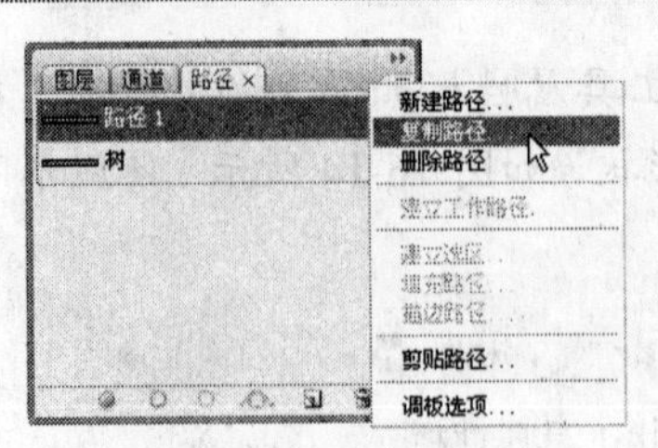

图 16-19　面板菜单

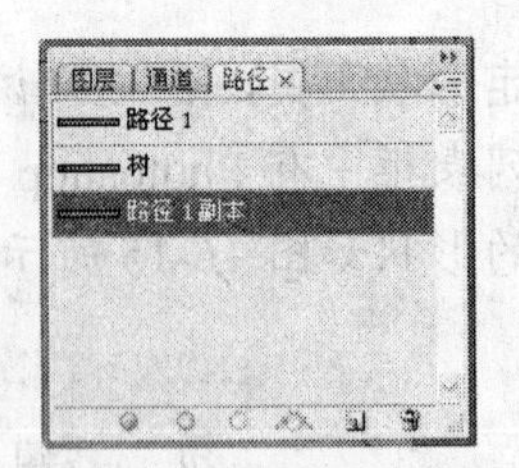

图 16-20　“路径”面板

3．删除路径

在要删除的路径上右击，在弹出的快捷菜单中选择“删除路径”命令即可删除该路径。也可以将要删除的路径直接拖动到“路径”面板底部的 按钮上，如图 16-21 所示。

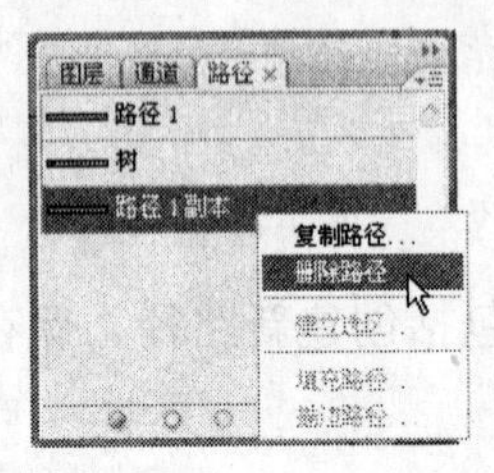

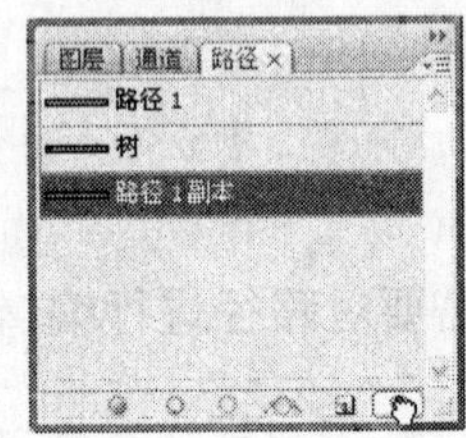

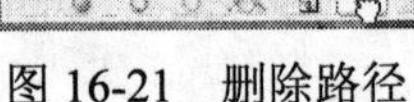

图 16-21　删除路径

提示：

在“路径”面板中选择要删除的路径后，单击面板底部的 按钮也可将其删除。

16.1.4　应用举例——绘制网站 LOGO

LOGO 在网页设计中很重要，它与平面设计中的 LOGO 效果一样，都以简洁明了的图形和强烈的视觉效果来准确地表达企业的寓意，给人留下深刻的印象，以达到宣传企业的目的。本例制作的网站 LOGO 最终效果如图 16-22 所示（立体化教学:\源文件\第 16 章\LOGO.psd）。

图 16-22　最终效果

其操作步骤如下：

（1）选择“文件/新建”命令或按 Ctrl+N 快捷键，打开“新建”对话框，进行如图 16-23 所示的参数设置后单击 确定 按钮。

（2）使用钢笔工具 在页面中创建出如图 16-24 所示的路径，在此过程中注意调整曲线的弧度。

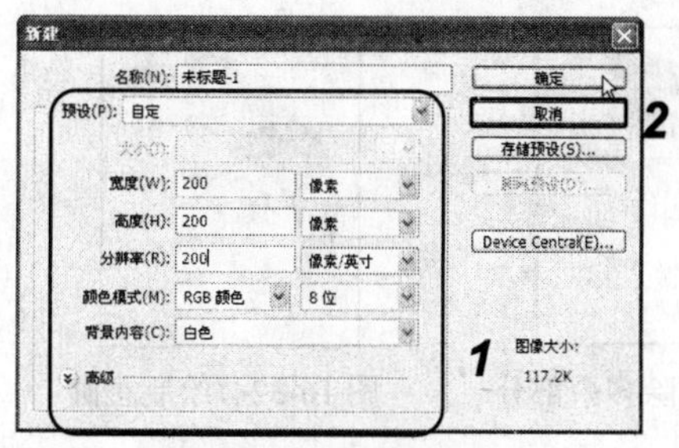

图 16-23　新建文件

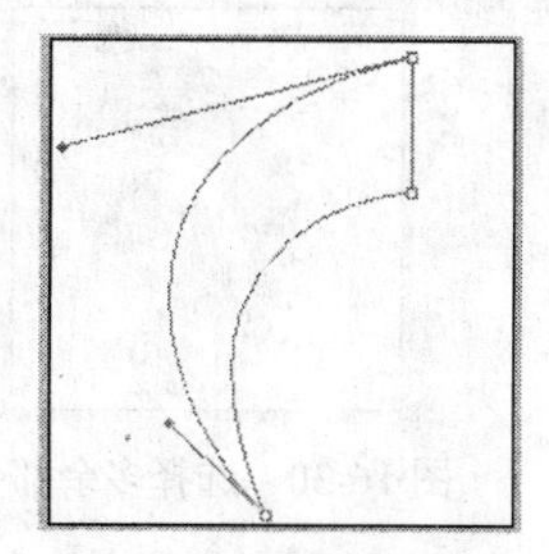

图 16-24　绘制路径

（3）在“路径”面板中双击创建的工作路径，打开“存储路径”对话框，使用默认的路径名“路径 1”，单击 确定 按钮，如图 16-25 所示。

（4）在“图层”面板中新建图层 1，然后按住 Ctrl 键在“路径”面板中单击“路径 1”，将“路径 1”作为选区载入“图层 1”，给选区填充“橙黄色”（#f0811b），如图 16-26 所示。

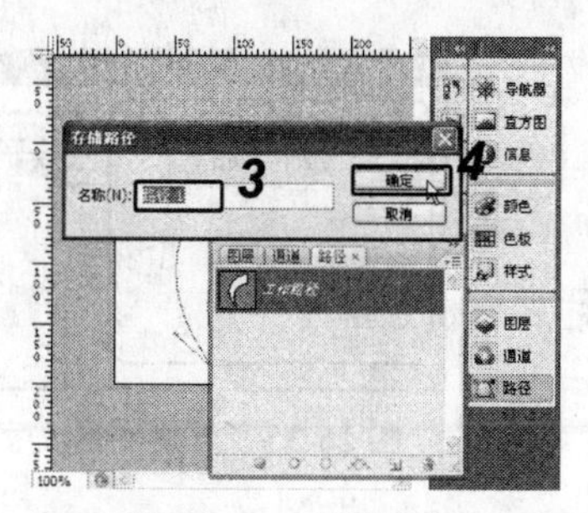

图 16-25　存储路径

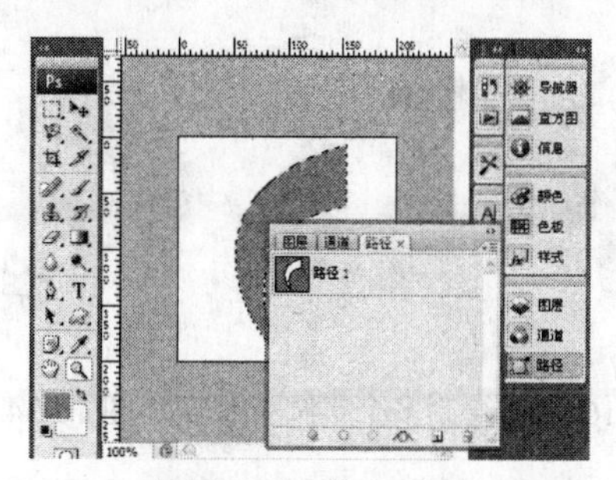

图 16-26　填充选区

（5）复制“图层 1”得到“图层 1 副本”图层，按 Ctrl+D 键取消选区，选择移动工具，按 Ctrl+T 快捷键，将鼠标移动到图像左上角，然后按住 Shift 键的同时按住鼠标左键不放向右下角拖动，如图 16-27 所示。

（6）将光标移动到左上角变形框外，按住鼠标左键不放向右拖动，以旋转图形，再移动旋转后的图像到如图 16-28 所示，按 Enter 键确定变形。

（7）在“图层”面板中按住 Ctrl 键的同时单击复制层缩略图以创建选区，再将其填充为“黄色”（#ffe800），按 Ctrl+D 快捷键取消选区，效果如图 16-29 所示。

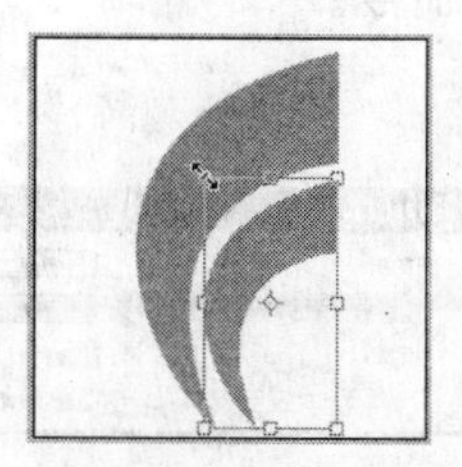

图 16-27　缩小路径

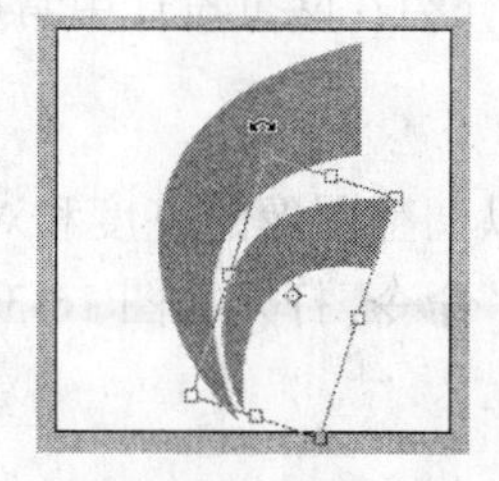

图 16-28　旋转路径

图 16-29　填充黄色

（8）使用矩形选框工具选择黄色图形多余的部分，如图 16-30 所示，按 Delete 键删除后取消选区，效果如图 16-31 所示。

（9）在“图层”面板中新建“图层 2”，按住 Shift 键使用椭圆工具绘制正圆并为其填充“蓝色”（#007ec5），如图 16-32 所示。

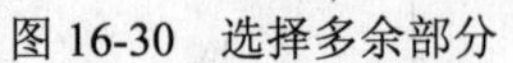
图 16-30　选择多余部分

图 16-31　删除多余部分

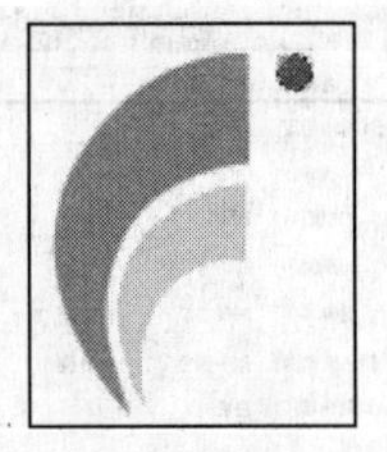
图 16-32　绘制正圆

（10）用同样的方法绘制多个正圆，并填充为不同的颜色，如图 16-33 所示。

（11）使用横排文字工具T输入“娱乐在线”，并调整至如图 16-34 所示的位置。

（12）选中文字图层，单击文字工具属性栏中的按钮，在打开的“变形文字”对话框中进行如图 16-35 所示的设置，单击确定按钮得到网站 LOGO 的最终效果，如图 16-22 所示。

图 16-33　绘制多个正圆　　图 16-34　输入文字

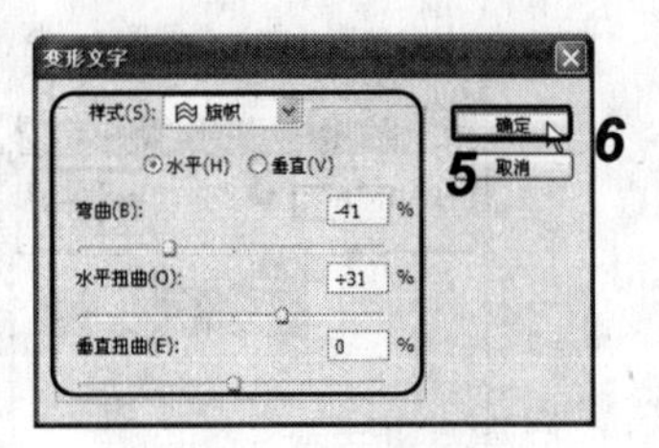

图 16-35　设置变形文字

16.2　调整图像色彩和色调

对图像色彩和色调进行调整也是网页制作中经常涉及的操作，在 Photoshop 中，通过选择“图像/调整”命令，即可进行图像的色彩和色调调整。

16.2.1　调整图像的色调

图像色调的调整命令包括“亮度/对比度”、“色阶”、“自动色阶”、“自动对比度”、“自动颜色”和“色彩平衡”等，下面介绍在网页设计中常用的几个命令。

1．亮度/对比度

通过“亮度/对比度”命令可以调整图像的亮度和对比度。选择“图像/调整/亮度/对比度”命令，打开如图 16-36 所示的“亮度/对比度”对话框。

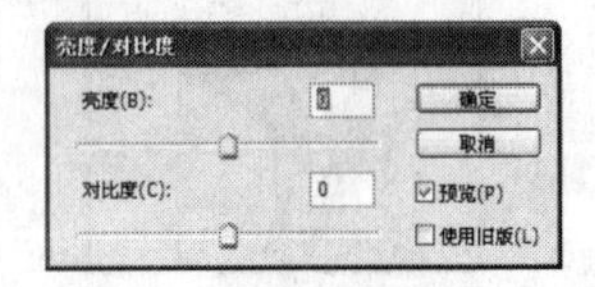

图 16-36　“亮度/对比度”对话框

其中各参数的含义介绍如下。

- “亮度”文本框：调整图像的亮度。当输入的数值为正时，将增加图像的亮度；当输入的数值为负时，将降低图像的亮度；当输入的数值为 0 时，图像无变化。
- “对比度”文本框：调整图像的对比度。当输入的数值为正时，将增加图像的对比度；当输入的数值为负时，将降低图像的对比度；当输入的数值为 0 时，图像无变化。

如图 16-37 所示为调整图像亮度/对比度前后的对比效果。

（a）原图

（b）调整亮度/对比度后的效果

图 16-37　调整亮度/对比度前后的对比效果

2. 色阶

“色阶”命令用于调整图像的明暗程度，它通过使用高光、中间调和暗调 3 个变量进行图像色调调整。通过该命令不仅可以对整个图像的色调进行调整，还可以只对图像的某一选取范围、某一图层图像，或某一个颜色通道进行调整。

选择“图像/调整/色阶”命令，打开如图 16-38 所示的“色阶”对话框。

图 16-38　“色阶”对话框

其中各参数含义介绍如下。

- **“通道”下拉列表框**：选择需要调整的颜色通道。
- **“输入色阶”文本框**：其中第一个文本框用来设置图像的暗部色调，低于该值的像素将变为黑色，取值范围为 0～253；第二个文本框用来设置图像的中间色调，取值范围为 0.10～9.99；第三个文本框用来设置图像的亮部色调，高于该值的像素将变为白色，取值范围为 1～255。
- **“输出色阶”文本框**：左边的文本框用来提高图像的暗部色调，取值范围为 0～255；右边的文本框用来降低亮部色调，取值范围为 0～255。
- 自动(A) **按钮**：单击该按钮将自动调整图像的色阶。
- 载入(L)... **按钮**：单击该按钮可载入格式为*.ALV 的文件设置。
- 存储(S)... **按钮**：单击该按钮可保存当前设置。
- ☑预览(P) **复选框**：选中该复选框后，可以在图像窗口中预览图像效果。
- **吸管工具组**：这 3 个吸管工具位于对话框的右下方，用黑色吸管单击图像，图像上所有像素的亮度值都会减去该选取色的亮度值，使图像变暗；用灰色吸管单击图像，Photoshop 将用吸管单击处的像素亮度来调整图像所有像素的亮度；用白色吸管单击图像，图像上所有像素的亮度值都会加上该选取色的亮度值，使图像变亮。

如图 16-39 所示即为调整图像色阶前后的对比效果。

（a）原图

（b）调整色阶后的效果

图 16-39　调整色阶前后的图像对比效果

3．色彩平衡

使用“色彩平衡”命令可以调整图像整体的色彩平衡。选择“图像/调整/色彩平衡”命令，打开如图 16-40 所示的“色彩平衡”对话框。

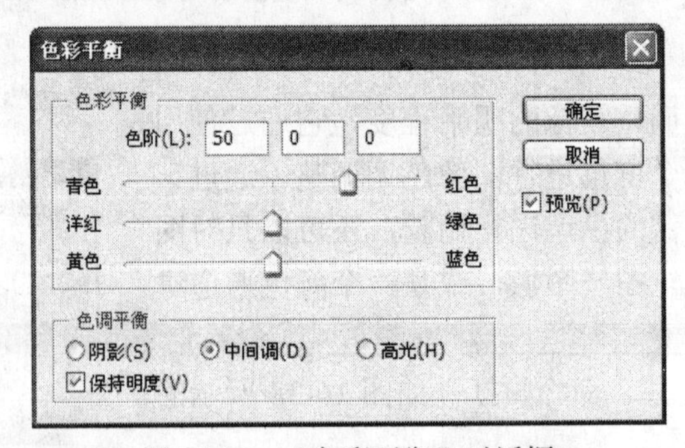

图 16-40　“色彩平衡”对话框

其中各参数的含义介绍如下。

- “色彩平衡”栏：分别用来显示 3 个滑块的数值，也可直接在“色阶”文本框中输入相应的值来调整色彩平衡。
- “色调平衡”栏：用于选择需要着重进行调整的色彩范围。其中包括⊙阴影(A)、⊙中间调(M)和⊙高光(I) 3 个单选按钮，选中某个单选按钮，将会对相应色调的像素进行调整。

如图 16-41 所示为调整图像色彩平衡的前后对比效果。

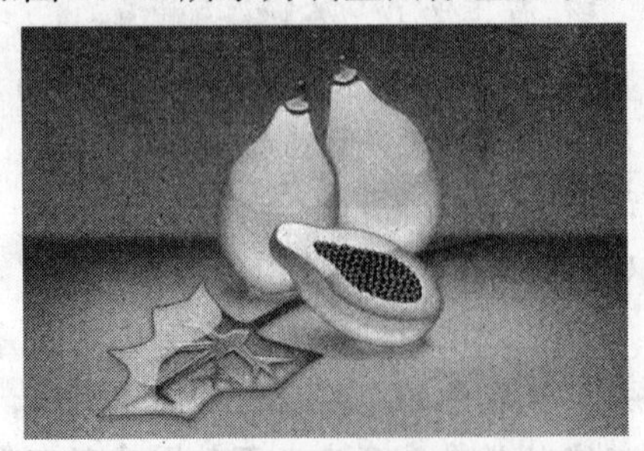

（a）原图

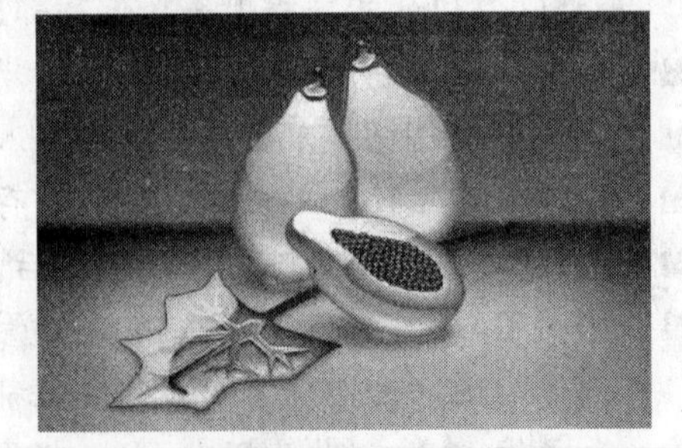

（b）调整色彩平衡后的效果

图 16-41　调整色彩平衡前后的对比效果

提示：

选中“保持明度”复选框后，在调整图像色彩平衡时，图像亮度保持不变。

16.2.2　调整图像的色彩

使用“变化”、“色相/饱和度”、“匹配颜色”、“替换颜色”、“可选颜色”和“通道混合器”等命令可以对图像的色彩进行调整，下面分别进行讲解。

1．变化

使用“变化”命令可让用户直观地调整图像或选区中图像的色彩平衡、对比度和饱和度。选择“图像/调整/变化”命令，打开“变化”对话框，如图 16-42 所示。

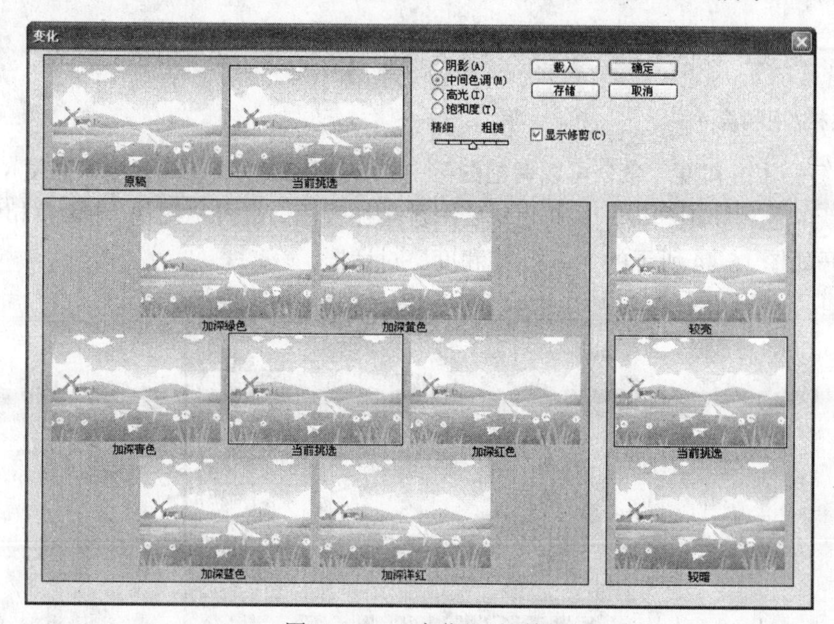

图 16-42　“变化”对话框

其中各参数含义介绍如下。

- ⊙阴影(A)、⊙中间色调(M)和⊙高光(I)**单选按钮**：用于选择要调整像素的亮度范围。
- ⊙饱和度(T)**单选按钮**：用于设置图像颜色的鲜艳程度。
- **“精细/粗糙”滑块**：用于控制图像调整时的幅度，向“粗糙”项靠近一格，幅度就增大一倍；向“精细”项靠近一格，幅度就减小一倍。
- ☑显示修剪(C)**复选框**：决定是否显示图像中颜色溢出的部分。

“变化”命令的使用方法是：若要在图像中增加某种颜色，只需单击或连续单击相应的颜色缩略图；若要从图像中减去某种颜色，可单击其互补色缩略图。对话框顶部的两个缩略图分别是原图和调整后的预览图；右侧的缩略图用于调整图像亮度值，单击其中最上面的缩略图，所有的缩略图都会随之增加亮度；相反，单击其中最下面的缩略图，所有的缩略图都会随之减少亮度；“当前挑选”缩略图将反映当前的调整状况；其余各缩略图分别代表增加某种颜色后的情况，调整完毕后单击确定按钮即可。如图 16-43 所示即为使用“变化”命令为图像加深红色前后的对比效果。

（a）原图

（b）执行“变化”命令后的效果

图 16-43　使用“变化”命令的前后对比效果

提示：

“变化”命令不能用于索引颜色模式的图像。

2. 色相/饱和度

使用“色相/饱和度”命令可以调整图像中单个颜色的色相、饱和度和亮度，还可以为像素指定新的色相和饱和度，从而为灰度图像添加颜色。选择“图像/调整/色相/饱和度”命令，打开如图 16-44 所示的“色相/饱和度”对话框。

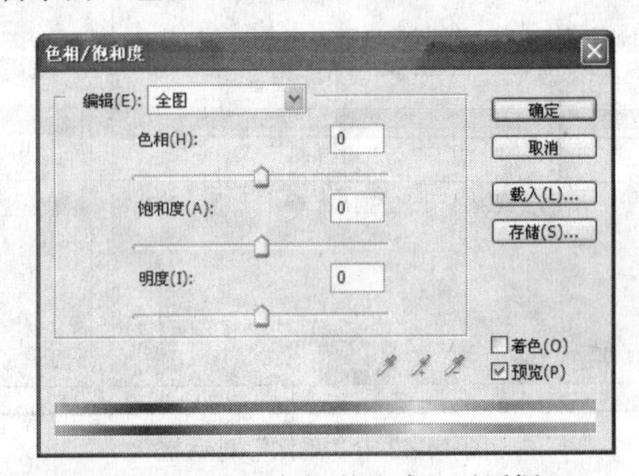

图 16-44　“色相/饱和度”对话框

其中部分参数含义介绍如下。

- **“编辑”下拉列表框**：在该下拉列表框中可选择编辑范围。如果选择“全图”选项，将对图像中所有颜色像素进行调整，其余选项表示对某一颜色像素进行调整。
- **“色相”文本框**：色相即颜色。在文本框中输入数值或拖动下方的滑块可改变图像的颜色。
- **“饱和度”文本框**：饱和度即颜色的鲜艳程度。在文本框中输入数值或拖动下方的滑块可改变图像的饱和度。当饱和度为 0 时，为灰度图像。
- **“明度”文本框**：调整图像的明暗度。
- ☑着色(O)**复选框**：使一幅灰色或黑白图像变成一幅单彩色的图像。选中该复选框后，调整对话框中各文本框中的数值，可为图像着色，如图 16-45 所示。

（a）原图

（b）着色后的效果

图 16-45 为图像着色的前后对比效果

3. 替换颜色

“替换颜色”命令用于替换图像中特定范围的颜色，可在图像中选择特定的颜色区域来调整其色相、饱和度和亮度值。选择“图像/调整/替换颜色”命令，打开如图 16-46 所示的“替换颜色”对话框。用工具在图像中单击需要替换的颜色，得到要进行修改的选区。拖动“颜色容差”滑块调整颜色范围，再拖动“色相”和“饱和度”滑块，直到得到需要的颜色。如图 16-47 所示为将图像中的绿色替换为蓝色的前后对比效果。

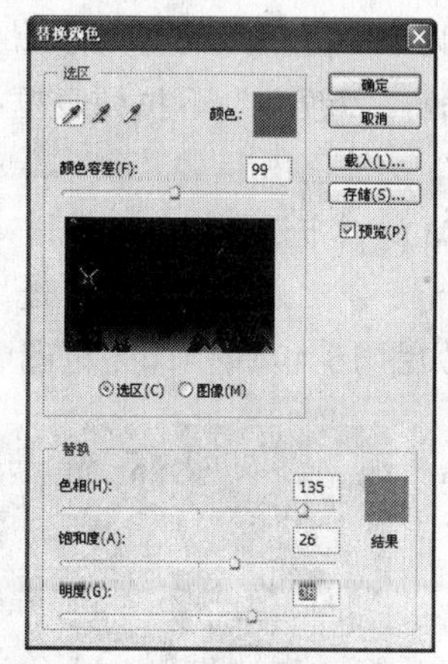

图 16-46 “替换颜色”对话框

（a）原图

（b）替换颜色后的效果

图 16-47 替换颜色前后的对比效果

4. 可选颜色

“可选颜色”命令可对选择的颜色范围进行有针对性的调整，即调整图像中的指定颜色而不影响其他颜色。选择“图像/调整/可选颜色”命令，打开如图 16-48 所示的“可选颜色”对话框。

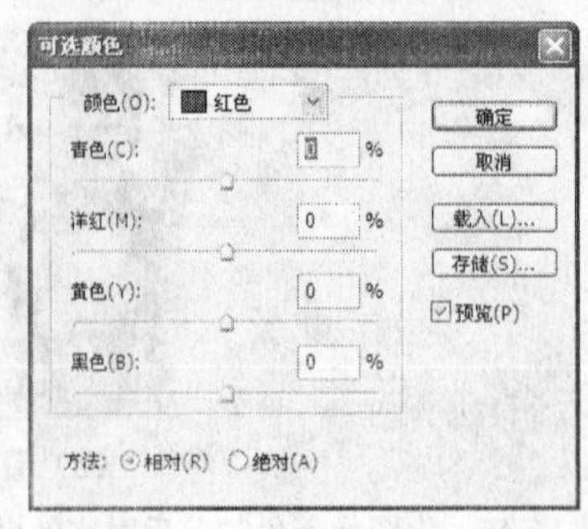

图 16-48 “可选颜色”对话框

其中部分参数的含义介绍如下。

- **“颜色”下拉列表框**：选择要调整的颜色，包括“红色”、“黄色”、“绿色”、“中性色”和“黑色”等颜色选项。
- **“方法”栏**：选择增减颜色的模式。选中⊙相对(R)单选按钮，将按 CMYK 总量的百分比来调整颜色；选中⊙绝对(A)单选按钮，将按 CMYK 总量的绝对值来调整颜色。

如图 16-49 所示即为将图中花的颜色从紫色变成洋红色的效果。

（a）原图

（b）改变花的颜色

图 16-49 调整可选颜色前后的对比效果

提示：

如果对调整后的效果不满意，可按住 Alt 键，这时 取消 按钮变为 复位 按钮，单击该按钮可以恢复对话框中的数值到原来状态。

5. 通道混合器

使用“通道混合器”命令，可以通过颜色通道的混合来调整颜色通道，以产生图像合成的效果。选择“图像/调整/通道混合器”命令，打开如图 16-50 所示的“通道混合器”对话框。

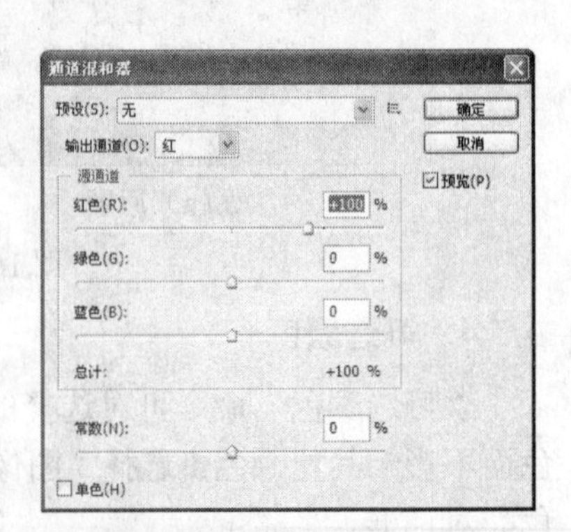

图 16-50 “通道混合器”对话框

其中部分参数的含义介绍如下。

- **“输出通道”下拉列表框**：在该下拉列表框中可以选择要调整的颜色通道。若打开的是 RGB 色彩模式的图像，则其中的选项为“红”、“绿”和“蓝”三原色通道；若打开的是 CMYK 色彩模式的图像，则其中的选项为“青色”、“洋红”、“黄色”和“黑色”4 种颜色通道。

- **“源通道”栏**：拖动滑块或直接在文本框中输入数值可调整源通道在输出通道中所占的百分比，其取值范围为-200%～200%。
- **“常数”文本框**：输出通道的不透明度，其取值范围-200%～200%。输入负值时，通道的颜色偏向黑色；输入正值时，通道的颜色偏向白色。
- ☑单色(H) **复选框**：选中该复选框，可将彩色图像转换为只含灰度值的灰度图像。

如图 16-51 所示即为使用“通道混合器”命令前后的对比效果。

（a）原图

（b）使用“通道混合器”命令后的效果

图 16-51　使用“通道混合器”命令的前后对比效果

16.2.3　应用举例——校正网页中的偏色图片

在网页设计中会使用很多图片，有时图片会因为光线、拍摄技巧等因素而出现偏色问题。在 Photoshop 中可以对偏色的图片进行校正，使其恢复正常的颜色。本例将选择一张偏色的照片来讲解怎样对图片颜色进行校正，其对比效果如图 16-52 所示（立体化教学:\源文件\第 16 章\偏色照片调整后的效果.jpg）。

（a）原图像

（b）校正后的效果

图 16-52　校正偏色图片的对比效果

其操作步骤如下：

（1）打开“偏色照片.jpg”图像文件（立体化教学:\实例素材\第 16 章\偏色照片.jpg），如图 16-52（a）所示，可以看出该照片有点偏黄。

（2）选择“图像/调整/曲线”命令，打开“曲线”对话框，在该对话框中进行如图 16-53 所示的设置，单击 确定 按钮后，效果如图 16-54 所示。

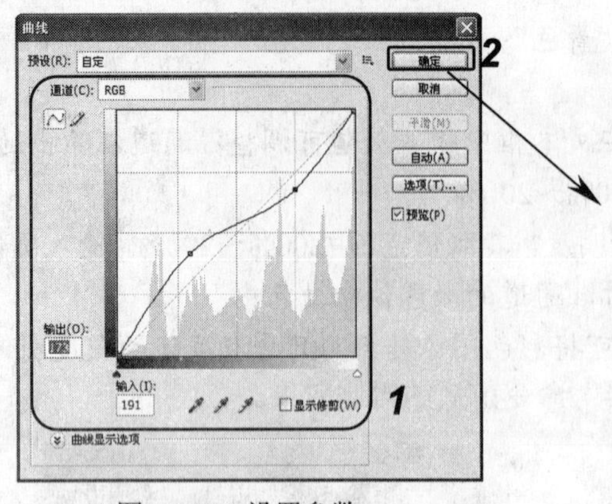

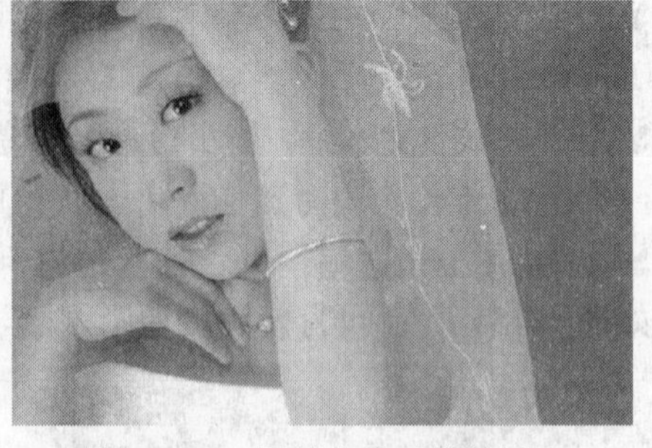

图 16-53　设置参数　　　　图 16-54　调整曲线后的效果

（3）选择“图像/调整/色彩平衡”命令，在打开的“色彩平衡”对话框中将参数设置为如图 16-55 所示，单击[确定]按钮后效果如图 16-56 所示。

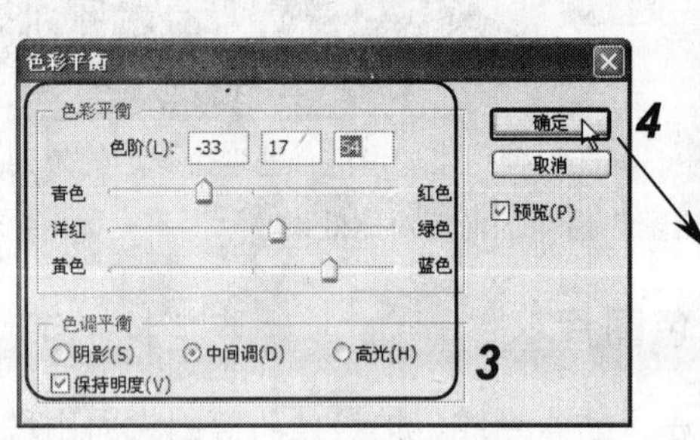

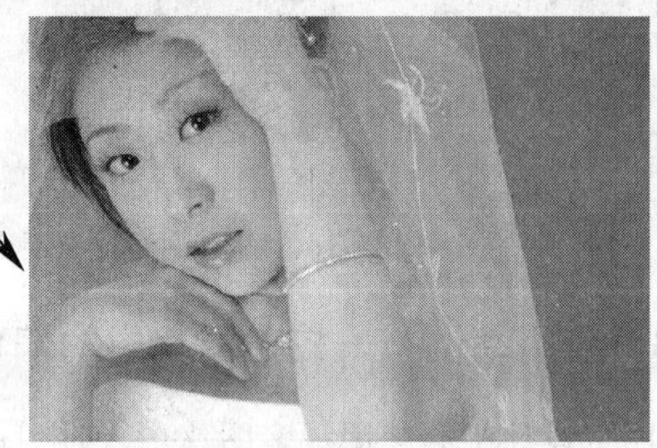

图 16-55　调整色彩平衡　　　　图 16-56　调整色彩平衡后的效果

（4）选择“图像/调整/色相/饱和度”命令，在打开的“色相/饱和度”对话框中将参数设置为如图 16-57 所示，单击[确定]按钮后效果如图 16-52（b）所示。

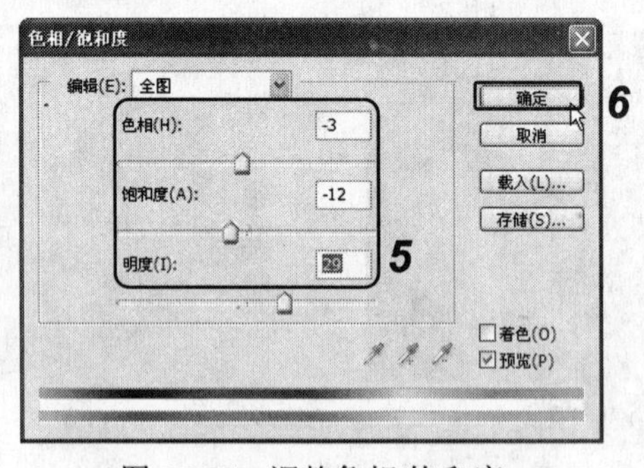

图 16-57　调整色相/饱和度

16.3　通　　道

在 Photoshop 中，打开图像文件后即会自动创建颜色通道。如果图像有多个图层，则每个图层都有各自的一套颜色通道。

提示：

通道的数量取决于图像的模式，与图层的多少无关。

16.3.1 通道的概念

通道用于存储不同类型信息的灰度图像，可分为原色通道、Alpha 通道和专色通道，如图 16-58 所示。

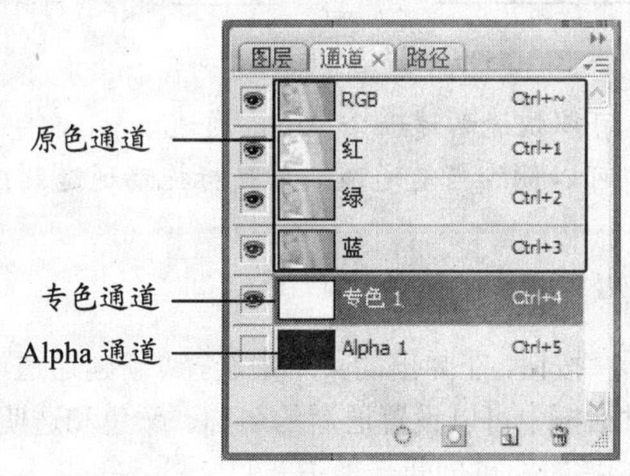

图 16-58 通道的类型

各通道的作用介绍如下。

- **原色通道**：在打开新图像时自动创建。由图像的色彩模式决定所创建颜色通道的数目。如为 RGB 色彩模式时，图像有红、绿、蓝 3 个原色通道和 1 个 RGB 复合通道。
- **Alpha 通道**：用于存储选择范围，可以通过添加 Alpha 通道来创建和存储蒙版，这些蒙版用于处理或保护图像的某些部分。
- **专色通道**：用于记录专色信息，指定用于专色（如银色、金色及特种色等）油墨印刷的附加印版。

提示：

只要以支持图像色彩模式的格式存储文件，就会保留颜色通道；只有以 PSD、PDF、PICT、PIXAR、TIFF 或 RAW 格式存储文件时，才会保留 Alpha 通道；以 DCS 2.0 格式存储文件时只保留专色通道；以其他格式存储文件可能会导致通道信息丢失。

16.3.2 通道的操作

通道的操作一般都在“通道”面板中完成，主要包括新建通道、复制通道、删除通道、分离和合并通道等。要对通道进行操作，首先必须对“通道”面板有一个大致的了解。

选择“窗口/通道”命令，打开“通道”面板。前面的通道是 RGB 模式的，这里以 CMYK 色彩模式的“通道”面板为例进行讲解，如图 16-59 所示。其中主要按钮的作用如下。

- **按钮**：单击此按钮可将当前通道中的内容转换为选区。将某一通道内容直接拖动到按钮上释放也可创建选区。
- **按钮**：单击此按钮，可以将当前图像中的选区转变成蒙版保存到一个新的 Alpha 通道中。该功能同“选择/存储选区”命令相同。

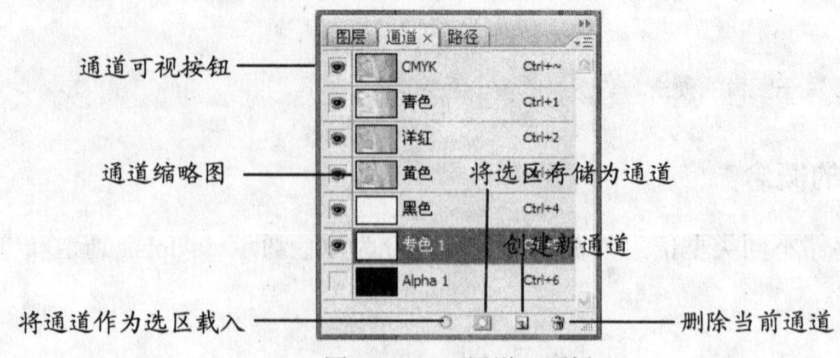

图 16-59　“通道”面板

- 按钮：单击此按钮，可以快速新建一个 Alpha 通道。
- 按钮：单击此按钮，可以删除当前通道。用鼠标拖动通道到该按钮上释放也可将其删除。

1. 新建通道

单击“通道”面板右上角的按钮，在弹出的菜单中选择“新建通道”命令，如图 16-60 所示，在打开的“新建通道”对话框中可以设置通道的名称、颜色和透明度等，如图 16-61 所示，设置完成后单击 确定 按钮即可创建新通道。

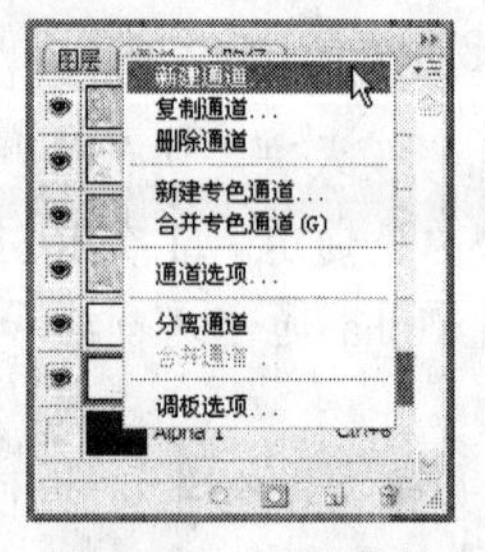

图 16-60　面板菜单

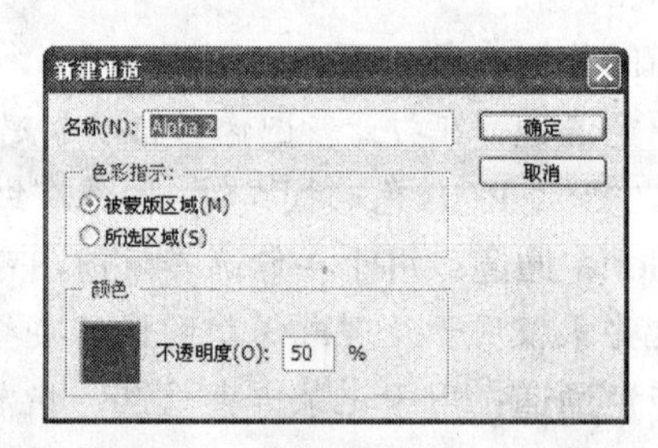

图 16-61　“新建通道”对话框

2. 复制通道

在 Photoshop 中可以在同一图像文件中复制通道，也可以将通道复制到另一个图像文件中。如果要在图像文件间复制 Alpha 通道，则通道必须具有相同的像素尺寸。

在“通道”面板中选择要复制的通道，单击“通道”面板右上角的按钮，在弹出的下拉菜单中选择“复制通道”命令，打开如图 16-62 所示的“复制通道”对话框。

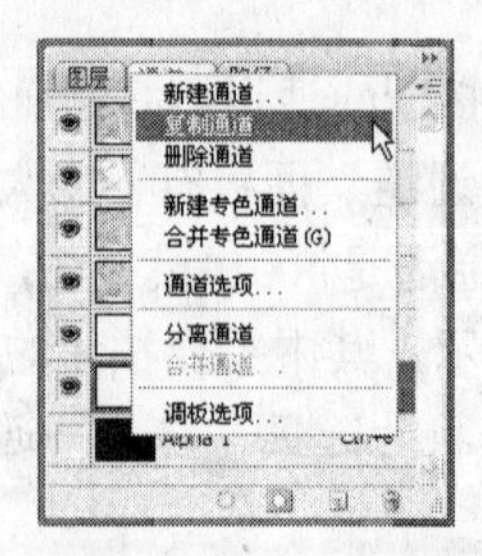

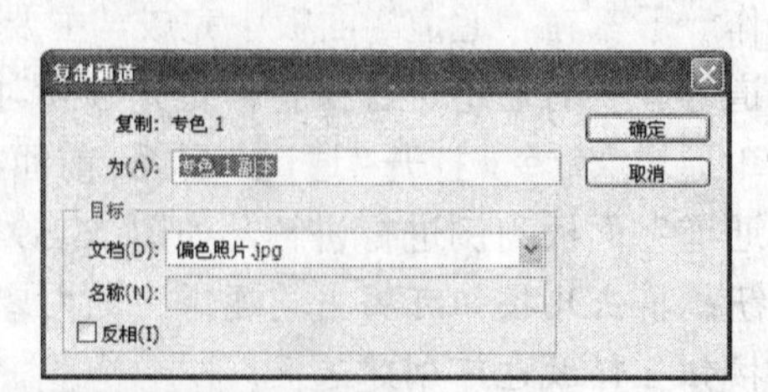

图 16-62　“复制通道”对话框

其中部分参数的含义介绍如下。

- **“为”文本框**：用于设置复制的新通道的名称。
- **“文档”下拉列表框**：在该下拉列表框中列出了所有打开的图像文件名，从中可以选择要复制到的目标文件。如果选择“新建”选项，则可创建一个新的图像文件，并将选择的通道复制到该文件中。
- ☑反相(I) **复选框**：选中该复选框后，可将原通道中的内容反相后复制到新通道中。对 Alpha 通道进行反相操作相当于对选区进行反选操作。

技巧：

将需要复制的通道拖到面板底部的“创建新通道”按钮上释放也可以复制该通道。

3．删除通道

在“通道”面板中选择要删除的通道，单击面板底部的“删除当前通道”按钮即可将其删除。将通道拖动到按钮上释放鼠标也可将其删除。单击“通道”面板右上角的按钮，在弹出的下拉菜单中选择“删除通道”命令也可将当前通道删除。

4．分离通道

分离通道在不能保留通道的文件格式中保留单个通道信息时非常有用。单击“通道”面板右上角的按钮，在弹出的下拉菜单中选择“分离通道”命令即可分离通道。通道分离后，原文件将被关闭，单个通道出现在单独的灰度图像窗口中，新窗口的标题栏将显示原文件名以及通道。

图 16-63　原始图像

如将图 16-63 所示的 RGB 图像文件进行通道分离操作，分离后的结果如图 16-64 所示。可以看到原来的图像文件已被关闭，而原图中的 3 个原色通道各自生成为一个新的图像文件，并在图像名称后添加 R、G 或 B 进行区分。

（a）R 通道图像

（b）G 通道图像

（c）B 通道图像

图 16-64　分离后的通道

5．合并通道

合并通道是分离通道的逆操作，可以将多个灰度图像合并为一个图像的通道。要合并的图像必须在灰度模式下，具有相同的像素尺寸并且处于打开状态。已打开的灰度图像的数量决定了合并通道时可用的颜色模式。如果打开了 3 个图像，可以将它们合并为一个 RGB 图像；如果打开了 4 个图像，则可以将它们合并为一个 CMYK 图像。

【例 16-1】 利用合并通道操作，将打开的灰度图像合并为一个 RGB 色彩模式的图像。

（1）打开“090_红.jpg”、“090_绿.jpg”及“090_蓝.jpg”素材图像（立体化教学:\实例素材\第 16 章\），并使其中一个图像成为当前图像，如图 16-65 所示。

（2）单击“通道”面板右上角的按钮，在弹出的下拉菜单中选择“合并通道”命令，如图 16-66 所示。

图 16-65 打开素材图像

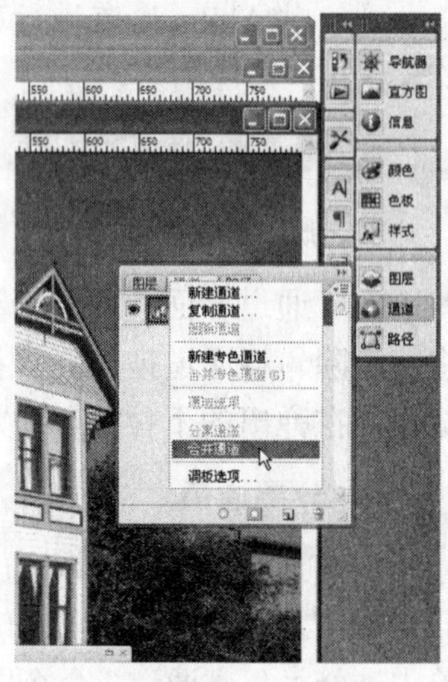

图 16-66 选择“合并通道”命令

（3）打开“合并通道”对话框，在“模式”下拉列表框中选择合并后图像的色彩模式，在“通道”文本框中可以指定用于合并的通道数量，如图 16-67 所示。单击确定按钮后，打开“合并 RGB 通道”对话框，分别为红、绿、蓝三原色通道选择源文件，如图 16-68 所示，单击确定按钮即可将 3 个单个通道的灰度图像合并为一个 RGB 模式的图像（立体化教学:\源文件\第 16 章\合并通道.psd）。

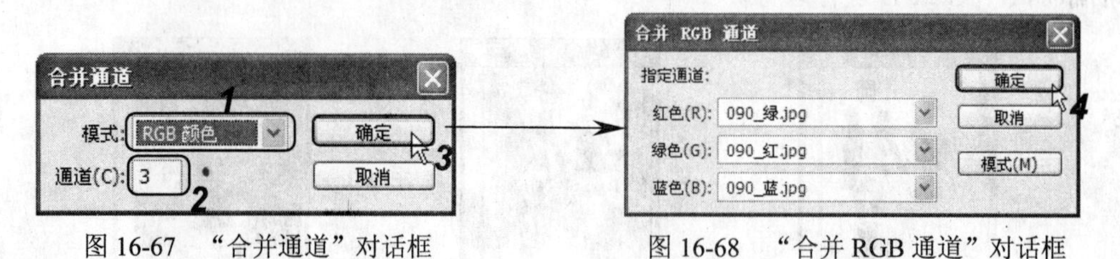

图 16-67 “合并通道”对话框　　图 16-68 “合并 RGB 通道”对话框

提示：

不能分离并重新合成（合并）带有专色通道的图像，因为专色通道将作为 Alpha 通道添加。

16.3.3 专色通道

专色，即除了 CMYK 颜色以外的颜色。每个专色通道都有一个属于自己的印版，如果要印刷带有专色的图像，则需要创建存储此颜色的专色通道，专色通道会作为一张单独的胶片输出。

1. 创建专色通道

单击“通道”面板右上角的按钮，在弹出的下拉菜单中选择“新建专色通道”命令，打开如图 16-69 所示的“新建专色通道”对话框。

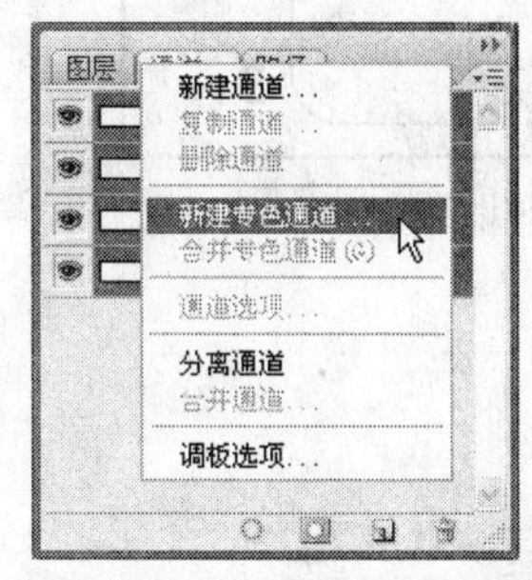

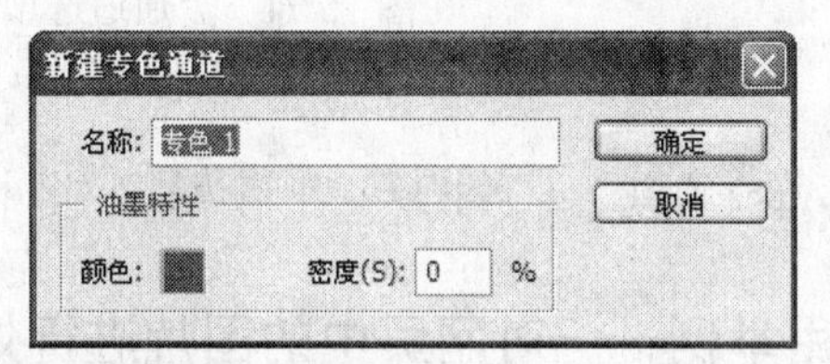

图 16-69　新建专色通道

其中各参数的含义介绍如下。

- **“名称”文本框**：在该文本框中可输入新建专色通道的名称。
- **“颜色”颜色框**：单击该颜色框可以打开“拾色器”对话框，用于选择油墨的颜色。
- **“密度”文本框**：用于在屏幕上模拟印刷后专色的密度。在该文本框中可以输入 0～100 的数值来确定油墨密度，数值越大颜色越不透明。密度只用于在屏幕上显示模拟打印专色的密度，并不影响打印输出的效果。数值为 100%时模拟完全覆盖下层的油墨（如金属质感油墨）；0%模拟完全显示下层油墨的透明油墨（如透明光油）。使用该选项也可查看其他透明专色（如光油）的显示位置，如图 16-70 所示。

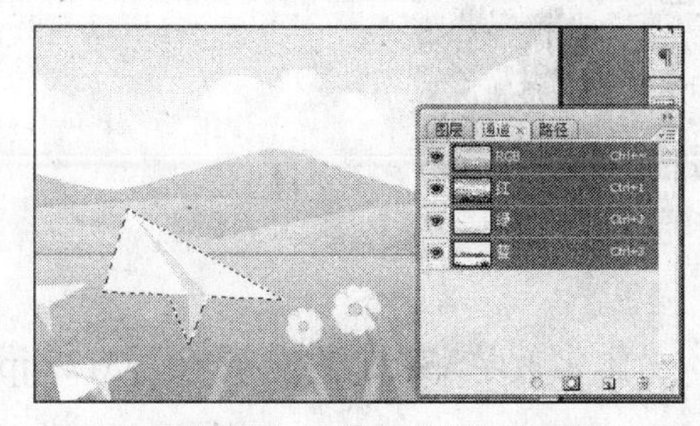

（a）图像中应用专色通道的效果

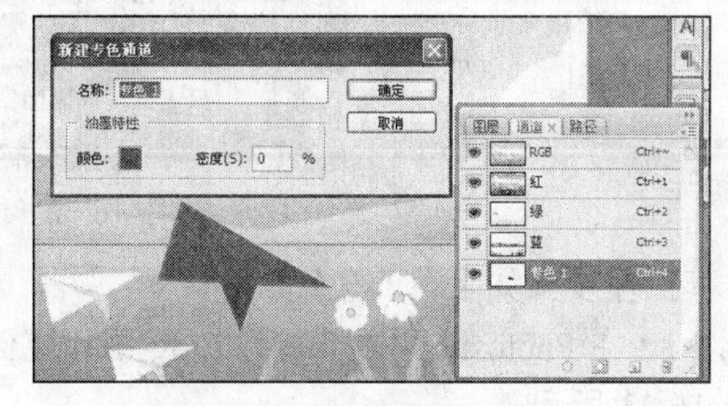

（b）专色通道

图 16-70　专色通道的效果

提示：

按住 Ctrl 键单击“创建新通道”按钮也可以打开“新建专色通道”对话框。如果在建立专色通道前图像已有选区，则该选区会加入专色通道。

2. 将 Alpha 通道转换为专色通道

除了可以新建专色通道外，还可以将 Alpha 通道转换为专色通道。选择 Alpha 通道，单击“通道”面板右上角的按钮，在弹出的下拉菜单中选择“通道选项”命令，打开“通道选项”对话框，选中“色彩指示”栏中的 专色(P) 单选按钮并进行其他选项设置，如图 16-71 所示，单击 确定 按钮即可将 Alpha 通道转换为专色通道。

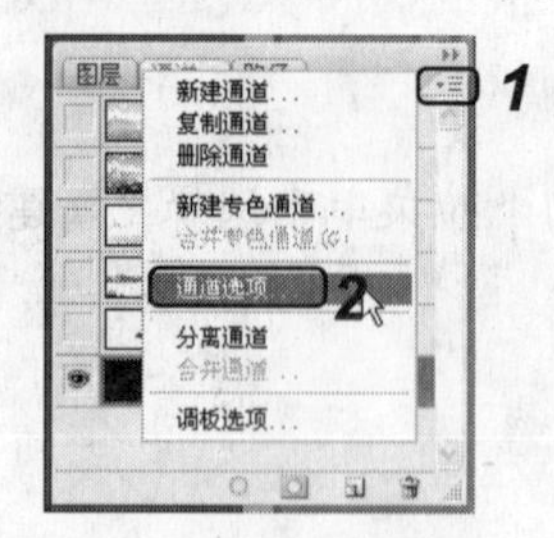

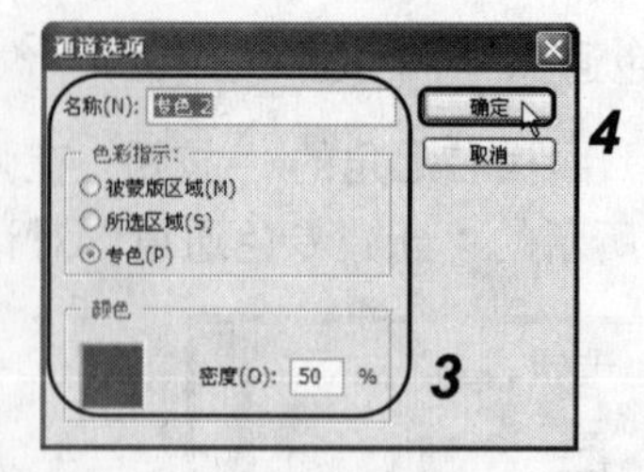

图 16-71 “通道选项”对话框

技巧：

直接双击 Alpha 通道，也可以打开“通道选项”对话框。

16.3.4 应用举例——对网页中的图片进行处理

在处理网页中的图片时，很多时候需要选择图片中的某些区域。当遇到很难选择的图像时（如白云、头发和婚纱等），使用通道可方便地完成选择。本例为了让网页中的图片效果更加真实，特意为没有云彩的图片添加上白云的效果，白云的选择是通过通道来完成的，其最终效果如图 16-72 所示（立体化教学:\源文件\第 16 章\添加白云效果.psd）。

图 16-72 最终效果

其操作步骤如下：

（1）在 Photoshop 中打开 122.jpg 图片文件（立体化教学:\实例素材\第 16 章\122.jpg），如图 16-73 所示。

图 16-73 打开文件

（2）切换到“通道”面板，分别观察“红”、“绿”、“蓝”3 个通道的图像，找出对比度最大的通道，从如图 16-74 所示的通道缩略图中可以看出，“红”通道中的图像对比度最大。

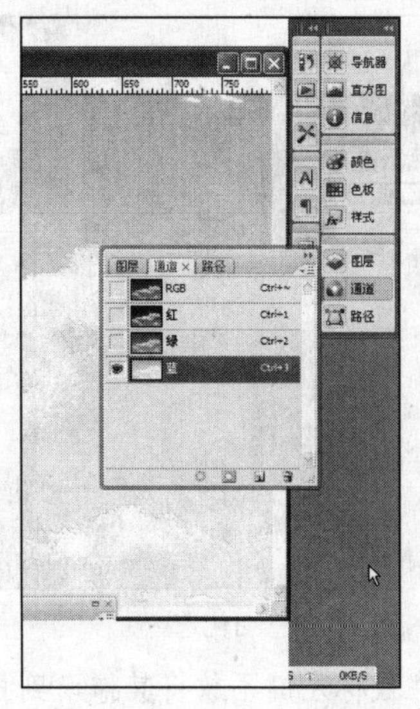

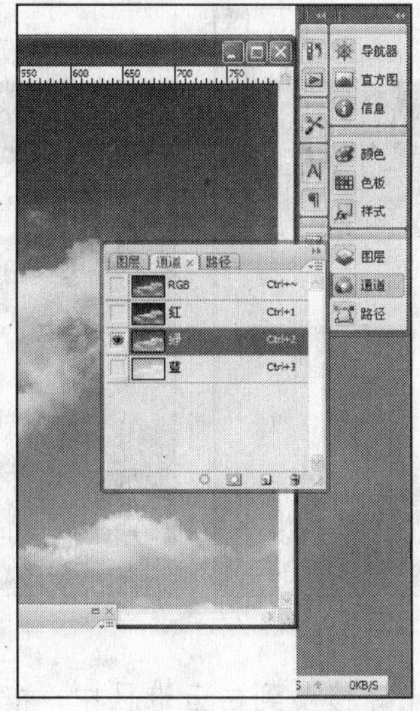

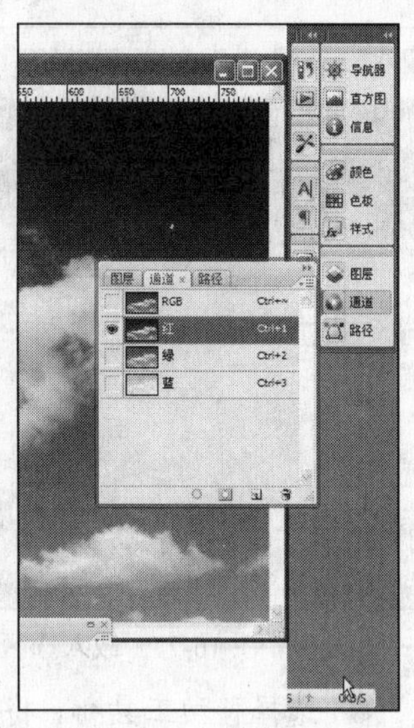

图 16-74　查找对比度最大的通道

（3）选择“红”通道，将其拖动至面板底部的“创建新通道”按钮上释放鼠标，得到“红副本”通道，如图 16-75 所示。

（4）选择复制的“红副本”通道，再选择“图像/调整/色阶”命令，打开“色阶”对话框，调整“输入色阶”文本框中的值，再单击确定按钮，如图 16-76 所示。

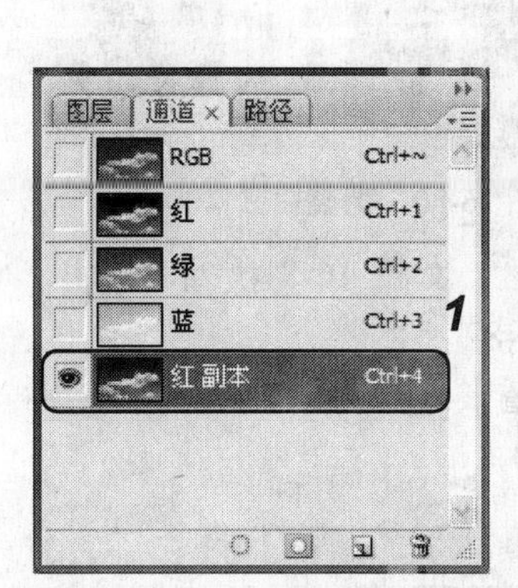

图 16-75　复制“红”通道

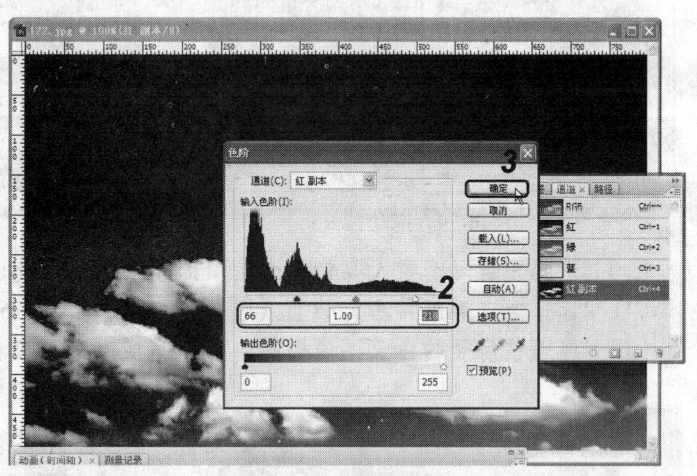

图 16-76　调整色阶

（5）在“通道”面板中单击 RGB 通道，然后切换到“图层”面板，选择“选择/载入选区”命令，打开“载入选区”对话框，在“通道”下拉列表框中选择“红副本”选项，单击确定按钮完成白云图像的选择，如图 16-77 所示。

（6）选择“选择/羽化”命令或按 Ctrl+Alt+D 快捷键，打开“羽化选区”对话框，在“羽化半径”文本框中输入“10”，单击确定按钮，如图 16-78 所示。

（7）选择“文件/打开”命令，打开别墅图片文件（立体化教学:\实例素材\第 16 章\090.jpg）。

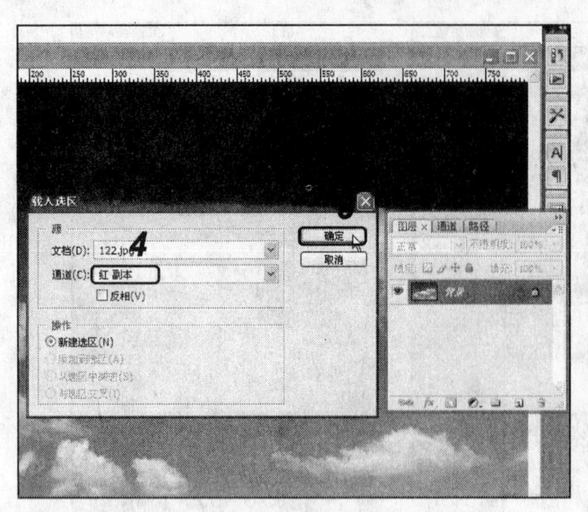

图16-77　载入选区

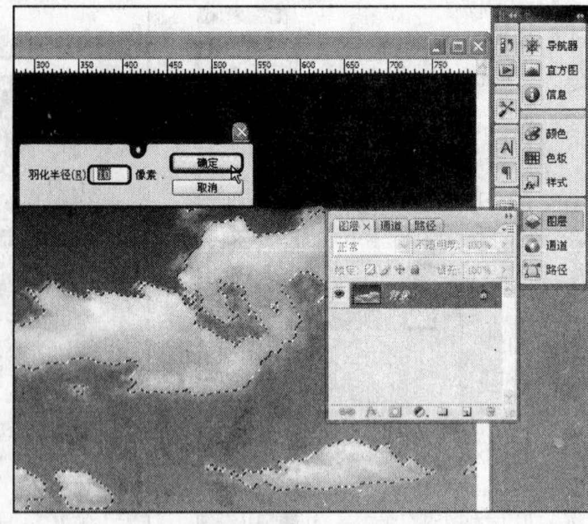

图16-78　羽化选区

（8）选择移动工具，将光标移动到白云选区中，按住鼠标左键不放将其拖动到打开的图片中，如图16-79所示。

（9）调整图像的位置，如图16-80所示。

图16-79　拖动白云

图16-80　调整白云

（10）选择多边形套索工具，为屋顶部分绘制一个选区，如图16-81所示。

（11）选择橡皮擦工具，设置属性栏中的参数如图16-82所示。

（12）将遮住房子的白云图像擦除，擦除完成后即可查看其最终效果。

图16-81　创建选区

图16-82　设置橡皮擦工具属性

16.4　上机及项目实训

16.4.1　制作网页 Banner

本次实训将制作网页中的 Banner，Banner 一般都是位于网页的上面，在设计制作时要体现出整个网站的功能和特点。制作完毕的 Banner 最终效果如图 16-83 所示（立体化教学:\源文件\第 16 章\Banner.psd）。

图 16-83　Banner 的最终效果

操作步骤如下：

（1）选择“文件/新建”命令或按 Ctrl+N 键，打开“新建”对话框，参数设置如图 16-84 所示，单击 确定 按钮新建一个图像文件。

（2）将前面做好的 LOGO 拖入新建文件中，按 Ctrl+T 键调整其大小并放在页面的左上角，如图 16-85 所示。

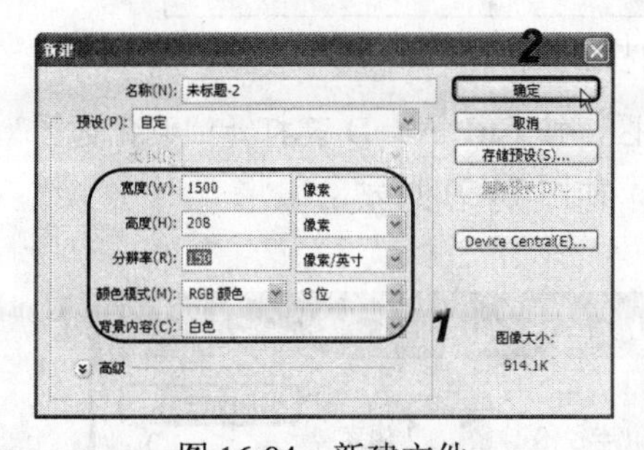

图 16-84　新建文件

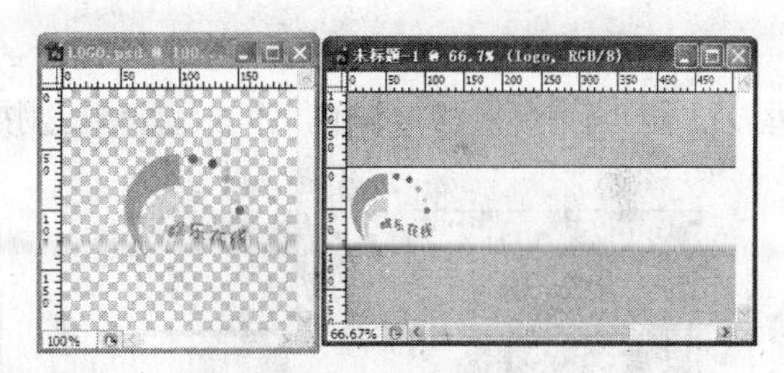

图 16-85　拖入 LOGO

（3）在“图层”面板中新建一个图层，使用矩形选框工具在图层中分别创建宽度不一的矩形选区，并分别填充为各种不同的颜色，因为是娱乐网站，所以在颜色上应体现出娱乐性和时尚性，如图 16-86 所示。

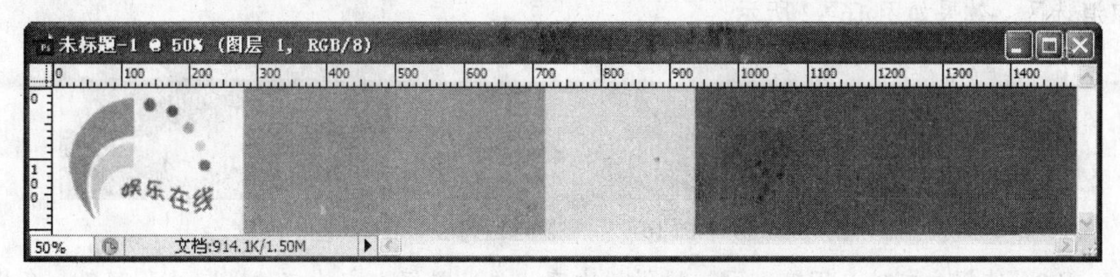

图 16-86　绘制不同颜色的矩形

（4）按住 Shift 键并使用椭圆选框工具在红色区域绘制一个正圆。单击其工具属性栏中的◩按钮，再绘制一个正圆，得到两个正圆相减的区域，并将其填充为“淡粉色”，如图 16-87 所示。

（5）用步骤（4）的方法绘制出其他几个圆环效果，如图 16-88 所示。

图 16-87　绘制圆环

图 16-88　其他圆环效果

（6）打开 K025.jpg 图片文件（立体化教学:\实例素材\第 16 章\K025.jpg），将该图片拖入 Banner 文件中，按 Ctrl+T 键并将其缩小，再置于页面的右侧，如图 16-89 所示。

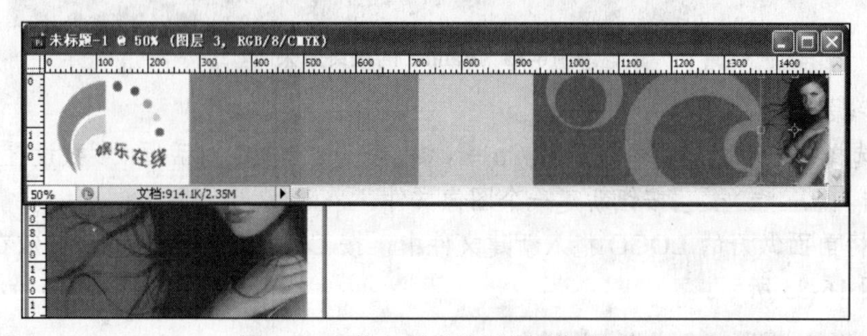

图 16-89　拖入图像并调整图像位置

（7）使用套索工具◌创建如图 16-90 所示的选区，按 Ctrl+Alt+D 键打开“羽化选区”对话框，设置“羽化半径”为 10，单击 确定 按钮，如图 16-91 所示。

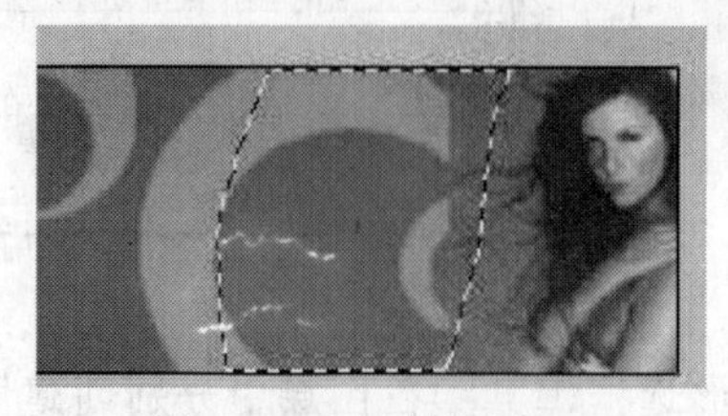

图 16-90　绘制选区

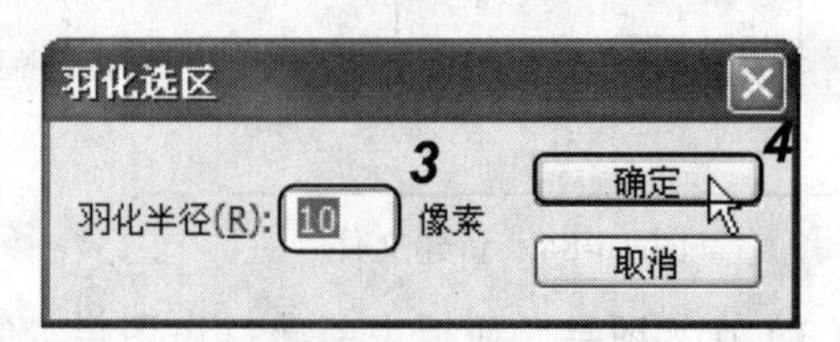

图 16-91　设置羽化半径

（8）多次按 Delete 键删除选区内图像，让图片的边缘变得柔和。完成后按 Ctrl+D 键取消选区，效果如图 16-92 所示。

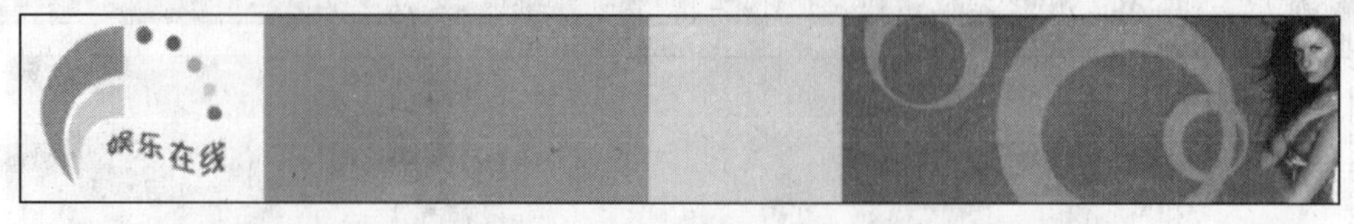

图 16-92　删除选区内容

（9）使用文字工具 T 输入网站提供的内容，并设置好文字的字体、字号及颜色，将其放在如图 16-83 所示的位置，完成 Banner 的制作。

16.4.2　改变衣服的颜色

综合利用本章和前面所学知识，改变图片中小孩衣服的颜色，完成后的最终效果如图 16-93 所示（立体化教学:\源文件\第 16 章\更改衣服颜色.psd）。

（a）原图像

（b）调整后的效果

图 16-93　调整衣服颜色前后的效果

本练习可结合立体化教学中的视频演示进行学习（立体化教学:\视频演示\第 16 章\更改衣服颜色.swf）。主要操作步骤如下：

（1）打开 159.jpg 图像文件（立体化教学:\实例素材\第 16 章\159.jpg）。

（2）复制图层后调整复制图层的色相/饱和度。

（3）调整色相/饱和度后图像的其他部分也发生了变化，还需要用历史记录画笔工具将其恢复到调整色相以前的效果，以保证只有衣服的颜色发生变化。

16.5　练习与提高

（1）绘制 个企业网站的 LOGO，效果如图 16-94 所示（立体化教学:\源文件\第 16 章\企业 LOGO.psd）。

图 16-94　企业 LOGO

提示：先用椭圆选框工具绘制正圆，然后用钢笔工具绘制星形，再用多边形套索工具创建选区，对星形进行裁剪，最后使用文字工具输入文字并对字体、字号和颜色等进行设置。

（2）使用习题（1）中制作好的企业 LOGO，制作一个简单的企业网站页面。

总结文本、路径和通道的使用技巧

本章主要介绍了文本、路径和通道的相关知识，这里总结以下几点技巧供大家参考和探索：

- 路径调整是使用路径绘制图像的重要操作之一，要学会钢笔工具与按键的配合使用，以便加快调整速度，让调整操作更加得心应手。
- 图像色彩调整是图像制作过程中非常重要且比较困难的操作，需要长期经验的积累，可以通过多看别人的成熟作品提高自己的审美能力。

第 17 章　项目设计案例

学习目标

☑　用 Photoshop 制作网页图像素材
☑　用 Flash CS3 创建网页导航条
☑　用 Dreamweaver CS3 创建站点和网页

目标任务&项目案例

Web 主页效果

本章将综合运用 Photoshop、Flash 和 Dreamweaver 这 3 款软件创建一个有关房地产的网页文件。在制作时将综合使用前面所学的知识。通过本章练习，可以使读者了解网页制作的一般过程，并提高这 3 款软件的综合应用能力。

17.1　项 目 目 标

本章将综合运用前面所学知识创建一个有关房地产的站点和主页，其主页的最终效果如图 17-1 所示（立体化教学:\源文件\第 17 章\web\index.html）。

图 17-1　主页最终效果

17.2　项 目 分 析

本例要创建关于楼盘方面的页面，其组成元素主要包括页面的背景图像、插入的图像、Flash 动画导航条、表格的背景图像，以及文本和规划文本的样式等。在制作时分别使用 Photoshop、Flash 和 Dreamweaver 这 3 款软件创建相应的网页文件，各个软件在本实例中的作用如下。

- Photoshop：通过 Photoshop CS3 分别绘制页面的背景图像、网页图像和网页按钮图像，并创建与导出切片。
- Flash：使用 Flash CS3 创建页面的动画导航条，在广告条中添加相应的链接，并分别为各个链接设置声音效果，从而使页面更具动感，更能吸引浏览者的目光。
- Dreamweaver：使用 Dreamweaver CS3 进行页面的布局，如设置页面背景、插入表格、创建统一的 CSS 样式等，完成网页的制作。

17.3　实 现 过 程

根据案例制作分析，本例分为 3 个部分，下面开始进行具体的制作。

17.3.1　使用 Photoshop 制作网页图像素材

在网页设计中，网页图像和背景一般都是在 Photoshop 中完成的。下面在 Photoshop 中制作网页背景图像、网页图像和网页按钮图像，并切片后导出。

1．制作网页背景图像

制作网页时需要先对整个网页的设计有个大概的规划，明确网页的风格，然后才能有目的地去搜集素材和制作效果。下面先制作网页背景图像（立体化教学:\源文件\第 17 章\

背景图像.psd）。

操作步骤如下：

（1）启动Photoshop CS3，选择“文件/新建”命令，打开“新建”对话框，设置参数后单击确定按钮，如图17-2所示。

（2）在“图层”面板中新建“图层 1”，在工具箱中选择渐变工具，然后单击其工具属性栏中的“渐变颜色”列表框，打开“渐变编辑器”对话框，设置渐变色为“淡蓝色”（# C7E4D8）到“白色”，再单击确定按钮，如图17-3所示。

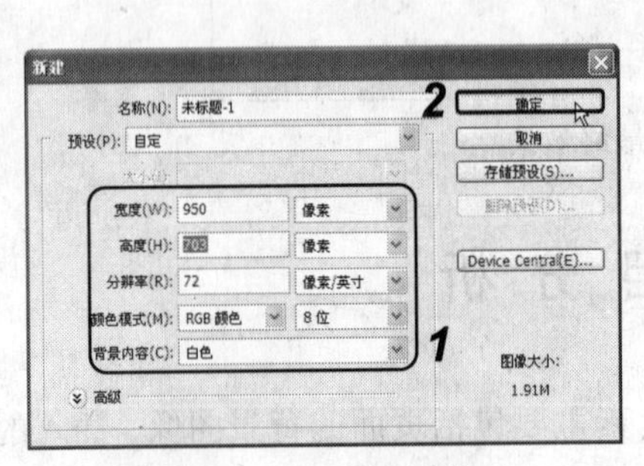

图17-2　设置参数

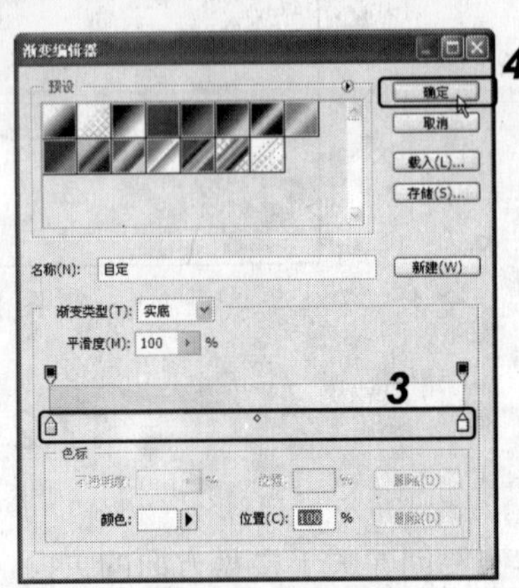

图17-3　设置渐变色

（3）将光标移动到画布中，按住Shift键的同时从上往下拖动，如图17-4所示。

（4）按Ctrl+S键保存该背景，将文件名称设置为“背景图像”，单击保存(S)按钮，如图17-5所示。

图17-4　填充渐变

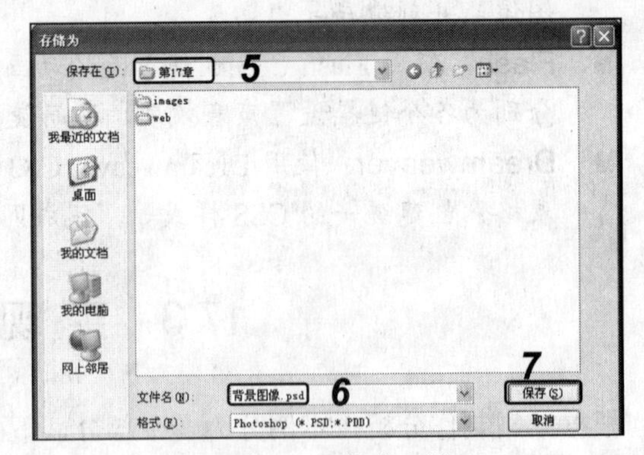

图17-5　保存文档

2．制作网页图像

下面制作网页中的图像（立体化教学:\源文件\第17章\网页图像.psd、网页图像.gif）。

操作步骤如下：

（1）新建文档，其中宽为443像素，高为487像素。将前景色设置为“淡蓝色”（#ECF3F8），选择圆角矩形工具，在其工具属性栏中设置参数，如图17-6所示。

（2）在页面中拖动，绘制一个圆角矩形，并调整其在页面中的位置，如图17-7所示。

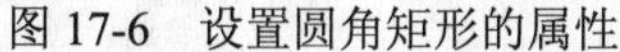

图 17-6　设置圆角矩形的属性

图 17-7　绘制圆角矩形

（3）将前景色设置为“绿灰色”(#DAD1CF),选择圆角矩形工具并设置其半径为“5px”。在“图层”面板中新建“图层 2”，使用圆角矩形工具绘制一个绿灰色的矩形，如图 17-8 所示。

（4）选择矩形选框工具⬚,选择绿灰色矩形左侧超出淡蓝色圆角矩形的部分,按 Delete 键将其删除，再按 Ctrl+D 键取消选区，如图 17-9 所示。

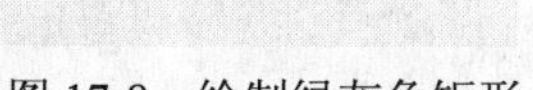

图 17-8　绘制绿灰色矩形

图 17-9　删除多余部分

（5）按住 Ctrl 键的同时，在“图层”面板的“图层 2”缩略图上单击创建选区，再选择“选择/修改/收缩”命令收缩选区 1 像素，再将其填充为“白色”，然后再缩小选区 1 像素，填充“绿色”（#C1D500），如图 17-10 所示。

（6）为“图层 2”添加“投影”滤镜效果，其设置如图 17-11 所示。

图 17-10　美化图层 2

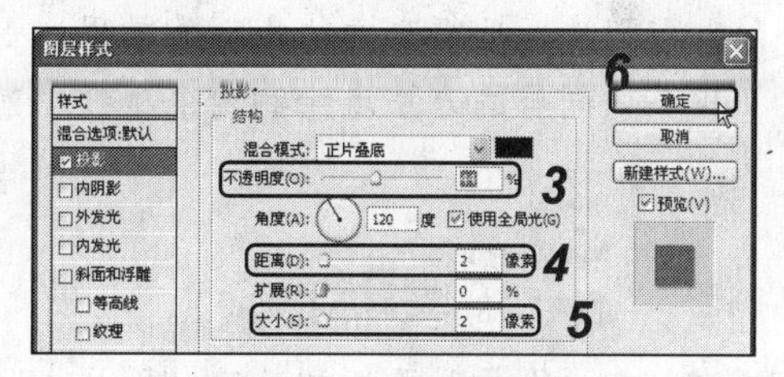

图 17-11　添加投影滤镜效果

（7）在“图层”面板中新建“图层 3”，将前景色设置为“灰色”（#E0E1E1），选择直线工具，设置粗细为“1px”，然后按住 Shift 键在画布右下角绘制一条灰色直线，如图 17-12 所示。

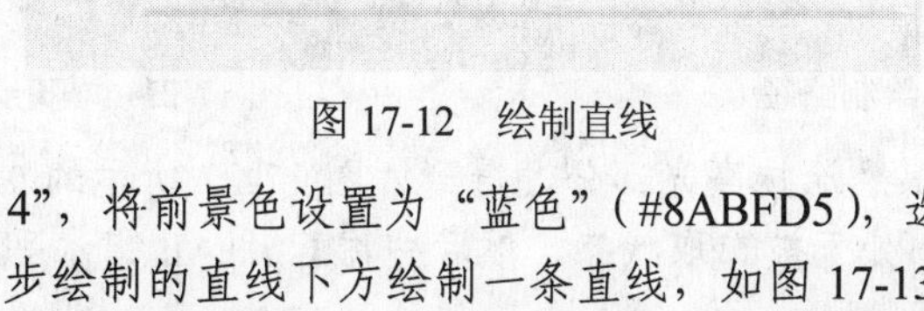

图 17-12　绘制直线

（8）新建“图层 4”，将前景色设置为“蓝色”（#8ABFD5），选择直线工具，设置粗细为“2px”，在第（7）步绘制的直线下方绘制一条直线，如图 17-13 所示。

（9）新建“图层 5”，选择矩形选框工具，按住 Shift 键的同时在蓝色线条右侧绘制一个小的正方形选区，将其填充为“灰色”（#B1B4AE），如图 17-14 所示。

（10）按 Ctrl+D 键取消选区后按住 Alt 键的同时将灰色正方形水平向下拖动，至合适位置后释放鼠标，完成正方形的复制操作，再重复操作，完成所有正方形的复制，选择所有正方形图层，按 Ctrl+E 键将它们合并为“图层 5”，最后的效果如图 17-15 所示。

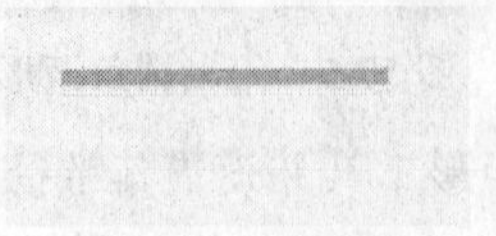

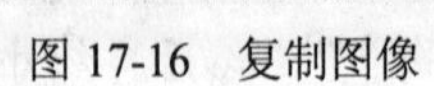

图 17-13　绘制选区 　　图 17-14　绘制正方形　　图 17-15　复制并合并后的效果

（11）将“图层 5”和“图层 4”链接，然后按住 Ctrl+Alt 键水平向左拖动至合适位置后释放鼠标，得到如图 17-16 所示的效果。

（12）重复第（11）步的拖动复制操作，再用矩形选框工具选择右侧的灰色正方形区域，将其填充为“灰色”，取消选区后得到的效果如图 17-17 所示。

图 17-16　复制图像　　图 17-17　绘制线条

（13）选择“图层 1”，使用椭圆选框工具在右上角绘制一个正圆形选区，再填充为“灰色”（#B1B4AE），然后选择“选择/修改/收缩”命令将选区缩小 1 像素，再按 Delete 键将其删除，取消选区后得到立体小孔的效果，如图 17-18 所示。

（14）用同样的方法再绘制两个小孔，效果如图 17-19 所示。

图 17-18　绘制小孔　　图 17-19　3 个小孔效果

（15）在“图层”面板中新建“图层 6”，使用钢笔工具绘制如图 17-20 所示的路径，然后切换到“路径”面板，按住 Ctrl 键将工作路径转换为选区，返回“图层”面板，将其填充为“灰色”（#F1F1F1），如图 17-21 所示。

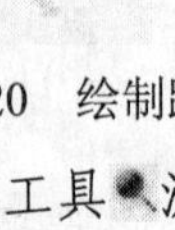

图 17-20　绘制路径

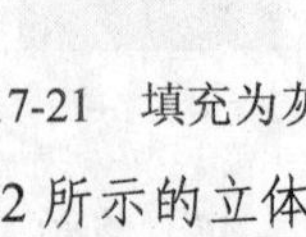

图 17-21　填充为灰色

（16）使用减淡工具涂抹高光部分，得到如图 17-22 所示的立体效果。按 Ctrl+D 键取消选区，让“图层 6”处于被选取状态，然后按住 Ctrl+Alt 键水平复制，得到如图 17-23 所示的效果。

图 17-22 立体效果　　　图 17-23 复制多个立体效果

（17）在图像的左上侧绘制几个正方形，并将其填充为“黑色”，效果如图 17-24 所示。

（18）选择“文件/存储为 Web 和设备所用格式”命令，将格式设置为 GIF，其他设置如图 17-25 所示。完成设置后单击 存储 按钮进行保存。

图 17-24 绘制黑色正方形

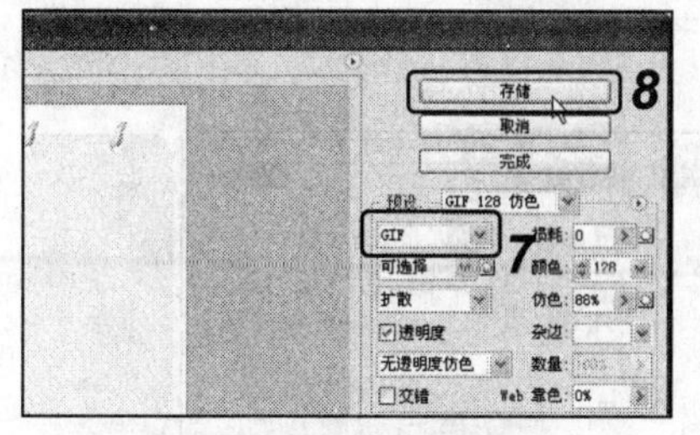

图 17-25 将图像存储为 GIF 格式

3．创建和导出切片

下面将背景图像与按钮图像创建为切片并导出。

操作步骤如下：

（1）打开“背景图像.psd”图像文件（立体化教学:\源文件\第 17 章\背景图像.psd），在工具箱中选择切片工具，在其工具属性栏的“样式”下拉列表框中选择“固定大小”选项，将其“宽度”设置为“6”，“高度”设置为“703”，在画布左侧单击创建切片，如图 17-26 所示。

（2）选择“文件/存储为 Web 和设备所用格式”命令，在打开的“存储为 Web 和设备所用格式”对话框中设置导出类型为“.jpg”格式后，在打开的“将优化结果存储为”对话框中进行设置后单击 保存(S) 按钮，如图 17-27 所示。

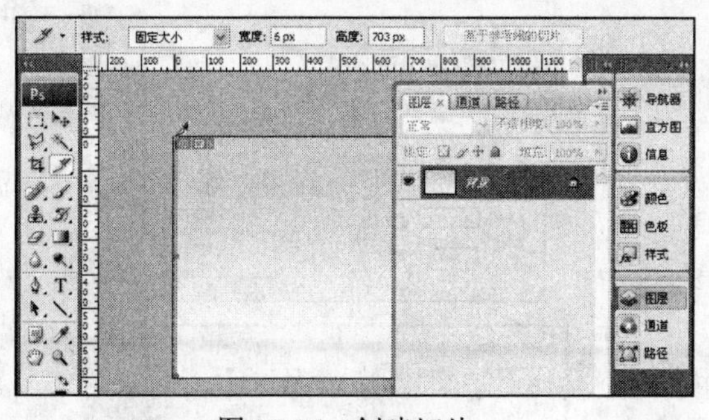

图 17-26 创建切片

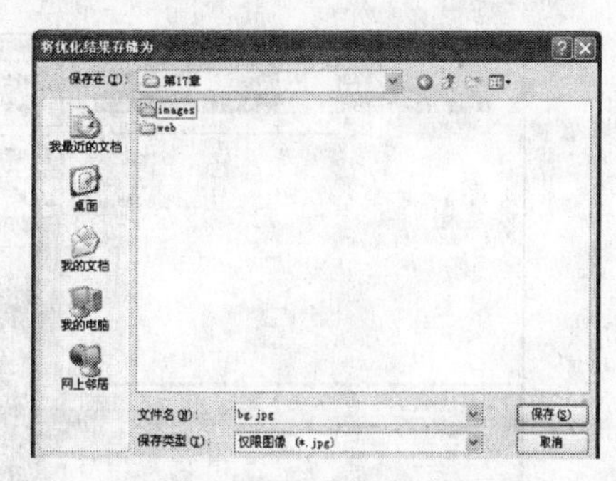

图 17-27 存储文件

17.3.2 使用 Flash CS3 制作网页导航条

下面使用 Flash CS3 制作页面的动画导航条（立体化教学:\源文件\第 17 章\daohang.fla）。

操作步骤如下：

（1）启动 Flash CS3，新建一个 Flash 文档，设置文档属性的宽度为“180px”，高度为

"316px"，再新建按钮元件 button01。

（2）在按钮元件编辑窗口中选择"指针经过"帧，按 F6 键插入关键帧，使用矩形工具绘制一个笔触颜色为无，填充颜色为"#FFC751"，透明度为 50%的矩形，再在"点击"帧处插入普通帧，如图 17-28 所示。

（3）创建"图层 2"，选择"弹起"帧，选择文本工具，设置字体为"方正粗倩简体"，字体大小为 12，文本填充颜色为"#666666"（透明度为 100%），字符间距为 6。

（4）在文档中输入文本"房产首页"，并在"对齐"面板中将其设置为"水平中齐"和"垂直中齐"，如图 17-29 所示。

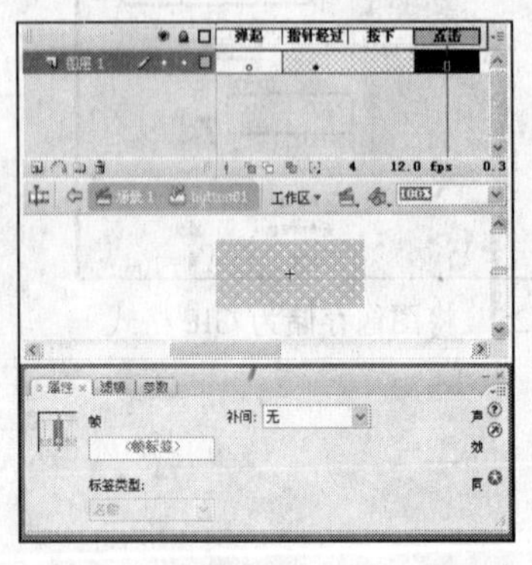

图 17-28　绘制矩形并插入普通帧

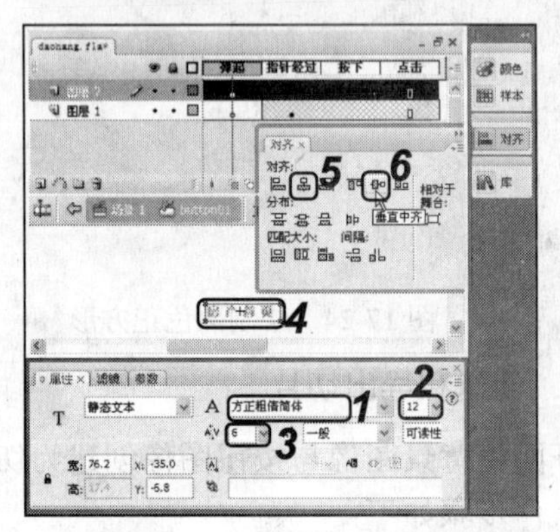

图 17-29　输入文本并设置属性

（5）在"图层 2"的"指针经过"帧处按 F6 键插入关键帧，并选择"指针经过"帧处的文本，设置字体颜色为"#FFFFFF"，如图 17-30 所示。

（6）返回到主场景中，打开"库"面板，在 button01 元件上单击鼠标右键，在弹出的快捷菜单中选择"直接复制"命令，在打开的对话框中选中⊙按钮单选按钮，在"名称"文本框中输入"button02"，单击 确定 按钮，如图 17-31 所示。

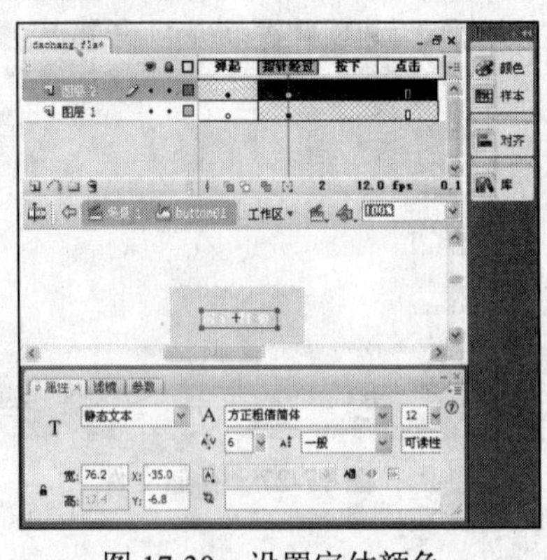

图 17-30　设置字体颜色

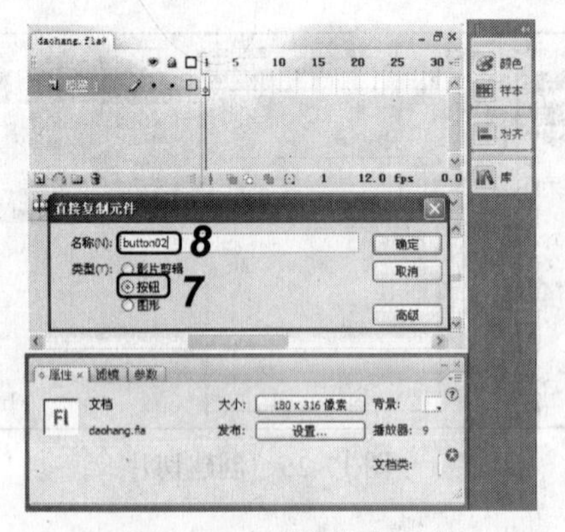

图 17-31　直接复制元件

（7）在"库"面板中双击 button02 按钮元件进入元件编辑区，单击"图层 1"中的"指针经过"帧，选择舞台中的矩形，设置填充颜色为"#33CC99"，如图 17-32 所示。

（8）分别选择"图层 2"中"弹起帧"和"指针经过"帧的文本，将文本修改为"地

理位置”，其他参数不变，如图 17-33 所示。

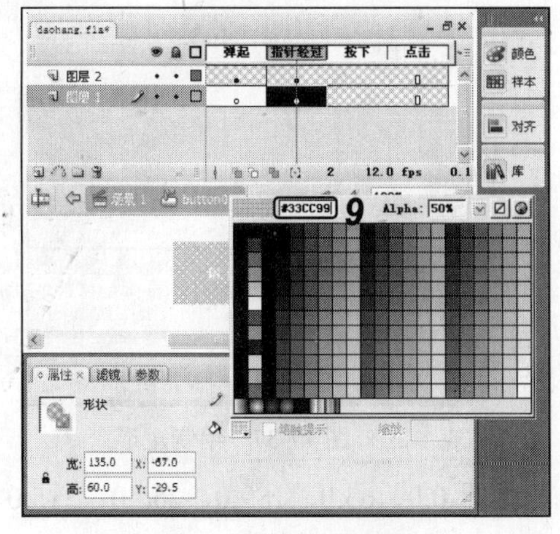

图 17-32　修改颜色

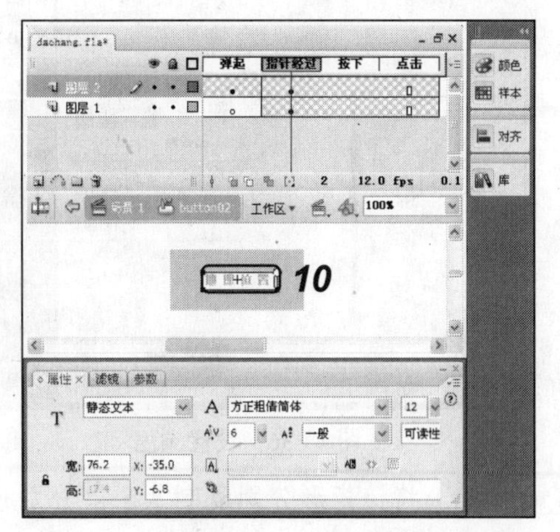

图 17-33　修改文本

（9）用同样的方法复制按钮 button03、button04 和 button05，分别设置“图层 1”中的“指针经过”帧的矩形填充颜色为“#FFA4FF”、“#3366FF”和“#CC6699”，并分别修改“图层 2”中的文本依次为“精品楼盘”、“物业档案”和“主题园林”。

（10）完成按钮元件的编辑后，在主场景中选择矩形工具，打开“颜色”面板，在“类型”下拉列表框中选择填充类型为“线性”，并依次设置填充颜色为“#03407C”、“#4E8CC9”和“#81C0FE”，如图 17-34 所示。

（11）在场景中拖动鼠标绘制一个高为 316、宽为 9 的矩形，选择绘制的矩形，在工具箱中选择填充变形工具，为矩形填充颜色后用渐变变形工具调整渐变，如图 17-35 所示。

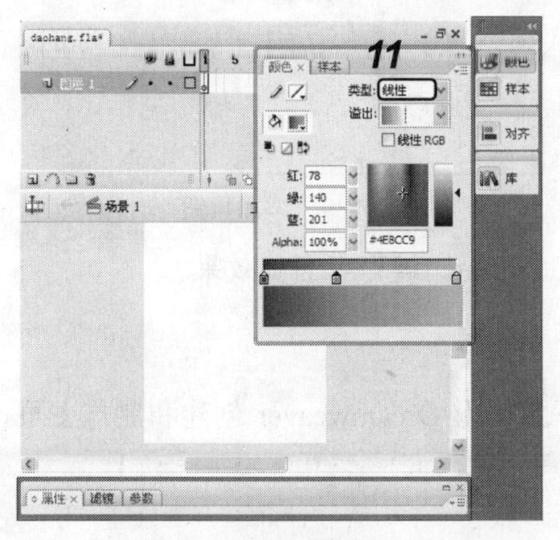

图 17-34　设置矩形工具

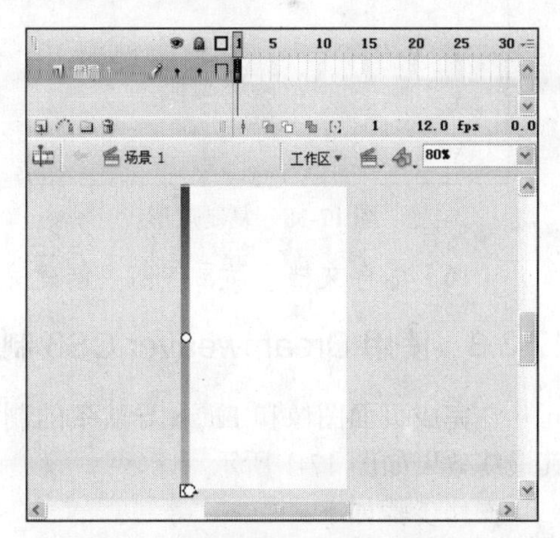

图 17-35　绘制矩形并调整渐变色效果

（12）选择矩形工具，在“颜色”面板的“类型”下拉列表框中选择“线性”选项，并依次设置填充颜色为“#999999”、“#CACACA”和“#FFFFFF”，如图 17-36 所示。

（13）在场景中绘制矩形，选择矩形并在“属性”面板中将矩形的宽度设置为 135.0，高度设置为 1.0，X 坐标设置为 9.0，Y 坐标设置为 126.0，如图 17-37 所示。

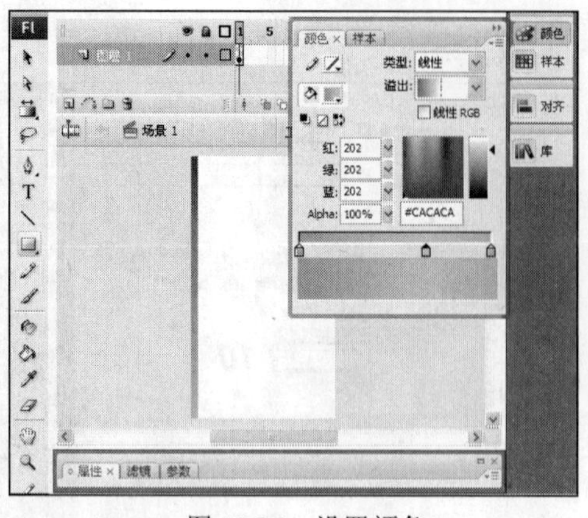
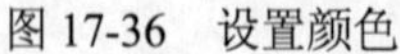

图 17-36　设置颜色

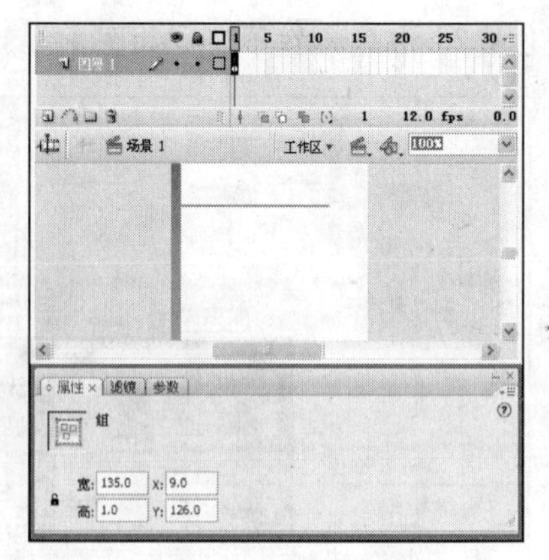

图 17-37　绘制矩形

（14）将该矩形分别复制 5 个，分别设置 Y 坐标为 0.0、63.0、189.0、252.0、315.0，如图 17-38 所示。

（15）锁定“图层 1”，新建“图层 2”。打开“库”面板，将 button01、button02、button03、button04 按钮元件拖入到场景中，并调整好位置，如图 17-39 所示。

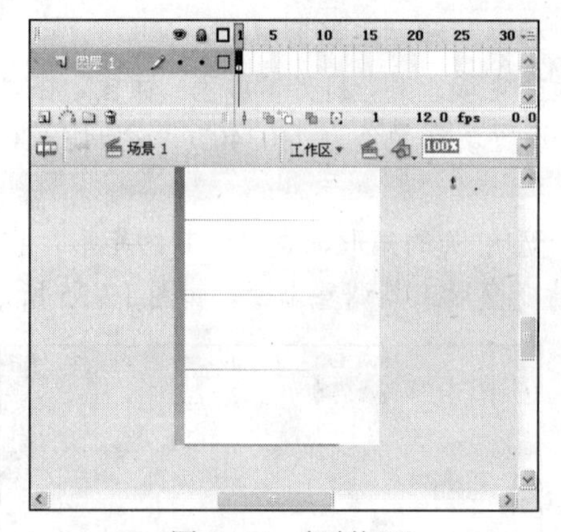

图 17-38　复制矩形

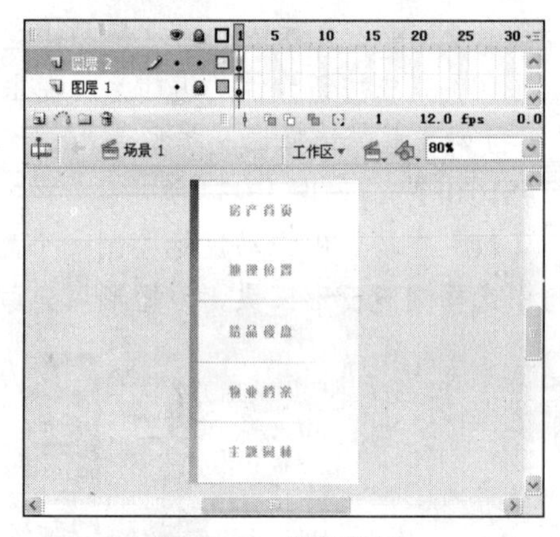

图 17-39　添加按钮

（16）保存文档，动画导航条创建完毕，按 Ctrl+Enter 键即可预览效果。

17.3.3　使用 Dreamweaver CS3 制作网页

在完成页面图像和 Flash 导航条的制作后，下面使用 Dreamweaver 创建和制作主页，其最终效果如图 17-1 所示。

操作步骤如下：

（1）打开 index.html 素材网页（立体化教学:\实例素材\第 17 章\index.html），将光标放置到页面文档中，插入 3 行 1 列，宽度为 950 像素，边框粗细、单元格边距和单元格间距均为 0 的表格，如图 17-40 所示。

（2）在表格“属性”面板中设置表格为“居中对齐”，并将“背景图像”设置为 bg_01.jpg 图像（立体化教学:\实例素材\第 17 章\web\images\bg_01.jpg），如图 17-41 所示。

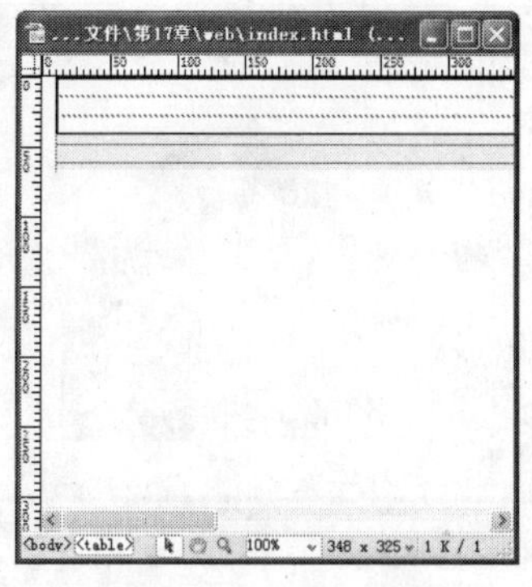

图 17-40　创建表格

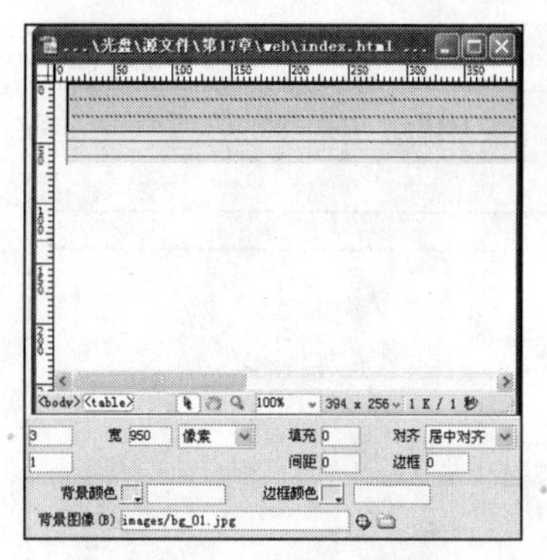

图 17-41　设置表格属性

（3）将光标放置到表格的第一个单元格中，设置单元格的高度为 85，并在单元格中再插入一个 1 行 3 列、宽为 100%的嵌套表格。

（4）选择嵌套表格的第一列单元格，设置“水平”为“居中对齐”，单元格宽度为 200，并插入 Logo01.jpg 图像文件（立体化教学:\实例素材\第 17 章\web\images\Logo01.jpg），如图 17-42 所示。

（5）选择嵌套表格的第 3 列单元格，插入表单域，再在表单域中插入一个 1 行 3 列、宽为 100%的表格。设置表格第一列单元格的宽度为 160，第二列单元格的宽度为 150，依次输入文本“用户名”和“密码”，并分别插入一个“文本字段”。

（6）设置字符宽度为 12，然后在第 3 列的单元格中插入图像域，并插入图像文件“Logo01.jpg”（立体化教学:\实例素材\第 17 章\web\images\Logo01.jpg），如图 17-43 所示。

图 17-42　插入 Logo 图像

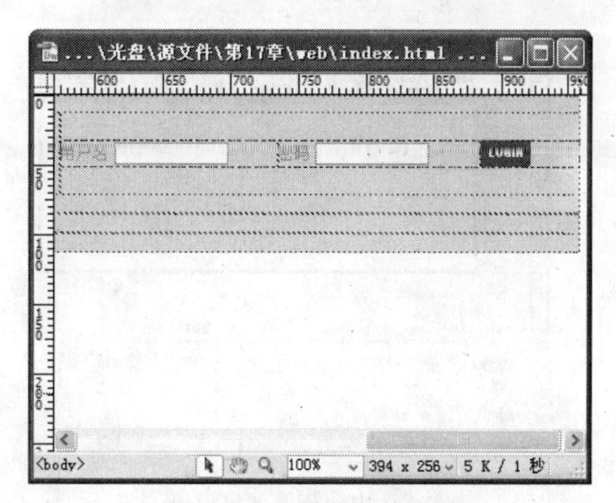

图 17-43　制作登录表单

（7）将光标放置在最外层表格的第二行，插入一个 2 行 2 列、宽度为 100%的表格，在表格“属性”面板中设置表格 Id 为 01，如图 17-44 所示。

（8）将光标放置在 01 表格的第一个单元格中，设置单元格的水平对齐为“左对齐”，垂直对齐为“顶端对齐”，并设置宽度为 507，高度为 487，单元格的背景图像为 left_r2_c1.jpg（立体化教学:\实例素材\第 17 章\web\images\left_r2_c1.jpg），如图 17-45 所示。

（9）选择“插入记录/媒体/Flash”命令，插入 Flash 文件夹下的 daohang.swf 文件。选择插入的 Flash 动画，在“属性”面板中单击 参数... 按钮。

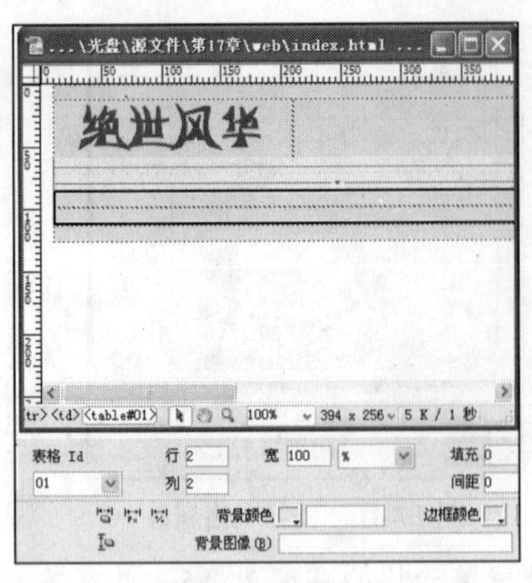

图 17-44　设置表格 Id

图 17-45　设置导航菜单单元格

提示：

设置表格 Id 是为了准确地区分各个嵌套表格和表格，每个表格的 Id 必须是唯一的。

（10）在打开的“参数”对话框的“参数”文本框中输入“wmode”，在“值”文本框中输入“transparent”，再单击 确定 按钮，如图 17-46 所示。

（11）将光标放置到 01 表格的第一行第二列单元格中，设置单元格的宽度为 443，并设置背景图像为“网页图像.gif”（立体化教学:\实例素材\第 17 章\web\images\网页图像.gif），如图 17-47 所示。

图 17-46　设置 Flash 属性

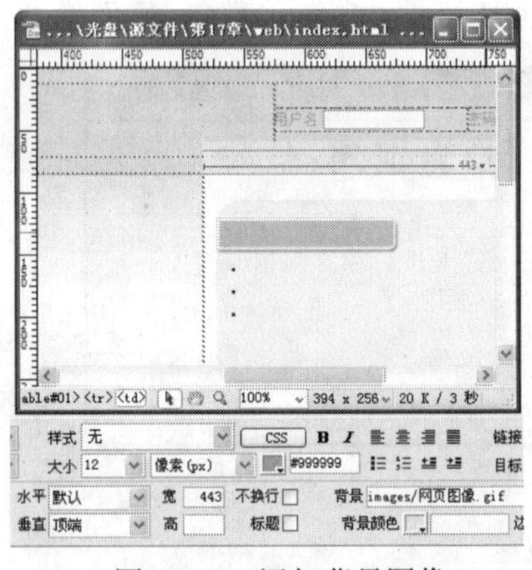

图 17-47　添加背景图像

提示：

在“参数”对话框中输入参数的作用是设置 Flash 动画导航条的背景为透明。

（12）在单元格中插入一个 4 行 1 列、表格宽度为 413 像素的表格，在表格“属性”面板中设置表格 Id 为 02，对齐为“居中对齐”，如图 17-48 所示。

（13）将光标放置在 02 表格的第一行单元格中，插入一个 2 行 2 列、宽度为 100%的表格，设置表格 Id 为 03，并选择第二列的两个单元格，单击按钮合并这两个单元格。将合并后的单元格设置为水平“居中对齐”和垂直“居中”，如图 17-49 所示。

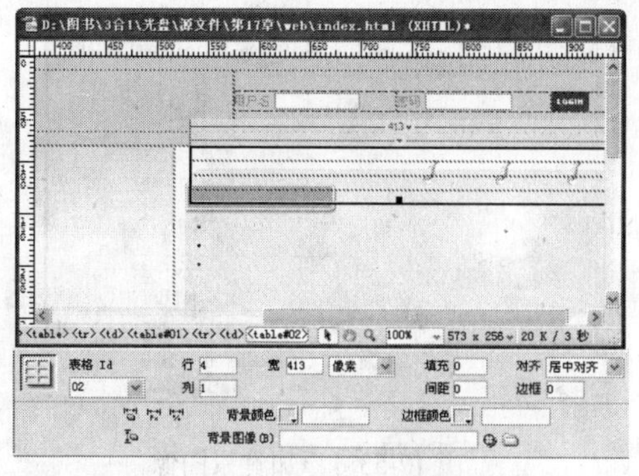

图 17-48　插入表格

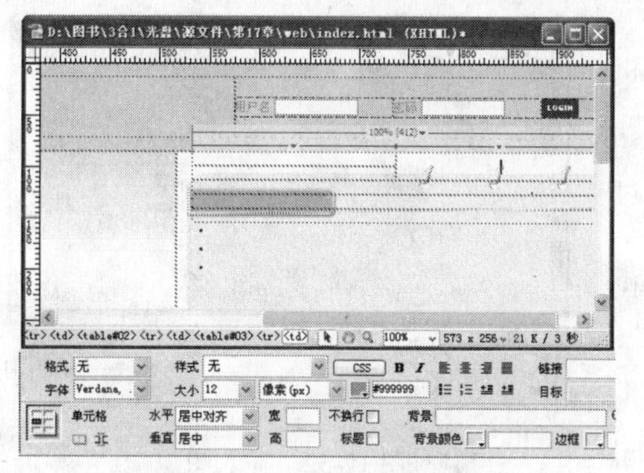

图 17-49　插入表格并合并单元格

（14）将光标放置在 03 表格的第一个单元格中，设置水平对齐为“左对齐”，垂直对齐为“底部对齐”，高度为 60。

（15）在单元格中输入文本“最新房产”，设置字体为“汉仪菱心体简”，字号为 12 点数，字体颜色为“#2D4B00”，然后输入文本“信息”，设置字体为“黑体”，大小为 16 像素，字体颜色为“#FFFFFF”，如图 17-50 所示。

（16）将光标放置在 03 表格的第二行第一列单元格中，设置水平对齐为“左对齐”，垂直对齐为“顶端”，高度为 105，并插入一个 4 行 3 列、宽度为 100%的表格，并设置表格第一行第一列单元格的高度为 13，第一列其他几行单元格的高度为 18。

（17）然后设置第二列所有行单元格的水平对齐方式为“左对齐”，并输入如图 17-51 所示的文本，分别为其添加超链接，再在第三列单元格中输入时间文本。

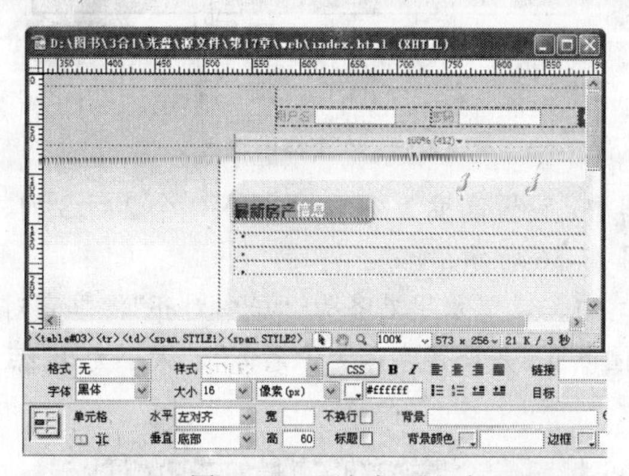

图 17-50　添加标题文本

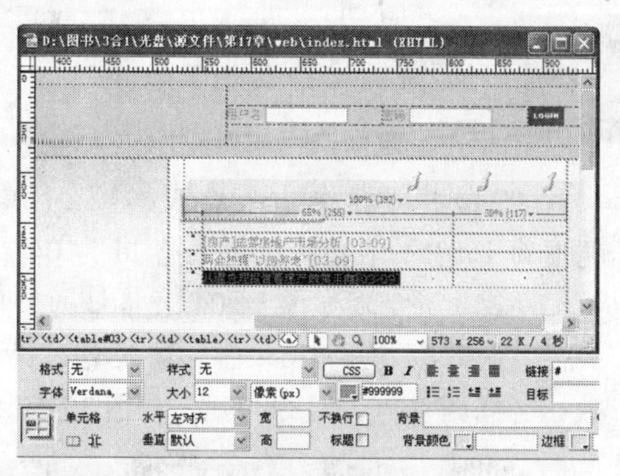

图 17-51　添加超链接文本

（18）将光标放置在 03 表格右侧合并后的单元格中，插入 pic02.gif 图像文件（立体化教学:\实例素材\第 17 章\web\images\pic02.gif），如图 17-52 所示。

（19）将光标放置到 02 表格的第二行单元格中，设置水平对齐为“右对齐”，高度为 80，并设置背景图像为 pic01.gif（立体化教学:\实例素材\第 17 章\web\images\pic01.gif），如图 17-53 所示。

（20）在单元格中插入一个 3 行 2 列、宽度为 90%的表格，在该表格的第一个单元格中设置水平对齐为“左对齐”，宽度为 260，高度为 28。

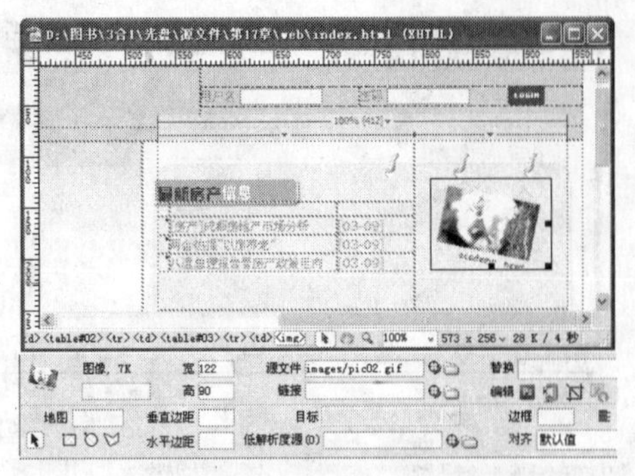
图 17-52 插入图像

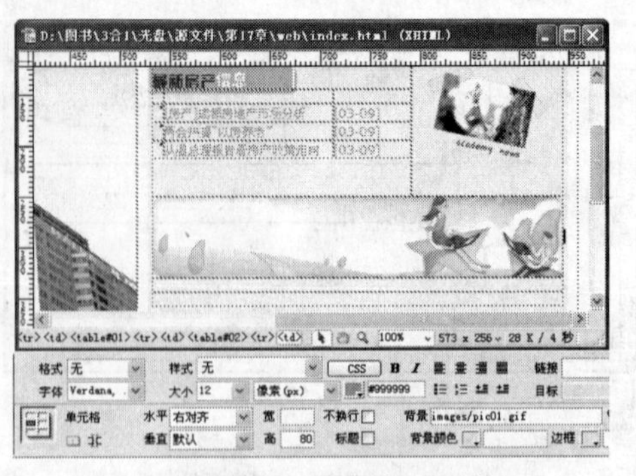
图 17-53 添加背景图像

（21）然后输入文本“绝世风华地产”，并设置字体为“方正综艺简体”，大小为 16 像素，颜色为“#006699”，单击 **B** 按钮设置字体为粗体，如图 17-54 所示。

（22）选择表格第二行第一列和第三行第一列单元格，设置水平对齐为“左对齐”，高度为 20，并输入如图 17-55 所示的文本。

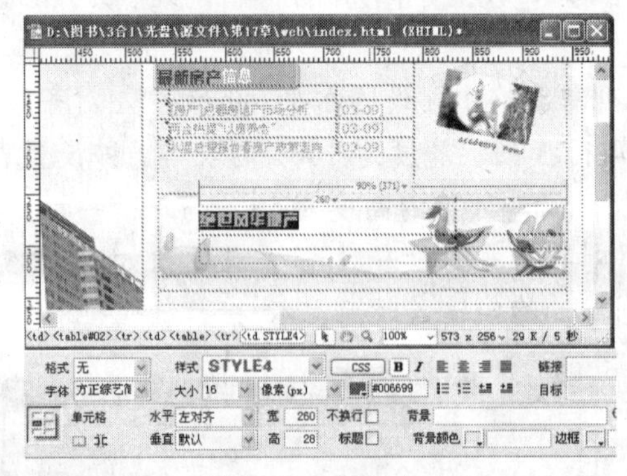
图 17-54 添加文本

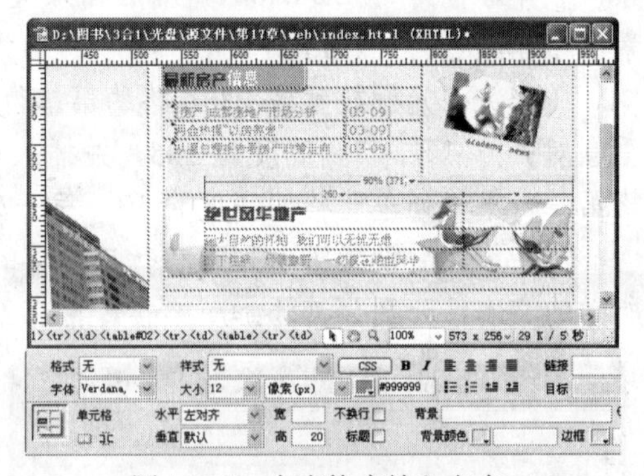
图 17-55 在表格中输入文本

（23）将光标放置到 02 表格第三行单元格中，设置高度为 114，并插入一个 2 行 3 列、宽度为 100%的表格，设置表格 Id 为 04，如图 17-56 所示。

（24）将光标放置到 04 表格第一个单元格中，设置水平对齐为“居中对齐”，垂直对齐为“底部”，高为 26。然后输入文本“设计团队”，并设置字体为“黑体”，大小为 12 点数，字体颜色为“#339999”，如图 17-57 所示。

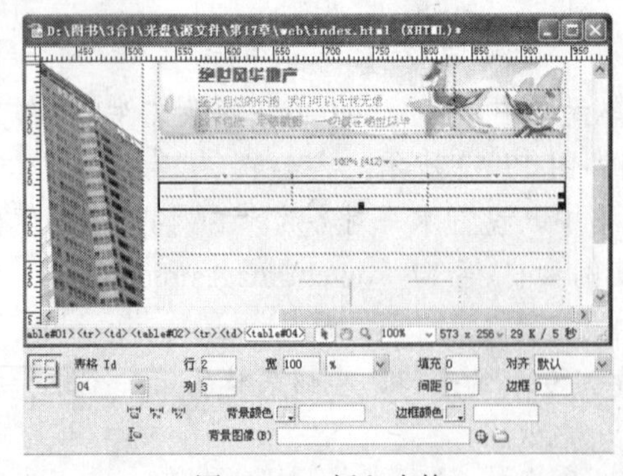
图 17-56 插入表格

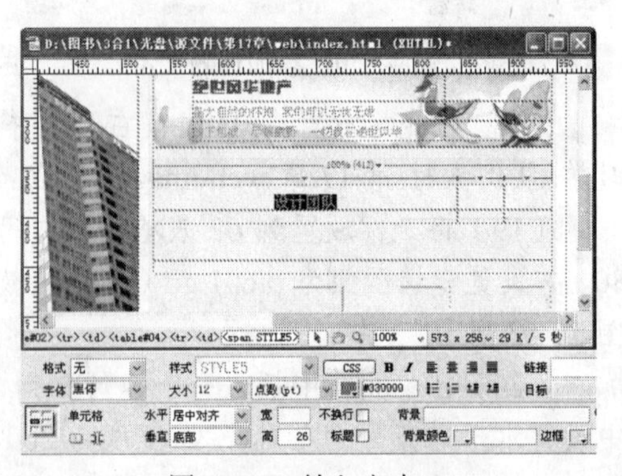
图 17-57 输入文本

（25）将光标放置到 04 表格第一行第二列的单元格中，设置水平对齐为“右对齐”，垂直对齐为“底部”，并插入 pic04.gif 图像文件（立体化教学:\实例素材\第 17 章\web\images\pic04.gif）。然后将光标放置到 04 表格第一行第三列的单元格中，设置宽度为 165，如图 17-58 所示。

（26）合并 04 表格第二行第一列和第二列单元格，并在合并后的单元格中插入一个 5 行 2 列、宽度为 100%的表格，将表格 Id 设置为 05，并合并 05 表格第一列的所有单元格，如图 17-59 所示。

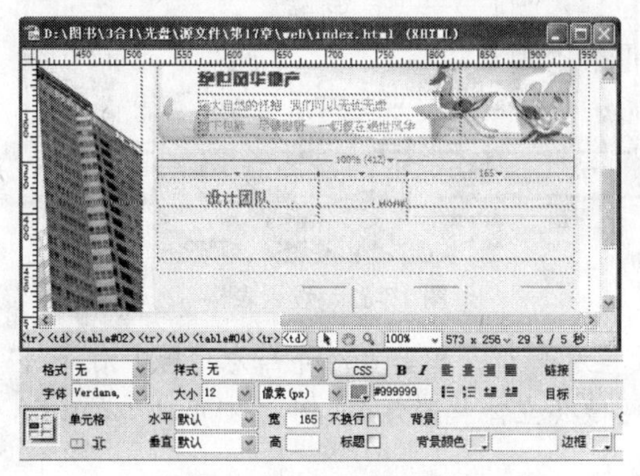

图 17-58　插入图像

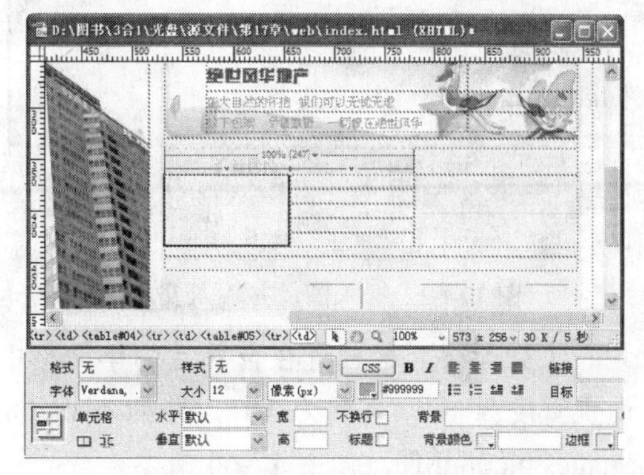

图 17-59　设置单元格

（27）将合并后的单元格宽度设置为 120，并插入 pic03.gif 图像文件（立体化教学:\实例素材\第 17 章\web\images\pic03.gif）。

（28）然后选择 05 表格第二列的第一行～第四行的单元格，设置高度都为 22，并分别输入如图 17-60 所示的文本，将第一行的文本颜色设置为“#333333”，并设置为粗体。

（29）在 04 表格的第二行第二列单元格中插入一个 4 行 2 列、宽度为 100%的表格，将表格 Id 设置为 06，并分别合并第一列的第一行和第二行、第一列的第三行和第四行单元格，设置合并后的单元格宽度为 76，如图 17-61 所示。

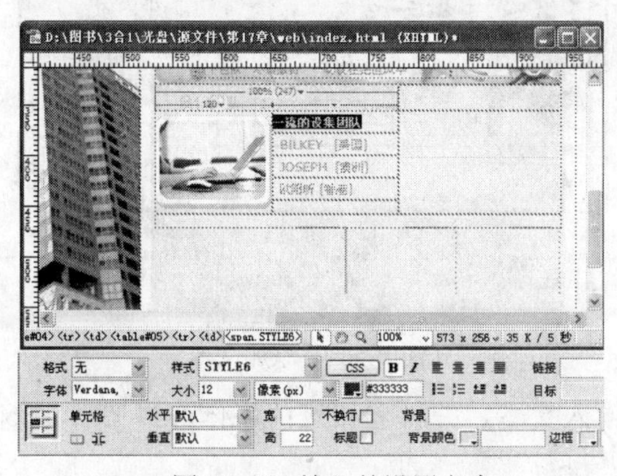

图 17-60　输入并设置文本

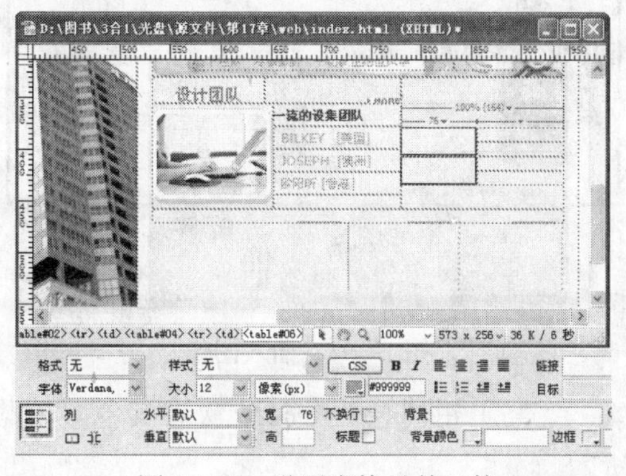

图 17-61　设置表格及单元格

（30）在合并后的两个单元格中分别插入 pic06.gif 和 pic07.gif 图像文件（立体化教学:\实例素材\第 17 章\web\images\pic06.gif、pic07.gif），并在第二列的单元格中分别输入如图 17-62 所示的文字并进行属性设置。

（31）将光标放置在 02 表格的第四行单元格中，设置单元格高度为 118，垂直对齐为“顶端”，插入一个 4 行 4 列、宽度为 100%的表格，并合并表格第一列的所有单元格，如图 17-63 所示。

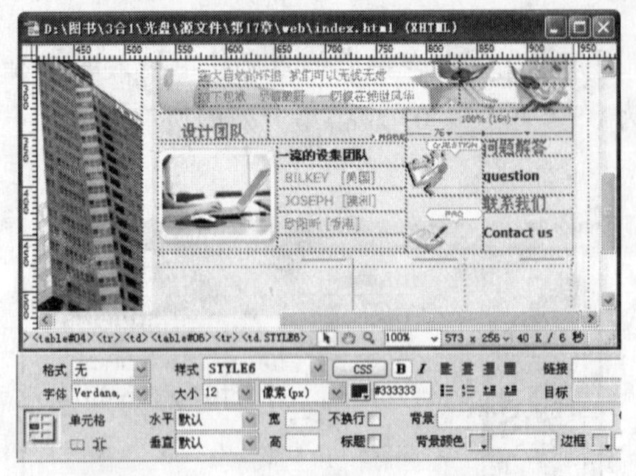
图 17-62　插入图像并输入文本

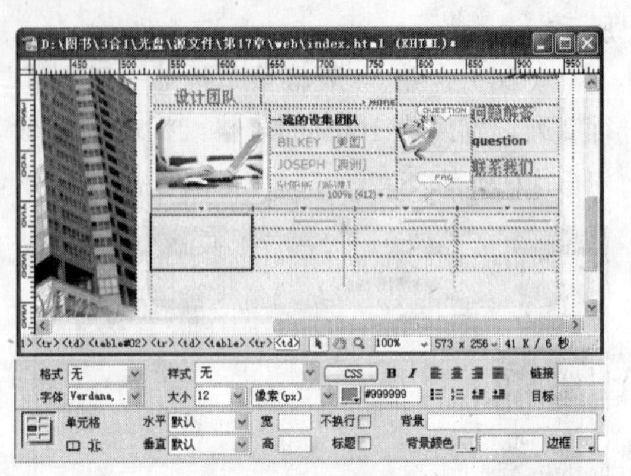
图 17-63　设置表格

（32）将光标放置在合并后的单元格中，设置水平对齐和垂直对齐都为“居中对齐”，设置宽度为 80，高度为 101，并插入 pic08.gif 图像（立体化教学:\实例素材\第 17 章\web\images\pic08.gif），如图 17-64 所示。

（33）将光标放置到第二列第一行单元格中，设置垂直对齐为“底部”，宽度为 140，高度为 35，输入文本“地理优势”，并设置字体为“黑体”，大小为 18 像素，文本颜色为“#2D4B00”。

（34）然后再设置第二列的其他行单元格的高度都为 22，并输入如图 17-65 所示的文本。

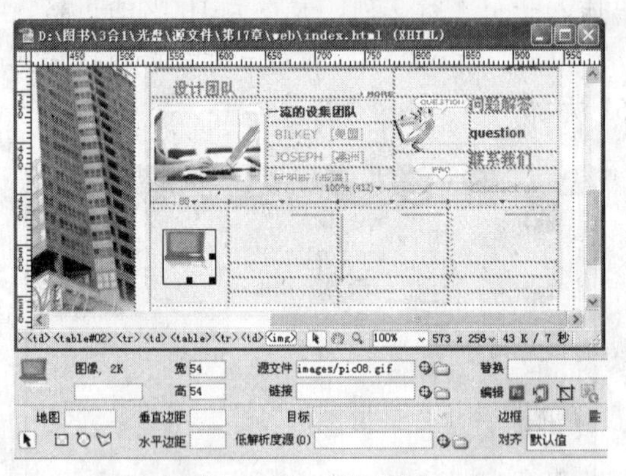
图 17-64　插入图像

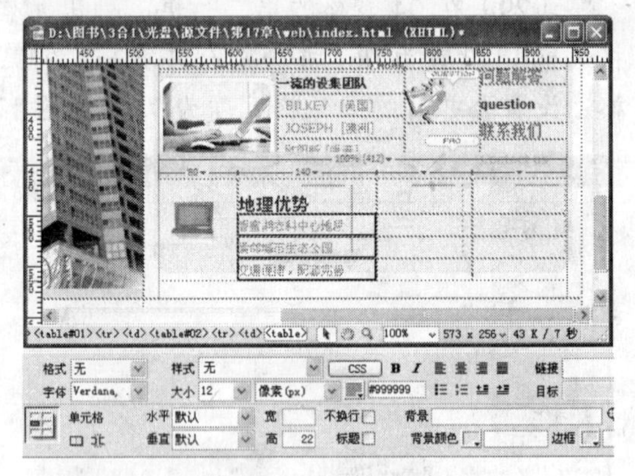
图 17-65　添加文本

（35）用同样的方法依次在其他单元格中输入文本，并设置相应的字体，如图 17-66 所示。

（36）将光标放置到 01 表格的第二行第一列单元格中，插入一个 1 行 4 列、表格宽度为 100%的表格，设置表格 Id 为 07。然后选择 07 表格的第一列，设置宽度为 46，并插入 left_r3_c1.jpg 图像（立体化教学:\实例素材\第 17 章\web\images\left_r3_c1.jpg），如图 17-67

所示。

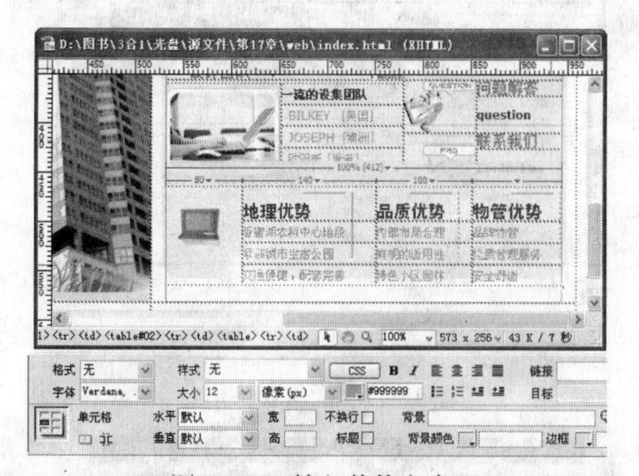

图 17-66　输入其他文本

图 17-67　插入图像

（37）将光标放置到 07 表格的第二列，设置水平对齐和垂直对齐都为“居中对齐”，宽度为 104，并设置背景图像为 left_r3_c2.jpg 图像（立体化教学:\实例素材\第 17 章\web\images\left_r3_c2.jpg），然后在单元格中输入文本“搜索查询:”，如图 17-68 所示。

（38）将光标放置到 07 表格的第三列，设置背景图像为 left_r3_c2.jpg 图像（立体化教学:\实例素材\第 17 章\web\images\left_r3_c2.jpg），然后在单元格中插入表单域及文本字段，并设置文本字段的字符宽度为 50，如图 17-69 所示。

图 17-68　设置单元格并输入文本

图 17-69　插入文本字段

（39）将光标放置到 07 表格的第四列，插入 left_r3_c4.jpg 图像（立体化教学:\实例素材\第 17 章\web\images\left_r3_c4.jpg），如图 17-70 所示。

（40）将光标放置到最外层表格的第三行单元格中，设置垂直对齐为“顶端”，高度为 81，并插入 1 行 3 列、宽度为 100%的表格，设置表格 Id 为 08，如图 17-71 所示。

（41）将光标放置到 08 表格的第一列，设置水平对齐为“居中对齐”，垂直对齐为“居中”，宽度为 200，高度为 81，然后插入 Logo02.gif 图像（立体化教学:\实例素材\第 17 章\web\images\Logo02.gif），如图 17-72 所示。

（42）将光标放置到 08 表格的第二列，设置水平对齐为“右对齐”，宽度为 400，然后输入如图 17-73 所示的文本。

图 17-70　插入图像

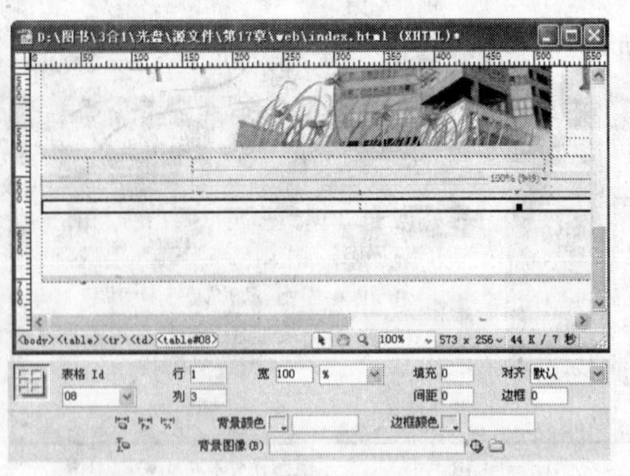

图 17-71　插入表格

图 17-72　插入图像

图 17-73　输入文本

（43）将光标放置到 08 表格的第三列，设置水平对齐为“居中对齐”，垂直对齐为“居中”，输入文本“页面跳转”，如图 17-74 所示。

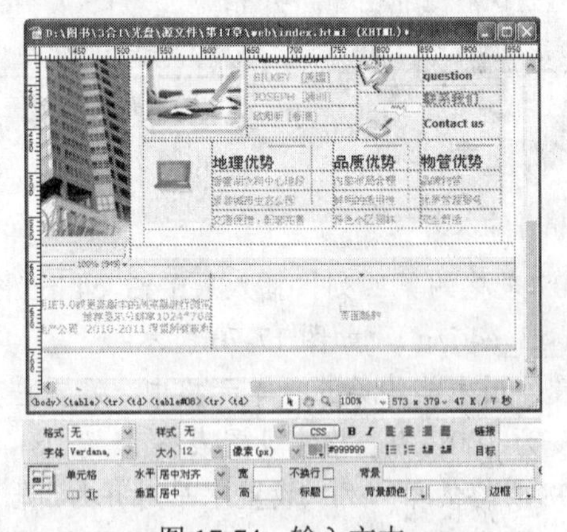

图 17-74　输入文本

（44）在“页面跳转”单元格中单击鼠标右键，在弹出的快捷菜单中选择“表格/拆分单元格”命令，在打开的对话框中选中 ◎列(C)单选按钮，在“列数”数值框中输入“2”，再单击 确定 按钮，如图 17-75 所示。

（45）设置“页面跳转”单元格的宽度为 100，再在右侧单元格中插入表单域，如图 17-76 所示。

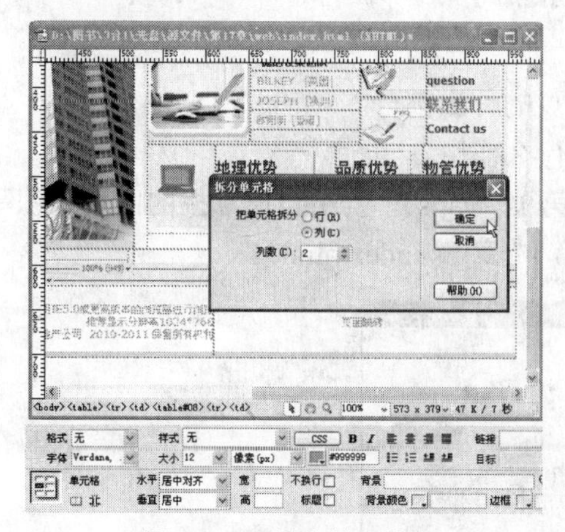

图 17-75　拆分单元格

图 17-76　插入表单域

（46）将光标定位在表单域中，选择“插入记录/表单/跳转菜单”命令，打开“插入跳转菜单”对话框，在“文本”文本框中输入“地理位置”，在“选择时，转到 URL”文本框中输入“#”以创建超链接，再单击+按钮，如图 17-77 所示。

（47）使用相同的方法再添加菜单项“精品楼盘”、“物业档案”和“主题园林”，并分别设置空链接，单击 确定 按钮插入跳转菜单，如图 17-78 所示。

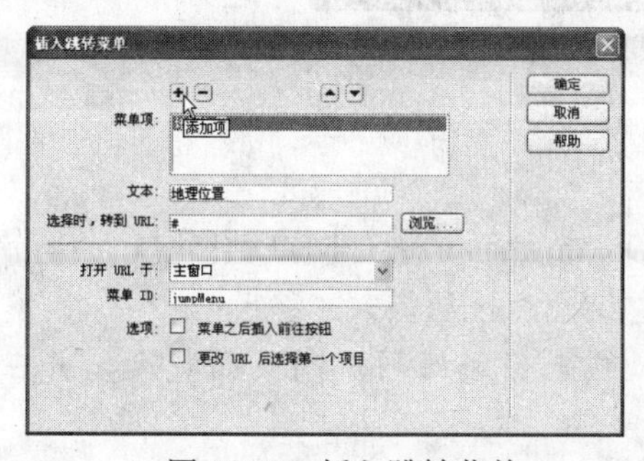

图 17-77　插入跳转菜单

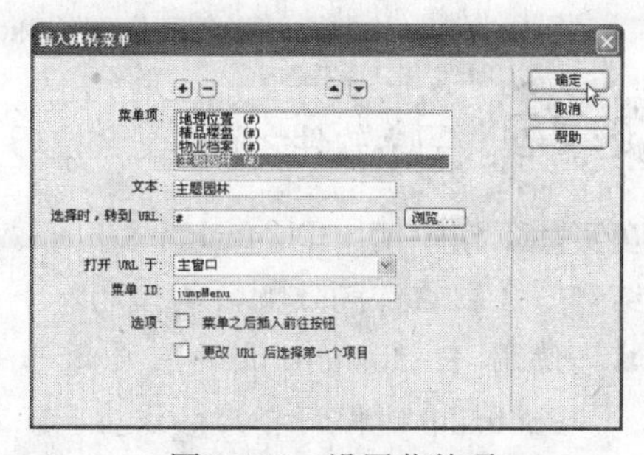

图 17-78　设置菜单项

（48）设置跳转菜单所在单元格的水平对齐为“左对齐”，如图 17-79 所示。

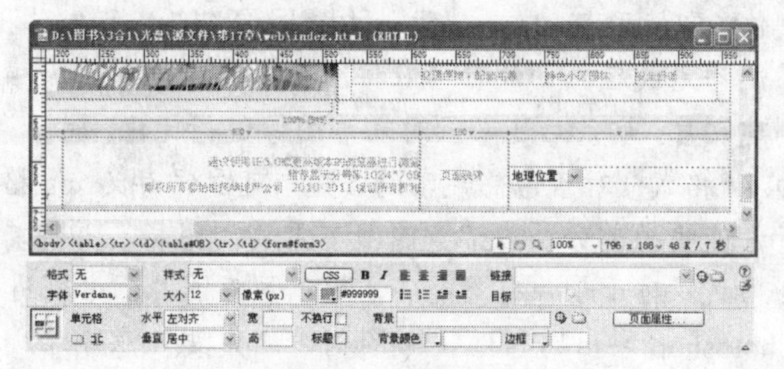

图 17-79　设置左对齐

（49）按 Ctrl+S 键保存文档，站点主页面制作完毕。

17.4 练习与提高

（1）本章使用 Photoshop 导出的切片应用在网页的什么部分？

（2）在制作网页时设置 Flash 的参数为透明有什么作用？

（3）根据提供的素材（立体化教学:\实例素材\第 17 章\jts），利用自己掌握的网页知识制作如图 17-80 所示的页面（立体化教学:\源文件\第 17 章\jts\index.html）。

图 17-80　最终效果

 软件之间的配合技巧

在实际工作中使用 Photoshop、Flash 及 Dreamweaver 进行网页制作时，还需要学习和总结一些 3 款软件高效配合的技巧，下面总结几点技巧供大家参考：

- 使用 Photoshop 设计网页效果时必须先确定好网页的页面宽度，并在新建 Photoshp 时做好相应的设置。
- 设计网页效果时必须确定好网页的色调，包括主色调及辅助色调等。
- 为了完整查看到网页效果，在 Photoshop 中进行页面效果制作时最好进行完整网页的制作，即使用 Photoshop 设计出的图像应与实际制作出的网页效果一致。
- 网页效果制作完成后，切片时可以将图像放大显示并添加相应的参考线，以便能精准创建切片。切片后还必须对切片图像进行优化，对于色彩不丰富的图像，应保存为.gif 格式；对于色彩丰富的图像，可以保存为.jpg 格式或.png 格式；对于需要背景透明的部分，应注意隐藏不需要的图层，并将其保存为透明.gif 格式或.png 格式；对于切片有重叠的，可以另存图像，分别进行切片导出。
- 制作由 Photoshop 导出的 HTML 网页时，一定要注意删除文档中多余的图像，并注意设置好单元格的宽度及高度。